吉林省矿产资源潜力评价系列成果，

是所有在白山松水间

辛勤耕耘的几代地质工作者

集体智慧的结晶。

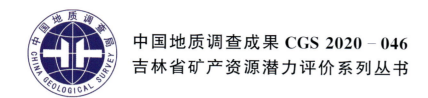

中国地质调查成果 CGS 2020-046
吉林省矿产资源潜力评价系列丛书

吉林省重要矿产区域成矿规律研究

JILIN SHENG ZHONGYAO KUANGCHAN QUYU CHENGKUANG GUILÜ YANJIU

李德洪　松权衡　于　城　崔　丹　庄毓敏　等编著

图书在版编目(CIP)数据

吉林省重要矿产区域成矿规律研究/李德洪等编著.—武汉:中国地质大学出版社,2020.12
(吉林省矿产资源潜力评价系列丛书)
ISBN 978-7-5625-3965-0

Ⅰ.①吉…
Ⅱ.①李…
Ⅲ.①成矿区-成矿规律-研究-吉林
Ⅳ.①P617.234

中国版本图书馆CIP数据核字(2020)第235592号

吉林省重要矿产区域成矿规律研究	李德洪 松权衡 于 城 崔 丹 庄毓敏 等编著
责任编辑:谢媛华	选题策划:毕克成 段 勇 张 旭　　责任校对:徐蕾蕾

出版发行:中国地质大学出版社(武汉市洪山区鲁磨路388号)　邮编:430074
电　　话:(027)67883511　　　传　　真:(027)67883580　　E-mail:cbb@cug.edu.cn
经　　销:全国新华书店　　　　　　　　　　　　　　　　　　http://cugp.cug.edu.cn

开本:880毫米×1230毫米　1/16　　　　　　　　　　　　字数:1038千字　印张:32.75
版次:2020年12月第1版　　　　　　　　　　　　　　　　　印次:2020年12月第1次印刷
印刷:武汉中远印务有限公司

ISBN 978-7-5625-3965-0　　　　　　　　　　　　　　　　　　　　　　　　定价:428.00元

如有印装质量问题请与印刷厂联系调换

吉林省矿产资源潜力评价系列丛书
编委会

主　　任：林绍宇
副主任：李国栋
主　　编：松权衡
委　　员：赵　志　赵　明　松权衡　邵建波　王永胜
　　　　　于　城　周晓东　吴克平　刘颖鑫　闫喜海

《吉林省重要矿产区域成矿规律研究》

编著者：李德洪　松权衡　于　城　庄毓敏　杨复顶
　　　　崔　丹　王　信　张廷秀　段建祥　于宏斌
　　　　李春霞　薛昊日　李任时　王立民　徐　曼
　　　　张　敏　袁　平　张红红　苑德生　宋小磊
　　　　王晓志　任　光　马　晶　曲洪晔　崔德荣
　　　　闫　冬　李　楠　齐　岩　岳宗元　付　涛

前 言

"吉林省矿产资源潜力评价"为自然资源部中国地质调查局部署实施的"全国矿产资源潜力评价"省级工作项目,主要目标是在现有地质工作程度基础上,充分利用吉林省基础地质调查与矿产勘查工作成果和资料,应用现代矿产资源评价理论方法和GIS评价技术,开展全省重要矿产资源潜力评价,基本摸清全省矿产资源潜力及其空间分布,开展吉林省成矿地质背景、成矿规律、物探、化探、遥感、自然重砂、矿产预测等工作的研究,编制各项工作的基础图件和成果图件,建立与全省重要矿产资源潜力评价相关的地质、矿产、物探、化探、遥感、重砂空间数据库,工作起止年限为2006—2013年。该项目由吉林省自然资源厅统一领导,承担单位为吉林省地质调查院,参加单位有吉林省煤田地质局、吉林省区域地质矿产调查所、吉林省地质科学研究所、吉林省勘查地球物理研究院、吉林省地质资料馆等。

《吉林省重要矿产区域成矿规律研究》是"吉林省矿产资源潜力评价"项目的主要工作成果集成,研究成果以资料收集与综合集成为主,充分利用已有地质调查与矿产勘查资料、相关综合研究及矿产预测等科学研究成果,特别是新中国成立以后,数辈地质工作者长期积累下来的地质调查、矿产勘查与科研成果,搜集近几年勘查新发现、新认识、新成果资料等,全面系统地总结了吉林省重要矿产资源的现状、分布规律及未来勘查开发前景,完成了吉林省16个矿种的矿产资源潜力评价成果报告及相应图件。本书系统地总结了吉林省16个矿种的勘查研究历史、存在的问题及资源分布,划分了矿床成因类型,研究了成矿地质条件及控矿因素;完成了16个矿种73个典型矿床研究,编制了典型矿床成矿要素图、成矿模式图及数据库、说明书、元数据各83份;编制了预测工作区成矿要素图、数据库、说明书、元数据各116份及预测工作区成矿模式图116张;从吉林省大地构造演化与区域矿产时空演化的关系、区域控矿因素、区域成矿特征、矿床成矿系列、区域成矿规律研究,以及物探、化探、遥感信息特征等方面总结了16个矿种116个预测工作区及吉林省的成矿规律;划分了成矿区带及成矿系列,共划分1个Ⅰ级成矿域、3个Ⅱ级成矿省、6个Ⅲ级成矿带、13个Ⅳ级成矿带、36个Ⅴ级找矿远景区、4个成矿系列类型、16个成矿系列、70个矿床式,总结了Ⅲ、Ⅳ级成矿带主要特征及重要找矿远景区地质特征与资源潜力。

《吉林省重要矿产区域成矿规律研究》共分为六章,第一章主要由李德洪、松权衡、于城、庄毓敏、杨复顶、王信、张廷秀、段建祥、于宏斌等编写,主要反映吉林省成矿地质背景、矿产勘查及成矿规律研究的历史和现状以及本次工作情况;第二章主要由李德洪、松权衡、于城、庄毓敏、李春霞、薛昊日、杨复顶、王信、张廷秀、段建祥等编写,总结了各主要矿产的成矿特征、矿产预测类型及成矿规律;第三章主要由松权衡、李德洪、庄毓敏、李春霞、薛昊日、于城、杨复顶、王信、张廷秀等编写,总结了各主要矿产典型矿床的成矿地质特征及成矿规律、成矿模式及找矿模型;第四章主要由松权衡、李德洪、于城、杨复顶、王信、张廷秀、段建祥等编写,在全国Ⅲ级成矿区带划分的基础上,科学划分了Ⅳ级成矿带和Ⅴ级找矿远景区;第五章主要由李德洪、松权衡、于城、庄毓敏、李春霞、薛昊日、杨复顶、王信、张廷秀、段建祥、李任时等编写,全面总结了各Ⅲ级、Ⅳ级成矿带和Ⅴ级找矿远景区的成矿地质特征和成矿规律,建立了区域成矿模式;第六章主要由松权衡、李德洪、于城、庄毓敏、李春霞、薛昊日、杨复顶、王信、张廷秀等编写,全面总结了吉林省矿产资源的成矿地质特征及区域成矿规律,提出了成矿规律和找矿方向研究的主要问题。全书图件由李德洪、于城、庄毓敏、杨复顶、王信、张廷秀、李任时、王立民、徐曼、张敏、苑德生、袁平、张红红、崔丹、王晓志、曲洪晔、宋小磊、任光、马晶、闫冬、李楠、齐岩、崔德荣、岳宗元、付涛等完成。全书内容由李德洪、崔丹统稿和修改。

在本书编写的过程中,吉林省煤田地质局、吉林省区域地质矿产调查所、吉林省地质科学研究所、吉林省地质资料馆等单位提供了资料和技术支持;中国地质科学院陈毓川院士、王登红研究员及裴荣富、王瑞江、邢树文、梅友松、薛迎喜、熊先孝、陈尔臻、郭文秀、朱群等专家给予了热情的帮助和悉心的技术指导,提出了宝贵意见,在此一并致以诚挚的谢意!由于资料纷繁复杂,书中难免有错漏之处,敬请各位读者提出宝贵意见。

编著者
2020 年 8 月

目 录

第一章　概　论 ……………………………………………………………………………… (1)
　第一节　工作概况 …………………………………………………………………………… (1)
　第二节　吉林省区域成矿规律研究的历史及现状 ………………………………………… (2)
　第三节　本次研究的工作情况 ……………………………………………………………… (13)
　第四节　成矿地质背景 ……………………………………………………………………… (24)
　第五节　区域地球物理、地球化学、遥感、自然重砂特征 ………………………………… (42)
第二章　吉林省矿产资源概况 ………………………………………………………………… (56)
　第一节　矿床及矿产预测类型 ……………………………………………………………… (56)
　第二节　铁矿成矿特征及成矿规律 ………………………………………………………… (65)
　第三节　铬铁矿成矿特征及成矿规律 ……………………………………………………… (95)
　第四节　铜矿成矿特征及成矿规律 ………………………………………………………… (97)
　第五节　铅锌矿成矿特征及成矿规律 ……………………………………………………… (104)
　第六节　镍矿成矿特征及成矿规律 ………………………………………………………… (111)
　第七节　钨矿成矿特征及成矿规律 ………………………………………………………… (114)
　第八节　钼矿成矿特征及成矿规律 ………………………………………………………… (115)
　第九节　锑矿成矿特征及成矿规律 ………………………………………………………… (118)
　第十节　金矿成矿特征及成矿规律 ………………………………………………………… (120)
　第十一节　银矿成矿特征及成矿规律 ……………………………………………………… (127)
　第十二节　稀土矿成矿特征及成矿规律 …………………………………………………… (131)
　第十三节　萤石矿成矿特征及成矿规律 …………………………………………………… (132)
　第十四节　磷矿成矿特征及成矿规律 ……………………………………………………… (134)
　第十五节　硫铁矿成矿特征及成矿规律 …………………………………………………… (136)
　第十六节　硼矿成矿特征及成矿规律 ……………………………………………………… (140)
第三章　吉林省典型矿床研究 ………………………………………………………………… (143)
　第一节　铁矿典型矿床研究 ………………………………………………………………… (143)
　第二节　铬铁矿典型矿床研究 ……………………………………………………………… (185)
　第三节　铜矿典型矿床研究 ………………………………………………………………… (190)
　第四节　铅锌矿典型矿床研究 ……………………………………………………………… (220)
　第五节　镍矿典型矿床研究 ………………………………………………………………… (256)

第六节　钨矿典型矿床研究 …………………………………………………………………… (276)
第七节　钼矿典型矿床研究 …………………………………………………………………… (282)
第八节　锑矿典型矿床研究 …………………………………………………………………… (302)
第九节　金矿典型矿床研究 …………………………………………………………………… (308)
第十节　银矿典型矿床研究 …………………………………………………………………… (375)
第十一节　稀土矿典型矿床研究 ……………………………………………………………… (405)
第十二节　萤石矿典型矿床研究 ……………………………………………………………… (412)
第十三节　磷矿典型矿床研究 ………………………………………………………………… (421)
第十四节　硫铁矿典型矿床研究 ……………………………………………………………… (426)
第十五节　硼矿典型矿床研究 ………………………………………………………………… (448)

第四章　吉林省成矿区带划分 ……………………………………………………………… (455)
第一节　成矿区带划分原则 …………………………………………………………………… (455)
第二节　成矿区带的划分 ……………………………………………………………………… (456)

第五章　成矿区带成矿特征及演化 ………………………………………………………… (463)
第一节　突泉-翁牛特 Pb-Zn-Fe-Sn-REE 成矿带 …………………………………………… (463)
第二节　小兴安岭-张广才岭(造山带)Fe-Pb-Zn-Cu-Mo-W 成矿带 ……………………… (464)
第三节　吉中-延边(活动陆缘)Mo-Au-As-Cu-Zn-Fe-Ni 成矿带 ………………………… (469)
第四节　佳木斯-兴凯(地块)Fe-Au-P-石墨-夕线石成矿带 ………………………………… (485)
第五节　辽东(隆起)Fe-Cu-Pb-Zn-Au-U-B-菱镁矿-滑石-石墨-金刚石成矿带 …… (489)

第六章　成矿规律总结及存在的问题 ……………………………………………………… (501)
第一节　成矿规律总结 ………………………………………………………………………… (501)
第二节　存在的主要问题 ……………………………………………………………………… (507)

主要参考文献 ………………………………………………………………………………… (509)

第一章 概 论

第一节 工作概况

一、项目来源

为了贯彻落实《国务院关于加强地质工作的决定》中提出的"积极开展矿产远景调查和综合研究,科学评估区域矿产资源潜力,为科学部署矿产资源勘查提供依据"的要求和精神,国土资源部(现为自然资源部)部署了"全国矿产资源潜力评价"工作。"吉林省矿产资源潜力评价与综合"为"全国矿产资源潜力评价"的省级工作项目,由吉林省地质调查院承担,吉林省地质科学研究所、吉林省区域地质矿产调查所、吉林省地质资料馆参与,中国地质科学院矿产资源研究所实施,中国地质调查局资源评价部归口管理,中国地质科学院项目办公室组织管理,工作起止年限为2006—2013年。

二、目标任务和预期成果

(一) 总体目标任务和预期成果

1. 总体目标任务

在现有地质工作的基础上,充分利用我国基础地质调查与矿产勘查工作成果和资料,充分应用现代矿产资源预测评价的理论方法和 GIS 评价技术,开展吉林省煤炭、铁、铜、铅、锌、镍、钨、金、铬、钼、锑、稀土、银、硼、磷、硫、萤石预测矿种的资源潜力评价,基本摸清矿产资源潜力及其空间分布;开展吉林省成矿地质背景、成矿规律、物探、化探、遥感、自然重砂、矿产预测等各项工作的研究,编制各项工作的基础和成果图件,建立吉林省矿产资源潜力评价相关的地质、矿产、物探、化探、遥感、自然重砂空间数据库;培养一批综合型地质矿产人才。

2. 总体预期成果

总体预期成果为提交吉林省煤炭、铁、铜、铅、锌、镍、钨、金、铬、钼、锑、稀土、银、硼、磷、硫、萤石预测矿种的资源潜力评价成果报告;成矿地质背景、成矿规律、物探、化探、遥感、自然重砂、矿产预测、数据库集成等专题成果报告;成矿地质背景、成矿规律、物探、化探、遥感、自然重砂、矿产预测等成果图件,以及成矿区(带)、矿产勘查工作部署建议等成果图件;矿产资源潜力评价成果空间数据库。

(二)2013年工作任务和预期成果

1. 2013年工作任务

按照全国矿产资源潜力评价各专业汇总技术要求,开展吉林省成矿地质背景、成矿规律、重力、磁测、化探、遥感、自然重砂、矿产预测、数据库集成等各专业成果的深化和提升,完成省级各专业汇总报告并提交验收;在通过验收的省级单矿种(组)潜力评价成果的基础上,开展各预测矿种(组)潜力评价成果的综合与汇总,完成吉林省矿产资源潜力评价总体成果报告和工作报告并提交验收;开展成果资料汇交等相关工作。

2. 2013年预期成果

2013年预期成果为提交吉林省成矿地质背景、成矿规律、重力、磁测、化探、遥感、自然重砂、矿产预测、数据集成等各专业汇总报告;吉林省矿产资源潜力评价总体成果报告和工作报告。

第二节 吉林省区域成矿规律研究的历史及现状

一、区域地质调查及研究

20世纪60年代完成吉林省1:100万地质调查编图。自国土资源大调查以来,吉林省完成1:25万区域地质调查13个图幅,面积$13.5\times10^4\ km^2$;1:20万区域地质调查,完成32个图幅,面积约$13\times10^4\ km^2$。1:5万区域地质调查工作开始于20世纪60年代,大部分部署于重要成矿区(带)上,累计完成面积约$6.5\times10^4\ km^2$,工作程度见图1-2-1～图1-2-3。

吉林省基础地质研究始于20世纪60年代,至今仍在持续工作,可大致划分如下几个时期:第一时期为20世纪60年代,利用已有的1:20万区域地质资料研究编制1:100万区域地质图及说明书;第二时期为20世纪80年代,利用已有的1:20万、1:5万区域地质资料和1:100万区域地质研究成果编制1:50万区域地质志,同时提交了1:50万地质图、1:100万岩浆岩地质图、1:100万地质构造图;第三时期为20世纪90年代,针对吉林省岩石地层进行了清理。

二、重力、航磁、化探、遥感、自然重砂调查及研究

(一)重力

吉林省1:100万区域重力调查1984—1985年完成外业实测工作,采用1:5万地形图求解X、Y、Z,完成吉林省1:100万区域重力调查成果报告;解释推断出66条断裂构造,其中34条断裂与以往断裂吻合,新推断出32条断裂;结合深部构造和地球物理场的特征,划分出3个Ⅰ级构造区和6个Ⅱ级构造分区。

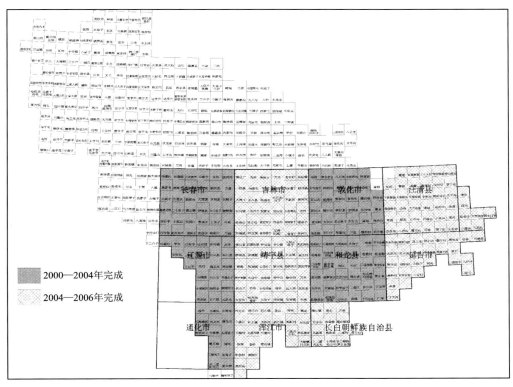

图 1-2-1　吉林省 1：25 万区域地质调查工作程度图

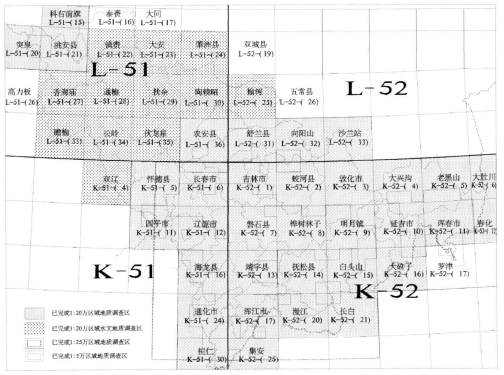

图 1-2-2　吉林省 1：20 万区域地质调查工作程度图

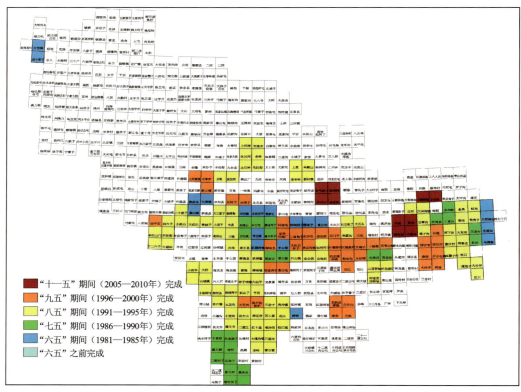

图 1-2-3　吉林省 1∶5 万区域地质调查工作程度图

1982年吉林省首次按国际分幅开展1∶20万区域重力调查,至今在吉林省东部、中部地区共完成33幅区域重力调查,面积约 $12\times10^4\ km^2$。在1996年以前重力测点点位求取采用航空摄影测量中电算加密方法,1997年后重力测点点位求取采用GPS求解,工作程度见图1-2-4。

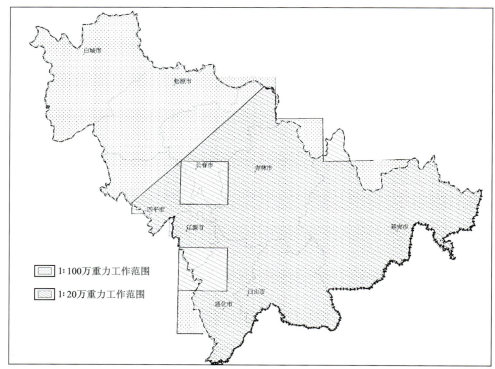

图 1-2-4　吉林省区域重力调查工作程度图

吉林省东部1∶20万区域重力调查通过资料分析,综合预测贵金属及多金属找矿区38处;通过居里等温面的计算,长春—吉林以南、辽源—桦甸以北均属于高地温梯度区,是寻找地热资源勘查的远景区;通过深部剖面的解释,伊舒断裂带西支断裂 F_{32}、东支断裂 F_{33}、四平-德惠断裂带东支断裂 F_{30} 走向北东,与伊舒断裂平行,以上断裂部分属于深大断裂。

在吉林省南部推断出71条断裂构造,圈定了33个隐伏岩体和4个隐伏含煤盆地。

（二）航磁

吉林省航空磁测由原地质矿产部航空物探总队实施,1956—1987年间,进行了不同地质找矿目的、不同比例尺、不同精度的航空磁测工作区（覆盖吉林省）共计13个,完成1∶100万航磁 $15×10^4 km^2$、1∶20万航磁 $20.9×10^4 km^2$、1∶5万航磁 $9.749×10^4 km^2$、1∶5万航电 $9000 km^2$。工作程度见图1-2-5。

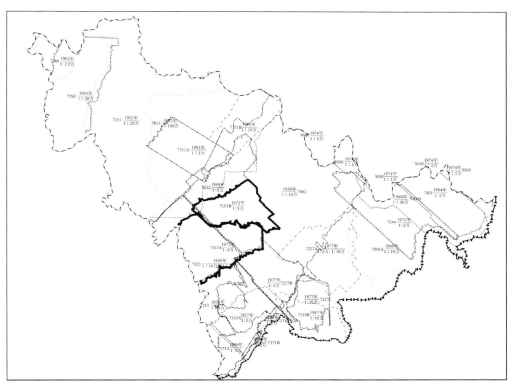

图1-2-5　吉林省航磁工作程度图

由原吉林省地质矿产局物探大队编制的1∶20万航磁图是吉林省完整的统一图件,对吉林省有关生产、科研和教学等单位具有较大的实用意义,为寻找黑色金属、有色金属以及能源矿产资源等提供了丰富的基础地球物理资料。

吉林省中部地区航磁测量结果发现航磁异常250个,为寻找与磁异常有关的铁、铜等金属矿产资源提供了线索。经检查,在52个异常中见矿或与矿化有关的异常共6个,与超基性岩或基性岩有关的异常15个,推断与矿有关的异常57个。

通化西部地区航磁测量结果发现航磁异常142个,推断与寻找磁铁矿有关的异常20个;基性—超基性岩体引起的异常14个;接触蚀变带引起的、有望寻找铁铜矿及多金属矿的异常10个。航磁图上显示了本区构造特征,以异常为基础结合地质条件,划分了6个成矿远景区。

延边北部地区航磁测量结果发现编号异常217个,逐个进行了初步分析解释,其中有24个与矿（化）有关。航磁资料明显地反映出本区地质构造特征,如官地-大山咀子深断裂、沙河沿-牛心顶子-王峰楼村大断裂、石门-蛤蟆塘-天桥岭大断裂、延吉断陷盆地等，并对本区矿产分布远景提出了1个沉积变质型铁磷矿找矿远景区和4个矽卡岩型铁、铜、多金属找矿远景区。

鸭绿江沿岸地区航磁测量结果发现288个异常，其中75个异常为间接、直接找矿指示了信息，确定了全区地质构造的基本轮廓，共划分了5个构造区，确定了53条断裂（带），其中有10条是对本区构造格架起主要作用的边界断裂（带）。根据航磁异常分布特点，结合地质构造的有利条件，已知矿床（点）分布及化探资料划分了14个找矿远景区，其中8个为Ⅰ级远景区。

（三）化探

吉林省完成1：20万区域化探工作$12.3 \times 10^4 km^2$，在重要成矿区（带）完成1：5万化探工作约$3 \times 10^4 km^2$，1：20万与1：5万水系沉积物测量为吉林省区域化探积累了大量的数据及信息。工作程度见图1-2-6。

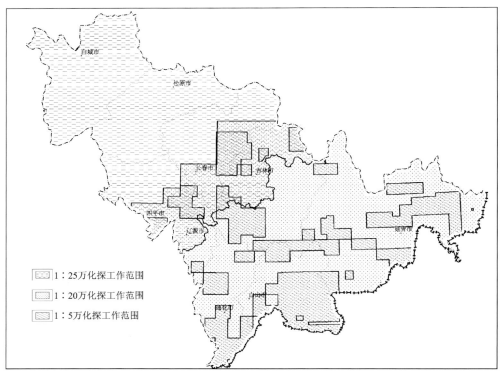

图1-2-6　吉林省地球化学工作程度图

中比例尺成矿预测，较充分地利用1：20万区域化探资料，首次编制了吉林省地球化学综合异常图、吉林省地球化学图。根据元素分布分配的分区性，从成因上总结出两类区域地球化学场：一是反映成岩过程的同生地球化学场；二是成岩后改造和叠生作用形成的后生或叠生地球化学场。

（四）遥感

目前，吉林省遥感调查工作主要有《应用遥感技术对吉林省南部金-多金属成矿规律的初步研究》《吉林省东部山区贵金属及有色金属矿产预测报告》项目中的遥感图像地质解译、《吉林省ETM遥感图像制作》，以及2005年由吉林省地质调查院完成了吉林省1：25万ETM遥感图像制作。工作程度见图1-2-7。

1990年，由吉林省地质遥感中心完成的《应用遥感技术对吉林省南部金-多金属成矿规律的初步研

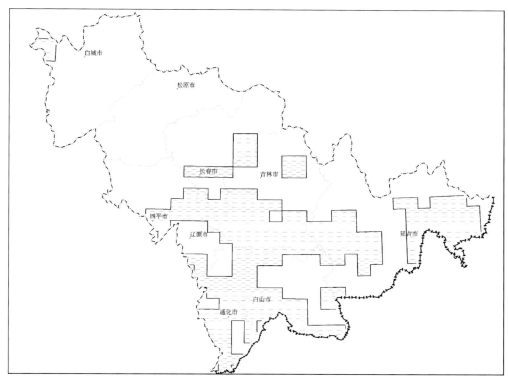

图 1-2-7 吉林省遥感工作程度图

究》中，利用1：4万彩红外航片，以目视解译及立体镜下观察为主，对吉林省南部（420以南）的线性构造、环状构造进行了解译，并圈定出一系列成矿预测区及找矿靶区。

1992年由吉林省地质矿产局完成的《吉林省东部山区贵金属及有色金属矿产成矿预测》中，以美国4号陆地卫星1979年、1984年及1985年接收的TM数据2波段、3波段、4波段合成的1：50万假彩色图像为基础进行目视解译。地质图上已划分出的断裂构造带均与遥感地质解译线性构造相吻合，而遥感解译地质图所划的线性构造比常规地质断裂构造要多，规模也要大一些，因而绝大部分线性构造可以看成是各种断裂、破碎带、韧性剪切带的反映。区内已知矿床、矿点多位于规模在几千米至几十千米的线性构造上，而规模数百千米的大构造带上，往往矿床（点）分布较少。

遥感解译出621个环形构造，这些环形构造的展布特征复杂，形态各异，规模不等，成因及地质意义也不尽相同。解译出岩浆侵入环形构造94个、隐伏岩浆侵入体环形构造24个、基底侵入岩环形构造6个、火山喷发环形构造55个及弧形构造围限环形构造57个，尚有成因及地质意义不明的环形构造388个。

用类比方法圈定出Ⅰ级成矿预测区10个、Ⅱ级成矿预测区18个、Ⅲ级成矿预测区14个。

（五）自然重砂

1：20万自然重砂测量工作覆盖了吉林省东部山区；1：5万重砂测量工作完成了近20幅，大比例尺重砂工作很少。2001—2003年对1：20万数据进行了数据库建设；吉林省在开展金刚石找矿工作时，对吉林省重砂资料进行过分析和研究的，仅限于针对金刚石找矿方面。

1993年完成的《吉林省东部山区贵金属及有色金属矿产成矿预测报告》中，对吉林省重砂资料进行了全面系统的研究工作。工作程度见图1-2-8。

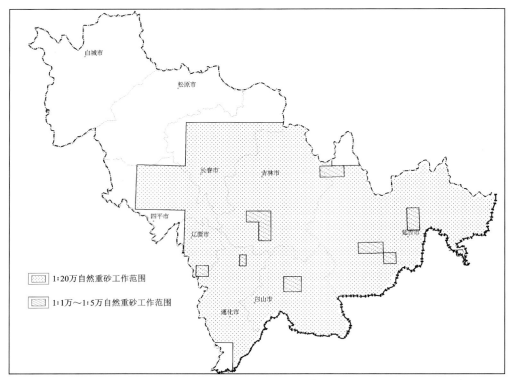

图 1-2-8　吉林省自然重砂工作程度图

三、矿产勘查及成矿规律研究

(一)矿产勘查

吉林省矿产勘查研究的历史较长,开发利用较早。大体可以划分为 6 个阶段。截至 2008 年底,吉林省提交矿产勘查地质报告达 3000 余份,已发现各种矿(化)点 2000 余处,矿产地 1000 余处,矿种 158 种(包括亚矿种),查明资源储量的矿种 115 种。吉林省重要矿产勘查成果详见表 1-2-1,勘查工作程度见图 1-2-9。

1. 1949 年前阶段

吉林省地质矿产勘查研究及开发有悠久的历史,汉代末年就有"扶余产金"之说,辽金时代(公元 921—1240 年)开始采掘金、银、铅、铁等矿产;清初嘉庆年间,以夹皮沟为中心,松花江、辉发河两岸以采金为主的民众矿产开发蓬勃发展。1949 年前,我国地质学家翁文灏、丁文江、谢家荣、侯德封等先后到吉林省进行地质调查,但多以煤炭调查为主,并对地层、岩浆岩、构造进行了研究;1895 年朴顺革发现大栗子铁矿;1898 年杜宝发现七道沟铁矿;1900 年和 1905 年赵槐、李芳云先后对已发现的铁矿进行了开采和炼铁;1908 年徐世昌在老岭发现铁矿石;1911—1919 年对大汞洞铁矿进行过开采,并用于土法炼铁。

表 1-2-1 吉林省重要矿产勘查成果表

矿床规模	铁	铬	铜	铅、锌	镍	钨	钼	锑	金	银	稀土	萤石	磷	硫	硼	总计
超大型矿床							1							1		2
大型矿床	3		2	1	3		2	1	6	7				1	1	25
中型矿床	7		6	4	2		2		17	7			2	5	5	54
小型矿床	28		35	40	19	3	15	4	129	18	1	7	8	9	5	321
矿点	469	3	14	34	3	1	3	4	90	8		7		2	18	656
矿化点			4	1			1		6							12
合 计	507	3	61	80	27	4	24	9	248	40	1	14	10	18	24	1070

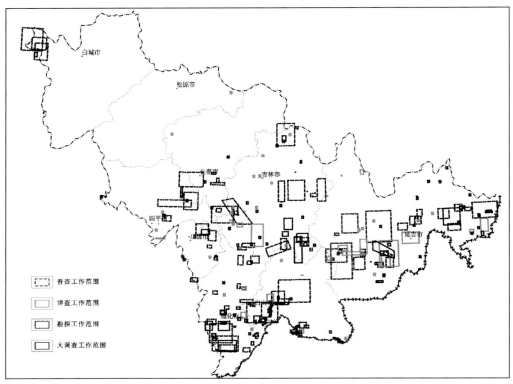

图 1-2-9　吉林省矿产勘查工作程度图

1931年日本侵占我国东北,对吉林省矿产资源进行了较大规模的地质调查和普查勘探,编制了各种比例尺地质图、矿产图;1933—1939年都留一雄、山口四郎、斋藤林茨等,分别对大栗子、老岭、乱泥塘、南岔、青沟子、七道沟和二道江铁矿进行过地质调查;1943—1945年浅野五郎等对吉昌铁矿、大汞洞铁矿、放牛沟硫铁矿和科右前旗马鞍山铁矿进行过地质调查,对西台子硫铁矿、放牛沟硫铁矿做过简单的地质工作。与此同时,日本侵略者对吉林省矿产资源进行了长达14年之久的掠夺性开采,龙井市开山屯铬铁矿、伊通县青堆子萤石矿等已被掠夺殆尽。

2. 恢复"老矿山"生产,以"点"为主的矿产普查勘探阶段(1949—1957年)

随着国民经济恢复和第一个五年计划的实施,吉林省地质工作步入了以迅速恢复旧矿山的生产和开展以"点"为主的矿产普查勘探阶段,对大栗子铁矿、七道沟铁矿、乱泥塘铁矿、头道岔铁矿、开山屯铬铁矿点等再次进行了地质调查和普查找矿;详查、勘探了先期发现的二道甸子金矿、西半截河铁矿、三合屯锑矿;发现并勘探了大黑山大型钼矿;初步勘探了小西南岔金铜矿。

3. 以铁、金铜为主的综合普查勘探阶段(1958—1966年)

地质部航测大队于1961年完成了长白山南部、松辽平原、张广才岭、延边、白城等地区约 $18 \times 10^4 km^2$ 的1:20万航空磁测,经异常查证,发现铁矿点200余处,其中板石沟铁矿、四方山铁矿、塔东铁矿等达中大型规模;开展珲春河砂金矿的勘探,发现并评价了海沟金矿,对小西南岔金铜矿和刺猬沟金矿进行了重新评价;冶金地质队在夹皮沟金矿外围发现了三道岔、二道沟、八家子、菜抢子等金矿矿产地。1959年发现了红旗岭大型铜镍矿;1960—1965年发现并评价了头道沟铬铁矿、小绥河铬铁矿;在集安发现多处硼矿产地,完成高台沟中型硼矿的勘探;发现并评价了遥林滑石矿;完成老牛沟铁矿的初勘。

从1958年起,在吉林省东部山区开始了正规的1:20万区域地质调查,至1966年相继完成了东部山区的主要图幅,首次编印出1:50万吉林省地质图和1:50万吉林省矿产图。

4. 找矿低谷阶段(1967—1978年)

由于受"文化大革命"的严重干扰,地质矿产勘查工作难以正常进行,1970年后逐渐有所恢复,但混乱状况并未消除,该期找矿工作进展不大。

1967—1971年对小绥河铬铁矿进行详查,吉林省铁合金厂曾在地表进行过小规模开采;1970—1978年,地质局和冶金局系统分别对小绥河、开山屯等矿点进行重点勘查,仅在永吉县小绥河地区查明了 3.1×10^4 t 铬铁矿储量。

1970—1980年,与吉林省毗邻的内蒙古自治区东部部分地区划归吉林省管辖,并成为吉林省地质矿产勘查的重点片区。经勘查,相继找到和勘探了孟恩陶勒盖铅锌银矿、莲花山和布敦化铜矿及长春岭铅锌矿、801特大型稀土矿等,取得了显著的找矿成果,而东部地区除找到并勘探了赤柏松铜镍矿床和完成老牛沟铁矿、官地铁矿Ⅰ号矿体、鸡南铁矿的勘探外,没有其他重要发现。

在东部山区完成1:20万区域地质调查后,在成矿条件较好的地区,部署了1:5万区域地质调查工作,以期达到面中求点,为普查选区提供依据。

5. 地质矿产勘查工作深入发展阶段(1979—1999年)

党的十一届三中全会决定把工作重点转移到以经济建设为中心的轨道上来以后,地质系统制定了"以地质-找矿为中心"的方针,为新时期地质矿产勘查工作的健康发展指明了方向。由于按地质成矿规律部署工作,矿产勘查工作取得了显著的成果。如找到并勘探了羊草沟和十八道沟煤矿;在浑江盆地找到并勘探了数处大型石膏矿床;找到并评价了5处硅灰石大中型矿床;在西大坡探明1处大型硅藻土矿床;在集安三半江找到并评价了1处大型石墨矿床;在九台、四平探明2处大中型钠基膨润土矿床和沸石矿床。上述各种非金属矿床的探明,不仅填补了吉林省矿产资源的空白,而且构成了吉林省的优势矿种,具有重大的经济价值。1981—1999年铁矿地质勘查工作基本处于停滞阶段,仅是前期延续的科研项目和后续的少量科研项目。由于该阶段吉林省完成了第二代1:20万区域化探扫面工作,提供了大量丰富的化探异常,在物探手段的配合下,通过异常查证,金属矿产找矿取得了显著成果。如首次在吉林省发现和勘探了四平山门大型独立银矿床,之后在和龙百里坪发现了有潜力的银矿床;在通化—白山地区的古元古代地层找到并评价了南岔金矿、荒沟山金矿、下活龙金矿、青沟子锑矿、大横路大型铜钴矿等,进一步确定老岭成矿带为吉林省重要的矿集区;在长春地区首次发现并勘探了兰家矽卡岩型金矿;在延边地区火山岩型金矿的找矿工作也有进展,发现并评价了闹枝金矿、杨金沟金矿,重新评价并扩大了九三沟金矿、小西南岔金矿的储量;海沟金矿的储量有大幅度的增长;在有色金属找矿方面,评价了天合兴中型铜矿和放牛沟中型铅锌矿床;发现并评价了二密铜矿、长仁铜镍矿等。有色地质勘查局地质队继续在夹皮沟金矿外围找矿,找到板庙子、二道沟等中型金矿床。

6. 国土资源地质大调查阶段(2000—2007年)

中国地质调查局成立以来,全国组织、实施国土资源部关于国土资源地质大调查计划,吉林省根据地质大调查的精神,在重要的成矿区(带)加强研究和开展前期地质工作。此次大调查再次掀起铁矿普查找矿和研究的高潮,系统地进行资源潜力预测及找矿靶区的优选,对老矿区进行探边摸底,开展预查与普查工作,并注意对基性—超基性铁矿含矿性评价;在白山板庙子青白口纪赤铁矿化石英砂岩层位中首次发现具规模的金矿富集带,在珲春发现富含铂钯的基性、超基性岩体,发现并评价了五道沟白钨矿、杨金沟白钨矿;有色地质勘查局在夹皮沟金矿外围三道溜河一带找到具一定规模的蚀变岩型金矿;老岭成矿带的金钴资源评价、百里坪银矿资源评价等已列入大调查项目并已组织实施,前者在大松树一带已获得明显的找矿成果;在二密铜矿、天合兴铜矿继续开展了深入评价,同时发现了一批具有较好找矿线索的铜矿点及矿化点;发现并勘探了季德屯、大石河、福安堡、一心屯、刘生店等大中型钼矿,同时发现了一批小型钼矿床、矿点及矿化点。

(二)成矿规律研究

吉林省地质矿产成矿规律性研究有悠久的历史,1949 年前,我国地质学家翁文灏、丁文江、谢家荣、侯德封等先后在吉林省进行过地质调查,对吉林省地层、岩浆岩、构造进行了研究。1949 年后,吉林省地质矿产工作不断取得新的进展和成果。从 1958 年起,根据区域地质调查和大量矿产勘查资料,开始着手成矿规律研究,找矿部署由"就矿找矿"逐步转到运用成矿规律、预测成矿远景区的方向上来,建立了"构造成矿带"和"矿化集中区"的概念。在铜镍矿床勘探过程中,吉林省开展了大量的成矿规律和矿产预测研究工作。1965 年由冶金部矿山研究院(北京地质研究所)等提交的《红旗岭镍矿成矿规律、找矿方向及岩体评价报告》,总结了镍矿地质成矿规律,丰富与发展了铜镍矿床的成矿理论;1978—1980 年,由张振清、洪京柱等在赤柏松矿床及其外围开展 1:5 万硫化铜镍矿床区划工作,提交了《吉林省通化县赤柏松硫化铜镍矿床成矿区划说明书》。20 世纪 70 年代中期,开始了解国外某些新的成矿理论,如斑岩矿床成矿模式、层控矿床理论和板块构造理论等,但实际应用很不够。1979 年提交的《吉林省重要矿产总结报告》,系统地研究和总结了与中酸性岩有关的矿产,在黑色金属矿产中重点总结了铁矿,另外总结了铜、铅、锌、钨、锡、铋、钼、锑 8 种矿产的多矿种组合、多来源、多种成矿作用叠加的特点,对吉林省有色金属矿产成矿地质背景、成矿条件等作了规律性总结;在矿床的成因类型划分上,突出了成矿时代、成矿作用、成矿环境、成矿地质背景、成矿特点,确定了成矿期,阐明了成矿的不可逆性,探讨了随构造环境演化的成矿规律,首次系统地总结了含矿建造与成矿的关系。

为了科学地部署矿产勘查工作,1980 年以来,相继开展了镍、金、铁、铅锌等矿种成矿区划和资源总量预测,同时对吉林省重要成矿区(带)开展了专题研究,如华北地台北缘、造山带早古生代、中生代火山岩区等的成矿规律和找矿方向研究。1980—1985 年吉林省地质科学研究所与吉林省地矿局第二、第四地质调查所对吉林省重点矿田铁矿的成矿地质条件、控矿因素及分布规律等方面进行了专题研究,相继提交了《吉林省及西部邻区铁矿成矿规律和成矿远景预测报告》《吉林省及西部邻区构造体系与铁矿分布规律图说明书》《吉林省鞍山式铁矿成矿区划报告》《吉林省铁矿资源总量预测报告》以及国土资源部规划院提交的《华北地台北部鞍山式铁矿成矿区成矿远景区划报告》等。1981—1982 年,洪京柱、张暄等开展了赤柏松铜镍矿床的专题研究工作,提交了《吉林省通化县赤柏松硫化铜镍矿床研究报告》,确定了成矿时代、成岩成矿温度、成矿物质来源,深入探讨了岩浆演化规律和成岩成矿模式;1981—1983 年,刘兴汉、金逢诛等开展了长仁铜镍矿床的研究工作,提出了三级成岩成矿构造,对长仁地区的基性—超基性岩体进行了深入对比研究,初步划分了单期单相、单期多相、多相复合 3 种岩体类型和 3 种成矿类型,明确了后两种岩体类型是找矿评价的方向及岩体侧伏端为有利成矿部位,提出了新的找矿思路;1983 年开展了华北板块北缘东段金、多金属矿远景区划-成矿规律及找矿方向研究;1984 年吉林省地质矿产局物探大队编写了《吉林省深部构造研究报告》。1987—1992 年完成了吉林省东部山区金、银、铜、铅、锌、锑、锡 7 种矿产的 1:20 万成矿预测,该成果在收集、总结和研究大量地质、物探、化探、遥感资料的基础上,以"活动论"的观点和多学科相结合的方法,对吉林省成矿地质背景、控矿条件与成矿规律进行了较深入的研究和总结,较合理地划分了成矿区(带)和找矿远景区,为科学部署找矿工作奠定了较扎实的基础。1990 年吉林省地质矿产局物探大队编写的《华北地台北缘区域重磁场综合解释报告》,吉林省地质科学研究所编写的《吉林省南部早太古宙地质特征及找矿方向研究》,吉林省地质矿产局第二地质调查所编写的《吉林省吉林地区金、银、铜、铅、锌、锑、锡中比例尺成矿预测报告》,吉林省地矿局第四地质调查所编写的《吉林省通化—浑江地区金、银、铜、铅、锌、锑、锡中比例尺成矿预测报告》,吉林省地质矿产局第六地质调查所编写的《吉林省延边地区金、银、铜、铅、锌、锑、锡中比例尺成矿预测报告》,吉林省地质矿产局第三地质调查所编写的《吉林省四平—梅河地区金、银、铜、铅、锌、锑、锡中比例尺成矿预测报告》为第一轮区划成果;1991 年沈保丰编写的《辽吉太古宙地质及成矿》和 1992 年吉林省地质矿产局完成的《吉林省东部山区贵金属及有色金属矿产成矿预测报告》为第二轮区划成果,进一步认定和重新确认了与贵金属及有色金属矿产成矿有关的地质体或初始矿源层,验证了"边缘成矿理论",对吉林省成矿区(带)重新进行了划分。2001年陈尔臻主编了《中国主要成矿区(带)研究(吉林省部分)》,对吉林省部分典型矿床及重要成矿带的成矿规律进行了详细的研究、总结。

第三节 本次研究的工作情况

一、研究内容

(一)典型矿床研究

(1)典型矿床的选取。选取具有一定规模、有代表性、未来资源潜力较大、在现有经济或选冶技术条件下能够开发利用或技术改进后能够开发利用的矿床。

(2)从成矿地质条件、矿体空间分布特征、矿石物质组分及结构构造、矿石类型、成矿期次、成矿时代、成矿物质来源、控矿因素及找矿标志、矿床的形成及就位演化机制9个方面系统地对典型矿床进行了研究。具体如下:①研究矿床形成的地质构造环境及控矿因素;②研究矿床三度空间分布特征,编制矿体立体图或编制不同中段水平投影组合图、不同剖面组合图,分析矿床在走向和垂向上的变化、形成深度、分布深度、剥蚀程度;③研究矿床物质成分,包括矿床矿物组成、主元素及伴生元素含量及其赋存状态、平面与剖面分布变化特征;④分析各成矿阶段蚀变矿物组合、蚀变作用过程中物质成分的带出带入、蚀变空间分带特征,分析主元素迁移过程和沉淀过程的不同蚀变特征;⑤划分矿床的成矿阶段,研究主成矿元素在各成矿阶段的富集变化,划分成矿期,说明各成矿期主元素的变化;⑥确定成矿时代,成矿作用一般经历了漫长的地质发展历史过程,有的是多期成矿、叠加成矿,因此一般情况下成矿作用时代以矿床就位年龄为代表,就位年龄包括直接测定年龄、间接推断年龄、地质类比年龄和矿床类比年龄,收集重大地质事件对成矿的影响年龄;⑦分析成矿地球化学特征,运用各成矿阶段的矿物组合、蚀变矿物组合、交代作用、同位素资料、包裹体成分、成矿温度、压力、酸碱度、氧逸度、硫逸度分析等资料,确定元素迁移富集的内外部条件、地质地球化学标志和迁移富集机理;⑧分析可能的物质成分来源,包括主要成矿金属元素来源、硫来源、热液流体来源;⑨确定具体矿床的直接控矿因素和找矿标志;⑩结合沉积作用、岩浆活动、构造活动和变质作用等控矿因素分析成矿就位机制及成矿作用过程。

(3)通过典型矿床研究,从岩石类型、成矿时代、成矿环境、构造背景、矿物组合、结构构造、蚀变特征、控矿条件8个方面总结典型矿床的成矿要素,建立典型矿床的成矿模式。

(4)在典型矿床成矿模式研究的基础上,结合矿床的地球物理、地球化学、遥感、自然重砂特征及找矿标志,建立典型矿床综合评价找矿模型。研究内容为:①成矿地质条件,包括构造环境、岩石组合、构造标志及围岩蚀变;②找矿历史标志,包括采矿遗迹和文字记录;③地球物理标志,包括重力、磁法、电法及伽马能谱等;④地球化学标志,包括区域和矿区的遥感信息标志,遥感的色、带、环、线、块以及羟基和铁染异常;⑤地表找矿标志,包括含矿建造或岩石组合的特殊标志;⑥编制典型矿床综合评价找矿模型图。

(二)区域成矿规律研究

1. 成矿区(带)划分

吉林省Ⅰ、Ⅱ、Ⅲ级成矿区(带)的划分是采用中国成矿区(带)划分方案(徐志刚等,2008),在对吉林省大地构造演化与区域矿产时空演化的关系、区域控矿因素、区域成矿特征、矿床成矿系列、区域成矿规律研究,以及物探、化探、遥感信息特征研究的基础上,划分了Ⅳ、Ⅴ级成矿区(带)及找矿远景区。

2. 成矿区(带)规律研究

以Ⅳ、Ⅴ级成矿区(带)为单位,在典型矿床研究的基础上,全面分析总结成矿区(带)地质构造环境与主要矿产的成矿类型,厘定矿床成矿系列,研究区域成矿特征,建立区域成矿模式,总结控矿因素和找矿标志,编制区域成矿规律图。

(1)成矿区(带)地质构造环境的分析与厘定。包括:①沉积地层、时代、建造、岩性、赋矿情况。②构造格架(褶皱、断裂、性质、产状、规模)、控矿情况。③岩浆岩活动特征,即火山活动的时代、活动期次、岩性、岩石化学、火山构造、次火山岩、与成矿关系;侵入活动的时代、活动期次、岩性、岩石化学、形态、结构、控岩构造、产状与围岩的接触关系、矿化蚀变。

(2)区域矿产的研究。为区域成矿规律研究的核心内容,广泛收集区域上已知矿床、矿点、矿化点的勘查、科研成果、工作程度、规模、矿种数、矿床分类、矿床分布,包括1:20万矿产图上所有的矿产地,并补充1:20万矿产图完成后发现的矿产地资料。

(3)区域成矿规律研究。对复杂资料分析、综合、归纳出关键性的控矿要素,研究区域成矿特征、成矿时代、成矿地质构造环境、主要成矿作用、形成矿床组合,分出主要矿种、次要矿种及伴生矿种,确定矿床成因类型、时空分布及演化规律,建立与完善成矿系列、亚系列,深化矿床式研究,建立区域成矿模式、区域成矿谱系,总结区域成矿规律、控矿因素和找矿标志,编制区域成矿规律图,指导成矿预测。

二、取得的主要成果

1. 成矿区(带)划分

吉林省共划分了1个Ⅰ级成矿域,3个Ⅱ级成矿省,6个Ⅲ级成矿带,13个Ⅳ级成矿带,36个Ⅴ级找矿远景区;总结了Ⅲ、Ⅳ级成矿带主要特征及重要找矿远景区地质特征与资源潜力。

2. 成矿系列划分

通过对以往成矿系列划分成果的研究,结合本次矿产资源潜力评价结果,对吉林省成矿系列进行了初步的厘定,划分了4个成矿系列类型,16个成矿系列,73个矿床式(表1-3-1)。

3. 典型矿床研究

完成了16个矿种83个(剔除重复的典型矿床后为73个)典型矿床研究;编制典型矿床成矿要素图及数据库、说明书、元数据各83份,典型矿床成矿模式图83张;编制典型矿床预测要素图及数据库、说明书、元数据各83份,典型矿床预测模型图83张(表1-3-2)。

表 1-3-1 吉林省成矿系列划分表

矿床成矿系列类型	矿床成矿系列	矿床成矿亚系列	矿床式	典型矿床(点)	成矿时代(同位素)	成矿时代	所在Ⅳ级成矿区(带)
Pz_2—Mz 大兴安岭晚古生代与中生代 Au,Cu,Pb,Zn,Mo,Ag 矿床成矿系列类型	Pz_2-1 万宝一那金与晚古生代海相火山-沉积作用有关的 Pb,Zn,Ag,Cu,Au 矿床成矿系列	暂无具体划分	塔源式	塔源银金铜矿		古生代	Ⅲ-50-③万宝—那金 Au-Cu-Mo 成矿带
	Mz-1 万宝一那金与燕山期中酸性火山岩、侵入岩作用有关的 Au,Cu,Mo 矿床成矿系列	暂无具体划分	闹牛山式	闹牛山铜钼矿		中生代	Ⅲ-50-③万宝—那金 Au-Cu-Mo 成矿带
Pt_3—Cz 张广才岭—吉林哈达岭新元古代、古生代、中生代、新生代 Fe,Au,Cu,Mo,Ni,Ag,Pb,Zn,Sb,S,萤石矿床成矿系列类型	Pt_3-1 塔东地区与新元古代海相火山沉积作用有关的 Fe,P,S 矿床成矿系列	暂无具体划分	塔东式	塔东铁矿	成岩:1300~700Ma 变质:670.0~430.0Ma	新元古代	Ⅲ-52-⑥福安堡—塔东 Mo-Fe-W-Cu-Au-Pb-Zn-Ag 成矿带
	Pz—Mz-1 吉林省中部地区与古生代火山-沉积及侵入岩浆作用有关的 Pb,Zn,Au,Cu,Fe,S,P,萤石、重晶石矿床成矿系列	Pz—Mz-1-①吉中地区与海相火山沉积作用有关的 Pb,Zn,Au,S,P,重晶石矿床成矿亚系列	放牛沟式	放牛沟多金属硫铁矿	铅模式:306.4~290Ma	晚古生代	Ⅲ-55-①山门—乐山 Ag-Au-Cu-Fe-Pb-Zn-Ni 成矿带
			头道沟式	头道沟硫铁矿			Ⅲ-55-③山河—榆木桥子 Au-Ag-Mo-Ni-Cu-Fe-Pb-Zn 成矿带
			弯月式	弯月金矿、弯月重晶石矿	410.23~173Ma		Ⅲ-55-②那丹伯—座营 Au-Ag-Pb-Zn-Cu-Ni 成矿带
		Pz—Mz-1-②吉中地区与晚古生代—中生代火山及侵入岩浆作用有关的 Au,Pb,Zn,Cu,萤石矿床成矿亚系列	石咀式	石咀铜矿	铅模式:292~202Ma (金玉兴等,1992)	晚古生代—中生代	Ⅲ-55-③山河—榆木桥子 Mo-Ni-Cu-Fe-Pb-Zn 成矿带
			头道川式	头道川金矿	338~200Ma	晚古生代—中生代	Ⅲ-55-③山河—榆木桥子 Mo-Ni-Cu-Fe-Pb-Zn 成矿带
			民主屯式	民主屯银矿	岩体:338Ma	晚古生代—中生代	Ⅲ-55-③山河—榆木桥子 Mo-Ni-Cu-Fe-Pb-Zn 成矿带
			八台岭式	八台岭银金矿		中生代	Ⅲ-52-④兰家—上河湾 Au-Fe-Cu-Ag 成矿带
			牛头山式	牛头山萤石矿		中生代	Ⅲ-52-④兰家—上河湾 Au-Fe-Cu-Ag 成矿带
			二道甸子式	二道甸子金矿	K-Ar:(195.26±4.48)~(173.25±3.91)Ma (陈尔臻等,2001)	中生代	Ⅲ-55-④红旗岭—漂河川 Ni-Au-Cu 成矿带

续表 1-3-1

矿床成矿系列类型	矿床成矿系列	矿床成矿亚系列	矿床式	典型矿床（点）	成矿时代（同位素）	成矿时代	所在Ⅳ级成矿区（带）
Pt₃—Cz张广才岭—吉林哈达岭新元古代、古生代、中生代、新生代Fe、Au、Cu、Mo、Ni、Ag、Pb、Zn、Sb、P、S、萤石矿床成矿系列类型	Pz—Mz-2红旗岭—漂河川地区与海西晚期—印支期超基性—基性岩浆熔离—贯入作用有关的Cu、Ni、Cr矿床成矿系列	暂无具体划分	红旗岭式	红旗岭铜镍矿、漂河川铜镍矿	225Ma（都爱华，2005）	中生代	Ⅲ-55-④红旗岭-漂河川Ni-Au-Cu成矿带
			小绥河式	小绥河铬铁矿	岩体：360Ma（沈阳地质产研究所，2004）	晚古生代	Ⅲ-52-⑥福安堡-塔东Mo-Fe-W-Cu-Au-Pb-Zn-Ag成矿带
	Mz-2吉林省中部地区与燕山期中酸性岩浆作用有关的Au、Cu、Mo、Ag、Pb、Zn、Sb、Fe、萤石矿床成矿系列	Mz-2-①上营地区与燕山早期花岗岩类有关的Mo矿床成矿亚系列	大黑山式	季德屯钼矿		中生代	Ⅲ-52-⑥福安堡-塔东Mo-Fe-W-Cu-Au-Pb-Zn-Ag成矿带
			大石河式	大石河钼矿	(185.6±2.7)Ma Re-Os:(186.7±5)Ma (鞠楠等,2012)	中生代	Ⅲ-52-⑥福安堡-塔东Mo-Fe-W-Cu-Au-Pb-Zn-Ag成矿带
			倒木河式	倒木河金矿	164～175Ma	中生代	Ⅲ-55-③山河-榆木桥子Au-Ag-Mo-Ni-Cu-Fe-Pb-Zn成矿带
			官马式	官马金矿	193.6Ma（李之彤等,1994）	中生代	Ⅲ-55-③山河-榆木桥子Au-Ag-Mo-Ni-Cu-Fe-Pb-Zn成矿带
			大黑山式	大黑山钼矿	Re-Os:(168.2±3.2)Ma (李立兴等,2009)	中生代	Ⅲ-55-③山河-榆木桥子Au-Ag-Mo-Ni-Cu-Fe-Pb-Zn成矿带
		Mz-2-②吉中地区与燕山期中酸性岩浆作用有关的Cu、Mo、Au、Sb、Fe、萤石亚系列	四方甸子式	四方甸子钼矿		中生代	Ⅲ-55-③山河-榆木桥子Au-Ag-Mo-Ni-Cu-Fe-Pb-Zn成矿带
			驿马式	驿马锑矿（三合屯）		中生代	Ⅲ-55-③山河-榆木桥子Au-Ag-Mo-Ni-Cu-Fe-Pb-Zn成矿带
			兰家式	兰家金矿	铅模式：205Ma（张文博,1998）；锆石：(160.1±2.3)Ma	中生代	Ⅲ-52-④兰家-上河湾Au-Fe-Cu-Ag成矿带
			金家屯式	金家屯萤石矿		中生代	Ⅲ-52-⑥福安堡-塔东Mo-Fe-W-Cu-Au-Pb-Zn-Ag成矿带
			南梨树式	南梨树萤石矿		中生代	Ⅲ-55-③山河-榆木桥子Au-Ag-Mo-Ni-Cu-Fe-Pb-Zn成矿带

续表 1-3-1

矿床成矿系列类型	矿床成矿系列	矿床成矿亚系列	矿床式	典型矿床(点)	成矿时代(同位素)	成矿时代	所在Ⅳ级成矿区(带)
Pt₃—Cz 张广才岭－吉岭－哈达岭新元古代、古生代、中生代、新生代 Fe、Au、Cu、Mo、Ni、Ag、Pb、Zn、Sb、P、S、Fe、萤石矿床成矿系列类型		Mz-2-③磐石双阳地区与燕山期中酸性岩浆作用有关的Fe矿床成矿亚系列	吉昌式	吉昌铁矿		中生代	Ⅲ-55-③山河-榆木桥子Au-Ag-Mo-Ni-Cu-Fe-Pb-Zn成矿带
	Mz-2 吉林省中部地区与燕山期中酸性岩浆作用有关的Au、Cu、Mo、Ag、Pb、Zn、Fe、萤石矿床成矿系列	Mz-2-④山门地区与燕山中晚期岩浆和地下热水作用有关的Ag矿床成矿亚系列	山门式	山门银矿	K-Ar:67～122Ma(陈尔华等,2001)	中生代	Ⅲ-55-①山门-乐山Ag-Au-Cu-Fe-Pb-Zn-Ni成矿带
	Cz-1 桦甸地区与新生代沉积作用有关的S矿床成矿系列类型	暂无具体划分	西台子式	西台子硫铁矿		新生代	Ⅲ-55-④红旗岭-漂河川Ni-Au-Cu成矿带
Pz—Cz 兴凯南缘延边古生代、中生代、新生代 Au、Cu、Ni、W、Pb、Zn、Mo、Ag、Sb、Fe、Cr、Pt、Pd、REE矿床成矿系列类型	Pz-1 庙岭-开山屯与古生代岩浆-沉积作用有关的Pb、Zn、Cu、Mo、Au、Ag、Cr矿床成矿系列	Pz-1-①庙岭-开山屯与古生代海相火山-岩浆期作用有关的Cu、Pb、Zn、Au、Ag矿床成矿亚系列	红太平式	红太平多金属矿	铅:208.8Ma(金顿镐,1991);铅:250～290Ma(刘劲鸿等,1997)	晚古生代－中生代	Ⅲ-55-⑤海沟-红太平Au-Fe-Cu-Pb-Zn-Ag-Mo-Ni成矿带
		Pz-1-②天宝山地区与新元古代燕山期火山-岩浆作用有关的Pb、Zn、Cu、Mo、Ag矿床成矿亚系列	金谷山式	金谷山金矿		古生代	Ⅲ-55-⑦天宝山-开山屯Pb-Zn-Au-Ag-Ni-Mo-Cu-Fe成矿带
			天宝山式	天宝山多金属矿	224～289Ma 岩体K-Ar:185Ma(彭玉鲸等,1997)、149～172Ma(金玉兴等,1992)	中生代	Ⅲ-55-⑦天宝山-开山屯Pb-Zn-Au-Ag-Ni-Mo-Cu-Fe成矿带(跨带Ⅲ-56-①)
		Pz-1-③六棵松长仁与海西期超基性基性岩浆作用有关的Cu、Ni、Cr矿床成矿亚系列	长仁式	长仁铜镍矿	350～360Ma(陈尔华等,2001)	晚古生代	Ⅲ-55-⑦天宝山-开山屯Pb-Zn-Au-Ag-Ni-Mo-Cu-Fe成矿带
			小绥河式	开山屯铬铁矿			Ⅲ-55-⑦天宝山-开山屯Pb-Zn-Au-Ag-Ni-Mo-Cu-Fe成矿带

续表 1-3-1

矿床成矿系列类型	矿床成矿系列	矿床成矿亚系列	矿床式	典型矿床（点）	成矿时代（同位素）	成矿时代	所在Ⅳ级成矿区（带）
Pz—Cz 兴凯南缘延边古生代、中生代、新生代 Au、Ni、W、Pb、Zn、Mo、Cu、Sb、Fe、Cr、Pt、Pd、REE 矿床成矿系列类型	Mz-3 延边地区与燕山期岩浆作用有关的 Au、Mo、W、Cu、Sb 矿床成矿系列	Mz-3-① 海沟地区与燕山期岩浆热液作用有关的 Au 矿床成矿亚系列	海沟式	海沟金矿	U-Pb:185.6～167.0Ma; Rb-Sr:181Ma; K-Ar:161.3Ma	中生代	Ⅲ-55-⑤海沟-红太平 Au-Fe-Cu-Pb-Zn-Ag-Mo-Ni 成矿带
		Mz-3-② 杜荒岭-五凤地区与燕山期火山岩浆作用有关的 Au、Cu、Pb、Zn 矿床成矿亚系列	刺猬沟式	刺猬沟金铜矿、闹枝金矿、五凤金矿	$^{40}Ar/^{39}Ar$:(178.0±3)Ma; Rb-Sr:147.5Ma（刺猬沟）（陈尔臻等, 2001),129～137Ma（五凤）（金不兴等, 1992);铅模式:140Ma; Rb-Sr:(130±20)Ma（闹枝）	中生代	Ⅲ-55-⑥五凤-百草沟 Au-Cu-Ag-Pb-Zn-Fe 找矿远景区
		Mz-3-③ 大浦柴河-杨金沟地区与燕山期岩浆侵入活动有关的 Cu、Mo、W、Au 矿床成矿亚系列	小西南岔式	小西南岔金铜矿、杨金沟金矿	380～240Ma K-Ar:137～107.2Ma（陈尔臻等,2001)	中生代	Ⅲ-53-⑤新华村-小西南岔 Au-Cu-W-Pb-Zn-Ag-Fe-Mo-Pt-Pd 成矿带
			大黑山式	刘生店钼矿	175～160Ma	中生代	Ⅲ-55-⑤海沟-红太平 Au-Fe-Cu-Pb-Zn-Ag-Mo-Ni 成矿带
			杨金沟式	杨金沟钨矿	围岩:197～178.5Ma（时俊峰,2003)	中生代	Ⅲ-53-⑤新华村-小西南岔 Au-Cu-W-Pb-Zn-Ag-Fe-Mo-Pt-Pd 成矿带
	Cz-2 延边地区与新生代超基性-基性岩浆作用有关的 Pt、Pd、Cu、Ni 矿床成矿系列	暂无具体划分	前山式	前山铂钯矿	37Ma	新生代	Ⅲ-53-⑤新华村-小西南岔 Au-Cu-W-Pb-Zn-Ag-Fe-Mo-Pt-Pd 成矿带
	Cz-3 延边地区与新生代沉积作用有关的 Au、REE 矿床成矿系列	暂无具体划分	黄松甸子式	黄松甸子金矿		新生代	Ⅲ-53-⑤新华村-小西南岔 Au-Cu-W-Pb-Zn-Ag-Fe-Mo-Pt2-Pd 成矿带
			珲春河式	珲春河金矿		新生代	Ⅲ-53-⑤新华村-小西南岔 Au-Cu-W-Pb-Zn-Ag-Fe-Mo-Pt-Pd 成矿带
			东清式	东清独居石砂矿		新生代	Ⅲ-55-⑤海沟-红太平 Au-Fe-Cu-Pb-Zn-Ag-Mo-Ni 成矿带

续表 1-3-1

矿床成矿系列类型	矿床成矿系列	矿床成矿亚系列	矿床式	典型矿床(点)	成矿时代(同位素)	成矿时代	所在Ⅳ级成矿区(带)
Ar-Mz 华北陆块北缘东段太古宙、古元古代、中生代 Au、Fe、Cu、Ag、Pb、Zn、Ni、Co、Mo、Sb、Pt、Pd、B、S、P、石墨、滑石矿成矿系列	Ar-1 吉林省南部地区与太古宙陆表壳岩变质热液作用有关的 Au,Fe,Cu 矿床成矿系列	暂无具体划分	夹皮沟式	夹皮沟金矿	锆石 U-Pb:(2469±33)Ma 及(2475±19)Ma(李俊建等,1996);1900~1800Ma;K-Ar:(1864.34±45.44)Ma(戴新义等,1986);240~140Ma(陈尔臻等,2001)	太古宙—中生代	Ⅲ-56-①铁岭-靖宇(次级隆起)Fe-Au-Ag-Cu-Pb-Zn成矿带
			老牛沟式	老牛沟铁矿、官地铁矿	2500Ma(陈尔臻等,2001)	太古宙	Ⅲ-56-①铁岭-靖宇(次级隆起)Fe-Au-Ag-Cu-Pb-Zn成矿带
			板石沟式	板石沟铁矿、四方山铁矿	U-Th-Pb:2700Ma(张福顺,1982);U-Pb:(2519±2.1)Ma(毕守业,1989)	太古宙	Ⅲ-56-①铁岭-靖宇(次级隆起)Fe-Au-Ag-Cu-Pb-Zn成矿带
	Pt₁-1 吉南地区与古元古代火山-沉积-侵入岩浆作用有关的 Fe、Cu、Pb、Zn、Ni、Ag、B、S、石墨矿床成矿系列	Pt₁-1-①集安地区与古元古代裂谷火山沉积变质作用有关的 Au、Pb、Zn、Fe、B、石墨矿床成矿亚系列	三半江式	三半江石墨矿		古元古代	Ⅲ-56-②营口-长白裂谷)Pb-Zn-Fe-Au-Ag-U-B-菱镁矿-滑石成矿带
			高台沟式	高台沟硼矿	1900Ma(陈尔臻,2001);锆石 U-Pb:2308Ma	古元古代	Ⅲ-56-②营口-长白裂谷)Pb-Zn-Fe-Au-Ag-U-B-菱镁矿-滑石成矿带
			正岔式	正岔铅锌矿	1971~197Ma(金玉兴等,1992)	古元古代	Ⅲ-56-②营口-长白裂谷)Pb-Zn-Fe-Au-Ag-U-B-菱镁矿-滑石成矿带
			西岔式	西岔金银矿		古元古代	Ⅲ-56-②营口-长白裂谷)Pb-Zn-Fe-Au-Ag-U-B-菱镁矿-滑石成矿带
			砬子沟式	砬子沟铁矿		古元古代	Ⅲ-56-②营口-长白裂谷)Pb-Zn-Fe-Au-Ag-U-B-菱镁矿-滑石成矿带

续表 1-3-1

矿床成矿系列类型	矿床成矿系列	矿床成矿亚系列	矿床式	典型矿床（点）	成矿时代（同位素）	成矿时代	所在Ⅳ级成矿区（带）
Ar-Mz华北陆块北缘东段太古宙、元古宙、古生代、中生代Au、Fe、Cu、Ag、Pb、Zn、Ni、Co、Mo、Sb、Pt、Pd、B、S、P、石墨、滑石矿床成矿系列类型	Pt₁-1吉南地区与古元古代火山-沉积-侵入岩浆作用有关的Fe、Cu、Pb、Zn、Ni、Ag、B、S、石墨矿床成矿系列	Pt₁-1-②赤柏松地区与古元古代超基性-基性岩浆熔离-贯入作用有关的Cu、Ni、Pt、Pd矿床成矿亚系列	赤柏松式	赤柏松铜镍矿	K-Ar:2240~1960Ma（金玉兴等,1992）	古元古代	Ⅲ-56-①铁岭-靖宇（次级隆起）Fe-Au-Ag-Cu-Pb-Zn成矿带
		Pt₁-1-③吉南地区与古元古代沉积-侵入岩浆作用有关的Au、Fe、Cu、Pb、Zn、Ni、Co、S、P、滑石矿床成矿亚系列	荒沟山式	荒沟山铅锌矿	铅模式:(2 091.51~1 628.45)Ma（金玉兴等,1992）	古元古代	Ⅲ-56-②营口-长白（次级隆起）Pb-Zn-Ag-Fe-Au-Ag-U-B-菱镁矿-滑石成矿带
			大横路式	大横路铜钴矿、杉松岗铜铁矿		古元古代	Ⅲ-56-②营口-长白（次级隆起）Pb-Zn-Ag-Fe-Au-Ag-U-B-菱镁矿-滑石成矿带
			大栗子式	大栗子铁矿、七道沟铁矿、乱泥塘铁矿	1 928.5~1 770.4Ma（金顿稿等,1991）	古元古代	Ⅲ-56-②营口-长白（次级隆起）Pb-Zn-Ag-Fe-Au-Ag-U-B-菱镁矿-滑石成矿带
			狼山式	荒沟山硫铁矿	铅模式:1800Ma	古元古代	Ⅲ-56-②营口-长白（次级隆起）Pb-Zn-Ag-Fe-Au-Ag-U-B-菱镁矿-滑石成矿带
			遥林式	遥林滑石矿		古元古代	Ⅲ-56-②营口-长白（次级隆起）Pb-Zn-Ag-Fe-Au-Ag-U-B-菱镁矿-滑石成矿带
			珍珠门式	珍珠门磷矿		古元古代	Ⅲ-56-②营口-长白（次级隆起）Pb-Zn-Ag-Fe-Au-Ag-U-B-菱镁矿-滑石成矿带
	Pt₃-2浑北地区与新元古代沉积-热液改造作用有关的Au、Fe、Cu矿床成矿系列	Pt₃-2-①浑北地区与新元古代沉积-热液改造作用有关的Au、Cu矿床成矿亚系列	金英式	金英金矿		新元古代	Ⅲ-56-②营口-长白（次级隆起）Pb-Zn-Ag-Fe-Au-Ag-U-B-菱镁矿-滑石成矿带

续表 1-3-1

矿床成矿系列类型	矿床成矿系列	矿床成矿亚系列	矿床式	典型矿床(点)	成矿时代(同位素)	成矿时代	所在Ⅳ级成矿区(带)
Ar-Mz华北陆块北缘东段太古宙、古元古宙、中生代Au、Fe、Cu、Ag、Pb、Zn、Ni、Co、Mo、Sb、Pt、Pd、B、S、P、石墨、滑石矿床成矿系列类型	Pt₃-2浑北地区与新元古代沉积热液作用有关的Au、Fe、Cu矿床成矿系列		临江式	白房子铁矿		新元古代	Ⅲ-56-②营口-长白(次级隆起、裂谷)Pb-Zn-Fe-Au-Ag-U-B-菱镁矿-滑石成矿带
			浑江式	青沟铁矿	K-Ar:818Ma	新元古代	Ⅲ-56-②营口-长白(次级隆起、裂谷)Pb-Zn-Fe-Au-Ag-U-B-菱镁矿-滑石成矿带
			六匹叶沟式	六匹叶沟金矿	⁴⁰Ar/³⁹Ar:(190.28±0.30)Ma	中生代	Ⅲ-56-①铁岭-靖宇(次级隆起)Fe-Au-Ag-Cu-Pb-Zn成矿带
		Mz-4-①龙岗复合地块区TTG岩系与燕山期岩浆热液作用有关的Au矿床成矿亚系列	荒沟山式	荒沟山金矿、南岔金矿	Rb-Sr:(1 313.06±7.93)Ma;铅:1 244.35Ma K-Ar:72.39~31Ma	中生代	
	Mz-4吉南地区与燕山期岩浆热液作用有关的Au、Cu、Pb、Zn、Sb、Ag、Mo矿床成矿系列		下活龙式	下活龙金矿	K-Ar:116.8±4.2Ma	中生代	Ⅲ-56-②营口-长白(次级隆起、裂谷)Pb-Zn-Fe-Au-Ag-U-B-菱镁矿-滑石成矿带
		Mz-4-②吉南地区与燕山期岩浆热液作用有关的Au、Pb、Zn、Sb、Ag矿床成矿亚系列	青沟子式	青沟子锑矿	(197±10)~(127.49±8.38)Ma(陈尔臻等,2001)	中生代	Ⅲ-56-②营口-长白(次级隆起、裂谷)Pb-Zn-Fe-Au-Ag-U-B-菱镁矿-滑石成矿带
			郭家岭式	郭家岭铅锌矿	548.0~479.0Ma(金玉兴等,1992)	中生代	Ⅲ-56-②营口-长白(次级隆起、裂谷)Pb-Zn-Fe-Au-Ag-U-B-菱镁矿-滑石成矿带
			西林河式	西林河银矿		中生代	Ⅲ-56-①铁岭-靖宇(次级隆起)Fe-Au-Ag-Cu-Pb-Zn成矿带
			百里坪式	百里坪银矿		中生代	Ⅲ-56-①铁岭-靖宇(次级隆起)Fe-Au-Ag-Cu-Pb-Zn成矿带

续表 1-3-1

矿床成矿系列类型	矿床成矿系列	矿床成矿亚系列	矿床式	典型矿床（点）	成矿时代（同位素）	成矿时代	所在Ⅳ级成矿区（带）
Ar-Mz 华北陆块北缘东段太古宙、元古宙、古生代、中生代 Au、Fe、Cu、Ag、Pb、Zn、Ni、Co、Mo、Sb、Pt、Pd、B、S、P、石墨、滑石矿床成矿系列类型	Mz-4 吉南地区与燕山期岩浆热液作用有关的 Au、Cu、Pb、Zn、Sb、Ag、Mo 成矿系列	Mz-4-③吉南地区与燕山晚期中酸性次火山-侵入岩浆热液作用有关的 Au、Cu、Ag、Mo、Pb、Zn 矿床成矿亚系列		刘家堡子—狼洞沟金银矿		中生代	Ⅲ-56-②营口—长白（次级隆起、裂谷）Pb-Zn-Fe-Au-Ag-U-B-菱镁矿-滑石成矿带
			二密式	二密铜矿、天合兴铜矿	79～56Ma（冯守忠,1998）	中生代	Ⅲ-56-①铁岭—靖宇（次级隆起）Fe-Au-Ag-Cu-Pb-Zn 成矿带
			香炉碗子式	香炉碗子金矿	157～124Ma	中生代	Ⅲ-56-①铁岭—靖宇（次级隆起）Fe-Au-Ag-Cu-Pb-Zn 成矿带
			铜山式	铜山铜钼矿		中生代	Ⅲ-56-②营口—长白（次级隆起、裂谷）Pb-Zn-Fe-Au-Ag-U-B-菱镁矿-滑石成矿带
			万宝式	大营铅锌矿		中生代	Ⅲ-56-②营口—长白（次级隆起、裂谷）Pb-Zn-Fe-Au-Ag-U-B-菱镁矿-滑石成矿带
			大台子式	大台子铅锌矿		中生代	Ⅲ-56-②营口—长白（次级隆起、裂谷）Pb-Zn-Fe-Au-Ag-U-B-菱镁矿-滑石成矿带
	Pz-2 吉南地区与古生代沉积作用有关的 P 矿床成矿系列	暂无具体划分	水洞式	水洞磷矿		古生代	Ⅲ-56-②营口—长白（次级隆起、裂谷）Pb-Zn-Fe-Au-Ag-U-B-菱镁矿-滑石成矿带

表 1-3-2 吉林省重要矿产成矿规律及矿产预测成果图件表

图件及数据库	Fe	Cr	Cu	Pb、Zn	Ni	W	Mo	Sb	Au	Ag	稀土	萤石	P	S	B	合计
典型矿床成矿要素图及数据库、说明书/份	11	1	10	7	5	1	8	1	21	8	1	3	1	4	1	83
典型矿床成矿模式图/张	11	1	10	7	5	1	8	1	21	8	1	3	1	4	1	83
典型矿床预测要素图及数据库、说明书/份	11	1	10	7	5	1	8	1	21	8	1	3	1	4	1	83
典型矿床预测模型图/张	11	1	10	7	5	1	8	1	21	8	1	3	1	4	1	83
预测工作区成矿要素图及数据库、说明书/份	13	3	23	8	9	1	7	2	30	9	1	3	1	5	1	116
预测工作区成矿模式图/张	13	3	23	8	9	1	7	2	30	9	1	3	1	5	1	116
预测工作区预测要素图及数据库、说明书/份	13	3	23	8	9	1	7	2	30	9	1	3	1	5	1	116
预测工作区预测模型图/张	13	3	23	8	9	1	7	2	30	9	1	3	1	5	1	116
预测工作区预测成果图及数据库、说明书/份	13	3	23	8	9	1	7	2	30	9	1	3	1	5	1	116
1:50万矿产预测类型分布图及数据库、说明书/份	1	1	1	1	1	1	1	1	1	1	1	1	1	1	1	16
1:50万成矿区带划分图及数据库、说明书/份	1	1	1	1	1	1	1	1	1	1	1	1	1	1	1	16
1:50万成矿规律图及数据库、说明书/份	1	1	1	1	1	1	1	1	1	1	1	1	1	1	1	16
1:50万预测成果图及数据库、说明书/份	1	1	1	1	1	1	1	1	1	1	1	1	1	1	1	16
1:50万勘查工作部署图及数据库、说明书/份	1	1	1	1	1	1	1	1	1	1	1	1	1	1	1	16
1:50万未来矿产开发基地预测图及数据库、说明书、元数据/份	1	1	1	1	1	1	1	1	1	1	1	1	1	1	1	16

4. 区域成矿规律研究

(1)系统地总结了吉林省16种矿产的勘查研究历史、存在的问题及资源分布，划分了矿床成因类型，研究了成矿地质条件及控矿因素。

(2)从空间分布、成矿时代、大地构造位置、赋矿层位、岩浆岩特点、围岩蚀变特征、成矿作用及演化、矿体特征、控矿条件等方面总结了16个矿种116个预测工作区及吉林省成矿规律。

(3)确立了不同预测方法类型预测工作区的成矿要素和预测要素、工作区的成矿模式和预测模型。

(4)用地质体积法预测了吉林省16个矿种不同级别的资源量。

(5)提出了吉林省16个矿种勘查工作部署建议。

(6)提交了吉林省16个矿种的矿产资源潜力评价成果报告及相应图件。编制预测工作区成矿要素图及数据库、说明书、元数据各116份，预测工作区成矿模式图116张；编制预测工作区预测要素图及数据库、说明书、元数据各116份，预测工作区预测模型图116张；编制预测工作区预测成果图及数据库、说明书、元数据各116份。编制吉林省1∶50万各单矿种矿产预测类型分布图、成矿区（带）划分图、成矿规律图、预测成果图、勘查工作部署图、未来矿产开发基地预测图及数据库、说明书、元数据各16份（表1-3-2）。

第四节 成矿地质背景

吉林省大地构造位置处于华北古陆块（龙岗地块）和西伯利亚古陆块（佳木斯-兴凯地块）及其陆缘增生构造带内。由于多次裂解、碰撞、拼贴、增生，岩浆活动、火山作用、沉积作用、变形变质作用异常强烈，形成若干稳定地球化学块体和地球物理异常区，相对应出现若干大型—巨型成矿区（带），它们共同控制着吉林省重要贵金属、有色金属、黑色金属、能源、非金属和水汽等不同矿产的成矿、矿种种类、矿床规模和分布。

吉林省内出露有自太古宙—元古宙—古生代—中生代—新生代各时代多种类型的地质体，地质演化过程较为复杂，经历了太古宙陆块形成阶段、古元古代陆内裂谷（拗陷）阶段、新元古代—古生代古亚洲构造域多幕陆缘造山阶段、中新生代滨太平洋构造域阶段的地质演化过程。

一、地层

吉林省与成矿有关的地层发育，其分布和时间演化主要受古亚洲洋与太平洋两大构造体系的制约。总体上前中生代属于古亚洲东段南北分异，近东西向的古构造格局；中生代以来，由于受洋-陆两大构造体系相互作用的结果，在前中生代构造格架之上叠加形成了大致平行的北东—北北东向盆、隆相间的构造带，形成了中国东部东西向和北北东向两组主干构造交叉叠置的格局。由此，吉林省的地层划分前中生代、中生代和新生代地层。

（一）太古宇

太古宇火山沉积岩分布于吉南龙岗复合地块边缘，由中太古代变质表壳岩和新太古代变质表壳岩组成，残存于太古宙TTG岩系中，含铁、金和磷等矿产。中太古界龙岗岩群为四道碰子河岩组、杨家店岩组，新太古界夹皮沟岩群为老牛沟岩组和三道沟岩组。

1. 中太古界

(1)四道砬子河岩组(Ar_2s):由斜长角闪岩、黑云斜长片麻岩、浅色麻粒岩、黑云变粒岩夹磁铁石英岩组成,厚度5075m。获得Rb-Sr等时年龄(2972±190)Ma,原岩为基性火山岩-硅铁质沉积,是吉林省铁、铜矿产的主要赋存层位之一,含有低品位的磷灰石矿化。

(2)杨家店岩组(Ar_2y):岩性为斜长角闪岩、黑云片麻岩、黑云斜长片麻岩、二云片麻岩、石榴子石黑云变粒岩和磁铁石英岩,厚度4076m。Pb等时年龄(2950±30)Ma,原岩为基性火山岩-碎屑岩-火山硅铁质沉积,是吉林省铁、铜矿产的主要赋存层位之一,含有具工业意义的晶质磷矿。

2. 新太古界

(1)老牛沟岩组(Ar_3ln):由黑色斜长角闪岩、黑云变粒岩组成,厚度2800~3000m,U-Pb年龄为2740Ma,Pb-Pb年龄为2490Ma。原岩为中基性—酸性火山(碎屑)岩,硅铁质沉积岩,是吉林省铁、金、铜矿产的重要赋存层位之一,含有低品位的磷灰石矿化。

(2)三道沟岩组(Ar_3sd):由绢云石英片岩、磁铁石英岩、绢云绿泥片岩、斜长角闪岩组成,厚度1277~2800m。原岩为火山质含硅铁质沉积,是吉林省铁、金、铜矿产的重要赋存层位之一,含有低品位的磷灰石矿化。

(二)元古宇

元古宇主要分布在吉林省南部,北部陆缘带分布零星,呈捕虏体产出。吉南地区包括古元古界集安岩群和老岭岩群、新元古界青白口系和震旦系;吉中—延边地区包括新元古界色洛河岩群、机房沟岩群、塔东岩群、西保安岩组、青龙村岩群。

1. 古元古界

古元古界主要分布于集安—珍珠门—八道沟一带,与成矿和矿化关系比较密切的主要有集安岩群的蚂蚁河岩组、荒岔沟岩组、大东岔岩组;老岭岩群的达台山岩组、新农村岩组、板房沟岩组、珍珠门岩组、花山岩组、临江岩组和大栗子岩组。

1)集安岩群

该岩群主要由一套以含硼、含墨、多硅高铝和含铁为特征的火山-沉积变质岩系组成。赋存的矿产不仅种类繁多,而且蕴藏丰富,主要有硼、磷、石棉、云母、滑石、铁、金、银、铜、铅锌、硫铁、稀土等。

(1)蚂蚁河岩组(Pt_1m):由斜长角闪岩、黑云变粒岩、钠长浅粒岩、电气石变粒岩、蛇纹橄榄大理岩及混合岩组成,以含硼而不含石墨为特征,厚度大于786.6m。赋存的主要矿产有硼、石棉、金、硫铁、铜铁,其次有金云母、滑石、透辉石、水镁石等。

(2)荒岔沟岩组(Pt_1h):以含石墨为特点的岩石组合,下部为石墨变粒岩、含墨透辉变粒岩、浅粒岩夹斜长角闪岩;中部为含墨大理岩;上部为含墨变粒岩和大理岩。此组总厚度737m,赋存的主要矿产有石墨、金、银、铜、铅锌等。

(3)大东岔岩组(Pt_1d):主要岩石类型为含榴堇青夕线斜长片麻岩、石榴子石片麻岩、黑云变粒岩、浅粒岩组成,厚度936m。赋存的主要矿产有金、银、铅锌等。

2)老岭岩群

该岩群主要为一套海相碎屑岩-碳酸盐岩,以变质程度较浅为特征。该群中矿床、矿点众多,赋存的矿产主要有铁、磷、硫铁、金、铜、钴、铅锌、滑石、石棉等。

(1)达台山岩组(Pt_1dt):由砾岩、含砾长石石英砂岩、长石石英砂岩、粉砂质页岩组成,厚度820.0m。

赋存的矿产主要为扁豆状磷矿。

(2) 新农村岩组(Pt_1x)：以长石石英岩、钠长浅粒岩、黑云变粒岩、透辉变粒岩为主夹白云质大理岩、硅质大理岩、透闪大理岩，厚度570.6m，与金矿成矿关系比较密切。

(3) 板房沟岩组(Pt_1b)：由钙硅酸盐岩、硅质条带大理岩、黑云变粒岩、透闪变粒岩、千枚岩夹大理岩组成，厚度191.9m，与金矿成矿关系比较密切。

(4) 珍珠门岩组(Pt_1z)：由碳质白云质大理岩、角砾状白云质大理岩、白云质大理岩、透闪石化硅质白云质大理岩组成，厚度952.2m。赋存的矿产主要有胶磷矿、硫铁矿、铅锌、铜、金、赤铁矿等。

(5) 花山岩组(Pt_1hs)：为一套砂泥质岩石及灰岩，主要由云母石英片岩、十字石二云片岩、二云片岩及大理岩组成，遭受了较强的区域变质作用，厚度4 675.0m。赋存的矿产主要有铅锌、铜、金、硫铁矿、石棉等。

(6) 临江岩组(Pt_1l)：由长石石英岩、石英岩、黑云变粒岩、含榴夕线堇青斜长片麻岩、黑云斜长片麻岩、石英片岩和十字石二云片岩组成，其中常见夕线石、石榴子石和十字石等变质矿物，厚度773.4m。赋存的矿产主要有金、铅锌等。

(7) 大栗子岩组(Pt_1dl)：主要岩石有薄层石英岩、二云片岩、石英片岩、十字石片岩、千枚状片岩、绢云千枚岩、绿泥绢云千枚岩、中厚层大理岩、白云质大理岩等，其中赋存赤铁矿、菱铁矿，厚度2586m。赋存的矿产主要有铁、铜、钴、铅锌、金、银、锑等，产有著名的大栗子铁矿、大横路铜钴矿。

2. 新元古界

新元古界在吉林省均有分布。吉南地区主要分布于样子哨盆地和浑江凹陷南北两岸，主要岩石地层单位为青白口系和震旦系，为一套碎屑岩-泥灰岩-碎屑岩建造。吉中—延边地区主要分布于龙岗断块的北部边缘及造山带内，主要岩石地层单位为色洛河岩群、塔东岩群、机房沟岩组、西宝安岩组和青龙村岩群，为一套变质火山岩、碎屑岩及碳酸盐岩建造，由于受岩体侵入和后期构造改造影响，该套地层完整性差，多呈零星分布。

1) 青白口系

青白口系与成矿和矿化关系比较密切的主要有下统白房子组，上统钓鱼台组、南芬组。

(1) 白房子组(Qb_1b)：为一套杂色的长石石英砂岩、细砂岩、粉砂岩和页岩。此组可划分为3个岩性段：下段为黄绿色砂岩及黑色页岩层；中段为灰白色长石石英砂岩夹粉砂岩及鲕绿泥石赤铁矿-菱铁矿层；上段为紫色细砂岩、粉砂岩夹黄绿色砂岩层；底部常见数米厚的砾岩层，厚度883m，赋存的矿产主要有菱铁矿和赤铁矿，即临江式铁矿。

(2) 钓鱼台组(Qn_2d)：由紫色、灰白色、白色长石砂岩、石英砂岩、海绿石石英砂岩组成；底部铁质石英角砾岩中夹2~3层赤铁矿层(伴生磷、锰矿化)，厚度388~599m。赋存的矿产主要有铁、金、磷等，产有浑江式铁矿、金英式金矿。

(3) 南芬组(Qb_2n)：可分为两个岩性段，下段为紫色页岩与黄绿色、蛋青色板岩、泥质岩夹薄层石膏；上段为紫色页岩夹粉砂岩。此组厚度790m，赋存的矿产主要有铁、磷、钾(海绿石层)、铜等，下部硅质较高的板状泥灰岩是闻名的松花砚的上等原料。

2) 震旦系

震旦系与成矿和矿化关系比较密切的主要为上统八道江组、青沟子组。

(1) 八道江组(Z_2b)：由碎屑灰岩、藻屑灰岩及叠层石礁灰岩夹3层硅质岩层组成，厚度288.8m，与铜矿成矿关系密切，其中的叠层石灰岩是很好的建筑石材。

(2) 青沟子组(Z_2qg)：由碳酸盐岩及黑色页岩组成。此组划分3个岩性段，下段为中厚层及中薄层灰岩、白云质灰岩、沥青质灰岩及藻屑灰岩；中段为菱铁矿化白云岩与黑色页岩互层；上段为黑色页岩，常夹有菱铁矿化或赤铁矿条带的灰岩或灰岩透镜体。此组厚度80m，赋存的矿产主要有铁、磷等。

3）色洛河岩群

色洛河岩群主要岩性为变质火山碎屑岩、大理岩及斜长角闪岩。下部以变质中基性—中性火山岩为主，上部以变质酸性火山岩为主，厚度大于2583m。同位素年龄1654～1616Ma，是金、铁的主要赋矿层位，赋存的矿产主要有金、铁、铜、铅锌等。

4）塔东岩群

(1) 拉拉沟岩组(Pt_3l)：以角闪质岩石为主，有斜长角闪岩、角闪岩、透辉斜长变粒岩及少量浅粒岩，透辉石榴变粒岩夹有磁铁绿帘石岩和磁铁透辉斜长变粒岩，厚度大于865.9m，赋存的矿产主要有铁、磷等。

(2) 朱敦店岩组(Pt_3z)：以黑云石英片岩、黑云变粒岩、浅粒岩、斜长角闪片麻岩、斜长角闪岩夹数层大理岩为特征，大理岩中硅质条带发育，厚度1073m。

(3) 机房沟岩组(Pt_3j)：为含铁变质岩系，以绢云石英片岩、绿泥石英片岩、绢云片岩夹大理岩（结晶灰岩）、方解绿泥磁铁片岩和磁铁矿扁豆体为特征。原岩为一套中—酸性火山岩夹钙泥质或泥质粉砂岩和含铁或铁质泥硅质岩及碳酸盐岩，在这套建造内赋存有塔东式铁矿。

(4) 西保安岩组(Pt_3xb)：以含沉积变质铁矿为特征，岩性以角闪质岩石为主，由斜长角闪岩、角闪片岩、斜长云母片岩、角闪变粒岩组成，上部偶见大理岩薄层，夹磁铁矿数层岩。此组厚度1073m，赋存的矿产主要有塔东式铁矿，其次有锰、磷等矿产。

5）青龙村岩群

(1) 新东村岩组(Pt_3xd)：变质程度达高绿片岩相—高角闪岩相，主要岩石类型为黑云角闪斜长片麻岩、黑云斜长片麻岩及石英片岩，厚度大于285m，与金矿成矿关系比较密切。

(2) 长仁大理岩(Pt_3c)：与新东村岩组相伴出现，在长仁地区变质程度较高，岩石类型为含墨或含硅质条带大理岩，厚度980m，与金矿成矿关系比较密切。

(三) 古生界

1. 上古生界

1）寒武系

寒武系在吉林省均有分布，与成矿和矿化关系比较密切的主要有吉南地区的水洞组、昌平组、碱厂组、馒头组、张夏组、崮山组、炒米店组及吉中地区的头道岩组。

(1) 水洞组(ϵ_1s)：基本上由两类基本层组成，其一是以含磷砂质砾岩、含磷含砾砂岩与含磷粉砂岩或砂质胶磷矿为基本层的旋回层；其二是底部以含磷砂岩、粉砂岩为基本层的数个旋回层，上部为紫红色粉砂质页岩。此组厚度45.2m，是吉林省重要的含磷层位，普遍具有一定的磷矿化。磷矿化类型属于层状含磷碎屑岩型，包括含胶磷矿砂岩及胶磷矿含砾砂岩或砾岩。

(2) 馒头组(ϵ_1m)：①东热段(ϵ_1m^d)以一套紫色调为主夹有灰白色、青灰色、灰紫色、紫红色的粉屑白云岩、泥质白云岩为特征。底部为砾岩（角砾岩），下部为砂-粉屑状泥质白云岩、白云岩交替层，中上部含膏层由纹层状白云岩-白云质石膏、硬石膏-粉屑白云岩3个基本层组成，顶部的粉屑状含铁泥质白云岩为东热段的标志层。此段厚度72～96.1m，赋存的矿产主要有石膏、锑、钼、银等，已发现多处大、中型石膏矿床。②河口段(ϵ_1m^h)由粉砂岩、粉砂质页岩和页岩组成，夹有数层含海绿石灰岩、生物屑灰岩和鲕状灰岩。下部以暗紫色、猪肝色为主；上部以黄绿色、青灰色为主。此段厚度580m，赋存的矿产主要有锑、钼、银等。

(3) 张夏组(ϵ_2z)：下部以青灰色厚层鲕状生物屑灰岩为主，夹有2～3层黄绿色薄层状灰岩；中部为灰色、青灰色厚层生物屑灰岩，含海绿石生物屑灰岩；上部为青灰色、灰色薄层状灰岩夹少量页岩。此组厚度250m，赋存的矿产主要有锑、钼、铜、银等。

(4)崮山组（$\epsilon_3 g$）：以碎屑岩为主，夹有薄层灰岩，下部为紫色粉砂岩、页岩夹薄层灰岩、竹叶状灰岩，上部为黄绿色紫色页岩、粉砂岩夹数层条带状灰岩，主要以粉砂岩、页岩为主夹灰岩透镜体。此组厚度大于336m，赋存的矿产主要有铜、钼、铅锌、锑、银等。

(5)炒米店组（$\epsilon_3 c$）：由亮晶砾屑灰岩、杂基粒屑灰岩、泥亮晶团粒灰岩、泥亮晶生物碎屑灰岩、泥质条带泥晶灰岩、泥晶灰岩及少量粉屑灰岩等组成。此组厚度50～120m，赋存的矿产主要有铜、钼、铅锌、锑、银等。

(6)头道沟岩组（ϵt）：划分为两个岩性段，上段为变质砂板岩段，以正常沉积碎屑岩为主，夹斜长阳起石岩、大理岩；下段为斜长阳起石岩段，以斜长阳起石岩为主，夹变安山岩、变质砂岩等。此组厚度大于1628m，赋存的矿产主要有硫铁、金、铜等。

2) 奥陶系

奥陶系在吉林省均有分布，与成矿和矿化关系比较密切的主要有吉南地区的冶里组、亮甲山组、马家沟组；吉中地区下二台岩群的盘岭岩组、黄顶子岩组、烧锅屯岩组、放牛沟火山岩；呼兰岩群的黄莺屯岩组、小三个顶子组。

(1)冶里组（$O_1 y$）：以中厚层、中薄层灰岩为主，夹页岩、竹叶状灰岩，厚度137.8m，赋存的矿产主要有铅锌、锑。

(2)亮甲山组（$O_1 l$）：以豹皮状生物搅动灰岩、厚层状白云质灰岩为主，夹薄层灰岩和竹叶状灰岩，顶部有角砾状灰岩。此组厚度311m，赋存的矿产主要有钼、锑。

(3)马家沟组（$O_1 m$）：由角砾状灰岩、粉屑灰岩、泥晶灰岩或白云质灰岩组成，底部为厚层状，中部为薄层状、中薄层状，向上呈厚层和巨厚层状。此组厚度354m，赋存的矿产主要有钼、锑。

(4)下二台岩群：①盘岭岩组（Op）由角闪变粒岩、黑云斜长变粒岩、黑云变粒岩、变质流纹岩组成，夹有黑云角闪变粒岩及变质粉砂岩，厚度793.8m，与金矿成矿关系比较密切；②黄顶子岩组（Oh）以含细粒石英屑大理岩、粉砂质大理岩、条带状含硅质结核大理岩为主，夹数层变质粉砂岩、石英砂岩、片岩和炭质板岩，厚度336.3m，与金矿成矿关系比较密切；③烧锅屯岩组（Os）由黑云变粒岩、角闪变粒岩、二云石英片岩、黑云石英片岩、角闪石英片岩组成，厚度166m，与金矿成矿关系比较密切；④放牛沟火山岩（Of）：主要为浅变质中酸性火山岩-碳酸盐岩-碎屑岩建造，以变质砂岩、粉砂岩与结晶灰岩为旋回层的一套地层，厚度2 102.6m，赋存的矿产主要有硫铁、铅锌、钼、铜、锑。

(5)呼兰岩群：①黄莺屯岩组（Ohy）上部以变粒岩为主，偶夹硅质条带大理岩，中部为变粒岩、含石墨变粒岩与硅质条带大理岩、含石墨硅质条带大理岩互层，下部为含电气石石榴二云片麻岩。此组厚度4 251.7m，赋存的矿产主要有金、铜、银。②小三个顶子组（Osx）以含燧石条带大理岩、厚层含石墨大理岩、白云质大理岩为主，夹少量变粒岩、石英岩及片岩，厚度914m，与金矿成矿关系比较密切。

3) 志留系—泥盆系

志留系—泥盆系主要分布在南北古陆之间的陆缘带，是在古亚洲洋扩张阶段造山后伸展期形成的。与成矿和矿化关系比较密切的主要有吉中地区志留系桃山组、石缝组、弯月组、椅山组、张家屯组、二道沟组和泥盆系王家街组以及延边地区五道沟群的马滴达组、杨金沟组、香房子组。

(1)桃山组（$S_1 t$）：笔石页岩相地层，由灰色、深灰色细砂岩、薄层粉砂岩、深灰色厚层粉砂岩夹数层泥灰岩透镜体组成，上部有条带状结晶灰。此组产大量笔石，厚度252.9m，与金矿成矿关系比较密切，赋存的矿产主要有金、铅锌。

(2)石缝组（Ss）：以变质砂岩、粉砂岩与结晶灰岩为旋回层的一套地层，结晶灰岩中产床板珊瑚。此组厚度2 102.6m，与金矿成矿关系比较密切，赋存的矿产主要有金、铅锌、萤石。

(3)弯月组（Sw）：由片理化流纹岩、流纹凝灰熔岩、中酸性熔岩、中性熔岩为主夹结晶灰岩组成，厚度1 312.7m，与金矿成矿关系比较密切，赋存的矿产主要有金、铅锌。

(4)椅山组（Sy）：以碎屑岩和碳酸盐岩为主的一套地层，下部砂岩与灰岩互层，上部为红柱石板岩、千枚状板岩夹数层变质砂岩，厚度1 926.8m，与金矿成矿关系比较密切。

(5)张家屯组(S_3z):由砾岩、含砾砂岩、砂岩和粉砂岩夹灰岩透镜体组成,上部为紫色层,下部为砾岩,有珊瑚、腕足类化石,厚度380m,与金矿、萤石成矿关系比较密切。

(6)二道沟组(S_1e):下部以砂岩、粉砂岩为主,夹灰岩透镜体,上部以灰色、灰白色厚层灰岩、生物屑灰岩为主,夹薄层砂岩、粉砂岩。此组富含珊瑚、腕足、三叶虫、牙形刺和层孔虫等多门类化石,厚度大于555m,与金矿、萤石成矿关系比较密切。

(7)王家街组(D_2w):下部为粗粒长石砂岩、粉砂岩;上部为灰色、深灰色中厚层灰岩,含燧石结晶灰岩、生物屑灰岩,产珊瑚和层孔虫,厚度876.7m,与金矿成矿关系比较密切。

(8)马滴达组(Sm):以变质砂岩、粉砂岩为主,夹有变安山岩、英安质火山岩和火山碎屑岩,厚度大于227.6m,与金矿成矿关系比较密切,赋存的矿产主要有金、铜、钨。

(9)杨金沟组(Sy):由灰黑色角闪石英片岩、绿色角闪片岩、黑云片岩夹条带状大理岩和变质砂岩组成,厚度570.4m,与金矿成矿关系比较密切,赋存的矿产主要有金、铜、钨。

(10)香房子组(Sx):以黑色板状红柱石二云片岩、红柱石二云石英片岩、黑云角闪石英片岩为主,夹变质砂岩和粉砂岩,厚度1 225.4m,与金矿成矿关系比较密切,赋存的矿产主要有金、铜、钨。

2. 下古生界

吉林省下古生界十分发育,主要分布于吉南地区浑江盆地、吉中地区磐双裂陷内及延边地区,由石炭系和二叠系构成,为一套复陆屑建造、有机岩建造及红色建造,以及滨浅海相复陆屑沉积、碳酸盐岩、火山岩及碎屑岩沉积建造。

1)石炭系

石炭系与成矿和矿化关系比较密切的主要有吉中地区的通气沟组、余富屯组、鹿圈屯组、磨盘山组、石嘴子组、窝瓜地组,延边地区的天宝山组、山秀岭组,以及吉南地区的本溪组、山西组。

(1)通气沟组(C_1t):下部为黄绿色中粒砂岩、细砂岩;上部为黄绿色中粒砂岩与粉砂岩互层偶夹页岩。此组产腕足、双壳类及苔藓虫,厚度大于313.2m,与金矿成矿关系比较密切。

(2)余富屯组(C_1y):下部为石英角斑岩、细碧岩、角斑质凝灰岩互层夹凝灰质砂岩;上部为石英角斑岩、凝灰岩互层夹细碧岩及大理岩。岩石普遍有硅化和青磐岩化蚀变,在灰岩中有珊瑚和腕足类化石。此组厚度大于309.4m,与金银矿成矿关系比较密切。

(3)鹿圈屯组(C_1l):以砂岩、粉砂岩、灰岩或砂岩、粉砂岩、板岩为基本层序的旋回层,产珊瑚、腕足类、双壳类、苔藓虫、植物、介形虫和牙形刺等化石,最大厚度2300m,赋存的矿产主要有萤石矿、矽卡岩型铁矿。

(4)磨盘山组(C_1m):下部为砂屑灰岩(或鲕粒灰岩)、亮晶灰岩、泥晶灰岩、硅质岩;上部为泥晶灰岩、亮晶灰岩、砂屑灰岩。此组厚度大于800m,赋存的矿产主要有萤石矿。

(5)石嘴子组(C_2s):以碎屑岩(砂岩、页岩)为主,夹有数层薄层灰岩的一套地层,产蜓类化石,厚度578m,赋存的矿产主要有金、铜。

(6)窝瓜地组(C_2w):下部为灰白色英安岩、英安质火山角砾岩及凝灰岩夹灰岩透镜体;上部由黄白色流纹岩及凝灰岩夹薄层灰岩为基本层序组成。此组产动物化石,厚度700.7m,赋存的矿产主要有金、铜。

(7)天宝山组(C_2t):下部为角岩化钙质粉砂岩、角岩化页岩、结晶灰岩、燧石条带结晶灰岩;中部为黑色板岩、燧石条带结晶灰岩、泥质灰岩、结晶灰岩等;上部为长石石英砂岩、钙质粉砂岩、燧石结核结晶灰岩、条带状灰岩、质纯灰岩等。此组厚度大于1200m,赋存的矿产主要有铅锌、铜、钼。

(8)山秀岭组(C_2s):以灰岩为主,下部为火山灰凝灰岩,向上出现角砾状灰岩、含砂屑鲕状灰岩、亮晶灰岩和泥晶灰岩,含蜓类和腕足类化石,厚度大于517m,赋存的矿产主要有铅锌。

(9)本溪组(C_1b):由砾岩、粗砂岩、中砂岩、粉砂岩及铝土质页岩或薄煤层组成,产大量的植物化石,厚度102m,赋存的矿产主要有煤、锑、耐火黏土。

(10)山西组（C_2—P_1s）：为煤系地层，主要岩性为中—中粗粒砂岩与灰黑色、黑色砂岩、粉砂岩和煤层，可分为下含煤段和上含煤段，分别相当于前人所称之"太原组"与"山西组"。下含煤段有3个煤层，其中1层可采，底部有黄色含砾砂岩；上含煤段底部为厚层中粗粒石英砂岩，含煤1～3层，顶部Ⅰ号煤层为主要可采层。此组厚度98m，为吉林省重要的含煤地层。

2）二叠系

二叠系与成矿和矿化关系比较密切的主要有吉中地区的范家屯组、哲斯组、杨家沟组（林西组）、影壁山组；延边地区的庙岭组、解放村组、开山屯组；吉南地区的石盒子组、孙家沟组。

(1)范家屯组（P_1f）：下部为深灰色与灰黑色砂岩、粉砂岩、板岩；中部为厚层生物屑灰岩透镜体和凝灰质砂岩；上部为黑色、灰色板岩夹砂岩。此组厚度862m，赋存的矿产主要有金、铜、萤石。

(2)哲斯组（P_1zs）：以含砾杂砂岩、长石砂岩、细砂岩为主，夹粉砂岩、灰岩透镜体及含铁硅质岩，产腕足、头足类化石，厚度2 095.4m，与金矿成矿关系比较密切。

(3)杨家沟组（林西组，P_2y）：以黑灰色砂岩、板岩为主，夹含砾砂岩，局部夹薄层砾屑灰岩、泥灰岩透镜体，产动植物化石，厚度大于568.8m，与金银矿成矿关系比较密切。

(4)影壁山组（P_2—T_1yb）：原卢家屯组的下段和中段，即影壁山砾岩段和漏斗山杂色岩段之和，由紫色、青灰色、灰绿色和黄色砾岩、砂岩和页岩组成，厚度3 989.9m，与金矿成矿关系比较密切。

(5)庙岭组（P_1m）：下部为灰色与绿灰色长石石英砂岩、杂砂岩、粉砂岩夹薄层灰岩透镜体；上部为砂岩、粉砂岩、板岩夹厚层灰岩透镜体，在庙岭一带灰岩厚度较大，灰岩中产丰富的蜓、珊瑚化石。此组厚度702.6m，赋存的矿产主要有金、铜、铅锌、银。

(6)解放村组（$P_{1-2}j$）：为陆相和海陆交互相的碎屑沉积岩系，局部灰岩透镜体，产植物和动物化石，厚度874.9m，与钨矿成矿关系比较密切。

(7)开山屯组（P_2k）：下部以花岗质砾岩为主，夹有碳质粉砂岩和砂岩；上部砾岩变少，由砂岩、碳质粉砂岩组成，其中产大量植物化石。此组厚度351m，与金矿成矿关系比较密切。

(8)石盒子组（P_2sh）：以粗砂岩、细砂岩为主，夹页岩、铝土页岩、铝土岩和碳质页岩，偶夹煤线和薄煤层。中部以紫色为主，间有黄绿色；下部和上部则以黄绿色、灰绿色为主，间有紫色，还有少量白色和黑色岩石。此组厚度大于237.19m，赋存的矿产主要有锑、铝土矿、耐火黏土、煤。

(9)孙家沟组（P_2s）：下部为紫红色中粒砂岩、细砂岩、粉砂岩，偶夹铝土质页岩和薄层石膏；上部为紫红色页岩及泥岩。此组厚度大于262m，赋存的矿产主要有锑、铝土矿、石膏。

（四）中生界

1. 三叠系

三叠系与成矿和矿化关系比较密切的主要有吉南地区的小河口组、长白组；延边地区大兴沟群的托盘沟组、马鹿沟组、天桥岭组；吉中地区的卢家屯组、大酱缸组、四合屯组。

(1)小河口组（T_3xh）：属河流-沼泽相含煤建造，夹多层薄煤层。下部为灰色、紫色砾岩、砂砾岩；上部为砂岩、粉砂岩、泥岩夹薄煤层，总厚度309m。

(2)长白组（T_3c）：下段安山岩段为安山质角砾岩、集块岩及安山岩；上段流纹岩段以流纹质角砾岩、流纹岩组成的韵律层为特征，反映岩浆活动由中性向酸性的演化趋势。

(3)托盘沟组（T_3t）：由中酸性火山岩及其凝灰岩组成的一套地层。下部以中性火山岩为主，安山质熔岩、凝灰岩夹凝灰质砾岩；上部酸性火山岩占主导，流纹质熔岩、凝灰岩夹有英安质火山岩。此组厚度1108m，与金矿、钨矿成矿关系比较密切。

(4)马鹿沟组（T_3m）：以火山喷发间歇期沉积的河湖相及含丰富的植物化石为特征，主要岩性为凝灰质砂岩、粗砂岩、粉砂岩、板岩，夹3～4层薄煤层，厚度大于1000m。

(5)天桥岭组(T_3tq):为一套酸性火山岩系,下部以爆发相的凝灰岩为主,上部以流纹岩为主,夹凝灰岩。此组厚度852m,与金矿成矿关系比较密切。

(6)卢家屯组(T_1l):由碎屑岩组成,可划分下、中、上3个岩性段,即影背山砾岩段、漏斗山杂色岩段、卢家屯黑色岩段局部夹薄煤层。底部为石英长石粉砂岩、细砂岩,上段细碎屑岩出现原生菱铁矿和褐铁矿。此组厚度大于4745m,赋存的矿产主要有煤、铁、金等。

(7)大酱缸组(T_3d):为一套河流-湖沼相含煤地层,主要由砾岩、砂岩、粉砂质板岩、泥岩夹薄煤层组成,厚度1439m。

(8)四合屯组(T_3s):岩性以灰绿色与紫灰色安山岩、玄武安山岩为主,夹安山质熔结凝灰岩、粉砂岩,厚度397.5m。

2. 侏罗系

侏罗系在吉林省均有分布,与成矿和矿化关系比较密切的有吉南地区的义和组、小东沟组、果松组、鹰嘴拉子组、林子头组、石人组;延边地区的屯田营组;吉中地区的南楼山组、久大组、安民组、长安组;松辽盆地的红旗组、万宝组、沙河子组。

(1)义和组(J_1y):早侏罗世主要含煤系地层,由砾岩、砂岩、页岩、凝灰岩、凝灰熔岩夹煤层及煤线组成,厚度大于700m,为吉林省主要的含煤地层。

(2)小东沟组(J_2y):为一套河流-沼泽相含煤碎屑岩沉积,主要岩性有含砾砂岩、泥质粉砂岩夹碳质页岩及薄煤层,产较为丰富的植物化石,厚度200~800m,赋存的矿产主要有煤、锑等。

(3)果松组($J_{2-3}g$):下部以砾岩、砂岩为主,产少量植物化石;上部为安山岩、安山质凝灰熔岩,局部有流纹岩、凝灰岩,产植物化石。此组厚度1610m,赋存的矿产主要有金、铜、铅锌、锑等。

(4)鹰嘴拉子组(J_3y):为湖相碎屑岩含煤建造,由砾岩、砂岩、粉砂岩、页岩及煤组成,局部地段含劣质油页岩层,产动植物化石,厚度413.1m,赋存的矿产主要有金、铅锌、锑等。

(5)林子头组(J_3l):凝灰质砾岩、砂岩、粉砂岩及中酸性凝灰岩互层,组成酸性火岩山系,产动植物化石,厚度213.7m,赋存的矿产主要有金、铜、铅锌等。

(6)石人组($J_3—K_1s$):由砾岩、含砾砂岩、碳质页岩夹煤层组成,产植物化石,厚度大于300m,赋存的矿产主要有煤、锑等。

(7)屯田营组(J_3t):以中性火山岩-碎屑岩为主,由安山岩、集块岩、安山质凝灰角砾岩、凝灰岩夹凝灰质砂岩组成,厚度1 585.3m,赋存的矿产主要有金、铜、硫等。

(8)南楼山组(J_1n):下部以安山岩、安山质凝灰质砾岩为主,上部以中酸性熔岩为主。此组厚度1 876.0m,赋存的矿产主要有金、铜、铅锌、硫等。

(9)久大组(J_3j):以湖沼相细碎屑岩沉积为主,夹煤层,由含砾砂岩、粉砂岩、泥岩、页岩及薄煤层组成,厚度200~300m。

(10)安民组(J_3a):为一套中酸性火山岩夹煤层,主要由安山岩、安山玄武岩和陆源碎屑岩组成,局部夹煤层,厚度大于900m。

(11)长安组($J_3—K_1ca$):为一套碎屑岩含煤地层,岩性以砂质页岩、页岩、煤层为主,局部地区夹少量砾岩及凝灰质砂岩。此组可划分为上、下两个含煤层,下部含煤层多为复煤层,最厚可达33m,一般由1~6个分煤层组成;上部含煤层多呈线状或扁豆状,局部可采。此组厚度大于1000m。

(12)红旗组(J_1h):主要由河流相、河漫滩及湖相碎屑堆积的含煤岩系组成,岩性为砾岩、砂岩、粉砂岩及薄层、中厚层煤层多层,为早侏罗世主要的含煤地层,厚度500~700m。

(13)万宝组(J_2w):为一套河流-湖沼相碎屑岩沉积,下段为砾岩段;上段为含煤段,由砂岩、粉砂岩、凝灰岩组成,含3~5层可采煤层,是主要的含煤地层。此组厚度大于100m。

(14)沙河子组(J_3s):为一套河流-沼泽相沉积,下部以粗碎屑岩为主,夹煤线;中部以砂页岩为主夹煤层,可采煤4~5层;上部以粗碎屑岩为主,夹煤线。此组厚度462m。

3. 白垩系

白垩系在吉林省均有分布,与成矿和矿化关系比较密切的有吉南地区的小南沟组;延边地区的长财组、大拉子组;吉中地区的金家屯组;松辽盆地的营城组。

(1)小南沟组(K_1x):由紫色与灰紫色砾岩、砂岩、粉砂岩、黏土岩组成,厚度大于900m,与锑矿成矿关系比较密切。

(2)长财组(K_1c):由砾岩、砂岩、页岩、泥岩、煤层等组成的含煤岩系,局部地段可采煤层达10余层,产植物化石,厚度400m,是白垩系主要的含煤地层。

(3)大拉子组(K_1dl):属河流-湖泊相含油页岩沉积,下部砾岩层以黄褐色、灰绿色砾岩为主,夹砂岩、粉砂岩,局部夹薄煤层;上部为油页岩、黑色页岩及砂岩,夹紫色岩层。此组厚度2 849.5m,赋存的矿产主要有油页岩、煤、磷等。

(4)金家屯组(K_1j):主要岩性为一套中酸性火山岩夹火山碎屑岩及薄煤层,底部为一层厚约30m的流纹质凝灰岩。此组厚度273m。

(5)营城组(K_1y):是由火山喷发和湖盆陆源堆积两种作用同时形成的火山-沉积建造,下部为中基性熔岩、安山岩、玄武安山岩夹凝灰质砾岩、凝灰质砂岩;上部以流纹质凝灰岩、凝灰质角砾岩为主,夹凝灰质砂岩及可采煤层。此组厚度860m,赋存的矿产主要有煤、萤石,还有珍珠岩、黑曜岩、膨润土、沸石等。

(五)新生界

新生界在吉林省广泛发育,与成矿和矿化关系比较密切的主要有古近系缸窑组、棒槌沟组、吉舒组、珲春组、梅河组、桦甸组;新近系土门子组、水曲柳组、泰康组,赋存的矿产主要有煤、油页岩、黏土、硅藻土、硫铁。

1. 古近系

(1)缸窑组(Eg):为谷地边缘型沉积,主要由复成分砾岩、杂砂岩夹泥岩组成,个别地区夹碳质岩或煤层。此组厚度242.2m。

(2)棒槌沟组(Eb):为静水湖泊环境下沉积,以砂岩、粉砂岩、黏土岩为基本层序的韵律层,夹薄煤层,以含多层工业黏土矿为特征,厚度650m。

(3)吉舒组(Ej):属沼泽与河流、湖泊交替环境形成,下部的主要含煤段(1~18层)由细砂岩、粉砂岩、泥岩(页岩)、煤层组成,形成重要的含煤层;上部褐色砂页岩段由褐色泥岩、粉砂质泥岩组成。此组厚度380~710m。

(4)珲春组(Eh):主要岩性为砾岩、砂岩、页岩、凝灰质砂页岩夹煤层。此组分上、下两个含煤段:下段为河流冲积相、成煤沼泽相及湖滨相沉积;上段主要是成煤沼泽相-湖泊相沉积,煤层较多、较厚,为重要的可采煤层。此组厚度近1000m。

(5)梅河组(Em):主要为沼泽和湖泊相含煤碎屑岩沉积。此组分为5段:底部岩段为灰绿色含铝土质泥岩、杂色泥岩夹白色砂岩,往往有20m厚赤色砾岩;下含煤段由泥岩夹细砂岩、砾岩组成,含煤5层;泥岩段为致密块状褐色泥岩;上含煤段为砂岩、泥岩和砾岩,含煤9层;绿色岩段为灰绿色粉砂岩、细砂岩、中砂岩和泥岩。此组厚度1100m。

(6)桦甸组(Ehd):属沼泽湖泊相碎屑岩沉积建造,主要由灰白色、灰色、灰绿色含砾粗砂岩、中细粒砂岩、细砂岩、粉砂质泥岩夹油页岩、薄层石膏和褐煤组成,含有工业价值的煤、油页岩和硫铁矿。此组厚度1935m。

2. 新近系

（1）土门子组（N_1t）：以砾岩、砂岩、黏土岩为基本层序的岩石序列，夹有玄武岩及硅藻土层，产植物化石和孢粉，厚度419.6m。

（2）水曲柳组（N_1s）：以砾岩、砂砾岩、砂岩、粉砂岩、泥质粉砂岩夹泥岩为基本层序的岩石序列，局部夹有1～2层劣质煤或煤线、黏土岩及硅藻土，厚度600m。

（3）泰康组（N_2t）：岩性为灰绿色、黄绿色泥岩、砂质泥岩、砂岩、含砾粗砂岩，局部地区夹薄煤层及硅藻土，厚度150m。

3. 第四系

（1）更新统（Qp_3^{al}）：分布在Ⅱ级阶地，多由泥砾、砂、亚砂土组成，砾石以花岗岩为主，厚度大于5m，赋存的矿产主要为风化壳型稀土矿。

（2）全新统（Qh）：主要为冲洪积砂砾石层、沼泽砂泥、泥炭、风积砂、黏土、黑土等，厚度5～50m，赋存的矿产主要有砂金、沉积型稀土矿。

二、火山岩

吉林省火山活动频繁，按其喷发时代、喷发类型、喷发产物、构造环境等特征，自太古宙至新生代共有6期火山喷发旋回，自老至新为阜平期、中条期、加里东期、海西期、晚印支期—燕山期。

1. 阜平期火山喷发旋回

阜平期火山喷发旋回主要发育在胶辽古陆块，由四道砬子、杨家店、老牛沟和三道沟期喷发的基性和中酸性火山岩类组成。这套火山岩经过多期变质、变形，形成麻粒岩（局部）相、角闪岩相的变质岩石，以表壳岩为特征分布。原岩以拉斑玄武岩为主，间或有科马提岩，吉林省浑江、桦甸、抚松、通化、靖宇等广大"陆块区"均有出露。该期火山岩与铁、金、铜、磷等成矿关系比较密切。

2. 中条期火山喷发旋回

中条期火山喷发旋回为大陆边缘岛弧增生阶段形成的火山产物，为钙碱性系列的玄武岩-安山岩-流纹岩组合，初步划分为2个火山幕：第Ⅰ幕仅见于胶辽古陆北缘色洛河一带；第Ⅱ幕见于南部陆缘区西保安一带，还出露于松佳兴地块北缘机房沟和塔东一带，受变质后呈斜长角闪岩、蚀变安山岩、片理化流纹岩。该期火山岩与铁、金、铜、铅锌等成矿关系比较密切。

3. 加里东期火山喷发旋回

加里东期火山喷发作用仅见于华北陆块北缘弧盆系中，可划分为3个火山幕：第Ⅰ幕为头道沟基性、中性火山喷发；第Ⅱ幕为盘岭火山活动，时代为奥陶系；第Ⅲ幕火山喷发活动强烈，有弯月安山岩类和巨厚的放牛沟安山岩-英安岩及其凝灰岩组成的多次喷发旋回。加里东期火山喷发旋回的主要岩石类型是钙碱性系列的中性—酸性火山岩，与金、银、铜、铅锌、硫等成矿关系比较密切。

上述岩石经广泛的区域变质作用，成为低角闪岩相-绿片岩相的变质岩。这套岩石虽经变质，但由于变质较浅，普遍保留了原火山结构特征。

4. 海西期火山喷发旋回

海西期火山喷发作用分布较广，在华北陆块北缘、松佳拼贴地块南缘及小兴安岭-锡林浩特弧盆系中均有出露。泥盆系在吉林省内无火山活动,自石炭纪至二叠纪火山活动可划分为3个火山幕:第Ⅰ幕为石炭纪早中期发生的余富屯细碧岩系和石头口门细碧角斑岩系与安山岩类;第Ⅱ幕为南部陆缘带的窝瓜地英安质火山岩系,火山活动较弱;第Ⅲ幕发生于二叠纪中晚期,分布于中间岛弧和弧陆拼合造山带。除五道岭英安岩和流纹岩外,主要以英安质凝灰岩为主夹在碎屑岩系中,分布于松佳拼贴地块南缘的满河安山岩及其凝灰岩属一套钙碱性火山岩。该期火山岩与金、银、铜、铅锌、铁、萤石等成矿关系比较密切。

5. 晚印支期—燕山期火山喷发旋回

中生代始,本区已上升为陆地成为欧亚大陆板块的东缘部分。在太平洋板块的北西方向俯冲作用下,本区出现了一系列近北东走向的断裂与褶皱,形成一系列的隆拗带,伴随裂隙式、中心式为特点的火山活动,其产物以钙碱性系列的安山岩、英安岩、流纹岩及其火山碎屑岩等过渡类型岩石为特征的玄武安山岩-安山岩-流纹岩组合,广泛分布在洮安、长春、舒兰、蛟河、延边等地。本旋回火山岩可划分为4个火山幕:第Ⅰ幕发生于晚三叠世到早侏罗世早期,分布于张广才岭-哈达岭火山盆地和太平岭-老岭火山盆地,长白中性—酸性火山岩、天桥岭酸性火山岩、托盘沟安山岩、四合屯、玉兴屯英安岩类属第Ⅰ幕的火山产物;第Ⅱ幕中、晚侏罗世火山岩,发育于吉林省,包括付家洼子、火石岭德仁、屯田营和果松安山岩及其凝灰岩类等;第Ⅲ幕发生于晚侏罗世晚期到白垩纪早期,分布于吉林省晚中生代盆地,主要岩性为酸性及英安质火山岩及其凝灰岩;第Ⅳ幕发生于白垩纪晚期至古近纪早期,仅分布于松辽盆地、大黑山火山盆地和太平岭-老岭火山盆地,主要岩性为中性、基性火山岩。该期火山岩与金、银、铜、铅锌、钨、锑、硫等成矿关系比较密切。

三、侵入岩

吉林省自太古宙至新生代侵入岩浆活动强烈,自老至新为阜平期、中条期、加里东期、海西期、晚印支期—燕山期,尤以海西期、印支期、燕山期岩浆活动最为强烈,形成了多个基性—超基性岩体群及大面积的中酸性侵入岩。

1. 阜平期岩浆活动

阜平期岩浆活动主要分布于新太古代裂谷及辽吉地块上壳岩中,岩性为英云闪长岩-奥长花岗岩。该期岩浆活动成矿作用不太明显,仅在夹皮沟矿田中显示了对矿源层改造,使金、铜等初步富集。

2. 中条期岩浆活动

中条期侵入岩活动比较发育,主要分布在华北陆块区龙岗山脉及和龙一带,各类岩体产出的规模不等。基性—超基性岩体主要分布在华北陆块区,面积一般在 $0.5km^2$ 左右,主要分布在凉水河子、夹皮沟、露水河、赤柏松、快大茂子等地,为多次侵入复合岩体,具深源液态分离及良好的就地分异特征,赋矿岩体类型主要有辉绿辉长岩-橄榄苏长辉长岩-二辉橄榄岩细粒苏长岩型、辉长玢岩型等,与铜镍成矿关系密切。中酸性花岗岩主要对产于绿岩中的金成矿有一定影响,该期花岗岩主要提供热源,对矿源层进行改造,使成矿物质活化、富集成矿。

3. 加里东期岩浆活动

加里东期侵入岩基性—超基性岩较少,随着区域变质作用的发生,发育了中酸性岩浆侵入活动,并形成了过渡性地壳同熔型花岗岩。基性—超基性岩体延着陆缘北缘有发育较少的一部分,主要分布在吉林中部杨木林子、敦化江源、万宝大蒲柴河、和龙长仁—獐项、柳水平等地区,均展布于古洞河深大断裂以北,呈北西向带状展布,可划分 3 种类型,即单期单相岩体、单期多相岩体、多期多相岩体;按岩石组合及分异特征,可分 4 种类型,即辉石橄榄岩型、辉石岩型、辉石-橄榄岩型、橄榄岩-辉石岩-辉长岩-闪长岩杂岩型。其中单期多相、多期多相,并有一定规模的辉石岩相分异良好的岩体,与铜镍成矿关系密切,以铜、镍、铂、钯成矿作用为主,岩体的边缘多受混合岩化。该期中酸性岩浆活动成矿作用不太明显。

4. 海西期岩浆活动

海西期侵入岩分早、中、晚 3 期,主要有基性—超基性及大面积的中酸性侵入岩。本期的基性—超基性侵入岩主要是发育在早期和晚期,早期基性—超基性岩体一般呈脉状、岩墙状,具有东西向呈带状、北西向结群的分布特点,主要分布在吉林中部红旗岭、漂河川、一座营子、黄泥河子、额穆、细枝、唐大营、土顶子、蛟河、石峰,延边地区江源及天桥岭等地。该期基性—超基性侵入岩为铜镍矿床的形成奠定了基础,晚泥盆世超基性岩-橄榄岩、含辉橄榄岩,具蛇纹石化,赋存铬铁矿。本期的中酸性侵入岩岩石类型主要为花岗岩、花岗闪长岩、闪长岩等,与金、银、硫铁矿等矿床的形成有密切关系,主要提供热源(包括热液)改造矿源层,使金银等成矿物质进一步富集,为以后成矿提供成矿物质。中二叠世闪长岩是钨矿的直接围岩之一。

5. 印支期岩浆活动

印支期侵入岩主要分布在吉林中部、延边、通化等地,岩石类型由基性到酸性,以酸性岩为主。基性—超基性侵入岩主要分布在吉林中部侵入岩区,岩石类型以橄榄岩、辉长岩等为主,岩体一般呈脉状、岩墙状,具有东西向呈带状、北西向结群的分布特点,与海西期基性—超基性岩构成多个基性岩群,主要有红旗岭橄榄岩岩体,呼兰镇橄榄岩岩体,漂河川橄榄岩岩体,一座营子、黄泥河子、额穆、细枝、唐大营、土顶子、蛟河、石峰等辉长岩岩体,富太橄榄岩岩体,放牛沟橄榄岩岩体,放牛沟辉长岩岩体,溪河辉长岩岩体;延边侵入岩区常见的岩石类型有江源橄榄岩岩体、天桥岭辉长岩岩体、老牛沟辉长岩岩体。该期基性—超基性侵入岩与铜镍矿成矿有密切关系,为铜镍矿床的主要赋矿岩体,如红旗岭铜镍矿、漂河川铜镍矿等。

本期的中酸性侵入岩岩石类型主要为闪长岩、石英闪长岩、花岗闪长岩、斜长花岗岩、二长岩等,与金、银、铁、钨、硫等矿床的形成有密切关系,中酸性侵入岩侵入到古生代地层常形成矽卡岩型铁矿。四平山门地区靠道子闪长岩体是山门银矿成矿母岩,珲春杨金沟地区晚三叠世花岗闪长岩是杨金沟钨矿的直接围岩之一。

6. 燕山期岩浆活动

燕山期岩浆侵入活动十分频繁,侵入岩分布广泛,岩石类型复杂多样,基性—超基性、中基性、中酸性、酸性及碱性岩类均有出露,其中以花岗岩类分布最为广泛,沿某些断裂带见有少量的超基性、基性及碱性岩类的出现。该期侵入岩形成的构造环境多样,构造岩石组合亦复杂多样,每期活动基本上都可划分出反映 3 种不同构造环境下相应出现的 3 类岩石组合,即在拉张作用中产生的"裂谷型"构造岩石组合;在走滑断裂强烈走滑时期所形成的"走滑型"花岗岩构造岩石组合;在陆内(缘)造山过程中所出现的"板片俯冲型"的构造岩石组合。

该期侵入岩与吉林省内生矿产关系密切,绝大部分矿床周围均有燕山期中—酸性侵入岩,具有多期成矿特征,但主要成矿期为燕山期,显示了滨太平洋构造域的成矿特征。有些类型矿床成矿物质以地层来源为主,而燕山期岩浆侵入活动主要提供热源(包括热液)及部分成矿物质,岩浆活动加热古大气降水,两者汇合并在流经过程中摄取围岩中成矿物质,富集成矿;另外一些火山岩型矿床成矿物质来源于中生代火山喷发作用,可见燕山期岩浆活动控制成矿。该期有些侵入体本身即为赋矿岩体,如海沟金矿赋存于二长花岗岩中;西林河银矿、百里坪银矿赋存于钾长(二长)花岗岩中;大黑山、季德屯等大型钼矿床赋存于该期中酸性岩体中;二密铜矿产于石英闪长岩、花岗斑岩中;天合兴铜矿产于石英斑岩、花岗斑岩中等。

四、变质岩

以辉发河-古洞河深大断裂为界,南北两区的变质作用、变质岩石特征截然不同。南部为华北陆块区广泛发育前古元古代深变质岩;北部天山-兴蒙造山系则发育一套中元古代至古生代浅变质岩。根据吉林省内存在的几期重要地壳运动及其所产生的变质作用特征,将吉林省变质岩划分为迁西期、阜平期、五台期、兴凯期、加里东期、海西期6个主要变质作用时期。

1. 迁西期、阜平期变质岩

太古宙变质岩原岩以中酸性、基性火山岩及其碎屑岩为主,沉积碎屑岩和超镁铁质岩次之,有着从超基性—基性—中酸性的岩浆成分演化趋势。

1)变质岩特征

(1)迁西期变质岩:主要分布于华北陆块龙岗陆核区,在通化地区最发育,延边地区有少量出露。迁西期变质作用是吉林省最早的区域热事件,发育于南部陆核区,使中太古代岩石发生变质作用,形成一套深变质岩石并伴有强烈混合岩化作用,包括原四道砬子河岩组及杨家店岩组。岩石组合主要有麻粒岩类、片麻岩类、变粒岩类、斜长角闪岩类、超镁铁质岩类,是吉林省铁、铜矿产的主要赋存层位之一,主要赋存有鞍山式铁矿。桦甸杨家店小桥北头西侧中太古代斜长角闪岩9个样品的Pb-Pb全岩等时线年龄2910Ma;桦甸老金厂-会全栈太古宙片麻岩Rb-Sr全岩等时线年龄为(2972±190)Ma(刘长安,1987),可见靖宇陆核变质年龄在2.9Ga左右。

(2)阜平期变质岩:阜平期变质作用发育在吉林省内南部原陆块区,使新太古界变质形成一套深变质岩,包括原老牛沟组、三道沟组所构成的新太古代绿岩带。岩石组合主要有细粒片麻岩类、细粒斜长角闪岩、磁铁石英岩、片岩类,是吉林省铁、金、铜矿产的重要赋存层位之一,主要赋存有鞍山式铁矿、夹皮沟式金矿。浑江板石沟新太古代绿岩带斜长角闪岩和黑云斜长变粒岩中获Rb-Sr全岩等时线年龄(2 585.23±67.27)Ma;张福顺(1982)获斜长角闪岩中锆石U-Tb-Pb年龄2.7 Ga;毕守业(1989)在板石沟李家堡子获斜长角闪岩中锆石U-Pb年龄为(2519±21)Ma。因此认为该绿岩带区域变质年龄在2.7～2.5Ga之间。夹皮沟新太古代绿岩带9个锆石的$^{207}Pb/^{206}Pb$表面年龄为2639～2479Ma,经计算Pb-Pb等时线年龄为(2525±12)Ma,斜长角闪岩全岩Rb-Sr等时线年龄为(2766±266)Ma。上述表明该绿岩带区域变质年龄应在2.7～2.5Ga之间。

2)太古宙岩石变质作用及变形构造特征

(1)变质作用特征:区内中新太古代变质地层分别经历了角闪岩相、麻粒岩相和绿片岩相变质作用,变质作用的演化规律反映在不同时期及阶段形成的变质岩石类型、矿物共生组合、相互包裹、改造关系,并依据岩相学、岩石化学、变质温度压力等相关数据综合分析,本区中新太古代变质作用可划分为角闪岩相进变质作用、麻粒岩期进变质作用、绿片岩相退变质作用3种变质作用类型,可大体判定古中太古代变质作用类型应属区域热动力变质作用。

(2)变形构造特征:中太古代杨家店岩组、四道砬子河岩组可识别出两期变形,第一期在地壳深部中—高温变质作用条件下,受区域构造运动影响,形成区域性片理;第二期变形使先期片理形成褶皱构造。新太古代绿岩带中同样可识别出两期变形,第一期片理为长英质条带S_1,具透入性特点,一般情况置换S_0(原始层理或面理);第二期变形改造第一期变形,致使S_2(第二期片理)置换S_0S_1。

2. 五台期变质岩

五台期变质作用发育在吉林省内南部,这期变质作用使古元古界变质形成一套极其复杂的变质岩石,包括集安岩群蚂蚁河岩组、荒岔沟岩组、大东岔岩组与老岭岩群新农村岩组、板房沟岩组、珍珠门岩组、花山岩组、临江岩组、大栗子岩组。

1) 变质岩特征

(1) 集安岩群变质岩：区域变质岩石类型有片岩类、片麻岩类、变粒岩类、斜长角闪岩类、石英岩类、大理岩类。集安岩群下部原岩是由以基性火山岩、中酸性火山岩、陆源碎屑岩为主，夹少量泥质、砂质及镁质碳酸盐岩组成，其硼元素含量较高，局部地段富集成硼矿床，为潟湖相含硼蒸发盐、双峰火山岩建造。上部由中基性火山岩类、中—酸性火山碎屑岩、正常沉积碎屑岩和碳酸盐类组成，为浅海相非稳定型含碎屑岩、碳酸盐岩、基性火山岩建造。综合上述特点，集安岩群形成于活动陆缘的裂谷环境，赋存的主要矿产有金、银、铜、铅锌、硫铁矿、硼、石墨、滑石、石棉、云母、稀土等。蚂蚁河岩组透辉变粒岩中的锆石有两组U-Pb和谐年龄数据，一组是(2476 ± 22)Ma，是太古宙锆石结晶年龄；另一组是(2108 ± 17)Ma，代表该组锆石结晶年龄，说明蚂蚁河岩组形成晚于2100Ma。荒岔沟岩组斜长角闪岩锆石U-Pb年龄为(1850 ± 10)Ma，代表锆石封闭体系年龄；采自黑云变粒岩残留锆石U-Pb年龄数据不集中，和谐年龄有两组，一组是(1838 ± 25)Ma，代表岩石变质年龄，另一组是(2144 ± 25)Ma，是锆石结晶年龄，但主要形成于2140～1840Ma，且在1840Ma左右有一次强烈变质作用。

(2) 老岭岩群变质岩：区域变质岩石类型有板岩类、千枚岩类、片岩类、变粒岩类、大理岩、石英岩类。老岭岩群原岩底部为一套碎屑岩，中部为碳酸盐岩，上部为碎屑岩夹碳酸盐岩，构成了完整的沉积旋回，为裂谷晚期滨海-浅海相碎屑岩-碳酸盐岩沉积建造，赋存的矿产主要有铁、金、铜、钴、铅锌、硫铁、磷、滑石、石棉等。采自大栗子岩组的6个样品，获得全岩等时代年龄±1727Ma；采自花山岩组的5个样品，获得全岩等时代年龄(1861 ± 127)Ma；侵入临江组的电气白云母伟晶岩白云母样获得K-Ar年龄分别为1800Ma、1813Ma、1823Ma。老岭岩群沉积时限在2000～1700Ma之间。

2) 岩石变质作用及变形构造特征

(1) 岩石变质作用：集安岩群普遍发生高角闪岩相变质作用，局部发生低角闪岩相变质作用，$P=(2\sim5)\times10^8$Pa，$T=500\sim700$℃，应属低压变质作用。老岭群变质岩系主要经受了高绿片岩相变质作用，局部（花山组）可达低角闪岩相变质作用。

(2) 变形构造特征：根据集安岩群中发育的面理（片理、片麻理）、线理、褶皱以及韧性变形的交切和叠加关系，推断该时代至少存在3期变形。第一期变形作用表现为透入性片麻理和长英质条带形成，为塑性剪切机制；第二期变形作用表现为长英质条带与片麻理同时发生褶皱并伴有构造置换现象，形成新的片麻理、钩状褶皱、无根褶皱等；第三期变质变形作用表现为早期形成的长英质条带与片麻理同时发生褶皱，形成新的宽缓褶皱。老岭岩群变质岩发生两期变形改造，早期变形表现为透入性片理、片麻理，晚期变形使早期片理、片麻理发生褶皱及原始层理被置换。

3. 兴凯期变质岩

兴凯期变质作用主要发育在吉林省北部造山系中，变质作用使新元古代岩石变质形成一套区域变质岩石，包括青龙村岩群新东村岩组、长仁大理岩、张广才岭岩群红光岩组、新兴岩组，机房沟岩群达连沟岩组，塔东岩群拉拉沟岩组、朱敦店岩组，五道沟岩群马滴达岩组、杨金沟岩组、香房子岩组。

1) 变质岩特征

区域变质岩石类型有板岩类、千枚岩类、变质砂岩类、片岩类、片麻岩类、变粒岩类、斜长角闪岩类、大理岩类、石英岩类。兴凯期变质岩原岩可以构成一个较完整的火山喷发旋回，下部以基性火山喷发开始，上部则出现一套中酸性火山喷发而告终，晚期则出现一套沉积岩石组合，赋存的矿产主要有铁、金、铜、钨、锰、磷等。火山岩是从拉斑系列演化到钙碱系列。青龙村岩群的黑云斜长片麻岩全岩K-Ar年龄为669.5Ma。

2) 岩石变质作用及变形构造特征

岩石变质作用：兴凯期变质作用特征属低压条件下的低角闪岩相-绿片岩相变质作用。

变形构造特征：该期可能遭受两期以上变形改造。

4. 加里东期变质岩

加里东期变质作用发育在吉林省北部造山系中，该期变质作用使下古生界变质形成一套区域变质岩石。在吉林地区称呼兰岩群黄莺屯岩组、小三个顶子岩组、北岔屯岩组及头道沟岩组。四平地区为下二台岩群磐岭岩组、黄顶子岩组，下志留统石缝岩组、桃山岩组、弯月岩组。

岩石类型：主要有变质砂岩类、板岩类、千枚岩类、片岩类、变粒岩类、大理岩类，原岩为一套海相中酸性火山岩-碎屑沉积岩及碳酸盐岩建造，赋存的矿产主要有金、铜、银、铅锌、硫铁等。

岩石变质作用：经历了绿片岩相变质作用。

5. 海西期变质岩

海西期变质作用主要发育在吉中—延边一带，该期变质作用使上古生界，尤其是二叠系发生浅变质作用。

岩石类型：主要变质岩石类型有板岩类、片岩类，原岩建造的类型为浅海相碎屑岩建造，赋存的矿产主要有金、铜、银、铅锌、钼、锑、铁、萤石等。

岩石变质作用：最高达到高绿片岩相。

五、地质构造环境及其历史演化

（一）吉林省大地构造特征及其历史演化

吉林省大地构造位置处于华北古陆块（龙岗地块）和西伯利亚古陆块（佳木斯-兴凯地块）及其陆缘增生构造带内。由于多次裂解、碰撞、拼贴、增生，岩浆活动、火山作用、沉积作用、变形变质作用异常强烈，形成若干稳定地球化学块体和地球物理异常区，相对应出现若干大型—巨型成矿区（带），它们共同控制着吉林省重要的贵金属、有色金属、黑色金属、能源、非金属和水汽等不同矿产的成矿、矿种种类、矿床规模和分布。

吉林省内出露有自太古宙—元古宙—古生代—中生代—新生代各时代多种类型的地质体，地质演化过程较为复杂，经历了太古宙陆块形成阶段、古元古代陆内裂谷（坳陷）阶段、新元古代—古生代古亚洲构造域多幕陆缘造山阶段、中新生代滨太平洋构造域阶段的地质演化过程。

1. 太古宙陆核形成阶段

吉南地区位于华北板块的东北部被称为龙岗地块中，地质演化始于太古宙，近年来研究发现原龙岗地块是由多个陆块在新太古代末期拼贴而成的，包括夹皮沟地块、白山地块、清原地块（柳河）、板石沟地块、和龙地块等。这些地块普遍形成于新太古代，并于新太古代末期拼合在一起。

表壳岩为一套基性火山-硅铁质建造，以含铁、金为特征；变质深成侵入体以石英闪长质片麻岩-英云闪长质片麻岩-奥长花岗质片麻岩、变质二长花岗岩为主。成矿以铁、金、铜为主，代表性矿床有夹皮沟金矿、老牛沟铁矿、板石沟铁矿、鸡南铁矿、官地铁矿、金城洞金矿等。

2. 古元古代陆内裂谷（坳陷）演化阶段

新太古代末期的构造拼合作用使得吉南地区形成统一的龙岗复合陆块，在古元古代早期以赤柏松岩体群侵位为标志，开始裂解形成裂谷，并伴有铜、镍矿化，形成赤柏松铜镍矿床。裂谷主体即为所谓的"辽吉裂谷带"，裂谷早期沉积物为一套蒸发岩-基性火山岩建造，以含铁、硼为特征，代表性矿床有集安高台沟硼矿床、清河铁矿点;裂谷中期沉积物为一套硬砂岩、钙质硬砂岩夹基性火山岩、碳酸盐岩建造,以含铅锌为特点,代表性矿床有正岔铅锌矿;上部为一套高铝复理石建造,以含金为特点,代表性矿床有活龙盖金矿。古元古代中期裂谷闭合,伴有辽吉花岗岩侵入,完成了区域地壳的二次克拉通化。古元古代晚期已形成的克拉通地壳发生坳陷,形成坳陷盆地,其早期沉积物为一套石英砂岩建造;中期为一套富镁碳酸岩建造,以含镁、金、铅锌为特点,代表性矿床有荒沟山铅锌矿、南岔金矿、遥林滑石矿、花山镁矿等;上部为一套页岩-石英砂岩建造,富含金、铁,代表性矿床有大横路铜钴矿、大栗子铁矿床。古元古代末期盆地闭合,见有巨斑状花岗岩侵入。

古元古代早期在延边松江地区沉积了一套变粒岩、浅粒岩、石英岩、大理岩组合,以往地质填图一般将之与吉南地区集安岩群、老岭岩群对比,因多数地质体被新生代火山岩覆盖,出露极不连续,研究程度极低。

3. 新元古代—晚古生代古亚洲构造域多幕陆缘造山阶段

新元古代—晚古生代吉南地区构造环境为稳定的克拉通盆地环境,沉积物为典型的盖层沉积。其中,新元古代地层下部为一套河流红色复陆屑碎屑岩建造;中部为一套单陆屑碎屑岩建造夹页岩建造,以含金、铁为特点,代表性矿床有板庙子(白山)金矿、青沟子铁矿;上部为一套台地碳酸盐岩-藻礁碳酸盐岩-礁后盆地黑色页岩建造组合。早古生代地层下部为一套红色页岩建造,红色页岩夹浅海碳酸盐岩建造,以含磷、石膏为特征,代表性矿床有东热石膏矿、水洞磷矿等;上部为台地碳酸盐岩建造,大多可作为水泥灰岩利用。晚古生代地层早期为含煤单陆屑建造,构成了浑江煤田的主体,晚期为一套河流相红色多陆屑建造。

在吉黑造山带上晚前寒武纪末期至早寒武世,吉中地区处于华北板块稳定大陆边缘的中亚-蒙古洋扩张中脊形成阶段,早寒武世在九台的机房沟、四平的下二台一带具有拉张过渡壳特征,主要形成了一套大洋底基性火山喷发,夹有碎屑岩、少量碳酸盐岩和含铁、锰沉积,构成一套完整的火山沉积旋回。

延边地区的海沟地区、万宝地区的粉砂岩与板岩及和龙白石洞地区的大理岩均见有具刺凝源类或波罗的刺球藻等化石,敦化地区的塔东岩群一般认为也可与黑龙江的张广才岭群对比,时代为新元古代晚期,塔东岩群以铁、钒、钛、磷成矿为主,代表性矿床有塔东铁矿。加里东期侵入岩以铜、镍、铂、钯成矿作用为主,代表性矿床有仁和洞铜镍矿。

中晚石炭世—早二叠世地层主要为一套碳酸盐岩建造,中二叠世为一套海相陆源碎屑岩夹火山岩建造,晚二叠世—早三叠世为陆相磨拉石建造。海西早期形成两条花岗岩带:一条为和龙百里坪-敦化六棵松二叠纪花岗岩带,是一套钙碱性—碱性花岗岩组合;另一条为延吉依兰-敦化官地二叠纪花岗岩带,同样是一套钙碱性系列花岗岩。同时,可见有超铁镁岩侵入,见有铬矿化,代表性矿床有龙井彩秀洞铬铁矿点。晚海西期在所谓的槽台边界构造带内形成一条东起龙井江域、经和龙长仁、海沟直至桦甸色洛河的几千米至十几千米宽的构造岩片堆叠带,带内堆叠了不同时代不同性质的构造岩片,以富含金为特点。

古亚洲多幕造山运动结束于三叠纪,其侵入岩标志为长仁-獐项镁铁—超镁铁质岩体群的就位,在区域上构造了长仁-漂河川-红旗岭镁铁质—超镁铁质岩浆岩带,以铜、镍成矿作用为主,代表性矿床有长仁铜镍矿,而同期沉积作用的标志为白水滩拉分盆地的陆相含煤碎屑岩建造。

4. 中新生代滨太平洋构造域演化阶段

晚三叠世以来,吉林省进入滨太平洋构造域的演化阶段,受太平洋板块向欧亚板块俯冲作用的影响。

在吉南地区浑江小河口、抚松小营子等地形成断陷含煤盆地,同时,在长白地区发育有长白期火山岩,在通化龙头村等地见有石英闪长岩-花岗闪长岩-二长花岗岩侵入。早侏罗世的构造活动基本延续晚三叠世的活动特征,其中主要沉积物为一套陆相含煤建造,代表性盆地有临江义和盆地、辉南杉松岗盆地等，但火山岩不发育；侵入岩为一套石英闪长岩-花岗闪长岩-二长花岗岩-白云母花岗岩组合。中侏罗世—早白垩世受太平洋板块斜俯作用的影响，区内形成一系列北东向走滑拉分盆地，沉积一系列火山-陆源碎屑岩。其中中侏罗世为一套红色细碎屑岩，晚侏罗世为一套钙碱性火山岩，早白垩世为一套钙碱性—偏碱性火山岩夹陆源碎屑岩，局部夹煤（如石人盆地），与火山岩相伴出现一套岩石地球化学相当的侵入岩，局部地段见有碱性花岗岩侵入。

晚三叠世早期，在吉黑造山带上沿两江构造形成安图两江-汪清天桥岭幔源侵入岩带，主要出露在安图两江、三岔、青林子、亮兵、汪清天桥岭等地，大致沿两江断裂带的北段呈小岩株状出露，岩性为一套碱性辉长岩、角闪正长岩、石英正长岩、碱长花岗岩组合。以铁、钒、钛、磷成矿作用为主，代表性矿床有三岔铁矿点、南土城子铁矿点。晚三叠世中晚期形成钙碱性岩系侵位，构成了和龙三合-珲春-东宁老黑山晚三叠世花岗岩带，岩性为闪长岩-石英闪长岩-花岗闪长岩-二长花岗岩组合。以金、铜、钨成矿作用为主，代表性矿床有小西南岔金铜矿、杨金沟钨矿。与此同时，伴生有大量火山喷发，形成一系列火山盆地，代表性盆地有天宝山盆地、天桥岭盆地等，两者共同构成了滨西太平洋的晚三叠世岩浆弧，与之相关的次火山岩具有多金属成矿作用，代表性矿床有天宝山多金属矿。

早侏罗世—中侏罗世基本上继承了晚三叠世岩浆弧的特点，但火山作用不明显，未见有火山岩及沉积岩层，而钙碱性侵入岩较发育，有两条侵入岩带，一条为和龙崇善-汪清春阳早侏罗世花岗岩带，岩性为闪长岩-石英闪长岩-花岗闪长岩-二长花岗岩-碱长花岗岩组合；另一条为大蒲柴河中侏罗世花岗岩带，岩性为花岗闪长岩-似斑状花岗岩闪长岩-二云母花岗岩组合。

晚侏罗世岩浆作用以火山喷发为主，形成一套钙碱性火山岩系（屯田营组），侵入岩仅在火山盆地周边局部发育，具有次火山岩的特点。至早白垩世随着欧亚板块的向外增生，受太平洋板块俯冲的远距离效应影响，地壳明显处于拉分作用的状态，具有向裂谷系方向演化的特点，形成一系列断陷盆地，沉积了一系列陆相含煤建造（长财组）、偏碱性火山岩建造（泉水村组）及含油建造（大拉子组），同时伴生有碱性花岗岩侵入（和龙仙景台岩体）。

晚白垩世盆地的裂谷性质已趋成熟，其中罗子沟等盆地发现有覆盖在大拉子组之上的一套安山玄武岩-流纹岩组合，具有双峰式火山岩的特点，而龙井组可能代表了该时期的类磨拉石建造。

晚侏罗世—白垩纪是吉黑造山带的一个重要成矿期，成矿以金、铜为主，矿产地众多，具代表性的有五凤金矿、刺猬沟金矿、九三沟金矿等。

新生代火山作用加剧，火山喷发物为大陆拉斑玄武岩-碱性玄武岩-粗面岩-碱流岩组合。

新生代地质体主要分布在长白山地区，为一套裂谷型大陆拉斑玄武岩-碱性玄武岩-碱流岩组合，以及少量河湖相砂砾岩夹硅藻土，另外在敦密构造带见有少量古近纪辉长岩侵入，同位素年龄在32Ma左右。

（二）大型变形构造

吉林省自太古宙以来，经历了多次地壳运动。在各地质历史阶段都形成了一套相应的断裂系统，包括地体拼贴带、走滑断裂、大断裂、推覆-滑脱构造、韧性剪切带等。

1. 辉发河-古洞河地体拼贴带

该拼贴带横贯吉林省东南部东丰至和龙一带，两端分别进入辽宁省和朝鲜，规模巨大，它是海西晚期辽吉台块与吉林-延边古生代增生褶皱带的拼贴带。由西向东可分3段，即和平-山城镇段、柳树河子-大蒲柴河段、古洞河-白金段。该拼贴带两侧的岩石强烈片理化带，形成剪切带，航磁异常、卫片影像反映都很明显，显示平行、密集的线性构造特征。两侧具有地质发展历史截然不同的两个大地构造单元，也反映出不同的地球物理场和不同的地球化学场。北侧是吉林-延边古生代增生褶皱带，以海相火山岩-碎屑岩及陆源碎屑岩、碳酸盐岩为主的火山沉积岩系；南侧前寒武系广泛分布，基底为太古宙、古元古代的中深变质岩系,盖层为新元古代—古生代的稳定浅海相沉积岩系,反映出两侧具有完全不同的地壳演化历史。

2. 伊舒断裂带

该断裂带是一条地体拼接带,即在早志留世末华北板块与吉林古生代增生褶皱带相拼接。它位于吉林省二龙山水库—伊通—双阳—舒兰一线,呈北东向延伸,过黑龙江省依兰—佳木斯—罗北进入苏联境内,在吉林省内由南东、北西两支相互平行的北东向断裂带组成,省内长达260km,具左行扭动性质。该断裂带两侧地质构造性质明显不同,这条断裂的南东侧重力高,航磁为北东向正负交替异常;西侧重力低,航磁为稀疏负异常。两侧的地层发育特征、岩性、含矿性等截然不同。从辽北到吉林该断裂两侧晚期断层方向明显不一致,东南侧以北东向断层为主,北西侧以北北东向断层为主,北西侧北北东向断裂与华北板块和西伯利亚板块间的缝合线展布方向一致,反映了继承古生代基底构造线特征;南东侧的北东向断裂与库拉、太平洋板块向北俯冲有关,说明在吉林省内,早古生代伊舒断裂两侧属于性质不同的两个大地构造单元,西部属于华北板块,东部总体上为被动大陆边缘。它经历了早志留世末期华北板块与吉黑古生代增生褶皱带发生对接的走滑拼贴阶段、新生代库拉-太平洋板块向亚洲大陆俯冲的活化阶段和第三纪(新近纪和古近纪)至第四纪初亚洲大陆应力场转向,使伊舒断裂带接受了强烈的挤压作用,导致了两侧基底向槽地推覆并形成了外倾对冲式冲断层构造带的挤压阶段。

3. 敦化-密山走滑断裂带

该断裂带是我国东部一条重要的走滑构造带,它对大地构造单元划分及金、有色金属的成矿具有重要的意义。经辉南、桦甸、敦化等地进入黑龙江省,省内长达360km,宽10~20km,习惯称之为辉发河断裂带。该断裂带活动时间较长,沿断裂带岩浆活动强烈,自早侏罗世形成以来,演化具明显的阶段性,可分为中生代早期左旋平移走滑阶段、侏罗纪造山阶段、晚白垩世—新生代裂谷阶段、新近纪—第四纪逆冲推覆阶段。

(1)左旋平移走滑阶段:海西晚期在辽吉台块北移定位后,在早侏罗世水平剪切应力作用下,该断裂带发生大规模左行剪切滑动,造成了辽吉台块北缘的辉发河-古洞河地体拼贴带活化,早古生代地层发生左行平移错断,在断裂带两侧形成大量牵引构造。

(2)侏罗纪造山阶段:侏罗纪晚期以后,吉林省处于欧亚板块边缘地带,亦属环太平洋构造岩浆活动带一部分。在太平洋板块向欧亚大陆板块的俯冲作用影响下,该断裂带复活,沿带出现大规模火山岩浆喷发,形成晚侏罗世到早白垩世的火山沉积作用。

(3)裂谷阶段(或称盆、岭阶段):早白垩世晚期—新生代早期在太平洋板块俯冲反弹作用影响下,该断裂带地壳处于伸展阶段,形成明显的盆岭式构造。新近纪末期,地壳收缩,裂谷回返。

(4)逆冲推覆阶段:新近纪至第四纪阶段由于太平洋板块俯冲方向由北北西转向北西西,因板块俯冲方向的调整而使挤压作用增强,故这一时期断裂带出现了短暂的逆冲推覆作用,形成了两条平行的对冲逆断层,分别称为东支断裂和西支断裂,总体为外倾对冲,倾角30°~80°,沿断裂多处见有太古宙地层逆冲到中新生代地层之上,并发育有一定规模的剪切作用。

4. 鸭绿江走滑断裂带

该断裂带是吉林省规模较大的北东向断裂之一,由辽宁省沿鸭绿江进入吉林省集安经安图两江至汪清天桥岭进入黑龙江省,省内长达510km,断裂带宽30~50km,纵贯辽吉台块和吉黑古生代陆缘增生褶皱带两大构造单元,对吉林省地质构造格局及贵金属、有色金属矿床成矿均有重要意义。断裂带总体表现为压剪性,沿断面发生逆时针滑动,相对位移为10~20km。断裂切割中生代及早期侵入岩体,并控制侏罗纪、白垩纪地层的分布。

5. 韧性剪切带

吉林省的韧性剪切带广泛发育于前寒武纪古老构造带中及不同地体的拼贴带中。

(1) 太古宙高级区中韧性剪切带：产于太古宙地块边部的柳河-安口镇韧性剪切带，其北西毗邻于柳河中生代盆地，分布于龙岗陆核中部的有王家店-靖宇-光华弧形韧性剪切带和大方顶子-光华-通南山韧性剪切带，与金矿关系比较密切。

(2) 新太古代绿岩带中的韧性剪切带：出露多沿绿岩带片理分布，自西向东有石棚沟韧性剪切带、老牛沟韧性剪切带、夹皮沟韧性剪切带、金城洞韧性剪切带、金城洞沟口韧性剪切带、古洞河站韧性剪切带、西沟韧性剪切带、东风站韧性剪切带，对铁、金、铜矿成矿具有重要控制作用。

(3) 古元古代裂谷中韧性剪切带：多分布于不同岩石单元接触带上，沿珍珠门组与花山组接触带上出现一条规模巨大的韧性剪切带，这一剪切带是在上述两组地层间的同生断裂基础上发展起来的一条北东向"S"形构造带，长百余千米；松树-错草沟韧性剪切带位于白山市荒沟山铅锌矿区的珍珠门组和太古宙地层接触部位，走向北东，长60km，宽1~2km；银子沟-刘家趟子韧性剪切带，位于珍珠门组与太古宙岩层接触部位，长7~8km，宽300~400m，南北向展布；板庙-双岔韧性剪切带，位于珍珠门组大理岩中，长5km，宽50~100m，南北向展布，与金及多金属矿关系比较密切。

(4) 不同大地构造单元接合带中或地体拼接带中的韧性剪切带：如在金银别-四岔子复杂构造带中出现多条相互平行的韧性剪切带，延长几十千米，北西向展布，与金及多金属矿关系比较密切。

第五节　区域地球物理、地球化学、遥感、自然重砂特征

一、区域地球物理特征

(一)重力

1. 岩(矿)石密度

(1) 各大岩类的密度特征：沉积岩的密度值小于岩浆岩和变质岩。不同岩性间的密度值变化情况：沉积岩$(1.51\sim2.96)\times10^3 kg/m^3$；变质岩$(2.12\sim3.89)\times10^3 kg/m^3$；岩浆岩$(2.08\sim3.44)\times10^3 kg/m^3$；喷出岩的密度值小于侵入岩的密度值(图1-5-1)。

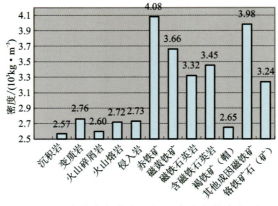

图1-5-1　吉林省各类岩(矿)石密度参数直方图

(2)不同时代各类地质单元岩石密度变化规律:不同时代地层单元岩系总平均密度存在差异,其值大小有随时代由新到老增大的趋势,地层时代越老,密度值越大;新生界 $2.17\times10^3\,\mathrm{kg/m^3}$,中生界 $2.57\times10^3\,\mathrm{kg/m^3}$,古生界 $2.70\times10^3\,\mathrm{kg/m^3}$,元古宇 $2.76\times10^3\,\mathrm{kg/m^3}$,太古宇 $2.83\times10^3\,\mathrm{kg/m^3}$。由此可见新生界的密度值均小于之前各时代地层单元的密度值,各时代均存在着密度差(图 1-5-2)。

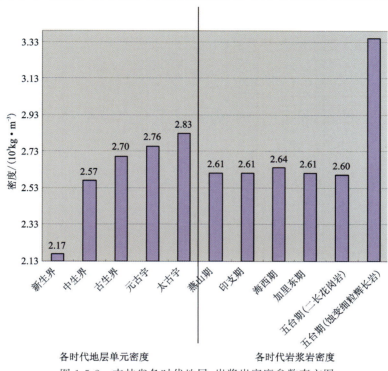

图 1-5-2 吉林省各时代地层、岩浆岩密度参数直方图

2. 区域重力场基本特征及其地质意义

(1)区域重力场特征:在吉林省重力场中,宏观上呈现二高一低重力区,西北部及中部为重力高、东南部为重力低的基本分布特征。最低值在白头山—长白一线(见分区图Ⅲ16区);高值区出现在大黑山条垒(见分区图Ⅲ8区)区;瓦房镇—东屏镇(见分区图Ⅱ1区)为另一高值区;洮南、长岭一带(见分区图Ⅱ2区)异常较为平缓,呈小异常局域特点分布;中部及东南部布格重力异常等值线大多呈北东向展布,大黑山条垒,尤其是辉南—白山—桦甸—黄泥河镇一带,等值线展布方向及局部异常轴向均呈北东向。北部桦甸—夹皮沟—和龙一带,等值线则多以北西向为主,向南逐渐变为东西向,至漫江则转为南北向,围绕长白山天池呈弧形展布,延吉、珲春一带也呈近弧状展布。

(2)深部构造特征:重力场值的区域差异特征反映了莫霍面及康氏面的变化趋势,曲线的展布特征则反映了明显的地质构造及岩性特征的规律性。从图 1-5-4 可见,西北部及东南两侧呈平缓椭圆状或半椭圆状,西北部洮南-乾安为幔坳区,中部松辽为幔隆区,中部为北东走向的斜坡,东南部为张广才岭-长白山地幔坳陷区,而东部延吉珲春汪清为幔凸区。安图—延吉、柳河—桦甸一带所出现的北西向及北东向等深线梯度带表明,华北板块北缘边界断裂,反映了不同地壳的演化史及形成的不同地质体的体现。

3. 区域重力场分区

依据重力场分区的原则,工作区划分为南北 2 个Ⅰ级重力异常区,见表 1-5-1。

表 1-5-1 吉林省重力场分区一览表

Ⅰ	Ⅱ	Ⅲ	Ⅳ
Ⅰ1 白城-吉林-延吉 复杂异常区	Ⅱ1 大兴安岭东麓异常区	Ⅲ1 乌兰浩特-哲斯异常分区	Ⅳ1 瓦房镇-东屏镇正负异常小区
	Ⅱ2 松辽平原低缓异常区	Ⅲ2 兴龙山-边昭正负异常分区	(1)重力低小区； (2)重力高小区
		Ⅲ3 白城-大岗子低缓负异常分区	(3)重力低小区； (4)重力高小区； (5)重力低小区； (6)重力高小区
		Ⅲ4 双辽-梨树负异常分区	(7)重力高小区； (11)重力低小区； (20)重力高小区； (21)重力低小区
		Ⅲ5 乾安-三盛玉负异常分区	(8)重力低小区； (9)重力高小区； (10)重力低小区； (12)重力低小区； (13)重力低小区； (14)重力高小区
		Ⅲ6 农安-德惠正负异常分区	(17)重力高小区； (18)重力低小区； (19)重力高小区
		Ⅲ7 扶余-榆树负异常分区	(15)重力低小区； (16)重力低小区
	Ⅱ3 吉林中部复杂正负异常区	Ⅲ8 大黑山正负异常分区	
		Ⅲ9 伊舒带状负异常分区	
		Ⅲ10 石岭负异常分区	Ⅳ2 辽源异常小区
			Ⅳ3 椅山-西堡安异常低值小区
		Ⅲ11 吉林弧形复杂负异常分区	Ⅳ4 双阳-官马弧形负异常小区
			Ⅳ5 大黑山-南楼山弧形负异常小区
			Ⅳ6 小城子负异常小区
			Ⅳ7 蛟河负异常小区
		Ⅲ12 敦化复杂异常分区	Ⅳ8 牡丹岭负异常小区
			Ⅳ9 太平岭-张广才岭负异常小区
	Ⅱ4 延边复杂负异常区	Ⅲ13 延边弧状正负异常分区	
		Ⅲ14 五道沟弧线形异常分区	

续表 1-5-1

Ⅰ	Ⅱ	Ⅲ	Ⅳ
Ⅰ2 龙岗-长白半环状低值异常区	Ⅱ5 龙岗复杂负异常区	Ⅲ15 靖宇异常分区	Ⅳ10 龙岗负异常小区
			Ⅳ11 白山负异常小区
			Ⅳ12 和龙环状负异常小区
		Ⅲ16 浑江负异常低值分区	Ⅳ13 清和复杂负异常小区
			Ⅳ14 老岭负异常小区
			Ⅳ15 浑江负异常小区
	Ⅱ6 八道沟-长白异常区	Ⅲ17 长白负异常分区	

4. 深大断裂

吉林省地质构造复杂,在漫长的地质历史演变中,经历了多次地壳运动,在各个地质发展阶段和各个时期的地壳运动中,均相应形成了一系列规模不等、性质不同的断裂。这些断裂,尤其是深大断裂一般都经历了长期的、多旋回的发展过程,它们对吉林省地质构造的发展、演化及成岩成矿作用有着密切的关系。吉林省断裂按切割地壳深度的规模大小、控岩控矿作用以及展布形态等大致分为超岩石圈断裂、岩石圈断裂、壳断裂和一般断裂及其他断裂。

1) 超岩石圈断裂

吉林省超岩石圈断裂只有一条,称中朝准地台北缘超岩石圈断裂,系指赤峰-开源-辉南-和龙深断裂。该超岩石圈断裂横贯吉林省南部,由辽宁省西丰县进入吉林省海龙、桦甸,经老金厂、夹皮沟、和龙,向东延伸至朝鲜境内,是一条规模巨大、影响很深、发育历史长久的断裂构造带。它是中朝准地台和天山-兴隆地槽的分界线。断裂带总体走向为东西向,吉林省内长达260km,宽5~20km,由于受后期断裂的干扰、错动,其早期断裂痕迹不易辨认,并且走向在不同地段发生北东、北西向偏转和断开、位移,从而形成了现今平面上具有折断状的断裂构造(图1-5-3)。

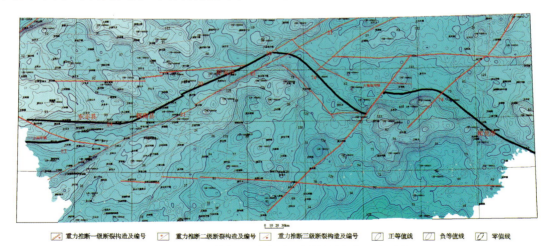

图 1-5-3 开源-桦甸-和龙超岩石圈断裂布格重力异常图

(1) 重力场基本特征:断裂线在布格重力异常图上呈北东向、东西向密集梯度带排列,南侧为环状、椭圆状,西部断裂以北东向的重力异常为主。这种不同性质重力场的分界线,无疑是断裂存在的标志。从东丰到辉南段为重力梯度带,梯度较陡;夹皮沟到和龙段也是重力梯度带,水平梯度走向有变化,应该是被多个断裂错断所致,但梯度较密集。在重力场上延10km、20km以及重力垂向一导、二导图上,该断裂更为显著,东丰经辉南到桦甸折向和龙。除东丰到辉南一带为线状的重力高值带外,其余均为线状重力低值带,它们的极大和极小便是该断裂线的位置。从图1-5-4可见:该断裂只在个别地段有某些显示,说明该断裂切割深度并非连续均匀。西丰至辉南段表现同向扭曲,辉南至桦甸段显示不出断裂特征,而桦甸至和龙段有同向扭曲,表明有断裂存在。莫霍面上表示深度为37~42km,从而断定此断裂在部分地段已切入上地幔。

(2)地质特征:小四平—海龙一带,断裂南侧为太古宙夹皮沟岩群、中元古代色洛河群,北侧为早古生代地槽型沉积。断裂明显,发育在海西期花岗岩中。柳树河子至大浦柴河一带有基性—超基性岩平等断裂展布,和龙—白金一带有大规模的花岗岩体展布。

2) 岩石圈断裂

该断裂带位于二龙山水库—伊通—双阳—舒兰呈北东方向延伸,过黑龙江依兰—佳木斯—箩北进入俄罗斯境内,于二龙山水库被北东向四平-德惠断裂带所截。在吉林省内由两条相互平行的北东向断裂构成,省内长达260km,宽15~20km,走向45°~50°。在其狭长的"槽地"中,沉积了厚达2000多米的中新生代陆相碎屑岩,其中第三纪沉积物应该有1000多米,从而形成了狭长的依兰-伊通地堑盆地。

(1)重力场特征:断裂带重力异常梯度带密集,呈线状,走向明显,在吉林省布格重力异常垂向一阶、二阶导平面图及滑动平均(30km×30km、14km×14km)剩余异常平面图上可见,延伸狭长的重力低值带,在其两侧狭长延展的重力高值带的衬托下,异常带显著,该重力低值带宽窄不断变化,并非均匀展布,而在伊通至乌拉街一带稍宽大些,这段分别被东西向重力异常隔开,说明在形成过程中受东西向构造影响(图1-5-4)。

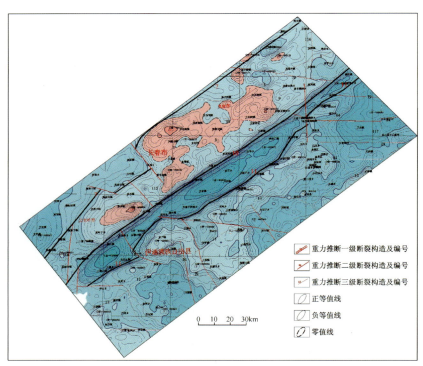

图1-5-4 依兰-伊通岩石圈断裂带布格重力异常图

在重力场上延5km、10km、20km等值线平面图上,该断裂显示得尤为清晰、醒目,线状重力低值带与重力高值带相伴出现、并行延展,它们的极小与极大便是该断裂在重力场上的反映。重力二次导数的零值及剩余异常图的零值,为圈定断裂提供了更为准确可靠的依据。

从图1-5-3、图1-5-4上及滑动平均60km×60km可知,该断裂显示等值线密集,重力梯度带十分明显;双阳至舒兰段莫霍面及康氏面等厚线密集,形状规则,呈线状展布。沿断裂方向莫霍面深度为36~37.5km,断裂的个别地段已切入下地幔,由上述重力特征可见此断裂反映了岩石圈断裂的特征。

(二)航磁

1. 区域岩(矿)石磁性参数特征

根据收集的岩(矿)石磁性参数整理统计,吉林省岩(矿)石的磁性强弱可以分成4个级次:极弱磁性($K<300\times4\pi\times10^{-6}$SI)、弱磁性[$K:(300\sim2100)\times4\pi\times10^{-6}$SI]、中等磁性[$K:(2100\sim5000)\times4\pi\times10^{-6}$SI]、强磁性($K>5000\times4\pi\times10^{-6}$SI)。

沉积岩基本上无磁性,但是在四平、通化地区的砾岩、砂砾岩有弱的磁性。

对于变质岩类,正常沉积的变质岩大都无磁性,角闪岩、斜长角闪岩普遍显中等磁性,而通化地区的斜长角闪岩、吉林地区的角闪岩只具有弱磁性。片麻岩、混合岩在不同地区具不同的磁性。吉林地区该类岩石具较强磁性,延边及四平地区则为弱磁性,而在通化地区则无磁性。总的来看,变质岩的磁性变化较大,有的岩石在不同地区有明显差异。

火山岩类岩石普遍具有磁性,并且具有从酸性火山岩→中性火山岩→基性、超基性火山岩由弱到强的变化规律。

对于岩浆岩类,中酸性岩浆岩磁性变化范围较大,可由无磁性变化到有磁性。其中吉林地区的花岗岩具有中等程度的磁性,而其他地区花岗岩类多为弱磁性,延边地区的部分酸性岩表现为无磁性。

四平地区的碱性岩-正长岩表现为强磁性,吉林、通化地区的中性岩磁性为弱—中等强度,而在延边地区则为弱磁性。

基性—超基性岩类除在延边和通化地区表现为弱磁性外,其他地区则为中等—强磁性。

磁铁矿及含铁石英岩均为强磁性,而有色金属矿矿石一般均不具有磁性。

以总的趋势来看,各类岩石的磁性基本上按沉积岩、变质岩、火成岩的顺序逐渐增强(图1-5-5)。

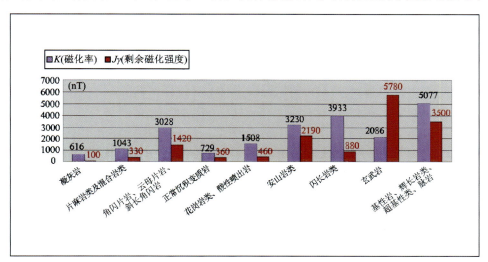

图1-5-5 吉林省东部地区岩石、矿石磁参数直方图

2. 吉林省区域磁场特征

吉林省航磁图上基本反映出3个不同场区特征,东部山区敦化-密山断裂以东地段,为升高波动的老爷岭-长白山磁场区,该磁场区向东分别进入俄罗斯和朝鲜境内,向南、向北分别进入辽宁省和黑龙江省内;敦化-密山断裂以西,四平、长春、榆树以东的中部丘陵区,磁异常强度和范围都明显低于东部山区

磁异常,向南、向北分别进入辽宁省和黑龙江省内;西部松辽平原中部地段,为低缓平稳的松辽磁场区,向南、向北分别进入辽宁省及黑龙江省。

1)东部山区磁场特征

东部山区指的是东部山地北起张广才岭,向西南沿至柳河—通化交界的龙岗山脉以东地段,该区磁场特征以大面积正异常为主,一般磁异常极大值为 500~600nT,大蒲柴河—和龙一线为华北地台北缘东段一级断裂(超岩石圈断裂)的位置。

(1)大蒲柴河—和龙以北区域磁场特征:在大蒲柴河—和龙以北区域,航磁异常整体上呈北西走向,两个宽大北西走向正磁场区之间夹北西走向宽大的负磁场区,正磁场区和负磁场区上的各局部异常走向大多为北东向,异常最大值为 300~550nT。航磁正异常主要是晚古生代以来花岗岩、花岗闪长岩及中新生代火山岩磁性的反映,磁异常整体上呈北西走向主要与区域上的一级、二级断裂构造方向及局部地体的展布方向为北西走向有关,而局部异常走向北东向主要受次级的二级、三级断裂构造及更小的局部地体分布方向所控制。

(2)大蒲柴河—和龙以南区域磁场特征:大蒲柴河—和龙以南区域是东南部地陆块区,西以敦密断裂带为界,北以地台北缘断裂带为界,西南到吉林省和辽宁省省界,东南到吉林省省界和朝鲜国界。

靠近敦密断裂带和地台北缘断裂带的磁场以正场区为主,磁异常走向大致与断裂带平行。

西部正异常强度为 100~400nT,走向以北东为主,正背景场上的局部异常梯度陡,主要反映的是太古宙花岗质、闪长质片麻岩,中、新太古代变质表壳岩及中新生代火山岩的磁场特征。

北部靠近地台北缘断裂带的磁场区,以北西走向为主,强度为 150~450nT,正背景场上的局部异常梯度陡,靠近北缘断裂带的磁异常以串珠状形式向外延展,总体呈弧形或环形异常带。

西支的弧形异常带从松山、红石、老金厂、夹皮沟、新屯子、万良到抚松,围绕龙岗地块的东北侧外缘分布,主要是中太古代闪长质片麻岩、中太古代变质表壳岩、新太古代变质表壳岩、寒武纪花岗闪长岩磁性的反映,中太古代、新太古代变质表壳岩是含铁的主要层位。

东支的环形异常带从二道白河、两江、万宝、和龙到崇善以北区域,主要围绕和龙地块的边缘分布,各局部异常则多以东西走向为主,但异常规模较大,异常梯度也陡。大面积中等强度航磁异常主要为中太古代花岗闪长岩的反映,强度较低异常主要由侏罗纪花岗岩引起,半环形磁异常上几处强度较高的局部异常则由强磁性的玄武岩和新太古代表壳岩、太古宙变质基性岩引起。对应此半环形航磁异常,有一个与之基本吻合的环形重力高异常,说明环形异常主要由新太古代表壳岩、太古宙变质基性岩引起。特别是在半环形磁异常上东段的几处局部异常,结合剩余重力异常为重力高的特征,推断为半隐伏、隐伏新太古代表壳岩、太古宙变质基性岩引起的异常,非常具备寻找隐伏磁铁矿的前景。

中部以大面积负磁场区为主,是吉南元古宙裂谷区内碳酸盐岩、碎屑岩及变质岩磁异常的反映,大面积负磁场区内的局部正异常主要为中生代中酸性侵入岩体及中新生代火山岩磁性的反映。

南部长白山天池地区是一片大面积的正负交替、变化迅速的磁场区,磁异常梯度大,强度为 350~600nT,是大面积玄武岩的反映。

(3)敦化-密山断裂带磁场特征:敦化-密山深大断裂带,吉林省内长 250km,宽 5~10km,走向北东,是一系列平行的、成雁行排列的、次一级断裂组成的、一个相当宽的断裂带。它的北段在磁场图上显示一系列正负异常剧烈频繁交替的线性延伸异常带,是一条由第三纪玄武岩沿断裂带喷溢填充的线性岩带。这条呈线性展布的岩带恰是断裂带的反映。

2)中部丘陵区磁场特征

中部丘陵区指的是东起张广才岭—富尔岭—龙岗山脉一线以西,四平、长春、榆树以东的区域,该区磁场特征可分为以下 4 种场态特征。

(1)大黑山条垒场区:航磁异常呈楔形,南窄北宽,各局部异常走向以北东为主,以条垒中部为界,南部异常范围小,强度低,北部异常范围大,强度大,最大值达到 350~450nT。航磁异常主要是由中生代中酸性侵入岩体引起的。

(2)伊通-舒兰地堑：为中新生代沉积盆地，磁场为大面积的北东走向负场区，西侧陡，东侧缓，负场区中心靠近西侧，说明西侧沉积厚度比东侧深。

(3)南部石岭隆起区：异常多数呈条带状分布，走向以北西为主，南侧强度为100～200nT。南侧异常为东西走向，这与所处石岭隆起区域北西向断裂构造带有关，这些北西走向的各个构造单元控制了磁异常分布形态特征。异常主要与中生代中酸性侵入岩体有关，石岭隆起区北侧为磐双接触带，接触带附近的负场区对应晚古生代地层。

(4)北侧吉林复向斜区内航磁异常大部分由晚古生代、中生代中酸性侵入岩体引起的。

3) 平原区磁场特征

吉林省西部为松辽平原中部地段，两侧为一宽大的负异常，表明该地段为中新生代正常沉积岩层的磁场。这是岩相岩性较为典型的湖相碎屑沉积岩，沉积韵律稳定，厚度巨大，产状平稳，火山活动很少，岩石中缺少铁磁性矿物组分，在松辽盆地中中新生代沉积岩磁性极弱，因此在这套中新生代地层上显示为单调平稳的负磁场，强度－150～50nT。

二、区域地球化学特征

(一)元素分布及浓集特征

1.元素的分布特征

经过对吉林省1∶20万水系沉积物测量数据的系统研究以及依据地球化学块体的元素专属性，编制了中东部地区地球化学元素分区及解释推断地质构造图，并在此基础上编制了主要成矿元素分区及解释推断图(图1-5-6、图1-5-7)。

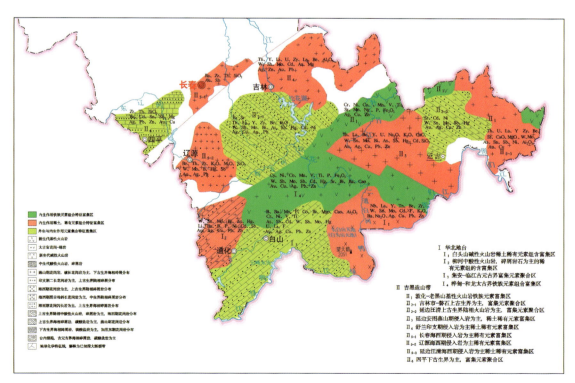

图1-5-6 中东部地区地球化学元素分区及解释推断地质构造图

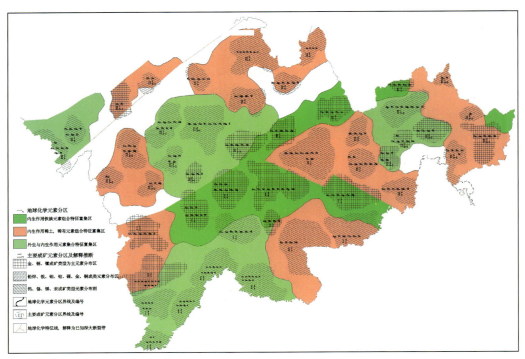

图 1-5-7 主要成矿元素分区及解释推断图

在图 1-5-9 中,以 3 种颜色分别代表内生作用铁族元素组合特征富集区,内生作用稀有、稀土元素组合特征富集区,外生与内生作用元素组合特征富集区。图 1-5-10 更细致地划分出了主要成矿元素的分布特征,如太古宙花岗-绿岩地质体内,划分出了 5 处金、银、镍、铜、铅、锌成矿区域,构成吉林省重要的金、铜成矿带。

铁族元素组合特征富集区的地质背景是吉林省新生代基性火山岩、太古宙花岗-绿岩地质体的主要分布区,主要表现为 Cr、Ni、Co、Mn、V、Ti、P、Fe_2O_3、W、Sn、Mo、Hg、Sr、Au、Ag、Cu、Pb、Zn 等元素或氧化物的高背景区(元素富集场),尤以太古宙花岗-绿岩地质体表现突出,是吉林省金、铜成矿的主要矿源层位。

内生作用稀有、稀土元素组合特征富集区,主要表现为 Th、U、La、Be、Li、Nb、Y、Zr、Sr、Na_2O、K_2O、MgO、CaO、Al_2O_3、Sb、F、B、As、Ba、W、Sn、Mo、Au、Ag、Cu、Pb、Zn 等元素或氧化物的高背景区,主要的成矿元素为 Au、Cu、Pb、Zn、W、Sn、Mo,尤以 Au、Cu、Pb、Zn、W 表现为优势。地质背景为新生代碱性火山岩、中生代中酸性火山岩、火山碎屑岩及以海西期、印支期、燕山期为主的花岗岩类侵入岩体。

外生与内生作用元素组合特征富集区,以造山带分布良好为特征,主要表现为 Sr、Cd、P、B、Th、U、La、Be、Zr、Hg、W、Sn、Mo、Au、Cu、Pb、Zn、Ag 等元素富集场,主要成矿元素为 Au、Cu、Pb、Zn。地质背景为古元古代、古生代的海相碎屑岩、碳酸盐岩以及晚古生代的中酸性火山岩、火山碎屑岩,同时有海西期、燕山期的侵入岩体分布。

2. 元素的浓集特征

应用 1:20 万化探数据,计算吉林省 8 个地质子区的元素算术平均值(图 1-5-8)。通过与吉林省元素算术平均值和地壳克拉克值对比,可以进一步量化吉林省 39 种地球化学元素(包括氧化物)区域性的分布趋势和浓集特征。

吉林省 39 种元素(包括氧化物)在中东部地区的总体分布态势及在 8 个地质子区当中的平均分布特征,按照元素平均含量从高到低排序为 $SiO_2-Al_2O_3-F_2O_3-K_2O-MgO-CaO-NaO-Ti-P-Mn-$

图 1-5-8 吉林省地质子区划分

Ba-F-Zr-Sr-V-Zn-Sn-U-W-Mo-Sb-Bi-Cd-Ag-Hg-Au,表现出造岩元素—微量元素—成矿系列元素的总体变化趋势,说明吉林省39种元素(包括氧化物)在区域上的分布分配符合元素在空间上的变化规律,这对研究吉林省元素在各种地质体中的迁移富集贫化有重要意义。

从整体上看,主要成矿元素 Au、Cu、Zn、Sb 在 8 个子区内的均值比地壳克拉克值要低。Au 元素能够在吉林省重要的成矿带上富集成矿,说明 Au 元素的富集能力超强,另一方面也表明在该省重要的成矿带上,断裂构造非常发育,岩浆活动极其频繁,使得 Au 元素在后期叠加地球化学场中变异、分散的程度更强烈。

Cu、Sb 元素在 8 个子区内的分布呈低背景状态,而且其富集能力较 Au 元素弱,因此 Cu、Sb 元素在该省重要的成矿带上富集成矿的能力处于弱势,成矿规模偏小。

而 Pb、W、稀土元素均值高于地壳克拉克值,显示高背景值状态,对成矿有利。

特别需要说明的是,7 子区为长白山火山岩覆盖层,属特殊景观区,Nb、La、Y、Be、Th、Zr、Ba、W、Sn、Mo、F、Na_2O、K_2O、Au、Cu、Pb、Zn 等均呈高背景值状态分布,是否具备矿化富集需进一步研究。

8 个地质子区均值与地壳克拉克值的比值大于 1 的元素有 As、B、Zr、Sn、Be、Pb、Th、W、Li、U、Ba、La、Y、Nb、F,如果按属性分类,Ba、Zr、Be、Th、W、Li、U、Ba、La、Nb、Y 均为亲石元素,与酸碱性的花岗岩浆侵入关系密切。在②地质子区、③地质子区、④地质子区广泛分布。As、Sn、Pb 为亲硫元素,是热液型硫化物成矿的反映,查看异常图,As、Sn、Pb 在②地质子区、③地质子区、④地质子区亦有较好的展现。尤其是 As(4.19)、B(4.01),显示出较强的富集态势,而 As 为重矿化元素,来自深源构造,对寻找矿体具有直接指示作用。B、F 属气成元素,具有较强的挥发性,是酸性岩浆活动的产物,As、B 的强富集反映出岩浆活动、构造活动的发育,也反映出吉林省东部山区后生地球化学改造作用强烈,对吉林省成岩、成矿作用影响巨大。这一点与 Au 元素富集成矿所表现出来的地球化学意义相吻合。

8 个地质子区元素平均值与吉林省元素平均值比值研究表明,主要成矿元素 Au、Ag、Cu、Pb、Zn、Ni 相对于吉林省均值,在④~⑧地质子区的富集系数都大于 1 或接近 1,说明 Au、Ag、Cu、Pb、Zn、Ni 在这 5 个地质子区内处于较强的富集状态,即主要于吉林省的陆块区为高背景值区,是重点找矿区域。区域成矿预测证明这 5 个地质子区是吉林省贵金属、有色金属的主要富集区域,有名的大型矿床、中型矿床都聚集于此。

在②地质子区 Ag、Pb 富集系数都为 1.02,Au、Cu、Zn、Ni 的富集系数都接近 1,也显示出较好的富集趋势,值得重视。

W、Sb 的富集态势总体显示较弱,只在①②⑥⑦地质子区表现出一定富集趋势,表明在表生介质中元素富集成矿的能力呈弱势,这与吉林省 W、Sb 矿产的分布特点相吻合。

稀土元素除 Nb 以外,Y、La、Zr、Th、Li 在①②地质子区和⑦⑧地质子区的富集系数都大于 1 或接近 1,显示一定的富集状态,是稀土矿预测的重要区域。

一方面,Hg 是典型的低温元素,可作为前缘指示元素用于评价矿床剥蚀程度。另一方面,Hg 作为远程指示元素,是预测深部盲矿的重要标志。富集系数大于 1 的子区有③⑤⑥地质子区,显示 Hg 元素在吉林省主要的成矿区,用于 Au、Ag、Cu、Pb、Zn 可起到重要作用。

F 作为重要的矿化剂元素,在⑥⑦⑧地质子区中有较明显的富集态势,表明 F 元素在后期的热液成矿中,对 Au、Ag、Cu、Pb、Zn 等主成矿元素的迁移、富集起到非常重要的作用。

(二)区域地球化学场特征

吉林省可以划分为以铁族元素为代表的同生地球化学场,以稀有、稀土元素为代表的同生地球化学场及以亲石、碱土金属元素为代表的同生地球化学场。本次根据元素的因子分析图示,对以往的构造地球化学分区进行适当修整(图 1-5-9)。

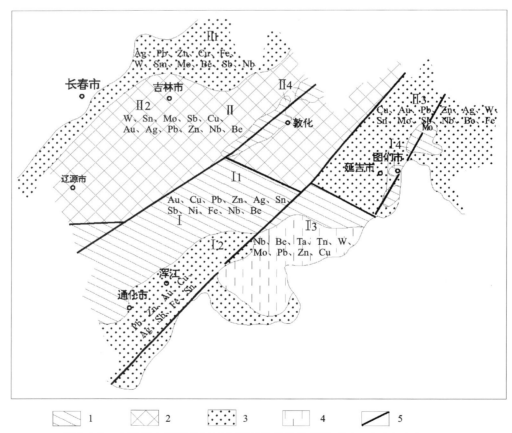

图 1-5-9　吉林省中东部地区同生地球化学场分布图(据金丕兴和何启良,1992)

1.亲铁元素区;2.亲石、稀有、稀土分散元素区;3.亲石、碱土金属元素区;4.亲石、亲铁、稀有元素区;5.地球化学特征线

三、区域遥感特征

(一)区域遥感特征分区及地貌分区

吉林省遥感影像图是利用2000—2002年接收的吉林省内22景ETM数据经计算机录入、融合、校正并镶嵌后,选择B7、B4、B3三个波段分别赋予红、绿、蓝后形成的假彩色图像。

吉林省的遥感影像特征可按地貌类型分为长白山中低山区,包括张广才岭、龙岗山脉及其以东的广大区域,遥感图像上主要表现为绿色、深绿色,属中山地貌。除山间盆地谷地及玄武岩台地外,其他地区地形切割较深,地形较陡,水系发育。长白低山丘陵区,西部以大黑山西麓为界,东至蛟河-辉发河谷地,多为海拔500m以下的缓坡宽谷丘陵组成,沿河一带发育成串的小盆地群或长条形地堑,其遥感影像特征主要表现为绿色—浅绿色,山脚及盆地多显示为粉色或藕荷色,低山丘陵地貌,地形坡度较缓,冲沟较浅,植被覆盖度为30%~70%。大黑山条垒以西至白城西岭下镇,为松辽平原部分,东部为台地平原区,又称大黑山山前台地平原区,地面高度在200~250m之间,地形呈波状或浅丘状。西部为低平原区,又称冲积湖积平原或低平原区,该区地势最低,海拔110~160m,为大面积冲湖积物,湖泡周边及古河道发生极强的土地盐渍化,遥感图像上显示为粉色、浅粉色及粉白色,西南部发育土地沙化,呈沙垄、沙丘等,遥感图像上为砖红色条带状或不规则块状。岭下镇以西为大兴安岭南麓,属低山丘陵区,遥感图像上显示为红色及粉红色,丘陵地貌,多以浑圆状山包显示,冲沟极浅,水系不甚发育。

(二)区域地表覆盖类型及其遥感特点

长白山中低山区及低山丘陵区,植被覆盖度高达70%,并且多以乔木、灌木林为主,遥感图像上主要表现为绿色、深绿色。盆地或谷地主要表现为粉色或藕荷色,主要被农田覆盖。松辽平原区东部为台地平原,此区为大面积新生代冲洪积物,为吉林省重要产粮基地,地表被大面积农田覆盖,遥感图像上为绿色或紫红色;西部为低平原区,又称冲积湖积平原或低原区,该区地势最低,海拔为110~160m,为大面积冲湖积物,湖泡周边及古河道发生极强的土地盐渍化,遥感图像上显示为粉色、浅粉色及粉白色;西南部发育土地沙化,呈沙垄、沙丘等,遥感图像上为砖红色条带状或不规则块状。岭下镇以西为大兴安岭南麓,属低山丘陵区,植被较发育,多以低矮草地为主,遥感图像上显示为浅绿色或浅粉色。

(三)区域地质构造特点及其遥感特征

吉林省地跨两大构造单元,大致以开原—山城镇—桦甸—和龙连线为界,南部为中朝准地台,北部为天山-兴安地造山带,槽台之间为一规模巨大的超岩石圈断裂带(华北地台北缘断裂带),遥感图像上主要表现为近东西走向的冲沟、陡坎,两种地貌单元界线,并伴有与之平行的糜棱岩带形成的密集纹理。吉林省内的大型断裂全部表现为北东走向,它们多为不同地貌单元的分界线,或对区域地形地貌有重大影响,遥感图像上多表现为北东走向的大型河流、两种地貌单元界线、北东向排列陡坎等。吉林省的中型断裂表现在多方向上,主要有北东向、北西向、近东西向和近南北向,它们以成带分布为特点,单条断裂长度十几千米至几十千米,断裂带长度几十千米至百余千米,其遥感影像特征主要表现为冲沟、山鞍、洼地等,控制二、三级水系。小型断裂遍布吉林省的低山丘陵区,规模小,分布规律不明显,断裂长几千米至十几千米或数十千米,遥感图像上主要表现为小型冲沟、山鞍或洼地。

吉林省的环状构造比较发育,遥感图像上多表现为环形或弧形色线、环状冲沟、环状山脊,偶尔可见环形色块,其规模从几千米到几十千米,大者可达数百千米,其分布具有较强的规律性,主要分布于北东向线性构造带上,尤其是线性构造带与其他方向线性构造带交会部位环形构造成群分布;块状影像主要为北东向相邻线性构造形成的挤压透镜体以及北东向线性构造带与其他方向线性构造带交会,形成菱形块状或眼球状块体,其分布明显受北东向线性构造带控制。

四、区域自然重砂特征

(1)铁族矿物:磁铁矿、黄铁矿、铬铁矿。

磁铁矿在中东部地区分布较广,以放牛沟地区、头道沟—吉昌地区、塔东地区、五凤地区以及闹枝—棉田地区集中分布。磁铁矿的这一分布特征与吉林省航磁 ΔT 等值线相吻合。

黄铁矿主要分布在通化、白山及龙井、图们地区。

铬铁矿较少,只在香炉碗子—山城镇地区、刺猬沟—九三沟地区和金谷山—后底洞地区展现。

(2)有色金属矿物:白钨矿、锡矿、方铅矿、黄铜矿、辰砂、毒砂、泡铋矿、辉钼矿、辉锑矿。

白钨矿是吉林省分布较广的重砂矿物,主要分布在位于吉林省中东部地区中部的辉发河-古洞河东西向复杂成矿构造带上,即红旗岭-漂河川成矿带、柳河-那尔轰成矿带、夹皮沟-金城洞成矿带和海沟成矿带上。在辉发河-古洞河成矿构造带西北端的大蒲柴河-天桥岭成矿带、百草沟-复兴成矿带和春化-小西南岔成矿带上也有较集中的分布。在吉林地区的江蜜峰镇、天岗镇、天北镇以及白山地区的石人镇、万良镇亦有少量分布。

锡石主要分布在中东部地区的北部,以福安堡、大荒顶子和柳树河—团北林场最为集中,中部地区的漂河川及刺猬沟—九三沟有零星分布。

方铅矿主要分布在矿洞子—青石镇地区、大营—万良地区和荒沟山—南岔地区,其次是山门地区、天宝山地区和闹枝—棉田地区,夹皮沟—溜河地区、金厂镇地区有零星分布。

黄铜矿集中分布在二密—老岭沟地区,部分分布在赤柏松—金斗地区、金厂地区和荒沟山—南岔地区,在天宝山地区、五凤地区、闹枝—棉田地区呈零星分布状态。

辰砂在中东部地区分布较广,山门-乐山、兰家-八台岭成矿带,那丹伯-一座营、山河-榆木桥子、上营-蛟河成矿带,红旗岭-漂河川、柳河-那尔轰、夹皮沟-金城、海沟成矿带,大蒲柴河-天桥岭、百草沟-复兴、春化-小西南岔成矿带以及二密-靖宇、通化-抚松、集安-长白成矿带都有较密集的分布,是金矿、银矿、铜矿、铅锌矿评价预测的重要矿物之一。

毒砂、泡铋矿、辉钼矿、辉锑矿在中东部地区分布稀少,其中毒砂在二密—老岭沟地区以小型汇水盆地出现,刺猬沟—九三沟地区、金谷山—后底洞地区及其北端呈零星状态分布。泡铋矿集中分布在五凤地区和刺猬沟—九三沟地区及其外围。辉钼矿以零星点分布在石咀—官马地区、闹枝—棉田地区和小西南岔—杨金沟地区中。辉锑矿以4个点异常分布在万宝地区。

(3)贵金属矿物:自然金、自然银。

自然金与白钨矿的分布状态相似,以沿敦密断裂及辉发河-古洞河东西向复杂构造带分布为主,在其两侧亦有较为集中的分布。整体分布态势可归纳为4个部分:一是沿石棚沟—夹皮沟—海沟—金城洞一线呈带状分布;二是在矿洞子—正岔—金厂—二密一带;三是在布五凤—闹枝—刺猬沟—杜荒岭—小西南岔一带分布;四是沿山门—放牛沟—上河湾呈零星状态分布。第一带近东西向横贯吉林省中部区域称为中带,第二带位于吉林省南部称为南带,第三带在吉林省东北部延边地区称为北带,第四带在大黑山条垒一线称为西带。

自然银只有2个高值点异常,分布在矿洞子—青石镇地区北侧。

(4)稀土矿物:独居石、钍石、磷钇矿。

独居石在吉林省中东部地区分布广泛,分布在万宝-那金成矿带,山门-乐山、兰家-八台岭成矿带,那丹伯——一座营、山河-榆木桥子、上营-蛟河成矿带,红旗岭-漂河川、柳河-那尔轰、夹皮沟-金城洞、海沟成矿带,大蒲柴河-天桥岭、百草沟-复兴、春化-小西南岔成矿带,二密-靖宇、通化-抚松、集安-长白等Ⅳ级成矿带,整体呈条带状分布。

钍石分布比较明显,主要集中在五凤地区、闹枝—棉田地区、山门—乐山地区、兰家—八台岭地区、那丹伯——一座营地区、山河—榆木桥子地区、上营—蛟河地区。

磷钇矿分布较稀少而且零散,主要分布在福安堡地区、上营地区的西侧,大荒顶子地区西侧,漂河川地区北端以及万宝地区。

(5)非金属矿物:磷灰石、重晶石、萤石。

磷灰石在吉林省中东部地区分布最为广泛,主要体现在整个中东部地区的南部,在香炉碗子—石棚沟—夹皮沟—海沟—金城洞一带集中分布,而且分布面积大,沿复兴屯—金厂—赤柏松—二密一带也有较大规模分布,椅山—湖米、火炬丰、闹枝—棉田地区有部分分布。其他区域磷灰石以零散状态存在。

重晶石主要存在于东部山区的南部,呈两条带状分布,即古马岭—矿洞子—复兴屯—金厂和板石沟—浑江南—大营—万良。椅山—湖米地区、金城洞—木兰屯地区和金谷山—后底洞地区以零星状分布。

萤石只在山门地区和五凤地区以零星形式存在。

以上20种重砂矿物均分布在吉林省中东部地区,其分布特征与不同时代的岩性组合、侵入岩的不同岩石类型都具有一定的内在联系。以往的研究表明,这20种重砂矿物在白垩系、侏罗系、二叠系、寒武系—石炭系、震旦系以及太古宇中都有不同程度的存在。古元古界集安群和老岭群作为吉林省重要的成矿建造层位,其重砂矿物分布众多,重砂异常发育,与成矿关系密切。燕山期和海西期侵入岩在吉林省中东部地区大面积出露,其重砂矿物如自然金、白钨矿、辰砂、方铅矿、重晶石、锡石、黄铜矿、毒砂、磷钇矿、独居石等都有较好的展现,而且在人工重砂取样中也达到较高的含量。

第二章 吉林省矿产资源概况

第一节 矿床及矿产预测类型

一、铁矿床及矿产预测类型

全国铁矿床划分了 9 种矿床类型,即沉积变质型、岩浆型、沉积型、矽卡岩型、海相火山岩型、陆相火山岩型、白云鄂博型、热液型、残积型。吉林省铁矿床详细划分了 8 种矿床类型:沉积变质型、海相沉积型、内陆湖相沉积型、火山碎屑沉积型、风化淋滤型、岩浆型、矽卡岩型、热液型,以沉积变质型铁矿为主要类型。根据铁矿的成因类型及主要的铁矿资源特征,划分了 6 种矿产预测类型:鞍山式沉积变质型、塔东式沉积变质型、大栗子式沉积变质型、吉昌式矽卡岩型、临江式海相沉积型、浑江式海相沉积型,见表 2-1-1 和图 2-1-1。

二、铬矿床及矿产预测类型

全国铬铁矿床划分了 2 种矿床类型,即岩浆型、风化型。吉林省铬铁矿床主要分布于吉中—延边地区,多为矿点,成矿时代主要为海西期,矿床类型仅为岩浆型,划分 1 种矿产预测类型,即小绥河式侵入岩浆型,见表 2-1-1 和图 2-1-1。

三、铜矿床及矿产预测类型

全国铜矿床划分了 9 种矿床类型,即斑岩型、矽卡岩型、海相火山岩型、基性—超基性岩型、海相(火山)沉积岩型、陆相火山热液型、砂岩型、玄武岩型、表生型。吉林省根据已经发现的铜矿床,详细划分了 9 种矿床类型:沉积变质型、火山岩型、基性—超基性岩浆熔离-贯入型、矽卡岩型、斑岩型、多成因复合型、热液矿型、次火山热液型、淋积型。根据铜矿的成因类型及主要的铜矿资源特征,划分了 9 种矿产预测类型:大横路式沉积变质型、红太平式火山岩型、闹枝式火山岩型、红旗岭式基性—超基性岩浆熔离-贯入型、赤柏松式基性—超基性岩浆熔离-贯入型(原报告为赤柏松式铜镍硫化物型)、六道沟式矽卡岩型、小西南岔式斑岩型、二密式斑岩型、红透山式沉积变质改造型,见表 2-1-1 和图 2-1-1。

第二章 吉林省矿产资源概况

表 2-1-1 吉林省重要矿床及矿产预测类型一览表

矿种	全国矿床类型	吉林省矿床类型	典型矿床	成矿时代	矿产预测类型	矿产预测方法类型	预测工作区
铁	沉积变质型	沉积变质型	桦甸市老牛沟铁矿床	新太古代	鞍山式沉积变质型	变质型	夹皮沟—溜河、安口镇、海沟、金城洞—木兰屯、石棚沟—石道河子、四方山—板石沟、天合兴—那尔轰
铁			和龙市官地铁矿床	新太古代			
铁			白山市板石沟铁矿床	新太古代			
铁			通化县四方山铁矿床	新太古代			
铁			敦化市塔东铁矿床	新元古代	塔东式沉积变质型	变质型	塔东
铁			临江市大栗子铁矿床	古元古代	大栗子式沉积变质型	变质型	荒沟山—南岔、六道沟—八道沟
铁			通化县大栗子沟铬铁矿床	古元古代			
铁			临江市乱泥塘铁矿床	古元古代			
铁	沉积型	海相沉积型	临江市白房子铁矿床	新元古代	临江式海相沉积型	沉积型	浑江南
铁			临江市青沟铁矿床	新元古代	浑江式海相沉积型	沉积型	浑江北
铁	矽卡岩型	矽卡岩型	磐石市吉昌铁矿床	中生代	吉昌式矽卡岩型	层控内生型	头道沟—吉昌
铬	岩浆型	侵入岩浆型	永吉县小绥河铁矿点	晚古生代	小绥河式侵入岩浆型	侵入岩体型	小绥河、平山屯、头道沟
铜	海相(火山)沉积型	沉积变质型	白山市大横路铜钴矿床	古生代	大横路式沉积变质型	变质型	荒沟山—南岔
铜	陆相火山岩型	火山岩型	汪清县红太平多金属矿床	晚古生代	红太平式火山岩型	火山岩型	大梨树沟—红太平
铜			磐石市石咀铜矿床	中生代	闹枝式火山岩型	火山岩型	大黑山—铜盔顶子、地局子—倒木河、闹枝—棉田、刺猬沟—九三沟、杜荒岭
铜	基性-超基性岩浆熔离-贯入型	基性-超基性岩浆熔离-贯入型	磐石市红旗岭铜镍矿床	中生代	红旗岭式基性-超基性岩浆熔离-贯入型	侵入岩体型	红旗岭
铜			蛟河县漂河川铜镍矿床	中生代			漂河川
铜			和龙市长仁铜镍矿床	晚古生代	赤柏松式基性-超基性岩浆熔离-贯入型	侵入岩体型	长仁—獐项
铜			通化县赤柏松铜镍矿床	古元古代			赤板松—金斗
铜	矽卡岩型	矽卡岩型	临江市六道沟铜钼矿床	中生代	六道沟式矽卡岩型	层控内生型	兰家、万宝、大营—万良

续表 2-1-1

矿种	全国矿床类型	吉林省矿床类型	典型矿床	成矿时代	矿产预测类型	矿产预测方法类型	预测工作区
铜	斑岩型	斑岩型	通化县二密铜矿床	中生代	小西南岔式斑岩型	侵入岩体型	小西南岔—杨金沟、农坪—前山
铜	斑岩型	斑岩型		中生代	二密式斑岩型	侵入岩体型	二密—老岭沟、正岔—复兴屯
铜	海相(火山)沉积型	多成因复合型	靖宇县天合兴铜矿床	新太古代	红透山式沉积变质改造型	复合内生型	天合兴—那尔轰、夹皮沟—淄河、安口、金城洞—木兰屯
铅-锌	砂卡岩型	砂卡岩型	抚松县大营铅锌矿床	中生代	万宝式砂卡岩型	层控内生型	大营—万宝
铅-锌	砂卡岩型	砂卡岩型	集安市郭家岭铅锌矿床	中生代	万宝式砂卡岩型	层控内生型	矿洞—青石镇
铅-锌	海相火山岩型	火山岩型	伊通县放牛沟多金属矿床	晚古生代	放牛沟式火山岩型	火山岩型	放牛沟、地局木子—倒木河
铅-锌	海相火山岩型	火山岩型	汪清县红太平多金属矿床	晚古生代	红太平式火山岩型	火山岩型	梨树沟—红太平
铅-锌	碳酸盐型	沉积-热液叠加型	集安市正岔铅锌矿床	中生代	正岔式沉积-改造型	层控内生型	正岔—复兴屯
铅-锌	碳酸盐岩-细碎屑岩型	沉积变质-岩浆热液改造型	白山市荒沟山铅锌矿床	古元古代	青城沟式沉积-改造型	层控内生型	荒沟山—南岔
铅-锌		多成因叠加型	白山市天宝山多金属矿床	中生代	天宝山式多成因叠加型	复合内生型	天宝山
镍	岩浆型	基性-超基性岩浆熔离-贯入型	磐石市红旗岭铜镍矿	中生代	红旗岭式基性-超基性岩浆熔离-贯入型	侵入岩体型	红旗岭、双凤山、大山明子、川连沟—二道岭子
镍	岩浆型	基性-超基性岩浆熔离-贯入型	蛟河市漂河川铜镍矿	中生代	红旗岭式基性-超基性岩浆熔离-贯入型	侵入岩体型	漂河川
镍	岩浆型	基性-超基性岩浆熔离-贯入型	和龙市长仁铜镍矿	晚古生代	红旗岭式基性-超基性岩浆熔离-贯入型	侵入岩体型	六颗松—长仁
镍	岩浆型	基性-超基性岩浆熔离-贯入型	通化县赤柏松铜镍矿床	古元古代	赤柏松式基性-超基性岩浆熔离-贯入型	侵入岩体型	赤柏松—金斗、大肚川—鹭水河
镍	沉积型	沉积变质型	白山市杉松岗铜钴矿床	古元古代	杉松岗式沉积变质型	变质型	荒沟山—南岔
钨	与花岗岩有关的脉状钨矿	岩浆热液型	珲春市杨金沟钨矿床	中生代	杨金沟式岩浆热液型	侵入岩体型	小西南岔—杨金沟

第二章 吉林省矿产资源概况

续表 2-1-1

矿种	全国矿床类型	吉林省矿床类型	典型矿床	成矿时代	矿产预测类型	矿产预测方法类型	预测工作区
钼	斑岩型	斑岩型	永吉县大黑山钼矿床	中生代		侵入岩体型	前撮落—火龙岭、西苇
			舒兰县季德屯钼矿床	中生代	大黑山式斑岩型		季德屯—福安堡
			安图县刘生店钼矿床	中生代			刘生店—天宝山
			龙井市天宝山多金属矿床	中生代			
	热液脉型	石英脉型	敦化市大石河铜钼矿床	中生代	大石河式斑岩型	侵入岩体型	大石河—尔站
			靖宇县天合兴铜钼矿床	中生代	天合兴式斑岩型	侵入岩体型	天合兴
	矽卡岩型	矽卡岩型	桦甸市四方甸子铜钼矿床	中生代	四方甸子式矽卡岩型	侵入岩体型	前撮落—火龙岭
			临江市六道沟铜钼矿床	中生代	铜山式矽卡岩型	层控内生型	六道沟—八道沟
锑	岩浆热液型	岩浆热液型	临江市青沟子锑矿床	中生代	青沟子式岩浆热液型	侵入岩体型	荒沟山—南岔、石咀、台马
金	花岗岩-绿岩型	绿岩型	桦甸市夹皮沟金矿床、桦甸市六匹叶金矿床	新太古代	夹皮沟式绿岩型	复合内生型	夹皮沟—溜河、安口镇、金城洞—木兰屯、四方山—板石、石棚沟—石门河子
	变质碎屑岩中脉型	火山沉积-岩浆热液改造型	白山市荒沟山金矿床	中生代	荒沟山式岩浆热液改造型	层控内生型	荒沟山—南岔、冰湖沟、六道沟—八道沟、长白—十六道沟
			通化县南岔金矿床	中生代		层控内生型	
			集安市西岔金银矿床	中生代	西岔式岩浆热液改造型	层控内生型	正岔—复兴
			集安市下活龙金矿床	中生代	金英式岩浆热液改造型	层控内生型	古马岭—活龙
			白山市金英金矿床	中生代		层控内生型	浑北
	变质碎屑岩中脉型		桦甸市二道甸子金矿床	中生代	二道甸子式变质火山岩型	层控内生型	漂河川
			东辽县夸月金矿床	中生代	夸月式变质火山岩型	层控内生型	
	破碎-蚀变岩型	矽卡岩型-破碎蚀变岩型	长春市兰家金矿床	中生代	兰家式矽卡岩型	层控内生型	兰家、山门、万宝

续表 2-1-1

矿种	全国矿床类型	吉林省矿床类型	典型矿床	成矿时代	矿产预测类型	矿产预测方法类型	预测工作区
金	海相火山岩型	火山岩型	永吉头道川金矿床	晚古生代—中生代	头道川式变质火山岩型	火山岩型	石咀—官马—头道沟—吉昌
金	陆相火山岩型	火山岩型	汪清县刺猬沟金矿床	中生代	刺猬沟式火山砾岩型	火山岩型	刺猬沟—九三沟、杜荒岭、金仓山—后底洞
金	陆相火山岩型	火山岩型	汪清县五凤金矿床	中生代			五凤
金	陆相火山岩型	火山岩型	汪清县闹枝金矿床	中生代			闹枝—棉田
金	陆相火山岩型	火山岩型	永吉县倒木河金矿床	中生代			地局子—倒木河
金	侵入岩体内及接触带型	火山爆破角砾岩型	梅河口香炉碗子金矿床	中生代	香炉碗子式火山热液型	火山岩型	香炉碗子—山城镇
金			安图县海沟金矿床	中生代	海沟式热液型	侵入岩体型	海沟
金	斑岩型	侵入岩浆热液型	珲春市杨金沟金矿床	中生代	杨金沟式岩浆热液型	侵入岩体型	农坪—前山
金		砾岩型	珲春市小西南岔金铜矿床	晚古生代	小西南岔式斑岩型	侵入岩体型	小西南岔—杨金沟
金	砂金矿	沉积型	黄松甸子砾岩型金矿床	新生代	黄松甸子式砾岩沉积型	沉积型	黄松甸子
金			珲春河砂金矿床	新生代	珲春河式热液型	沉积型	珲春河
银	热液型		四平市山门银矿床	中生代	山门式热液型	层控内生型	山门
银	海相火山岩型	火山热液型	磐石市民主屯银岩矿床	晚古生代	民主屯式火山热液型	火山岩型	民主屯
银	热液型	热液改造型	集安市西岔金银矿床	中生代	西岔式热液改造型	侵入岩体型	热闹—青石
银	海相火山岩型	火山岩型	汪清县红太平多金属矿床	晚古生代	红太平式火山岩型	火山岩型	梨树沟—红太平、天宝山
银			抚松县西林河银矿床	中生代	西林河式火山岩型	侵入岩体型	西林河
银	热液型		和龙市百里坪银矿床	中生代	百里坪式火山热液型	侵入岩体型	百里坪
银		热液充填型	白山市刘家堡子—狼洞沟金银矿床	中生代	刘家堡子—狼洞沟式热液充填型	层控内生型	上甸子—七道岔
银		构造蚀变岩型	永吉县八台岭银矿床	中生代	八台岭式构造蚀变岩型	层控内生型	八台岭—孤店子
稀土	砂矿型	风化壳型	安图县东清独居石砂矿	新生代	东清式风化壳型	沉积型	西北岔
萤石	充填交代型	热液充填交代型	永吉县金家屯萤石矿床	中生代	金家屯式热液充填交代型	层控内生型	一拉溪
萤石			磐石市南梨树萤石矿床	中生代	南梨树式热液充填交代型	层控内生型	明城
萤石	热液充填型	火山热液型	九台市牛头山萤石矿床	中生代	牛头山式火山热液型	火山岩型	其塔木

续表 2-1-1

矿种		全国矿床类型	吉林省矿床类型	典型矿床	成矿时代	矿产预测类型	矿产预测方法类型	预测工作区
磷		沉积型	沉积型	通化市水洞磷矿床	早古生代	水洞式沉积型	沉积型	鸭园—六道江
硫铁矿		火山岩型	海相火山岩型	伊通县放牛沟多金属矿床	晚古生代	放牛沟式海相火山岩型	火山岩型	放牛沟
		沉积型	湖相沉积型	桦甸市西合子硫铁矿床	新生代	西合子式湖相沉积型	沉积型	西合子
		矽卡岩型	矽卡岩型	永吉县头道沟硫铁矿床	中生代	头道沟式矽卡岩型	层控内生型	倒木河—头道沟
		沉积—变质型	海相沉积变质型	临江市荒沟山硫铁矿床	古元古代	狼山式沉积变质型	变质型	热闹—青石、上甸子—七道岔
硼		沉积变质型	沉积变质型	集安市高合沟硼矿床	古元古代	高合沟式沉积变质型	变质型	高合沟

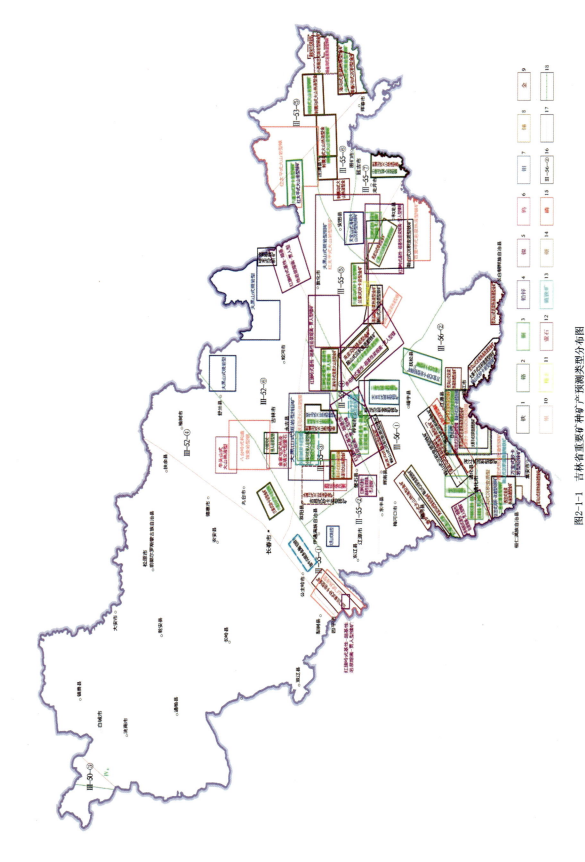

图12-1-1 吉林省重要矿种矿产预测类型分布图

1.铁矿产预测类型；2.铬矿产预测类型；3.铜矿产预测类型；4.铅锌矿产预测类型；5.镍矿产预测类型；6.钴矿产预测类型；7.钼矿产预测类型；8.锑矿产预测类型；9.金矿产预测类型；10.银矿产预测类型；11.稀土矿产预测类型；12.萤石矿产预测类型；13.硫铁矿产预测类型；14.硼矿产预测类型；15.磷矿成矿带编号；16.Ⅲ级成矿带编号；17.Ⅲ级矿带界线；18.Ⅳ级矿带界线

四、铅锌矿床及矿产预测类型

全国铅锌矿床划分了9种矿床类型,即碳酸盐岩型、砂砾岩型、碳酸盐岩-细碎屑岩型、海相火山岩型、陆相火山岩型、各种围岩中的脉状铅锌矿、矽卡岩型、斑岩型、风化残积型。吉林省铅锌矿按照成矿物质来源与成矿地质条件,划分了7种矿床类型:矽卡岩型、火山热液型、沉积-热液叠加型、沉积变质-岩浆热液改造型、多成因叠加型、岩浆热液型、变质热液型;划分了6种矿产预测类型:万宝式矽卡岩型、放牛沟式火山热液型、红太平式火山岩型、正岔式沉积-改造型、青城子式沉积-改造型、天宝山式多成因叠加型,见表2-1-1和图2-1-1。

五、镍矿床及矿产预测类型

全国镍矿床划分了4种矿床类型,即岩浆型、沉积型、风化壳型、热液型。吉林省镍矿主要划分了2种矿床类型:基性—超基性岩浆熔离-贯入型、沉积变质型,以基性—超基性岩浆熔离-贯入型镍矿为主要类型;划分了3种矿产预测类型:红旗岭式基性—超基性岩浆熔离-贯入型、赤柏松式基性—超基性岩浆熔离-贯入型、杉松岗式沉积变质型,见表2-1-1和图2-1-1。

六、钨矿床及矿产预测类型

全国钨矿床划分了7种矿床类型,即与花岗岩有关的脉状钨矿、矽卡岩-云英岩型、斑岩型、火山岩型、铁帽型、层状浸染型、砂钨矿。吉林省已发现的钨矿主要有矽卡岩型和岩浆期后热液型两种矿床类型,以岩浆期后热液型为主要矿床类型;划分了1种矿产预测类型,即杨金沟式岩浆热液型,见表2-1-1和图2-1-1。

七、钼矿床及矿产预测类型

全国钼矿床划分了5种矿床类型,即斑岩型、矽卡岩型、热液脉型、沉识型、海相火山岩型。吉林省钼矿划分了3种矿床类型:斑岩型、矽卡岩型、石英脉型,斑岩型是吉林省钼矿床的主要矿床类型;划分了5种矿产预测类型:大黑山式斑岩型、大石河式斑岩型、天合兴式斑岩型、四方甸子式石英脉型、铜山式矽卡岩型,见表2-1-1和图2-1-1。

八、锑矿床及矿产预测类型

全国锑矿床划分了4种矿床类型,即碳酸盐岩中热液型、岩浆热液型、碎屑岩地层中热液型、火山岩中热液型。吉林省锑矿主要有岩浆热液型和火山热液型两种矿床类型,以岩浆热液型为主要类型;划分了1种矿产预测类型,即青沟子式岩浆热液型,见表2-1-1和图2-1-1。

九、金矿床及矿产预测类型

全国金矿床划分了 11 种矿床类型,即陆相火山岩型、海相火山岩型、斑岩型、侵入岩体内及接触带型、破碎-蚀变岩型、花岗岩-绿岩型、卡林型、变质碎屑岩中脉型、砂金矿、铁帽型、土型金矿。吉林省金矿主要划分了 9 种矿床类型:绿岩型、岩浆热液改造型、火山沉积-岩浆热液改造型、矽卡岩型-破碎蚀变岩型、火山岩型、火山爆破角砾岩型、侵入岩浆热液型、砾岩型、沉积型;划分了 14 种矿产预测类型:夹皮沟式绿岩型、荒沟山式岩浆热液改造型、西岔式岩浆热液改造型、金英式热液改造型、二道甸子式变质火山岩型、头道川式变质火山岩型、兰家式矽卡岩型、刺猬沟式火山热液型、香炉碗子式火山热液型、海沟式岩浆热液型、杨金沟式岩浆热液型、小西南岔式斑岩型、黄松甸子式砾岩型、珲春河式沉积型,见表 2-1-1 和图 2-1-1。

十、银矿床及矿产预测类型

全国银矿床划分了 7 种矿床类型,即热液型、海相火山岩型、陆相火山-次火山岩型、变质岩型、沉积岩型、风化淋积型、矽卡岩型。吉林省已经发现银矿床主要有 7 种矿床类型:热液型、火山热液型、热液改造型、火山岩型、岩浆热液型、热液充填型、构造蚀变岩型;划分了 8 种矿产预测类型:山门式热液型、民主屯式火山热液型、西岔式热液改造型、红太平式火山岩型、西林河式岩浆热液型、百里坪式岩浆热液型、刘家堡子-狼洞沟式热液充填型、八台岭式构造蚀变岩型,见表 2-1-1 和图 2-1-1。

十一、稀土矿床及矿产预测类型

全国稀土矿床划分了 4 种矿床类型,即岩浆型(岩浆-热液型)、离子吸附型、沉积型、砂矿型。吉林省稀土矿产代表性矿床为安图县东清独居石矿,成因类型为风化壳型;划分了 1 种矿产预测类型:东清式风化壳型,见表 2-1-1 和图 2-1-1。

十二、萤石矿床及矿产预测类型

全国萤石矿床划分了 4 种矿床类型,即沉积改造型、伴生型、充填交代型、热液充填型。吉林省萤石矿主要有 2 种矿床类型:热液充填交代型、火山热液型;划分了 3 种矿产预测类型:金家屯式热液充填交代型、南梨树式热液充填交代型、牛头山式火山热液型,见表 2-1-1 和图 2-1-1。

十三、磷矿床及矿产预测类型

全国磷矿床划分了 4 种矿床类型,即沉积变质型、沉积型、岩浆型、鸟粪磷矿。吉林省磷矿主要有 2 种矿床类型:沉积型、沉积变质型,以沉积型磷矿为主;划分了 1 种矿产预测类型:水洞式沉积型,见表 2-1-1 和图 2-1-1。

十四、硫矿床及矿产预测类型

全国硫铁矿床划分了 5 种矿床类型,即火山岩型、沉积型、矽卡岩型、岩浆热液型、沉积-变质型。吉林省的硫铁矿主要有 4 种矿床类型:海相火山岩型、湖相沉积型、矽卡岩型、海相沉积变质型;划分了 4 种矿产预测类型:放牛沟式海相火山岩型、西台子式湖相沉积型、头道沟式矽卡岩型、狼山式沉积变质型,见表 2-1-1 和图 2-1-1。

十五、硼矿床及矿产预测类型

全国硼矿床划分了 6 种矿床类型,即沉积变质型、盐湖沉积型、矽卡岩型、地下卤水型、热液型、海相沉积型。吉林省含硼岩系分布局限,主要的矿床类型为沉积变质型;划分了 1 种矿产预测类型,即高台沟式沉积变质型,见表 2-1-1 和图 2-1-1。

第二节 铁矿成矿特征及成矿规律

一、成矿特征

吉林省铁矿资源比较丰富,主要分布在东南部的桦甸、白山、通化以及敦化地区。成矿时代自老到新各时代都有,成因类型比较复杂,主要成因类型有沉积变质型、海相沉积型、内陆湖相沉积型、火山碎屑沉积型、风化淋滤型、岩浆岩型、矽卡岩型、热液型,以沉积变质型为主要类型。吉林省共发现铁矿床 38 处,其中大型矿床 3 处、中型矿床 7 处、小型矿床 28 处,另外发现矿点 469 处,累计查明资源量 7.23×10^8 t,见表 2-2-1,图 2-2-1。

1. 沉积变质型

沉积变质型铁矿主要分布在向阳镇—红石、板庙子—两江—官地、四方山—板石、七道沟—大栗子等集中区内,成矿时代主要集中在新太古代和古中元古代,晚古生代亦有。沉积变质型铁矿形成地质环境主要是海相沉积,成矿物质主要来源于海底基性火山喷发和陆源物质,后经多次不同规模和程度的区域变质变形改造,成矿物质进一步富集成矿,可进一步划分为:鞍山式铁矿、塔东式铁矿、集安式铁矿、大栗子式铁矿、靠山式铁矿、呼和哈达式铁矿。

(1)鞍山式铁矿:成矿时代为新太古代,主要分布在柳河、辉南、桦甸、白山、通化、和龙地区,龙岗—陈台沟—沂水前新太古代陆核地块及残块内,受新太古代绿岩地体控制;向阳镇—红石集中区内分布有胜利屯、二道沟、朝阳堡、双驴岭、太平、解放等矿床(点);板庙子—两江—官地集中区内分布有三道沟、苇厦子、老牛沟、腰团、官地等矿床(点);四方山—板石集中区内分布有长春沟、四方山、板石沟、西坡口、盖家沟、爱林、大方等矿床(点)。鞍山式铁矿代表性矿床有桦甸市老牛沟铁矿床、白山市板石沟铁矿床、通化县四方山铁矿床、和龙市官地铁矿床。

表 2-2-1 吉林省重要矿产地特征一览表

序号	矿产地名	地理坐标 X	地理坐标 Y	矿种	共伴生矿产	矿床成因类型	成矿时代	品位	查明资源储量	矿床规模
1	吉林市丰满区胜利铁矿	1264815	432908	铁		接触交代型	侏罗纪	33.60		小型
2	磐石市吉昌铁矿	1255434	430814	铁		接触交代型	中生代	42	151.1	小型
3	磐石市大永洞铁矿	1255354	430604	铁		接触交代型	中生代	50	80.3	小型
4	磐石市新立铁矿	1255923	423822	铁		热液型	中生代	37.15	13.1	小型
5	磐石市西半截河铁矿	1263100	425800	铁		沉积-变质型	古生代	45.87	101.7	小型
6	磐石市石门子铁矿西段	1263345	424400	铁		沉积-变质型	太古宙	31.71		小型
7	磐石市石门子铁矿东段	1263530	424430	铁		沉积-变质型	太古宙	32		小型
8	磐石市茶条条铁矿	1261114	424755	铁		沉积-变质型	早石炭世	34		小型
9	磐石市吉昌镇天生铁矿	1255043	430829	铁		接触交代型	侏罗纪	50	2 250.5	小型
10	桦甸市营山铁矿	1264745	432700	铁		陆相火山岩型	中生代	57	66.1	大型
11	桦甸市老牛沟铁矿	1272148	425814	铁		沉积-变质型	太古宙	42	25 699.3	小型
12	桦甸市果元铁矿	1272145	425900	铁		沉积-变质型	太古宙	30		小型
13	桦甸市高丽屯铁矿	1272433	425732	铁		沉积-变质型	太古宙	34		小型
14	桦甸市腰仓子 690 矿区南段			铁	铅、铜	沉积-变质型	太古宙	34		
15	伊通县景台乡新立屯村铁矿点	1250540	432950	铁		热液型	奥陶纪	30.14	32.4	矿点
16	东丰县西保安锰磷铁矿	1261700	411800	铁		沉积-变质型	元古宙	27	38.0	小型
17	东丰县和平铁矿	1251439	421912	铁		沉积-变质型	太古宙	30.23	632.9	小型
18	通化县二道江铁矿	1260300	415011	铁		沉积-变质型	元古宙	35.50	76.2	小型
19	通化县四方山铁矿	1260542	415540	铁		沉积-变质型	太古宙	36.11	2 032.8	中型
20	通化县七道沟铁矿	1261920	413150	铁		沉积-变质型	元古宙	38.50	1329	中型
21	通化县二道河子铁矿	1262100	413300	铁		沉积-变质型	元古宙	46.28	80.6	小型

续表 2-2-1

序号	矿产地名	地理坐标 X	地理坐标 Y	矿种	共伴生矿产	矿床成因类型	成矿时代	品位	查明资源储量	矿床规模
25	通化县南岔铁矿	1262140	413615	铁		沉积-变质型	元古宙	45.11	12.9	小型
26	通化县篁儱杨树铁矿	1252323	415330	铁		沉积-变质型	太古宙	38.5		小型
27	通化县小东岔铁矿	1252845	415715	铁		沉积-变质型	太古宙	28.5		小型
28	通化县新华铁矿	1254904	415541	铁		沉积-变质型	太古宙	35.8		小型
29	通化县长春沟铁矿	1255650	415140	铁		沉积-变质型	太古宙	36.45	152.9	小型
30	通化县冰沟铁矿	1262138	413846	铁		沉积-变质型	古元古代	36.11		小型
31	通化县许可地铁矿	1260353	420023	铁		沉积-变质型	太古宙	33.9		小型
32	通化县朝阳铁矿	1260930	420000	铁		沉积-变质型	太古宙	36		小型
33	通化县羊场铁矿	1255415	415115	铁		沉积-变质型	太古宙	35.5		小型
34	通化县杨木桥子铁矿	1255315	415715	铁		沉积-变质型	太古宙	31		小型
35	通化县庆升铁矿	1261438	420130	铁		沉积-变质型	太古宙	35		小型
36	通化县国宝顶子赤铁矿	1261215	415400	铁		海相沉积型	渐新世	30.4	0.4221	小型
37	通化县高丽沟铁矿	1260600	415438	铁		沉积-变质型	太古宙	32.7		小型
38	通化县苗圃西部铁矿	1260409	415514	铁		沉积-变质型	太古宙	28		小型
39	通化县大安西岔赤铁矿	1260451	415104	铁		陆相沉积型	渐近世	46.57		小型
40	辉南县太平沟铁矿	1263350	423827	铁		沉积-变质型	太古宙	40	206	小型
41	辉南县五分所铁矿	1263438	423933	铁		沉积-变质型	太古宙	33.5	173.4	小型
42	辉南县哈硷子铁矿	1261930	422408	铁		沉积-变质型	太古宙	33.1		小型
43	辉南县庆阳铁矿	1262408	423915	铁		沉积-变质型	太古宙	26.6		小型
44	辉南县前四平铁矿	1262760	423149	铁		沉积-变质型	太古宙	37.1		小型
45	辉南县金川(板庙)铁矿	1261905	422506	铁		沉积-变质型	太古宙	35		小型
46	柳河县柳河铁矿	1254840	421630	铁		沉积-变质型	太古宙	35	104.3	小型
47	柳河县柳河铁矿	1254823	421615	铁		沉积-变质型	太古宙	19		小型
48	柳河县马家店铁矿	1254038	420923	铁		沉积-变质型	太古宙	30		小型

续表 2-2-1

序号	矿产地名	地理坐标 X	地理坐标 Y	矿种	共伴生矿产	矿床成因类型	成矿时代	品位	查明资源储量	矿床规模
49	柳河县大榆树铁矿	1260344	420818	铁		沉积-变质型	太古宙	31		小型
50	柳河县大兴铁矿	1252951	415904	铁		沉积-变质型	太古宙	29		小型
51	集安市清河铁矿	1255557	412733	铁		沉积-变质型	元古宙	37	10.8	小型
52	集安市砬子沟铁矿	1255630	413412	铁		沉积-变质型	元古宙	30	153.2	小型
53	集安市南砬子铁矿	1255645	413250	铁		沉积-变质型	元古宙	29.5		小型
54	集安市砬子沟铁矿 4、5 矿组	1255630	413352	铁		沉积-变质型	元古宙	26		小型
55	浑江市板石沟铁矿	1262400	420200	铁		沉积-变质型	太古宙	37.07	124 860	大型
56	浑江市爱林铁矿	1263500	420800	铁		沉积-变质型	太古宙	40.66	140.32	小型
57	浑江市老岭铁矿	1264330	415750	铁		海相沉积型	元古宙	48	593.1	小型
58	白山市大青沟铁矿	1263130	414600	铁		沉积-变质型	太古宙	29		小型
59	白山市大安铁矿 4 号矿体	1260800	415645	铁		沉积-变质型	太古宙	41.88		小型
60	抚松县松山铁矿	1273630	420810	铁		沉积-变质型	元古宙	28.5	152	小型
61	抚松县大方铁矿	1272015	422423	铁		沉积-变质型	太古宙	27.79		小型
62	抚松县仁义铁矿	1271938	422500	铁		沉积-变质型	太古宙	26.64		小型
63	抚松县大方铁矿	1272045	422353	铁		沉积-变质型	太古宙	28.19	740.63	小型
64	靖宇县青山铁矿床	1265530	423423	铁		沉积-变质型	太古宙	27		小型
65	靖宇县阴岔河铁矿	1264838	423608	铁		沉积-变质型	元古宙	30.5	2 877.5	中型
66	靖宇县小营子铁矿	1265511	423615	铁		沉积-变质型	太古宙	32.5		小型
67	江源县五道羊岔铁矿	1263100	420730	铁		沉积-变质型	太古宙	32.5		小型
68	浑江市大栗子铁矿	1264930	414600	铁		沉积-变质型	元古宙	54	2 877.5	中型
69	浑江市夹皮沟铁矿	1271030	413310	铁		沉积-变质型	元古宙	51.09	79.6	小型
70	浑江市乱泥塘铁矿	1271400	413340	铁		沉积-变质型	元古宙	46.32	727.99	小型
71	敦化市小蒲柴河铁矿	1275630	430053	铁		接触交代型	渐新世	39.35		小型
72	敦化市塔东铁矿	1283342	435343	铁		沉积-变质型	元古宙	35	13 624.5	大型

第二章 吉林省矿产资源概况

续表2-2-1

序号	矿产地名	地理坐标 X	地理坐标 Y	矿种	共伴生矿产	矿床成因类型	成矿时代	品位	查明资源储量	矿床规模
73	珲春市白虎山铁矿	1304400	425830	铁		接触交代型	古生代		37.9	小型
74	和龙市土山子铁矿	1285938	423715	铁		沉积-变质型	太古宙	30		小型
75	和龙市白石洞铁矿	1285230	424800	铁		接触交代型	元古宙	40		小型
76	和龙市鸡南铁矿	1285456	424112	铁		沉积-变质型	太古宙	32.48	568.7	小型
77	和龙市官地铁矿	1284753	423545	铁		沉积-变质型	太古宙	30.8	2 826.4	中型
78	和龙市百日坪铁矿	1285308	423518	铁		沉积-变质型	太古宙	25.6		小型
79	和龙市大开河铁矿	1283553	424645	铁		沉积-变质型	太古宙	32.5		小型
80	汪清县青林铁矿	1295638	432230	铁		接触交代型	二叠纪	42.5		小型
81	安图县四岔子铁矿	1280620	424440	铁		沉积-变质型	元古宙	26.5	217.47	小型
82	安图县腰团铁矿	1283335	424038	铁		沉积-变质型	太古宙	32.71	112	小型
83	安图县小黄泥屯铁矿	1282138	423100	铁		沉积-变质型	元古宙	38.5	21.48	小型
84	双阳区东风铜铁矿	1253900	434800	铜铁		接触交代型	中生代			小型
85	长春市双阳东风铁矿	1253146	425125	铁		热液型	元古宙	44.16	22.6	小型
86	集安市阳岔乡范家房前	1284943	425813	铁		沉积-变质型	元古宙	28.5		矿点
87	安图县神仙洞铁矿	1284943	425813	铜铁		海相火山岩型	中生代	37	13.6	小型
88	永吉县小绥河铬铁矿	1262100	435148	铬		侵入岩浆型	晚古生代	22.81	31	矿点
89	龙井市开山屯铜铁矿	1294040	423745	铬		侵入岩浆型	晚古生代			矿点
90	安图县双山多金属（钼铜）矿	1282457	430630	钼铜铅锌		次火山热液型	中生代			小型
91	桦甸县二道林子砷多金属矿	1264215	431855	砷铜锌		岩浆期后热液型	中生代			矿点
92	磐石市明城小北沟铜矿	1255909	431341	铜		热液型	中生代			矿点
93	磐石市加兴顶子铜矿	1261615	431822	铜		热液型	中生代			矿点
94	永吉县团山铜矿点	1263104	432352	铜		热液型	中生代			矿点
95	靖宇县天合兴铜铜矿	1265619	423545	铜	钼、锌、银、钴	次火山热液型	侏罗纪			小型
96	长白县八道沟奎圈铜矿	1271560	413160	铜		接触交代型	志留纪			矿点

续表 2-2-1

序号	矿产地名	地理坐标 X	地理坐标 Y	矿种	共伴生矿产	矿床成因类型	成矿时代	品位	查明资源储量	矿床规模
97	永吉县五里河香水河子	1263240	432460	铜		热液型	中侏罗世			矿点
98	永吉县五里河三家子村铜矿	1262635	432930	铜	锌	火山沉积型	古生代			矿点
99	洮南县东干铜矿	1215510	455005	铜		热液型	侏罗纪			矿点
100	永吉县口前镇歪砬子铜矿	1263245	433530	铜	铅、锌	充填型	二叠纪—侏罗纪			小型
101	洮安县巨宝乡马厂	1220226	453244	铜	铜	中温热液型	侏罗纪			矿化点
102	敦化市官瞪沟铜钼矿	1280230	425945	铜钼	铅、锌	中温热液型	中生代			小型
103	汪清县苍林铜矿	1301030	431530	铜		热液型	侏罗纪		3 497.199 951	小型
104	桦甸县茨芽冈铜矿化点	1263333	433101	铜		中温热液型	白垩纪			矿化点
105	通化县二密铜矿	1254945	414919	铅		热液型	白垩纪	1.16	105 214	小型
106	集安市望江楼铅铜矿	1262458	412012	铜		热液型	白垩纪			矿点
107	汪清县六道崴子铜矿	1304340	433108	铜		接触交代型	晚二叠世	0.15	6049	矿点
108	磐石市罐岭铜矿	1260810	430506	铜		接触交代型	晚二叠世		150	小型
109	白山市六道江铜矿	1261830	415430	铜		接触交代型	白垩纪		12 721	小型
110	磐石县石明子铜矿	1260905	430400	铜	银	岩浆期后热液型	中侏罗世	1.526 6	53 138	小型
111	永吉县钢岔顶子铜矿	1261600	432900	铜		岩浆期后热液型	中侏罗世	0.74	1122	小型
112	伊通县西大城号铜矿	1251620	433720	铜		接触交代型	晚二叠世			矿点
113	伊通县马鞍乡王家油房铜矿	1250819	433024	铜		中温热液型	中生代			矿化点
114	永吉县向阳（原前进）铜矿	1262736	432129	铜	铅、锌	热液型	白垩纪			小型
115	图们市前安山村铜矿	1295060	425915	铜		蒸发沉积型	侏罗纪—白垩纪		12 274.5	小型
116	靖宇县那尔娄铜矿	1270108	424429	铜钼		接触交代型	侏罗纪	0.5	260	小型
117	临江市铜山镇铜钼矿	1272100	413930	铜钼		接触交代型	侏罗纪		19 602	矿化点
118	临江县六道沟铜钼矿	1271700	413900	铜钼		热液型	中生代			矿化点
119	靖宇县秋皮沟铜钼矿	1270630	433900	铜钼		接触交代型	中生代		228	小型
120	临江县六道沟铜山铜钼矿	1271700	413300	铜钼						

续表 2-2-1

序号	矿产地名	地理坐标 X	地理坐标 Y	矿种	共伴生矿产	矿床成因类型	成矿时代	品位	查明资源储量	矿床规模
121	集安市阴岔乡范家房前铜铁矿	1261700	411800	铜铁		沉积变质型	元古宙			矿点
122	白山市大镜路铜钴矿	1263211	414255	钴	铜、锌、镍	沉积-变质型	古元古代	0.12	59 716	中型
123	永吉县旺起乡胜利村铅锌矿	1264900	433000	锌	银	接触交代型	侏罗纪			小型
124	桦甸市地局子村铅锌矿	1263620	432029	铅	锌、铜	中温热液型	晚二叠世	1.03	18 624	小型
125	桦甸市新立屯铅锌矿	1263820	432200	铅	锌	中温热液型	侏罗纪			小型
126	桦甸市地局子铅锌矿	1263735	432020	铅锌		火山热液型	侏罗纪		5423	小型
127	东辽县弯月铅锌矿2号矿体	1252630	430210	铅锌	银	热液型	三叠纪	4.23	73 041	小型
128	桦甸市云峰铅锌矿	1272700	425017	铅锌	银	热液型	二叠纪-侏罗纪	5.03	15 824	小型
129	伊通县放牛沟多金属矿	1250345	433030	铅锌-硫铁矿	银、铜	火山岩型	晚古生代	锌 2.5 硫 16	锌 395 456t 铅 28 349t 硫 709×10⁴t	中型
130	伊通县景合乡小桥子铅锌矿点	1250214	433403	铅	铜、锌	接触交代型	晚古生代			矿点
131	东辽县弯月铅锌矿床	1252600	430200	铅锌	银	热液型	侏罗纪	4.23	73 041	小型
132	通化县爱国铅锌矿床	1253000	412800	铅锌	银、硫	热液型	侏罗纪	5.66	29 003	小型
133	集安市矿洞子铅锌矿	1261802	411330	铅锌		热液型	侏罗纪		11 670	小型
134	集安市郭家岭铅锌矿	1261802	411212	铅锌		火山热液型	侏罗纪		35 750	小型
135	集安市石嶽铅锌矿	1254904	405240	铅锌		接触交代型	侏罗纪		13 889	小型
136	集安市正岔铅锌矿	1255000	412310	铅锌		接触交代型	侏罗纪		3898	小型
137	抚松县大营2号铅锌矿	1271150	420710	铅锌	银	中温热液型	侏罗纪	0.67	8033	小型
138	临江市天湖沟铅锌矿床	1264055	414715	铅锌	硫铁矿、自然硫	中温热液型	侏罗纪		30 346	小型
139	临江市荒沟山铅锌矿	1264150	414730	铅锌		中温热液型	侏罗纪	铅 1.84 锌 14.58	铅 20 941 锌 117 487	小型
140	临江市当石沟铅锌矿	1264930	414635	铅锌	银	热液型	古元古代			矿点
141	龙井市天宝山多金属矿	1285700	425600	铅锌-铜	银	多成因复合型	侏罗纪	铅 1.02 锌 1.76	铅 182 984 锌 480 094	中型

续表 2-2-1

序号	矿产地名	地理坐标 X	地理坐标 Y	矿种	共伴生矿产	矿床成因类型	成矿时代	品位	查明资源储量	矿床规模
142	汪清县林子沟铅矿	1300100	431800	铅		低温热液型	侏罗纪			矿点
143	汪清县红太平多金属矿	1293320	433310	铜-铅锌	铜-锌	火山沉积型	晚二叠世	铜1.23 铅0.54 锌2.69	铜9382 铅2641 锌19642	小型
144	汪清县棉田铅锌矿	1293715	430700	铅锌		接触交代型	侏罗纪-白垩纪	5.92	747	小型
145	磐石市红旗岭1号岩体（大岭矿）	1262530	425400	铜镍	钴-硒-硫	熔离型	三叠纪	0.53	38445	中型
146	磐石市红旗岭2号岩体	1262410	425410	铜镍	钴-硒	熔离型	三叠纪	0.38	3148	小型
147	磐石市红旗岭3号岩体	1262343	425410	铜镍	钴-硒	熔离型	三叠纪	0.55	1390	小型
148	磐石市红旗岭新3号岩体	1262310	425340	铜镍	钴-硒	熔离型	三叠纪	0.64	1639	小型
149	磐石市红旗岭7号岩体（富家矿）	1263934	425207	铜镍	钴-硒-硫	熔离型	三叠纪	1.974	160162	大型
150	磐石市红旗岭9号岩体	1262635	425250	铜镍	钴-硒	熔离型	三叠纪	0.42	1922	小型
151	磐石市尖山岭1,10,6号岩体	1262160	425135	铜镍	钴	熔离型	三叠纪	0.6267	912	小型
152	磐石市尖山岭新6号岩体（二道岗矿）	1262126	425218	镍		熔离型	三叠纪	0.775	2143	小型
153	磐石市尖山岭9号岩体	1262140	425210	铜镍		熔离型	三叠纪	0.74	932	小型
154	磐石市三道岗（富大）镍矿	1261626	430048	镍		熔离型	三叠纪	0.437	1418	小型
155	蛟河市漂河川铜镍矿4号岩体	1271630	431235	铜镍		熔离型	三叠纪	0.83	8232	小型
156	蛟河市漂河川铜镍矿5号岩体	1271620	431230	铜镍		熔离型	三叠纪	0.6	2244	小型
157	桦甸市漂河川115号岩体（二道沟矿）	1270937	431330	铜镍		熔离型	三叠纪	0.85	6807	小型
158	桦甸市漂河川120号岩体	1270950	431215	镍		熔离型	三叠纪	0.45	1461	矿点
159	桦甸市小陈木沟铜镍矿	1270730	425848	镍		熔离型	三叠纪			小型
160	桦甸市老金厂乡苇厦河屯	1274247	425355	铜镍	硫	熔离型	三叠纪			矿点
161	通化县赤柏松铜镍矿（1号岩体）	1254242	414018	铜镍		熔离型	古元古代	0.508	122227	大型
162	通化县新安铜镍矿床	1253930	413832	铜镍		熔离型	古元古代	0.33	5631.3	小型
163	通化县金斗Ⅶ-5号岩体镍矿	1254022	414145	镍		熔离型	古元古代	0.378	14302	小型

续表 2-2-1

序号	矿产地名	地理坐标 X	地理坐标 Y	矿种	共伴生矿产	矿床成因类型	成矿时代	品位	查明资源储量	矿床规模
164	和龙市长仁龙门乡镍矿（11号岩体）	1290350	424133	铜镍	钴	熔离型	晚古生代	0.65	31 039	中型
165	和龙市长仁4号岩体	1285816	424728	铜镍	钴	熔离型	晚古生代	0.76	1 400.9	小型
166	和龙市柳木坪镍矿	1291345	424403	铜镍		熔离型	晚古生代	0.43	5602	小型
167	和龙市305矿区铜镍矿床	1290221	424034	铜镍		熔离型	晚古生代	0.49	3 738.64	小型
168	安图县石人沟铜镍矿	1280220	423925	铜镍	铜钴	熔离型	古元古代	0.39	24	矿点
169	四平市山门镍矿	1242800	430336	镍	铜镍	熔离型	晚古生代	0.39	4462	小型
170	白山市杉松岗铜钴矿床	1264330	414900	钴		沉积变质型	古元古代	0.095	1213	
171	磐石市铁秧山钨钼矿	1261000	425513	钨	钼	矽卡岩型	三叠纪		钨5 220.0 钼2080	小型
172	珲春市五道沟钨矿	1305424	430547	钨		热液型	侏罗纪		6879	小型
173	珲春市东沟白钨矿	1305351	430818	钨		热液型	侏罗纪		905.7	矿点
174	汪清县白石砬子钨矿	1301600	435525	钨		矽卡岩型	侏罗纪		2 834.1	小型
175	永吉县大黑山前嶂落钼矿	1261913	432920	钼	铜-硫	斑岩型	侏罗纪	0.08	1 497 231	超大型
176	双河镇四方甸钼矿	1261526	432804	钼		斑岩型	侏罗纪	0.086	9 507.93	矿点
177	桦甸市四方甸子钼矿	1262423	431840	钼		石英脉型	侏罗纪	0.59	14 869	小型
178	桦甸市火龙岭钼钼矿	1264115	430337	钼		矽卡岩型	侏罗纪	0.129	4677	小型
179	桦甸市兴隆钼矿	1263455	431523	钼	铜	石英脉型	侏罗纪	0.29	1 866.029	小型
180	舒兰市福安堡钼矿床	1271600	442337	钼		斑岩型	侏罗纪	0.29	7306	小型
181	敦化市三岔子钼矿	1282456	430635	钼		石英脉型	侏罗纪	0.178	649	矿点
182	龙井市东风北山钼钼矿	1290030	425740	钼		斑岩型	中侏罗世	0.36	3784	小型
183	和龙市石人沟钼矿Ⅰ号矿体	1285051	420954	钼		石英脉型	侏罗纪	0.099	1918	小型
184	和龙市石人沟钼矿Ⅰ号矿体	1285045	421000	钼		石英脉型	侏罗纪	0.114		小型
185	安图县刘生店钼矿床	1281715	430137	钼		斑岩型	侏罗纪	0.07	28 614	中型
186	舒兰市季德屯钼矿	1270607	441652	钼		斑岩型	侏罗纪	0.087	245 096	大型

续表 2-2-1

序号	矿产地名	地理坐标 X	地理坐标 Y	矿种	共伴生矿产	矿床成因类型	成矿时代	品位	查明资源储量	矿床规模
187	敦化市大石河钼矿	1275115	434730	钼		斑岩型	侏罗纪	0.071	100 393	大型
188	公主岭市伊通西苇钼矿床	1251739	431019	钼		斑岩型	侏罗纪			矿点
189	永吉县一心屯钼矿	1262015	432837	钼		斑岩型	侏罗纪	0.081	85 170	中型
190	磐石市驿马锑矿	1261204	430920	锑		热液型	侏罗纪		3503	小型
191	桦甸市幸福锑矿床	1271928	431102	锑		热液型	三叠纪	7.9	279.3	小型
192	桦甸市桦树乡锑矿	1270020	431630	锑		热液型	三叠纪	5.16	2191	小型
193	抚松县西林河锑矿	1275300	423915	锑		热液型	侏罗纪	7.22	2546	中型
194	临江市青沟子锑矿	1264907	414941	锑		热液型	中生代	7.91	19 428	中型
195	长春市兰家金矿床	1253957	434846	金	银-铅-铋	热液交代型	三叠纪	5.005	3247	小型
196	汉阴区八面石金矿床	1255527	432350	金	铜-铅	变质型	侏罗纪	8.45	82.08	矿点
197	双阳区国旗山金矿	1254600	432315	金		火山热液型	泥盆纪	2.03		矿点
198	昌图县后太阳沟多金属矿点	1253925	432059	金	铅-锌	热液热液型	侏罗纪	1.0		矿点
199	九台区上河湾姜家沟金矿	1261429	442545	金		变质型	泥盆纪	5.0	566	小型
200	九台区上河湾镇三台金矿	1261452	442526	金		热液型	泥盆纪	5.98	1547	小型
201	永吉县两家子乡黑背村金矿	1261500	440930	金	银-汞-铅-锌	中温热液型	白垩纪	11.24		小型
202	永吉县头道川金矿	1260430	432816	金		变质型	三叠纪	200	Ag:85.0	小型
203	永吉县八台岭金银矿床	1261118	440909	金、银		中温热液型	中生代	1.11		矿点
204	磐石市宝山乡帽山金矿	1260755	424850	金	铅-锌-铜-锑	中温热液型	泥盆纪	1.11	1728	小型
205	磐石市老爷岭银矿点	1260748	430520	银		热液型	侏罗纪	5.7	0	矿点
206	磐石市官马金矿	1260744	431010	金		火山热液型	三叠纪	3.1	0	小型
207	磐石市官马上庇村金矿	1260330	430735	金		热液型	三叠纪	3.8	436	矿点
208	磐石市小钢盔金矿	1260504	425105	金		低温热液型	白垩纪	9.14	164.23	小型
209	磐石市烟筒山镇粗榆金矿	1260430	430800	金		热液型	侏罗纪	0.213 8		小型
210	磐石市黑石镇黄瓜营砂金	1262830	425330	金		河谷砂矿	中新世			小型

续表 2-2-1

序号	矿产地名	地理坐标 X	地理坐标 Y	矿种	共伴生矿产	矿床成因类型	成矿时代	品位	查明资源储量	矿床规模
211	桦甸市老金厂镇金矿点	1271917	425707	金	铜-锌	变质型	中侏罗世	3.0	3578	矿点
212	桦甸市徐家屯砂金矿	1270240	430827	金		冲积砂矿	渐新世	0.21	671	小型
213	桦甸市苇夏子河砂金矿	1271600	425930	金		冲积砂矿	中新世	0.394	329	小型
214	桦甸市二道甸子金矿	1270845	430930	金		叠生矿床	中侏罗世	5.75	18 467	大型
215	桦甸市夹皮沟镇板庙子金矿	1271757	425840	金		叠生矿床	中侏罗世	17.441	7978	中型
216	桦甸市王家店金矿	1270215	425009	金		叠生矿床	中侏罗世	0.8	132.5	小型
217	桦甸市夹皮沟镇三道岔金矿	1272638	425255	金	铜	叠生矿床	中侏罗世	2.9	14 810	大型
218	桦甸市夹皮沟镇二道沟金矿	1272712	425137	金	铜-铅	叠生矿床	中侏罗世	11.15	12 650	中型
219	桦甸市苇沙河砂金矿	1271745	425306	金		冲积砂矿	中新世	0.394	643	小型
220	桦甸市夹皮沟金矿床	1272919	425225	金	铜-铅	叠生矿床	中侏罗世	9.16	1175	大型
221	桦甸市红旗沟金矿	1271431	425910	金		热液矿床	中侏罗世	3		小型
222	桦甸市菜抢子金矿	1272021	425719	金		热液矿床	中侏罗世	4	642	小型
223	桦甸市头道岔金矿	1272355	425411	金		叠生矿床	中侏罗世		2	矿点
224	桦甸市小北沟金矿	1272423	425440	金		叠生矿床	中侏罗世		5731	小型
225	桦甸市夹皮沟镇大线沟金矿	1272505	425420	金	银-铜-铅锌	叠生矿床	中侏罗世		1098	小型
226	桦甸市夹皮沟镇大庙沟金矿	1272722	425049	金		叠生矿床	中侏罗世	1	750	小型
227	桦甸市夹皮沟镇四道岔金矿	1272730	425300	金		叠生矿床	中侏罗世	11.9	1208	中型
228	桦甸市夹皮沟镇八家子金矿	1272930	425125	金		叠生矿床	中侏罗世	10.25	2385	中型
229	桦甸市夹皮沟北大顶子金矿	1272800	425230	金		热液型	三叠纪	1		矿点
230	桦甸市西板庙子金矿区	1271630	425806	金		热液型	三叠纪	12.6	6 754.7	小型
231	桦甸市老岭岭金矿	1272130	424122	金		热液型	三叠纪	16.01	93	小型
232	桦甸市小二道沟铜金矿	1264735	425140	铜-金		中温热液型	侏罗纪			矿点
233	桦甸市老岭金矿	1272015	424428	金		热液型	侏罗纪	7.8	166	小型
234	桦甸市金峰金矿云峰矿区	1272748	425124	金		热液型	侏罗纪	37.23	1640	小型

续表 2-2-1

序号	矿产地名	地理坐标 X	地理坐标 Y	矿种	共伴生矿产	矿床成因类型	成矿时代	品位	查明资源储量	矿床规模
235	桦甸市老牛沟村金矿	1272358	425157	金		热液型	侏罗纪	12.15	179	小型
236	桦甸市二道金铜矿	1272652	425157	金-铜		热液型	时代不明			小型
237	桦甸市六批叶金矿	1273200	424438	金		热液型	侏罗纪	5.9	8886	中型
238	桦甸市清水河金矿	1272236	425552	金		热液型	三叠纪	5	850	小型
239	桦甸市老金厂小东沟金矿	1272230	425610	金		热液型	三叠纪	17.48	99.81	小型
240	桦甸市五响地金矿	1270014	425012	金		热液型	三叠纪	5.7	15.18	小型
241	桦甸市桦南金矿 39 号脉	1271008	424909	金	银	中温热液型	中侏罗世	8.1	1560	小型
242	桦甸市隆廷砷金矿	1263427	431607	金		热液型	中侏罗世	7.8	369	小型
243	桦甸市奶子沟金矿	1272703	425157	金		热液型	中侏罗世	12.86	63	小型
244	桦甸市大线沟金矿（245）区	1272605	425432	金		热液型	三叠纪	3.22	21	小型
245	桦甸市大西沟金矿	1273245	424330	金	银	热液型	三叠纪	10.45	638	矿点
246	桦甸市六批叶矿区大架金矿	1273215	424409	金		热液型	中侏罗世	7.03	8886	中型
247	桦甸市大金牛金矿	1272335	425545	金		热液型	中侏罗世	2.63	242	小型
248	桦甸市大洋岔金矿	1273037	425035	金		热液型	中侏罗世	9.95	169	矿点
249	桦甸市二道岔 812 区金矿	1271550	425854	金		热液型	中侏罗世	6.31	166	小型
250	桦甸市二道岔 813 区金矿	1271614	425903	金		热液型	中侏罗世	5.83	126	小型
251	桦甸市东驼腰子坑金矿	1273022	425226	金		热液型	中侏罗世		181	小型
252	桦甸市小北沟十四坑金矿	1272431	425430	金		热液型	中侏罗世	3.47	230	小型
253	桦甸市借灯桥坑金矿	1272414	425442	金		热液型	中侏罗世	3.92	167	小型
254	桦甸市二道岔 332 区金矿	1271744	425808	金		热液型	中侏罗世	10	2422	小型
255	桦甸市二道岔 811 区金矿	1271623	425743	金		热液型	中侏罗世	23.951	600	矿点
256	桦甸市张家屯十七区金矿	1270125	424807	金		热液型	中侏罗世	5.69	134	小型
257	桦甸市二道岔 820 区金矿	1271321	425824	金		热液型	中侏罗世	43.152	177	矿点
258	桦甸市大线沟（351）区金矿	1272530	425420	金		热液型	中侏罗世	13.11	169	小型

续表 2-2-1

序号	矿产地名	地理坐标 X	地理坐标 Y	矿种	共伴生矿产	矿床成因类型	成矿时代	品位	查明资源储量	矿床规模
259	桦甸市大线沟（208）区金矿	1272530	425505	金		热液型	中侏罗世	3.35	41	小型
260	桦甸市板庙子金矿 816 区	1271700	425700	金		热液型	中侏罗世	5.29	578	小型
261	桦甸市金峰 301,303,304 区	1272645	425343	金		热液型	中侏罗世	9.55	77	小型
262	桦甸市张家屯 2 号区金矿	1265920	424853	金		热液型	中侏罗世	6.18	176	矿点
263	桦甸市夹皮沟北沟金矿	1272423	425440	金		热液型	中侏罗世	37.16	400	小型
264	桦甸市夹皮沟 406 区金矿	1272845	425328	金		热液型	中侏罗世	12.54	14	小型
265	桦甸市万良河砂金矿	1265930	425200	金		河谷砂矿	中新世	0.225	195	中型
266	桦甸市三道沟金矿床	1271950	425740	金		叠生矿床	中侏罗世	5.78	2728	小型
267	桦甸县叶赫河金矿	1243330	425600	金		冲积砂矿	中侏罗世	0.2		矿点
268	梨树县叶赫镇大窝铺村	1242831	425822	金		低温热液型	三叠纪	13		矿点
269	梨树县团山子矿段银金矿	1242930	425815	金	汞-锑	热液型	中生代			矿点
270	伊通县新家乡金矿	1252300	431640	金		热液型	中侏罗世	2.9		矿点
271	伊通县新家乡 358 高地金矿	1252503	431603	金		沉积变质型	中侏罗世	2.75		小型
272	伊通县新家乡二道岭金矿	1252650	431645	金	汞	中温热液型	侏罗纪	2.78		矿点
273	伊通县新家乡转心湖屯金矿	1252246	431628	金	铅	热液型	泥盆纪	3.95		矿点
274	伊通县新家乡青明子屯金矿	1252211	431628	金	汞-锑	热液型	泥盆纪	2.95		矿点
275	伊通县新家乡新洪村金矿	1252526	431603	金	汞-锑	沉积变质型	中二叠世	2.44		矿点
276	伊通县头道乡李家屯金矿	1251935	431515	金	汞-锑	低温热液型	侏罗纪	3.33		矿点
277	伊通县莫里乡孟家沟金矿	1250456	432823	金		火山热液型	奥陶纪	12.17		矿点
278	辽源市弯月东山金矿	1252700	430300	金		中温热液型	侏罗纪	15.23	1699	小型
279	东丰县横道河子乡鲜光金矿	1251825	422510	金		热液型	新太古代	7		矿点
280	东辽县辰隆金矿	1252610	410230	金		河谷砂矿	中新世	1.023	39	矿点
281	通化市大庙沟河砂金矿	1255452	431325	金	铅锌	中温热液型	侏罗纪	3.27		矿点
282	通化市后刀条青金矿点	1255528	414045	金						

续表 2-2-1

序号	矿产地名	地理坐标 X	地理坐标 Y	矿种	共伴生矿产	矿床成因类型	成矿时代	品位	查明资源储量	矿床规模
283	通化市跃进金矿点	1255543	414103	金	铜-铅	中温热液型	侏罗纪	3.5	442.96	小型
284	通化市小米营金矿点	1254801	413751	金	铜	中温热液型	前寒武纪	3.48		矿点
285	通化市宋家街金矿点	1255051	413655	金		中温热液型	侏罗纪	3.48		矿点
286	通化市江沿四队金矿点	1255109	413713	金		中温热液型	侏罗纪	4.59		矿点
287	通化市江沿三队金矿点	1255131	413728	金		中温热液型	侏罗纪	8.24		矿点
288	通化市金厂江沿金矿点	1255215	413710	金		中温热液型	侏罗纪	19.5		矿点
289	通化市刀条背金矿点	1255607	414018	金	铅	变质型	侏罗纪	3.51		小型
290	通化市石家铺子金矿	1255603	414048	金	铅-锌-铜	变质型	侏罗纪	3.5	421	小型
291	通化市南二亩地金矿点	1255400	413600	金	铅	变质型	侏罗纪	10.5		矿点
292	通化市南金矿	1255505	414045	金		岩浆期后热液型	侏罗纪	55.52	1500	小型
293	通化市啞古角金矿	1261144	413545	金	铅	热液型	中侏罗世	6.05		矿点
294	辉南县西顺堡金矿	1262000	423600	金		热液型	中侏罗世	2.41	2039	小型
295	通化市复兴村金矿	1262138	413645	金	银	中温热液型	中元古代	16.42	214	小型
296	通化市河口金矿	1254737	414103	金	铜-铅	中温热液型	中元古代	12		矿点
297	通化市先锋金矿	1261200	413700	金	银	中温热液型	中元古代	7.25	5174	小型
298	通化市南岔金矿点	1262140	413618	金	铜-铅	中温热液型	中侏罗世	6.375		矿点
299	通化市西北天金矿床	1254711	414104	金	银	中温热液型	中元古代	8.23		矿点
300	通化市大旺金矿点	1255420	413944	金	铅	中温热液型	侏罗纪	14.88		矿点
301	通化市鄂家沟金矿点	1254817	413755	金	银-铅-铜-锌	中温热液型	侏罗纪	21.57		矿点
302	通化市龙胜金矿	1254945	413715	金		中温热液型	侏罗纪	4.84	977	小型
303	通化市马鞍山金矿点	1255200	413817	金	铜	中温热液型	侏罗纪	2.24		矿点
304	通化市南岔金矿	1262140	413620	金		热液型	侏罗纪	6.59	2915	中型
305	通化市泉源沟金矿点	1255404	413938	金	铜	中温热液型	侏罗纪	1.17		矿点
306	通化市马当沟金矿	1254500	413930	金		热液型	侏罗纪	18.941	264	小型

续表2-2-1

序号	矿产地名	地理坐标 X	地理坐标 Y	矿种	共伴生矿产	矿床成因类型	成矿时代	品位	查明资源储量	矿床规模
307	通化市西北天金矿	1254900	414045	金	银	热液型	侏罗纪	10	96	小型
308	通化市河口金矿	1254930	413945	金	银	热液型	侏罗纪	14.8	213.93	小型
309	通化市新农砂金矿	1253430	412703	金		河谷砂矿	中新世	0.113 20	540	小型
310	辉南县石大院金矿	1261003	423220	金	铅	中温热液型	侏罗纪	7.75		矿点
311	辉南县芹菜沟金矿点	1262727	423733	金	银-铜-铅	热液型	中新世	3.86		矿点
312	辉南县老鹰沟金矿	1261113	423316	金	铅	中温热液型	侏罗纪	2.6		矿点
313	辉南县石棚沟金矿点	1261145	423318	金	铅	中温热液型	侏罗纪	26		矿点
314	辉南县石棚沟杉松金矿	1261251	423420	金	铅	中温热液型	侏罗纪	19.4		矿点
315	辉南县凤鸣屯金矿点	1261520	423432	金		中温热液型	侏罗纪	4.75		矿点
316	辉南楼街-石道河子金矿	1262100	423500	金		热液型	三叠纪	4.47		矿点
317	辉南县柳毛沟金矿	1260946	423228	金		热液型	侏罗纪	2.12		矿点
318	通化县梨树沟门金矿点	1254815	413455	金		热液型	侏罗纪	46.1		矿点
319	辉南县石棚沟金矿床	1261525	423440	金		叠生矿床	侏罗纪	18.88	766.25	小型
320	柳河县金厂沟Ⅲ-1、Ⅳ-1号金矿体	1251930	415645	金		火山热液型	侏罗纪	5.09	419	小型
321	柳河县向阳金矿点	1251913	415657	金		中温热液型	白垩纪	1.13		矿点
322	柳河县回头沟金矿	1262000	420730	金	铅	中温热液型	侏罗纪	15.35	6045	矿点
323	柳河县金厂沟砂金矿	1252750	420218	金		河谷砂矿	中新世	0.3	674	小型
324	梅河口市海龙区水道乡金矿	1253424	421633	金	铅	低温热液型	三叠纪	0.223	363.16	中型
325	梅河口市烟囱桥子金矿	1253213	421631	金		火山热液型	侏罗纪	7.75	1002	小型
326	海龙县香炉碗子金矿	1253346	421600	金	铅	低温热液型	侏罗纪	5.12	6045	矿点
327	梅河口市香炉碗子金矿	1253412	421715	金	银-铅锌	火山次火山岩型	侏罗纪	5.12	6 045.75	中型
328	梅河口市水道砂金矿	1253330	422400	金		河谷砂矿	白垩纪	0.09	4 100.4	小型
329	集安市天桥沟金及多金属矿	1260310	412214	金		火山沉积型	古元古代	1.67	37.21	小型
330	集安市金厂沟金矿床	1254655	412250	金	铅	中温热液型	侏罗纪	13.87	2379	小型

续表 2-2-1

序号	矿产地名	地理坐标 X	地理坐标 Y	矿种	共伴生矿产	矿床成因类型	成矿时代	品位	查明资源储量	矿床规模
331	集安市西岔金银矿床	1254800	412320	金	银-铅	中温热液型	侏罗纪	4.22	4 651.75	矿点
332	集安市水清沟金、银矿点	1254713	412256	金	银-铜	中温热液型	古元古代	6.5		矿点
333	集安市西岔金厂沟金矿	1254645	412300	金	银-铅	中温热液型	白垩纪	8.92	9765	中型
334	集安市下活龙金矿	1260432	410055	金		叠生层控型	中侏罗世	2.5	3481	小型
335	集安市古马岭金矿	1253845	405456	金	银	热液型	中侏罗世	3.12	562	小型
336	集安市马家东沟金矿点	1255325	413329	金	铅	变质型	古元古代	4.28		矿点
337	集安市板房沟金矿点	1255231	413235	金	铅	变质型	古元古代	15.02		矿点
338	集安市委子沟金矿点	1255324	413211	金		变质型	古元古代	12.8		矿点
339	集安市复兴屯铜金矿	1254850	412530	铜-金	银-汞-锌	中温热液型	侏罗纪	2.3	444	小型
340	浑江市乱泥塘金矿	1271400	413300	金	铜-铅-锌	再生层控型	古元古代	5.89		小型
341	白山市五道阴岔 4 号金矿	1263700	415000	金		热液型	三叠纪	20.3	981.98	小型
342	白山市刘家堡子狼洞沟金银矿	1262006	415404	金-银		中温热液型	白垩纪	3	5 753.81	中型
343	白山市大青沟金矿氧化矿	1263215	414315	金		热液型	古元古代	2.61		小型
344	白山市金英矿	1262015	415745	金		热液型	新太古代	3.4	26 304	大型
345	白山市五道阴岔金矿点	1263719	415103	金		中温热液型	三叠纪	32.88	851.92	小型
346	白山市老顶子金银矿点	1264004	415132	金	银	中温热液型	侏罗纪	81		矿点
347	白山市湾沟镇平川砂金矿	1265630	420030	金		机械沉积型	中新世	0.435 6	392.58	小型
348	白山市小四平砂金矿点	1265337	415930	金		砂矿床	中新世	7	803	矿点
349	白山市湾沟镇小干沟金矿点	1265500	415900	金		中温热液型	古元古代	1.09		矿点
350	白山市天桥金点	1263923	415916	金		中温热液型	侏罗纪	7	90	矿点
351	白山市板庙子金矿床	1262030	415900	金		热液型	白垩纪	6.35	357.712	小型
352	江源县大阴岔金矿床	1264200	415938	金		气化热液型	白垩纪	6.455	629.3	矿点
353	江源县榆木桥子河砂金矿	1263930	415630	金		河谷砂矿	中新世	0.084	214.53	小型
354	白山市汤河矿区砂金矿	1265900	420030	金		河谷砂矿	中新世	0.18	1 178.5	小型

续表 2-2-1

序号	矿产地名	地理坐标 X	地理坐标 Y	矿种	共伴生矿产	矿床成因类型	成矿时代	品位	查明资源储量	矿床规模
355	浑江市双顶岭金矿化点	1262724	414200	金		热液型	中侏罗世	1.97		矿化点
356	浑江市大横路金矿	1263056	414241	金	铜-铅-汞	热液型	中侏罗世	1.32		矿点
357	抚松县西林河金矿	1275727	423748	金		叠生层控型	时代不明	4.64		小型
358	靖宇县大院金矿	1270200	424100	金		热液型	侏罗纪	15.59		矿化点
359	靖宇县东大沟金矿	1270252	424107	金		热液型	侏罗纪	1.89	598	小型
360	江源县西川金矿	1270046	420020	金		热液型	侏罗纪	11.49		矿点
361	江源县小四平金矿	1265809	415936	金		中温热液型	侏罗纪	15.64	2492	小型
362	江源县天桥村金矿	1264050	415916	金		热液型	侏罗纪	12.85		矿点
363	江源县小石人金矿	1263426	415554	金		热液型	侏罗纪	9.7		矿点
364	江源县石青沟金矿	1263845	415657	金	银	热液型	侏罗纪	4	220	小型
365	江源县五道阳岔金矿	1263703	415010	金		热液型	侏罗纪	13.65		矿点
366	江源县六道阳岔金矿点	1263620	415025	金	铜-铅	中温热液型	元古宙			矿点
367	临江市八里沟金矿床	1264324	415218	金		热液型	侏罗纪	5.87	667.9	小型
368	临江市高丽沟金矿床	1264135	414525	金	铜-铅	中温热液型	元古宙			矿点
369	临江市三道沟门金矿	1265753	414759	金		热液型	侏罗纪	4.71	1 276.26	小型
370	临江市花山乡老三队金矿	1264812	415653	金	铜-铅	中温热液型	侏罗纪	73.7		矿点
371	临江市干饭盆金矿床	1264124	415224	金		热液型	侏罗纪	11.38	6585	中型
372	临江市荒沟山金矿	1264213	414635	金		中温热液型	侏罗纪	6.3		矿点
373	临江市三道沟门金矿	1265756	414815	金	银	热液型	侏罗纪	16.35	187.96	小型
374	临江市花山镇淘金沟	1264420	415452	金		低温热液型	侏罗纪	9.62	247	矿点
375	临江市八里沟金矿	1264319	415157	金		热液型	侏罗纪	12.71		矿点
376	临江市银子沟金矿	1263703	414739	金	银	热液型	侏罗纪	15	613	小型
377	临江市错草沟金矿	1263955	414456	金		热液型	侏罗纪			矿点
378	临江市花山乡臭松沟矿	1264630	415650	金		热液型	侏罗纪			矿点

续表 2-2-1

序号	矿产地名	地理坐标 X	地理坐标 Y	矿种	共伴生矿产	矿床成因类型	成矿时代	品位	查明资源储量	矿床规模
379	临江市二道阳岔金矿	1265020	415832	金		中温热液型	侏罗纪	5.58		矿点
380	临江市前八里沟金矿	1264515	415200	金		热液型	古元古代	11.84		矿点
381	临江市聂家沟金矿	1263849	414918	金		热液型	侏罗纪	6.93		矿点
382	临江市大松树金矿点	1263603	414530	金		热液型	侏罗纪			矿点
383	延吉市五星山金矿	1291920	430310	金		火山热液型	白垩纪	1.62		小型
384	敦化市杨树河金矿	1274300	425830	金	铅-禾	热液型	三叠纪	18.5		矿点
385	敦化市六合金矿	1274830	430730	金		热液型	三叠纪	2.66	350	矿化点
386	珲春市杨金沟屯金矿	1305323	430533	金		热液型	侏罗纪	5.38	2036	小型
387	珲春市珲春河砂金矿 校园洞段	1304610	425600	金		冲积砂矿	中新世		1 001.9	小型
388	珲春市大六道沟金矿	1305423	431100	金		热液型	侏罗纪	4.84	116.33	矿点
389	珲春市春化砂金矿	1310330	431130	金		冲积砂矿	中新世	0.25	1081	小型
390	珲春市瓦冈寨金矿	1304151	425543	金		火山热液型	侏罗纪	2.99	128.33	小型
391	珲春市四道沟金矿化点	1305445	430250	金		中温热液型	三叠纪	0.79		矿化点
392	珲春市前山金矿	1305900	425600	金		热液型	侏罗纪	7.46	1 153.3	小型
393	珲春市小西南岔铜金矿	1305300	431200	金	银-铜	次火山热液型	侏罗纪	1.455	85706	大型
394	珲春市黄松甸子金矿	1310438	431534	金	钛-锆	冲积砂矿	始新世	1.0	7393	中型
395	珲春市草坪河谷砂金矿	1310700	431500	金		河谷砂矿	中新世	0.095	569	小型
396	珲春市柳树河子砂金矿	1304115	425600	金		冲积砂矿	白垩纪	0.227	9150	中型
397	珲春市228马滴达砂金矿	1304700	425530	金		河谷砂矿	中新世	0.15	507	小型
398	珲春市一部落砂金矿	1304430	425730	金		河谷砂矿	中新世	0.285	751	小型
399	珲春市太平沟砂金矿	1305930	431545	金		河谷砂矿	中新世	0.2526	669	小型
400	珲春市西土门子河砂金	1305815	431405	金		河谷砂矿	中新世	0.412	1052	小型
401	珲春市东南岔金矿	1304705	430650	金	锌-禾	变质型	侏罗纪	5.39	333.9	小型
402	龙井市开山屯金谷山金矿	1263915	423906	金		气化热液型	二叠纪	1.93		小型

续表 2-2-1

序号	矿产地名	地理坐标 X	地理坐标 Y	矿种	共伴生矿产	矿床成因类型	成矿时代	品位	查明资源储量	矿床规模
403	龙井市五凤山金矿	1291820	430240	金		火山热液型	白垩纪	6.17		小型
404	龙井市金谷山金矿床	1294200	423800	金	银	叠生型	二叠纪	0	3450	小型
405	龙井市后底洞金矿床	1294127	423944	金		热液型	中二叠世	3.69	1463	小型
406	和龙市上大洞金矿点	1285410	420424	金		中温热液型	二叠纪	2.57		矿点
407	和龙市卧龙砂矿矿西沟金矿	1283300	424400	金	铜-铅	中温热液型	三叠纪	1.55		矿点
408	和龙市城子沟地区金矿	1285345	422745	金		热液型	侏罗纪	3	340	小型
409	和龙市金城洞金矿	1285200	423722	金		叠生型	中侏罗世	4.45		小型
410	和龙市二道河砂金矿	1285500	423800	金		河谷砂矿	中新世	0.44770	1001	小型
411	和龙市木兰屯砂金矿	1283400	424830	金		河谷砂矿	中新世	0.26	1494	中型
412	汪清县金沟岭金矿	1300911	432032	金	铜-锌	低温热液型	侏罗纪	0.27		矿化点
413	汪清县明星屯金矿点	1295230	431830	金		热液型	侏罗纪			矿化点
414	汪清县金仓砂金矿	1303300	432015	金		冲积砂矿	中新世	0.22	166	小型
415	汪清县杜荒岭金铜矿	1303500	431952	铜-金	银	次火山热液型	白垩纪	2.18		矿点
416	汪清县闹枝金矿	1294000	431010	金	银-铜-铅-锌-硫	次火山热液型	白垩纪	4.36	2450	小型
417	汪清县刺猬沟金矿	1295730	431600	金	银	次火山热液型	白垩纪	6.45	2652	中型
418	汪清县九三沟金矿	1302818	431950	金	铜-铅-锌-硫-银	热液型	侏罗纪	0.8	1127	小型
419	汪清县吉青岭金矿	1293138	431145	金		热液型	侏罗纪	7.08		矿点
420	汪清县头道沟金矿	1300315	431953	金	银	热液型	侏罗纪	5	405	小型
421	汪清县杜荒岭金矿 6、7、9 号矿体	1303524	431918	金		热液型	白垩纪	4.336	1768	小型
422	安图县两江湾沟金矿点	1280754	423640	金	铜-锌	低温热液型	侏罗纪	3.6		矿点
423	安图县湾沟金矿	1280730	423700	金	铜-铅-锌	中温热液型	白垩纪	8		矿点
424	安图县三岔子北山金矿	1282510	430817	金		热液型	中侏罗世	3.3		矿点
425	安图县东方红 37 号金脉	1280320	424245	金		岩浆期后热液型	中侏罗世	5.52	3020	小型
426	安图县海沟金矿 38 号脉岩带	1280345	424245	金		岩浆期后热液型	中侏罗世	0.1	2898	小型

续表 2-2-1

序号	矿产地名	地理坐标 X	地理坐标 Y	矿种	共伴生矿产	矿床成因类型	成矿时代	品位	查明资源储量	矿床规模
427	安图县海沟金矿	1280308	424202	金	银-铅-碲	岩浆期后热液型	中侏罗世	7.98	21 740	大型
428	安图县大沙河砂金矿	1282100	424230	金		河谷砂矿	中新世	0.332 6	812	小型
429	安图县永庆乡穷棒子沟金矿	1283240	424200	金		热液型	侏罗纪	3.17		小型
430	安图县古洞河砂金矿	1283630	425120	金		河谷砂矿	中新世	0.172 7	914	小型
431	永吉县双河镇西山银矿点	1260934	432734	银		热液型	中生代			矿点
432	磐石县烟筒山石棚北屯电银铅矿点	1255956	431954	银-铅			三叠纪	0.41	24	小型
433	四平市山门镇营盘村银矿点	1243135	425930	银	金-锌-铅	热液型	白垩纪	415	16	矿点
434	四平市山门银矿卧龙矿段	1243141	430037	银	金	热液型	中生代	189.55	1155	大型
435	四平市山门银矿龙王矿段	1243142	430037	银	金	热液型	中生代	300.3	550	大型
436	抚松县西林河银矿	1275315	423830	银	金-铜-铅锌	热液型	中生代	5	57	小型
437	和龙市兴隆银矿	1285852	423348	银		热液型	中生代			矿点
438	和龙市百里坪矿区银矿	1285139	421636	银	银	热液型	中生代	195.84	106.97	矿点
439	磐石市烟筒山石棚腰北屯砷矿	1255844	431937	砷		热液型	中生代			矿点
440	安图县东清独居石	1281000	424900	独居石		风化壳型	新生代			大型
441	永吉县金家屯莹石矿床	1260906	434534	萤石		热液充填交代型	中生代	47.82	CaF$_2$:145	小型
442	磐石县南梨树萤石矿床	1255911	431026	萤石		热液充填交代型	中生代	59.85	CaF$_2$:63.5	小型
443	永吉县国泰萤石矿床	1260904	434541	萤石		热液充填交代型	中生代	5	CaF$_2$	小型
444	九台县牛头山萤石矿床	1261519	442029	萤石		火山热液型	中生代	55	CaF$_2$:65	小型
445	伊通县由家岭萤石矿床	1252020	431924	萤石		火山热液型	中生代	53.2~80.4	CaF$_2$:8.6	小型
446	敦化市二合店萤石矿床	1280158	430620	萤石		火山热液型	中生代	42.79	CaF$_2$:3.59	小型
447	桦甸市刷乐萤石矿床	1264120	425952	萤石		火山热液型	中生代	51	CaF$_2$:13	小型
448	伊通县青堆子萤石矿床	1252304	431609	萤石		火山热液型	中生代	45~55	CaF$_2$:0.217 85	矿点
449	双阳一面山萤石矿点	1255200	431900	萤石		火山热液型	中生代			矿点
450	桦甸市榆木桥南山萤石矿	1263500	430713	萤石		火山热液型	中生代	55		矿点

续表 2-2-1

序号	矿产地名	地理坐标 X	地理坐标 Y	矿种	共伴生矿产	矿床成因类型	成矿时代	品位	查明资源储量	矿床规模
451	蛟河市太阳屯萤石矿点	1273418	435728	萤石		火山热液型	中生代			矿点
452	梨树县山咀萤石矿点	1243830	430120	萤石		火山热液型	中生代			矿点
453	和龙市杨树沟萤石矿点	1284900	421220	萤石		火山热液型	中生代			矿点
454	磐石县石棚屯萤石矿点	1255924	430900	萤石		火山热液型	中生代	20~40		矿点
455	通化市水洞磷矿	1260740	414628	磷		海相沉积型	寒武纪	10.670	2369.9	中型
456	通化市干沟磷矿	1260930	415445	磷		海相沉积型	寒武纪	11.32	194.45	小型
457	白山市板石沟磷矿	1262210	420040	磷		沉积变质型	古元古代	8.35	83.42	小型
458	白山市上青沟磷矿	1262700	423230	磷		沉积变质型	古元古代		2809.53	中型
459	浑江市砟窑沟磷矿	1261244	415700	磷		沉积变质型	古元古代			小型
460	浑江市大顶子磷矿	1262000	420000	磷		沉积变质型	古元古代	8.6	233.48	小型
461	靖宇县天合兴磷矿	1265640	423719	磷		沉积变质型	新太古代		447.99	小型
462	临江市珍珠门磷矿	1262230	420015	磷		沉积变质型	古元古代	9.23	82.02	小型
463	四平市山门磷矿	1242800	430342	磷		岩浆型	奥陶纪		115.56	小型
464	永吉县头道沟多金属硫铁矿	1262443	432937	硫铁	铜-钼-铁	矽卡岩型	中生代	19.75	7695	小型
465	永吉县倒木河硫铁矿	1261660	432760	硫铁		矽卡岩型	中生代			矿点
466	桦甸市北台子乡西台子村硫铁矿	1255248	425860	硫铁		沉积沉积型	中生代			矿点
467	桦甸市西台子硫铁矿	1264335	425935	硫铁		湖相沉积型	中生代		4640	中型
468	集安市红石砬子硫铁矿	1255558	413030	硫铁		沉积变质型	古元古代		46.4	小型
469	集安市红石砬子硫铁矿	1255615	412935	硫铁		沉积变质型	古元古代			小型
470	长春市双阳区东风硫铁矿	1254020	434835	硫铁		矽卡岩型	晚古生代		230	中型
471	临江市银子沟西坡硫铁矿	1263923	414724	硫铁		沉积变质型	古元古代		221.8	小型
472	临江市迎门沟含铜硫铁矿	1263945	414430	硫铁		沉积变质型	古元古代		46.7	小型
473	临江市荒沟山硫铁矿	1264215	414760	硫铁		沉积变质型	古元古代		134	小型
474	集安市谭家沟硼矿	1255130	412108	硼		沉积-变质型	古元古代	11.29	3.537	矿点

续表 2-2-1

序号	矿产地名	地理坐标 X	地理坐标 Y	矿种	共伴生矿产	矿床成因类型	成矿时代	品位	查明资源储量	矿床规模
475	集安一参场庙后沟硼矿	1255513	411839	硼		沉积-变质型	古元古代	12	4.065	矿点
476	集安市四道沟硼矿	1255611	412013	硼		沉积-变质型	古元古代	6.5	0.7	矿点
477	集安市土舍子硼矿	1254530	412130	硼		沉积-变质型	古元古代	10.63		矿点
478	集安市靳家炉沟硼矿	1255110	412055	硼		沉积-变质型	古元古代	7.18	0.0936	矿点
479	集安市东岔硼矿	1255120	412110	硼		沉积-变质型	古元古代	12	23.63	小型
480	集安市二驴子沟硼矿	1255460	412005	硼		沉积-变质型	古元古代	3.05	4.1487	矿点
481	集安市梨树沟硼矿	1255849	412038	硼		沉积-变质型	古元古代	13.3	0.0134	矿点
482	集安市头道阳盆硼矿	1255953	411830	硼		沉积-变质型	古元古代	12	0.0225	矿点
483	集安市五-四硼矿	1255423	411957	硼		沉积-变质型	古元古代	14	1.0923	矿点
484	集安市二道沟硼矿	1255625	411730	硼		沉积-变质型	古元古代	12	99	小型
485	集安市高台沟硼矿	1255923	411935	硼		沉积-变质型	古元古代	9.3	232.79	中型
486	集安市小西岔硼矿	1255742	411808	硼		沉积-变质型	古元古代	10		矿点
487	集安市小谷岭硼矿	1262107	411512	硼		沉积-变质型	古元古代	12.53	1.864	矿点
488	集安市文字沟岭硼矿	1260317	411804	硼		沉积-变质型	古元古代	7.5	5	矿点
489	集安市丘家沟硼矿	1254530	412130	硼		沉积-变质型	古元古代	10.8	6	矿点
490	集安市小东沟硼矿	1255858	411928	硼		沉积-变质型	古元古代	10.71	5	矿点
491	集安市宝堂沟-东葫芦硼矿	1255453	411915	硼		沉积-变质型	古元古代	12.48	14.28	小型
492	集安市乡镇硼矿	1255845	411910	硼		沉积-变质型	古元古代	13.5	16	小型
493	集安市台上大利硼矿	1255425	411730	硼		沉积-变质型	古元古代	9	2.51	矿点
494	集安市广钰硼矿	1255513	411839	硼		沉积-变质型	古元古代	10	2	矿点
495	集安市四道河子硼矿	1255422	412230	硼		沉积-变质型	古元古代	6.37	2	矿点
496	集安市䂥子窑硼矿	1255748	412039	硼		沉积-变质型	古元古代	6.76	21.455	小型
497	集安市小阳岔-小朝阳沟硼矿	1255600	411830	硼		沉积-变质型	古元古代	1.83		矿点

注：品位单位：Au、Ag 为 $\times 10^{-6}$，其他矿种为 $\%$；储量单位：Fe 为 $\times 10^4$ t，Au 为 kg，Cr、S、B、P、萤石为 $\times 10^3$ t，其他矿种为 t。

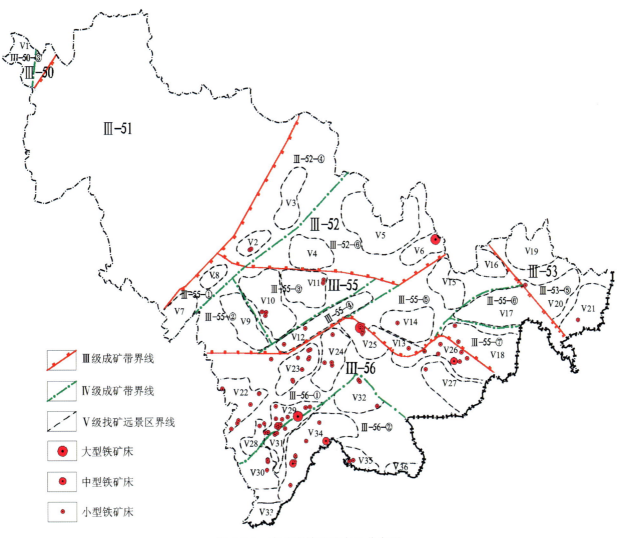

图 2-2-1 吉林省铁矿矿产地分布图

(2) 塔东式铁矿：成矿时代为新元古代，主要分布在敦化、安图、磐石、东丰地区机房沟-塔东-杨木桥子岛弧盆地带内，受塔东岩群变质岩系控制，主要有塔东、四岔、西半截河、西保安等矿床(点)，代表性矿床有敦化市塔东铁矿床。

(3) 集安式铁矿：成矿时代为古元古代，主要分布在辽吉裂谷中段中部集安、白山和通化地区，受集安岩群以含硼、含墨、多硅高铝和含铁为特征的火山-沉积变质岩系控制，代表性矿点有集安市清河铁矿、集安市砬子沟铁矿。

(4) 大栗子式铁矿：成矿时代为古元古代，主要分布在辽吉裂谷中段的中部白山和通化地区，受老岭(岩)群大栗子组变质岩系控制，代表性矿床有临江市大栗子铁矿床、通化县七道沟铁矿床、临江市乱泥塘铁矿床。

(5) 靠山式铁矿：成矿时代为石炭纪，代表性矿点有靠山铁矿。

(6) 呼和哈达式铁矿：成矿时代为二叠纪，代表性矿点有呼和哈达铁矿。

2. 海相沉积型

海相沉积型铁矿主要分布在白山和通化地区，成矿时代为新元古代和早古生代，主要在浅海-半深海的氧化-还原环境下沉积形成，成矿物质来源于陆源，划分为临江式和浑江式铁矿，主要有大路、白房子、青沟子、二道江、老岭等矿床(点)。

(1)临江式铁矿:成矿时代为青白口纪,主要分布在白山地区辽吉裂谷中段的中部老岭坳陷盆地内,赋矿层位为青白口系白房子组一套碎屑岩-泥灰岩-碎屑岩建造,代表性矿点有大路铁矿、临江市白房子铁矿。

(2)浑江式铁矿:成矿时代为青白口纪,主要分布在通化和白山地区,受浑江凹陷和鸭绿江凹陷控制,赋矿层位为青白口系钓鱼台组一套碎屑岩建造,代表性矿床(点)有临江市青沟铁矿、通化县二道江铁矿、白山市老岭铁矿。

(3)松西式褐铁矿:成矿时代为寒武纪,代表性矿点有松西褐铁矿。

3. 内陆湖相沉积型

内陆湖相沉积型铁矿主要分布在桦甸、蛟河、通化、白山地区,成矿时代主要为侏罗纪和古近纪,形成地质环境主要是内陆湖的氧化-还原沉积,成矿物质主要来源于陆源物质和陆相火山物质,划分为蛟河鸟林式、梅河式、长白式。

(1)蛟河鸟林式铁矿:成矿时代为侏罗纪,代表性矿点有蛟河鸟林菱铁矿、榆木桥子铁矿、五道沟铁矿以及浑江流域一带的侏罗纪铁矿点。

(2)梅河式铁矿:成矿时代为古近纪,代表性矿点有梅河菱铁矿。

(3)长白式褐铁矿:成矿时代为古近纪,代表性矿点有长白褐铁矿。

4. 火山碎屑沉积型

火山碎屑沉积型铁矿主要分布在西部洮南和吉中地区,成矿时代主要为侏罗纪,成矿物质主要来源于陆相火山物质沉积,代表性矿点有山河乡铁矿、德田宝力稿铁矿、呼日根塔拉铁矿。

5. 风化淋滤型

风化淋滤型代表性铁矿只有四道沟铁矿,成矿时代为震旦纪,成矿物质来源于附近的含铁岩石经风化作用及地表水的搬运作用,铁质在断裂或裂隙中富集成矿。

6. 岩浆岩型

岩浆岩型铁矿主要为钒钛磁铁矿,含矿岩体为海西晚期—燕山期的超基性杂岩和辉长岩,钒钛磁铁矿赋存在岩体中,代表性矿点有小绥河、大稗子沟、南城、喧羊砬子、青林子钒钛磁铁矿等。

7. 矽卡岩型

矽卡岩型铁矿主要分布在吉林和白城地区。吉林地区分布有吉昌、常山、大汞洞和铁汞山等矿床(点),白城地区分布有三号沟、新安屯、伊河沟、哈拉火烧、四楞山等矿床(点),吉南地区有二道沟子、四方顶子等矿床(点)。成矿时代主要为燕山期,燕山期花岗岩与古生代灰岩接触,由于热与流体的作用而成矿。该类型铁矿代表性矿床点有吉昌铁矿、大汞洞铁矿、伊河沟铁矿、哈拉火烧铁矿、新安屯铁矿、常山铁矿、铁汞山铁矿等。

8. 热液型

热液型铁矿与花岗岩岩浆热液作用有关,为岩浆后期热液进入岩体内或围岩裂隙中进行充填交代形成的,代表性矿点有马鞍山铁矿、横道河子铁矿。

二、成矿规律

(一)沉积变质型铁矿成矿规律

1. 鞍山式铁矿成矿规律

1)空间分布

鞍山式铁矿主要分布在龙岗复合陆块周边,集中分布在板石新太古代地块、夹皮沟新太古代地块、和龙新太古代残块内。

2)成矿时代

鞍山式铁矿主要成矿时代为新太古代,成矿年龄大于2500Ma。

3)大地构造位置

鞍山式铁矿位于前南华纪华北东部陆块(Ⅱ)龙岗-陈台沟-沂水前新太古代陆核(Ⅲ)的板石新太古代地块(Ⅳ)、夹皮沟新太古代地块(Ⅳ)、和龙新太古代残块(Ⅳ)内。

4)控矿条件

(1)基底构造控矿:鞍山式铁矿几乎全部沿龙岗复合陆块的边缘分布,表明其完全受基底构造的控制,即完全受新太古代边缘裂陷控制。

(2)地层控矿:鞍山式铁矿完全受新太古代绿岩地体控制,空间上含矿层位分布较稳定,可以横向对比,不同构造部位、不同时段的绿岩建造控制的矿床规模亦不相同。

分布于海龙、桦甸、抚松、靖宇一带的早期绿岩地体的下部主要为斜长角闪岩、角闪斜长片麻岩,局部夹角闪岩组合,相当于原鞍山群四道砬子河组和杨家店组(部分),仅分布有小而贫的矿点。早期绿岩地体的上部主要为斜长角闪岩、黑云斜长片麻岩、细粒黑云变粒岩、浅粒岩、二云片岩夹有超镁铁质岩(角闪石岩、滑石岩、透闪石岩),局部有磁铁石英岩组合,大体上相当于原鞍山群杨家店组,是区域上的重要赋矿层位,分布有大而富的矿床(点)。

分布于吉中桦甸三道沟——夹皮沟以及和龙官地一带的晚期绿岩地体大体上相当于原夹皮沟岩群老牛沟组和三道沟组,主要为斜长角闪岩、条带状角闪磁铁石英岩、绢云石英片岩、绿泥石英片岩、绿泥角闪片岩、夹磁铁石英岩组合,是区域上的重要赋矿层位。

(3)褶皱构造控矿:区域变质变形作用控制矿体的空间产出部位和矿体形态,如四方山-板石沟倒转复向斜构造核部完全控制了四方山-板石沟铁矿带的空间展布,其中的四方山向斜、板石沟复向斜中的珍珠门-上青沟向斜和头道阳岔-五道阳岔向斜分别控制了四方山铁矿、板石沟铁矿,矿床中的主要矿段和厚大矿体主要分布在向斜核部;老牛沟和官地铁矿矿体变形特征为紧闭同斜褶皱,后期遭韧性剪切作用多被拉伸,一般表现为翼部矿体长而厚,转折端矿体厚度大,经拉伸作用形态发生变异,如大东沟东山矿体经变形改造后,转折端部位发生变异。

5)成矿物理化学条件

根据绿岩带发展的不同阶段和不同围岩中铁矿成分与组构的稳定性,表明处于海底火山环境下的一套硅铁建造,这一特征与阿尔戈马型铁矿相似,经地壳丰度标准化后的微量元素,除 Zn 稍高外,其他微量元素均较低,与远源火山沉积铁矿微量元素特征相似,元素对比值:$Sr/Ba<1$,$Cr/Ni>1$ 说明物源与火山活动关系密切,但 $Co/Ni<1$ 的特征又反映磁铁石英岩是沉积成因。可以认为,成矿物质是在水盆中经过长时间迁移和聚集之后,在一种合适的化学或生物化学条件下沉积的。根据现代火山资料,铁离子常与氯离子作用生成 $FeCl_3$,$FeCl_3$ 在碱性介质中水解生成 $Fe(OH)_3$ 水溶胶,可能是铁质在水域中

迁移和聚集的基本形式。随着溶胶不断聚集,浓度增大,形成胶体粒子,在物理和化学条件影响下,由海盆表层氧化环境下向较还原的深水环境沉降,并发生还原反应,$Fe(OH)_3$ 转变成 Fe_3O_4 而沉积,经过成岩和变质变形作用形成磁铁矿矿石。矿石中磁铁矿的聚粒结构可能就是胶体粒子的变余结构。从铁的化合物 Eh-pH 图上分布来看,磁铁矿分布域和硅酸盐相分布域相似(Melnik,1980)。当 pH>6,Eh 降至 0 以下时在缺乏硅酸条件下,$Fe(OH)_3$ 转变成 Fe_3O_4,存在活性硅酸时,铁的硅酸盐 $Fe_3Si_2O_5(OH)$ 代替铁的氧化物 Fe_3O_4。铁矿的周围和夹层总有硅酸盐相分布,矿石中也常含硅酸盐矿物,这种产状和矿物组合与铁的化合物 Eh-pH1 图解相符,表明铁矿是在有一定硅酸的氧化到还原条件下,由 $Fe(OH)_3$ 胶体还原成 Fe_3O_4 而沉积的原生磁铁矿矿石。

6)矿体特征

矿体与地层产状一致,矿体形态普遍为层状、似层状、扁豆状和透镜状。矿体规模一般较大,长几米至几千米,厚 0.1~40m,延深几米到 600m 或更深。矿石结构主要为他形粒状变晶结构,主要为条带状和浸染状,致密块状较少。矿石类型主要有磁铁石英岩、角闪磁铁石英岩和石榴子石磁铁石英岩型。组成矿石的金属矿物成分为磁铁矿,偶尔见有黄铁矿。脉石矿物主要有石英、角闪石和石榴子石。矿石品位普遍较低,一般 TFe 为 20%~40%,普遍含杂质较少。

7)成矿作用及演化

鞍山式铁矿普遍经历了早期海底火山-沉积成矿作用、区域变质成矿作用、后期表生改造成矿作用。

早期海底火山-沉积成矿作用,早期沉积阶段以强烈的基性火山活动为主,堆积了巨厚的拉斑玄武岩,伴随小规模铁建造沉积,形成了铁建造层;中晚期基性火山活动减弱,中酸性火山活动和沉积作用加强,形成一套包括拉斑玄武岩、中酸性火山岩和沉积岩的组合,沉积了大规模铁建造,形成铁建造层。这一阶段形成了区域上的含铁建造。

由于阜平运动,复合陆块边缘裂谷条件下形成的火山-沉积建造发生区域变质作用,变质作用使元素发生分异,铁和其他元素,特别是硅分别聚集,形成磁铁矿与石英等主要的矿石矿物和脉石矿物,随着变质作用增强,铁矿成矿物质在变形的褶皱转折端等有利构造部位进一步富集,使矿体变厚,品位增高。

后期表生改造成矿作用,由于构造运动矿体抬升遭到风化剥蚀,地表矿体遭到氧化淋滤,形成次生矿物并在局部富集。

2. 塔东式铁矿成矿规律

1)空间分布

塔东式铁矿主要分布在敦化、安图、磐石、东丰地区机房沟-塔东-杨木桥子岛弧盆地带内。

2)成矿时代

塔东式铁矿成矿时代争议较大,根据最新区域地质调查成果并结合矿床研究,暂时将其置于新元古代。

3)大地构造位置

塔东式铁矿位于前南华纪小兴安岭弧盆系(Ⅱ)机房沟-塔东-杨木桥子岛弧盆地带(Ⅲ)内。

4)控矿条件

(1)地层控矿:塔东式铁矿普遍赋存于新元古代塔东岩群或其相当的层位,矿床主要赋存于角闪质岩石中,受拉拉沟组斜长角闪岩、斜长角闪片麻岩、磁铁角闪岩、黑云斜长片麻岩、透辉岩、透辉斜长片麻岩组合的控制。

(2)构造控矿:塔东岩群的变质岩系呈南北向狭长带状展布,可能受南北向断陷盆地控制,矿区混合岩主要沿南北向层间裂隙注入。区内近南北向挤压带比较发育,强烈处形成千枚岩化带,弱者为破碎带,而该挤压带对矿体没有破坏作用。沿该断裂带有热液活动现象,形成黄铁矿化、硅化、绢云母化等蚀变,证明近南北向构造不仅控制了本区铁磷矿床的形成,而且控制了混合岩及热液型黄铁矿的形成。

5) 成矿物理化学条件

含铁碳酸盐岩-泥质岩岩石韵律沉积为常温、常压环境,区域变质形成混合岩-斜长角闪岩组合呈中级区域变质岩石特点。

成矿介质酸碱度:含铁角闪岩-混合岩岩石韵律沉积反映出喷发-沉积环境由中性还原环境向弱酸性发展的趋势特征。

成矿溶液组分:中基性火山岩-铁。

6) 矿体特征

矿体和围岩产状一致,呈多层状、似层状。在矿体规模上以塔东铁矿规模最大,矿体长200~800m,厚3~50m。矿石类型普遍为浸染状和条带状,致密块状较少。组成矿石的金属矿物成分各地区的矿床不尽相同。塔东铁矿的主要金属矿物成分为磁铁矿、黄铁矿和黄铜矿,矿石品位较低,平均TFe为24%,最高为54%,伴生有P、V、S、Co等有益元素;其他矿床(点)主要金属矿物成分为磁铁矿,平均品位平均TFe为40%,矿体规模较小。

7) 成矿作用及演化

塔东式铁矿普遍经历了早期海底火山喷发-沉积作用、区域变质作用、热液叠加改造作用、后期表生改造成矿作用。

(1) 早期海底火山喷发-沉积作用:喷发物质主要为基性凝灰质及磁铁矿碎屑,在近火山口附近由于基性熔浆喷溢,形成中基性熔岩透镜体和次火山岩。据矿床岩相分析,喷发物受空中重力分选作用,相对密度大的物质沉积在火山口附近,轻的沉积在较远位置,形成含矿岩系,局部地段形成矿体。因海水中溶解有较多的硫、磷,形成大量的细粒黄铁矿,并伴生磷。

(2) 区域变质作用:由于构造运动发生区域变质,变质程度达绿片岩-角闪岩相。基性火山喷发物质发生重结晶形成斜长角闪岩。局部磁铁矿、黄铁矿发生重结晶颗粒变大,形成局部磁体矿富矿段或矿体和黄铁矿局部富集现象。

(3) 热液叠加改造作用:区域上海西期花岗质岩浆侵入作用使含矿岩系遭受改造,花岗质岩浆侵入吞噬原来的含矿建造,使其支离破碎。残浆的气水热液沿层间裂隙或片麻理等渗透交代生成硅化、绢云母化热液蚀变,并生成以黄铁矿为主,次有黄铜矿等的金属硫化物。由于气液改造,原来的磁铁矿、黄铁矿发生改造形成细脉状黄铁矿和磁铁矿。

(4) 表生成矿作用:由于构造运动矿体出露地表,在物理和化学风化作用下,黄铁矿等金属硫化物风化,形成褐铁矿等。

3. 大栗子式铁矿成矿规律

1) 空间分布

大栗子式铁矿主要分布在辽吉裂谷中段的中部,通化—白山地区。

2) 成矿时代

大栗子式铁矿成矿时代为古元古代晚期。

3) 大地构造位置

大栗子式铁矿大地构造位置位于前南华纪华北东部陆块(Ⅱ)胶辽吉古元古代裂谷带(Ⅲ)的老岭坳陷盆地(Ⅳ)内。

4) 控矿条件

(1) 地层控矿:区域上所有大栗子式铁矿全部受老岭岩群大栗子组地层控制,矿体赋存于碎屑岩夹碳酸盐岩中(泥质岩夹于碳酸盐岩中),即千枚岩夹于大理岩中。

(2) 构造控矿:其一是基底构造-老岭坳陷盆地控制了大栗子式铁矿的空间分布;其二是后期变质变形形成的褶皱构造控制了矿体的形态;其三是后期的断裂构造对矿体的破坏。

5) 成矿物理化学条件

大栗子式铁矿含矿岩系为一套陆源碎屑岩-碳酸盐岩含铁建造。不同类型铁矿的沉积主要受古地理和古海水介质酸碱度及氧化还原电位所控制，古海水一般是在酸性介质条件下，含矿层上部氧化条件出现赤铁矿及少量石英，下部还原条件出现菱铁矿，而二者过渡带出现混合类型矿石。海盆近海岸浅部氧化条件沉积高价块状赤铁矿层氧化相至远离海岸氧化还原过渡带，依次出现花斑状赤铁矿、赤铁菱铁矿；在还原环境形成菱铁矿碳酸盐相-低硫或高硫菱铁富矿硫化物相。

6) 矿体特征

矿体与地层产状一致，矿体形态普遍为层状、似层状、扁豆状和透镜状，延深大于延长。矿体规模较大，一般长达20～300m，最大延深可达200～700m，一般厚1～3m，最厚10～20m。矿石呈致密块状、鲕状、葡萄状和肾状。组成矿石的金属矿物成分主要为赤铁矿、磁铁矿和菱铁矿。矿石平均品位48%～58%，最高60.7%。有益组分Mn平均含量5%，有害组分SiO_2平均含量4.7%～6.4%，S平均含量0.08%～0.11%。

7) 成矿作用及演化

古元古代晚期在老岭坳陷盆地内沉积形成了陆源碎屑岩-碳酸盐岩含铁建造，铁质主要富集于泥质向碳酸盐岩过渡带中，形成了大栗子式铁矿的含矿建造或初始矿源层。

在区域变质作用下使含矿层及围岩发生重结晶，铁矿矿物颗粒变大；在变质热液作用下，铁质迁移和富集；在变质热液交代作用下，形成了自形程度较高的、具各种交代和残留结构的赤铁矿与粗粒菱铁矿，部分赤铁矿受还原或交代作用形成磁铁矿；后期表生改造成矿作用，由于构造运动矿体抬升遭到风化剥蚀，地表矿体遭到氧化淋滤，形成次生矿物并在局部富集。

(二) 沉积型铁矿成矿规律

1. 临江式铁矿成矿规律

1) 空间分布

临江式铁矿主要分布在白山地区，沿鸭绿江凹陷的北西翼分布，自南西的河洛幌子向北东经大路、错草沟、苇沙河延至帽山，构成了北东向含矿带，长40余千米，有矿床(点)近20处。

2) 成矿时代

临江式铁矿为同沉积型矿床，含矿地层为青白口系最底部的白房子组，根据区域地层划分对比，其成矿时代为新元古代早期，约1000 Ma。

3) 大地构造位置

临江式铁矿位于前南华纪华东北部陆块(Ⅱ)胶辽吉古元古代裂谷带(Ⅲ)的老岭坳陷盆地(Ⅳ)内。

4) 控矿条件

基底构造-老岭坳陷盆地控制了含矿层位的沉积，矿体主要受青白口系白房子组下部的砾岩、砂岩段和中部的长石石英砂岩及粉砂岩段控制。

5) 成矿物理化学条件

携带各种金属络合物或离子的大陆淡水与海中卤水交汇后，引起pH和Eh值的变化，金属络合物或离子以胶体状态沉积下来，形成鲕绿泥石等原生矿物。由于有机质分解产生H_2S、CO_2和S^{2+}构成一个弱还原环境，使Fe^{3+}转变为Fe^{2+}，Fe^{2+}及Mn^{2+}交代灰-泥质沉积物中的Ca^{2+}而生成菱铁矿和菱锰矿。铁矿形成于深度10～50m、温暖潮湿弱扰动的滨海潮间带环境中，是在海进过程中形成的。

6) 矿体特征

临江式铁矿的矿体一般延长千余米，延深千米以上。由于后期断裂破坏作用，破坏后无论在延长和延深上都仅数十米或百余米。组成矿石的金属矿物主要为菱铁矿、铁鲕绿泥石、赤铁矿、磁铁矿、菱锰矿、硬锰矿，次要为黄铁矿、黄铜矿。矿石主要为条带状、致密块状和鲕状构造。矿石TFe的品位20%～52%，一般30%～42%；Mn品位3.3%～16%，一般5%～10%。伴生稀土元素。

7）成矿作用及演化

（1）早期沉积成矿作用：辽吉裂谷自中条运动之后转为地台发展时期，新元古代早期沿老岭隆起的东南缘形成边缘坳陷-鸭绿江盆地，沉积了白房子组地层。铁、锰等成矿物质来源于老岭隆起的太古宙变质岩系剥蚀区，在深度不大、温暖的滨海潮间带环境下沉积形成含铁建造，局部富集形成鲕绿泥石菱铁矿层。

（2）表生成矿作用：主要是后期的构造运动对矿体的破坏和表生风化淋滤作用，形成次生含铁矿物并在局部富集。

2. 浑江式铁矿成矿规律

1）空间分布

浑江式铁矿主要分布在通化和白山地区，受浑江凹陷和鸭绿江凹陷控制，分布于浑江凹陷两侧的铁矿带呈北东向展布，西南从通化起，向北东经浑江，一直延续到抚松县的松山，长达150km，分布有20余处矿床（点）；受鸭绿江凹陷控制的铁矿带分布于其南侧，呈北东东向展布，分布有近10处矿床（点）。

2）成矿时代

浑江式铁矿为同沉积型矿床，受青白口系钓鱼台组地层控制，在钓鱼台组获得K-Ar年龄818Ma，因此推断该矿床的成矿年龄为818Ma左右。

3）大地构造位置

浑江式铁矿位于前南华纪华东北部陆块（Ⅱ）胶辽吉古元古代裂谷带（Ⅲ）的老岭坳陷盆地（Ⅳ）内。

4）控矿条件

浑江式铁矿分布相对集中，主要受青白口系钓鱼台组控制，与岩相关系密切，主要赋存于钓鱼台组底部的含铁石英岩内。该组可以进一步划分出3个含铁层位：下部为铁质石英岩层；中部为铁质角砾岩层；上部为铁质砂岩层。区域上仅中部层位较稳定，含铁高，目前所发现的矿床（点）都位于中部含铁岩层内。基底构造-老岭坳陷盆地控制了含矿层位的沉积。

5）成矿物理化学条件

浑江式铁矿含矿岩层下部为铁质石英岩层，中部为铁质角砾岩层，上部为铁质砂岩层，往上为不含砾石的不等粒长石石英砂岩。石英砂岩的碎屑物分选差，又有长石等不稳定矿物存在，说明原岩物质来源于陆源，搬运距离短，沉积速度快，是岩相及厚度变化大的滨海相沉积。含铁变质岩系的铁质由于物理化学风化作用被解离出来，并经径流及潜流短距离搬运带到滨海地带，在干燥快速蒸发的氧化条件下，胶结砂砾石而形成赤铁矿矿石。浑江盆地南岸尚有菱铁矿与赤铁矿伴生，是在氧化-还原条件下形成的。

6）矿体特征

浑江式铁矿含矿的铁质角砾岩层呈层状，在各矿区范围内分布稳定，一般延长100～4000m，最长7000m，最厚可达50m。铁矿体呈层状、似层状和透镜状，一般长几十米到百余米，厚1～20m。富矿体呈团块状或扁豆状，长几米至几十米，厚几厘米至几米。矿石呈角砾状、致密块状、砂状、砾状构造。矿石金属矿物成分以赤铁矿为主，个别矿点含有褐铁矿和镜铁矿。矿石TFe品位一般20%～40%，最高54.68%。

7）成矿作用及演化

（1）早期沉积成矿作用：辽吉裂谷自中条运动之后转为地台发展时期，新元古代早期沿老岭隆起的东南缘形成边缘坳陷-鸭绿江盆地，沉积了钓鱼台组。成矿物质来源于盆地两侧的含铁变质岩系的铁质，胶结砂砾石而形成含铁石英岩和铁质角砾岩，形成含矿岩系，局部富集成矿。

（2）后期表生成矿作用：主要是后期的构造运动对矿体的破坏和表生风化淋滤作用，形成次生含铁矿物并在局部富集。

(三)矽卡岩型铁矿成矿规律

1)空间分布

矽卡岩型铁矿分布比较广泛,但主要集中在吉中、白城和吉林北部的大黑山地区。

2)成矿时代

矽卡岩型铁矿的成矿时代主要为海西期、印支期和燕山期,其中以海西期和燕山期为主。海西期形成的矽卡岩型铁矿主要分布在白城地区,燕山期形成的矽卡岩型铁矿主要分布在吉中和吉林北部的大黑山地区。

3)大地构造位置

矽卡岩型铁矿主要位于晚三叠世—新生代的天山-兴安-吉黑造山带(Ⅰ)小兴安岭-张广才岭叠加岩浆弧(Ⅱ)张广才岭-哈达岭火山-盆地区(Ⅲ)内的南楼山-辽源火山-盆地群(Ⅳ)和大黑山条垒火山-盆地群(Ⅳ)构造单元内,以及南华纪—中三叠世的大兴安岭弧形盆地(Ⅱ)锡林浩特岩浆弧(Ⅲ)内的白城上叠裂陷盆地(Ⅳ)构造单元内。

4)控矿条件

(1)地层控矿:很多时代的地层都有矽卡岩型铁矿成矿,但以石炭系鹿圈屯组和二叠系吴家屯组对成矿最为有利,吉林省具有一定规模的矽卡岩型铁矿均受该套地层控制。

(2)岩浆控矿:吉林省矽卡岩型铁矿几乎全部与海西期和燕山期花岗岩岩体有关,其中以燕山期花岗岩对成矿最为有利。

5)围岩蚀变特征

围岩蚀变普遍比较发育,但由于各矿床(点)蚀变作用的强度不同,蚀变分布的范围和类型有所不同,反映出围岩蚀变前原岩和交代作用的化学成分特点。矽卡岩型铁矿的规模、品位等与蚀变类型有关,各矿床(点)成矿比较好的部位蚀变岩石比较发育,其岩石类型普遍为透辉石石榴矽卡岩和绿帘石石榴矽卡岩等混合蚀变。在这种蚀变带中形成的矿体规模较大,也比较集中,在单纯的石榴子石矽卡岩和透辉石矽卡岩中成矿较差,往往形成规模较小的矿体,也过于分散。一般来说,围岩蚀变交代作用越强,分布的范围也越大,出现的蚀变岩石种类多,分带性也越明显,对成矿越有利。

6)矿体特征

矽卡岩型铁矿普遍为小而富的矿床,主要赋存在花岗岩与灰岩和含铁泥质岩相接触的蚀变带中。已经发现的矿床(点)蚀变带长几十米至几百米,宽几米至几十米,形态比较复杂,矿体普遍呈扁豆状、透镜状和脉状等。矿石主要呈致密块状、浸染状、脉状和角砾状。组成矿石的金属矿物成分主要为磁铁矿,其次为赤铁矿、闪锌矿、方铅矿、黄铜矿、辉钼矿和磁黄铁矿。吉林省这一类型铁矿的矿石品位一般比较富,TFe品位普遍大于40%,个别矿床品位大于60%,伴生Cu、Zn、Mo、Pt等有用元素。

7)成矿作用及演化

矽卡岩型铁矿的成矿必须具备早期的有利沉积地层和晚期的岩浆侵入两个必要条件。纵观吉林省矽卡岩型铁矿,并不是所有的地层和侵入体都能形成矽卡岩型铁矿,以石炭系鹿圈屯组和二叠系吴家屯组对成矿最为有利。这两组地层均为浅海相沉积的砂岩、泥岩及碳酸盐岩建造,其中有些层位含铁质较高,局部还形成铁矿床,并且含矿层及其围岩碳酸盐组分较高,有利于热液的交代作用,比较明显地反映出矽卡岩型铁矿成矿与围岩地层岩性和含矿的特点关系。后期侵入的花岗岩浆晚期的热水溶液对围岩地层进行交代和改造,使铁质进一步富集而形成矿体。

第三节 铬铁矿成矿特征及成矿规律

一、成矿特征

吉林省铬铁矿床按照成矿物质来源与成矿地质条件,成因类型仅为侵入岩浆型矿床,与基性—超基性岩体、深大断裂密切相关,矿床规模多为矿点。吉林省目前发现铬铁矿点3处,累计查明资源量$3.1×10^4$t(表2-2-1,图2-2-1)。

铬铁矿体的围岩为早二叠世、晚三叠世超基性岩体,岩性主要为蛇纹岩,主要分布于吉中—延边地区,张广才岭—吉林哈达岭古生代铬铁矿成矿最为明显,沿依兰-伊通断裂带分布;图们江大断裂控制了开山屯地区侵入岩及铬铁矿的展布。铬铁矿的成矿时代主要为早、晚古生代,早古生代成矿作用主要发育在大洋壳及岛弧环境,在大陆边缘裂陷区有贵金属及黑色金属矿床生成;晚古生代是早古生代褶皱基底之上陆表海环境内伴以裂陷火山岩带,是有色金属、贵金属矿集结区;早、晚古生代递变期强烈的构造作用,导致基性—超基性岩上侵形成铬及铜镍硫化物矿床。

随着早古生代沉积作用结束代之为强烈的构造变动,控制这里沉降作用的依兰-伊通断裂活动加剧,深切至上地幔,致使基性—超基性岩浆沿其侧支断裂上侵地层表层,同时与地层密切伴生的冷侵位超基性岩富含铬矿体,它们统一构成头道沟蛇绿岩套成矿作用。早古生代吉林-延边裂陷槽发育有头道沟多金属超基性岩铬铁矿,晚古生代成熟地壳局部裂陷槽发育,沿断裂侵入的超基性侵入岩形成有小绥河、开山屯铬铁矿,代表性矿床有永吉县小绥河铬铁矿床。

二、成矿规律

1. 空间分布

吉林省铬铁矿矿产资源分布较少,主要在吉林、延边地区零散分布,铬铁矿床主要分布于坳陷区,而开山屯地区铬铁矿分布于隆中之坳,总的来看也是坳陷区。

吉林省铬铁矿床空间分布主要与早—晚古生代多旋回岩浆活动形成的超基性岩体相关,与海西期构造旋回岩浆活动关系密切,矿床均直接产于超基性岩体或基性—超基性杂岩体中,表现为含矿岩浆叠加成矿。吉林省含铬的镁铁—超镁铁质岩主要出露在"东北亚微板块群"与中朝板块陆陆对接所形成的晚海西期—早印支期A型花岗岩带上或其两侧,由北西向南东包括了花信子、滑球山(平安堡)、小绥河、头道沟、山秀岭等岩体(块)群。所获测年资料亦呈现由北西-南东逐渐变新,可能反映了不同时期拉张过渡壳的产物。

2. 成矿时代

吉林省铬铁矿的成矿时代主要为早、晚古生代。小绥河铬铁矿床成矿Sm-Nd等时线年龄(794.11±36.6)Ma,其同位素年龄偏早。而根据最近资料数据,小绥河铬铁矿主要近矿围岩小绥河超基性岩体同位素年龄360Ma(沈阳地质研究所,2004),头道沟镁铁—超镁铁质岩Sm-Nd等时线年龄(418.4±24.1)Ma,彩秀岭镁铁—超镁铁质岩Sm-Nd全岩等时线年龄(245.29±17)Ma,上述铬铁矿同位素年龄值说明铬铁矿主成矿期应在海西期。

3. 大地构造位置

吉林省铬铁矿主要位于前南华纪—中三叠世天山-兴安-吉黑造山带（Ⅰ）构造单元分区，小兴安岭-张广才岭弧盆系（Ⅱ）小顶山-张广才岭-黄松裂陷槽（Ⅲ）双阳-永吉-蛟河上叠裂陷盆地（Ⅳ）；包尔汉图-温都尔庙弧盆系（Ⅱ）清河-西保安-江城岩浆弧（Ⅲ）图们-山秀岭上叠裂陷盆地（Ⅳ）；头道沟-山秀岭残留蛇绿混杂岩带（Ⅱ4）头道沟残留镁铁—超镁铁质系（Ⅱ4a）山秀岭残留镁铁—超镁铁质系（Ⅱ4b）。

4. 控矿条件

（1）构造控矿：构造是控制矿床形成、分布的重要因素，它控制含矿建造的形成，提供岩浆侵位、矿液运移、富集沉淀的通道和空间。

与铬铁矿成矿关系密切的深大断裂，如伊兰-伊通断裂、图们江大断裂，由于这种断裂切割深度一直到上地幔，沿断裂带有大量的基性—超基性岩浆喷发和侵入，同时也控制了与基性—超基性岩有关的铬铁矿的产出，铬铁矿也受平行于深大断裂的次级断裂控制。

不同的构造发展阶段控制不同的矿床形成，不同级别的构造控制不同级别的矿带、矿田的分布。小绥河铬铁矿主要受伊兰-伊通深大断裂控制，矿床规模为小型，为吉林省比较典型的铬铁矿床；头道沟多金属硫铁矿受伊兰-伊通次级断裂柳河-吉林断裂带控制，开山屯铬铁矿受图们江大断裂控制，二者均为矿点。

（2）岩体控矿：岩浆成矿作用主要提供热能、热液及成矿物质等，在不同矿床中岩浆起到的作用也不尽相同。由早古生代基底发展而来的晚古生代地壳，成熟度大为提高，沉积范围缩小，稳定性增强，晚古生代晚期沿断裂侵入基性、超基性岩，广泛分布于吉北古生代褶皱带的新生陆壳闭合带中，是吉林省内A型碰撞含铬超基性岩类的主要活动期。成因主要有两点，其一是主侵体位于主侵通道构造内，直接与深处的岩浆房相通，不仅岩浆可以直接侵入，而且成矿的矿浆和挥发组分可以由深部直接贯入，也可以有多次补充，因而具有最好的成矿和赋矿条件；其二是溢流体和溢离体因距主侵通道较远以及有围岩阻隔（溢离体），矿浆与挥发分难以抵达和多次补给，因而成矿条件很差或根本不具备，大多不会形成有价值的矿床和矿体。

纯橄岩-斜辉橄榄岩建造是吉林省内最重要的一种含铬超基性岩建造，如开山屯、小绥河岩群主要由斜辉橄榄岩组成，纯橄岩均不是独立岩相，多呈溢离体群出现。开山屯以镁橄榄石为主，附生铬尖晶石属铁质铝铬铁矿型，而小绥河岩体则为镁橄榄石、贵橄榄石，附生铬尖晶石多为铁质、富铁铝铬铁矿型，均常发育较强烈的蛇纹石化。

纯橄岩-斜辉辉橄岩-橄榄岩建造是吉林省内次要的含铬岩体类型，如永吉县头道沟岩群，纯橄岩多呈脉状、扁豆状、透镜状异离体，产于岩群一端的岩体中，往另一端则逐渐减少。主要造岩矿物为镁橄榄石、贵橄榄石。斜辉辉橄岩是本类型岩体的主体相，由贵橄榄石和斜方辉石组成。橄榄岩为独立岩相产出，成为各种形态之溢离体，主要由贵橄榄石、斜方辉石及单斜辉石组成。

5. 围岩蚀变特征

铬铁矿围岩蚀变普遍比较发育，主要有蛇纹石化、滑石化、碳酸盐化、硅化、褐铁矿化、绿泥石化、黄铁矿化。但由于各矿床（点）蚀变作用的强度不同，蚀变分布的范围和类型有所不同。

6. 矿体特征

铬铁矿普遍为小型矿床或矿点，均赋存在超基性岩体或基性—超基性杂岩体中。矿体呈似脉状、雁行状、扁豆状产出，矿石主要呈稠密浸染状、稀疏浸染状、斑点状，金属矿物成分主要为铬尖晶石，次为赤铁矿、褐铁矿及微量磁铁矿、黄铁矿、针镍矿、硫钴矿和六方硫钴矿等。

7. 成矿作用及演化

矿源体为岩浆自身带来的矿质,成矿物质来源于地下深部岩浆。幔源超基性成矿物质上侵,岩浆上侵过程中局部熔融形成岩浆房堆积岩,使早期成矿物质活化进一步迁移、聚集,继续沿深大断裂通道上侵,富集的铬铁矿熔体在挥发分及下面压力作用下,短距离移动而充填北东向伊舒断裂附近裂隙中,在构造分叉、膨大部位及其附近成矿有利部位就位形成层状矿体,产于超基性岩体变质的蛇纹岩中。岩浆上侵能量释放,使大量地下水、天水等参与活动,高温高压作用使辉橄岩被蛇纹石化为粗粒叶蛇纹岩、致密状蛇纹岩,到岩浆晚期经构造变形作用,形成小规模、形状复杂又严格受裂隙控制的铬铁矿。

第四节　铜矿成矿特征及成矿规律

一、成矿特征

吉林省铜矿资源在全省均有分布,主要分布在吉中、延边、白山、通化等地区。成矿时代自老到新各时代都有,成因类型比较复杂,主要有沉积变质型、火山沉积型、基性—超基性岩浆熔离-贯入型、矽卡岩型、斑岩型、多成因复合型、热液矿型、次火山热液型、淋积型,以基性—超基性岩浆熔离-贯入型、斑岩型铜矿为主要类型。吉林省共发现铜矿床(点)61处,其中伴生铜矿37处,大型矿床2处、中型矿床6处、小型矿床35处、矿点14处、矿化点4处,累计查明资源量 81.69×10^4 t(表 2-2-1,图 2-2-1,图 2-4-1)。

图 2-4-1　吉林省铜矿矿产地分布图

1. 沉积变质型

沉积变质型铜矿主要分布在通化、白山地区的荒沟山-南岔集中区内。成矿时代主要为古元古代，在新元古代亦有成矿，与太古宙老变质岩、古元古界老岭群及新元古界震旦系有密切关系，形成地质环境主要是海相沉积，太古宙地体经长期风化剥蚀，陆源碎屑岩及大量 Cu、Co 组分被搬运到裂谷海盆中，沉积形成原始矿层或矿源层，后经多次不同规模和程度的区域变质变形改造，成矿物质进一步富集成矿，代表性矿床有白山市大横路铜钴矿床。

2. 火山沉积型

该类型铜矿床包括海相火山沉积型及陆相火山沉积型两种，主要分布在吉林地区的永吉、双阳、磐石、桦甸及延边地区的汪清、珲春等地。成矿时代主要为晚古生代，在中生代亦有成矿，与晚古生代—中生代火山沉积建造有密切关系，矿床严格受层位与岩性控制，火山喷发出大量中酸性熔岩及碎屑岩，形成了富含成矿物质的矿层或矿源层，后期的区域变形变质作用改造及热液作用的叠加，对多金属迁移富集起到了一定作用，因此该类型矿床同生、后生成因特征兼具，代表性矿床有磐石市石咀铜矿床、汪清县红太平多金属矿床。

3. 基性—超基性岩浆熔离-贯入型

该类型铜矿主要分布在吉林地区的磐石、桦甸、蛟河，延边地区的和龙、安图，通化地区的赤柏松、金斗等地。成矿时代主要为加里东晚期、海西中期及印支中期，矿床产于基性—超基性侵入岩中及其接触带，铜均与镍共生，辉长岩类、辉石岩类、闪辉岩类、橄榄岩类、苏长岩类为主要的含矿岩体。该类型铜矿代表性矿床有磐石市红旗岭铜镍矿床、蛟河县漂河川铜镍矿床、通化县赤柏松铜镍矿床、和龙市长仁铜镍矿床。

4. 矽卡岩型

该类型铜矿主要分布在长春地区的兰家、白山地区的抚松大营—万良、延边地区的敦化万宝等地。成矿时代主要为印支晚期—燕山早期，矿体产于地层与中性—酸性侵入岩体的接触带中，受地层层控特征明显，中酸性侵入岩为成矿提供了矿源与热源和热液，活化矿源层中的成矿物质，使其迁移有利于构造空间富集成矿。该类型铜矿代表性矿床有临江市六道沟铜钼矿床。

5. 斑岩型

该类型铜矿主要分布在通化、白山、珲春地区。成矿时代主要为燕山期，成矿主要受控于中酸性岩体，燕山期中酸性岩浆断裂构造上侵，携带来大量的成矿物质，在各方向的有利构造空间内形成工业矿体。该类型铜矿代表性矿床有通化县二密铜矿床、靖宇县天合兴铜钼矿床、珲春市小西南岔金铜矿床。

6. 多成因复合型

该类型铜矿主要分布在通化、吉林、延边地区。成矿具有多期多阶段性，但主要成矿期属燕山期，这类矿床经过了多期次的成矿作用相互叠加，显示了多期多源的叠生矿床特征。赋矿层位为新太古代火山沉积-变质建造（表壳岩），受后期多期岩浆热液改造，且受区域韧性剪切带控制的矿床。该类型铜矿代表性矿床有桦甸市夹皮沟金矿床。

二、成矿规律

(一)沉积变质型

1. 空间分布

该类型铜矿主要分布在辽吉裂谷区的大横路—杉松岗地区。

2. 成矿时代

该类型铜矿成矿时代为古元古代晚期,约 1800Ma。

3. 大地构造位置

该类型铜矿位于前南华纪华东北部陆块(Ⅱ)胶辽吉古元古代裂谷带(Ⅲ)老岭坳陷盆地(Ⅳ)内。

4. 矿体特征

矿体主要赋存在花山组第二岩性段含碳绢云千枚岩中。矿体主要受三道阳岔-三岔河复式背斜北西翼次一级褶皱构造控制。矿体均呈层状、似层状、分枝状或分枝复合状,均赋存在同一含矿层内,与围岩呈渐变关系并同步褶皱,矿体连续性好。矿体长 1000~1300m,厚 3~146m,平均品位 0.12%。

5. 地球化学特征

矿区碳质绢云千枚岩稀土总量为$(161.39\sim249.09)\times10^{-6}$,轻重稀土分馏明显,$\delta Eu$ 与 δCe 为负异常。绢云千枚岩夹薄层石英岩稀土总量为$(49.09\sim55.09)\times10^{-6}$,轻重稀土分馏不明显,$\delta Eu$ 与 δCe 为负异常。含矿石英脉稀土总量为$(28.8\sim67.38)\times10^{-6}$,轻重稀土分馏明显,$\delta Eu$ 为负异常,δCe 为明显的正异常。金属硫化物稀土总量为 18.19×10^{-6},δEu 与 δCe 为负异常,说明大横路铜钴矿床成矿物质及围岩与岩浆活动无关。

金属硫化物黄铁矿、闪锌矿、方铅矿、黄铜矿硫同位素组成较稳定,$\delta^{34}S$ 变化介于 5.13‰~10.12‰ 之间,在 $\delta^{34}S$ 7.0‰~9.0‰ 之间出现的频率最高。硫同位素组成特征反映了成矿硫质来源的单一性,与岩浆硫特征相去甚远,与沉积硫相比分布较窄,成矿硫质来源可能为混合来源,抑或继承了物源区硫同位素的分布特征。

铅同位素地球化学特征较稳定,反映了矿石铅与围岩组成的一致性。

6. 成矿地球物理化学条件

成矿压力为 1170×10^5Pa,相应成矿深度约 4.25km,这一深度及温压数据与该区绿片岩相区域变质条件基本一致。

7. 控矿条件

(1)地层控矿:区域内直接赋矿层为一套富含碳质的千枚岩,矿体严格受这一层位的控制,且矿石品位的变化明显与碳质含量变化有关,这些特征反映了地层的控矿作用。

(2)构造控矿:区域褶皱构造的次级褶皱主要为第二期褶皱的转折端控制了富矿体(厚大的鞍状矿体)的展布。

8. 成矿作用及演化

太古宙地体经长期风化剥蚀，陆源碎屑岩及大量 Cu、Co 组分被搬运到裂谷海盆中，与海水中 S 等相结合，或被有机质、碳质、黏土质吸附，固定在沉积物中，实现了 Cu、Co 金属硫化物富集，形成原始矿层或矿源层。之后在辽吉裂谷的抬升回返过程中，含矿地层发生褶皱和断裂，为热液环流提供了构造空间。同时在伴随的区域变质作用下，Cu、Co 及其伴生组分发生活化变质，热液从围岩和原始矿层或矿源层中萃取 Cu、Co 及其伴生组分，形成含矿热液，含矿热液运移到有利的构造空间沉淀或叠加到原始矿层或矿源层之上，使成矿构造进一步富集成矿。矿床属沉积变质热液型。

（二）火山沉积型

1. 空间分布

该类型铜矿主要分布在永吉、磐石、汪清等地区，晚古生代汪清-珲春上叠裂陷盆地北部和晚古生代磐桦上叠裂陷盆地的双阳-磐石裂陷槽内。

2. 成矿时代

该类型铜矿铅模式年龄值为 290～250Ma（刘劲鸿，1997），属晚古生代二叠纪。

3. 大地构造位置

该类型铜矿位于南华纪—中三叠世天山-兴蒙-吉黑造山带（Ⅰ）包尔汉图-温都尔庙弧盆系（Ⅱ）下二台-呼兰-伊泉陆缘岩浆弧（Ⅲ）磐桦上叠裂陷盆地（Ⅳ）内的明城-石嘴子向斜东翼；天山-兴蒙-吉黑造山带（Ⅰ）小兴安岭-张广才岭弧盆系（Ⅱ）放牛沟-里水-五道沟陆缘岩浆弧（Ⅲ）汪清-珲春上叠裂陷盆地（Ⅳ）北部。

4. 矿体特征

石炭系石嘴子组大理岩、板岩、变质砂岩、千枚岩夹喷气岩及二叠系庙岭组凝灰岩、蚀变凝灰岩、碎屑岩为主要含矿层位。矿体呈层状、似层状、囊状、不规则状，长 100～600m，厚 1～3m，平均品位 1.16%～1.52%，该类矿床矿体普遍共伴生有金、银。

5. 地球化学特征

该类型铜矿矿石矿物的 $\delta^{34}S$ 变化范围为 $-7.6‰～+2.3‰$，说明硫具有多源特点，但以幔源硫为主。

6. 控矿条件

地层控矿：二叠系庙岭组火山-碎屑岩建造、石炭系石嘴子组火山岩夹碳酸盐岩及碎屑岩建造为主要含矿层位和控矿层位。

构造控矿：晚古生代的二叠纪庙岭-开山屯裂陷槽、磐石-双阳裂陷槽控制了早期的海底火山喷发，红太平地区轴向近东西展布的开阔向斜构造、明城-石嘴子向斜的东翼为区域控矿构造。

7. 成矿作用及演化

晚古生代二叠纪地壳活动较为剧烈，伴随地壳下陷、海水入侵，沉积了一套海相碎屑岩，并有海底火山爆发，喷发出大量中性熔岩形成了海底火山热液喷流，形成了富含铜矿层或矿源层，后期的区域变形褶皱和强烈的变质改造作用,对多金属迁移富集起到了一定的作用。因此该类型矿床同生、后生成因特征兼具,系属海相火山-沉积成因,又受区域变质作用叠加。

(三)基性—超基性岩浆熔离-贯入型

1. 空间分布

该类型铜矿主要分布在吉黑造山带的吉中—延边地区及龙岗复合地块区辽吉裂谷北缘赤柏松—金斗、正岔—复兴地区。

2. 成矿时代

225Ma前后的印支中期为此类型铜矿的主要成矿时代。

3. 大地构造位置

该类型铜矿位于南华纪—中三叠世天山-兴安-吉黑造山带(Ⅰ)包尔汉图-温都尔庙弧盆系(Ⅱ)下二台-呼兰-伊泉陆缘岩浆弧(Ⅲ)、清河-西保安-江域岩浆弧(Ⅲ),以及前南华纪华东北部陆块(Ⅱ)龙岗-陈台沟-沂水前新太古代陆核(Ⅲ)板石新太古代地块(Ⅳ)内的二密-英额布中生代火山-岩浆盆地的南侧。

4. 矿体特征

(1)似层状矿体赋存在岩体底部橄榄辉岩相中,上悬透镜状矿体主要赋存于橄榄岩相的中、上部,脉状矿体发育于岩体西侧边部,纯硫化物矿脉多见于似层状矿体的原生节理中。

(2)似板状矿体含矿岩石主要是顽火辉岩或蚀变辉岩,脉状矿体主要产于辉橄岩脉中,纯硫化物脉状矿体产于顽火辉岩与辉橄岩脉的接触破碎带中。

(3)受压扭性—张扭性复性断裂控制的矿体走向北北东或近南北,向西或北西西倾斜;受张扭性—压扭性复性断裂控制的矿体走向北西,倾向南西。

5. 地球化学特征

岩体相同的硫同位素组成、相似的稀土分布模型以及相近的辉石组成和金属矿物组合,说明它们成分上的同源性,均有幔源性。

6. 成矿地球物理化学条件

根据岩体矿石中硫化物包体测温资料,硫化物结晶温度约300℃,且浸染状矿石早晶出于块状矿石;岩体矿石包体测温结果显示,磁黄铁矿爆裂温度为290～300℃,结合岩带中其他含矿岩体矿石包体测温资料,推测硫化物结晶温度低于300℃。

7. 控矿条件

岩体控矿:基性—超基性岩体为含矿岩体。
构造控矿:区域上受槽台两大构造单元接触带辉发河-古洞河超岩石圈断裂控制,是区域导岩构造,与辉发河-古洞河超岩石圈断裂有成因联系的次一级北西向断裂是控岩控矿构造。

8. 成矿作用及演化

成矿作用具有两种熔离作用,即深部熔离作用和就地熔离作用。岩浆侵位于岩浆房后,发生了液态重力分异,从而导致上部基性岩相及下部超基性岩相的形成,且由于岩浆在分异演化过程中,当分异作用达到一定程度时,随岩浆酸度的增加,硫化物熔融体的溶解度降低,促成了熔离作用的发生。经熔离生成的硫化物熔浆因重力作用而沉于岩体底部,而部分硫化物熔浆则顺层贯入于岩体底板的片岩中,从而形成目前岩体中的硫化镍矿床。根据矿石中硫化物包体测温资料,硫化物结晶温度约为300°,且浸染状矿石早晶出于块状矿石。

(四)矽卡岩型

1. 空间分布

该类型铜矿主要分布在大黑山条垒火山-盆地群、抚松-集安火山-盆地群、烟窗沟-四道沟盆地内及长春兰家、敦化、抚松、临江、长白等地区。

2. 成矿时代

该类型铜矿成矿时代为印支晚期—燕山早期。

3. 大地构造位置

该类型铜矿位于晚三叠世—新生代华北叠加造山-裂谷系(Ⅰ)小兴安岭-张广才岭叠加岩浆弧(Ⅱ)张广才岭-哈达岭火山-盆地区(Ⅲ)大黑山条垒火山-盆地群(Ⅳ)内,以及华北叠加造山-裂谷系(Ⅰ)胶辽吉叠加岩浆弧(Ⅱ)吉南-辽东火山盆地区(Ⅲ)抚松-集安火山-盆地群(Ⅳ)内。

4. 矿体特征

该类型铜矿矿体产状与地层产状基本一致,走向北西,倾向北东,倾角45°~60°。

5. 地球化学特征

该类型铜矿分布在中生代火山岩盆地古元古界老岭群珍珠门组大理岩中,处于Au、Fe、As、F族元素富集场中,化学异常为Bi、Mo、W、Cu、Pb、Sb、Au、Ag、Co、Mn、Cd、Hg、As,异常套合好,元素组合属复杂的综合异常,浓集中心很明显。

该类型铜矿分布在中生代火山岩盆地(二密盆地)内侵入岩体中,所处地球化学场为Au、As、Sn、F、Fe族富集场,地球化学异常为Sb、As、Hg、Ni、W、Au、Cd、Cu、Cr、Bi,是元素套合较好的综合异常,浓集中心明显,元素组合复杂,规模较大。

该类型铜矿分布在古生代含矿层位中,处于Au、As、Fe、Ba、U族贫化场中,地球化学异常为Au、Ag、Cd、Cu、Pb、As、Zn、W,为综合异常,规模小,浓集中心弱,套合较差。

6. 成矿地球物理化学条件

该类型铜矿硫化物结晶温度应低于575℃,一般认为磁黄铁矿-镍黄铁矿固溶体分解温度为425~600℃,X光衍射对磁黄铁矿测定d值推算形成温度为325~550℃,与爆裂温度一致。

7. 控矿条件

在上述层位中或附近有中深成—浅成闪长岩类或花岗闪长岩类岩体侵入,常在碳酸盐岩接触带形成矽卡岩型铜矿床;中生代火山岩盆地中有燕山晚期闪长岩类-花岗斑岩类岩体侵入,在岩体内外接触带形成脉状和细脉浸染型的铜矿,岩体本身即是成矿母岩。因此,岩浆岩的侵入是成矿的必要条件。

从构造单元看,可能赋矿的构造单元有太古宙花岗-绿岩地体西南部边缘古生代以来形成的断陷控制的中生代火山岩盆地、老岭隆起与狼林断块夹持的鸭绿江断陷控制的临江烟窗沟(四道沟)中生代火山岩盆地以及裂谷系北部边缘及太古宙古陆一侧断陷控制古生代盆地,特别是内部有燕山中晚期酸性岩体侵入就容易成矿。

8. 成矿作用及演化

燕山期花岗闪长岩体侵入老岭群珍珠门组大理岩中,在热源和水源的作用下,花岗闪长岩体与大理岩接触带上形成矽卡岩,呈带状分布。含矿层位的大理岩和燕山期花岗岩岩类岩浆所带来的成矿物质在热源与水源的作用下富集成矿。

(五)斑岩型

1. 空间分布

该类型铜矿主要分布在吉黑造山带延边地区的小西南岔—杨金沟、农坪—前山等地及龙岗复合地块区的二密—老岭沟、天合兴—那尔轰等地。

2. 成矿时代

该类型铜矿成矿时代为燕山期(79~56Ma)。

3. 大地构造位置

该类型铜矿位于晚三叠世—新生代华北叠加造山-裂谷系(Ⅰ)胶辽吉叠加岩浆弧(Ⅱ)吉南-辽东火山-盆地区(Ⅲ)柳河-二密火山-盆地区(Ⅳ)内,以及晚三叠世—新生代东北叠加造山-裂谷系(Ⅰ)小兴安岭-张广才岭叠加岩浆弧(Ⅱ)太平岭-英额岭火山-盆地区(Ⅲ)罗子沟-延吉火山-盆地群(Ⅳ)内。

4. 矿体特征

(1)矿体沿石英闪长岩与花岗斑岩体内外接触带分布,呈脉状—细脉浸染状、脉状—复脉状、网脉状—浸染状、浸染状、块状,以脉状—复脉状为主。

(2)矿体呈脉状、透镜状、似层状,多产于石英斑岩、花岗斑岩内,长一般小于500m,厚一般为2~10m,品位0.3%~1%。

5. 地球化学特征

斑岩型铜矿中石英闪长岩和花岗斑岩中硫化物硫同位素组成$\delta^{34}S$值均为正值,变化范围2.1‰~6.3‰,都以富重硫为特征,体现深源硫特点。矿体硫化物硫同位素$\delta^{34}S$变化于2.2‰~5.7‰之间,与围岩基本一致,更与花岗斑岩接近,说明矿脉成矿热液主要与花岗斑岩有直接成因联系。

6. 控矿条件

燕山晚期石英闪长岩、花岗斑岩岩体控矿。区域上北西向、东西向断裂交会于破火山口处,或近南北向的继承性构造,不但控制了区域的构造岩浆活动,而且控制了含矿流体的区域分布和就位空间。

7. 成矿作用及演化

燕山期中酸性岩浆上侵,携带来大量的成矿物质,在区域应力场作用下迁就、追踪原张裂隙,形成以张扭为主,伴有压扭、扭性的缓倾斜裂隙群,在各方向的构造空间内形成工业矿体。

第五节 铅锌矿成矿特征及成矿规律

一、成矿特征

铅锌矿资源在吉林省均有分布,主要分布在吉中、延边、白山、通化等地区。自老到新各时代都有成矿,成因类型比较复杂,主要成因类型有矽卡岩型、火山热液型、沉积-热液叠加型、沉积变质-岩浆热液改造型、多成因叠加型、岩浆热液型、变质热液型,以矽卡岩型为主要成因类型。总体来看,吉林省铅锌矿都具有早期沉积形成初始矿源层或矿源岩,经后期叠加改造的特征,即基本具有层控内生特征。吉林省共发现铅锌矿床(点)80处,其中伴生铅锌矿54处,大型矿床1处、中型矿床4处、小型矿床40处、矿点34处、矿化点1处,累计查明铅锌资源量151.49×10^4 t,其中铅资源量35.89×10^4 t,锌资源量115.60×10^4 t,见表2-2-1和图2-2-1。

1. 矽卡岩型

该类型铅锌矿床是指原先沉积矿床或矿化地层,受后期岩浆热液作用而形成的层控矿床。矿床分布于吉南华北陆缘坳陷区或地堑盆地内,与显生宙盖层寒武纪—奥陶纪浅海相碳酸盐岩建造有成因联系,时空上与中酸性侵入杂岩的交代及热液作用所形成的矽卡岩带有关。该类型铅锌矿床代表性矿床有抚松县大营铅锌矿床、集安市郭家岭铅锌矿床。

2. 火山热液型

该类型矿床是与古生代—中生代火山活动有成因联系的铅锌矿,矿床分布于古陆与造山带的火山侵入杂岩区,受滨太平洋断裂体系的北东向及北西向断裂控制形成的火山隆起或火山盆地内,与基底断裂相重叠的环状断裂、辐射状瞬裂有密切联系。该类型矿床代表性矿床有伊通县放牛沟多金属矿床、汪清县红太平多金属矿床、桦甸市地局子铅锌矿床。

3. 沉积-热液叠加型

该类型矿床是与元古宙火山活动有成因联系的铅锌矿,这类铅锌矿在古陆与造山带均有出现,古陆中的这类铅锌矿形成于吉南裂谷内,与古元古代早期荒岔沟期基性—中酸性火山作用及碳酸盐岩沉积有关。它的构造环境处于大陆裂谷早期阶段,即先形成断裂,接踵发生岩浆活动,形成于裂谷扩张初期沉积非补偿阶段,在造山带中的铅锌矿床主要形成于古生代坳陷。该类型代表性矿床有集安市正岔铅锌矿床。

4. 沉积变质-岩浆热液改造型

该类型矿床形成于大陆裂谷型海盆地内,沉积非补偿阶段转化为沉积补偿阶段,岩浆活动已停止,矿化与浅海-潮间带沉积物有密切的成因联系。这类矿床的矿石矿物与其围岩的沉积物是同时沉积,或在沉积、成岩、变质作用阶段成矿物质进入含矿岩层中富集成矿。已知含矿层位有老岭群珍珠门组和大栗子组,珍珠门组属水下碳酸盐岩台地沉积,含碳较高,并有含矿黄铁矿层,又显示还原的礁后潟湖相沉积;大栗子组为半深水的斜坡环境和礁后盆地沉积产物,铅锌矿产于含铁碳酸盐岩建造大理岩与千枚岩互层带的还原相菱铁矿层中,往往与菱铁矿层相变过渡;矿床受褶皱及断裂构造控制较为明显,矿体形态呈层状、似层状、脉状产出,其产状与地层产状基本一致或略呈斜交。该类型矿床代表性矿床为白山市荒沟山铅锌矿床。

5. 多成因叠加型

该类型矿床主要分布于吉中—延边地区。容矿围岩为晚古生代浅海相碳酸盐岩，时空上与中酸性侵入杂岩的交代及热液作用所形成的矽卡岩带有关。矿化主要出现在石炭纪—二叠纪碳酸盐岩与燕山期中酸性岩类侵入接触带上，构造上往往受紧密褶皱的倒转倾伏背斜或向斜中的断裂或层间破碎带控制。该类型矿床代表性矿床有龙井市天宝山多金属矿床。

6. 岩浆热液型

该类型矿床是与岩浆侵入活动有关的热液脉状矿床，吉林省铅锌矿成矿作用普遍受岩浆叠加改造而成。多数铅锌矿床与前中生代地层及燕山期岩浆热液活动有成因联系，而纯属岩浆热液型铅锌矿为数不多，并多为矿点。

7. 变质热液型

该类型矿床与太古宙绿岩有关，多与金矿伴生，尚未发现独立矿床。

二、成矿规律

（一）矿床分布规律

1. 空间分布规律

吉林省铅锌矿产资源分布比较普遍，主要在吉林、通化、延边地区成群分布。铅锌矿床类型分布与其他铅锌矿床一样受地质构造环境的控制。华北地台古陆内，特别是吉南裂谷或坳陷内控制了矽卡岩型、沉积热液叠加型、沉积变质岩浆热液改造型矿床；吉黑造山带内主要控制火山热液型（火山岩型）、多成因叠加型和岩浆热液型矿床，进入滨太平洋构造活动阶段后，主要是火山岩型和岩浆热液型矿床。这说明铅锌矿在其成因上具有一定的空间分布规律。

2. 时间分布规律

吉林省铅锌矿的成矿作用在时间上的演化反映了古陆裂谷、古亚洲成矿特征和滨太平洋成矿特征相互重叠的特点，基本上与地质构造运动的叠加相吻合，在成矿地质特征上也反映了多期、多阶段性。各期成矿以燕山期为主，该期成因类型以矽卡岩型和沉积岩浆热液叠加改造型为主，另外还有火山热液型和岩浆热液型；其次有加里东期，仅有火山沉积热液叠加型；中条期有沉积变质热液叠加改造型和变质热液型；五台期为火山热液型；海西期有火山热液型和岩浆热液型；印支期仅有矽卡岩型和火山热液型矿点。以上特征充分显示了滨太平洋成矿域的成矿特征。

（二）成矿规律

1. 矽卡岩型

1）空间分布

该类型铅锌矿主要分布在抚松-集安火山-盆地群内通化、白山地区及罗子沟-延吉火山-盆地群内延边地区。

2）成矿时代

该类型铅锌矿成矿与燕山期花岗岩侵入关系密切，推测成矿时代为燕山期。

3）大地构造位置

该类型铅锌矿主要位于晚三叠世—新生代华北叠加造山裂谷系（Ⅰ）胶辽吉叠加岩浆弧（Ⅱ）吉南-辽东火山-盆地区（Ⅲ）抚松-集安火山-盆地群（Ⅳ）内，以及晚三叠世—新生代东北叠加造山-裂谷系（Ⅰ）小兴安岭-张广才岭叠加岩浆弧（Ⅱ）太平岭-英额岭火山-盆地区（Ⅲ）罗子沟-延吉火山-盆地群（Ⅳ）内。

4）矿体特征

该类型铅锌矿矿体受北东向层间断裂控制，矿体产状与地层产状一致，呈似层状、脉状、扁豆状。物质成分以 Pb、Zn 为主，伴生有 Cu、Ag、Au 等有用组分。矿石矿物主要为方铅矿、闪锌矿、黄铁矿，次为黄铜矿、磁铁矿、赤铁矿等。矿石为自形—他形粒状结构、交代结构、固溶体分解结构，块状、浸染状、脉状—网脉状构造。

5）成矿物理化学条件

矽卡岩型铅锌矿矿石矿物包体成分测定，成矿流体成分主要为 Ca^{2+}、Cl^-、HCO^-、SO_4^{2-}，具地下热卤水特征，属弱还原环境下形成的。所测矿物爆裂温度（校正后），矽卡岩矿物为 250～300℃，矿石硫化物为 150～200℃。

6）地球化学特征

矿石矿物的 $\delta^{34}S$ 值为较小的正值或负值，变化范围较小，介于 $-1.7‰ \sim +5.2‰$ 之间，并且显示了 $\delta^{34}S$ 值黄铁矿＞黄铜矿＞闪锌矿＞方铅矿，说明它们在形成时期与成矿流体接近同位素平衡。

氢氧碳同位素表明，矿石及含矿围岩碳酸盐岩的 δD 值为 $-92.357‰ \sim 116.002‰$，平均 104.24‰，接近成矿时代中生代大气降水平均值（$-112.8‰$）。$\delta^{18}O$ 为 10.541‰～19.724‰，$\delta^{13}C$ 为 $-16.774‰ \sim 20.354‰$，介于沉积岩与岩浆岩的 O、C 同位素值之间，说明含矿溶液（流体）应是中生代受热环流的大气降水和岩浆热液混合而成的。

矿石铅均为正常铅，同位素组成较稳定，变化范围小。但从它的模式年龄值上看，大营铅锌矿模式年龄值介于地层和花岗岩年龄之间，反映岩浆热液叠加成矿特征。而郭家岭、矿洞子铅锌矿以及脉岩等模式年龄值均与地层年龄一致，且其脉岩的 K-Ar 年龄值为 179.17Ma，说明矿脉成矿热液主要与花岗岩有直接成因联系。

7）控矿条件

（1）地层控矿：矽卡岩型铅锌矿受地层控制特征较明显，古陆区的早古生代寒武纪—奥陶纪浅海相碎屑岩-碳酸盐岩建造与造山带的晚古生代石炭纪—二叠纪火山岩-碎屑岩-碳酸盐岩建造为主要的含矿层位。同位素测定资料也显示成矿元素主要来自地层，部分受岩浆热液的叠加。

（2）构造控矿：区域上主断裂控制了含矿层位的分布及矿带的展布，为控矿构造；其次一级平行主断裂的层间断裂为容矿断裂。

（3）岩体控矿：矽卡岩型铅锌矿主要在火山盆地及火山隆起的燕山期花岗岩侵入接触带上成群分布，成矿均不同程度地受燕山期岩浆活动的控制，或者含矿热液叠加富集成矿，或者提供热源促使矿源层中的成矿元素活化、迁移富集成矿。

8）成矿作用及演化

矽卡岩型铅锌矿的成矿必须具备早期的有利沉积地层和晚期的岩浆侵入两个必要条件，以早古生代寒武纪—奥陶纪和晚古生代石炭纪—二叠纪碎屑岩-碳酸盐岩建造对成矿最为有利，其中有些层位含铅锌较高，并且含矿层及其围岩碳酸盐组分较高，有利于热液的交代作用。后期岩浆侵入活动提供矿源或者热源，晚期的热水溶液对围岩地层进行交代和改造，由于成矿流体中含有大量 CO^-、SO_4^{2-}、Cl^-，成矿元素 Pb、Zn 与这些酸根离子呈络合物形式搬运，当进入孔隙大的构造空间时，由于压力降低 CO_2 逸出,碳酸盐络合物分解,或当环境变为还原条件时,硫酸盐也同时被还原,络合物被破坏,Pb、Zn 转为硫化物在构造裂隙中沉淀,聚集形成工业矿体。

2. 火山热液型

1)空间分布

该类型铅锌矿主要分布在吉黑造山带内的伊通、桦甸、汪清等地区。

2)成矿时代

根据放牛沟多金属矿床矿石铅的模式年龄为 306.4～290Ma,红太平多金属矿床矿石铅的模式年龄为 290～250Ma,地局子铅锌矿床矿石铅的模式年龄为 207～175Ma,该类型铅锌矿床的成矿时代应为晚古生代—中生代。

3)大地构造位置

该类型铅锌矿主要位于南华纪—中三叠世天山-兴蒙-吉黑造山带(Ⅰ)大兴安岭弧形盆地(Ⅱ)锡林浩特岩浆弧(Ⅲ)白城上叠裂陷盆地(Ⅳ)大黑山隆起带内,以及南华纪—中三叠世天山-兴蒙-吉黑造山带(Ⅰ)小兴安岭-张广才岭弧盆系(Ⅱ)放牛沟-里水-五道沟陆缘岩浆弧(Ⅲ)汪清-珲春上叠裂陷盆地(Ⅳ)北部。

4)矿体特征

该类型铅锌矿矿体严格受构造控制,矿体产状与地层产状一致,呈层状、似层状、扁豆状、不规则状。物质成分以 Pb、Zn 为主,伴生重要的组分有 Cu、Ag、Au、Mo、Co、W 等,伴生的稀散元素主要有 Cd、In、Ga、Ge、Se、Te、Ti 等。矿石矿物主要有闪锌矿、方铅矿、黄铜矿、斑铜矿、磁黄铁矿、银黝铜矿、辉钼矿、白钨矿、毒砂、黄铁矿、辉锑矿等,次生矿物有孔雀石、蓝辉铜矿、辉铜矿、铜蓝、铅矾、锌华、褐铁矿等。矿石为粒状结构、包含结构、固溶体分解结构、交代残余结构、斑状结构等;以致密块状、条带状和浸染状构造为主,局部见有斑点状、角砾状和蜂窝状构造。

5)成矿物理化学条件

成矿温度:早期硫化物阶段 280～330℃(爆裂法闪锌矿、磁黄铁矿),晚期硫化物阶段 200～280℃(爆裂法方铅矿、萤石)。

成矿介质酸碱度:矿石 pH 值为 6.82～7.12(平均 7.0),呈弱酸性—弱碱性。

6)地球化学特征

铅同位素组成 $^{206}Pb/^{204}Pb$ 为 17.38～18.32,$^{207}Pb/^{204}Pb$ 为 15.38～15.64,反映物质来源比较深,接近上地幔。矿石铅的源区特征值(0.066～0.070)部分超出了正常铅的范围(0.063～0.067),反映矿石铅可能并非单一的深部来源,既有来自上地幔或下地壳的,也有来自上地壳的。

硫同位素:红太平多金属矿床矿石矿物的 $\delta^{34}S$ 变化范围为 −7.6‰～2.3‰,说明硫具有多源特点,但以幔源硫为主,成矿物质来自下地壳或地幔。放牛沟多金属矿床矿石矿物 $\delta^{34}S$ 值平均为 5.08‰(0.3‰～6.7‰),分布范围窄,成矿溶液中的硫应为深源硫与海相地层硫的混合硫源。

7)控矿条件

(1)地层控矿:该类型铅锌矿受地层控制特征较明显,下古生界上奥陶统石缝组及上古生界二叠系庙岭组浅变质中酸性火山岩-碳酸盐岩-碎屑岩建造、中生代晚三叠世—晚侏罗世中酸性火山岩及花岗岩为主要的赋矿层位。

(2)构造控矿:区域上一系列走向近东西的褶皱构造和挤压破碎带控制着矿床的分布,近东西向断裂和层间断裂与成矿关系密切,矿体严格受断裂构造控制。

(3)岩体控矿:成矿均不同程度地受岩浆活动的控制,矿区内海西期—燕山期侵入岩为成矿提供热源,促使矿源层中的成矿元素活化、迁移、富集成矿。

8)成矿作用及演化

该类型矿床是与古生代—中生代火山活动有成因联系的铅锌矿。古生代—中生代火山活动沉积形成了一套火山-沉积岩系,形成了富含铅锌矿层或矿源层,区域变形褶皱和强烈的变质改造作用,对多金属迁移富集起到了一定作用,后期岩浆侵入活动提供矿源或者热源,同化早期火山-沉积岩系带来成矿物质,在含矿热液的作用下,在构造应力薄弱部位交代含钙质、杂质较多的大理岩,特别是条带大理岩、片理化安山岩及安山质凝灰岩等形成矽卡岩,同时成矿物质发生沉淀,聚集形成工业矿体。

3. 沉积-热液叠加型

1) 空间分布

该类型铅锌矿主要分布在抚松-集安火山-盆地群内通化、白山地区。

2) 成矿时代

该类型铅锌矿矿石铅同位素研究表明,沉积-热液叠加型铅锌矿的形成经历了两个阶段演化,1971Ma前Pb在封闭地幔中($\mu=8.8$环境),129Ma因花岗斑岩热液作用从地层内活化、迁移、富集成矿。因此主成矿期为燕山早期。

3) 大地构造位置

该类型铅锌矿位于前南华纪华北东部陆块(Ⅱ)胶辽吉古元古代裂谷带(Ⅲ)集安裂谷盆地(Ⅳ)内。

4) 矿体特征

沉积-热液叠加型铅锌矿矿体受一定层位控制,与地层同步褶曲,有时形成与褶皱形态一致的鞍状矿体,矿体赋存在层间断裂带内,呈似层状、脉状、扁豆状。它的主要有用组分为Pb、Zn,伴生有Cu、Ag、Au、Mo、Bi、Se、Te、Ti、Co、Cd、S、Sn等有益组分。矿石矿物主要为方铅矿和闪锌矿,其次为黄铜矿、斑铜矿、黝铜矿、硫钴矿、辉银矿、脆硫锑银矿、辉锑银矿、碲铅矿、辉钼矿,少量铅矾、铜蓝、孔雀石、辉铜矿等氧化物。矿石结构以结晶粒状和包含结构为主,固溶体分解结构和交代结构次之;矿石构造以浸染状构造为主,条带状和斑杂状构造次之,块状构造少见。

5) 成矿物理化学条件

流体包裹体分布规律:由花岗斑岩→接触带→矽卡岩→矿体→弱蚀变大理岩,包体类型由复杂→简单,气液比由大→小,包体数量由多→少,说明包体的形成与花岗斑岩侵入密切相关。均一温度显示近岩体温度高,远岩体温度低,一般为340~400℃(以380℃为主),成矿最低压力为$(1.5\sim4)\times10^7$Pa。

6) 地球化学特征

硫同位素:矿石矿物δ^{34}S值为较小的正值,变化范围较小,介于0.6‰~13.4‰之间,接近陨石硫,表明矿石硫主要来自地壳深部,但它的δ^{34}S值局部较为离散,即标准离差较大,又显示了地层硫的混合,说明矿床是火山间歇期形成的。

氧同位素:矿石矿物δ^{18}O值(石英等)为-0.1‰~11.2‰,介于岩浆水和大气之间,以岩浆水为主,在300~370℃阶段大气降水参与,对Pb、Zn的富集起重要作用。

碳同位素:大理岩δ^{13}C值(-1.9‰~3.1‰)与矿体中方解石δ^{13}C值(0.5‰~1.9‰)比较接近,表明碳来源与地层有关;较早期矽卡岩矿脉中方解石δ^{13}C值为53‰,呈现岩浆碳特征。

铅同位素:^{206}Pb/^{204}Pb为17.88~18.27、^{207}Pb/^{204}Pb为15.32~16.66,反映物质来源比较深,接近上地幔。

7) 控矿条件

(1) 地层控矿:铅锌矿体受地层控制特征较明显,古元古界集安群荒岔沟组基性—中酸性火山-碳酸盐岩沉积建造为主要含矿层位,矿体形态、产状与岩层基本一致,反映同生特点。

(2) 构造控矿:区域上褶皱构造控制了含矿层位的分布及矿带的展布,北东向层间断裂破坏了褶皱构造完整性,有些小褶皱很可能是这组断裂的次级构造,是矿区主要控矿构造。

(3) 岩体控矿:矿体产在燕山期花岗斑岩外接触带800m范围内,由近至远有铁、铜、钼、锡-铜、铅、锌-铅、锌等不甚发育的水平分带,空间上显示了矿床是花岗斑岩体热作用产物。

8）成矿作用及演化

大陆裂谷早期沉积形成的集安群荒岔沟组基性—中酸性火山-碳酸盐岩即是矿源层，也是富矿层，区域变形褶皱和强烈的变质改造作用，对多金属迁移富集起到了一定的作用，燕山期花岗斑岩体的侵位在带来部分成矿物质的同时，更重要的是提供了热液流体，在上升的过程中不断地萃取矿源层中的成矿元素形成富矿流体，在成矿有利构造空间发生沉淀，富集形成工业矿体。

4. 沉积变质-岩浆热液叠加型

1）空间分布

该类型铅锌矿主要分布在抚松-集安火山-盆地群内通化、白山地区。

2）成矿时代

矿石铅同位素研究表明，该类型铅锌矿成矿经历了两个阶段演化，1971Ma 前 Pb 在封闭地幔中（$\mu=8.8$ 环境），129Ma 因花岗斑岩热液作用从地层内活化、迁移、富集成矿。因此主成矿期为燕山早期。

3）大地构造位置

该类型铅锌矿位于前南华纪华北东部陆块（Ⅱ）胶辽吉古元古代裂谷带（Ⅲ）集安裂谷盆地（Ⅳ）内。

4）矿体特征

矿体受一定层位控制，与地层同步褶曲，有时形成与褶皱形态一致的鞍状矿体，矿体赋存在层间断裂带内，呈似层状、脉状、扁豆状。它的主要有用组分为 Pb、Zn，伴生有 Cu、Ag、Au、Mo、Bi、Se、Te、Tl、Co、Cd、S、Sr 等有益组分。矿石矿物主要为方铅矿和闪锌矿，其次为黄铜矿、斑铜矿、黝铜矿、硫钴矿、辉银矿、脆硫锑银矿、辉锑银矿、碲铅矿、辉钼矿，少量铅矾、铜蓝、孔雀石、辉铜矿等氧化物。矿石结构以结晶粒状结构和包含结构为主，固溶体分解结构和交代结构次之；矿石构造以浸染状构造为主，条带状构造和斑杂状构造次之，块状构造少见。

5）成矿物理化学条件

流体包裹体分布规律：由花岗斑岩→接触带→矽卡岩→矿体→弱蚀变大理岩，包体类型由复杂→简单，气液比由大→小，包体数量由多→少，说明包体的形成与花岗斑岩侵入密切相关。均一温度显示近岩体温度高，远岩体温度低，一般为 340~400℃（以 380℃ 为主），成矿最低压力为 $(1.5\sim4)\times10^7$ Pa。

6）地球化学特征

硫同位素：矿石矿物 δ^{34}S 值为较小的正值，变化范围较小，介于 0.6‰~13.4‰ 之间，接近于陨石硫，表明矿石硫主要来自地壳深部，但它的 δ^{34}S 值局部较为离散，即标准离差较大，又显示了地层硫的混合，说明矿床是火山间歇期形成的。

氧同位素：矿石矿物 δ^{18}O 值（石英等）为 −0.1‰~11.2‰，介于岩浆水和大气之间，以岩浆水为主，在 300~370℃ 阶段大气降水参与，对 Pb-Zn 的富集起重要作用。

碳同位素：大理岩 δ^{13}C 值（−1.9‰~3.1‰）与矿体中方解石 δ^{13}C 值（0.5‰~1.9‰）二者比较接近，表明碳来源与地层有关；较早期矽卡岩矿脉中方解石 δ^{13}C 值为 53‰，呈现岩浆碳特征。

铅同位素：^{206}Pb/^{204}Pb 为 17.88~18.27、^{207}Pb/^{204}Pb 为 15.32~16.66，反映物质来源比较深，接近上地幔。

7）控矿条件

（1）地层控矿：铅锌矿体受地层控制特征较明显，古元古界集安群荒岔沟组基性—中酸性火山-碳酸盐岩沉积建造为主要的含矿层位，矿体形态、产状与岩层基本一致，反映同生特点。

（2）构造控矿：区域上褶皱构造控制了含矿层位的分布及矿带的展布，北东向层间断裂破坏了褶皱构造完整性，有些小褶皱很可能是这组断裂的次级构造，是矿区主要控矿构造。

（3）岩体控矿：矿体产在燕山期花岗斑岩外接触带 800m 范围内，由近至远有铁、铜、钼、锡-铜、铅、锌-铅、锌等不甚发育的水平分带，空间上显示了矿床是花岗斑岩体热作用产物。

8)成矿作用及演化

大陆裂谷早期沉积形成的集安群荒岔沟组基性—中酸性火山-碳酸盐岩即是矿源层,也是富矿层,区域变形褶皱和强烈的变质改造作用,对多金属迁移富集起到了一定的作用,燕山期花岗斑岩体的侵位在带来部分成矿物质的同时,更重要的是提供了热液流体,在上升的过程中不断地萃取矿源层中的成矿元素,形成富矿流体,在成矿有利构造空间发生沉淀,富集形成工业矿体。

5. 多成因叠加型

1)空间分布

该类型铅锌矿主要分布在吉中—延边地区罗子沟-延吉火山-盆地群天宝山中生代火山盆地南侧。

2)成矿时代

该类型铅锌矿与成矿有关的岩体 Pb-Pb 年龄为 238~225Ma,绢云岩化白云母 K-Ar 年龄为 224Ma,与成矿有关的地层 Pb-Pb 年龄为 229.5Ma。成矿时代属印支期。

3)大地构造位置

该类型铅锌矿位于晚三叠世—新生代东北叠加造山-裂谷系(Ⅰ)小兴安岭-张广才岭叠加岩浆弧(Ⅱ)太平岭-英额岭火山-盆地区(Ⅲ)罗子沟-延吉火山-盆地群(Ⅳ)内。

4)矿体特征

矿体类型主要有次火山热液充填交代型、矽卡岩型、爆破角砾岩型,矿体形态复杂,多呈透镜状、层状、似层状、脉状、巢状等。矽卡岩型矿体产于岩体与地层接触带部位;次火山热液充填交代型矿体产于岩体与地层外接触带中性—酸性火山碎屑岩中,为细脉浸染型矿体;爆破角砾岩型矿体产于花岗闪长岩体内,受角砾岩筒所控制,上部全筒式矿化,中下部为中心式矿化。

5)成矿物理化学条件

包裹体特征:含矿与非含矿角砾岩石英包裹体成分均以 H_2O 为主,含量分别为 86.32% 和 79.5%,含矿角砾岩流体总浓度小于非含矿角砾岩,属 $Ca^{2+}-Na^+-SO_4^{2-}-Cl^-$ 型,两者均不含 O_2 而含微量的 $CO、H_2、CH_4$ 等,说明两者均形成于还原环境。石英包裹体(石英-硫化物阶段)pH 值为 5.4,非含矿角砾岩 pH 值为 5.2,均属偏酸性,石英-斜黝帘石阶段包裹体 pH 值为 7.67,偏碱性,说明成矿流体从弱碱性向偏酸性演化。气相成分中 CO_2、N_2 含量较高,表明成矿在浅成条件下由大气降水参与完成。

成矿温度:硫化物形成温度为 270~426℃。

6)地球化学特征

(1)硫同位素:矿石 $\delta^{34}S$ 值变化范围为 $-3.8‰~3.5‰$,极差不超过 7.3‰,均一化程度较高,显示了硫来自地壳深部。

(2)氧同位素:含毒砂的方解石脉 $\delta^{18}O$ 值为 $-21.54‰$,反映了晚期成矿溶液中有大气降水混入。

(3)碳同位素:方解石脉 $\delta^{13}C$ 值为 $-8.53‰$,与一般岩浆成因碳酸盐岩 $\delta^{13}C$ 值 $-7‰$ 和火山角砾岩筒铅锌矿中的方解石 $\delta^{13}C$ 值 $-7.52‰$ 接近,说明碳以岩浆碳为主,部分混有地层中的有机碳。

7)控矿条件

容矿围岩为晚古生代浅海相火山岩-碎屑岩-碳酸盐岩,成矿与中酸性侵入杂岩的交代及热液作用所形成的矽卡岩带有关。矿体受紧密褶皱的倒转倾伏背斜或向斜中的断裂或层间破碎带控制,断裂构造控制了岩浆岩、角砾岩筒、爆破角砾岩群及矿(化)体的分布,特别在两组或两组以上断裂的交会处往往形成矿床。

8)成矿作用及演化

上古生界石炭系—二叠系沉积形成了一套火山碎屑岩-碳酸盐岩建造,其中有些层位含铅锌较高,并且含矿层及其围岩碳酸盐组分较高,有利于热液的交代作用;海西期—印支期花岗岩浆上侵,在其与地层的接触带形成矽卡岩型矿体。燕山期中酸性岩浆上侵,携带来大量的成矿物质,在区域应力场作用下,迁就、追踪原张裂隙,形成以张扭为主,伴压扭、扭性的缓倾斜裂隙群,在各方向的构造空间内形成工业矿体。深部富含挥发分及H_2O气热液流体上升富集于靠近地表处,由于上覆盖层急剧降压,使之发生隐爆形成角砾岩筒,后又发生多次热液活动形成矿体。

第六节 镍矿成矿特征及成矿规律

一、成矿特征

吉林省镍矿资源主要集中分布在吉中、延边、白山、通化等地区。成矿时代自古元古代到中生代,主要成因类型有基性—超基性岩浆熔离-贯入型、沉积变质型,以基性—超基性岩浆熔离-贯入型为主。目前共发现镍矿床(点)27处,其中伴生镍矿2处、大型矿床3处、中型矿床2处、小型矿床19处、矿点3处,累计查明资源量$44.87×10^4$t(表2-2-1,图2-2-1,图2-6-1)。

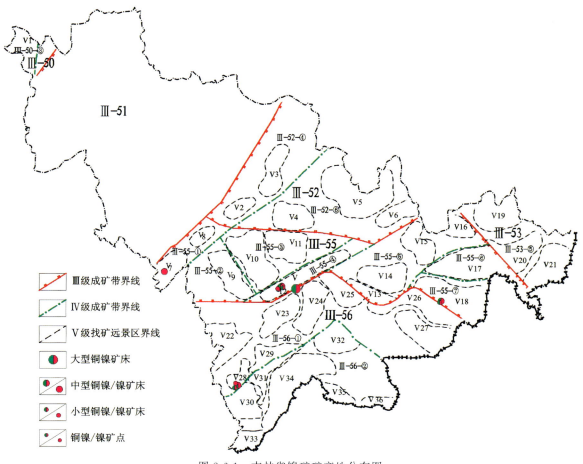

图2-6-1 吉林省镍矿矿产地分布图

1. 基性—超基性岩浆熔离-贯入型

该类型镍矿主要分布在四平、磐石、桦甸、蛟河、敦化、和龙、通化等地区,主要有产于中条期(古元古代)基性—超基性侵入岩内的镍矿,代表性的矿床为通化县赤柏松铜镍矿床;产于海西期基性—超基性侵入岩内的镍矿,代表性的矿床为和龙市长仁铜镍矿床;产于印支期基性—超基性侵入岩内的镍矿,代表性的矿床为磐石县红旗岭铜镍矿床、蛟河县漂河川铜镍矿床。

2. 沉积变质型

该类型镍矿主要分布在通化、白山地区,与古元古界老岭群花山组地层有关的沉积变质型(伴生镍)矿床,代表性的矿床为白山市杉松岗铜钴矿床。

二、成矿规律

1. 基性—超基性岩浆熔离-贯入型

1)空间分布

该类型镍矿主要分布在吉黑造山带吉中—延边地区的红旗岭、双凤山、川连沟—二道岭子、漂河川、六棵松—长仁、大山咀子、大肚川—露水河等地区;龙岗复合地块区辽吉裂谷的北缘赤柏松—金斗、正岔—复兴地区。

2)成矿时代

225Ma前后的印支中期为此类型镍矿主要成矿时代。

3)大地构造位置

该类型镍矿位于南华纪—中三叠世天山-兴蒙-吉黑造山带(Ⅰ)包尔汉图-温都尔庙弧盆系(Ⅱ)的下二台-呼兰-伊泉陆缘岩浆弧(Ⅲ)内盘桦上叠裂陷盆地(Ⅳ)、白城上叠裂陷盆地(Ⅳ),清河西保安-江域岩浆弧(Ⅲ)内图们-山秀岭上叠裂陷盆地(Ⅳ),南华纪—中三叠世天山-兴蒙-吉黑造山带(Ⅰ)小兴安岭-张广才岭弧盆系(Ⅱ)小顶山-张广才岭-黄松裂陷槽(Ⅲ)双阳-永吉-蛟河上叠裂陷盆地(Ⅳ)内以及前南华纪华北东部陆块(Ⅱ)龙岗-陈台沟-沂水前新太古代陆核(Ⅲ)板石新太古代地块(Ⅳ)内的二密-英额布中生代火山-岩浆盆地的南侧。

4)矿体特征

(1)似层状矿体赋存在岩体底部橄榄辉岩相中,上悬透镜状矿体主要赋存于橄榄岩相的中、上部,脉状矿体发育于岩体两侧边部,纯硫化物矿脉多见于似层状矿体的原生节理中。

(2)似板状矿体含矿岩石主要是顽火辉岩或蚀变辉岩,脉状矿体主要产于辉橄岩脉中,纯硫化物脉状矿体产于顽火辉岩与辉橄岩脉的接触破碎带中。

(3)受压扭性—张扭性复性断裂控制的矿体走向北北东或近南北或向西或北西西向倾斜;受张扭—压扭性复性断裂控制的矿体走向北西,倾向南西。

5)地球化学特征

岩体相同的硫同位素组成、相似的稀土分布模型以及相近的辉石组成和金属矿物组合,说明它们成分上的同源性,均有幔源性。

6)成矿地球物理化学条件

根据矿石中硫化物包体测温资料,硫化物结晶温度在300℃左右,且浸染状矿石早晶出于块状矿石;岩体矿石包体测温结果显示磁黄铁矿爆裂温度为290~300℃,结合基性岩带中其他含矿岩体矿石包体测温资料,推测硫化物结晶温度低于300℃。

7)控矿条件

基性—超基性岩体为含矿岩体。区域上受槽台两大构造单元接触带辉发河-古洞河超岩石圈断裂控制,是区域导岩构造,与辉发河-古洞河超岩石圈断裂有成因联系的次一级北西向断裂是控岩控矿构造。

8）成矿作用及演化

该类型镍矿成矿具有两种熔离作用,即深部熔离作用和就地熔离作用。岩浆侵位于岩浆房后,发生了液态重力分异,从而导致上部基性岩相及下部超基性岩相的形成。且由于岩浆在分异演化过程中,当分异作用达到一定程度时,随岩浆酸度的增加,硫化物熔融体的溶解度降低,促成了熔离作用的发生。经熔离生成的硫化物熔浆因重力作用而沉于岩体底部,而部分硫化物熔浆则顺层贯入于岩体底板的片岩中,从而形成目前岩体中的硫化镍矿床。根据矿石中硫化物包体测温资料,硫化物结晶温度在300℃左右,且浸染状矿石早晶出于块状矿石。

2. 沉积变质型

1）空间分布

该类型镍矿主要分布在龙岗复合地块区辽吉裂谷内的荒沟山—南岔地区。

2）成矿时代

该类型镍矿成矿时代为古元古代晚期(1800Ma左右)。

3）大地构造位置

该类型镍矿位于前南华纪华北东部陆块(Ⅱ)胶辽吉古元古代裂谷带(Ⅲ)老岭坳陷盆地(Ⅳ)内。

4）矿体特征

矿体主要赋存在花山组第二岩性段含碳绢云千枚岩中。矿体主要受三道阳岔-三岔河复式背斜北西翼次一级褶皱构造控制。矿体均呈层状、似层状、分枝状或分枝复合状,矿体均赋存在同一含矿层内,与围岩呈渐变关系并同步褶皱,矿体连续性好。

5）地球化学特征

矿区碳质绢云千枚岩稀土总量为$(161.39\sim249.09)\times10^{-6}$,轻重稀土分馏明显,$\delta Eu$与$\delta Ce$为负异常。绢云千枚岩夹薄层石英岩稀土总量为$(49.09\sim55.09)\times10^{-6}$,轻重稀土分馏不明显,$\delta Eu$与$\delta Ce$为负异常。含矿石英脉稀土总量为$(28.8\sim67.38)\times10^{-6}$,轻重稀土分馏明显,$\delta Eu$为负异常,$\delta Ce$为明显的正异常。金属硫化物稀土总量为$18.19\times10^{-6}$,$\delta Eu$与$\delta Ce$为负异常,说明铜钴矿床成矿物质及围岩与岩浆活动无关。

金属硫化物黄铁矿、闪锌矿、方铅矿、黄铜矿硫同位素组成较稳定,$\delta^{34}S$变化介于5.13‰~10.12‰之间,在$\delta^{34}S$7.0‰~9.0‰之间出现的频率最高。硫同位素组成特征反映了成矿硫质来源的单一性,与岩浆硫特征相去甚远,与沉积硫相比较分布较窄,则成矿硫质来源可能为混合来源,抑或继承了物源区硫同位素的分布特征。

铅同位素地球化学特征较稳定,反映了矿石铅与围岩组成的一致性。

6）成矿地球物理化学条件

成矿压力为$1170\times10^{5}Pa$,相应成矿深度约4.25km,这一深度及温压数据与该区绿片岩相区域变质条件基本一致。

7）控矿条件

区域上直接赋矿层为老岭群花山组一套富含碳质的千枚岩,矿体严格受这一层位的控制,且矿石品位的变化明显与碳质含量变化有关,这些特征反映了地层的控矿作用。

8）成矿作用及演化

太古宙地体经长期风化剥蚀,陆源碎屑及大量Cu、Co组分被搬运到裂谷海盆中,与海水中S等相结合,或被有机质、碳质、黏土质吸附,固定在沉积物中,实现了Cu、Co金属硫化物富集,形成原始矿层或矿源层。之后在辽吉裂谷的抬升回返过程中,含矿地层发生褶皱和断裂,为热液环流提供了构造空间。同时在伴随的区域变质作用下,Cu、Co及其伴生组分发生活化,变质热液从围岩和原始矿层或矿源层中萃取Cu、Co及其伴生组分,形成含矿热液,含矿热液运移到有利的构造空间沉淀或叠加到原始矿层或矿源层之上进一步富集成矿。

第七节 钨矿成矿特征及成矿规律

一、成矿特征

吉林省钨矿资源主要集中分布在延边珲春地区,成矿时代为中生代(燕山期),成因类型主要有矽卡岩型和岩浆期后热液型两种,以岩浆期后热液型为主要类型,它们均与海西晚期和燕山期花岗岩的侵入活动有关,代表性的矿床为珲春市杨金沟钨矿床。吉林省共发现钨矿床(点)4处,其中小型矿床3处、矿点1处,累计查明资源量 10.60×10^4 t(表2-2-1、图2-2-1)。

二、岩浆热液型钨矿成矿规律

1.空间分布

该类型钨矿主要分布在珲春地区的延边复向斜、大北城-前山南北向断褶带中段。

2.成矿时代

该类型钨矿成矿时代为燕山期(197~120Ma)。

3.大地构造位置

该类型钨矿位于晚三叠世—新生代东北叠加造山裂谷系(Ⅰ)小兴安岭-张广才岭叠加岩浆弧(Ⅱ)太平岭-英额岭火山-盆地区(Ⅲ)罗子沟-延吉火山-盆地群(Ⅳ)内。

4.矿体特征

矿体总体呈脉状,以脉状、复脉状含白钨矿石英脉-石英细脉带产出,与岩层产状一致。矿石类型为石英脉型,矿石主要有用组分为 WO_3,金属矿物主要以白钨矿为主,少量黑钨矿,次为毒砂、黄铁矿、磁黄铁矿、黄铜矿、硫铜锑矿、辉钼矿等。

5.地球化学特征

岩石微量元素特征:下古生界五道沟群为中基性火山岩夹碳酸盐岩及细碎屑岩钙质沉积建造,W含量平均值为 10.31×10^{-6},是地壳平均值的9倍,这套岩系是含白钨矿石英脉有利层位。

矿区所有岩浆岩的W含量均比较高,花岗闪长岩的W平均含量为 6.908×10^{-6},云英岩化花岗岩的W平均含量最高,为 12.39×10^{-6}。而其他脉岩的W含量相对也高于同类岩石。

岩石稀土元素特征:轻稀土大于重稀土,稀土配分模式曲线都是从左向右倾斜,基性岩石斜率相对平缓,闪长玢岩居中,花岗斑岩曲线较陡,说明岩浆在深部明显有分异演化。

6.成矿地球物理化学条件

(1)成矿温度:矿石矿物石英包裹体均一温度变化为203~330℃,大部分为205~290℃,而矿化中心部位出现315~330℃。

(2)成矿溶液的盐度:石英硫化物阶段成矿流体的盐度 $w(NaCl)2.77\%\sim5.11\%$。

(3)成矿压力:成矿压力为 810 MPa,成矿深度在 $2.5\sim3km$ 之间。

7. 控矿条件

(1)地层控矿:下古生界五道沟群斜长角闪片岩、斜长角闪岩、钙质云母片岩、云母石英片岩为一套中基性火山岩夹碳酸盐岩及细碎屑岩钙质沉积建造,上述岩石的 W 含量平均值 10.31×10^{-6},是地壳平均值的 9 倍,这套岩系为白钨矿的形成提供钙质来源。

(2)构造控矿:矿床、矿点、矿化点均受断裂构造控制,断裂的交会部位是成矿最有利的部位,已知钨矿床均处在断裂的交会部位。

(3)岩体控矿:中二叠世闪长岩和晚三叠世花岗闪长岩是矿体的直接围岩,两期岩浆热液带来成矿的有益组分 W。酸性次火山隐伏岩体,花岗斑岩类岩体中含矿;闪长玢岩和石英闪长岩小岩株、岩脉以及花岗斑岩脉在时空关系上与成矿关系最为密切,矿体产于其上下盘或穿插其中。

8. 成矿作用及演化

成矿岩体为早古生代裂谷型海相基性—中酸性火山岩-碎屑岩夹碳酸盐岩沉积建造(富含钨的岩层)。燕山期含矿母岩中的挥发分 P、Cl、B 沿断裂构造扩散,使五道沟群斜长角闪片岩、斜长角闪岩、云母石英片岩置换出 W 元素,同时中酸性岩浆经过 K、Na 交代作用发生云英岩化、阳起石化、硅化等,在碱性条件下,W 可以呈 H_2WO_3、$Na_2(WO_4)^{2-}$、$(WO_4)^{2-}$ 形式搬运迁移,与斜长角闪片岩、斜长角闪岩在钠长石化过程中,代换出的 Ca^{2+} 反映析出白钨矿,即含钨石英脉沿裂隙交代沉积而形成白钨矿石英脉带,形成钨矿床。

第八节 钼矿成矿特征及成矿规律

一、成矿特征

吉林省钼矿资源主要集中分布在吉中、延边、白山地区,成矿时代为中生代(燕山期),成因类型主要有斑岩型、矽卡岩型、石英脉型,以斑岩型为主要类型,它们均属与燕山期中酸性花岗岩侵入活动有关的中高温型热液矿床,严格受构造带控制或受相对隆起和坳陷两种构造单元衔接部位控制,矿化特点为钼或钼(铜)及多金属,一般伴有铁或含少量钨。按成因类型划分的矿床式:斑岩型有大黑山式、天合兴式、大石河式,石英脉型为四方甸子式,矽卡岩型为铜山式。吉林省共发现钼矿床(点)24 处,其中超大型矿床 1 处、大型矿床 2 处、中型矿床 2 处、小型矿床 15 处、矿点 3 处、矿化点 1 处,累计查明资源量 200.70×10^4t(表 2-2-1,图 2-2-1,图 2-8-1)。

1. 斑岩型

斑岩型钼矿是吉林省钼矿的主要成因类型,主要分布于吉中—延边地区。成矿与燕山期中酸性浅成—超浅成侵入岩浆活动有关,岩石类型主要为花岗斑岩、花岗闪长岩、二长花岗岩等,成矿时代主要为燕山期。该类型钼矿代表性的矿床为永吉县大黑山钼矿床、舒兰县季德屯钼矿床、安图县刘生店钼矿床、敦化市大石河钼矿床、龙井市天宝山多金属矿床、靖宇县天合兴铜钼矿床。

2. 矽卡岩型

矽卡岩型钼矿主要分布在白山地区的六道沟—八道沟。矿床受控于燕山期中酸性花岗岩及早古生

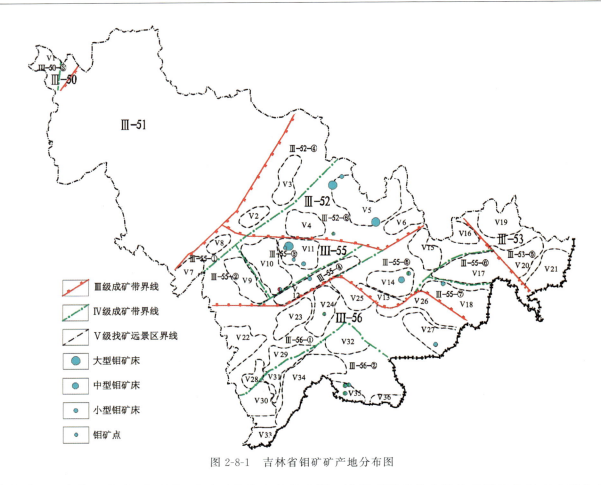

图 2-8-1　吉林省钼矿矿产地分布图

代寒武纪—奥陶纪灰岩、大理岩，成矿时代集中在燕山期。该类型钼矿代表性的矿床为临江市六道沟铜钼矿床。

3. 石英脉型

石英脉型主要分布在永吉—桦甸的前撮落—火龙岭地区。矿床主要受控于燕山期中性—酸性花岗岩，成矿时代为燕山期。该类型钼矿代表性的矿床为桦甸市四方甸子钼矿床。

二、成矿规律

1. 空间分布

吉林省钼矿主要分布于吉中—延边中生代造山带上。在吉中地区的南楼山辽源火山-盆地群中集中分布有永吉大黑山钼矿、永吉-心屯钼矿、永吉芹菜沟钼矿、永吉杏山钼矿、永吉头道沟多金属硫铁矿、双河镇长岗钼矿、桦甸兴隆钼矿、桦甸新立屯多金属矿、桦甸四方甸子钼矿、桦甸火龙岭钼矿、西苇钼矿、磐石铁汞山钼矿、舒兰季德屯钼矿、舒兰福安堡钼矿、敦化大石河钼矿等。在延边地区太平岭-英额岭火山-盆地区集中分布有安图刘生店钼矿、敦化三岔子钼矿、龙井天宝山东风北山钼矿、敦化官瞎子钼矿、安图双山多金属钼（铜）矿等。以上钼矿床绝大多数为斑岩型钼矿床，个别为石英脉型。

华北陆块北缘主要分布有小型的斑岩型和矽卡岩型钼矿，如靖宇天合兴铜钼矿（斑岩型）、临江六道沟铜钼矿（矽卡岩型）等矿床。

2. 成矿时代

从矿床的成矿时间上分析,钼矿床成矿时代主要为燕山早期(190~160Ma),均显示了受太平洋构造岩浆体系的控制。

3. 大地构造位置

钼矿床位于晚三叠世—新生代东北叠加造山-裂谷系(Ⅰ)小兴安岭-张广才岭叠加岩浆弧(Ⅱ)张广才岭-哈达岭火山-盆地区(Ⅲ)内南楼山-辽源火山-盆地群(Ⅳ)、太平岭-英额岭火山-盆地区(Ⅲ)内老爷岭火山-盆地群(Ⅳ),以及晚三叠世—新生代华北叠加造山-裂谷系(Ⅰ)胶辽吉叠加岩浆弧(Ⅱ)吉南-辽东火山-盆地区(Ⅲ)内柳河-二密火山-盆地区(Ⅳ)、长白火山-盆地群(Ⅳ)。

4. 矿体特征

(1)大黑山式斑岩型钼矿:矿体形态较简单,地表矿体呈不规则的椭圆形,富矿部分居中,呈带状东西向展布,空间上富矿部分悬于矿体的中上部。矿体主要赋存于花岗闪长斑岩体及不等粒花岗闪长岩体内石英钾长石化、石英绢云母化、黄铁绢英岩化等强蚀变带中,主要有用成分为Mo,伴生的有益组分为Cu、Ga、Re、Au,有害元素为P、S。

(2)大石河式斑岩型钼矿:矿体赋存在似斑状花岗闪长岩以外的二合屯组片岩中,辉钼矿呈浸染状或细脉浸染状就位于层间裂隙中,平面上矿体呈椭圆状,剖面上矿体呈巨厚层状,在三度空间矿体呈陀螺状。矿石有用组分主要为Mo,与S呈正相关趋势。主要蚀变为硅化、钾化、云英岩化、绢云母化和绿帘石化,具明显分带现象,由内向外主要为石英-绢云母化带和绿泥石化带,钼矿体主要赋存于石英-绢云母化带之中。蚀变与矿化紧密相伴,具有正相关关系。

(3)天合兴式斑岩型钼矿:矿体主要呈脉状、透镜状、似层状,多产于石英斑岩、花岗斑岩中以及基性岩脉岩(辉绿辉长)边部及构造裂隙中。矿化一般以浸染状或细脉浸染状分布,有用组分以Mo为主,伴生有Cu、Pb、Zn、Ag。岩体内为面型蚀变,略显分带状,即中心以钼矿化为主,伴有铜矿化,向外渐变为铜、铅锌矿化;在酸性斑岩接触带则以线型蚀变为特征,矿化主要与石英绢云母化、黑云母化、绿泥石化关系密切,硫化物以黄铜矿为主,并伴有黄铁矿化。

(4)四方甸子式石英脉型钼矿:矿体赋存于切穿黑云母花岗岩的北北西向断裂中,矿体呈脉状、透镜状产出,北西向展布,钼矿体以含辉钼矿石英脉及浸染状辉钼矿化蚀变岩形式产出。矿石的有用组分主要为Mo,伴生有用元素含量低。围岩蚀变以石英脉为中心,靠近石英脉为硅化带,发育辉钼矿化石英细脉,局部富集成矿;向外为高岭土化带,其次局部分布钾长石化、绿泥石化、黄铁矿化等。钼矿化主要与硅化关系密切。

(5)矽卡岩型钼矿:矿体主要产于燕山期花岗闪长岩与古生代灰岩、大理岩接触带部位矽卡岩内。矿化具水平分带,内接触带及钾化石英闪长玢岩岩枝(脉)体内发育钼矿化或铜钼矿化,接触带及外接触带矿化以铜为主,外接触带围岩中具铅锌矿化。矿体形态复杂,为扁豆状、似层状、透镜状、不规则脉状。矿石有益元素为Cu、Mo,伴生有益组分为Pb、Zn,少量Au、Sn,及微量Be、Re、W、Se、Co、Ni、Ga等。蚀变有矽卡岩型和钾化斑岩型,矽卡岩化与铜钼矿化关系极为密切。

5. 成矿物理化学条件

钼矿成矿温度以中高温为主,成矿酸碱度为弱酸性还原环境。

6. 地球化学特征

钼矿床硫同位素组成稳定,变化范围窄,具有幔源物质$\delta^{34}S$变化小的特点,硫同位素组成变化为$-1.1‰\sim+2.8‰$,$\delta^{34}S$平均值为1.46‰,接近陨石硫的特征,说明矿石中的硫主要来源于上地幔。石英闪长岩和花岗斑岩中硫化物硫同位素组成 $\delta^{34}S$ 值均为正值,变化范围 +2.1‰~+6.3‰,都以富重硫为特征,体现深源硫特点。

7. 控矿条件

(1)地层控矿:与地层有成因联系的钼矿床类型仅有矽卡岩型,古生代碳酸盐岩是良好的成矿围岩,特别是在有不同岩性互层泥质岩作为上覆盖层时,成分复杂的矽卡岩是赋矿岩体。

(2)构造控矿:构造控制含矿建造的形成,提供岩浆侵位、矿液运移、富集沉淀的通道和空间。区域断裂活动引起了大规模的岩浆活动,并伴随有成矿流体活动;控矿构造主要有东西向、北东向及北西向3组,总体上呈网格状构造格局,断裂构造的交会部位是钼矿床产出的有利地段。

(3)岩体控矿:钼矿与岩浆侵入活动有着密切的成因联系,不同程度地受岩浆热液作用。同源不同期多次侵入的复式岩体比单一岩体有利于成矿,不同期次侵入岩接触带比岩体内部有利于成矿,岩体内外接触比岩体内部利于成矿。吉林省内与钼矿有成因联系的为印支期以及燕山期等侵入杂岩,其中以燕山期为主,中酸性岩浆以岩基、岩株产出,岩浆侵入活动对钼矿的控制作用表现在提供矿源或者提供热源,具有成矿双重性。

8. 成矿作用及演化

中生代受太平洋构造运动的影响,形成一系列北东向或北东东向深断裂带,深部岩浆沿一个柱状的岩浆通道上涌,轻的富水岩浆通过岩浆通道上升,在其顶部流体从岩浆中分离。经历了去气的岩浆由于相对较大的密度而下降进入下部的岩浆房,下部轻的富水岩浆则继续沿岩浆通道上升,这一对流过程可使大量的流体及挥发分聚集于岩浆通道的顶部,当压力超过围岩压力时发生隐爆,形成角砾岩筒构造,含钼热液不断向上运移,最终在角砾岩筒的隐爆裂隙中聚集成矿。同时,这些深断裂带与燕山期以前古老的近东西向构造的交错部位,往往是控制中酸性花岗岩类侵位的场所,形成了中生代构造-岩浆岩带和与之有关的钼成矿带。

燕山期中酸性岩浆上侵,携带来大量的成矿物质,在区域应力场作用下迁就、追踪原张裂隙,形成以张扭为主,伴压扭、扭性的缓倾斜裂隙群,在各方向的构造空间内形成工业矿体。

第九节 锑矿成矿特征及成矿规律

一、成矿特征

吉林省锑矿资源主要分布在吉中、白山地区,成矿时代主要为中生代(燕山期),成因类型主要有岩浆热液型、火山热液型,以岩浆热液型为主要类型。吉林省锑矿代表性的矿床为临江市青沟子锑矿床。吉林省共发现锑矿床(点)9处,其中中型矿床1处、小型矿床4处、矿点4处,累计查明资源量 2.71×10^4 t(表 2-2-1,图 2-2-1)。

二、成矿规律

1. 空间分布

吉林省锑矿主要分布在吉中、白山地区,磐石-双阳构造岩浆带及辽吉元古宙裂谷带内。

2. 成矿时代

与矿体没有直接关系的闪斜煌斑岩，K-Ar全岩年龄为(296.08±4.34)Ma；与矿体紧密接触并被辉锑矿微细脉穿切的蚀变闪斜煌斑岩，K-Ar全岩年龄为(127.49±8.38)Ma，可作为矿床成矿年龄的上限。锑矿成矿时代应为燕山早期。

3. 大地构造位置

吉林省锑矿位于前南华纪华北东部陆块(Ⅱ)胶辽吉古元古代裂谷带(Ⅲ)老岭坳陷盆地(Ⅳ)内，以及晚三叠世—新生代东北叠加造山-裂谷系(Ⅰ)小兴安岭-张广才岭叠加岩浆弧(Ⅱ)张广才岭-哈达岭火山-盆地区(Ⅲ)南楼山-辽源火山-盆地群(Ⅳ)内。

4. 矿体特征

矿体严格受断裂构造控制，矿体形态、产状变化较大，连续性差，呈尖灭再现和尖灭侧现分布，反映了多期构造复合叠加、继承的特点。单个矿体以脉状、薄层状为主，其次为扁豆状、透镜状和不规则状。围岩蚀变主要有硅化、碳酸盐化、绿泥石化、黄铁矿化、毒砂矿化等。矿石主要有用组分为Sb，伴生有S、Cu、Pb、Zn、Au、Ag等。

5. 成矿物理化学条件

(1)包裹体成分特征：与辉锑矿有关的石英包体成分为$Cl^->F^-$、$Mg^{2+}>Ca^{2+}$、$Na^++K^+>Ca^{2+}$、$K>Ca$，CO_2、CO气体含量较高，离子浓度较低。包体中阳离子组分比值计算结果显示，石英包裹体与富K，贫Ca、Na为特征的花岗岩矿物包裹体接近。

(2)成矿温度：辉锑矿爆裂温度最低210℃，最高270℃，一般在220～235℃之间；黄铁矿爆裂温度最高290℃，最低280℃，平均285℃；磁黄铁矿爆裂温度310℃；毒砂爆裂温度275℃。全区平均爆裂温度263℃。

6. 地球化学特征

(1)硫同位素特征：硫同位素组成以富重硫为特征，$\delta^{34}S$变化范围较小，在-5.18‰～2.10‰之间，极差3.08‰，平均值3.94‰，接近陨石硫。说明辉锑矿沉淀时的物理化学条件比较稳定，硫源均一化程度较高，锑成矿与岩浆热液活动有关。

(2)氢氧同位素特征：石英氢氧同位素组成，$\delta^{18}O$变化范围在-18.56‰～14.96‰之间。石英包体水的δD变化范围为-121.0‰～-84.3‰，平均-98.5‰。说明本矿床成矿溶液主要来自岩浆热液，其次有大气降水的混染。

7. 控矿条件

(1)构造控矿：锑矿脉(体)严格受断裂构造控制，矿脉的展布方向严格受构造面的制约，断裂性质、规模在一定程度上决定了矿脉的规模。

(2)地层控矿：锑矿化明显受地层岩性控制，主要矿体赋存在临江组、大栗子组泥质碎屑岩中浅变质岩系的云母片岩、石英岩、千枚岩中，这些岩石有利于断层破碎带和节理裂隙的形成。

(3)岩体控矿：矿床与岩浆岩在空间、时间、成因上有着极为密切的联系，矿床主要是印支期—燕山期花岗岩期后热液活动的产物。

8. 成矿作用及演化

燕山早期花岗岩及同源中基性岩脉侵位于古元古代晚期老岭群大栗子组及临江组二云片岩、千枚岩、石英岩中，在弱碱性、还原环境、岩浆热液及少部分地下水参与下，热液把岩体及地层中 S、Sb 等有用元素萃取、富集、迁移到有利构造空间沉淀充填成矿。

第十节　金矿成矿特征及成矿规律

一、成矿特征

吉林省金矿资源主要分布在吉中、延边、白山地区。成矿时代自太古宙至新生代均有，成因类型主要有绿岩型、岩浆热液改造型、火山沉积-岩浆热液改造型、矽卡岩型-破碎蚀变岩型、火山岩型、火山爆破角砾岩型、侵入岩浆热液型、砾岩型、沉积型。吉林省共发现金矿床（点）248 处，其中大型矿床 6 处、中型矿床 17 处、小型矿床 129 处、矿点 90 处、矿化点 6 处，累计查明资源量 379.20t（表 2-2-1，图 2-2-1、图 2-10-1）。

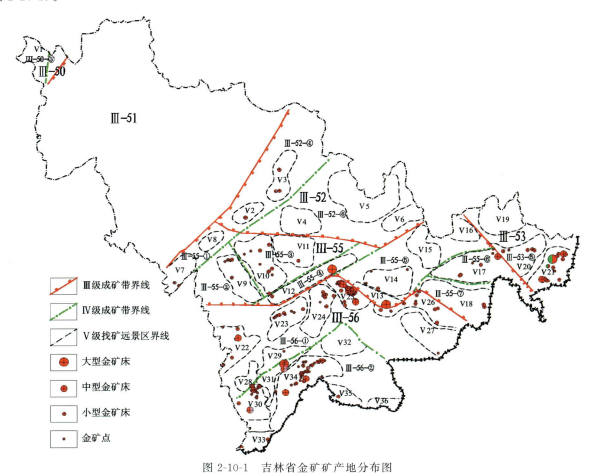

图 2-10-1　吉林省金矿矿产地分布图

1. 绿岩型

该类型金矿赋矿层位为新太古代火山沉积-变质建造（表壳岩），受后期多期岩浆热液改造，且受区域韧性剪切带控制。代表性的矿床为桦甸市夹皮沟金矿床、桦甸市六匹叶金矿床（产在太古宙深成变质侵入岩体内，受后期多期岩浆热液改造，且受区域韧性剪切带控制的金矿）。

2. 岩浆热液改造型

(1) 受古元古界集安群荒岔沟组变粒岩、石墨黑云变粒岩、黑云斜长片麻岩、斜长角闪岩及燕山期中酸性花岗岩类控制的金矿，代表性的矿床为集安市西岔金银矿床。

(2) 受古元古界集安群大东岔组斜长角闪岩、含墨夕线石榴黑云变粒岩、蚀变岩与燕山期岩浆岩控制的金矿，代表性的矿床为集安市下活龙金矿床。

(3) 受古元古界老岭群珍珠门组底部片岩和大理岩、荒沟山-南岔构造带、后期岩浆热液控制的金矿，代表性的矿床为通化县南岔金矿床、白山市荒沟山金矿床。

(4) 受新元古界青白口系钓鱼台组褐红色—紫红色—紫灰色构造角砾岩及钓鱼台组石英砂岩与珍珠门组硅化白云质大理岩间的不整合面控制的金矿，代表性的矿床为白山市金英金矿床。

3. 火山沉积-岩浆热液改造型

(1) 受寒武纪—奥陶纪碳质云英角页岩与长石角闪石角页岩互层、燕山期花岗岩类、北西向冲断层控制的金矿，代表性的矿床为桦甸市二道甸子金矿床。

(2) 受早古生代火山-沉积建造及后期岩浆热液改造控制的金矿，代表性的矿床为东辽县弯月金矿床。

4. 矽卡岩型-破碎蚀变岩型

受上古生界二叠系范家屯组变质粉砂岩、杂砂岩、泥质粉砂质板岩、斑点板岩组合、大理岩(灰岩)、燕山期花岗岩控制的金矿，代表性的矿床为长春市兰家金矿床。

5. 火山岩型

(1) 受海相火山岩控制的金矿，即受上古生界石炭系细碧岩、细碧玢岩层位控制的金矿，代表性的矿床为永吉县头道川金矿床。

(2) 受中生界侏罗系屯田营组（三叠系托盘沟组）及南楼山组安山岩、次安山、安山质角砾凝灰岩和集块岩、安山质角砾凝灰熔岩和次火山岩、晶屑岩屑凝灰岩及含砾晶屑岩屑凝灰岩及火山口构造控制的金矿，代表性的矿床为汪清县刺猬沟金矿床、汪清县五凤金矿床、汪青县闹枝金矿床、永吉县倒木河金矿床。

6. 火山爆破角砾岩型

受中生代侏罗纪流纹质含角砾岩屑晶屑凝灰岩、流纹质熔结凝灰岩及火山口构造控制的金矿，代表性的矿床为梅河口市香炉碗子金矿床。

7. 侵入岩浆热液型

该类型金矿受中生代侵入岩浆控制，可分为岩浆热液型、斑岩型及火山次火山热液型，代表性的矿床为安图县海沟金矿床、珲春市小西南岔金铜矿床、珲春市杨金沟金矿床。

8. 砾岩型

该类型金矿受新近系土门子组巨粒质中粗砾岩、中细砾岩控制，代表性的矿床为珲春市黄松甸子金矿床。

9. 沉积型

该类型金矿受现代河床沉积相控制，代表性的矿床为珲春河砂金矿床（四道沟矿段）。

二、成矿规律

(一)空间分布规律

吉林省金矿资源分布较普遍,主要在通化、白山、吉林、延边地区成群分布。金矿床主要分布于坳陷区,而有些金矿如火山岩-次火山岩型金矿,分布于隆中之坳,总的来看也是坳陷区。

新太古代的边缘裂谷是在古太古代古陆边缘形成的,受其制约形成了夹皮沟岩群,为绿岩中金矿的赋矿层位。

元古宙辽吉裂谷形成于龙岗古陆、辽南古陆和狼林古陆之间,受其制约形成了集安群、老岭群,赋存有金厂沟、西岔、荒沟山、南岔、石家铺子、活龙等金矿,海沟金矿在龙岗古陆北侧边缘之中。

早古生代形成海沟-岛弧带,二道甸子金矿就赋存于海沟区。

晚古生代头道川金矿产于弧后盆地之中。

中生代形成陆缘火山弧,属滨太平洋花岗岩-火山弧带的一部分。沿断裂带形成断陷盆地和火山岩-花岗岩隆起带,矿床赋存于断陷盆地之中,赋存部位是隆起中的坳陷。

空间分布第二个特点是多数矿床傍近深大断裂,如夹皮沟矿田傍近辉发河深大断裂,荒沟山、南岔、石家铺子、金厂沟等金矿傍近鸭绿江大断裂等。深大断裂控制了侵入岩及矿田的展布。

吉林省内生金矿都受不同程度的岩浆活动控制,尤其是燕山期岩浆活动控制更为明显。这表现在含矿热液叠加成矿或者提供热源促使矿源层中的成矿元素活化、迁移、富集成矿。因此,金矿床均围绕花岗岩展布(以中生代花岗岩为主),也显示了空间分布的特征。

(二)时间分布规律

金矿床在时间分布上也有一定的规律。产于绿岩中的金矿,其成矿作用时间上的演化反映了古陆裂谷成矿特征与滨太平洋成矿特征相互重叠的特点,基本上与地质构造运动的叠加相吻合,在成矿地质特征上有多期多阶段性,经过了阜平期、中条期、格林威尔期、海西期以及燕山期等多期次的成矿作用相互叠加,显示了多期、多源的叠生矿床之特征,但主要成矿期属燕山期。

产于碎屑岩、碎屑岩-碳酸盐岩、变质火山岩、侵入体及内外接触带中的金矿,继承了古构造环境中矿源层的成矿物质,在滨太平洋成矿作用的影响下,燕山期岩浆活动改造了矿源层,使成矿物质活化、迁移、富集成矿。

火山岩、次火山岩金矿,主要产于中侏罗世与晚侏罗世火山岩、次火山岩或同源同期侵入体中,其成矿时代与火山岩、次火山岩时代相一致,成矿时代属燕山期。

总观吉林省的金矿,尽管成矿围岩时代差异很大,然而其成矿均受滨太平洋成矿作用的影响,成矿期主要为燕山期。

(三)控矿因素

1. 地层的控矿作用

吉林省金矿根据含矿建造划分的金矿类型,除外生金矿外,其他类型金矿均与地层有成因联系。控矿作用主要表现为赋矿的层位,更主要的是提供成矿物质构成矿源层。现将可视为矿源层的金矿层位简述如下。

1）新太古代绿岩

本建造出露于大陆边缘裂谷之内，产于绿岩中的金矿主要分布于桦甸—安图、石棚沟等地，含矿层为新太古界夹皮沟岩群，已知大型、中型、小型金矿20余处，探明储量近200t，为吉林省的主要储矿层位。

金矿主要形成于绿岩带中含铁层偏下部，在绿岩带中有3个层位赋矿，其中主要为夹皮沟绿岩带下部层序的中部变质镁铁质火山岩，该层中有大型、中型、小型金矿13处，储量近百吨，占建造中金矿储量的90%以上，含Au丰度为0.039×10^{-6}，近克拉克值的10倍。夹皮沟本区矿石$\delta^{34}S$值为$+3.6‰\sim+8.2‰$，围岩$\delta^{34}S$值为$4.1‰\sim+6.3‰$，二者基本一致，仅矿石硫略重。矿石铅单阶段模式年龄为$1500\sim1000Ma$，说明该层为矿源层。金城洞绿岩带中部层序的下部，围岩为镁铁质-安山质火山岩，该层赋存有金城洞、小西沟金矿，而且附近的石英二长岩（重熔型）中有穷棒子沟金矿，其矿石铅模式年龄为600Ma左右，说明成矿物质来自绿岩带。石棚沟绿岩带中偏上部有石棚沟小型金矿赋存，赋矿层主要为长英质火山岩。后两个层位至今未找到规模可观的矿床。

2）古元古代含矿层

（1）集安群荒岔沟组：主要分布于通化、集安地区。该组中上部变粒岩原岩为一套中酸性火山岩，是西岔、金厂沟金矿的赋存层位，探明储量6.368t。变粒岩含Au丰度平均为3.99×10^{-9}，高于其他岩石Au的丰度[$(0.6\sim2.13)\times10^{-9}$]；矿石$\delta^{34}S$值分别为$+1.9‰\sim7.4‰$、$3.2‰\sim+5.1‰$，地层$\delta^{34}S$值为$+0.8‰\sim+5.9‰$，二者相似，$\delta^{13}C$为$-6.1‰$，与本区大理岩$\delta^{13}C$($-1.8‰\sim3.1‰$)接近，推测碳可能来自地层。

该组的中基性火山岩-沉积岩系（原新开河组），其中斜长角闪岩含Au丰度平均为21.5×10^{-9}，As达9.6×10^{-6}；矿石和围岩$\delta^{34}S$值分别为$+5.7‰\sim+8.8‰$、$+7.8‰\sim+8.2‰$，二者基本一致，并均富重硫。矿石铅年龄值为2700Ma左右，接近古元古代。上覆大东岔组有活龙金矿赋存于其中，储量3.053t，该组金含量低，较均匀，提供成矿物质。

（2）老岭群珍珠门组：主要分布于通化、白山地区，是荒沟山、石家铺子以及南岔等金矿的赋存层位，探明储量为10t左右，容矿围岩主要是角砾状白云石大理岩、白云质大理岩与千枚岩的接触部位。珍珠门组上部含Au丰度为$(0.022\sim0.060)\times10^{-6}$，而区域上含Au丰度较低，形成亏损场。荒沟山金矿$\delta^{34}S$为$+2.05‰\sim+31.48‰$，地层$\delta^{34}S$为$-9.7‰\sim+18.1‰$，石家铺子$\delta^{34}S$为$+6.1‰\sim+6.8‰$；碳同位素金矿石为$-0.326‰\sim+0.259‰$，与地层相似。荒沟山金矿与角砾化白云石大理岩的稀土模式比较接近，都是轻稀土富。这表明金主要来自珍珠门组，珍珠门组可视为金的矿源层。

（3）花山组：主要分布于通化、集安、白山等地，是南岔金矿的赋存层位。金矿体主要赋存于花山组钙质片岩中，含Au丰度为0.045×10^{-6}，区域上含Au丰度较低，均低于背景值，形成亏损场，矿石$\delta^{34}S$变化范围为$-5‰\sim+5‰$，个别为$-24‰$，说明该层可作为金的矿源层。

3）新元古代含矿层

色洛河群主要分布于桦甸、安图一带。松江河金矿床、红旗沟金矿点赋存于其中，海沟金矿则赋存于侵入色洛河群中的二长花岗岩中（金的来源是色洛河群），探明金矿储量（包括海沟）大于20t。该群由斜长角闪岩、角闪片岩、片岩变粒岩、大理岩及砂岩组成，原岩属中性—基性火山岩夹火山碎屑岩及碳酸盐岩建造。红旗沟一带色洛河群下部的薄层大理岩、砂岩、片岩互层带中含Au丰度一般平均为$(0.059\sim0.128)\times10^{-6}$，局部可达$0.145\times10^{-6}$。在海沟一带，矿区红光屯组Au平均值低于维氏值，区域上红光屯组金高于克拉克值几倍至几十倍，这可能是二长花岗岩改造所致。红旗沟金矿$\delta^{34}S$平均值$+9.1‰\sim+10.4‰$，海沟金矿$\delta^{34}S$变化范围为$-23.22‰\sim-0.5‰$。红旗沟金矿计算铅模式年龄为900Ma，海沟金矿矿石铅年龄大约为1000Ma，可见金矿成矿物质来自地层，色洛河群为矿源层。

4）古生代含矿层

（1）五道沟群：主要分布于延边珲春地区，杨金沟金矿主要赋存于五道沟群中段，由斜长角闪片岩、角闪片岩夹少量流纹岩、黑云绿泥片岩和二云片岩组成，探明储量2.251t。矿体围岩为二云片岩和角闪片岩,部分矿体在花岗岩中。五道沟群上、中、下段含 Au 丰度均较高,Au 的平均丰度值 0.021×10^{-6},为地壳同类岩石丰度值 5~7 倍。矿石 $\delta^{34}S$ 的变化范围为 $-3.3‰$~$+5.74‰$,与地层硫同位素接近,五道沟群为矿源层。

(2)下古生界呼兰群漂河川组:主要分布在桦甸地区,是二道甸子金矿赋存层位,已探明储量 20.125t。金矿主要赋存在下部,原岩为中性—基性火山碎屑岩、黏土岩建造,金矿体主要赋存于碳质云英角岩与斜长角闪片岩互层带中。中基性火山岩中含 Au 丰度最高,其中角闪岩含 Au 丰度最高,达 0.013×10^{-6}。矿石 $\delta^{34}S$ 平均值为 $-4.5‰$,围岩 $\delta^{34}S$ 平均值为 $-3.0‰$;矿石铅为异常铅,年龄值为 400Ma。这表明漂河川组是提供成矿物质的矿源层。

(3)下石炭统鹿圈屯组:主要分布在永吉地区,是头道川金矿的赋存层位,探明储量 1.169t。含矿围岩主要为细碧岩及其凝灰岩,原岩为中基性火山岩。鹿圈屯组细碧岩、板岩中含 Au 丰度为 $0.006\,5\times10^{-6}$。矿石 $\delta^{34}S$ 值以负值为主,变化范围 $-7.5‰$~$+2.30‰$。与金共生的碲铅矿模式年龄都是负值,属异常铅,可能为围岩中 ^{238}U 变而成。可见鹿圈屯组是提供成矿物质的矿源层。

(4)二叠系范家屯组:东风金矿、兰家金矿赋存在该组第二岩性段(其中东风金矿在内外接触蚀变带上),岩性有板岩、变质砂岩、大理岩。板岩、大理岩含 Au 丰度平均为 12.3×10^{-9},可提供部分成矿物质。

5)中生代火山岩

中生代火山岩金矿物质来源主要是幔源。幔源物质上侵,分离形成含金较高的熔浆及富矿质、富碱质的热液流体。熔浆喷至地表形成金含量较高的火山岩,近地表环流体系摄取其中的部分成矿物质,汇合富矿质的热液流体沉淀成矿。中生代火山岩为成矿提供部分成矿物质。

(1)中侏罗统屯田营组:为五凤、闹枝、五星山、刺猬沟等金矿的赋存层位,已探明储量 16t。岩性主要为安山质角砾凝灰岩、安山质集块岩、安山岩、辉石安山岩、角闪安山岩等。安山岩含 Au 丰度平均为 0.07×10^{-6}。据刘文达资料,安山质角砾熔岩、集块岩、角闪安山岩等含 Au 丰度平均为 87.52×10^{-9}。据吉林省地质调查院资料,刺猬沟地区屯田营组金含量很低,一旋回 Au 平均含量为 $0.000\,6\times10^{-6}$;二旋回为 $0.001\,3\times10^{-6}$,但出现 3000m 亏损场,所以也证实了其为成矿提供大量成矿物质。矿石 $\delta^{34}S$ 为 $+1.5‰$~$+3.1‰$,碳同位素 $\delta^{13}C$ 为 $-9.4‰$~$-6.9‰$。刺猬沟铅模式年龄为 140Ma,而长春地质学院 $^{40}Ar/^{39}Ar$ 快中子活化阶段加热法测得成矿年龄 (176.3 ± 0.1)Ma,另外矿石与火山岩稀土模式一致。综上可知屯田营组为矿源层。

(2)上侏罗统林子头组:香炉碗子金矿赋存于该层中,探明储量 10t 左右。围岩主要是含角砾流纹质凝灰岩、流纹质含角砾熔结凝灰岩。含角砾流纹质凝灰岩含 Au 丰度为 33.4×10^{-9},含角砾熔结凝灰岩含 Au 丰度为 24.1×10^{-9},角砾凝灰岩含 Au 丰度为 22.7×10^{-9}。$\delta^{34}S$ 变化范围为 $-3.81‰$~$+3.06‰$,该组为矿源层。

2. 岩浆岩控矿作用

岩浆岩控矿是脉金的主要控矿因素之一,主要表现在为成矿提供热源(包括热液)和提供部分成矿物质。

吉林省各类脉金矿床无不显示热液成矿的特点,而且有些金矿成矿物质主要来自矿源层或矿源岩,所以这些金矿具有改造和叠加特征(如产于绿岩中的金矿、碎屑岩-碳酸盐岩中的金矿),显示了岩浆热液及由其加热的古大气降水的改造作用。尽管火山岩-次火山岩金矿成矿物质来自幔源,但有一部分成矿物质随熔浆喷溢至地表,在分异出来的热液流体及受热的古大气降水形成的环流体系运移过程中,摄取火山岩中的一部分成矿物质汇集成矿,所以岩浆岩为成矿提供热源,是成矿不可缺少的因素。

岩浆岩除提供热源,尚能提供成矿物质,在这方面岩浆演化对金成矿起着控制作用。幔源岩浆或同熔岩浆在上侵过程中发生分离或结晶分异作用,分泌出热液流体富含矿质、碱质以及矿化剂,在运移过程中摄取流经岩石中的成矿物质,使其更富有成矿物质在有利的空间沉淀成矿。如海沟金矿,燕山早期同深花岗岩浆上侵,在结晶分异过程中分泌出热液流体,晚期碱质交代作用和矿化作用明显,表明晚期热液更富碱质和大量的成矿物质与古大气降水形成的环流体系汇合,并摄取围岩中的成矿物质在有利条件下成矿。

中生代火山岩和次火山岩金矿岩浆分异控矿作用更为明显。以刺猬沟金矿为例,屯田营组安山岩系列,岩石从辉石安山岩→安山岩→流纹岩形成一个完整的火山旋回,次火山岩相的岩石也是次辉石安山岩→次安山岩→次英安岩系列的演化特征明显,晚期还伴有一套偏酸性的小侵入体。火山岩向晚期演化由富钙、钠向富钾的趋势演化;由富铁、镁向富碱的方向演化。从金顿镐(1983)的报告,次火山岩较同源火山岩更富硅、碱和成矿物质,所以次火山岩和小侵入体易成矿。根据长春地质学院报告,对尖晶石二辉橄榄岩幔源包体研究发现其中有气液流体存在,可以认为深部有富硫含金流体体系存在。这说明幔源物质上侵发生分离形成含金较高熔浆和富矿、富碱质、富硫等的热液流体,流体上侵又摄取火山岩中的金矿与受热古大气降水形成的环流热液汇合成矿。由于各岩体期次、构造环境、产状、岩石化学特征不同,对成矿也有差异。

1)不同时代岩体与成矿

吉林省岩浆活动在阜平期、中条期、加里东期、海西期、印支期、燕山期均有活动。

(1)阜平期岩浆活动:主要分布于新太古代裂谷及辽吉地块上壳岩中,岩性为英云闪长岩-奥长花岗岩。该期成矿作用不太明显,仅在夹皮沟矿田中显示了对矿源层改造,使之初步富集。

(2)中条期钾质花岗岩:主要分布于新太古代裂谷之中,花岗岩主要对产于绿岩中的金成矿起一定影响。夹皮沟矿田中13处大、中、小型金矿均坐落于钾质花岗岩附近或其中。该期花岗岩主要提供热源,对矿源层进行改造,使成矿物质活化、富集成矿。

(3)海西期花岗岩、闪长岩:分布较广,与矿关系较密切者有二道甸子金矿、小西南岔金矿、杨金沟金矿等。这期岩体也是改造矿源层使金进一步富集,尚有些如小西南岔闪长岩含金丰度较高,为以后成矿提供成矿物质。

从国内外与岩浆作用有关的内生金矿床的统计资料看,金矿成矿作用主要与岩浆期后的热液(包括火山、次火山热液)作用有关。发现的金矿多数呈热液脉状产出,成矿温度一般小于400℃,后来强烈的构造活动岩浆温度很高,也会将早期形成的金矿熔融萃取,所以早期成矿不太明显。

(4)燕山期:岩体与吉林省内生含金矿关系密切,矿床周围均有燕山期中性—酸性侵入岩。如金厂沟和西岔金矿有燕山期闪长岩、斜长花岗斑岩、钠长斑岩;头道川金矿附近有黑云母花岗岩;活龙金矿附近有二长花岗岩;荒沟山金矿有老秃顶子岩体;海沟金矿赋存于二长花岗岩中等。吉林省金矿床绝大部分是燕山期成矿,有些矿床如夹皮沟金矿田,具有多期成矿特征,但主要成矿期为燕山期。而且有些类型金矿成矿物质以地层来源为主,而燕山期岩浆活动主要提供热源(包括热液),加热古大气降水,两者汇合并在流经过程中摄取围岩中成矿物质富集成矿。另外一些金矿,如中生代火山-次火山岩金矿,其成矿物质来源于中生代火山喷发作用,可见燕山期岩浆活动控制成矿。

2)构造岩浆类型与成矿

从现有资料看,Ⅰ型侵入岩与成矿关系最为密切,吉林省现有的已知矿床附近的岩体多为Ⅰ型,尤其是燕山期小岩体,这些岩体不但供给热源而且为成矿提供成矿物质,如中生代火山岩金矿,受中生代构造-岩浆演化序列到晚期属中、高钾钙碱性安山岩及其密切成因关系的辉石闪长石、石英闪长石斜长花岗岩或花岗斑岩构成 $Ⅰ_{N-M}$ 火山侵入杂岩系列控制。至于 S 型花岗岩,因为该类型岩体多数大面积出露,对成矿不利。

3)产于不同构造环境中的岩浆岩与成矿

吉林省中酸性侵入岩具有多期性,而且各期侵入岩出露的构造环境也有差异,与成矿的关系也各不相同。

产于中生代以前的裂谷、海沟、岛弧或弧后盆地中的中酸性侵入岩形成较早,而矿床形成多数为燕山期,所以这些岩体基本没有直接成矿。但是,对那些具有多期成矿特征的矿床,如夹皮沟金矿,中条期钾质花岗岩岩体对矿源层进行改造,使成矿物质富集形成变质矿源层,同时也形成了初具规模的矿体,即成矿也被后期强烈构造岩浆活动熔融或摄取,所以这些构造单元的早期岩体多数为改造矿源层再次富集。

产于中生代陆缘弧中(与其同期)的岩浆岩对成矿非常有利。这些岩体与金矿空间分布关系密切,矿床周围都出露有该期岩体,而且吉林省金矿主要成矿期为燕山期,所以产于陆缘弧上燕山期中酸性侵入岩直接影响成矿,它们为成矿提供热源及成矿物质。如中生代火山岩金矿与其同源同期的小侵入体及次火山岩对成矿有利。

4) 岩体产状与成矿

岩体产状对成矿也有一定影响。从已知矿床资料看,与成矿有关的岩体多数为小岩株、岩脉,这些小岩体往往含 Au 丰度较高,如五星山细粒花岗岩呈小岩株产出,含 Au 丰度为 0.015×10^{-6},闹枝石英闪长岩呈小岩株,含 Au 丰度为 0.009×10^{-6},花岗闪长斑岩含 Au 丰度为 0.007×10^{-6},次安山岩含 Au 丰度为 $(0.011\sim0.017)\times10^{-6}$。这些小岩体不但为成矿提供热源,而且提供部分成矿物质,有的小岩体本身就成矿,所以小岩体对成矿有利。

大面积分布的大岩基含 Au 丰度往往很低,如五星山碱长花岗岩含 Au 丰度为 0.0022×10^{-6};闹枝花岗闪长岩含 Au 丰度为 0.003×10^{-6};倒木河子前撮落后山花岗岩含 Au 丰度为 0.005×10^{-6};上兴花岗斑岩含 Au 丰度为 0.002×10^{-6} 等。从岩浆分异角度看,大岩基与同源同期小岩体相比,小岩体富矿。另外,从提供热源对矿源层改造成来讲,大岩体热源太充足,易使成矿物质分散,所以也不利成矿。

5) 岩体化学成分与成矿

岩体成分与成矿亦有一定的关系,吉林省与金矿有成因关系的岩体多为钙碱系列,而且与成矿有关的花岗岩和闪长岩多数富碱,如海沟二长花岗岩 $Na_2O+K_2O=9.48$,穷棒子沟石英二长岩 $Na_2O+K_2O=9.06$,石家铺子龙头花岗岩 $Na_2O+K_2O=8.34$,活龙高台花岗岩 $Na_2O+K_2O=7.98$,榆林花岗岩 $Na_2O+K_2O=8.75$,金厂沟复兴屯闪长岩 $Na_2O+K_2O=7.18$。中生代火山岩伴生的小岩体较同源的火山岩更富碱。这些岩体多数 $Na>K$。但也有些如夹皮沟钾质花岗岩、五星山钾质花岗岩、活龙高台花岗岩 $K>Na$。另外,少数岩体碱质偏低,如杨金沟花岗斑岩、小西南岔闪长岩。总的来看,富碱的岩体对成矿有利。

3. 构造的控矿作用

1) 构造环境的控矿作用

吉林省金矿类型较全,围岩时代较广泛,影响成矿的构造环境也较复杂。

新太古代产于绿岩中的金矿赋存于边缘裂谷之中,断裂切穿地壳深部形成一套超镁铁质-镁铁质-钙碱性系列的火山岩,经区域变质作用形成一套含矿绿岩建造-矿源层。经后期多期岩浆构造作用的改造活化富集成矿。这表明构造环境控制了矿源层的展布。

元古宙形成的辽吉裂谷内堆积了玄武岩、拉斑玄武岩、富碱性中酸性火山岩及沉积岩系,形成了集安群荒岔沟组,以及老岭群的珍珠门组、花山组含矿层位-矿源层,经后期改造使金活化富集成矿。古构造环境亦控制矿源层分布。

中生代本区属滨太平洋花岗岩-火山岩陆缘弧的一部分,伴随切穿地壳深部的断裂产生强烈的火山喷发及岩浆侵入,沿断裂形成断陷盆地和火山岩-花岗岩隆起带。在火山喷发阶段形成一套含矿地层,经后期侵入岩及次火山岩的双重改造作用成矿。

上述说明古构造环境控制了矿源层的形成和展布,是成矿的先决条件。

2) 褶皱构造的控矿作用

各类金矿床的构造特征表明,褶皱构造有明显的控矿作用,很多金矿床的展布与褶皱构造有关,褶皱构造的脆弱部位,如轴部及陡倾斜岩层的弯曲部位等,往往是矿体的赋存场所。如本区金矿床赋存于夹皮沟向斜的陡翼,三道岔金矿赋存于大线沟向斜的翘起部位,八家子金矿位于八家子背斜脊部,活龙金矿位于桦树岭向斜南翼,金厂沟、西岔金矿分布虾蟆-四道阳岔褶皱构造之轴部附近等,显示了褶皱构造的控矿作用。

3) 断裂构造的控矿作用

吉林省金矿无一处不是受断裂构造控制,由于断裂规模的差别,控矿作用也不同。

超壳层、壳层断裂控制了矿源层和岩浆岩的展布,如赤峰-铁岭-安图深大断裂控制了镁铁质火山岩的展布。北东向的超壳断裂与活化的东向断裂及北西向断裂交会控制了火山构造盆地和火山口的分布,形成含 Au 丰度高的火山岩、次火山岩及小侵体,所以也控制了火山岩金矿的展布。沿大断裂带往往有岩体和火山岩分布,如北东向超壳断裂,有中生代的侵入岩及次火山岩出露,这些岩体对成矿很有利。

从空间分布上看,吉林省很多金矿傍近深大断裂或大断裂,如夹皮沟矿田傍近赤峰-铁岭-安图及辉发河-古洞河深大断裂;荒沟山、南岔、石家铺子等金矿傍近鸭绿江深大断裂。两组大断裂交会处易成矿,往往是矿田、矿化集中出露部位,如夹皮沟矿田处于敦密大断裂与辉发河深大断裂交会处,古洞河断裂与两江断裂交会处海沟金矿、穷棒子沟金矿产出。可见超壳层和壳层断裂是导矿、导岩构造。

从吉林省脉金矿床看,所有含矿体均受浅成小断裂裂隙构造控制,所以容矿构造是次级的小断裂裂隙构造,以北东向、北北东向为主,其次是北西向、南北向、东西向。

4) 韧性剪切带的控矿作用

在吉林省很多金矿床与韧性剪切带关系密切,其控矿作用主要表现在以下 3 个方面。

(1) 控制金矿的展布,如夹皮沟金矿田中 13 处大、中、小型金矿床均分布于老牛沟-夹皮沟韧性剪切带中。

(2) 在韧性变形和退化变质过程中,有大量的流体注入(变质水、岩浆水、天水)加剧了退化作用,产生了以 SiO_2 为主体的流体,并从围岩中淋滤出一些成矿物质,使其在适宜的位置沉淀,如小北沟金矿。

(3) 韧性剪切带本身是低压、低化学位的低扩容带,高压、高化学位的围岩中成矿物质可以向低扩容带扩散和渗透,使之富集。另外,韧性剪切带本身是构造脆弱带,后期构造作用最易叠加,形成构造破碎带,这种叠加在剪切带上的脆性构造是矿体的容矿构造。

5) 火山构造的控矿作用

火山构造往往受区域性的古构造控制,矿床几乎都由北东向、北西向、东西向断裂交叉处,或与主干断裂相平行的断裂带控制。如五凤构造盆地处于北东向与鸭绿江大断裂平行的五凤-汪清断裂和北西向的图们-秃老婆山顶断裂交会处;刺猬沟火山盆地由五凤-汪清断裂与密江-东新(或天桥岭)断裂交会处控制。吉林省中生代火山岩、次火山岩型金矿主要产于火山构造盆地、破火山口中或其周围,仅个别产于小隆起上。矿体多数受破火山口周围的辐射状、环状、火山通道等火山机制的控制。

第十一节 银矿成矿特征及成矿规律

一、成矿特征

吉林省银矿资源分布广泛,主要分布在四平、吉中、延边、通化、白山地区,成矿时代主要为古生代至中生代,成因类型主要有热液型、火山热液型、热液改造型、火山岩型、岩浆热液型、热液充填型、构造蚀变岩型。吉林省共发现银矿床(点)40 处,其中伴生银矿 27 处,大型矿床 7 处、中型矿床 7 处、小型矿床 18 处、矿点 8 处,累计查明资源量 2300t(表 2-2-1,图 2-2-1)。

(1) 古元古代辽吉裂谷环境下,以浅海相陆源碎屑岩建造、海相碎屑岩-碳酸盐岩建造为主的地质体,Pb、Zn、Ag、Au、Cu等元素丰度高,为金银矿初始矿源层,在构造岩浆变质作用下形成金银矿床。

(2)中生界与银成矿作用有关的主要是以火山岩为主的一系列受北东向断陷-褶皱带控制的火山盆地、火山凹地所组成的火山岩带,构成了吉林省与银成矿有关的地质体。

(3)银矿成矿与中生代中酸性岩体及岩脉之间有密切的时空关系。成矿溶液和岩浆利用了深达地壳上部的断裂体系活化就位。银主要来自围岩(岩浆侵入晚期被活化),岩浆侵入活动是成矿物质再活化的媒介(同时也带来部分成矿物质),围岩的成矿物质在热水对流或循环过程中不断被溶滤或萃取,在构造有利部位富集成矿。

二、成矿规律

1. 层控内生型

该类型银矿成因类型包括热液型、热液改造型、热液充填型、构造蚀变岩型,代表性的矿床为四平市山门银矿床、集安市西岔金银矿床、白山市刘家堡子-狼洞沟金银矿床、永吉县八台岭银金矿床。

1) 空间分布

该类型银矿主要分布在吉黑造山带大黑山条垒内四平山门、永吉八台岭等地区以及龙岗复合地块区辽吉裂谷的北缘通化、集安、白山等地区。

2) 成矿时代

该类型银矿成矿以燕山期为主。山门银矿成矿早期黄铁绢云岩阶段生成的绢云母 K–Ar 年龄为 154～145Ma,而与矿体空间相伴随的煌斑岩脉 K–Ar 年龄为 122Ma,成矿后的流纹斑岩脉的 K–Ar 年龄为 67Ma,故成矿时代应早于 67Ma,晚于 122Ma,属燕山晚期成矿。

3) 大地构造位置

该类型银矿位于晚三叠世—中生代东北叠加造山-裂谷系(Ⅰ)小兴安岭-张广才岭叠加岩浆弧(Ⅱ)张广才岭-哈达岭火山-盆地区(Ⅲ)大黑山条垒火山-盆地群(Ⅳ)内,以及晚三叠世—中生代华北叠加造山-裂谷系(Ⅰ)胶辽吉叠加岩浆弧(Ⅱ)吉南-辽东火山-盆地区(Ⅲ)抚松-集安火山-盆地群(Ⅳ)内。

4) 矿体特征

矿体主要分布于燕山期中酸性侵入岩与地层的侵入接触带内及其附近,矿体严格受断裂构造(主要为北东向)控制,产于层间构造破碎带内;矿体呈脉状、似层状和透镜状、扁豆状,平面上呈舒缓波状,膨缩变化明显,呈脉状分枝复合。

5) 成矿物理化学条件

成矿流体主要为氯化物水型,即 $(K·Na)Cl+(Ca·Mg)Cl_2+H_2O$ 型。CO_2/H_2O 为 0.027～0.628。这可能是压力不足以使 CO_2 成分为液态混溶于 H_2O 中缘故,表明成矿压力低,与浅成有关。成矿温度为 142～290℃,从早到晚由高到低,主成矿阶段为 150～183℃,主要成矿作用发生于低温条件下。

6) 地球化学特征

该类型银矿主要赋矿层位为古元古界集安群荒岔沟组、寒武系—奥陶系、二叠系杨家沟组,地层中岩石的主成矿元素 Au、Ag 等的丰度值均高于区域背景值和地壳平均值,最高可达地壳平均值的 9～14.6 倍,具有初始矿源层的特点。

金属硫化物黄铁矿、闪锌矿、方铅矿硫同位素组成较稳定,$\delta^{34}S$ 变化介于 $-12.6‰$～$+2.93‰$ 之间,极差 $15.53‰$,分布范围比较窄,硫同位素组成特征反映了成矿硫质来源的单一性,成矿硫质来源可能为混合来源,抑或继承了物源区硫同位素的分布特征。

7）控矿条件

矿床受区域性构造控制,区域构造为主要的导岩、导矿构造,其两侧与之有成因联系的次一级断裂为控矿(储矿)构造。主要控矿地层有古元古界集安群荒岔沟组以含石墨为特征的变粒岩；早古生代寒武纪—奥陶纪变质碎屑岩-碳酸盐岩建造；上古生界二叠系杨家沟组的一套浅变质火山-沉积岩系。燕山期中酸性侵入体为主要的控矿岩体。

8）成矿作用及演化

原始沉积的古元古界老岭群古老基底及寒武纪和奥陶纪灰岩、二叠纪的火山岩,富含大量的Au、Ag、Cu、Pb、Zn等成矿物质,为初始矿源层。燕山期花岗岩侵位后,逐步活化地层中的造矿元素,随着岩浆期后的富硅、矿质交代作用进行,残余岩浆热液中不断富集矿化剂,形成以含金银氯络合物为主的矿液。在热动力驱赶下,矿液向低压的有利构造空间运移,当到达天水线时被冷却凝结,同时与天水混合被氧化形成含HCO_3^-、Cl^-、HSO_4^-等酸性溶液向下淋滤,大量的金属阳离子被带入热液,在弱碱性介质条件下,金银沉淀富集成矿。

2. 火山岩型

该类型银矿成因类型包括火山热液型、火山岩型,代表性的矿床为磐石市民主屯银矿床、汪清县红太平多金属矿床。

1）空间分布

该类型银矿主要分布在吉林复向斜、双阳-磐石褶皱束中部磐石市民主屯地区及延边火山盆地汪清红太平、龙井天宝山地区。

2）成矿时代

该类型银矿同位素年龄为338Ma,290～250Ma,为海西期成矿。

3）大地构造位置

该类型银矿位于南华纪—中三叠世天山-兴蒙-吉黑造山带（Ⅰ）包尔汉图-温都尔庙弧盆系（Ⅱ）下二台-呼兰-伊泉陆缘岩浆弧（Ⅲ）盘桦上叠裂陷盆地（Ⅳ）内,以及南华纪—中三叠世天山-兴蒙-吉黑造山带（Ⅰ）小兴安岭-张广才岭弧盆系（Ⅱ）放牛沟-里水-五道沟陆缘岩浆弧（Ⅲ）-珲春-汪清上叠裂陷盆地（Ⅳ）内。

4）矿体特征

矿体主要位于海西期中酸性侵入岩与地层的侵入接触带部位的层间构造破碎带内,形态呈层状、似层状、不规则状,沿断裂构造分布,矿化与构造关系密切,矿化不连续,平面上呈舒缓波状,构造交会部位矿化较好。

5）成矿物理化学条件

该类型银矿主要成矿作用发生于低温条件下(闪锌矿中含镉),具弱酸性的低氧化还原环境,矿化即在弱酸性或弱还原环境中沉淀。

6）地球化学特征

该类型银矿主要赋矿层位为上古生界石炭系余富屯组,地层中微量元素Au、Ag、As、Sb、Hg、Pb、W、Sn、Bi的浓集克拉克值大于1,表明该地层是这几种元素的高背景区,而且Ag、As、Sb浓集系数达$10～10^2$数量级,具有明显的浓集趋势。二叠系庙岭组中成矿元素Cu、Pb、Zn分别是世界沉积岩平均含量的3.8倍、4.0倍、2.4倍,该地层为含Cu、Pb、Zn高值层位。

硫同位素$\delta^{34}S$变化范围$-7.6‰～+1.6‰$,平均值$-2.8‰$,极差9.2‰。$^{32}S/^{34}S$为22.183～22.386,平均值为22.279。硫同位素显然具有近陨石硫的特点,表明Cu、Pb、Zn、Ag、Fe、S、As等来自下地壳或地幔,与海西期中酸性火山活动有成因联系。

7）控矿条件

矿床受区域性构造控制,区域构造为主要的导岩、导矿构造,其两侧与之有成因联系的次一级断裂为控矿（储矿）构造。主要控矿地层有下石炭统余富屯组低级变质的中酸性火山碎屑岩及其熔岩，以及二叠系庙岭组火山碎屑岩-碳酸盐岩建造。海西期中酸性侵入体为控矿岩体。

8）成矿作用及演化

晚古生代地壳活动较为剧烈，伴随地壳下陷、海水入侵，沉积了一套海相碎屑岩，并有海底火山爆发，喷发出大量中性熔岩，形成了海底火山热液喷流，构成了富含银、铅、锌的矿层或矿源层。后期的区域变形褶皱和强烈的变质改造作用，对多金属迁移富集起到了一定的作用。海西期花岗岩侵位后，随着岩浆期后残余岩浆热液中不断富集矿化剂，沿断裂构造系统运移，随着含矿岩浆的不断运移，与围岩发生交代作用，围岩中大量的成矿物质被带入热液，构造带内岩性差异界面使矿物质大量集中沉淀形成矿体。

3. 侵入岩体型

侵入岩体型成因类型主要为岩浆热液型，代表性的矿床为抚松县西林河银矿床、和龙市百里坪银矿床。

1）空间分布

该类型银矿主要分布在抚松、和龙地区，夹皮沟地块的北部及和龙地块的南部。

2）成矿时代

该类型银矿推测成矿时代为燕山期。

3）大地构造位置

该类型银矿位于晚三叠世—中生代华北叠加造山裂-谷系（Ⅰ）胶辽吉叠加岩浆弧（Ⅱ）吉南-辽东火山-盆地区（Ⅲ）抚松-集安火山-盆地群（Ⅳ）内，以及晚三叠世—中生代华北叠加造山裂-谷系（Ⅰ）小兴安岭-张广才岭叠加岩浆弧（Ⅱ）-太平岭岭-英额岭火山-盆地区（Ⅲ）罗子沟-延吉火山-盆地群（Ⅳ）内。

4）矿体特征

矿体严格受断裂构造控制，产于构造蚀变带、韧性剪切带内。矿体产状不稳定，走向北北东或近东西，局部呈北西走向，倾向北西或南东，倾角65°～85°。这反映了多期构造复合叠加、继承的特点。单个矿体以脉状、薄脉状为主，其次为扁豆状及透镜状。

5）成矿物理化学条件

矿物共生组合主要是黄铁矿、黄铜矿、方铅矿、硅化石英、绢云母等，属典型的中低温矿物组合。矿床属中低温热液成矿。

6）地球化学特征

(1) 微量元素特征：二长花岗岩中微量元素与维氏值相比，Ag、Pb、Ba、W含量显著偏高，Au、Zn、Mo、Sn含量略高；斜长花岗岩中微量元素与维氏值相比，Ag、Pb、Zn、W、Ba含量显著偏高，Mo略高，Au、Cu略低。

(2) 稀土元素特征：二长花岗岩中稀土元素$\Sigma REE=86.98\times10^{-6}$，$\delta Eu=1.28$，近无异常；斜长花岗岩中稀土元素$\Sigma REE=152.55\times10^{-6}$，$\delta Eu=1.006$，近无异常。

7）控矿条件

区域北东向深大断裂是导岩、导矿构造，其次以北东向、北北东向、近东西向断裂构造及韧脆性剪切带为主要控矿构造；燕山期中酸性侵入岩体与成矿关系密切，为主要的控矿岩体；太古宙表壳岩呈捕虏体形式残存于岩体中，为成矿提供了一定的物质来源。

8）成矿作用及演化

多期次的构造岩浆活动使得断裂构造及韧脆性剪切带非常发育，地壳形成断块式升降运动，为岩浆上侵提供了空间。早期太古宙花岗岩带来了部分成矿物质，岩浆的多次侵位，形成了一系列的花岗质和闪长质大小岩体及岩墙群。燕山期岩浆热液的侵入，一方面提供了大量的成矿物质，另一方面吞蚀了大量的围岩物质，将围岩中成矿元素萃取出来赋存在岩浆中，形成了富含成矿物质的岩浆，同时又加热地下水形成混合热液,随着岩浆的不断演化,成矿元素不断富集,在构造的有利部位沉淀富集成矿。

第十二节　稀土矿成矿特征及成矿规律

一、成矿特征

吉林省稀土矿主要为风化壳沉积型,成矿时代为新生代第四纪,代表性的矿床为安图县东清独居石砂矿,赋矿层位为第四纪河床沉积砂、风化残积砂,其原生矿为燕山期花岗岩。吉林省共发现稀土矿床1处,为小型矿床,累计查明独居石资源量2 174.99t,磷钇矿资源量103.48t(表2-2-1,图2-2-1)。

二、成矿规律

1. 空间分布

稀土矿主要分布在吉中—延边中生代造山带上安图西北岔地区。

2. 成矿时代

稀土矿成矿时代为第四纪(新生代)。

3. 大地构造位置

稀土矿位于晚三叠世—中生代华北叠加造山-裂谷系(Ⅰ)小兴安岭-张广才岭叠加岩浆弧(Ⅱ)太平岭岭-英额岭火山-盆地区(Ⅲ)老爷岭火山-盆地群(Ⅳ)内。

4. 矿体特征

矿床按成因可以划分为河流冲积型和残坡积型两种类型。
(1)河流冲积型又可以分为河谷砂矿和阶地砂矿:①河谷砂矿。主要分布于现代河谷中,独居石等有用重矿物主要赋存于河漫滩沉积物中,其次在Ⅰ级阶地坡洪积物及现代河床冲积物中也都有一定含量。矿体沿沟谷呈树枝状展布,分支现象明显,品位自上游至下游有逐渐变贫趋势。②阶地砂矿。主要分布在沟谷下游的Ⅱ级阶地上,矿体规模小、分散,不具有工业意义。
(2)残坡积矿:分布在低山残坡积物中,为主要的矿体类型,矿体呈面状、长条状、不规则状,其分布与花岗岩中独居石的含量及风化程度有密切关系。
矿床主要有用矿物为独居石,可综合利用的矿物有磷钇矿和铁铝石榴子石。

5. 控矿条件

海西晚期侵入岩浆活动形成的黑云母斜长花岗岩及后期的花岗伟晶岩脉富含稀土元素,为稀土矿的成矿提供物质来源,狭窄弯曲的河谷及两侧的侵蚀剥蚀低山地形是控矿的主要构造。

6. 成矿作用及演化

海西晚期侵入岩浆活动形成了富含稀土元素的黑云母斜长花岗岩体,构成了区域稀土矿床成矿的母岩,独居石、磷钇矿等作为副矿物呈分散状态,赋存在黑云母斜长花岗岩及花岗伟晶岩、细晶岩等脉岩中。在表生条件作用下长期风化、剥蚀,使富含稀土元素的重矿物独居石、磷钇矿等被剥蚀游离出来带入河流中,河谷两侧、河谷转弯、支沟出口或支沟与主沟汇合处构成了矿床形成的有利空间;在重力及水流搬运作用下,逐步在河漫滩及其两侧的冲积物、洪积物、坡积物中富集形成沉积砂矿,部分在原地残坡积物中富集形成残坡积砂矿。

第十三节　萤石矿成矿特征及成矿规律

一、成矿特征

吉林省萤石矿主要分布在长春—吉林地区的九台、永吉、磐石等地。成矿时代主要为中生代(燕山期),成矿温度为中低温,成因类型为热液充填交代型、火山热液型。吉林省共发现萤石矿床(点)14处,其中小型矿床7处、矿点7处,累计查明资源量 27.35×10^4 t(表2-2-1,图2-2-1)。代表性矿床有永吉县金家屯萤石矿床、磐石市南梨树萤石矿床、九台市牛头山萤石矿、伊通县由家岭萤石矿床、敦化市二合店萤石矿床、桦甸市剧乐萤石矿床、伊通县青堆子萤石矿床、桦甸市榆木桥南山萤石矿等。

吉林省萤石矿床的形成与燕山期中酸性岩浆活动有关,形成萤石的氟及钙主要来自酸性岩浆,大部分钙质来自含矿围岩,矿体主要赋存在构造破碎带中。

1. 热液充填交代型

该类型矿床是吉林省萤石矿床的主要成因类型,主要分布于吉中地区的永吉、磐石等地。容矿围岩主要为上古生界下石炭统鹿圈屯组以碎屑岩夹碳酸盐岩为主的海陆交互相沉积建造,岩性主要为凝灰岩、泥质灰岩、硅质岩,磐石市南梨树萤石矿床产于该层位;二叠系—拉溪组海相中酸性火山岩-沉积建造,其上段凝灰质硅质板岩夹大理岩及钙质砂板岩、凝灰质砂岩为主要的赋矿层位,永吉县金家屯萤石矿床产于该层位。时空上成矿与中酸性侵入杂岩的交代及热液作用有关,矿化主要出现在侵入杂岩与地层的接触带上,矿体受北东向和北西向两组断裂构造控制。

2. 火山热液型

吉林省该类型萤石矿产地有多处,但规模较小,以矿点居多,主要分布在九台、伊通、桦甸、敦化等地。容矿围岩主要为下古生界志留系石缝组一套海相中酸性火山岩-碎屑岩沉积建造,岩性为变质砂岩、粉砂岩与大理岩,伊通县由家岭萤石矿床、伊通县青堆子萤石矿床产于其间的大理岩中;中生界白垩系营城子组一套海相火山岩系,流纹岩、花岗质碎屑岩为赋矿层位,九台市牛头山萤石矿床产于该沉积碎屑岩中及爆破角砾岩中。矿体在时空上成矿与燕山期中酸性侵入岩有密切的关系,受北东向和北西向两组交叉断裂构造控制。

二、成矿规律

1. 空间分布规律

吉林省不同类型萤石矿床所处的大地构造位置不同,产于中酸性—酸性岩浆岩及其接触带的矿床和产于陆相火山岩及次火山岩中的矿床,多分布于吉林省吉中地区中—新生代岩浆活动频繁的地区,以吉黑褶皱系、吉黑优地槽褶皱带、吉林复向斜为主体,主要位于吉林优地槽褶皱带石岭隆起和吉林复向斜构造单元中,呈北东向展布,区内集中了除敦化市二合店萤石矿以外的所有萤石矿床和大部分矿点。矿床均分布在吉林复向斜内,均为与燕山期岩浆活动有关的热液型矿床,南部陆块区仅有数处矿点,且多分布在接触交代型铅锌矿床中,工业意义不大。

2. 时间分布规律

吉林省赋存萤石矿床的地层从古生代至中生代都有,但赋矿比较集中的为中生代地层。从矿床成因看,萤石矿床多在成岩以后,由热液活动引起,多数与燕山期造山运动有关,且又以燕山晚期的岩浆活动对成矿更为有利,萤石的成矿时代较晚。产于中酸性—酸性岩浆岩及其接触带的萤石矿床,多数与燕山中—晚期花岗岩有成因联系,萤石成矿的这种规律符合世界萤石矿床的分布规律。中国科学院地球化学研究所在对华南花岗岩类中F含量进行系统测试后得出结论,随着花岗岩时代的变新,不仅含F含量增加,而且氟矿物的种类、含量也有规律地变化,在燕山期花岗岩中,主要以萤石和黄玉为主。显然,较新地质年代的地层和较晚期的岩浆活动,都对氟的富集成矿有利。萤石矿形成时代较晚的事实,与F本身的性质也有关系,F同Cl一样,都是比较活泼的元素,在早期地质时代的沉积成岩或岩浆活动过程中形成的萤石矿,又在后来的漫长地质时代中,经历了风化、淋滤、变质、热液活动等的破坏作用,使F有可能重新活化、转移、成矿。因此,目前世界范围内很少见到形成时代很早的萤石矿床。

吉林省萤石矿床在时间分布上有一定的规律,表现为产于侵入岩和地层接触带以及地层的层间破碎带中,有的两代重叠,其成矿作用时间上的演化反映了古陆裂谷成矿特征与滨太平洋成矿特征相互重叠的特点,基本上与地质构造运动的叠加相吻合,在成矿地质特征上有多期多阶段性,但主要成矿期属燕山期。

3. 控矿因素

1)地层的控矿作用

地层对成矿的控制作用反映在岩性特征上,已知矿体的围岩具备钙质含量较高和渗透性较差的特点,前者可为萤石形成提供钙质,后者有利于含矿热液的沉淀和富集。此外,由于围岩多具脆性,对断裂破碎带的形成较为有利,特别是在岩浆岩和沉积岩之间,其物化差异较大,很容易形成断裂破碎带,也有利于形成地球化学障促使矿液沉淀。

据已知矿床的特征,仅敦化市二合店萤石矿直接产于花岗岩体中,其他矿床(点)均赋存于不同时代的地层中,这些地层均分布在吉林复向斜中,最古老的为志留系,最新的为白垩系,以古生界赋矿层位较重要。主要的赋矿层位有:

(1)下古生界志留系石缝组一套海相中酸性火山岩-碎屑岩沉积建造,赋存伊通县由家岭萤石矿床和伊通县青堆子萤石矿床。

(2)上古生界下石炭统鹿圈屯组一套以碎屑岩夹碳酸盐岩为主的海陆交互相沉积建造,受到轻微变质,赋存磐石市南梨树萤石矿床。

(3)二叠系—拉溪组一套海相中酸性火山岩-沉积建造,赋存永吉县金家屯萤石矿床。

(4)中生界白垩系营城子组一套海相火山岩系,九台市牛头山萤石矿床产于该沉积碎屑岩及爆破角砾岩中。

2)岩浆岩的控矿作用

(1)火山岩:已知赋存萤石矿床的地层中均有不同数量的火山岩,这些岩石或作为矿体的围岩,或远离矿体在较大范围内出现,以九台市牛头山萤石矿床较为典型,另有伊通县由家岭萤石矿床与流纹斑岩有关。

(2)侵入岩:萤石矿与中酸性侵入岩有密切的关系,时代为海西期和燕山早期。萤石矿多产于侵入岩和地层的接触带及其附近,有的直接产于岩体中,常见的岩石类型有花岗岩、石英正长斑岩、石英斑岩等。目前认为,岩石中的 F 及硅化蚀变中的 SiO_2 等成分主要来自酸性岩浆活动的晚期,与萤石矿床空间关系密切的侵入岩是萤石矿形成的母岩。

海西期花岗岩见于伊通县青堆子、由家岭一带,区域上属辽源岩体,呈大岩基状产出,在由家岭矿区可见其出露,主要岩石类型有斜长花岗岩、黑云母花岗岩。

燕山早期侵入岩分布于二合店、南梨树、金家屯等地,主要岩石类型为钾长花岗岩,二合店萤石矿体产于其外部相中;南梨树萤石矿体产于其边缘相石英正长斑岩与鹿圈屯组外接触带部位;金家屯和牛头山萤石矿产于花岗岩与地层外接触带附近的地层内。

3) 构造的控矿作用

已知的萤石矿产地均产于断裂带上或断裂带附近,断裂构造在成矿过程中不仅提供了含矿热液运移的通道,而且为矿体的沉淀形成提供了必要的空间。赋矿断裂为与区域大断裂构造有成因联系的次一级断裂,常产在褶皱的某一翼,以层间破碎带产出者居多,萤石矿体直接产于破碎带中,常与侵入岩脉相伴,一般以北东向为主,多期活动的继承性断裂对成矿较为有利。

(1)断裂构造控矿作用:断裂构造是控制矿床形成、分布的重要因素,它控制着含矿建造的形成,提供岩浆侵位、矿液运移、富集沉淀的通道和空间。不同的构造发展阶段控制不同的矿床形成,不同级别的构造控制着不同级别的矿带、矿田的分布。吉林省以近东西向向北凸的辉发河-古洞河(开源-和龙)超岩石圈断裂为两大构造单元的分界线,南部为中朝准地台,北部为天山-兴安地槽,即吉黑造山带,中生代又叠加了滨太平洋活动带。吉黑造山带内萤石矿主要形成于大黑山条垒、吉中弧形构造带和两江断裂带上,经历了加里东期和海西期构造岩浆旋回,先后形成了岩浆热液和火山热液矿床,受深大断裂次级断裂控制,以北东向为主,东西向及南北向次之。

(2)褶皱构造控矿作用:北部地槽山带(吉黑造山带)的演化经历了加里东期褶皱造山运动及海西期褶皱造山运动两个阶段,到印支运动的早期,吉林省大部分地区已褶皱成山,并上升为古陆,形成了一系列的褶皱及断裂构造,为岩浆侵位、矿液的运移、矿体的富集沉淀提供了通道和空间。

4)成矿作用及演化

吉林省萤石矿经历多期、多阶段的陆相火山活动,沉积了一套钙质含量较高和渗透性较差的中酸性火山岩-碎屑岩-碳酸盐岩沉积建造。由于中生代滨太平洋构造域发展阶段燕山期构造岩浆活动十分强烈,燕山早期含 F 岩浆热液沿深大断裂上侵,在岩浆热液和地表水环流作用下,使围岩中矿物质活化,形成含矿岩浆,在层间破碎带及裂隙薄弱处充填。泥质岩与石灰岩的层间破碎带构造,构成了良好的封闭空间,使含矿气水溶液不易散失,气液中成矿物质 F^- 离子与围岩中成矿物质 Ca^{2+} 离子得以充分作用,从而形成萤石矿体。

第十四节 磷矿成矿特征及成矿规律

一、成矿特征

吉林省磷矿主要为沉积型和沉积变质型,以沉积型为主,成矿时代为元古宙和早古生代。目前共发现磷矿床(点)10 处,其中中型矿床 2 处、小型矿床(点)8 处,累计查明资源量 54×10^4 t(表 2-2-1,图 2-2-1)。

吉林省磷矿品位多低于工业品位,有害成分含量较高,P_2O_5 品位 8.35%~13.12%,Al_2O_3 含量 1.3%~7.12%,Fe_2O_3 含量 0.8%~12.55%,CaO 含量 23.6%~34%,MgO 含量 8.42%~20.19%。

由于矿体规模较小、品位低，不具工业价值或工业近期难以利用。

1. 沉积型

沉积型磷矿主要赋存在下古生界寒武系水洞组内，为一套紫色含磷碎屑岩系，由黄绿色与紫红色粉砂岩、含海绿石和胶磷矿砾石细砂岩、杂色胶磷砾岩、粉砂质磷块岩、铁质磷块岩夹粉砂质细砂岩和钙质粉砂岩组成。区域上所有沉积型磷矿床(点)、矿化点均受此层位控制，代表性的矿床为通化市水洞磷矿床。

2. 沉积变质型

沉积变质型磷矿主要赋存在古元古界老岭岩群珍珠门组、新元古界塔东岩群拉拉沟岩组内。珍珠门组由碳质白云质大理岩、白云质大理岩、透闪石化硅质白云质大理岩组成，含贫磷矿体或矿化体，代表性的矿床(点)有白山市珍珠门磷矿、白山市板石磷矿等。拉拉沟组由斜长角闪岩、磁铁斜长角闪岩、角闪岩、透辉斜长变粒岩和少量浅粒岩、透辉石榴变粒岩和磁铁绿帘石岩组成，含与铁矿伴生的磷矿。

二、成矿规律

1. 空间分布

吉林省磷矿主要分布在胶辽吉古元古代裂谷带内通化—白山地区。

2. 成矿时代

沉积变质型磷矿成矿时代为 $1912\sim1841$ Ma，为古元古代；沉积型磷矿成矿时代为早古生代(寒武纪早期)。

3. 大地构造位置

吉林省磷矿位于前南华纪华北东部陆块(Ⅱ)胶辽吉古元古代裂谷带(Ⅲ)老岭坳陷盆地(Ⅳ)及八道江坳陷盆地(Ⅳ)内。

4. 矿体特征

矿床赋存有较固定的层位，沉积变质型的磷矿均赋存在老岭岩群珍珠门组含磷铁质白云质大理岩内；沉积型的磷矿均赋存在寒武系水洞组含磷碎屑岩中。矿体呈规则层状缓倾斜产出，与地层产状一致，厚度、品位变化有一定规律，矿体沿走向、倾向上具有波状起伏现象。

5. 控矿条件

1) 地层控矿

吉林省发现的所有沉积变质型磷矿均赋存在珍珠门组底部的紫红色铁质角砾状白云质大理岩、含磷铁质白云石角砾岩、夹含磷铁质白云质大理岩层位内。区域上所有沉积变质型磷矿床(点)、矿化点均受此层位控制。

吉林省发现的所有沉积型磷矿均赋存在寒武系水洞组的紫红色含砾粉砂岩、紫色—黄绿色中薄层状胶磷砾岩、灰紫色—黄绿色中层状粉砂质细砂岩、灰色中厚层状砂质磷块岩与黄绿色薄层状砂质磷块岩互层、灰绿色中厚层状含海绿石砂质磷块岩、灰绿色胶磷砾岩、暗灰色含磷含砾砂岩等层位中。区域上所有沉积型磷矿床(点)、矿化点均受此层位控制。

2)构造控矿

沉积变质型磷矿受老岭坳陷盆地控制,后期的褶皱构造不但改变矿体的形态,而且使成矿物质进一步富集,形成矿体和矿化体,后期的断裂构造对矿体起到破坏作用。

沉积型磷矿受八道江坳陷盆地控制,后期的褶皱构造只改变矿体的形态,且后期的断裂构造对矿体起到破坏作用。

6. 成矿作用及演化

沉积变质型磷矿受老岭坳陷盆地控制,珍珠门期为老岭坳陷盆拉伸最大阶段,出现海水广泛的超覆现象。当时气候炎热干旱,蒸发量大于补给量,在较广阔的潮坪和潟湖盆地中普遍为巨厚的含碎屑碳质、黏土质、白云质磷酸盐等含蒸发岩沉积(白云岩),伴随少量的锰质沉积。在老岭隆起的两侧由于海水较深,不利于磷酸盐沉积,故含磷相不发育。在水动力的作用下原生沉积含磷层发生破裂形成角砾相,代表不稳定的浅海沉积环境。后期的褶皱构造不但改变矿体的形态,而且使成矿物质进一步富集,形成矿体和矿化体。

沉积型磷矿受八道江坳陷盆地控制,在寒武纪早期八道江坳陷盆地继承了新元古代沉积盆地,接受浅海相及滨海相沉积。在水洞期炎热干旱的沉积环境下,潮间坪环境下沉积一套富含生物介壳类生物碎屑的碎屑岩,形成了以胶磷矿为主的低品位磷矿。

沉积型变质型和沉积型磷矿的成矿物质主要来源于古陆风化剥蚀和海相化学沉积。古陆两侧富含磷的基性建造岩石风化剥蚀后,磷被水系带入海盆,一部分被生物吸收,生物死后以生物碎屑形式形成富含磷的沉积,一部分形成化学沉积;另一部分磷可能来源于海水。

第十五节 硫铁矿成矿特征及成矿规律

一、成矿特征

吉林省已发现的硫铁矿资源主要分布在伊通放牛沟、桦甸西台子、永吉头道沟、临江荒沟山等地,成因类型主要有海相火山岩型、湖相沉积型、矽卡岩型、海相沉积变质型。目前共发现硫铁矿床(点)18处,其中伴生硫矿7处,超大型矿床1处、大型矿床1处、中型矿床5处、小型矿床9处、矿点2处,累计查明硫铁矿(矿石量)资源量424.156×10^4t,伴生硫(硫量)资源量3784.104×10^4t(表2-2-1,图2-2-1)。吉林省硫铁矿代表性的矿床为伊通县放牛沟多金属矿床、桦甸市西台子硫铁矿床、永吉县头道沟硫铁矿床、临江市荒沟山硫铁矿床。

吉林省共伴生硫矿产资源主要分布在永吉头道沟、磐石红旗岭、通化赤柏松、汪清九三沟、闹枝等区,矿床类型主要为斑岩型、基性—超基性岩浆熔离-贯入型、火山岩型、热液型。代表性矿床为永吉县大黑山钼矿床、磐石市红旗岭铜镍矿床、通化市赤柏松铜镍矿床、汪清县闹枝金矿床、通化县爱国铅锌矿床等。

(1)古元古代辽吉裂谷环境下,以浅海相陆源碎屑岩建造、海相碎屑岩-碳酸盐岩建造为主的Pb、Zn、Ag、Au、Cu等高丰度地质体,为硫铁矿的初始矿源层,在后期构造岩浆变质作用下形成硫铁矿矿体。

(2)古生界与硫铁矿成矿作用有关的主要为一套浅变质岩系,原岩为海相中酸性火山岩-碳酸盐岩-碎屑岩建造,构成了与硫铁矿成矿有关的地层。

(3)新生界形成的硫铁矿床是在还原介质中生成的,尤其盆地煤层中含有很多的有机质,易促成硫酸盐的还原作用,在强烈还原环境下封闭或半封闭的水盆地内堆积形成硫铁矿矿体。

(4)硫铁矿成矿与中生代中酸性岩体及脉岩之间有密切的时空关系。成矿溶液和岩浆利用了深达地壳上部的断裂体系活化就位,岩浆侵入活动是成矿物质再活化的媒介(同时也带来部分成矿物质),围岩的成矿物质在热水对流或循环过程中不断被溶滤或萃取。

二、成矿规律

1. 火山岩型

1)空间分布

该类型硫铁矿主要分布在四平-德惠断裂带和伊通-伊兰断裂带之间大黑山隆起带的中心部位,伊通放牛沟地区。

2)成矿时代

该类型硫铁矿成矿年龄为306.4~290Ma,为海西期。

3)大地构造位置

该类型硫铁矿位于南华纪—中三叠世天山-兴蒙-吉黑造山带(Ⅰ)小兴安岭-张广才岭弧盆系(Ⅱ)小顶子-张广才-黄松裂陷槽(Ⅲ)大顶子-石头口门上叠裂陷盆地(Ⅳ)内。

4)矿体特征

矿体赋存于上奥陶统放牛沟火山岩大理岩及其顶部的片理化、矽卡岩化安山岩中。矿体在地表呈似层状、舒缓波状断续出露。控制矿体长109~794m,最大垂深327m,最大斜深351.5m,最大厚度35.41m,平均厚7.76m,矿体走向80°,倾向南,倾角40°~80°。

5)地球化学特征

(1)微量元素特征:放牛沟火山岩地层中Zn、Pb等主要成矿元素的丰度值除个别地段接近地壳克拉克值以外,其他地层中的丰度值均小于地壳克拉克值,在区域地层中处于分散状态。在安山岩、流纹岩、大理岩等主要岩石类型中,Zn、Pb等元素的丰度均小于世界同类型岩石的平均含量,也均处于分散状态。矿体与围岩明显地从花岗岩中带入Si、Fe、S,带出Ca。

(2)矿石及花岗岩都具有向右倾斜、负斜率、富轻稀土的配分型式。值得说明的是,蚀变矿物萤石和绿帘石稀土元素的配分、特征参数值和分布模式,也与花岗岩的相似。无论Sm与Eu,或是(Nd+Gd+Er)与(Ce+Sm+Dy+Yb)的关系,都可说明它们具有相似的组成特征。以上这些组分的相似性,反映了物质来源的一致性。

(3)同位素特征:①铅同位素。矿石铅、花岗岩的全岩铅及花岗岩中钾长石铅,在铅同位素组成坐标图上呈线性分布,证实矿床及形成原生晕的物质来源于花岗岩深部岩浆源的论断。②硫同位素。矿床硫化物的$\delta^{34}S$平均为值为+5.08‰(+0.3‰~+6.7‰),分布范围窄,极差小,无负值,塔式效应明显。这些特征与花岗岩及矽卡岩内黄铁矿基本相同,而与矿体上盘、下盘大理岩中沉积成因黄铁矿明显不同。

6)成矿物理化学条件

(1)成矿温度:早期矽卡岩阶段大于400℃(爆裂法石榴子石);晚期矽卡岩阶段330~400℃(爆裂法磁铁矿);早期硫化物阶段280~330℃(爆裂法闪锌矿、磁黄铁矿);晚期硫化物阶段200~280℃(爆裂法方铅矿、萤石)。

(2)成矿压力:为1 171.5MPa,属中深—深成条件(相当4.68km)。

(3)成矿介质酸碱度:花岗岩(3个样品)pH值为8.47~9.7属碱性;矿石(5个样品)pH值为6.82~7.12(平均7.0),属弱酸性—弱碱性。

(4)成矿溶液组分:早期硫化物阶段富 Na、Ca 的 F^-—Cl^-—SO_4^{2-} 水溶液;晚期硫化物阶段富 Ca 的 Cl^-—SO_4^{2-} 水溶液与花岗岩具有相似组分特征和共同物质来源。

7)控矿条件

区域上受近东西向放牛沟-前庙岭斜冲断裂带控制,为控岩构造,该断裂两侧次级层间构造破碎带、裂隙带是容矿构造。上奥陶统放牛沟火山岩大理岩、片理化安山岩及安山质凝灰岩控矿。海西早期同熔型花岗岩为控矿岩体。

8)成矿作用及演化

火山岩型硫铁矿床是以海西早期花岗岩浆活动带来成矿物质为主,在岩浆上侵的同时同化早古生代火山-沉积岩系物质所形成。岩浆活动和同化早古生代火山-沉积岩系带来成矿物质,在含矿热液的作用下,在构造应力薄弱、易交代的含钙质与杂质较多的大理岩,特别是条带大理岩、片理化安山岩及安山质凝灰岩中形成矽卡岩,同时成矿物质发生沉淀,形成充填交代矿体。

2. 矽卡岩型

1)空间分布

该类型硫铁矿主要分布在吉黑造山带大黑山条垒南部永吉倒木河—头道沟地区。

2)成矿时代

该类型硫铁矿推测成矿时代为燕山期。

3)大地构造位置

该类型硫铁矿位于晚三叠世—中生代华北叠加造山-裂谷系(Ⅰ)小兴安岭-张广才岭叠加岩浆弧(Ⅱ)张广才岭-哈达岭火山-盆地区(Ⅲ)南楼山-辽源火山-盆地群(Ⅳ)内。

4)矿体特征

矿体基本互相平行排列,在垂直方向上大致呈斜列式排列。单个矿体长 50~480m,厚 3~14m,平均厚 7.76m,控制深度 280~400m(平均 300m)。矿体形态大致呈似脉状、扁豆状和透镜状。

5)成矿物质来源

该类型硫铁矿是以燕山晚期花岗岩浆活动带来成矿物质为主,在岩浆上侵的同时交代下古生界呼兰群头道沟组变质岩系所形成。

6)控矿因素

北东向是主要的控矿和储矿构造,中酸性侵入岩及寒武系头道沟岩组火山沉积碎屑岩-泥质岩控矿。

7)成矿作用及演化

岩浆活动和交代下古生界呼兰群头道沟组变质岩系带来成矿物质,在含矿热液的作用下,构造应力薄弱、易交代的经过区域变质和角岩化的泥质岩(黑云母硅质角岩)、火山碎屑岩(变质的凝灰质砂岩)以及中基性火山岩(斜长角闪岩、斜长阳起角岩、阳起角岩等)中形成矽卡岩,同时成矿物质发生沉淀,形成充填交代矿体。

3. 沉积变质型

1)空间分布

该类型硫铁矿主要分布在白山—通化地区的热闹—青石、上旬子—七道沟地区。

2)成矿时代

该类型硫铁矿成矿时代为前寒武纪(古元古代)。

3)大地构造位置

该类型硫铁矿位于前南华纪华北东部陆块(Ⅱ)胶辽吉古元古代裂谷带(Ⅲ)老岭坳陷盆地(Ⅳ)内。

4)矿体特征

矿床内主要矿体组成了一个北东-南西向的中央矿带,长度在 1500m 左右,各矿体或矿脉之间在平面上和剖面上均呈雁行式排列,具有尖灭侧现或尖灭再现特点。矿体为变化不大的脉状,倾角普遍较陡,为50°~90°,一般在70°以上。个别矿体在倾向上有扭曲现象。矿体长120~360m,宽0.1~5m,黄铁矿体长度一般在50m左右,宽0.2~3m。

5) 地球化学特征

(1) 微量元素特征:矿床围岩大理岩中Pb的平均含量为$88×10^{-6}$,Zn的平均含量为$730×10^{-6}$,与涂里干和魏德波尔(1961)研究的世界碳酸盐平均含量比,分别是世界碳酸盐岩平均含量的9.7倍、36.5倍,表明大理岩中Pb、Zn的丰度比较高。矿石中除主要成矿元素S、Zn、Pb外,有意义的伴生元素有Ag、Sb、As、Cd等。

(2) 硫同位素特征:硫同位素测定显示$\delta^{34}S$值在+2.6‰~+18.9‰之间,多大于10‰,均为较大的正值,表明富集重硫。$\delta^{34}S$值总的变化范围为+10‰~+18.9‰。

(3) 碳、氧同位素:围岩白云石大理岩和矿脉中白云石的$\delta^{18}O$值与正常海相沉积的一般值相吻合,其$\delta^{13}C$值也与海相沉积的值相吻合,而完全不同于火成岩体,两个大理岩的$\delta^{13}C$值为较大的负值,明显富集轻碳。

(4) 铅同位素:测定表明(陈尔臻,2001),方铅矿的铅同位素组成非常均一,$^{206}Pb/^{204}Pb$为15.390~15.608,$^{207}Pb/^{204}Pb$为15.203~15.321,$^{208}Pb/^{204}Pb$为34.72~34.961,$^{208}Pb/^{207}Pb$为0.012~1.022,φ值为0.7833~0.8070。模式年龄为1890~1800Ma,根据1800Ma的模式年龄,求得矿物形成体系的$^{238}U/^{204}Pb$(μ值)为9.38,$^{232}Th/^{204}Pb$(μ_k值)为35.03,进而求得Th/U值为3.71,与金丕兴等(1992)研究结果基本一致,表明矿石铅是沉积期加入的。

6) 成矿物理化学条件

(1) 成矿温度:在147~291℃之间,多数为200~300℃。

(2) 成矿压力:$(2.5~3.5)×10^8$Pa。

(3) 包裹体特征:根据矿床主要受层间断裂控制以及矿物包裹体爆裂温度、硫同位素地质温度、矿物包裹体气热成分、矿体内含氧矿物的氧同位素组成和热晕-蒸发晕资料等确定成矿溶液为变质热液。矿床属于矿源层经变质热液再造而成的后生层控黄铁矿床。

7) 控矿因素

古元古界集安岩群蚂蚁河岩组及老岭岩群珍珠门组的大理岩与沉积变质型硫铁矿成矿关系密切,为主要的控矿地层;北东向断裂为控矿和储矿构造。

8) 成矿作用及演化

原始沉积的古元古界集安岩群及老岭岩群古老基底,富含大量的Au、Ag、Cu、Pb、Zn等成矿物质,为初始矿源层,燕山期花岗岩侵位后,逐步活化地层中的造矿元素,随着岩浆期后的富硅、矿质交代作用进行,残余岩浆热液中不断富集矿化剂,形成以含硫铁矿氯络合物为主的矿液,在热动力驱动下,矿液向低压的有利构造空间运移,当到达天水线时被冷却凝结,同时与天水混合,被氧化形成含HCO_3^-、HCl^-、HSO_4^-等酸性溶液向下淋滤,大量的金属阳离子被带入热液,在弱碱性介质条件下,硫铁矿沉淀富集成矿。

4. 沉积型

1) 空间分布

该类型硫铁矿主要分布在吉林地区的桦甸市西台子地区。

2) 成矿时代

该类型硫铁矿成矿与成岩在同一个沉积环境中,在时间上一致,成矿时代为燕山晚期(新生代)。

3) 大地构造位置

该类型硫铁矿位于晚三叠世—中生代东北叠加造山-裂谷系(Ⅰ)小兴安岭-张广才岭叠加岩浆弧(Ⅱ)张广才岭-哈达岭火山-盆地区(Ⅲ)南楼山-辽源火山-盆地群(Ⅳ)内。

一、鞍山式沉积变质型铁矿典型矿床特征

（一）桦甸市老牛沟铁矿床

1. 地质构造环境及成矿条件

该类型矿床位于前南华纪华东北部陆块（Ⅱ）龙岗-陈台沟-沂水前新太古代陆核（Ⅲ）夹皮沟新太古代地块（Ⅳ）内。

1）地层

矿区内主要出露新太古代夹皮沟绿岩带，该绿岩带出露于桦甸大红石砬子向东南经夹皮沟至岭东摩天岭一带，呈北西-南东向带状分布，长约35km，宽4～20km，面积约315km²。北侧与海西晚期黄泥岭花岗岩体相邻接，西南及南部分别被元古宙和燕山期钾长花岗岩侵入而与太古宙高级区隔离。绿岩带本身又被太古宙英云闪长质-奥长花岗质片麻岩"肢解"成大小不等、形态不一的残块（图3-1-1）。

夹皮沟绿岩带原岩建造下部以大陆拉斑玄武岩及钙碱系列玄武岩为主，上部以长英质火山岩、杂砂岩、黏土质岩和硅铁质岩等沉积岩类与钙碱性玄武岩为主，属大陆边缘裂陷优地槽构造环境。夹皮沟绿岩带下部为老牛沟组，上部为三道沟组，老牛沟组变质程度为麻粒岩相，三道沟组变质程度为角闪岩相。

三道沟组主要出露于苇夏子—腰驼子—四道沟一带，总厚1300m，主要岩性为黑云斜长片麻岩、斜长角闪岩和磁铁石英岩、黑云片岩夹多层磁铁石英岩，是重要含铁层位，老牛沟大型铁矿床即产于该层位中。

老牛沟组主要出露于三道沟、老牛沟、夹皮沟一带，总厚约2500m，以斜长角闪岩为主，夹紫苏辉石麻粒岩、黑云斜长片麻岩、石榴紫苏辉石磁铁石英岩、黑云片岩、黑云变粒岩、磁铁石英岩等。

2）构造

（1）褶皱（变形特征）：夹皮沟绿岩带在前震旦纪经历了4次变形改造，后期韧性剪切带的作用使其构造平行化极明显。经资料分析，夹皮沟矿北西向片麻理极发育，这是构造置换面理（S_1）发育成不同级别的紧闭同斜（S_2）构造所形成的条带状褶皱。

目前能识别出的第一期变形都是以S_0为变形面，以S_1的轴面形成的北西向片麻理或长英质条带（S_1），是矿物重结晶强烈压扁的结果。第二期变形主要表现以S_1为变形面的紧闭同斜褶皱，二者同轴叠加，展布方向为近平行于S_1的强烈挤压带。此间产生了具有透入性面理S_2，目前见到S_2面理总体走向为北西，面理置换较彻底而又强烈改造S_0。现在见到的老牛沟铁矿展布方向基本与S_2面理平行，均呈北西-南东向展布，而铁矿原始层理应为北北东向（图3-1-2）。第三期变形则表现为区域性逆冲韧性剪切作用，带状的韧性剪切变形形成了老牛沟-中兴屯、苇厦子-上抢子两条北西向韧性剪切带。

（2）断裂：区内主要发育有北西向逆断层、斜交平移断层及正断层。逆断层是本区主要断裂构造，主要分布于铁矿体两侧，走向310°，倾向北东，倾角55°，与区域片麻理基本一致；正断层分布于头道河子—苇厦子一带，走向北北东。大西沟正断层，走向近东西，倾向北，倾角50°～62°，长620m。

3）岩浆岩

矿区岩浆岩分布广泛。太古宙广泛发育有奥长花岗岩、英云闪长岩及花岗闪长岩（TTG组合），这套岩石遭强烈变形改造，多形成片麻状构造，片麻理与区域片麻理一致，其中常含绿岩残块；元古宙广泛发育有钾长花岗岩；海西期发育有黑云斜长花岗岩、辉长辉绿岩、闪长玢岩等；燕山期岩浆岩有黑云母花岗岩、石英闪长岩、闪长岩、煌斑岩等。

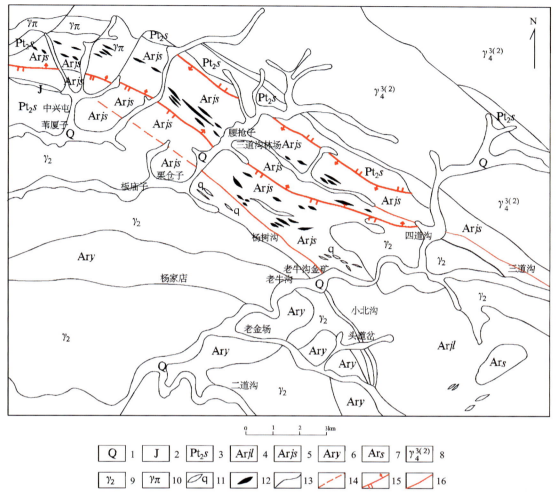

图 3-1-1 桦甸市老牛沟铁矿床地质图

1.第四纪砂砾石层;2.侏罗纪安山岩;3.中元古界色洛河群变质砂岩夹碳质板岩;4.太古宇夹皮沟岩群三道沟组斜长角闪岩夹石棉石黑云片岩、角闪岩、黑云变粒岩、黑云石英片岩、磁铁石英岩及角闪质(或黑云质)混合岩;5.太古宇夹皮群老牛沟组斜长角闪岩夹紫苏辉石麻粒岩、辉石岩、角闪岩、变粒岩黑云岩、磁铁石英岩及角闪质混合岩;6.太古宇龙岗岩群杨家店组黑云变粒岩、斜长角闪岩夹磁铁石英岩、角闪石岩、麻粒岩、片麻岩夹磁铁石英岩、角闪质混合岩和紫苏混合花岗岩;7.太古宇龙岗岩群四道砬子河组斜长角岩、片麻岩、黑云石英片岩、变粒岩夹少量斜长角闪岩、角闪质混合岩和钾质混合花岗岩;8.海西期黑云斜长花岗岩;9.五台期钾长花岗岩;10.花岗斑岩;11.石英脉;12.铁矿体;13.地质界线;14.推测性质不明断层;15.实测逆断层;16.实测性质不明断层

2.矿体三度空间分布特征

全区共 203 个矿体皆赋存于夹皮沟新太古代绿岩带内,矿体呈带状分布,矿带走向 290°～320°,与地层片麻理一致,略呈弧形,弧顶突向北东,含矿地层总厚近 4000m。矿带总长 20km,分南、北两带,北带指四道沟、稻草沟、大西沟东山、三道沟、头道河子、苇厦子南部;南带指高梨树、小东沟、杨树沟、大西沟、苇厦子。矿体以似层状为主,其次有扁豆状、透镜状、褶皱状、分叉状等,并成群出现。

矿体变形特征(图 3-1-3)如前述,在夹皮沟岩群中同样遭受 4 次变形改造。矿体为紧闭同斜褶皱,后期遭受韧性剪切作用多被拉伸,一般表现为翼部矿体长而厚,转折端矿体厚度大,经拉伸作用形态发生变异,如大东沟东山矿体经变形改造后转折端部位发生变异(图 3-1-3)。矿体长 20～3 856.66m,一般为 50～250m,矿体最厚 87.03m,最薄仅 1.5m,一般厚 2～10m,矿体倾角陡 50°～80°(图 3-1-4)。

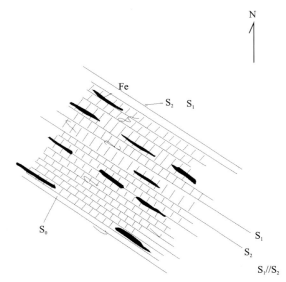

图 3-1-2　桦甸市老牛沟铁矿两期变形构造置换示意图

S_0.原始沉积层理；S_1.第一期变形的片理；S_2.第二期变形的片理

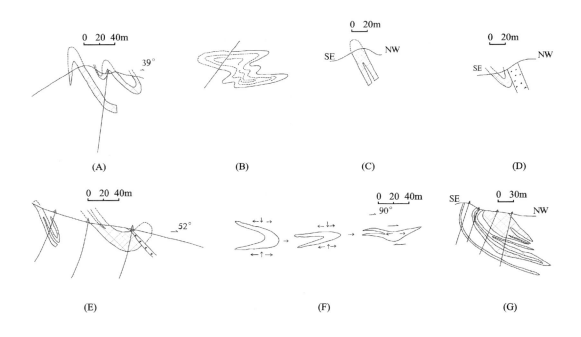

图 3-1-3　桦甸市老牛沟铁矿矿体形态示意图

(A)三道沟矿段 34.5 勘探线剖面图；(B)大西沟东山矿体；(C)三道沟矿段 33.5 勘探线剖面图；(D)大西沟矿段 19.20 矿组 24.25 勘探线；(E)大西沟矿段 19.20 号矿组 23.25 勘探剖面图；(F)大西沟东山矿体，构造演化过程；(G)大西沟东山矿段 109 号勘探线剖面图

注：同斜褶皱被改造后的形态及翼部矿体被强烈拉长

3.矿石物质成分

(1)物质成分：矿石中含铁矿物有磁铁矿、赤铁矿、镁铁闪石、含铁碳酸盐岩、角闪石等，但分布最普遍的是磁铁矿和镁铁闪石。

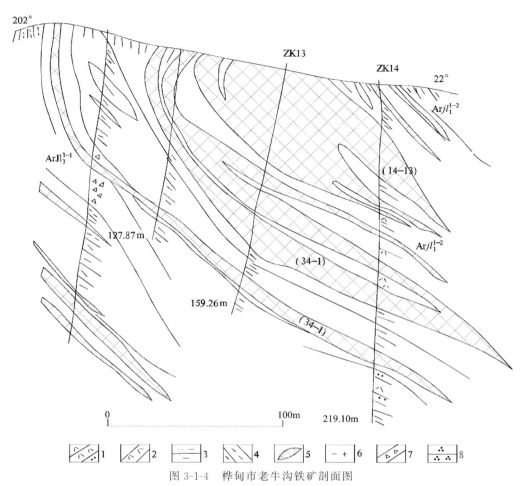

图 3-1-4 桦甸市老牛沟铁矿剖面图
1.角闪岩；2.斜长角闪岩；3.含榴磁铁石英岩；4.混合岩；5.铁矿体及矿体编号；6.混合花岗岩；7.挤压破碎带；8.石英岩

磁铁矿：在矿石中含量变化在20%~80%之间,在矿石中形成磁铁矿条纹、条带分布于石英或硅酸盐条带中。磁铁矿以他形粒状为主,其次是半自形,少数为自形晶,晶体粒度细小,变化大,一般小于0.1mm,部分大于0.2mm,还有一种尘埃状磁铁矿,粒径小于0.01mm,不同形态和粒度的磁铁矿可在同一光片的显微区见到。磁铁矿带以数粒或10余粒晶粒聚集一起,成为聚粒或聚链,嵌于石英或硅酸盐基质中。根据电子探针分析,不同标本或同一标本不同形态的磁铁矿主要成分非常相似,杂质含量很低(表3-1-2)。全区磁铁矿的主要成分十分稳定,但SiO_2含量比较高,CaO、MgO、Al_2O_3的含量也比电子探针的微区分析高,可能是磁铁矿中包含有显微石英和硅酸盐包体造成的。

镁铁闪石：为仅次于磁铁矿的含铁矿物,是硅酸盐相的主要成分,也是磁铁矿氧化物相的主要常见矿物。镁铁闪石为呈他形—半自形的纤维状和柱状集合体,定向排列,排列方向平行于矿石条带方向,一般与磁铁矿共生,含量变化于10%~80%之间,少数次生镁铁闪石斜交于条带,晶体比较粗大。与镁铁闪石共生的矿物有阳起石、普通角闪石和铁铝榴石等。

表 3-1-2　桦甸市老牛沟铁矿磁铁矿主要化学成分表　　　　　　　　单位：%

序号	样号	SiO_2	Fe_2O_3	FeO	Al_2O_3	MgO	CaO	Na_2O	K_2O	M_2O	TiO_2	P_2O_5
1	南带	2.27	66.40	29.89	0.26	0.23	0.24	0.12	0.02	0.02	0.02	0.10
2	北带	2.83	65.51	30.65	0.21	0.35	0.11	0.13	0.04	0.01	0.45	0.09
3	全区	2.72	65.68	30.48	0.22	0.32	0.14	0.12	0.04	0.01	0.40	0.09

续表 3-1-2

序号	样号	SiO_2	Fe_2O_3	FeO	Al_2O_3	MgO	CaO	Na_2O	K_2O	M_2O	TiO_2	P_2O_5
4	86c256	0.16		92.90	0.32	0.09	0.28	0.05	0.00	0.08	0.00	
5	86A258	0.13		92.49	0.25	0.06	0.03	0.03	0.00	0.02	0.05	
6	86A263	0.18		92.35	0.17	0.06	0.05	0.05	0.00	0.04	0.03	

注：1~3号化学分析单位为吉林省地质科学研究所；4~6号电子探针分析单位为中国地质科学院矿床所。

(2) 化学成分：常量化学组成主要是硅和铁，$SiO_2+Fe_2O_3+FeO=90.10\%\sim94.13\%$；其次是钙、镁、铝，$CaO+MgO+Al_2O_3=5.30\%\sim6.44\%$；其他元素的氧化物（包括磷和碳）含量甚微。老牛沟铁矿矿石-磁铁石英岩化学成分平均值如下：SiO_2 47.09%、TiO_2 0.20%、Al_2O_3 1.41%、Fe_2O_3 28.39%、FeO 14.62%、MnO 0.07%、MgO 2.23%、CaO 1.83%、Na_2O 0.16%、K_2O 0.11%。

矿区全铁含量变化于19%~40%之间，相应的可溶铁含量在15%~39%之间，平均含量见表3-1-3。全铁含量为27%~35%的矿石占73%，含量为35%~40%的矿石只占12%，含量为19%~27%的矿石占15%。因此老牛沟铁矿石主要为贫铁矿石。

表 3-1-3　桦甸市老牛沟铁矿磁铁矿石全铁、可熔铁平均含量表

地点	矿段名称	品位/%	
		TFe	SFe
南带	大西沟	27.32	23.70
南带	大西沟19号、20号矿组	33.36	32.84
北带	稻草沟	32.49	30.92
北带	大西沟东山	31.06	28.30
北带	三道沟	31.00	26.93
北带	头道河子	32.29	30.33
北带	苇厦子	30.30	26.18
全区		30.80	28.08

(3) 矿石类型：按脉石矿物种类及其含量多少划分为磁铁石英岩型、磁铁闪石型、磁铁硅酸盐型、磁铁石榴子石型、磁铁绿泥石型5种自然类型。工业类型为高硅质、酸性、低有害杂质需选矿的磁铁贫矿石。

(4) 矿物组合：矿石的主要金属矿物成分有磁铁矿、镁铁闪石，其次为赤铁矿、黄铁矿和磁黄铁矿；脉石矿物主要为石英、角闪石和石榴子石。磁铁矿是主要含铁矿物，因其他矿物含量的变化形成不同矿物组合，主要可分为3类：石英-磁铁矿组合，磁铁矿含量占40%~60%，石英含量40%~60%，有少量镁铁闪石或角闪石，含量5%~10%，该矿物组合也是全矿区最主要的矿石类型，属贫铁矿石；镁铁闪石（角闪石）-石英-磁铁矿组合，磁铁矿含量40%~60%，石英含量30%~40%，镁铁闪石（角闪石）含量10%~25%，该组合分布不广，属贫铁矿石；镁铁闪石（角闪石）-磁铁矿组合，磁铁矿含量60%，镁铁闪石（角闪石）30%，石英5%~10%，该组合分布较局限，为富铁矿石。

(5) 矿石结构构造：①矿石结构。可分为粒状变晶结构和聚粒变晶结构。其中粒状变晶结构是磁铁矿和石英的典型结构，或称花岗变晶结构；聚粒变晶结构是磁铁矿的一种特征结构，由几颗或10余颗磁铁矿聚集在一起呈各种不规则形态镶嵌于石英或硅酸盐矿物基质中，聚粒内部很少有其他脉石矿物，推测其原生体可能是胶状体，是铁质氧化物的胶体聚集沉积物，在变质变形中发生形变和重结晶，是一种

变余胶体沉积结构。其次有粒状纤状变晶结构、包含结构、固熔体分解结构、交代残余结构。②矿石构造。主要是条带状构造,其次为片麻状构造。前者反映原生沉积特征,后者是变质变形作用改造条带构造的产物。条带构造的条带成分、厚度变化很大。条带的成分主要由磁铁矿、石英和镁铁闪石组成,分别称为磁铁矿条带、石英条带和硅酸盐条带。不同成分的条带呈韵律式交替变化构成条带状构造。铁矿石有3种类型条带构造,磁铁矿型条带构造主要由磁铁矿条带和石英条带组成;硅酸盐条带构造主要由硅酸盐条带和石英条带组成;复合型条带构造主要由富矿条带和贫矿条带组成,富矿条带和贫矿条带又由条纹构造组成,即条带构造包含条纹构造,所以各条带构造是不同矿物相的表现形式,与沉积环境有关。其次有浸染状构造、片状构造、块状构造。

4. 成矿阶段

沉积阶段:龙岗陆核南缘的裂陷槽内,喷发沉积了大量含铁的火山岩,形成了原始含矿层位。

变质阶段:火山岩、英安岩、火山碎屑岩及其中的铁质演变成斜长角闪岩、变粒岩、片麻岩类及磁铁矿,经长期改造而演变成现在矿床形态。

5. 成矿时代

夹皮沟绿岩带的和龙市鸡南铁矿三道沟组斜长角闪片麻岩中的黄色锆石 Pb - Pb 等时线年龄为 (2490 ± 44) Ma;和龙市官地村兰闪黑云斜长片麻岩、黑云变粒岩与白云变粒岩互层中红色碎屑锆石的 Pb - Pb 等时线年龄为 (2499 ± 39) Ma;桦甸市三道沟组上段黑云母片岩中黄色碎屑锆石 $^{207}Pb/^{206}Pb$ 组年龄 2639Ma;三道沟菜抢子东北钾质条痕状混合岩的红色碎屑锆石 $^{207}Pb/^{206}Pb$ 组年龄 2565Ma。

由此推断,老牛沟铁矿早期沉积的成矿年龄在 2500Ma 左右,与世界同类铁矿形成时代对比应为新太古代或古元古代。

6. 物质来源

铁矿的形成主要与火山岩,特别是与镁铁质火山岩有关,成矿物质与成岩物质具有同源性,主要来自深部。铁矿在绿岩层序上的分布和规模变化充分说明了这一点。下含铁建造产于绿岩带下部,属火山活动开始阶段,基性火山岩厚度大,从火山活动中带出的成矿物质不可能大量聚集,只能形成小规模铁矿;上含铁建造产于绿岩带中上部,属于火山活动由强转弱的过渡阶段,火山岩厚度巨大,海盆中聚集了大量由火山活动中带出的成矿物质,形成了大规模的含铁沉积建造。同时结合铁矿石 $\delta^{34}S$ 值为 $0.4‰\sim0.6‰$,与围岩一致,而围岩 $\delta^{34}S$ 和基性—超基性岩一致,说明成矿物质来自火山活动。

7. 成矿物理化学条件

成矿物质是在海盆中经过长期迁移和聚集之后,在一种合适的化学或生物化学条件下沉积的。根据现代火山资料,铁常与氯作用生成 $FeCl_3$,$FeCl_3$ 在碱性介质中分解,生成 $Fe(OH)_3$ 水溶胶,可能是铁质在水域中迁移和集聚的基本形式。随着溶胶不断聚集,浓度增大形成胶质粒子,在物理化学条件下,由海盆表层氧化环境向较还原深水环境下沉降,并发生还原反应。$Fe(OH)_3$ 转变成 Fe_3O_4 而沉积,经过成岩和变质变形作用形成磁铁矿矿石。

8. 控矿因素及找矿标志

1)控矿因素

(1)地层控矿:三道沟组上段黑云斜长片麻岩、斜长角闪岩、磁铁石英岩、黑云片岩夹多层磁铁石英岩组合是重要控矿层位。

(2)构造控矿:在褶皱翼部矿体被拉长或拉断,形成扁豆体或似层状矿体,而转折端部位的矿体则强烈加厚。

2)找矿标志

(1)太古宙地块边部黑云斜长片麻岩、斜长角闪岩和磁铁石英岩、黑云片岩夹多层磁铁石英岩组合。

(2)矿体的原生露头或铁矿石转石是直接找矿标志。

(3)1∶20万区域重力场中高、低布格异常间的线性梯度带及其局部正向变异扭曲部位。

(4)1∶5万航磁异常是平稳负背景场上呈现强度不等(167～3270nT)的多个椭圆状局部异常有规则排布成的带状异常,与其附近异常相比,具有强度高、梯度陡、形态规律的特征。

9. 矿床形成及就位机制

老牛沟铁矿产于夹皮沟绿岩带中,绿岩带形成于裂谷环境下。铁矿是绿岩带的组成部分,铁矿的形成过程伴随绿岩带的形成、发展和消亡,绿岩带形成环境也就是铁矿的形成环境。绿岩带形成环境的最基本特征,自始至终(特别是在早期和中期),有强烈的水下火山活动。早期以强烈的基性火山活动为主,堆积厚大的拉斑玄武岩,伴随小规模铁建造沉积,形成下含铁建造层。中晚期基性火山活动减弱,中酸性火山活动和沉积作用加强,形成一套包括拉斑玄武岩、中酸性火山岩和沉积岩组合。在这个过渡阶段,沉积了大规模铁建造,形成上含铁建造层,所以铁矿形成于海底火山活动环境。同时铁矿中没有鲕粒、豆粒、波痕、斜层理及冲刷沟等沉积构造和缺少陆源与火山碎屑,而以稳定的条纹条带构造为特征,表明铁矿形成于深水的低能环境,属于远源沉积。

变质作用是成矿的重要过程,首先是元素发生分异,改变原始化学沉积时元素分配的均匀性,铁和其他元素(特别是硅质)分别聚集形成磁铁矿和石英等主要的矿石矿物和脉石矿物;其次随着变质作用增强,磁铁矿及其他脉石矿物的粒度明显增大,在磁铁矿粒度增加的同时,磁铁矿本身又进一步发生铁、硅分离。

10. 成矿模式

桦甸市老牛沟铁矿床成矿模式见表 3-1-4 和图 3-1-5。

表 3-1-4　桦甸市老牛沟铁矿床成矿模式表

名称		桦甸市老牛沟铁矿床				
概况	东经	127°14′55″—127°28′17″	北纬	42°54′11″—43°01′17″	地理位置	桦甸市老牛沟
	主矿种	铁	储量	13 956×10⁴t	品位	TFe32.65%; mFe29.71%
成矿的地质构造环境		位于华北东部陆块(Ⅱ)龙岗-陈台沟-沂水前新太古代陆核(Ⅲ)的夹皮沟新太古代地块(Ⅳ)内				
各类及主要控矿因素		地层控矿:三道沟组上段黑云斜长片麻岩、斜长角闪岩和磁铁石英岩、黑云片岩夹多层磁铁石英岩组合是重要控矿层位; 构造控矿:在褶皱翼部矿体被拉长或拉断,形成扁豆体或似层状矿体,而转折端部位的矿体则强烈加厚				
矿床的三度空间分布特征	产状	总体走向 290°～320°,倾向北东或南西,倾角 50°～80°				
	形态	矿体呈似层状、透镜状、扁豆状				
矿床的物质组成	矿石类型	磁铁石英岩型、磁铁闪石型、磁铁硅酸盐型、磁铁石榴子石型、磁铁绿泥石型				
	矿物组合	主要有磁铁矿、石英和镁铁闪石,次要矿物有赤铁矿、角闪石、石榴子石、黄铁矿和磁黄铁矿				

续表 3-1-4

名称		桦甸市老牛沟铁矿床
矿床的物质组成	结构构造	主要有粒状变晶结构、聚粒变晶结构，次要有粒状纤状变晶结构、包含结构、固熔体分解结构、交代残余结构；主要为条带状构造，其次为片麻状构造、浸染状构造、片状构造、块状构造
	主元素含量	TFe 32.65%；SFe 29.71%
成矿期次		沉积阶段：龙岗陆核南缘的裂陷槽内，喷发了大量含铁的火山岩，形成了原始层位；变质阶段：安山岩、英安岩、火山碎屑岩及其中的铁质演变成斜长角闪岩、变粒岩、片麻岩类及磁铁矿，经长期改造而演变成现在的矿床形态
矿床的地球物理特征及标志		1∶20万区域重力场中高、低布格异常间北西向的线性梯度带上和局部正向变异扭曲部位。重力异常特征能够清晰地反映了成矿的地质构造条件和产出的有利部位，故区域重力异常特征是划分此类型铁矿找矿远景区、段的重要地球物理信息。1∶5万航磁异常具有平稳负背景场上呈现由强度不等（167～3270nT）的多个椭圆状，局部异常有规则排布成的带状异常，与附近异常比，具有强度高、梯度陡、形态规律的特征，具有直接圈定矿带和划分矿段的找矿效果。1∶5000地面磁测可以直接圈定出露近地表规模较大的铁矿体或多个矿体组成的矿脉带，两者均有强度大（1000～5000nT）、梯度陡、狭长带状异常反映，但异常形态前者多为规律的单峰状，而后者常见为双峰状或多峰状。此外，地面磁测尚能发现有一定埋深和规模的盲矿体，多为强度小于 5000nT 的低缓异常
成矿时代		新太古代
矿床成因		沉积变质

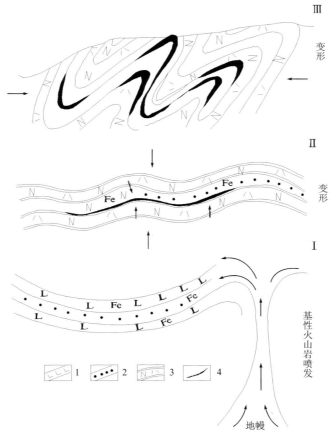

图 3-1-5 桦甸市老牛沟铁矿床成矿模式图
1.基性火山岩；2.碎屑岩；3.斜长角闪岩类；4.矿体

11. 成矿要素

桦甸市老牛沟铁矿床成矿要素见表3-1-5。

表3-1-5 桦甸市老牛沟铁矿床成矿要素表

成矿要素		内容描述	类别
特征描述		沉积变质矿床	
地质环境	岩石类型	为黑云斜长片麻岩、斜长角闪岩、磁铁石英岩、黑云片岩夹多层磁铁石英岩组合	必要
	成矿时代	新太古代	必要
	成矿环境	华北东部陆块（Ⅱ）龙岗-陈台沟-沂水前新太古代陆核（Ⅲ）的夹皮沟新太古代地块（Ⅳ）内	必要
	构造背景	在褶皱构造的翼部或转折端部位	重要
矿床特征	矿物组合	主要有磁铁矿、石英和镁铁闪石，次要矿物有赤铁矿、角闪石、石榴子石、黄铁矿和磁黄铁矿	重要
	结构构造	粒状变晶结构、聚粒变晶结构；主要是条带状构造，其次为片麻状构造	次要
	控矿条件	三道沟组上段黑云斜长片麻岩、斜长角闪岩和磁铁石英岩、黑云片岩夹多层磁铁石英岩组合是重要控矿层位；在褶皱翼部矿体被拉长或拉断，形成扁豆体或似层状矿体，而转折端部位的矿体则强烈加厚	必要

（二）白山市板石沟铁矿床

1. 地质构造环境及成矿条件

该类型矿床位于前南华纪华北东部陆块（Ⅱ）龙岗-陈台沟-沂水前新太古代陆核（Ⅲ）的板石新太古代地块（Ⅳ）内。

1) 地层

板石沟铁矿赋存于板石沟太古宙绿岩地体内。板石沟太古宙绿岩带下部为黑云角闪斜长片麻岩、斜长角闪岩、黑云斜长片麻岩夹角闪片岩、黑云变粒岩夹似层状低品位磷矿，赋存似层状、透镜状磁铁矿体；原岩为拉斑玄武岩夹安山岩、英安岩、磁铁矿；上部为黑云斜长角闪片麻岩夹角闪黑云片岩、黑云斜长片麻岩与斜长角闪岩互层夹含铁角闪质岩石。原岩为安山岩夹拉斑玄武岩、磁铁矿（图3-1-6）。

含铁岩系的岩石类型主要有片麻岩类、斜长角闪岩、黑云变粒岩、黑云片岩。

(1) 片麻岩类是该绿岩带中主要岩石类型，与矿区片麻理基本一致，主要岩石类型有黑云斜长片麻岩、黑云角闪斜长片麻岩、英云闪长质片麻岩等。岩石中常见斜长角闪岩捕房体，呈大小不等透镜状分布。该类岩石原岩具火成岩特征，少部分为杂砂岩。

(2) 斜长角闪岩是铁建造中的主要岩石类型，呈层状与铁矿整合产出，也呈铁建造中夹层产出。根据岩石化学成分（表3-1-6）斜长角闪岩属拉斑玄武岩系列，但有明显向钙碱性系列演化的趋势，并分布在岛弧拉斑玄武岩分布区（图3-1-7、图3-1-8）。K_2O平均含量0.85%，变化在0.54%~1.68%之间，明显高于太古宙TH_1型和TH_2型拉斑玄武岩。所以，斜长角闪岩更相当于岛弧拉斑玄武岩。

(3) 变粒岩类包括黑云变粒岩、角闪变粒岩和浅粒岩，以黑云变粒岩为主。这类岩石大量出现在绿岩带上部，下部只有少量呈夹层产出。变粒岩呈似层状、层状与铁建造互层，或为铁建造夹层。

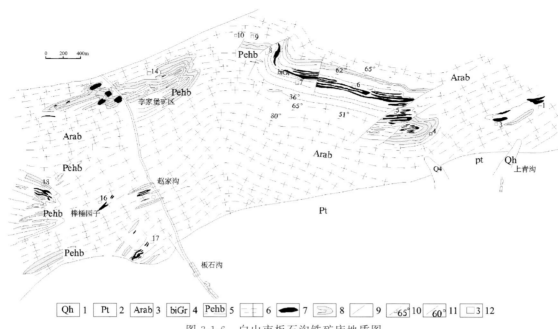

图 3-1-6　白山市板石沟铁矿床地质图

1.第四系；2.元古宇；3.新太古界；4.黑云变粒岩；5.斜长角闪岩；6.片麻岩类及花岗质岩石；7.鞍山式磁铁矿；8.磁铁矿体褶皱转折端（矿体已被剥蚀掉）；9.断层；10.片麻理产状；11.层理产状；12.矿组编号

表 3-1-6　白山市板石沟铁矿区含铁岩系斜长角闪岩化学成分　　　　单位：%

序号	1	2	3	4	5	6	7	8	9	10	11
样号	87C73	34	93	36	6	49	125	51	53	56	54
SiO_2	46.43	48.85	49.85	47.30	47.01	50.83	48.22	50.23	49.46	48.37	50.51
TiO_2	0.87	1.00	1.10	1.07	1.00	1.20	0.73	0.78	0.80	0.77	1.80
Al_2O_3	14.64	13.88	14.14	13.98	14.54	12.67	14.06	14.24	13.92	14.44	12.70
Fe_2O_3	3.30	3.85	7.38	6.47	3.74	6.48	2.45	4.08	4.76	7.35	6.75
FeO	9.35	7.97	6.75	6.92	6.83	9.49	8.98	7.88	8.29	6.91	9.13
MnO	0.27	0.20	0.16	0.20	0.15	0.30	0.19	0.20	0.25	0.26	0.30
MgO	7.58	7.03	5.60	8.21	6.40	5.18	10.25	8.57	6.75	6.51	4.94
CaO	13.95	11.36	10.49	9.91	7.69	9.65	10.85	10.52	11.00	10.10	9.48
Na_2O	1.39	2.34	3.30	2.24	2.25	1.90	1.78	2.24	2.06	1.18	1.40
K_2O	0.57	1.68	0.82	0.98	0.96	0.88	0.54	0.58	1.08	0.48	0.74
P_2O_5	0.07										
H_2O	1.52										
CO_2	0.01										
总和	99.35										

注：分析单位为天津地质矿产研究所。

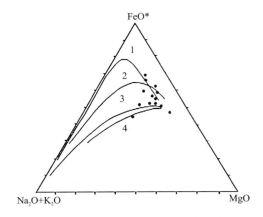

图 3-1-7　白山市板石沟铁矿床斜长角
闪岩 $FeO^*-(Na_2O+K_2O+MgO)$ 图解
1. 典型拉斑玄武岩系成分变异线; 2. 拉斑玄武岩系
列成分变异线; 3、4. 为钙碱性火山岩成分变异线

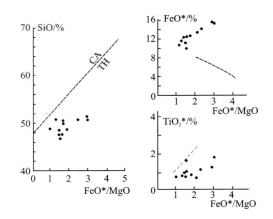

图 3-1-8　白山市板石沟铁矿床 SiO、FeO^*
和 TiO_2 相对于 FeO^*/MgO 图解
TH. 拉斑玄武岩系; CA. 钙碱性火山岩系
(据毕守业, 1990)

变粒岩的化学成分以变化为特征(表3-1-7),除 Na_2O 比较稳定外,其他氧化物含量变化区间都很大,说明变粒岩类原岩类型有变化。角闪变粒岩的化学成分以富 Fe、Mg、Ca、Ti 和低 K 为特征,在温克勒 ACF 和 AKF 图解上分布于玄武岩和安山岩区(图3-1-9);黑云变粒岩和浅粒岩以富 Si、高 K、Na 和贫 Fe、Mg、Ca 为特征,投入杂砂岩区,两个黑云变粒岩投入泥灰岩区。由此推测,角闪变粒岩为中基性火山岩、黑云变粒岩和浅粒岩,部分为杂砂岩,部分为黏土质和泥灰质岩,根据岩石变余结构,部分可能为中酸性火山岩。角闪变粒岩显示了钙碱性火山岩系列。

表 3-1-7　白山市板石沟铁矿区含铁岩系变粒岩类化学成分　　　　　　　　　　单位:%

序号	1	2	3	4	5	6	7	8
样号	87C73	11	122	151	146	148	153	111
SiO_2	66.76	66.25	74.73	73.44	73.72	68.42	50.36	52.05
TiO_2	0.26	0.40	0.08	0.20	0.15	0.40	2.00	1.20
Al_2O_3	16.16	14.46	13.75	14.07	13.36	14.44	16.99	16.89
Fe_2O_3	0.55	2.95	0.31	0.75	1.12	2.20	4.15	3.34
FeO	2.78	2.43	0.81	0.55	1.58	1.58	6.93	5.18
MnO	0.07	0.08	0.19	0.02	0.03	0.04	0.14	0.14
MgO	2.28	2.10	0.17	0.53	0.72	1.74	4.53	5.44
CaO	3.77	3.80	0.79	0.91	1.40	2.40	7.88	9.65
Na_2O	4.79	3.48	4.70	4.08	3.86	3.3	3.82	3.70
K_2O	1.24	2.58	3.19	4.10	3.20	2.30	1.82	1.06
P_2O_5	0.09							
H_2O	0.83							
CO_2	0.01							
总和	100.04							

注:1号为天津地质矿产研究所测试室分析,2～8号据沈保丰资料。

(4) 片岩类在铁建造中呈夹层产出,有的仅厚数厘米。岩石化学成分以富 K、Al 和低 Na 为特征(表 3-1-8),K_2O 平均 3.69%,Al_2O_3 平均 16.91%。用温克勒 ACF 和 $A'KF'$ 图解(图 3-1-9)判别,黑云片岩相当于黏土岩和页岩,黑云石英片岩相当于杂砂岩。

表 3-1-8　白山市板石沟铁矿区含铁岩系片岩类化学成分　　　　　单位:%

序号	样号	SiO_2	TiO_2	Al_2O_3	Fe_2O	FeO	MnO	MgO	CaO	Na_2O	K_2O
1	29	67.50	0.58	14.06	1.25	4.63	2.34	3.12	2.34	2.30	2.24
2	63	58.23	0.50	19.85	2.77	5.08	0.52	3.02	0.52	0.86	6.18
3	147	62.39	0.70	16.96	4.22	5.80	0.69	3.32	0.69	0.40	2.66
4	57	81.26	0.25	8.07	2.72	1.13	0.87	1.35	0.87	1.36	1.34

注:据沈保丰(?)资料。1、2 号为黑云片岩;3 号为石榴蓝晶黑云片岩;4 号为黑云石英片岩。

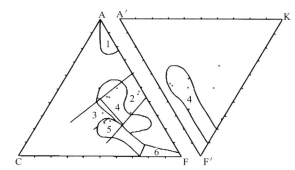

图 3-1-9　白山市板石沟铁矿床绿岩带与片岩类的 ACF 和 $A'KF'$ 图解
1.富铝黏土和页岩;2.黏土和页岩;3.泥灰岩;4.杂砂岩;5.玄武质岩和安山质岩;6.超镁铁质岩

以上资料表明,含铁岩系由一套岛弧拉斑玄武岩及中酸性火山岩、钙碱系列火山岩杂砂岩组成。铁建造主要发育在由拉斑玄武岩系列向钙碱性系列发生转变阶段。

2)构造变形特征

本区铁矿及围岩经历了强烈的塑性变形(D_1),这期构造变形置换了本区太古宙上壳岩的原始沉积层理(S_0),产生一组新的构造组合,即面状构造(S_1)、褶皱构造(F_1)和线状构造(L_1)。

D_1 变形是一次强烈挤压作用,置换原始层理后产生了一组透入性面理 S_1,在各类岩石中均能见到,如在斜长角闪岩中为角闪石、斜长石、黑云母及石英的定向排列,以及磁铁矿中的条纹、条带,片麻岩中的片麻理,它是 F_1 褶皱层理。板石沟矿区 S_1 面总体近东西向,它控制着矿区地层、岩石、铁矿体的总体展布;F_1 表现为一系列紧闭同斜褶皱,以 S_1 为轴面,以 S_0 为变形面,形成不对称、不协调的一系列褶皱构造;L_1 线理伴随 D_1 变形构造,形成一系列线性构造,包括矿物线理、褶皱线理、石香肠、窗棂构造、褶皱轴线,即 b 线理。

以上表明板石沟铁矿区地层并非是单斜构造,而是发育一系列紧闭同斜褶皱,广泛发育的片麻理也并非原始沉积层理,而是构造置换的面理。

3)变质作用

矿区典型矿物组合为普通角闪石+斜长石+黑云母+石英、斜长石+黑云母+石英+铁铝榴石、斜长石+石英+黑云母+白云母。在 ACF 图上反映低角闪岩相变质作用特征,利用人工模拟实物曲线,大致确定该期变质温度范围为 500~800℃。

本区铁矿石变质作用典型矿物组合为磁铁矿+石英+普通角闪石+镁铁闪石+黑云母。磁铁石英岩中典型石英平均粒径为0.16mm,磁铁矿平均粒径为0.075mm,相当于Maynar的中级变质带(表3-1-9)。

表3-1-9　白山市板石沟铁矿区铁建造变质带特征表

变质特征(变质带)	特征矿物	变质温度/℃	燧碾中典型石英颗粒粒径/nm	泥质岩中对应变质带
低级变质带	铁滑石	200~350	0.05	绿泥石带
中级变质带	镁铁闪石	350~550	0.15	石榴子石带、十字石带
高级变质带	铁辉石	>550	0.20	十字石带、夕线石带

注:据Maynard(1984)整理。

4)铁建造地质特征

铁建造类型为新太古代绿岩带铁建造,一般称阿尔果马型,它是包括一系列与火山作用关系密切的铁建造的总称。根据含铁岩系组合、铁建造特征和形成环境,将本区铁建造分成两个亚类。

(1)拉斑玄武岩-硅铁质建造:铁建造产于拉斑玄武岩中,形成斜长角闪岩和磁铁石英岩组合,斜长角闪岩为拉斑玄武岩变质产物,铁建造为磁铁矿氧化物相。在时间序列上,该建造主要发育在由基性向中酸性火山活动演化的基性火山岩中,主要分布于绿岩带下部。

(2)拉斑玄武岩-安山岩-中酸性火山岩-杂砂质黏土岩-硅铁建造:铁建造还产于拉斑玄武岩-安山质火山岩、中酸性火山岩、钙碱性火山岩、杂砂岩及黏土岩中,形成斜长角闪岩-角闪变粒岩-黑云变粒岩-浅粒岩-黑云片岩-黑云石英片岩组合。火山岩以钙碱性系列为主。铁建造主要是磁铁矿氧化物相。该建造主要发育于绿岩带中晚期,在空间上分布于绿岩带上部。

H.L.詹姆斯(?)把前寒武纪铁建造划分为硫化物相、碳酸盐相、硅酸盐相和氧化物相,建立了铁赋存状态与沉积环境之间的联系。本区铁建造主要是磁铁矿氧化物相,部分为硅酸盐相。磁铁矿氧化物相是铁建造最发育的沉积相,该沉积相主要由磁铁矿和石英组成,二者含量之和在90%以上,并互为消长关系。磁铁矿含量在15%~80%之间,石英含量变化于20%~70%之间,含硅酸盐矿物在10%左右,主要是镁铁闪石,有时有阳起石、石榴子石和普通角闪石,多产于磁铁条纹条带中,一般无赤铁矿。氧化系数(Fe_2O_3/FeO)平均为1.96,与华北陆块前寒武纪铁建造氧化物相的氧化系数1.94相近。在空间上,磁铁矿氧化物相沿走向、倾向都很稳定,有时沿倾向向深部硅酸盐相转变,即尖灭在硅酸盐相中。在厚度方向上,特别是在两侧边缘往往有硅酸盐相与之接触。根据沉积相之间的关系,可以认为磁铁矿氧化物相形成于强氧化与还原环境之间,是弱氧化到弱还原条件下的产物。

硅酸盐相规模不大,分布普遍,矿物成分上磁铁矿明显减少,硅酸盐矿物显著增多,前者少于20%,后者一般在50%以上。硅酸盐矿物主要是镁铁闪石,局部含量可达80%,成为镁铁闪石片岩。镁铁闪石常呈条带出现,其中含少量磁铁矿,可溶铁含量极少。硅酸盐相总与磁铁矿氧化物相伴生,常以厚度不等的稳定层产于磁铁矿氧化物相边部或延深尖灭端,或呈互层和透镜状夹于磁铁矿氧化物相内部。铁建造下部(特别是底部),硅酸盐相比较发育。

2.矿体三度空间分布特征

板石沟铁矿由3个自然分区组成,即包括上青沟、李家堡子、棒槌园子3个矿区共计19个矿组,前人认为共170多个矿体。以出露于上青沟、李家堡子一带的矿体规模最大,有11个矿组共62个矿体。矿体均为透镜状、层状,每个层位含矿体1~10余层,矿组处为多层矿体,矿体沿走向尖灭或相变。矿体形态主要为褶皱状、无根褶皱状、勾状,厚大矿体均为褶皱转折端,较薄矿体或厚度稳定矿体则为褶皱翼部。

本区矿体均为紧闭同斜状,部分转折端已被剥蚀掉或残缺不全,厚大矿体均是转折端残留部分。各矿组又各不相同,特征详述如下。

(1)1~3矿组:位于矿区东部,已出露的矿体均为向西倾伏的褶皱,转折端厚14~21m,两翼较薄3~7m,矿体总体向北倾斜、向西侧伏,包络面(S_0)为南北走向(图3-1-10~图3-1-12)。

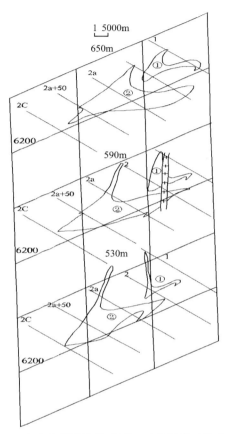

图3-1-10　白山市板石沟铁矿床1矿组①②矿体空间形态

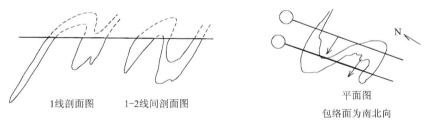

图3-1-11　白山市板石沟铁矿床1矿组1号矿体倒转褶皱构造示意图

(2)4、5、6、7、8、9、14、15矿组:位于矿区北部,铁矿体为紧闭褶皱,呈叠层状,转折端已被剥蚀或呈隐伏状,包络面呈南北走向,地表出露是褶皱翼部矿体褶皱轴面,除8矿组为南北走向外,其余均为东西走向。矿体翼部延长几十米到上千米。厚度一般小于10m,最大厚度40余米(图3-1-13、图3-1-14)。

(3)16~19矿组:分布在矿区南部,16、17矿组为向南西倾没的褶皱,包络面(S_0)呈北西走向。18、19矿组为轴面近东西向的紧闭褶皱,包络面为近南北向,翼部延长几十米至300m,厚几米至几十米(图3-1-15)。

以上各矿体与围岩界线清楚,与围岩产状一致。

10^{-6}、Ti $81.81×10^{-6}$、Cr $158.4×10^{-6}$、Pb $90.26×10^{-6}$、Sc $0.845×10^{-6}$、Nb $7.225×10^{-6}$、Ta $2.289×10^{-6}$、Zr $42.81×10^{-6}$、Hf $1.991×10^{-6}$、Rb $4.98×10^{-6}$。

(3)稀土元素地球化学特征:板石沟铁矿矿石的稀土元素配分见表 3-1-11。

表 3-1-10　白山市板石沟铁矿矿体岩石化学分析表　　　　　单位:%

样号	SiO_2	TiO_2	Al_2O_3	Fe_2O_3	Cr_2O_3	FeO	MgO	CaO
586-1	38.26	0.100	0	38.75		18.25	1.09	1.91
1	39.43	0.025	1.66	36.84	0.003	19.34	1.10	1.38
4	43.24	0.060	2.80	34.55	0.008	17.29	1.40	1.28
5	36.72	0.050	3.45	38.17	0.005	17.29	1.91	1.58
6	41.97	0.065	23.11	38.96	0	12.14	0.96	1.69
8	39.89	0.150	2.11	/	/	17.99	2.00	1.98
15	37.63	0.170	1.81	44.15	0.001	12.83	1.88	2.74
17	37.28	0.050	2.06	39.77		16.80	1.44	0.26
阿尔果马型	48.90	0.035	3.70	24.9		13.3	2.00	1.87
苏必利尔型	47.10		1.50	28.2		10.9	1.93	2.24
样号	MnO	K_2O	Na_2O	P	S	H_2O	V	As
586-1	0.040	0.10	1.91			0.22		
1	0.008	0.01	0.52	0.06	0.02		0.025	0.023
4	0.009	0.35	0.62	0.08	0.12		0.030	/
5	0.011	0.30	0.52	0.07	0.06		0.035	0.003
6	0.029	0.58	0.67	0.09	0.16		0.025	0.006
8	0.023	0.58	0.10	0.09	0.16		/	0.001
15	0.030		1.00	0.11	0.01		/	/
17	0.035	0.74	0.62	0.07	0.04		0.03	0.003
阿尔果马型	0.380	0.62	0.43	$0.23(P_2O_5)$				
苏必利尔型	0.400	0.20	0.13	0.08				

注:586-1 号为角闪石英磁铁矿(本次矿产资源潜力评价项目采样),为吉林省地质实验测试所分析;1、4、6、8 号为石英磁铁矿(板石沟勘探报告,1982);5、15、17 号为角闪石英磁铁矿(板石沟勘探报告,1982)。

表 3-1-11　白山市板石沟铁矿矿石稀土元素含量表　　　　　单位:$×10^{-6}$

组分	La	Ce	Pr	Nd	Sm	Eu	Gd	Dy	Er
586-1 铁矿	6.295	8.907	1.624	9.754	2.095	0.551	1.588	1.465	1.162
组分	Yb	Lu	ΣREE	$(La/Lu)_N$	$(La/Sm)_N$	$(Gd/Yb)_N$	δEu	δCe	
586-1 铁矿	0.963	4.76	45.11	3.33	1.89	1.2	0.8	0.67	

铁矿石稀土元素总量为 45.11×10^{-6}，$(La/Sm)_N=1.89$，$(Gd/Yb)_N=1.2$，$\delta Eu=0.8$，$\delta Ce=0.67$。图谱特征反映为轻稀土富集、重稀土亏损的右倾形曲线。轻稀土分馏较明显，重稀土分馏不明显，Eu 具弱负异常，其中 Ce 出现较强负异常，这可能是形成于强氧化环境（图 3-1-17），表明是处于海底火山环境下的一套硅铁建造。这一特征与阿尔戈马型铁矿相似。经地壳丰度标准化后的微量元素，除 Zn 稍高外，其他微量元素均较低，与远源火山沉积铁矿微量元素特征相似，元素对比值 $Sr/Ba<1$、$Cr/Ni>1$，说明物源与火山活动关系密切，但 $Co/Ni<1$ 的特征又反映磁铁石英岩是沉积成因。

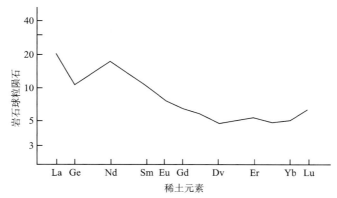

图 3-1-17　白山市板石沟铁矿床矿石稀土元素球粒陨石标准化图谱

7. 成矿物理化学条件

据绿岩带发展不同阶段和不同围岩中铁矿成分与组构的稳定性，认为成矿物质是在水盆中经过长时间迁移和聚集之后，在一种合适的化学或生物化学条件下沉积的。特别是在表生条件下，与真溶液相比，物质更容易呈胶体形式存在。根据现代火山资料，铁常与氯作用生成 $FeCl_3$，$FeCl_3$ 在碱性介质中水解，生成 $Fe(OH)_3$ 水溶胶，可能是铁质在水域中迁移和聚集的基本形式。随着溶胶不断聚集，浓度增大，形成胶体粒子，在物理和化学条件影响下，由海盆表层氧化环境下向较还原的深水环境沉降，并发生还原反应，$Fe(OH)_3$ 转变成 Fe_3O_4 而沉积，经过成岩和变质变形作用形成磁铁矿矿石。矿石中磁铁矿的聚粒结构，可能就是胶体粒子的变余结构。从铁的化合物在 Eh-pH 图上分布来看（Melnik，1980），磁铁矿分布域和硅酸盐相分布域相似，当 $pH>6$，Eh 降至 0 以下时，在缺乏硅酸条件下，$Fe(OH)_3$ 转变成 Fe_3O_4，在存在活性硅酸时，铁的硅酸盐 $Fe_3Si_2O_5(OH)$ 代替铁的氧化物 Fe_3O_4。研究区铁矿的周围和夹层总有硅酸盐相分布，矿石中也常含硅酸盐矿物。这种产状和矿物组合，与铁的化合物 Eh-pH1 图解相符，表明铁矿是在有一定硅酸的氧化—还原条件下，由 $Fe(OH)_3$ 胶体还原成 Fe_3O_4 而沉积的原生磁铁矿矿石。

8. 物质来源

铁矿主要与火山岩（特别是与基性火山岩）有关，成矿物质与成岩物质具有同源性，主要来自深部，属火山活动开始阶段，基性火山岩厚度不大，从火山活动中带出的成矿物质不可能有大量聚集。尽管这时有硅铁沉积的条件，但由于成矿物质有限，只能形成小规模铁矿。上铁建造产于绿岩带中上部，属于火山活动由强转弱的过渡阶段，火山岩厚度巨大，海盆中聚集了大量从火山活动中带出的成矿物质，沉积大规模铁矿。特别应指出的是，在上铁建造沉积前，主要是基性火山活动，原岩类型为大量的拉斑玄武岩。而在上铁建造沉积之后，以中酸性火山活动为主，基性火山活动显著减少，与此相应的铁建造明显减少，以至最终停止了硅铁质沉积。由此推测，成矿物质主要来自火山活动，特别是基性火山活动，从铁矿石中微量元素和氧同位素特征可以明显反映出以上特征，即成矿物质来自火山活动。微量元素特征,$Sr^{87}/Sr^{86}=0.7401\pm0.000287$,与现代上地幔玄武岩 Sr^{87}/Sr^{86} 值(0.7041 ± 0.0027)相近,证明沉积物质来自上地幔。如前述铁矿石的 Sr/Ba<1、Cr/Ni<1、Ti/V>1,说明物质来源与火山作用关系密切,Co/Ni<1 反映了磁铁石英岩为沉积成因。$\delta^{18}O$ 变化范围 3.27‰~8.1‰,与鞍本($\delta^{18}O$ 为 4.41‰~6.16‰)、苏联库尔斯克($\delta^{18}O$ 为 1.3‰~6.8‰)、美国苏必利尔湖($\delta^{18}O$ 为 4.62‰~4.75‰)及西澳哈默斯利($\delta^{18}O$ 为 4.62‰~4.75‰)的原生沉积磁铁矿中氧同位素数值相一致。

9. 控矿因素及找矿标志

1)控矿因素

(1)地层控矿:含铁岩系岩石类型主要有片麻岩类、斜长角闪岩、黑云变粒岩、黑云片岩。

(2)构造控矿:在褶皱翼部矿体被拉长或拉断,形成扁豆体或似层状矿体,而转折端部位的矿体则强烈加厚。

2)找矿标志

(1)太古宙地块边部,斜长角闪岩类、片麻岩、变粒岩组合。

(2)矿体的原生露头或铁矿石转石是直接找矿标志。

(3)重力高异常是重要区域间接找矿标志。

(4)1:5万航磁有十分明显的异常反映,异常强度大(190~888nT)。

(5)1:1万 10 000~20 000nT 单峰状狭窄的带状异常为出露地表矿体的反映,尖陡的双峰或多峰异常带多为隐伏或埋深矿体的反映。

(6)遥感反映多方向断裂构造交会部位,环形构造发育且集中分布,老变质岩形成带状要素。

10. 矿床形成及就位机制

铁矿伴随绿岩带的形成、发展和消亡,绿岩带形成环境也就是铁矿的形成环境。研究区绿岩带形成于裂谷环境,铁矿在裂谷的各个发展阶段形成。绿岩带形成环境的最基本特征,自始至终,特别是在早期和中期,有强烈的水下火山活动。早期以强烈的基性火山活动为主,堆积了厚大的拉斑玄武岩,伴随小规模铁建造沉积,形成下铁建造层;中晚期基性火山活动减弱,中酸性火山活动和沉积作用加强,形成一套包括拉斑玄武岩、中酸性火山岩和沉积岩组合。在这个过渡性阶段,沉积了大规模铁建造,形成上铁建造层。所以,铁矿形成于火山活动环境。同时,铁矿石中没有鲕粒、豆粒、波痕、斜层理、冲刷沟等沉积构造和缺少陆源与火山碎屑岩,而以稳定的条纹条带构造为特征,表明铁矿形成环境,不是浅水的高能环境,而是深水的低能环境,属于远源沉积。

变质作用是成矿的重要过程。变质作用(包括成岩作用)首先是使元素发生分异,改变原始化学沉积时元素分配的均匀性,铁和其他元素(特别是硅)分别聚集,形成磁铁矿和石英等主要的矿石矿物和脉石矿物,在沉积条带内镶嵌呈特定的结构形式;其次是随着变质作用增强,磁铁矿和其他脉石矿物的粒度明显增大,在磁铁矿粒度增加的同时,磁铁矿本身又进一步发生铁、硅分离。磁铁矿粒度由小到大,硅含量明显减少,铁含量明显增加,磁铁矿得到再次净化。显然,变质作用提高了矿石的可选性和纯度,是成矿作用的重要过程。

11. 成矿模式

白山市板石沟铁矿床成矿模式见表 3-1-12 和图 3-1-5。

表 3-1-12　白山市板石沟铁矿床成矿模式表

名称	白山市板石沟铁矿床				
概况	东经	126°34′	北纬	42°02′	地理位置	板石沟
	主矿种	铁	储量	铁矿石 9 153.8×10⁴t	品位	37.07%
成矿的地质构造环境	位于前南华纪华北东部陆块(Ⅱ)龙岗-陈台沟-沂水前新太古代陆核(Ⅲ)的板石新太古代地块(Ⅳ)内				
各类及主要主要控矿因素	地层控矿：含铁岩系主要为片麻岩类、斜长角闪岩、黑云变粒岩、黑云片岩岩石组合；构造控矿：在褶皱翼部矿体被拉长或拉断，形成扁豆体或似层状矿体，而转折端部位的矿体则强烈加厚				
矿床的三度空间分布特征	产状	矿体总体走向近东西或北西，倾角一般在 70°左右			
	形态	主要为褶皱状、无根褶皱状、勾状、似层状、透镜状			
矿床的物质组成	矿石类型	石英磁铁矿、角闪石英磁铁矿、角闪磁铁矿			
	矿物组合	主要为磁铁矿，少量磁赤铁矿、赤铁矿、黄铁矿、褐铁矿(针铁矿、纤铁矿)			
	结构构造	粒状变晶结构；以条纹、条带状构造为主			
	主元素含量	37.07%			
	伴生元素	有益成分为 Mn、Cr、V，含量很低，无工业意义			
成矿期次	沉积阶段：大量含铁的火山岩喷发物质形成了原始层位；变质阶段：安山岩、英安岩、火山碎屑岩及其中的铁质演变成斜长角闪岩、变粒岩、片麻岩类、磁铁矿。经长期改造而演变成现在矿床形态				
矿床的地球物理特征及标志	重力高异常是该类型矿床重要区域间接找矿标志；1∶5 万航磁图中有十分明显的异常反映，异常强度大(190～888nT)指示矿段的空间分布；1∶1 万 10 000～20 000nT 单峰状狭窄的带状异常为出露地表矿体，尖陡的双峰或多峰异常带多为隐伏或埋深矿体				
矿床的地球化学特征及标志	岩石化学：铁矿虽经区域变质作用的改造，但基本属等化学系列，因此矿石化学成分基本是由矿石原始的火山沉积相所决定；稀土元素地球化学特征：铁矿石稀土元素总量为 $45.11×10^{-6}$，$(La/Sm)_N=1.89$，$(Gd/Yb)_N=1.2$，$\delta Eu=0.8$，$\delta Ce=0.67$。图谱上反映出是一条轻稀土富集、重稀土亏损的右倾形曲线。轻稀土分馏较明显，重稀土分馏不明显，Eu 具弱负异常，其中 Ce 出现较强负异常，这可能是形成于强氧化环境的反映；表明是处于海底火山环境下的一套硅铁建造，这一特征与阿尔戈马型铁矿相似。经地壳丰度标准化后的微量元素，除 Zn 稍高外，其他微量元素均较低，与远源火山沉积铁矿微量元素特征相似，元素对比值 Sr/Ba<1，Cr/Ni>1，说明物源与火山活动关系密切，但 Co/Ni<1 的特征又反映磁铁石英岩是沉积成因				
成矿物理化学条件	成矿物质是在水盆中经过长时间迁移和聚集之后，在一种合适的化学或生物化学条件下沉积的。铁常与氯作用生成 $FeCl_3$，$FeCl_3$ 在碱性介质中水解，生成 $Fe(OH)_3$ 水溶胶。当 pH>6，Eh 降至 0 以下时，在缺乏硅酸条件下，$Fe(OH)_3$ 转变成 Fe_3O_4，在存在活性硅酸时，铁的硅酸盐 $Fe_3Si_2O_5(OH)$ 代替铁的氧化物 Fe_3O_4。铁矿是在有一定硅酸的氧化—还原条件下，由 $Fe(OH)_3$ 胶体还原成 Fe_3O_4 而沉积的原生磁铁矿矿石				
成矿时代	在 2700～2500Ma 之间				
矿床成因	属沉积变质型矿床				

20.43%～29.52%,一般在23%～28%之间,平均25.35%。它分布在磁铁矿中,即工业可利用的磁性铁约占铁总量的68%;分布在硫化物中的硫化铁,约占6.87%;分布在角闪石、黑云母等铁、镁、硅酸盐矿物中的硅酸铁,约占12.79%。三者加起来为87%～100%。

P以氟磷灰石形式存在于铁矿层中,P_2O_5 0.10%～5.29%,平均1.58%;S主要分布在黄铁矿中,其次分布在黄铜矿、磁黄铁矿等金属硫化物中,S 0～8.36%,平均3.19%。V主要以类质同象形式赋存在磁铁矿晶体中,其次分布在角闪石中,磷灰石中微量,V_2O_5 0.08%～0.33%,平均0.19%。Co主要以类质同象的形式分布在黄铁矿晶体中,Co 0.002%～0.026%,平均0.008%。Ti主要分布在角闪石中,其次以类质同象的形式分布在磁铁矿中;Ga以类质同象形式主要分布在磁铁矿中,磷灰石中微量;Y、La、Nd、Ce等稀土元素,主要分布在氟磷灰石中。

2)矿石类型

矿石自然类型为磁铁闪石型,矿石工业类型为弱磁性铁矿石。

3)矿物组合金属矿物

矿物组合金属矿物主要为含钒磁铁矿、含钴黄铁矿;次要为磁黄铁矿、黄铜矿、辉钼矿、方铅矿、闪锌矿、方钴矿、辉钴矿等。次生矿物为假象赤铁矿、褐铁矿、孔雀石等,仅分布在地表氧化带中。有用非金属矿物为含氟磷灰石。脉石矿物主要为普通角闪石、斜长石;次要为黑云母、绿泥石、透辉石、透闪石、绿帘石、石榴子石;还有少量的钾长石、石英、沸石、楣石、锆石、绢云母及碳酸盐矿物等。

氧化矿石矿物组合有褐铁矿(包括针铁矿)-硬锰矿(部分软锰矿)-磁铁、赤铁矿-黄铁矿及碳酸盐(方解石、白云石);原生矿石矿物组合有磁铁矿(锰)-赤铁矿-黄铁矿-碳酸盐(方解石、白云石)-绿泥石。

4)矿石结构构造

(1)矿石结构:以半自形、他形粒状变晶结构为主,其次为交代溶蚀结构、交代残余结构、包含结构、细脉穿插交代结构。

(2)矿石构造:以条带状构造为主,其次为细脉浸染状构造、稠密浸染状构造、变斑状构造、条纹状构造、致密块状构造、皱纹状构造、显微脉状构造。

4. 蚀变类型及分带性

蚀变主要有硅化、萤石化、黄铁矿化、碳酸盐化,分带性不明显。

5. 成矿阶段

塔东铁矿床成矿划分为3个阶段。

(1)海底火山喷发沉积阶段:以间歇性的海底火山喷发为特征,形成基性细碧质岩石沉积,伴以一定数量的海相陆源碎屑岩沉积和碳酸盐质岩石沉积。铁质及其他有用元素大多由喷发的中基性、基性火山熔岩提供。

(2)区域变质阶段:区域变质作用使地层发生变质作用,形成绿片岩相至角闪岩相变质岩系,含矿岩系变成磁铁斜长角闪岩。该阶段磁铁矿发生重结晶作用,颗粒变粗并产生一定的富集作用。

(3)混合岩化阶段:区域变质后期在高温高压下富钠质溶液沿层间裂隙强烈交代,产生混合岩化作用。经混合岩化作用,磁铁矿进一步发生重结晶产生大颗粒并进一步集中富集,形成少量富矿地段及富矿体。同时形成的混合花岗岩占据矿体位置,影响矿体连续性。混合岩化热液进一步影响和改造矿体,生成硅化、黑云母化、绢云母化等热液蚀变矿物,并生成金属硫化物,局部地段出现细脉状黄铁矿和磁铁矿。

6. 成矿时代

根据区域地质调查的最新成果,含矿地层为新元古界塔东岩群,矿床的成矿时代为新元古代。

7. 成矿物理化学条件

含铁碳酸盐-泥质岩石韵律沉积为常温、常压环境；区域变质形成混合岩-斜长角闪岩组合呈中级区域变质岩石特点。

成矿介质酸碱度：含铁角闪岩-混合岩岩石韵律沉积反映出喷发-沉积环境有中性还原环境向弱酸性发展的趋势特征。

成矿溶液组分：中基性火山岩-铁。

8. 物质来源

据含矿建造的原岩恢复，含矿岩系原岩具海底化学沉积-海底基性火山喷发-海底火山碎屑交替沉积环境特征，矿体基本上受基性火山岩系控制。据此判断，成矿物质来源于海底火山喷发所带来的大量含铁物质，经后期变质作用形成矿床。

9. 控矿因素及找矿标志

1）控矿因素

（1）地层控矿：矿床受塔东岩群拉拉沟组斜长角闪岩、斜长角闪片麻岩、磁铁角闪岩、黑云斜长片麻岩、透辉岩、透辉斜长片麻岩组合的控制。

（2）构造控矿：塔东变质岩系呈南北向狭长带状展布，可能受南北向断陷盆地控制，矿区混合岩主要沿南北向层间裂隙注入。区内近南北向挤压带比较发育，强烈者处于形成千枚岩化带，弱者为破碎带，而该挤压带对矿体没有破坏作用。沿该断裂带有热液活动现象，形成黄铁矿化、硅化、绢云母化等蚀变。这证明近南北向构造不仅控制了本区铁磷矿床的形成，而且控制了混合岩及热液型黄铁矿的形成。

2）找矿标志

塔东变质岩系是在该区寻找类似矿床的先决条件。在塔东变质岩系中，基性火山岩直接控制矿体，因此在每个韵律层的底部斜长角闪岩类中寻找矿体；带状或条带状磁异常是寻找塔东式铁矿的重要地球物理标志。

10. 矿床形成及就位机制

在前南华纪塔东弧盆内，中基性火山活动频繁爆发，海水与喷出岩发生广泛的水岩反应，铁镁矿物在还原环境下发生水解，大量成矿物质在缺氧的环境下以磁铁矿形式与火山碎屑岩一起沉淀下来。后期的变质变形作用，使成矿物质进一步富集。区域变质后期在高温高压下富钠质溶液沿层间裂隙强烈交代，产生混合岩化作用。经混合岩化作用，磁铁矿进一步发生重结晶作用产生大颗粒并进一步集中富集，形成少量富矿地段及富矿体。矿床成因应属于海底火山喷发沉积变质矿床。

11. 成矿模式

敦化市塔东铁矿床成矿模式见表3-1-14、图3-1-19。

12. 成矿要素

敦化市塔东铁矿床成矿要素见表3-1-15。

表 3-1-14　敦化市塔东铁矿床成矿模式表

名称	敦化市塔东铁矿床					
概况	东经	128°33′00″	北纬	43°55′00″	地理位置	大山咀子镇
	主矿种	铁	储量	铁矿石 13 214×10⁴t	品位	25.51%
成矿的地质构造环境	位于前南华纪小兴安岭弧盆系（Ⅱ）机房沟-塔东-杨木桥子岛弧盆地带（Ⅲ）塔东弧盆（Ⅳ）内					
各类及主要控矿因素	地层控矿：矿床受拉拉沟组斜长角闪岩、斜长角闪片麻岩、磁铁角闪岩、黑云斜长片麻岩、透辉岩、透辉斜长片麻岩组合的控制； 构造控矿：塔东变质岩系呈南北向狭长带状展布，可能受南北向断陷盆地控制，矿区混合岩主要沿南北向层间裂隙注入。区内近南北向挤压带比较发育，强烈者处于千枚岩化带，弱者为破碎带，而该挤压带对矿体没有破坏作用。沿该断裂带有热液活动现象，形成黄铁矿化、硅化、绢云母化等蚀变。这证明近南北向构造不仅控制了本区铁磷矿床的形成，而且控制了混合岩及热液型黄铁矿的形成					
矿床的三度空间分布特征	产状	走向 30°～70°，倾向南，倾角 35°～70°				
	形态	层状、似层状或透镜状				
	埋深	矿体埋深大于 800m				
矿床的物质组成	矿石类型	磁铁闪石型				
	矿物组合	主要为含钒磁铁矿、含氟磷灰石、含钴黄铁矿；次为磁黄铁矿、黄铜矿、辉钼矿、方铅矿、闪锌矿、方钴矿、辉钴矿等				
	结构构造	以半自形、他形粒状变晶结构为主，其次为交代溶蚀结构、交代残余结构、包含结构、细脉穿插交代结构。以条带状构造为主，其次为细脉浸染状构造、稠密浸染状构造、变斑状构造、条纹状构造、致密块状构造、皱纹状构造、显微脉状构造				
	主元素含量	TFe 25.34%				
	共生元素含量	P_2O_5 1.58%，V_2O_5 0.19%				
	伴生元素含量	S 3.19%，Co 0.008%				
成矿期次	海底火山喷发沉积阶段：以间歇性的海底火山喷发为特征，形成基性细碧质岩石沉积，伴以一定数量的海相陆源碎屑岩沉积和碳酸盐质岩石沉积。铁质及其他有用元素大多由喷发的中基性、基性火山熔岩提供。 区域变质阶段：在区域变质作用下，地层发生变质作用，形成绿片岩相至角闪岩相变质岩系，含矿岩系变成磁铁斜长角闪岩。该阶段磁铁矿发生重结晶作用，颗粒变粗并产生一定的富集作用。 混合岩化阶段：区域变质后期在高温高压下富钠质溶液沿层间裂隙强烈交代，产生混合岩化作用。经混合岩化作用，磁铁矿进一步发生重结晶产生大颗粒并进一步集中富集，形成少量富矿地段及富矿体。同时形成的混合花岗岩占据矿体位置，影响矿体连续性。混合岩化热液进一步影响和改造矿体，生成硅化、黑云母化、绢云母化等热液蚀变矿物，并生成金属硫化物，局部地段出现细脉状黄铁矿和磁铁矿					

续表 3-1-14

名称	敦化市塔东铁矿床
矿床的地球物理特征及标志	1：20万区域局部重力高异常是确定找矿远景区段重要信息；1：5万航磁2800～4500nT高强度异常，不仅能指示矿床的存在，而且能揭示矿床各矿段的分布。航磁异常是直接寻找此类型铁矿的区域找矿标志；1：1万～1：5000大比例尺地面磁测近地表或出露矿体（成矿组）异常多是强度 $n \times 10^3 \sim n \times 10^4$ nT 的狭窄尖峰带状异常，而具有一定埋深的盲矿体（或矿组）常表现为强度一般小于5000nT的低缓异常
成矿物理化学条件	含铁碳酸盐岩-泥质岩石韵律沉积为常温、常压环境；区域变质形成混合岩-斜长角闪岩组合，具有中级区域变质岩特点；成矿介质酸碱度：含铁角闪岩-混合岩岩石韵律沉积反映出喷发-沉积环境有中性还原环境向弱酸性发展的趋势特征；成矿溶液组分：中基性火山岩-铁
成矿时代	新元古代
矿床成因	沉积岩石变质成因

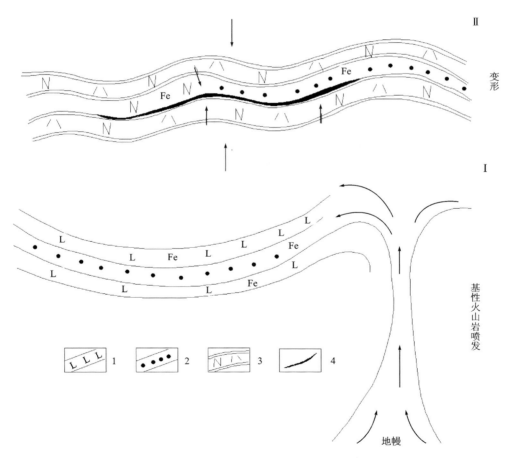

图 3-1-19　敦化市塔东铁矿床成矿模式图
1.基性火山岩；2.碎屑岩；3.斜长角闪岩类；4.矿体

表 3-1-15　敦化市塔东铁矿床成矿要素表

成矿要素		内容描述	类别
特征描述		属沉积变质型矿床	
地质环境	岩石类型	斜长角闪岩、斜长角闪片麻岩、磁铁角闪岩、黑云斜长片麻岩、透辉岩、透辉斜长片麻岩组合	必要
	成矿时代	新元古代	必要
	成矿环境	南北向构造控制了本区铁磷矿床的形成	必要
	构造背景	前南华纪小兴安岭弧盆系(Ⅱ)机房沟-塔东-杨木桥子岛弧盆地带(Ⅲ)塔东弧盆(Ⅳ)内	重要
矿床特征	矿物组合	主要为含钒磁铁矿、含氟磷灰石、含钴黄铁矿；其次为磁黄铁矿、黄铜矿、辉钼矿、方铅矿、闪锌矿、方钴矿、辉钴矿等	重要
	结构构造	以半自形、他形粒状变晶结构为主，其次为交代溶蚀结构、交代残余结构、包含结构、细脉穿插交代结构；以条带状构造为主，其次为细脉浸染状构造、稠密浸染状构造、变斑状构造、条纹状构造、致密块状构造、皱纹状构造、显微脉状构造	次要
	控矿条件	地层控矿：矿床受拉拉沟组斜长角闪岩、斜长角闪片麻岩、磁铁角闪岩、黑云斜长片麻岩、透辉岩、透辉斜长片麻岩组合的控制；构造控矿：塔东变质岩系呈南北向狭长带状展布，可能受南北向断陷盆地控制，矿区混合岩主要沿南北向层间裂隙注入。区内近南北向挤压带比较发育，强烈处于形成千枚岩化带中，弱者为破碎带。而该挤压带对矿体没有破坏作用，沿该断裂带有热液活动现象，形成黄铁矿化、硅化、绢云母化等蚀变。证明近南北向构造不仅控制了本区铁磷矿床的形成，而且控制了混合岩及热液型黄铁矿的形成	必要

三、大栗子式沉积变质型铁矿（临江市大栗子铁矿床）典型矿床特征

1. 地质构造环境及成矿条件

大栗子铁矿床位于前南华纪华北东部陆块(Ⅱ)胶辽吉古元古代裂谷带(Ⅲ)老岭坳陷盆地(Ⅳ)内。

(1)地层：区域出露的地层主要为古元古界辽吉裂谷老岭岩群、青白口系细河群以及中侏罗世上叠盆地杂砂岩沉积（图 3-1-20）。

老岭岩群：珍珠门岩组为浅粉红色、白色厚层白云质大理岩，条带状、角砾状大理岩；花山岩组为二云片岩、大理岩；临江岩组为灰白色中厚层石英岩夹二云片岩。

大栗子岩组为千枚岩、大理岩，底部千枚岩中夹石英岩及大理岩扁豆体。大栗子岩组下部出露在矿区北侧四方顶子一带，岩性为蓝色千枚岩(微含铁质)夹石英岩，受花岗岩浆侵入影响构成一个完整的接触变质角岩圈，内圈为深变质角岩，出露宽 550m，外圈为斑点状板岩，出露宽约 60m。石英岩沿节理面有铁质浸染，局部有石榴子石矽卡岩化，并有含锰磁铁矿分布。大栗子岩组上部出露在大栗子镇太平沟—跃进山以及当石沟一带，组成大栗子向斜核部，以千枚岩为主，夹透镜状大理岩，厚 3140m，大栗子式铁矿即产于本层中。本组赋存赤铁矿、磁铁矿及菱铁矿组合，以薄层条带状大理岩层多且厚、分布稳定，千枚岩与大理岩互层频繁为特征。大栗子岩组顶部岩石以千枚岩中分布黄色细粒石英砂岩薄层为特征。

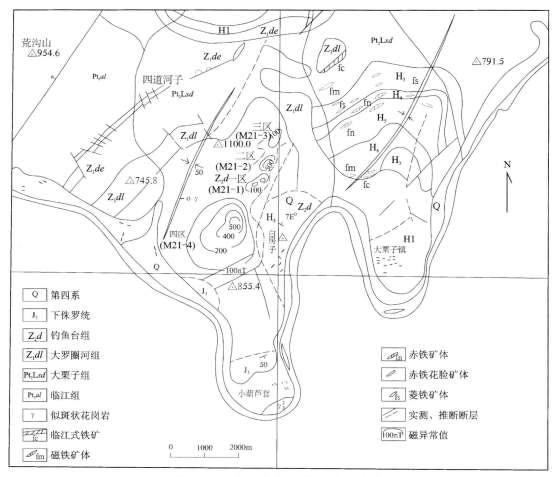

图 3-1-20　临江市大栗子铁矿床地质图

青白口纪细河群：马达岭磨拉石建造，主要为紫色与紫红色长石石英砂岩、长石砂岩、砾岩；白房子组铁质岩建造主要为砾岩、灰黑色—黄褐色砂页岩，含鲕粒状褐铁矿；钓鱼台组铁质岩建造主要为石英砂岩、海绿石石英砂岩夹赤铁矿。

中侏罗统小东沟组：页岩、砂岩、砾岩杂色层。

（2）侵入岩：侵入岩体为似斑状黑云母正长花岗岩、二长花岗岩，由正长石、斜长石、石英、黑云母矿物组成。出露于矿区四方顶子一带，近等轴状侵入于老岭岩群中，大栗子组受其影响发生角岩化，花岗岩体边缘发育白云母化、局部岩脉有辉绿岩、闪长玢岩和石英脉。

（3）构造：主要为褶皱构造和断裂构造。

褶皱构造：古元古界老岭岩群总体构成北东—东西—南东向褶皱，矿区为老岭背斜的次一级褶皱构造，即大栗子向斜的转折部位。大栗子向斜北西翼岩层平均走向50°～60°、倾角50°～60°；南东翼岩层平均走向335°～340°，倾角较缓，在20°左右。向斜轴向南倾没，轴面向南东微倾。该向斜中次一级的小褶皱可分为两组，一组轴向为北西-南东；另一组轴向为北东-南西。北东-南西向的小褶皱将矿体褶成"S"形，如西部区11号矿体。

断裂构造：有北东向、近南北向、北西向3组。

层间断层：在东部区5号、6号矿体上下盘及西部区，大理岩发生断裂破碎形成挤压破碎带，如东部区6号矿体上盘处，受该组断层割切，使原本不连续的扁豆状矿体，又被切割成一些小的不连续的扁豆状矿体。

断层:断层走向一般为北东30°～80°,倾向多向南东,倾角50°～60°。一般断层面光滑,部分有0.1～1m宽之破碎带。在破碎带间常有断层泥及断层角砾岩,断距不大,一般在1～10m之间,常破坏矿体的完整性。

近南北向断层:割切上述两组断层,断层走向近南北,倾向东,倾角30°～45°。该组断层东侧断块北移,西侧断块南移,断距不大,水平运动一般小于20m。

北西向断层:该组断层发育,倾向北东和南西的均有,倾角40°～60°,为延长不远、规模不大、断距较小的一组断层。

2. 矿体三度空间分布特征

1) 矿体的空间分布

大栗子铁矿床空间上依存于古元古界大栗子岩组的展布,在其矿区尺度范围内大栗子岩组向斜构造要素控制了铁矿床的三度空间分布。铁矿产于大栗子岩组上部,以千枚岩为主夹透镜状大理岩系中,赋存赤铁矿、磁铁矿及菱铁矿组合的矿体,以薄层条带状大理岩层多且厚、分布稳定、千枚岩与大理岩互层为特征。矿体赋存于大栗子岩组向斜中,常与层间断层破碎带伴生。矿体空间上总体走向由北东至东西转向南东。在平面、剖面上呈不连续的似层状和扁豆状矿体,平行排列,尖灭再现,呈舒缓波状的总体分布特征。

大栗子式铁矿在5个含矿层系中,矿体呈平行展布、多层次产出,沿走向、倾向断续分布。矿体呈似层状和扁豆状,有少数其他形状,如囊状体。矿体集中成群出现,如西部矿体群,具一定等距数百米的矿体群特征。

2) 矿体特征

按矿体与围岩接触关系归纳3种:①千枚岩中的铁矿体,占矿体总数的66.78%,与围岩界线清楚,矿体形状为似层状和扁豆状。矿体薄,厚度稳定,延深较深,延长延深之比为1:2左右。②钙镁碳酸盐类岩石中的铁矿体,占矿体总数的23.3%,与围岩界线较清楚。③千枚岩及钙镁碳酸盐类岩石之间的铁矿体,占矿体总数的9.86%,与围岩界线清楚。

矿体规模一般延长几米至180余米,个别矿体延长达300m(东部6号矿体);延深一般在200m以上,个别矿体延深达700m之多(西部区11号矿体);矿体厚度一般为1～5m,个别达24m之多(东部区6-1号菱铁矿)。

(1) 千枚岩层系中的铁矿体群规模、形状及产状:①北部矿体群。位于Ⅻ～Ⅳ剖面间,共有8个矿层,与围岩界线清楚,产状一致,走向北东20°,倾向南东,倾角60°～80°。矿体沿走向断续出现,一般在360m水平以上尖灭。上述矿体均被一倾向北西的汾岩脉所截,矿体形状一般为扁豆状,延长几米至180m,延深在50m左右,厚1～2m。矿石自然类型上部均为赤铁矿,及至390m水平递变为磁铁赤铁矿。②横断山矿体群。在0～Ⅴ剖面间,有两个平行矿层,地表在Ⅱ～Ⅲ剖面间出露,其尖灭标高为575～430m。矿体延深从十几米至百余米,且Ⅲ剖面与Ⅴ剖面被一倾向北西的汾岩脉所截。矿体厚一般3～5m,矿体在450m被一个倾向南东的断层错断。矿体群走向为50°,倾向南东,倾角55°～88°,为似层状矿体。矿石自然类型在610m水平以上为赤铁矿,在610m水平为赤铁磁铁矿、磁铁赤铁矿,在540～500m之间为菱铁磁铁矿,在450m水平变为磁铁矿,及至420m水平又变为菱铁磁铁矿(图3-1-21)。

(2) 千枚岩与大理岩层系中矿体的规模、形状及产状:矿层中的矿体都是菱铁矿体,总的特点是矿体较薄,延深较稳定,整个含矿层中矿体断续集中在4个地区,构成了上游、常胜、东部和跃进矿体群,各矿体群相距300～400m。①上游矿体群:有7个平行矿层,分布于Ⅱ～ⅩⅢ剖面间,矿体呈似层状和扁豆状出现,产于千枚岩与大理岩之间,界线清楚,产状一致,走向40°～60°,倾向南东,倾角45°～60°。矿体延长60～250m,厚度在1.25～5.76m之间,延深76～180m。②常胜矿体群:有5个平行矿层,分布在Ⅰ～Ⅻ剖面间,矿体在走向和倾向上多呈似层状及扁豆状,围岩上盘多为大理岩,下盘多为千枚岩,两者呈整合接触。矿体走向40°～60°,倾向南东,在500m以上倾角40°～50°,在500m以下60°～75°。③东部矿体群:有3个平行矿层,分布在ⅩⅥ~ⅩⅫ剖面间,矿体呈透镜体状出露于地表,沿走向和倾向呈较稳定的似层状、透镜状出现。矿体围岩为千枚岩或大理岩,界线清楚,整合接触。矿体走向40°~55°,倾向南东,倾角39°~52°,一般延长40~60m,延深达150m,厚度一般为几米。④跃进矿体群:有4个平行矿层,分布于Ⅱ~Ⅳ剖面间,矿体与围岩岩呈整合关系,矿体走向60°,倾向南东,倾角32°~35°,围岩为千枚岩和大理岩。矿体一般延长20~50m,延深30~120m,厚1~2m。

矿体群磁铁赤铁矿与菱铁矿(矿体)规模、产状、形态特征如表3-1-16所示。

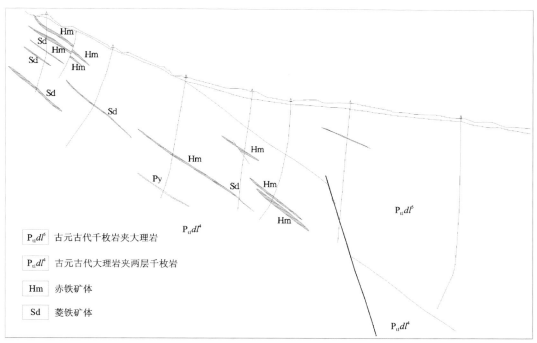

图3-1-21 临江市大栗子铁矿床20线剖面图

表3-1-16 临江市大栗子铁矿床矿体特征表

矿群名称	矿体编号	矿体规模			矿体产状			矿体形态	矿体围岩	标高/m
		长/m	厚/m	延深/m	走向/(°)	倾向	倾角/(°)			
上游区	2	50~95	2.49~3.63	24~215	45~50	南东	40~45	似层状	上盘千枚岩,下盘大理岩	400
	3	39~58	0.45~3.69	85~215						380
	3-1	90~140	2.5~2.6	175	42		40		上下盘千枚岩	200
	3-2	20~53	0.94~1.3	30~140	42		40			200
	5-1	30~155	2.7~5.63	300	42		40			
	5-2	45~100	1.5~3.5	65~105	42		40			315
	5-3	100~170	1.89~3.6	180	40		42			300
东部区	3	35~110	0.7~1056	45~180	50		45~65			625
	1	105~170	075~2.5	305	50		45			470
	2	45~90	0.68~1.82	50~180	40		56			415

续表 3-1-16

矿群名称	矿体编号	矿体规模			矿体产状			矿体形态	矿体围岩	标高/m
		长/m	厚/m	延深/m	走向/(°)	倾向	倾角/(°)			
东部区	5	40~250	0.6~8	350	45		40~65		局部千枚岩	450
	5-1	30~45	1		45		40~45			675
	5-2	75~90	2~3	105	45		42~50		大理岩	525
	6	40~75	2~11	150	45		40~55			590
	6-1	50~140	2~15	60~290	40		50			345
	6-2	25~85	2~12	60~190	40		45~56			545
中部区	5	15~80	0.8~3.77	18~100	40		40~60			420
	6-1	18~60	3.13~7.15	35~75	40		40~46	扁豆状		590
	6	45~140	5.89~11.25				50~60	透镜状		588
	11	130~180	2~3.4	150~180	55		45~50		千枚岩	435
	11-1	10~80	1.11~9.3	70~130	40		38~55	似层状		450
	7	10~40	0.75~2.49	30~120	40		42~50			530
	8	20~90	0.47~2.7	25~90	40		50~65			580
	8-1	90	1.02	90	40		45			705
	10	30~50	1.51~4	35~90	40		43~50			245
常胜区	1	45~90	1.42~2	45~90	40		40			440
	2	50~130	1.12~2.8	80~130	40		45			375
	3	50~220	3~7.67	95~280	40		40			330

(3) 以大理岩为主、局部夹千枚岩的矿层中矿体规模、形状及产状：矿石类型包括花斑状赤铁矿和菱铁矿，产状变化较大。①东部矿体群一般延长 40~150m，延深在 200m 左右，厚 2~5m，呈似层状，分布标高 700~300m，有 8 个平行矿层，分布在Ⅰ~Ⅹ剖面间。矿体沿走向和倾向呈透镜状、豆荚状及似层状，个别为束状。矿体围岩大部分为大理岩，局部为千枚岩，且两者界线清楚，产状一致。其中 6 号矿体呈似层状，上部为花斑状赤铁矿，下部为菱铁矿。地表出露Ⅱ~Ⅷ剖面，长 320m。矿体受 50°~65°挤压带（宽 5~30m）控制，造成局部与围岩层理斜交。下部为菱铁矿，分布在Ⅲ~Ⅷ剖面间，670m 标高延长 190m，厚 6.79~17.85m；500m 标高延长 215m，厚 6.9m。矿体延深Ⅶ剖面为 275m，Ⅷ剖面矿体尖灭标高为 405m。②中部矿体群有 6 个平行矿层，矿体沿走向呈似层状、扁豆状分布。矿体走向 40°~55°、倾向南东，倾角 40°~60°，矿体一般延长 30~140m，延深 35~230m，厚 1~3m，分布标高 700~400m。其中 5 号矿体呈似层状，延深 180m，厚 3~5m，矿体顶端标高 730m，尾端标高 565m，走向北东，倾向南东，倾角 50°~60°。

(4) 以千枚岩为主的含矿层中矿体规模、形状及产状：西部区以西以赤铁矿为主，而东部区以菱铁矿为主。①西部矿体群有 14 个矿层，分布于Ⅰ~Ⅸ剖面间，矿体呈似层状、扁豆状及透镜状出现。围岩多为千枚岩，两者界线清楚，整合接触，走向 40°~55°，倾向南东，倾角 40°~50°，于 140m 向下倾角变缓，为 25°~35°。矿体延长 20~100m，延深 30~150m，厚 1~12m。其中 11 号矿体分布于Ⅱ~Ⅷ剖面间，矿体顶端在 545m 标高（Ⅱ剖面），尾端在 0m 标高（Ⅵ剖面）。矿体呈上下两端延长短、中间延长长且厚度大的透镜状。380m 水平延长 180m,厚 4m;300m 水平延长 50m,厚 3～3.5m;220m 水平延长 48m,厚 2m(Ⅴ～Ⅷ剖面间);140m 水平延长 97m,厚 3～7.7m;60m 水平延长 33m,厚 1.16m(Ⅴ～Ⅶ剖面间);0m 水平延长 25m,厚 0.72m。在Ⅶ～Ⅶ+35m 为花斑状赤铁矿,Ⅶ+35m～Ⅷ为菱铁赤铁矿或者菱铁磁铁矿。该矿体为矿区内最大矿体之一,矿石类型在 60m 以上为赤铁矿,在 60m 水平以下递变为菱铁矿。走向 40°～50°,倾向南东,倾角 40°～50°,下部倾角为 25°～35°。②中部矿体群有 6 个平行矿层,分布在Ⅸ～ⅩⅤ剖面间,矿体沿矿层呈不连续的似层状和扁豆状分布,围岩均为千枚岩,且两者呈整合接触,走向 40°～55°,倾向南东,倾角 45°～55°。矿体一般延长 30～100m,延深 40～150m,厚 1～3m,标高 700～500m。其中 11 号矿体分布在Ⅺ～Ⅷ剖面间,顶端标高 600m 左右,尾端标高 435m,延深 135m;600m 水平延长 90m,厚 1～2m,510m 水平,延长 100m,厚 1～5m。矿体矿石类型全为赤铁矿,围岩为千枚岩,两者界线清楚,呈整合接触,走向 50°～60°,倾向南东,倾角 40°～50°,呈似层状。③东部矿体群矿石类型以菱铁赤铁矿为主。东风区矿体群有 11 个矿层,矿体呈扁豆状、似层状出现,与围岩呈整合接触,界线清楚,围岩均为千枚岩,矿体走向 45°～60°,倾向南东,倾角 30°～50°。矿体延长 25～60m,延深 25～150m,厚 1～4.25m。

3. 矿石物质成分

1) 物质成分

大栗子铁矿床不仅有大栗子岩组的沉积变质铁矿(大栗子式铁矿),还有震旦系的羚羊石铁矿(鲕绿泥石)和矽卡岩型含锰磁铁矿,除了铁矿外尚有铜铅锌矿。

(1) 矿石矿物成分:大栗子式铁矿以赤铁矿、菱铁矿及磁铁矿 3 种为主,并且赤铁矿、菱铁矿及磁铁矿等矿物常相互结合形成磁铁赤铁矿、菱铁磁铁矿及菱铁赤铁矿。

(2) 矿石化学成分:大栗子铁矿为一多类型的富铁矿床,各类型铁矿的含铁量比较高,绝大部分均为富铁矿,少部分为贫铁矿。

致密状赤铁矿及菱铁矿中含铁量几乎与理论品位相差无几,花斑状赤铁矿 $SiO_2+Al_2O_3$ 与 $CaO+MgO$ 比值近于 1,可称为自熔性矿石,含锰磁铁矿为酸性矿石。

矿石中有益成分为 Fe 及 Mn,矿石中赤铁矿为 Fe_2O_3,磁铁矿为 Fe_3O_4,菱铁矿为 $FeCO_3$,含锰磁铁矿为 $Fe(Mn)_3O_4$。菱铁矿石 TFe 一般含量 30%～40%,个别含铁量高达 44.00%;Mn 含量 1.0%～2.9%;S 含量一般 0.1%～1.4%;P 含量 0.01%～0.04%。磁铁矿石 TFe 含量 46%～58%,个别含量达 64.00%;Mn 含量 0.195%～0.543%,平均 0.240%;S 含量 0.040%～0.178%,平均仅为 0.09%;P 含量 0.026%～0.028%;SiO_2 含量 5.76%～8.16%。含锰磁铁矿石 TFe 含量 26%～44%,平均含量 33.43%;FeO 含量 1%～14%;矿石中 Mn 含量 26%～80%,平均 8.29%;S 含量 0.01%～0.16%,平均 0.065%。Mn 与矿石类型有关,如致密状赤铁矿及花斑状赤铁矿中 Mn 均少于 2.5%,一般均在 1%～1.5% 之间。四方顶子区含锰磁铁矿 Mn 含量在 4.30%～11.02% 之间,平均 6.98% 左右。

矿石中有害成分为 S、P、Cu、Pb、Zn、AS 等。S 以黄铁矿或黄铜黄铁矿呈细脉状、网脉状团块状及浸染状或星散状产出。S 含量 0.02%～0.07%;矿石中 P 与磷灰石有关,一般含量 0.001%～0.104%,平均含磷量 0.09% 左右;矿石中 Cu、Pb、Zn 及 As 分别以黄铜矿或黄铜黄铁矿、方铅矿闪锌矿及毒砂等有关。

造渣组分为 SiO_2、Al_2O_3、CaO 及 MgO。MgO 与矿石中白云石或铁白云石等矿物有关,SiO_2 与矿石中石英有关,Al_2O_3 与矿石中黏土质矿物绢云母、绿泥石等矿物有关。

2) 矿石类型

(1) 矿石自然类型:褐铁矿、赤铁矿、菱铁矿、磁铁矿、含锰磁铁矿。大栗子铁矿有赤铁矿、菱铁矿、磁铁矿 3 种主要自然类型矿石,在同一矿体中相结合组成 2 种或 3 种变种矿石,这 3 种不同自然类型矿石常分布在不同部位。按大栗子矿区各种矿石类型分布规律来看,赤铁矿均分布在地表或浅部或一直延深得很深;磁铁矿一般分布在浅部或中部,地表也有分布;菱铁矿均在赤铁矿或磁铁矿向下延深部分。

(2)矿石工业类型:赤铁富矿—40%—赤铁贫矿;菱铁富矿—30%—菱铁贫矿;磁铁富矿—40%—磁铁贫矿。

(3)矿石成因类型:褐铁矿—(赤铁矿、菱铁矿、磁铁矿);赤铁矿—磁铁矿;赤铁矿—菱铁矿;菱铁矿—磁铁矿;赤铁矿;菱铁矿;磁铁矿;磁铁矿(含锰磁铁矿)。

3)矿物组合

金属矿物主要为赤铁矿、菱铁矿、磁铁矿、鲕绿泥石、含锰磁铁矿;脉石矿物主要为白云石、方解石、绿泥石、绢云母、石英等。

4)矿石结构构造

矿石呈致密块状、斑点状、角砾状、细脉状、同心环带状(葡萄状)、土状构造(褐铁矿石)。

4. 蚀变及矿体分带性

(1)磁铁矿的围岩绝大部分为绿泥岩、绿泥石千枚岩及一些蚀变岩石。

(2)矿体分带性:①当赤铁矿或花斑状赤铁矿过渡为菱铁矿时有下列两种情形,由赤铁矿或花斑状赤铁矿过渡到菱铁矿时常有10~15m镁铁白云石、白云石及白云质大理岩过渡带;当赤铁矿过渡为磁铁矿时两者无过渡带,亦无隔层,两种铁矿互相消长。②由矿中心部分向两端的走向变化为致密状赤铁矿→花斑状赤铁矿→赤铁矿化大理岩或千枚岩→菱铁矿→大理岩;致密状赤铁矿→花斑状赤铁矿→赤铁矿化大理岩或千枚岩→大理岩或千枚岩;菱铁矿→菱铁矿化大理岩或富金属硫化物大理岩→大理岩;磁铁矿→磁铁赤铁矿→磁铁赤铁矿化大理岩→大理岩。③单矿体中不同矿石类型的变化(自上而下沿倾向)为赤铁磁铁矿→菱铁磁铁矿→磁铁菱铁矿→矿化白云质大理岩;致密状赤铁矿→花斑状赤铁矿→菱铁磁铁矿→磁铁菱铁矿→矿化千枚岩或矿化白云质大理岩;致密状赤铁矿→赤铁磁铁矿混杂存在→磁铁矿→磁铁矿化大理岩→大理岩;赤铁矿→紫红色镁铁白云石→花斑状赤铁矿→紫红色镁铁白云石→大理岩;花斑状或角砾状赤铁矿→紫红色镁铁白云石或角砾状镁铁白云石→菱铁矿→富硫化物菱铁矿或矿化大理岩→大理岩;角砾状赤铁矿或花斑状赤铁矿→镁铁白云岩→矿化大理岩→大理岩;菱铁矿→菱铁矿化大理岩或绿泥石化大理岩→大理岩。

5. 成矿阶段

(1)沉积成矿期:赤铁矿—菱铁矿—含镁菱铁矿,白云石及方解石沉积。

(2)变质成矿期依据矿石结构、构造及矿石自然类型与空间分布划分为:①含铁碳酸岩区域变质阶段。形成薄层菱铁矿与薄层绿泥石相间,呈现条纹状构造,在菱铁矿尖灭处,围岩具矽化、大理岩化、绢云母化。②赤铁矿形成阶段。溶蚀交代含镁菱铁矿,白云石及方解石形成不规则蚕蚀状残块构造。③磁铁矿形成阶段。赤铁矿与绿泥石发生变质反应,形成环带状、葡萄状或同心环带状构造。磁铁矿的围岩绝大部分为绿泥石千枚岩及一些蚀变及区域变质岩石。

各种矿石自然类型分布规律反映出赤铁矿均分布在地表或浅部或一直延深得很深;磁铁矿也一般分布在浅部或中部,地表也有分布;菱铁矿均在赤铁矿或磁铁矿向下延深部分。这说明菱铁矿形成在先、赤铁矿次之、磁铁矿最后形成的区域变质成矿作用。

(3)表生成矿期:磁铁赤铁矿石、菱铁磁铁矿石、菱铁赤铁矿石经次生改造形成褐铁矿,在孔洞中可见充填的石膏晶体。

6. 成矿时代

古元古代辽吉裂谷老岭岩群大栗子岩组沉积为物质成分汇聚时期,中、新元古代区域变质为大栗子式铁矿空间就位时代。大栗子组的同位素年龄为1786~1727 Ma,由此推断大栗子铁矿的成矿年龄在1700 Ma左右。

7. 成矿地球物理化学条件

(1) 成矿温度、压力：大栗子岩组沉积的含铁碳酸盐-泥质岩石韵律沉积为常温、常压环境，区域变质形成绿泥石-大理岩组合呈低级区域变质岩石特点。

(2) 成矿介质酸碱度：含铁碳酸盐-泥质岩石韵律沉积反映沉积环境向弱酸性发展的趋势特征。

(3) 成矿溶液组分：碳酸盐岩-铁。

8. 物质来源

铁矿的成矿物质来源于陆源碎屑岩物质的沉积，在一定的物理化学条件下沉积变质形成铁矿。

9. 控矿因素及找矿标志

(1) 控矿因素：大栗子岩组地层控矿，含铁碳酸盐岩与泥质岩石组合呈现出岩性的控矿作用；区域构造作用，尤其是向斜褶皱的空间分布，起到对矿体展布的控制作用。

(2) 找矿标志：大栗子岩组地层、含铁碳酸盐岩与泥质岩石，即绿泥石-大理岩变质岩石组合；区域构造作用，尤其是向斜褶皱的空间分布。

10. 矿床形成及就位机制

古元古代在胶辽吉裂谷的环境下或裂谷之后形成的老岭凹陷盆地环境下形成的黏土-碎屑岩正常沉积建造——大栗子岩组沉积，沉积环境为相对稳定的半封闭浅海氧化—还原—氧化环境，沉积物是稳定的同源物质。在沉积阶段富含 Fe、Mn、Mg 的泥质沉积物形成了赤铁矿-菱铁矿-含镁菱铁矿，在后期变质改造的过程中，由于还原—氧化环境的改变，形成了大部分磁铁矿，由于区域所处构造环境的差异性，形成了不同矿段矿体和矿物的差异性。总之，古元古代在辽吉裂谷的环境下或裂谷之后形成的老岭凹陷盆地的环境为物质成分汇聚时期，中、新元古代区域变质为大栗子式铁矿空间就位时代。

11. 成矿模式与成矿要素

临江市大栗子铁矿床成矿模式见图 3-1-22、表 3-1-17，成矿要素见表 3-1-18。

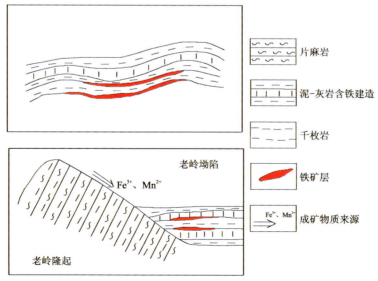

图 3-1-22　临江市大栗子铁矿床成矿模式图

表 3-1-17 临江市大栗子铁矿床成矿模式表

名称	临江市大栗子铁矿床			
概况	东经	126°50′00″	北纬	41°48′00″	地理位置	临江市大栗子镇
	主矿种	铁	储量	富铁矿石 24.53×10⁴t；合计铁矿石 162.42×10⁴t	品位	富铁矿石 40%
成矿的地质构造环境	矿床位于华北东部陆块（Ⅱ）胶辽吉古元古代裂谷带（Ⅲ）的老岭坳陷盆地（Ⅳ）内			
各类及主要控矿因素	古元古代胶辽吉裂谷老岭岩群大栗子岩组地层控矿，含铁碳酸盐岩与泥质岩石组合呈现出岩性的控矿作用；大栗子岩组地层经区域构造作用，尤其是向斜褶皱的空间分布，对矿体展布起到控制作用			
矿床的三度空间分布特征	产状	矿体严格受构造控制，主要赋存于近东西向压性破碎带中，其产状走向 30°～70°，倾向南，倾角 35°～70°		
	形态	不规则透镜状、似层状		
	分带	赤铁矿均分布在地表或浅部或一直延深得很深；磁铁矿一般也分布在浅部或中部，在地表也有分布；菱铁矿均在赤铁矿或磁铁矿向下延深部分		
	埋深	矿体埋深 0～200m		
矿床的物质组成	矿石类型	以磁铁矿石、赤铁矿石、菱铁矿石为主，也有磁铁赤铁矿石、菱铁磁铁矿石、菱铁赤铁矿石		
	矿物组合	矿石矿物以磁铁矿、赤铁矿、菱铁矿为主，也有磁铁赤铁矿石、菱铁磁铁矿石、菱铁赤铁矿石		
	结构构造	矿石结构：主要有自形—半自形粒状、他形粒状、交代结构等，斑状结构次之；矿石构造：磁铁矿-赤铁矿-菱铁矿石多见花斑状、角砾状、块状、条纹状、条带状、葡萄状-同心环带状构造，以似层状构造为主，局部见纤维状构造		
	主元素含量	Fe：磁铁/赤铁富矿石>40%，菱铁富矿石>30%		
	伴生元素含量	Mn：赤铁矿石 0.8%～1.2%；菱铁矿石 1.0%～2.9%		
成矿期次	古元古代辽吉裂谷老岭岩群大栗子岩组沉积成矿期：赤铁矿-菱铁矿-含镁菱铁矿、白云石及方解石沉积。中新元古代胶辽吉裂谷沉积岩石变质成矿期：含铁碳酸盐岩区域变质阶段，形成薄层菱铁矿与薄层绿泥石相间，呈现条纹状构造。在菱铁矿尖灭处，围岩大矽化、大理岩化、绢云母化；赤铁矿形成阶段，溶蚀交代含镁菱铁矿、白云石及方解石形成不规则蚕蚀状残留构造；磁铁矿形成阶段，赤铁矿与绿泥石发生变质反应，形成环带状、葡萄状或同心环带状构造。磁铁矿的围岩绝大部分为绿泥石千枚岩及一些蚀变（区域）变质岩石。表生成矿期：磁铁赤铁矿石、菱铁磁铁矿石、菱铁赤铁矿石经次生改造形成褐铁矿；在孔洞中可见充填的石膏晶体			
矿床的地球物理特征及标志	重力高异常是该类型铁矿找矿远景区（段）的重要划分标志；1∶5 万航空磁测在北东向负场线性梯级带边部出现的似椭圆状强度较弱的低缓异常（$\Delta T_{max}\approx 80nT$）为特征，这种负磁场中的低值弱异常是此类型矿床较典型的找矿标志；地磁异常均属强度一般不超过 1000nT 的呈串珠状有规律分布的低缓异常，地面磁测是寻找经过岩浆热液蚀变改造的大栗式富铁矿的一种最有效手段			

续表 3-1-17

名称	临江市大栗子铁矿床
成矿物理化学条件	成矿温度与压力：大栗子岩组沉积的含铁碳酸盐-泥质岩石韵律沉积为常温、常压环境，区域变质形成绿泥石-大理岩组合呈低级区域变质岩特点；成矿介质酸碱度：含铁碳酸盐-泥质岩石韵律沉积反映出沉积环境向弱酸性发展的趋势性特征； 成矿溶液组分：碳酸盐岩-铁
成矿时代	古元古代胶辽吉裂谷老岭岩群大栗子岩组沉积为物质成分汇聚时期，中、新元古代区域变质为大栗子式铁矿空间就位时代
矿床成因	沉积变质成因类型

表 3-1-18 临江市大栗子铁矿床成矿要素表

成矿要素		内容描述	类别
特征描述		属沉积变质型矿床	
地质环境	岩石类型	含铁碳酸盐岩、泥质岩，经区域变质形成绿泥石-大理岩	必要
	成矿时代	中、新元古代	必要
	成矿环境	矿床位于华北东部陆块（Ⅱ）胶辽吉古元古代裂谷带（Ⅲ）的老岭坳陷盆地（Ⅳ）内	必要
	构造背景	大栗子岩组经区域构造作用，尤其是向斜褶皱的空间分布对矿体展布起到控制作用	重要
矿床特征	矿物组合	矿石矿物以磁铁矿、赤铁矿、菱铁矿为主，也有磁铁赤铁矿石、菱铁磁铁矿石、菱铁赤铁矿石	重要
	结构构造	矿石结构：主要有自形—半自形粒状、他形粒状、交代结构等，斑状结构次之。 矿石构造：磁铁矿-赤铁矿-菱铁矿石多见花斑状、角砾状、块状、条纹状、条带状、葡萄状—同心环带状构造，以似层状构造为主，局部见纤维状构造	次要
	控矿条件	古元古代胶辽吉裂谷老岭岩群大栗子岩组地层控矿，含铁碳酸盐岩与泥质岩石组合呈现出岩性的控矿作用；大栗子岩组经区域构造作用，尤其是向斜褶皱的空间分布对矿体展布起到控制作用	必要

四、浑江式海相沉积变质型（临江市青沟铁矿床）

1. 地质构造环境及成矿条件

该矿床位于前南华纪华北东部陆块（Ⅱ）胶辽吉古元古代裂谷带（Ⅲ）老岭坳陷盆地（Ⅳ）内。

1）地层

该区出露的地层主要有古元古界老岭群珍珠门组、新元古界青白口系钓鱼台组和南芬组。

（1）珍珠门组：主要为白云质大理岩，分布在矿区的北部。

（2）钓鱼台组：底部为紫红色砂岩及赤铁矿层，中部为砂砾岩及粗粒石英岩，上部为细粒石英岩，矿区内厚350m。底部紫红色砂岩及赤铁矿层的下面为含铁石英岩,无一定层位,呈扁豆状分布,直接与大理岩呈不整合接触。含铁品位较低,在5%左右。中间为含铁角砾岩层,为区域上的主要赋矿层位。以石英岩为主的角砾棱角明显,砾石直径一般为3~4cm,最大15cm。角砾间的胶结物主要为铁质。角砾成分的多少直接影响矿石的品位,一般含Fe品位为20%~30%。上边铁质砂砾岩层呈扁豆体状分布。砾石成分主要为石英岩和千枚岩碎片,形状浑圆,胶结物为铁质,向上逐渐变为泥质和铁质胶结。砂砾岩及粗粒石英岩砂砾岩层位于含铁砂砾岩之上,砾石成分主要为石英岩和千枚岩碎片,胶结物为泥质及少量的硅质与铁质。粗粒石英岩呈薄层状,主要成分为石英,其次为长石和极微量的锆石与电气石;细粒石英岩主要成分为石英。

2)构造

区域构造主要为成矿后的断裂构造,以北北西、北北东向两组最为发育,北北东向断层早于北北西向断层,被北北西向断层错断。由于断层的错断作用,矿体空间上发生位移,同时使含矿层在矿区内重复出现。

2. 矿体三度空间分布特征

矿床含矿层呈稳定的层状,规模较大,一般厚30~50m,位于钓鱼台组底部紫红色砂岩及赤铁矿层中,厚度变化不大。含矿层走向45°,倾向南东,倾角40°~50°,东西延长4000m。含铁角砾岩在含矿层内呈扁豆状连续分布,含铁角砾岩中的矿体厚度变化很大,最厚14m多,最薄仅几厘米。矿体与含铁角砾岩没有明显界限,呈渐变关系。在C—C′剖面上含铁角砾岩在地表出露宽30多米,CK15钻孔沿倾斜760m处变为宽15m左右,推测矿体向深部有尖灭趋势。另外根据钻孔资料,深部倾角一般30°~35°,矿层深部倾角有变缓的趋势,见图3-1-23。

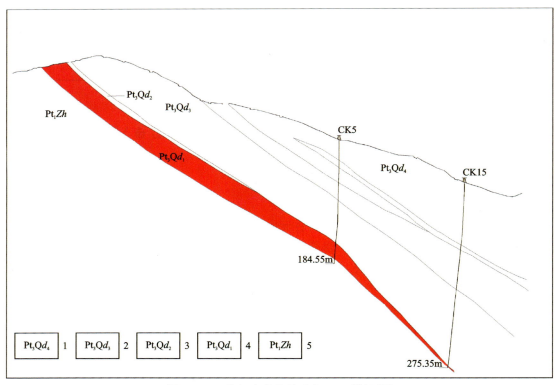

图 3-1-23 临江市青沟铁矿床 C—C′剖面图

1.新元古界钓鱼台组粗粒夹中粒石英砂岩;2.新元古界钓鱼台组粗粒石英砂岩;3.新元古界钓鱼台组砂砾岩;
4.新元古界铁质角砾岩;5.古元古界珍珠门组白云岩

富铁矿赋存在含铁角砾岩中,含铁角砾岩沿层位很稳定,富矿体在含铁角砾岩中无一定层位,呈不规则的团块状,含铁角砾岩的平均品位15%～20%,其中富矿体平均品位34.3%,平均厚5.2m,属贫铁矿。地表矿体厚并且平均品位高,延深至深部矿体变薄且平均品位降低。

3. 矿床物质成分

(1)物质成分:矿石成分非常简单,有用金属矿物主要为赤铁矿,有少量褐铁矿。有害组分主要为S和P,含量甚微。

(2)矿石类型:主要为角砾状赤铁矿矿石。

(3)矿物组合:金属矿物主要为赤铁矿,有少量褐铁矿;脉石矿物主要为石英。

(4)矿石结构构造:结构以自形—他形粒状为主;构造以角砾状、致密块状、砂砾状为主。

4. 成矿阶段

(1)早期沉积阶段:源于盆地两侧的含铁变质岩系中的铁质被风化带入海盆,以铁质氧化物胶结砂砾石生成含铁石英岩和铁质角砾岩,形成含矿岩系,局部富集成矿。

(2)后期表生阶段:后期的构造运动对矿体的破坏和表生风化淋滤作用形成含铁的次生矿物。

5. 成矿时代

浑江式铁矿受青白口系钓鱼台组地层控制,在钓鱼台组获得K-Ar年龄为818Ma,因为该矿床为同沉积型,因此推断该矿床的成矿年龄在818Ma左右。

6. 成矿物理化学条件

含矿岩层下部为铁质石英岩层,中部为铁质角砾岩层,上部为铁质砂岩层,往上为不含砾石的不等粒长石石英砂岩。石英砂岩的碎屑矿物分选差,又有长石等不稳定矿物存在,说明原岩物质来源于陆源,为搬运距离短、沉积速度快、岩相及厚度变化大的滨海相沉积。含铁变质岩系的铁质由于物理化学风化作用被解离出来,随径流及潜流经短距离的搬运带到滨海地带,在干燥快速蒸发的氧化条件下,胶结砂砾石而形成赤铁矿矿石。浑江盆地南岸尚有菱铁矿与赤铁矿伴生,是在氧化—还原条件下形成的。

7. 物质来源

成矿物质主要来源于陆源剥蚀区,盆地两侧的含铁变质岩系的铁质由于风化作用被带到滨海地带,在氧化条件下胶结砂砾石而成矿。

8. 控矿因素及找矿标志

(1)控矿因素:基底构造控矿表现在所有浑江式铁矿矿床(点)都产出于老岭坳陷盆地内,即老岭坳陷盆地控制了青白口系钓鱼台组的沉积分布空间。后期断裂构造对矿体的控制作用主要表现在对含矿层及矿体的错断,使矿体空间上不连续。地层控矿主要受青白口系钓鱼台组控制。

(2)找矿标志:钓鱼台组铁质石英岩层和铁质角砾岩层的出露区是找矿的必要条件;出露铁质角砾岩露头或见有铁质角砾岩转石及赤铁矿转石是找矿的直接标志。

9. 矿床形成及就位机制

浑江式铁矿原岩物质来源于陆源,经短距离搬运后快速在滨海沉积。随之而来的铁质在干燥快速蒸发的氧化条件下,胶结砾石而形成含铁角砾岩层,即矿层。

10. 成矿模式与成矿要素

临江市清沟铁矿床成矿模式见图3-1-24,表3-1-19,成矿要素见表3-1-20。

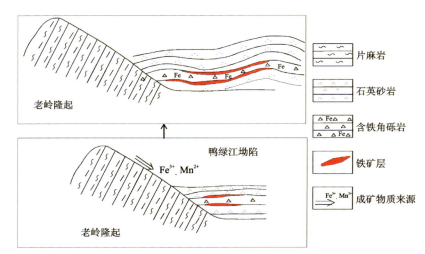

图 3-1-24　临江市白房子铁矿床成矿模式图

表 3-1-19　临江市青沟铁矿床成矿模式表

名称	临江市青沟铁矿床					
概况	东经	126°08′00″—126°23′00″	北纬	41°00′00″—42°02′27″	地理位置	八道江镇
	主矿种	赤铁矿矿石	储量	1903×10^4 t	品位	34.33%
成矿的地质构造环境	前南华纪华北东部陆块（Ⅱ）胶辽吉古元古代裂谷带（Ⅲ）的老岭坳陷盆地（Ⅳ）内					
各类及主要控矿因素	构造控矿：基底构造控矿表现在所有浑江式铁矿矿床（点）都产出于老岭坳陷盆地内,即老岭坳陷盆地控制了青白口系钓鱼台组的沉积分布空间,后期断裂构造对矿体的控制作用主要表现在对含矿层及矿体的错断,使矿体空间上下不连续； 地层控矿：主要受青白口系钓鱼台组控制					
矿床的三度空间分布特征	产状	走向45°,倾向南东,倾角40°～50°				
	形态	扁豆状				
矿床的物质组成	矿石类型	角砾状赤铁矿矿石				
	矿物组合	金属矿物主要为赤铁矿,有少量褐铁矿；脉石矿物主要为石英				
	结构构造	矿石结构：以自形—他形粒状结构为主；矿石构造：以角砾状、致密块状、砂砾状构造为主				
	主元素含量	34.3%				
	伴生元素含量	S 和 P,含量甚微				
成矿期次	早期沉积阶段形成含矿岩系,局部富集成矿；后期表生阶段形成含铁矿物的次生富集					
成矿时代	818 Ma 左右					
矿床成因	海相沉积					

表 3-1-20　临江市青沟铁矿床成矿要素表

成矿要素		内容描述	类别
特征描述		矿床属沉积变质型	
地质环境	岩石类型	含矿岩层下部为铁质石英岩层,中部为铁质角砾岩层,上部为铁质砂岩层	必要
	成矿时代	818 Ma 左右	必要
	成矿环境	浑江凹陷和鸭绿江凹陷盆地	必要
	构造背景	老岭坳陷盆地	重要
矿床特征	矿物组合	金属矿物主要为赤铁矿,有少量褐铁矿;脉石矿物主要为石英	重要
	结构构造	矿石结构:以自形—他形粒状结构为主;矿石构造:以角砾状、致密块状、砂砾状构造为主	次要
	控矿条件	构造控矿:基底构造控矿表现在所有浑江式铁矿矿床(点)都产出于老岭坳陷盆地内,即老岭坳陷盆地控制了青白口系钓鱼台组的沉积分布空间,后期断裂构造对矿体的控制作用主要表现在对含矿层及矿体的错断,使矿体空间上不连续; 地层控矿:主要受青白口系钓鱼台组控制	必要

第二节　铬铁矿典型矿床研究

吉林省铬铁矿只有 1 种成因类型,即侵入岩浆型,选取了永吉县小绥河铬铁矿床 1 个典型矿床开展铬铁矿成矿特征研究。

一、永吉县小绥河铬铁矿床特征

1. 地质构造环境及成矿条件

(1)构造背景:大地构造位置位于天山-兴蒙-吉黑造山带(Ⅰ1)小兴安岭-张广才岭弧盆系(Ⅱ3)小顶山-张广才岭-黄松裂陷槽(Ⅲ2)双阳-永吉-蛟河上叠裂陷盆地(Ⅳ4)内,所属成矿区带为山河-榆木桥子金-银-钼-铜-铁-铅-锌成矿带(Ⅳ)大绥河铜-铁找矿远景区(Ⅴ)。

(2)地层:泥盆纪—石炭纪通气沟组,主要岩性为砂岩、粉砂岩;志留纪—泥盆纪二道沟群浅海相碎屑岩,呈带状分布,主要岩性为砂岩、灰岩、板岩等,见图 3-2-1。

(3)岩体:区内出露的岩浆岩主要为小绥河超基性岩体,岩性为橄榄岩,受蛇纹石化具网格结构、交代残余结构,块状、角砾状构造,局部呈片状构造。同位素年龄 360Ma(沈阳地质矿产研究所,2004),岩体已全部蛇纹石化,原生造岩矿物及原岩结构构造已被破坏,仅按次生结构划分为粗粒叶蛇纹岩和致密状蛇纹岩。粗粒叶蛇纹岩是主要近矿围岩。其次为通气沟岩体,岩体也已全部蛇纹石化,以致密状蛇纹岩为主,局部见粗粒叶蛇纹岩,致密状蛇纹岩为主要近矿围岩。此外,还有中生代侵入的辉绿岩和石英钠长斑岩呈脉状侵入于岩体上盘围岩及岩体中,对①、②号矿体在近地表起破坏作用。

4)构造

(1)矿区内控岩、控矿构造:伊舒大断裂控矿,主要为"人"字形构造控制。主干断裂为走向北东74°,

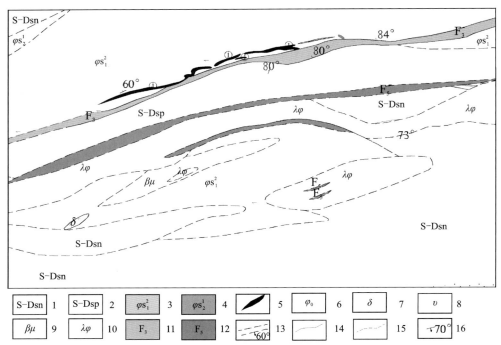

图 3-2-1　永吉县小绥河铬铁矿矿区地质图

1.志留纪—泥盆纪泥质砂岩、粉砂岩；2.志留纪—泥盆纪砂岩、灰岩、板岩；3.粗粒叶蛇纹岩；4.致密状蛇纹岩；5.铬铁矿体；6.角闪岩；7.闪长岩；8.辉长岩；9.辉绿岩；10.石英钠长斑岩；11.斜冲断层及断层带内的断层泥；12.压扭性破碎带；13.逆断层倾向及倾角；14.实测地质界线；15.推测地质界线；16.接触面产状/倾斜流线构造及倾角

倾向南东的张扭性断裂；支叉在主干北侧，产状 10°～30°<70°～80°。超基性岩浆沿"入"字形构造侵入，形成了平面上和剖面上都带有支叉或膨缩现象的脉状单斜岩体。岩体分叉、膨大部位控矿构造最发育，严格受裂隙控制，并与破碎带有关。其次矿体受"多"字形构造控制。

（2）成矿后构造：成矿后断裂较发育，表现为多期脉岩及断裂破碎带。断裂位于岩体上盘矿体南侧，长 600m，破碎带宽 5～6m，总体走向 74°，呈舒缓波状，倾向南东，倾角 61°～82°，多处破坏矿体，深部对矿体影响不大。

2. 矿体特征

铬矿体最长 93m，呈似脉状、雁行状、扁豆状产出，厚度小于 1m，矿体东富西贫，Cr_2O_3 最高品位 33.43%，最低品位 6.18%，平均 22.81%。矿体主要赋存在标高 110m 以上的浅部，详查深度在主要地段达 300m，最大控制深度 400m。在一个矿体中，往往中心为稠密浸染状，向边缘过渡为浸染状及致密块状矿化岩石。基本查清了①号与②号矿体形状、产状、规模及矿石质量。

①号矿体：矿体赋存在粗粒叶蛇纹岩中，呈脉状、雁行状分布。总体产状 164°∠72°，与岩体产状一致，扁豆状单矿体产状为 165°∠72°，主要倾向与矿体倾向相反。矿体地表已知长 93m，向西伸入水库中，据钻探资料（最大勘探深度 360.46m）及矿体产状特点推测延深 80m 左右，沿侧伏方向最大延深 150m，向下被北东向 F_3 断层破坏。扁豆状单个矿体水平长 1.8～7.8m，厚 0.35～2.4m，单个矿体连接部位无矿、薄矿部位长 0.24～4m。

②号矿体：该矿体与①号矿体同属一个控矿构造，产状与①号矿体一致，位于①号矿体分支膨大部位粗粒叶蛇纹岩南侧，与①号矿体相距 240m，由 3 个扁豆小矿体组成。长 33m，向东矿段断续延深 30 余米，含矿地段总长 70m，矿体平均厚度 0.66m，沿侧伏方向长轴最大延深 21m，向下被 F_3 断层破坏。矿石以中等浸染状为主，少许稠密浸染状矿石分布，见图 3-2-2。

③号矿体：位于①号矿体下盘的一盲矿体，产状 164°∠65°，向东倾伏，倾角 45°，沿倾伏方向延续

280m,垂直于倾伏方向20m,由若干小矿体断续排列,矿体平均厚度0.275m,矿石以稠密浸染状类型为主。矿体仅有4个钻孔控制,产状和规模可靠性差。

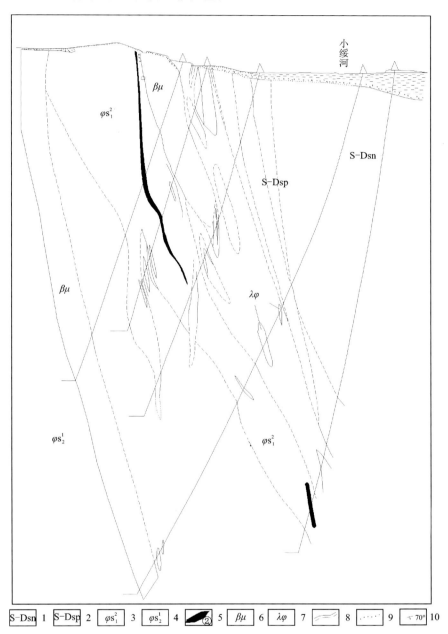

图 3-2-2　1号超基性岩体①号矿体Ⅱ线剖面图

1.志留纪—泥盆纪泥质砂岩、粉砂岩;2.志留纪—泥盆纪砂岩、灰岩、板岩;3.粗粒叶蛇纹岩;4.致密状蛇纹岩;5.铬铁矿体;6.辉绿岩;7.石英钠长斑岩;8.实测地质界线;9.推测地质界线;10.接触面倾向及倾角/倾斜流线构造及倾角

3. 矿石物质成分

（1）物质成分：主要有用成分为铬尖晶石,伴生有用组分为Fe、S。

（2）矿石类型：稠密浸染状矿石占60%,稀疏—中等侵染状及块状矿石占40%。

（3）矿物组合：主要矿物为铬尖晶石,次要矿物为赤铁矿、褐铁矿及微量磁铁矿、黄铁矿、针镍矿、硫钴矿和六方硫钴矿等;脉石矿物主要为叶绿泥石及单斜绿泥石,其次为白云石及少量铬斜绿泥石。

（4）矿石结构构造：矿石的结构主要为似斑状构造;矿石构造主要为稠密浸染状构造、稀疏浸染状构造、斑点状构造。

4. 蚀变类型

围岩蚀变主要有铬铁矿化、滑石化、碳酸盐化、硅化、褐铁矿化、绿泥石化、黄铁矿化。

5. 成矿阶段

成矿共分3个阶段：岩浆早期成岩阶段、早期变质阶段和成矿变形阶段。

（1）岩浆早期成岩阶段：为主成矿期，幔源超基性成矿物质上侵，岩浆上侵过程中经局部熔融，形成岩浆房堆积岩，继续沿深大断裂通道上侵，在成矿有利部位形成小而富的矿体。层状矿体产于超基性岩体变质的蛇纹岩中。

（2）早期变质阶段：岩浆在高温高压及大量水参与作用下，辉橄岩被蛇纹石化为粗粒叶蛇纹岩、致密状蛇纹岩。

（3）成矿变形阶段：岩浆晚期经构造变形作用，形成受裂隙控制的小规模、形状复杂的铬铁矿。

6. 成矿时代

小绥河岩体同位素年龄为360Ma（沈阳地质矿产研究所，2004），推测成矿时代为海西期。

7. 地球化学特征

粗粒叶蛇纹岩镁铁比值为9.36，致密状蛇纹岩镁铁比值为8.96。铬铁矿与富镁质的超基性岩有关，镁铁比值越高，对铬铁矿的生成越有利，已知含矿岩体镁铁比值一般为6～10。

8. 矿床形成及就位机制

幔源超基性成矿物质上侵，岩浆上侵过程中局部熔融，形成岩浆房堆积岩，使早期成矿物质活化，进一步迁移、聚集，继续沿深大断裂通道上侵，富集的铬铁矿熔体在挥发分及下面压力作用下，短距离移动而充填北东向伊舒断裂附近裂隙，在构造分叉、膨大部位及其附近成矿有利部位就位形成层状矿体，产于超基性岩体变质的蛇纹岩中。岩浆上侵能量释放，使大量地下水、天水等参与活动，高温高压作用使辉橄岩被蛇纹石化为粗粒叶蛇纹岩、致密状蛇纹岩，到岩浆晚期经构造变形作用形成小规模、形状复杂又严格受裂隙控制的铬铁矿。

9. 控矿因素及找矿标志

1）控矿因素

（1）构造控矿：受伊舒深大断裂控制，北东向构造既为容矿构造，也为控矿构造。

（2）粗粒叶蛇纹岩和致密状蛇纹岩为控矿岩体，提供赋矿层位。

2）找矿标志

与深大断裂有关的次级平行断裂控制了含铬铁矿基性—超基性岩的产出；以纯橄岩-斜辉橄榄岩、纯橄岩-斜辉辉橄岩-橄榄岩为主要的含矿岩石类型；重磁高为找矿地球物理标志；遥感浅色色调异常区、高度集中羟基异常及零星铁染异常为遥感找矿标志。

10. 成矿模式与成矿要素

永吉县小绥河铬铁矿成矿模式见图3-2-3，成矿要素见表3-2-1。

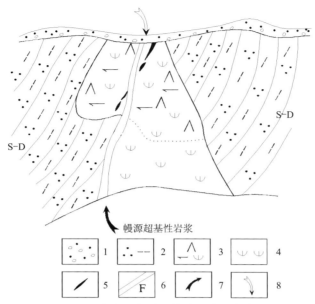

图 3-2-3 永吉县小绥河铬铁矿成矿模式图

1.第四系砂砾石;2.志留系—泥盆系二道沟群二云母石英片岩;3.致密状蛇纹岩;4.粗粒叶蛇纹岩;5.铬铁矿体;6.断层;7.深部超基性岩浆经分异成纯橄岩浆、辉橄岩浆及铬铁矿浆沿纵向冲断层先后贯入方向;8.天水移动方向

表 3-2-1　永吉县小绥河铬铁矿床成矿要素表

成矿要素		内容描述			类别
特征描述		属侵入岩浆型矿床			重要
		品位	22.81%	矿石储量	3.1×10^4 t	
地质环境	岩石类型	粗粒叶蛇纹岩、致密状蛇纹岩			必要
	成矿时代	小绥河岩体同位素年龄为360Ma(沈阳地质矿产研究所,2004),推测成矿时代为海西期			重要
	成矿环境	矿区位于山河-榆木桥子金-银-钼-铜-铁-铅-锌成矿带(Ⅳ5)大绥河铜-铁找矿远景区(Ⅴ13)内。矿床赋存于超基性岩体中,受深大断裂构造的影响,沿依兰-伊通深断裂的南缘活动带分布,成矿作用为岩浆熔离型			必要
	构造背景	大地构造位置位于天山-兴蒙-吉黑造山带(Ⅰ1)小兴安岭-张广才岭弧盆系(Ⅱ3)小顶山-张广才岭-黄松裂陷槽(Ⅲ2)双阳-永吉-蛟河上叠裂陷盆地(Ⅳ4)内;伊舒大断裂控矿,容矿控矿构造为北东向断裂			重要
矿床特征	矿物组合	矿石矿物类主要有铬尖晶石矿,次要有赤铁矿、褐铁矿及微量磁铁矿、黄铁矿、针镍矿、硫钴矿和六方硫钴矿等;脉石矿物有叶绿泥石及单斜绿泥石,其次为白云石及少量铬斜绿泥石			重要
	结构构造	矿石结构:主要有似斑状结构;矿石构造:有稠密浸染状、稀疏浸染状、斑点状构造			次要
	蚀变特征	区内围岩蚀变主要有铬铁矿化、滑石化、碳酸盐化、硅化、褐铁矿化、绿泥石化、黄铁矿化			重要
	控矿条件	①构造控矿:受伊舒深大断裂控制,北东向构造既为容矿构造,也为控矿构造;②粗粒叶蛇纹岩和致密状蛇纹岩为控矿岩体,提供赋矿层位;③矿体在围岩中均可见到,矿体均产在蚀变带内			必要

第三节 铜矿典型矿床研究

吉林省铜矿主要有 9 种成因类型:沉积变质型、火山岩型、基性—超基性岩浆熔离-贯入型、矽卡岩型、斑岩型、多成因复合型、热液矿型、次火山热液型、淋积型。本节主要选择了沉积变质型、火山岩型、基性—超基性岩浆熔离-贯入型、矽卡岩型、斑岩型 5 种成因类型 10 个典型矿床开展铜矿成矿特征研究(表 3-3-1),主要典型矿床特征如下。

表 3-3-1 吉林省铜矿典型矿床一览表

矿床成因型	矿床式	典型矿床名称	成矿时代
沉积变质型	大横路式	白山市大横路铜钴矿床	古元古代
火山岩型	红太平式	汪清县红太平多金属矿床	晚古生代
		磐石市石咀铜矿床	晚古生代
基性—超基性岩浆熔离-贯入型	红旗岭式	磐石市红旗岭铜镍矿床	中生代
		蛟河县漂河川铜镍矿床	中生代
		和龙市长仁铜镍矿床	晚古生代
	赤柏松式	通化县赤柏松铜镍矿床	古元古代
矽卡岩型	六道沟式	临江市六道沟铜钼矿床	中生代
斑岩型	二密式	通化县二密铜矿床	中生代
		靖宇县天合兴铜钼矿床	中生代

一、沉积变质型(白山市大横路铜钴矿床)

1. 地质构造环境

矿床位于前南华纪华北东部陆块(Ⅱ)胶辽吉古元古代裂谷带(Ⅲ)老岭坳陷盆地(Ⅳ)内。

(1)地层:区域内出露的地层由老至新有太古界老变质岩、古元古界老岭群及震旦系。

太古界老变质岩主要出露在大横路铜钴矿区的北部区域,呈北东向展布,岩性主要为角闪石英片岩、斜长角闪岩、角闪斜长片麻岩、混合质片麻岩,见图 3-3-1。

老岭群珍珠门组分布在大横路铜钴矿区的北部,呈北东向展布。岩性自下而上主要为碳质条带状大理岩、硅质条带白云石大理岩、白云质大理岩、透闪石大理岩、紫红色角砾状大理岩。

老岭群花山组为本区的赋矿层位,总体呈北东向展布。自下而上划分为 3 个岩性段,一段下部为绢云千枚岩夹石英岩、石英千枚岩夹薄层条纹状—条带状石英岩,上部为中厚层绢云千枚岩夹石英千枚岩;二段下部为绢云千枚岩夹大理岩透镜体、石英千枚岩夹条纹状石英岩透镜体,上部为绿泥绢云千枚岩、含碳绢云千枚岩;三段含钙千枚岩、绢云千枚岩夹含钙质绢云千枚岩。

(2)侵入岩:在区域的南部和北部分别见有印支期与燕山期的花岗岩及似斑状黑云母花岗岩岩体。矿区内见有少量的花岗斑岩脉和辉绿玢岩脉等。

(3)构造:矿区位于老岭背斜南东翼的次级褶皱三道阳岔-三岔河复式背斜的北西翼,小四平-荒沟山-南岔"S"形断裂带在矿区的北侧通过,矿区位于该断裂带与大横路沟断裂、大青沟断裂所围限的区域内。

区域内最大的褶皱构造为三道阳岔-三岔河复式背斜,核部为花山组第一岩性段,褶皱枢纽向南西倾伏,倾伏角17°~20°,北西翼厚度大于南东翼,铜、钴矿赋存于背斜北西翼。

矿区断裂构造发育,分北东向、北西向、近南北向及近东西向4组,其中北东向断裂最发育。

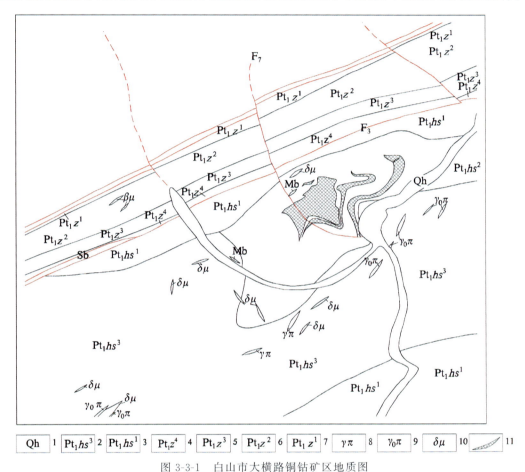

图 3-3-1 白山市大横路铜钴矿区地质图

1.第四系冲积物;2.绢云千枚岩夹石英千枚岩;3.绢云千枚岩夹大理岩、含碳绢云千枚岩;4.角砾状白云质大理岩;5.透闪石白云质大理岩;6.硅质条带白云质大理岩;7.硅质条带白云质大理岩;8.花岗斑岩;9.斜长花岗斑岩;10.闪长玢岩;11.矿体

2. 矿体三度空间分布特征

(1)矿体空间分布:矿体主要赋存在花山组第二岩性段含碳绢云千枚岩中。矿体主要受三道阳岔-三岔河复式背斜北西翼次一级褶皱构造控制,该褶皱由5个紧密相连褶曲组成,3个向形、2个背形,每个褶曲宽约200m。褶曲轴呈北东—南西向,枢纽产状215°∠30°,轴面近直立,顶端歪斜,矿体形态受复式褶皱控制,矿体与地层同步褶皱,见图3-3-2。褶皱向北东翘起,向南西倾伏,倾伏角17°~22°,沿走向呈舒缓波状。

(2)矿体特征:矿区共圈出3层矿体,矿体均呈层状、似层状、分支状或分支复合状,矿体均赋存在同一含矿层内,与围岩呈渐变关系,并同步褶皱,矿体连续性好。

Ⅰ号矿体控制长1340m,宽120~495m,平均宽315m,厚6.00~146.20m,平均厚68.98m。Co平均品位0.054%,伴生Cu平均品位0.16%。由于受构造形态的影响,矿体出露形态较为复杂,但总体走

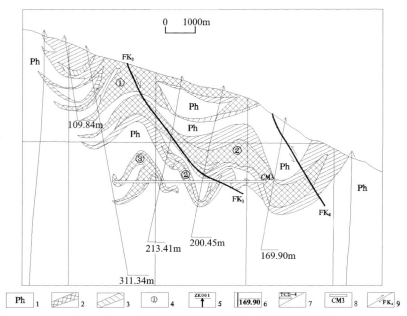

图 3-3-2 白山市大横路铜钴矿床 0 号勘探线剖面图
1.千枚岩；2.钴富矿体；3.钴贫矿体；4.矿体编号；5.钻孔位置及编号；6.终孔钻孔；7.探槽位置及编号；
8.穿脉坑道位置及编号；9.断层编号及错动方向

向为北东，倾角多在 30°～50°之间。

Ⅱ号矿体主要为深部盲矿，仅在 0～4 线出露地表，该矿体沿走向及倾向具尖灭再现现象，矿体长 1040m，厚在 3.00～31.70m 之间，平均厚度为 14.63m。矿体 Co 品位平均 0.036%，伴生 Cu 品位 0.01%。由于受构造及地形的影响，矿体总体走向为北东，0～27 线矿体呈单斜，倾向北西，倾角约 50°。

(3)矿体剥蚀深度：矿体埋深一般在 200～300m 以上。由于控矿褶皱构造向南西倾伏，东部矿体处于褶皱构造向翘起端而出露地表，剥蚀程度较大，根据已有的钻孔剖面判断，最小的剥蚀深度应在 160m；西部矿体处于褶皱构造向倾末端，所以多为隐伏矿体，剥蚀程度较小。

3. 物质成分

(1)Co、Cu 赋存状态：Co 在氧化矿石中赋存状态复杂，大量 Co 分散在褐铁矿、泥质及绢云母中，少量分布在孔雀石中，部分 Co 以硫镍钴矿形式存在。Cu 在氧化矿石中主要以独立矿物孔雀石形式存在于褐铁矿中，少量赋存于其他含 Cu 矿物中。Cu 主要以氧化铜的形式存在，其次以硫化铜形式存在。Cu 在原生矿石中赋存状态较简单，主要赋存于黄铜矿中，少量 Cu 呈连生或机械形式赋存于其他金属矿物中。

(2)矿石类型：自然类型属贫硫化物型，工业为氧化矿石和原生矿石。

(3)矿物组合：金属矿物主要以硫化物、砷化物及次生氧化物的形式存在。主要矿物组合为黄铁矿、磁黄铁矿、黄铜矿、方铅矿、闪锌矿、硫镍钴矿、辉铜矿、毒砂、银金矿、自然金、白铅矿、孔雀石、褐铁矿等。脉石矿物主要为绢云母、黑云母、白云母、石英等，其次为绿泥石、绿帘石、石榴子石、电气石、磷灰石、角闪石、锆石等。Co 主要以独立矿物硫镍矿出现，其次赋存于孔雀石、褐铁矿中。

氧化矿石主要矿石矿物为褐铁矿和孔雀石，少量黄铁矿、硫镍钴矿。原生矿石主要矿石矿物为黄铁矿、黄铜矿、硫镍钴矿、镍钴黄铁矿、含钴黄铁矿、磁黄铁矿等。

硫镍钴矿为重要矿石矿物，以半自形—他形粒状与黄铜矿、黄铁矿共生，或呈细小条纹状与黄铜矿交生，产于石英-硫化物细脉中。探针分析结果，硫钴镍矿中含 Co 28.46%～29.10%、Ni 18.06%～19.85%、Fe 7.13%～8.52%、S 42.21%～44.42%。

辉砷钴矿以包体形式产于黄铜矿与黄铁矿中,或以细粒状(0.01~0.03mm)产于石英、绢云母、电气石粒间,常与方钴矿、硫钴镍矿、黄铜矿共生,且在石英-硫化物细脉中。探针分析结果辉砷钴矿中含Co 25.89%~28.26%、S 23.53%~24.28%、As 37.85%~41.77%,并含有Ni、Fe等。

方钴矿较为少见,常以细粒(0.01~0.02mm)包体形式赋存于黄铁矿或黄铜矿中,探针分析结果方钴矿中含Co 14.6%、S 34.41%、As 35.73%、Fe 15.14%,并含微量Ni等。

(4)矿石结构:自形—半自形晶粒状结构,常见硫镍钴矿、黄铁矿、毒砂等;他形粒状结构,多为黄铜矿、闪锌矿、方铅矿、磁黄铁矿等;交代结构,为矿石多见的一种结构类型,常见褐铁矿交代黄铁矿,硫镍钴矿、孔雀石、铜-蓝等交代黄铜矿、磁黄铁矿等。视交代作用程度的不同,形成了交代溶蚀、交代环边等交代结构类型;固溶体分解结构,常见为黄铜矿和闪锌矿形成固溶体分解结构,表现为黄铜矿呈细小的乳滴状分布于闪锌矿晶体中;包含结构,常见磁黄铁矿中包含有硫镍钴矿,硫镍钴矿中包含有黄铁矿等。

(5)矿石构造:浸染状构造,是矿石中一种主要构造类型,金属硫化物黄铁矿、黄铜矿、方铅矿、闪锌矿等在矿石中稀疏分布;细脉浸染状构造,金属硫化物黄铜矿、黄铁矿呈细脉浸染状分布于矿石中;网脉状构造,金属硫化物黄铁矿、黄铜矿、方铅矿、闪锌矿等,以及次生氧化物褐铁矿、孔雀石等沿裂隙或沿角砾间隙充填而成;团块状构造,主要是黄铜矿、硫镍钴矿、磁黄铁矿,由于含量分布不均匀,矿石局部组成团块状。

4. 成矿阶段

根据矿体特征、矿石组分、结构、构造特征,将矿化划分为4个成矿期5个阶段。

(1)成矿早期:即沉积成矿期形成富硅的隐晶质多金属硫化物阶段,形成富含Fe、Cu、Co、Pb、Zn、Au等元素的隐晶质SiO_2,偶见胶状黄铁矿等矿物。

(2)主成矿期:区域变质叠加改造重结晶成矿期。石英-金属硫化物阶段,矿物共生组合为石英-黄铁矿-硫镍钴矿、石英-黄铁矿-磁黄铁矿-硫镍钴矿-闪锌矿。石英-绢云母-富硫化物阶段,矿物共生组合为石英-绢云母-黄铁矿-磁黄铁矿-黄铜矿-硫镍钴矿-方铅矿-闪锌矿、石英-绢云母-黄铁矿-毒砂-磁黄铁矿-黄铜矿-硫镍钴矿-方铅矿-闪锌矿、石英-黄铁矿-闪锌矿-方铅矿。

(3)成矿晚期:区域变质重结晶阶段晚期。贫硫化物-碳酸盐阶段,矿物共生组合为方解石-黄铁矿-闪锌矿-方铅矿。

(4)表生期:孔雀石-褐铁矿阶段,矿物共生组合为孔雀石-褐铁矿,辉铜矿-蓝铜矿-孔雀石-褐铁矿,主要发生在5m以上的为氧化矿石及覆盖层。

5. 蚀变特征

矿区内围岩蚀变属中—低温热液蚀变,总体上蚀变较弱,明显受花山组及北东向褶皱控制,蚀变呈北东向带状展布,蚀变与围岩没有明显的界线,呈渐变过渡关系。主要蚀变类型有硅化、绢云母化、绿泥石化、钠长石化、碳酸岩化。

硅化为矿区最普遍的一种蚀变类型,可分为早、晚两期,这两期均与成矿关系密切。绢云母化主要发育在矿区中部碳质绿泥绢云千枚岩、含碳质绿泥绢云千枚岩及与成矿有关的构造带中,与成矿关系比较密切。绿泥石化和黑云母化在矿区内普遍发育,多沿石英脉出现,分布于石英细脉的两侧及边缘,并在闪长玢岩脉中普遍见绿泥石化,蚀变与矿化关系不密切。钠长石化主要分布在矿体内,见于石英脉和网脉中,与成矿关系比较密切。碳酸盐化只在局部地段可见,多为方解石细脉,属晚期蚀变,与成矿无关。

6. 成矿时代

根据矿体赋存的地层、区域构造运动等特征,判断其成矿时代为古元古代晚期,成矿时代在1800Ma左右。

7. 地球化学特征

(1) 岩石地球化学特征：花山组含矿岩系化学成分较稳定，SiO_2 一般在 48.33%～62.43% 之间，Al_2O_3 一般在 18.32%～21.59% 之间，反映出原岩为高铝黏土岩。此外岩系以 Fe^{2+} 和 K_2O 高为特征，FeO 含量一般在 2.0% 左右，K_2O 一般含量在 5.00%～7.00% 之间，最高达 9.0%，远远高于海相黏土质沉积岩中的（K_2O 含量 3.07%）含量，并且 MgO 高于 CaO。由此来看，花山组原岩属于以黏土质为主的正常沉积岩，沉积环境是较强的还原环境，并且有高钾的陆源补给区。

(2) 微量元素特征：花山组岩系中 Co 与 Ni、Cu、Cu 与 Co、Ni、V 呈明显的正相关关系，Ti 的均值为 0.31%，最高值为 1.09%，TiO_2 最高值为 1.69%。花山组岩石变质程度较低，绢云千枚岩中所见到的硅质多呈蠕虫状或无根的钩状体，并且碳质条带多呈沿片理方向拉伸的锯齿状，这说明变质作用中变质热液活动较弱。在矿区含矿岩系的黄铜矿化多呈细粒浸染状，极少呈无根的细脉状，说明变质期变质热液对矿体的叠加富集改造作用较弱。由此来看，在变质过程中物质迁移、元素的带入带出及热液活动不强，蚀变较弱。变质后期火山、岩浆活动弱。花山组含矿岩系的变质作用在相对封闭、相对干燥的地球化学环境下发生。因此 Cu、Co、Ni、V、Ti 等元素的地球化学特征基本上代表了原岩沉积物的地球化学特征，说明大横路铜钴矿床中 Cu、Co 的来源与碎屑岩、黏土质岩等沉积物有着同一来源。之所以在花山组含碳质绢云千枚岩中富集成矿，主要是因为碳质、黏土质对 Cu、Co 等微量元素的吸附作用以及其他地球化学场力作用的结果。

(3) 稀土元素特征：矿区碳质绢云千枚岩稀土总量为 $161.39×10^{-6}～249.09×10^{-6}$，轻重稀土分馏明显，$\Sigma Ce/\Sigma Y$ 在 3.0～5.12 之间，δEu 与 δCe 为负异常，δEu 为 0.61～0.73，δCe 为 0.68～0.76；绢云千枚岩夹薄层石英岩稀土总量为 $49.09×10^{-6}～55.09×10^{-6}$，轻重稀土分馏不明显，$\Sigma Ce/\Sigma Y$ 为 0.71～3.14，δEu 与 δCe 为负异常，δEu 为 0.60～0.81，δCe 为 0.17～0.44；含矿石英脉稀土总量为 $(28.8～67.38)×10^{-6}$，轻重稀土分馏明显，$\Sigma Ce/\Sigma Y$ 2.65～4.55，δEu 为负异常，δEu 为 0.62～0.81，δCe 为明显的正异常，δCe 为 1.10～1.80；金属硫化物稀土总量为 $18.19×10^{-6}$，δEu 为 0.61，δCe 为 0.82，$\Sigma Ce/\Sigma Y$ 为 2.31。从形成环境上看，它是深—次深海环境下形成的一套泥质沉积岩夹细碎屑岩，而后经变质作用，形成了现在的绢云千枚岩夹薄层石英岩或绢云石英片岩。从稀土元素地球化学特征上看，大横路铜钴矿区成矿物质及围岩与岩浆活动无关。由于矿区没有明显的岩浆热液活动，说明金属硫化物、含矿石英脉都是变质热液阶段形成的，物质成分来自碳质绢云千枚岩、绢云千枚岩夹薄层石英岩，它继承了碳质绢云千枚岩、绢云千枚岩夹薄层石英岩的稀土元素地球化学性质（图3-3-3、图3-3-4）。

(4) 硫同位素特征：矿区矿化石英脉和碳质绢云千枚岩中黄铁矿、闪锌矿、方铅矿、黄铜矿硫同位素组成较稳定，$\delta^{34}S$ 介于 $5.13×10^{-3}～10.12×10^{-3}$ 之间，极差为 $4.607×10^{-3}$，且均为正值，在频率直方图上呈不规则的塔式分布，分布范围较窄。$\delta^{34}S$ 在 $7.0×10^{-3}～9.0×10^{-3}$ 之间出现的频率最高。硫同位素组成特征反映了成矿硫质来源的单一性。与岩浆硫特征相去甚远，与沉积硫相比分布较窄，则成矿硫质来源可能为混合来源，或继承了物源区硫同位素的分布特征。

(5) 铅同位素特征：矿区的铅同位素组成特征 $^{206}Pb/^{204}Pb$ 为 16.294 6～16.451 4、$^{207}Pb/^{204}Pb$ 为 15.414 7～15.475 3、$^{208}Pb/^{204}Pb$ 为 35.546 5～35.787 3，其变化分别为 0.156 8、0.060 6、0.240 8，由此来看，铅同位素地球化学特征较稳定，反映了矿石铅与围岩组成的一致性，同时说明铅同位素组成均为正常铅，无外来物质的加入，即在成矿后没有热事件发生。

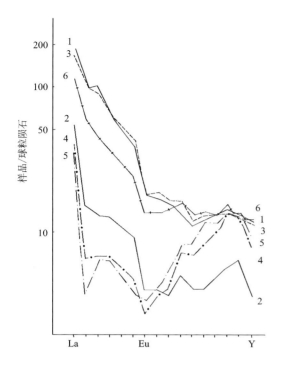

图 3-3-3 稀土配分曲线(据魏发等,1996)

1、3、6.碳质绢云千枚岩;2、4、5.绢云千枚岩夹薄层石英岩

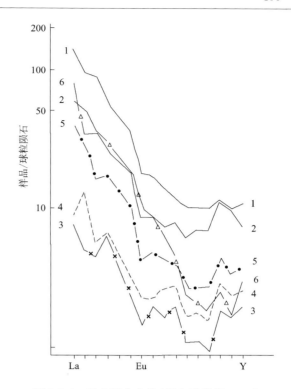

图 3-3-4 稀土配分曲线(据金丕兴等,1992)

1、2.绢云千枚岩夹薄层石英岩;3.金属硫化物;4、5.含矿石英脉;
6.斜长花岗斑岩

(6)流体包裹体特征:对大横路矿区热液成矿期形成的石英-含 Co、Cu 元素金属硫化物脉(Ⅰ)及石英-方解石脉(Ⅱ)中的石英及方解石内流体包裹体研究结果表明,Ⅰ成矿阶段矿物石英内发育含子矿物三相、气液两相及纯液相 3 类原生流体包裹体,其中含子矿物三相包体均一温度为 320.7~368.4℃,热液盐度 $w(NaCl)$ 为 39.64%~45.72%;气液两相包体均一温度为 159.4~263.6 ℃,热液盐度 $w(NaCl)$ 为 7.4%~14.36%;Ⅱ成矿阶段矿物石英、方解石内发育气液两相及纯液相原生流体包裹体,其中气液两相包裹体均一温度为 97.7~206 ℃,热液盐度 $w(NaCl)$ 为 2.06%~12.53%。据 NaCl-H_2O 热液体系相图及相关公式,估算成矿Ⅰ阶段流体密度为 0.854~1.073 g/cm³,Ⅱ 阶段流体密度为 0904~0.998 g/cm³。由此表明,本区早期热液成矿阶段成矿流体温度、盐度相对较高,且存在部分高盐度高密度流体,而向晚期成矿流体温度、盐度逐渐降低。在成矿流体包裹体均一温度-温度盐度相关关系图上(图 3-3-5),Ⅰ、Ⅱ阶段流体分布于不同的温度与盐度范围,且两者之间有一定的重叠,由此可以推断变质热液成矿期早期成矿流体主要来自变质热液,到晚期可能有大气降水参与成矿作用,使得成矿流体得以不断冷却和稀释,从而表现出流体盐度降低,温度变低的特点。包裹体成分的激光拉曼光谱分析结果表明,成矿流体成分以 H_2O 为主,常见气相成分有 CO、CO_2、N_2、CH_4,液相成分除上述气体外,常见阴离子成分为 Cl^-、SO_2^{4-}、HCO_3^- 及 HS^-,Ⅱ阶段热液 HCO_3^-、N_2 含量较Ⅰ阶段高,这与以前得出的晚期有大气降水不断参与的特点相吻合。Ⅰ、Ⅱ阶段石英及方解石内所发育的流体包裹体气与液相成分中均含不同数量的 CH_4、C_2H_4、C_3H_8 及 C_4H_6 等有机质组分,表明成矿流体为一种含有机质的盐水溶液;在各类有机质中 CH_4 含量明显较高,反映了有机质演化程度较高。成矿流体中有机质的存在可能对钴铜成矿起了重要作用。

成矿压力的估算:由 NaCl-H_2O 体系相图求得大横路铜钴矿床变质热液成矿压力为 $1170×10^5$ Pa,见图 3-3-6,相应成矿深度约 4.25km,这一深度及温压数据与该区绿片岩相区域变质条件基本一致。

(7)成矿物理化学条件:矿区内地层经历了两期变质作用,早期变质作用划分低绿片岩相、高绿片岩相及低角闪岩相。从矿物共生组合及变形史分析,早期变质作用具区域性特征,而晚期变质作用为局部热变质作用。

花山组变质作用是在相对封闭、干燥的地球化学环境下发生的,变质热液相对活动较弱。

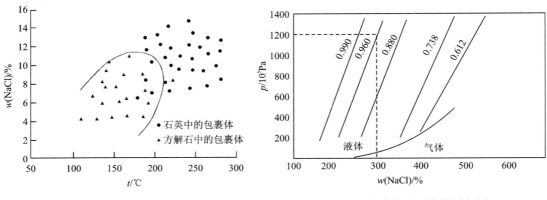

3-3-5　流体包裹体均一温度-盐度相关关系图
（据韦延光等,2002 年）

图 3-3-6　盐度密度压力关系相图
（据 Roedder,1985;韦延光等,2002）

8. 矿床物质来源及成因机制

(1)成矿物质来源:通过对大横路稀土元素、微量元素分布特征及原岩沉积环境的研究认为,花山组含铜钴矿黏土质岩、碎屑岩建造与原岩沉积物来源区的基性岩 Cu、Co 元素丰度值较高有直接关系。在辽吉裂谷内花山组细碎屑岩-碳酸盐岩建造的物质来源主要是含 Cu、Co 较高的古陆基底太古界地体（松权衡等,2000）。

(2)成因机制:太古宇地体经长期风化剥蚀,陆源碎屑及大量 Cu、Co 组分被搬运到裂谷海盆中,与海水中 S 等相结合,或被有机质、碳质或黏土质吸附固定沉积物中,实现了 Cu、Co 金属硫化物富集,形成原始矿层或矿源层。之后在辽吉裂谷的抬升回返过程中,含矿地层发生褶皱和断裂,为热液环流提供了构造空间。同时在伴随的区域变质作用下,Cu、Co 及其伴生组分发生活化,变质热液从围岩和原始矿层或矿源层中萃取 Cu、Co 及其伴生组分,形成含矿热液,含矿热液运移到有利的构造空间沉淀或叠加到原始矿层或矿源层之上,使成矿构造一步富集成矿。该矿床属沉积变质热液矿床。

9. 控矿因素及找矿标志

大横路铜钴矿是一个经多期、多种成矿作用叠加复合而成的层控矿床,其形成受多种因素控制。

(1)地层控矿:矿区内直接赋矿层为一套富含碳质的千枚岩,矿体均呈层状、似层状,沿走向及倾向上均稳定延伸,严格受这一层位的控制,且矿石品位的变化明显与碳质含量变化有关,这些特征反映了地层的控矿作用。另外,矿区含矿层位的碳质千枚岩、千枚状碳质板岩原岩为泥岩或黑色页岩,属于一种泻湖或盆地相静水强还原环境的产物。这种环境微生物繁盛,致使碳质含量较高,吸附作用把成矿元素固定于沉积层内,因此成矿物质的初始富集应受岩相古地理环境控制。

(2)褶皱控矿:矿区正处于复式向斜内,轮廓受这一复式向斜控制。次级褶皱主要为第二期褶皱的转折端,控制了富矿体（厚大的鞍状矿体）的展布。区内常见具褶皱的转折端部位矿体厚大,品位也富,孔雀石化、褐铁矿化、硅化均强烈。在矿区内 Cu、Co 具明显的正相关关系,并且 Cu、Co 的高值均对应于褶皱的转折端部位,表明伴生随变形变质作用成矿物质组分发生活化迁移,其运移方向是趋向于褶皱转折端部位。另外,在显微镜下也常具小褶皱的核部虚脱部位充填有金属硫化物及石英脉,也表明褶皱作用促进了矿化作用。总之,褶皱的控矿表现为变质过程中随变质热液的活动,成矿物质被带到褶皱核部沉淀。再者褶皱转折端处易形成虚脱部位,含矿的塑性岩层向核部机械运移。

(3)断裂控矿:区内以北东向断裂与成矿关系最为密切,这组断裂多属逆掩性质的层间断裂,受其影响,断层两侧,尤其是下盘岩层发生强烈破碎和片理化,并伴随有强烈的矿化作用。另外,晚期矿化石英脉也充填于北东向断层内。

(4)变质作用控矿：变质作用是本区一次重要的矿化期次，常具金属硫化物及次生孔雀石化沿千枚理面分布，又可见到沿千枚理面分布的硅质条带与千枚理面？产状一致，且作同步褶曲。这种石英脉（硅质条带）常具有强烈的矿化现象，金属硫化物常沿石英脉（硅质条带）边部或内部分布。这种石英脉或硅质条带显然为变质分异作用的产物。另外从矿石金属硫化物的硫同位素组成也反映了变质作用的控矿作用。

(5)找矿标志：老岭群花山组中含碳质绢云千枚岩；经多期变质变形的构造核部；1/20万化探异常面积比较大，形成异常的元素种类较多，异常结构复杂，并且在异常中亲Fe元素族和亲S元素族的异常套合好，物化探异常在成矿区带有利层位及构造位置。

10. 成矿模式

白山市大横路铜钴矿床成矿模式见图3-3-7、表3-3-2。

11. 成矿要素

白山市大横路铜钴矿床成矿要素见表3-3-3。

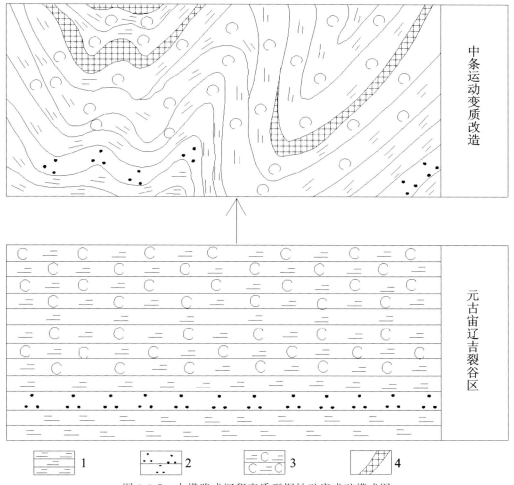

图3-3-7　大横路式沉积变质型铜钴矿床成矿模式图
1.绢云千枚岩；2.石英千枚岩；3.含碳质千枚岩；4.铜钴矿体

表 3-3-2　白山市大横路铜钴矿床成矿模式表

名称	大横路式沉积变质型大横路铜钴矿床	
成矿的地质构造环境	前南华纪华北东部陆块（Ⅱ）胶辽吉元古代裂谷带（Ⅲ）老岭坳陷盆地（Ⅳ）内	
控矿的各类及主要控矿因素	大地构造背景控矿：大横路式铜钴矿床产出的大地构造环境为前南华纪华北东部陆块（Ⅱ）胶辽吉元古代裂谷带（Ⅲ）老岭坳陷盆地内； 地层控矿：矿体严格受富含碳质千枚岩层位的控制； 褶皱控矿：矿区正处于复式向斜内，轮廓受这一复式向斜控制。次级褶皱主要为第二期褶皱的转折端，控制了富矿体（厚大的鞍状矿体）的展布； 断裂控矿：区内以北东向断裂与成矿关系最为密切，这组断裂多属逆掩性质的层间断裂，受其影响，断层两侧，尤其是下盘岩层发生强烈破碎和片理化，并伴随有强烈的矿化作用	
矿床的三度空间分布特征	产状	矿体形态受复式褶皱控制，矿体与地层同步褶皱，褶皱向北东翘起，向南西倾伏，倾伏角 17°～22°，沿走向呈舒缓波状
	形态	矿体均呈层状、似层状、分支状或分支复合状
成矿期次	成矿早期：即沉积成矿期形成富硅的隐晶质多金属硫化物阶段，形成富含 Fe、Cu、Co、Pb、Zn、Au 等元素的隐晶质 SiO_2，偶见胶状黄铁矿等矿物； 主成矿期：区域变质叠加改造重结晶成矿期，石英-金属硫化物阶段，矿物共生组合为石英-黄铁矿-硫镍钴矿、石英-黄铁矿-磁黄铁矿-硫镍钴矿-闪锌矿。石英-绢云母-富硫化物阶段，矿物共生组合为石英-绢云母-黄铁矿-磁黄铁矿-黄铜矿-硫镍钴矿-方铅矿-闪锌矿、石英-绢云母-黄铁矿-毒砂-磁黄铁矿-黄铜矿-硫镍钴矿-方铅矿-闪锌矿、石英-黄铁矿-闪锌矿-方铅矿； 成矿晚期：区域变质重结晶阶段晚期，贫硫化物-碳酸盐阶段，矿物共生组合为方解石-黄铁矿-闪锌矿-方铅矿； 表生期：孔雀石-褐铁矿阶段，矿物共生组合为孔雀石-褐铁矿、辉铜矿-蓝铜矿-孔雀石-褐铁矿，主要发生在 5m 以上，为氧化矿石及覆盖层	
成矿时代	古元古代	
矿床成因	沉积变质	
成矿机制	太古宇地体经长期风化剥蚀，陆源碎屑及大量 Cu、Co 组分被搬运到裂谷海盆中，与海水中 S 等相结合，或被有机质、碳质或黏土质吸附，固定沉积物中，实现了 Cu、Co 金属硫化物富集，形成原始矿层或矿源层。之后在辽吉裂谷的抬升回返过程中，含矿地层发生褶皱和断裂，为热液环流提供了构造空间。同时在伴随的区域变质作用下，Cu、Co 及其伴生组分发生活化，变质热液从围岩和原始矿层或矿源层中萃取 Cu、Co 及其伴生组分，形成含矿热液，含矿热液运移到有利的构造空间沉淀或叠加到原始矿层或矿源层之上，使成矿构造一步富集成矿。矿床属沉积变质热液矿床	
找矿标志	大地构造标志：胶辽吉古元古代裂谷带老岭坳陷盆地； 地层标志：老岭群花山组含碳质绢云千枚岩地层出露区； 构造标志：经多期变质变形的构造核部	

表 3-3-3　白山市大横路铜钴矿床成矿要素表

成矿要素		内容描述	类别
特征描述		沉积变质型	
地质环境	岩石类型	富含碳质的千枚岩	必要
	成矿时代	古元古代	必要
	成矿环境	前南华纪华北东部陆块（Ⅱ）胶辽吉元古代裂谷带（Ⅲ）老岭坳陷盆地内	必要
	构造背景	褶皱构造：矿区正处于复式向斜内，轮廓受这一复式向斜控制。次级褶皱主要为第二期褶皱的转折端，控制了富矿体（厚大的鞍状矿体）的展布。断裂构造：区内以北东向断裂与成矿关系最为密切，这组断裂多属逆掩性质的层间断裂，受其影响，断层两侧，尤其是下盘岩层发生强烈破碎和片理化，并伴随有强烈的矿化作用	重要
矿床特征	矿物组合	金属矿物主要以硫化物、砷化物及次生氧化物的形式存在。主要矿物组合为黄铁矿、磁黄铁矿、黄铜矿、方铅矿、闪锌矿、硫镍钴矿、辉铜矿、毒砂、银金矿、自然金、白铅矿、孔雀石、褐铁矿等。脉石矿物主要为绢云母、黑云母、白云母、石英等，其次为绿泥石、绿帘石、石榴子石、电气石、磷灰石、角闪石、锆石等	重要
	结构构造	结构：自形—半自形晶粒状结构、他形粒状结构、交代结构、固溶体分解结构、包含结构；构造：浸染状构造、细脉浸染状构造、网脉状构造、团块状构造	次要
	蚀变特征	矿区内围岩蚀变属中—低温热液蚀变，总体上蚀变较弱，明显受花山组地层及北东向褶皱控制，呈北东向带状展布，与围岩没有明显的界线，呈渐变过渡关系。主要蚀变类型有硅化、绢云母化、绿泥石化、钠长石化、碳酸盐化	重要
	控矿条件	地层控矿：矿体严格受老岭群花山组富含碳质的千枚岩层位控制；褶皱控矿：矿区正处于复式向斜内，矿区的轮廓受这一复式向斜控制。次级褶皱主要为第二期褶皱的转折端，控制了富矿体（厚大的鞍状矿体）的展布；断裂控矿：北东向断裂与成矿关系最为密切	必要

二、火山岩型（汪清县红太平多金属矿床）

1. 地质构造环境及成矿条件

该矿床位于南华纪-中三叠世天山-兴蒙-吉黑造山带（Ⅰ）小兴安岭-张广才岭弧盆系（Ⅱ）放牛沟-里水-五道沟陆缘岩浆弧（Ⅲ）汪清-珲春上叠裂陷盆地（Ⅳ）北部。

1）地层

区内出露有二叠系庙岭组、柯岛组。

(1)二叠系庙岭组：为红太平银多金属矿的矿源层，是本区银多金属矿的主要含矿地层，为一套火山碎屑岩-碳酸盐岩建造，地层韵律明显，富含碳质，相变频繁。下部碎屑岩段厚度大于350m，岩石组合为碎屑岩（砂岩、粉砂岩夹泥质灰岩）、长石砂岩、粉砂质泥岩、泥质粉砂岩、含碳泥质粉砂岩夹微晶泥灰岩。产 *yabeina haya sa Kai Ozawa*，*Neoschwageri na deuvillei Ozawa* 等早二叠世化石；上部火山熔岩、碎屑岩段东部厚度20m，向西逐渐增厚至84m，岩石组合以安山质凝灰岩为主，夹少量安山岩、安山质凝灰熔岩。

(2)二叠系柯岛组:上段为构造片岩、千枚岩,覆盖于庙岭组上段凝灰岩、蚀变凝灰岩之上,厚571.4m;下段为一套中酸性晶屑凝灰岩、粉砂质凝灰岩、凝灰质砾岩等,厚30~70m。

2)侵入岩

区内侵入岩主要有闪长玢岩、细晶岩、霏细岩、煌斑岩脉等,岩浆多期次、多阶段的活动为成矿提供了热源,带来了丰富的成矿物质。

3)构造

红太平矿区总体为轴向近东西展布的开阔向斜构造,核部地层为庙岭组上段,向两翼为庙岭组下段,两翼产状均较缓,倾角在10°~30°之间变化。

矿区断裂构造比较发育、复杂,近东西向断裂和层间断裂与成矿关系密切,近东西垂直或斜交层面的断裂对矿体有破坏作用,多为向北倾斜的正断层,断距较小,南北向F_{202}、F_{203}构造为成矿后构造,对矿体有明显的破坏作用,即矿层在30线和1线被其所截,两断层的两侧地层均抬升,矿层及矿体均被剥蚀掉。

2. 矿体三度空间分布特征

红太平缓倾斜短轴向斜是银多金属矿的主要控矿构造,庙岭组上段凝灰岩、蚀变凝灰岩为主要含矿层位,含矿岩石主要为凝灰岩、蚀变凝灰岩,编号为Ⅰ矿层。庙岭组下段碎屑中赋存有Ⅱ、Ⅲ、Ⅳ矿层,矿层较严格受向斜构造控制,层控特征较为明显,分布于短轴向斜四周的翼部。Ⅰ矿层中已发现Ⅰ-1、Ⅰ-2、Ⅰ-4、Ⅰ-6四条矿体,其中Ⅰ-1、Ⅰ-2矿体分布于向斜的北翼,为已评价了的铜矿体;向斜的南翼和东翼分部有新发现的Ⅰ-4和Ⅰ-6矿体,这些矿体的控制程度很低,以上矿体向向斜核部延伸部位均分布有物探(激电)异常,即北部中(低)阻、高充电异常区(简称北部异常区)、中部中(高)阻、高充电异常区(简称中部异常区)和南部高阻、高充电异常区(简称南部异常区)。Ⅱ、Ⅲ、Ⅳ矿层分布于庙岭组下段砂岩、粉砂岩、泥灰岩中,位于Ⅰ矿层下部,矿体编号为Ⅱ-1和Ⅲ-1,由于以往工程控制程度较低,矿体的连续性较差。

Ⅰ-1矿体:呈层状、似层状,厚2.16~15.3m,平均5.89m。矿体近东西走向,延伸至26线以西向南西方向侧伏,恰与激电异常走向吻合,矿体倾向165°~185°,局部反倾,倾角15°~25°。品位Ag(45.18~1 142.24)$\times 10^{-6}$,平均品位Ag 69.76$\times 10^{-6}$(组合分析),Cu(0.20~23.12)$\times 10^{-2}$,平均品位Cu 1.68$\times 10^{-2}$;Zn(0.50~30.89)$\times 10^{-2}$,平均品位Zn 2.76$\times 10^{-2}$;平均品位Pb 0.62$\times 10^{-2}$。

Ⅰ-4矿体:长120m,厚2.13m。平均品位Ag 104.25$\times 10^{-6}$,Cu 1.63%,Zn 0.17%。

Ⅰ-6矿体:矿体形态复杂,呈囊状、不规则状,沿断裂构造分布,矿化与构造关系密切,不连续,构造交会部位矿化较好。矿体厚3.05m,平均品位Ag 184.25$\times 10^{-6}$,Cu 3.63%,Zn 0.05%;组合样品分析:稀有分散元素品位Cd 0.000 5$\times 10^{-2}$、Ga 0.001 7$\times 10^{-2}$、In 0.000 02$\times 10^{-2}$、Co 0.012$\times 10^{-2}$、Ge 0.000 28$\times 10^{-2}$、Au 3.00$\times 10^{-6}$。;

Ⅱ-1矿体:长度600m,真厚度0.36~3.57m,平均1.40m。平均品位Cu 0.36%,Pb 0.07%,Zn 0.36%。

Ⅲ-1矿体:长600m,矿体呈层状、似层状分布,产状平缓,厚度0.58~3.40m。品位Cu 0.12$\times 10^{-2}$~0.72$\times 10^{-2}$、Zn 0.79$\times 10^{-2}$~2.33$\times 10^{-2}$、Pb 0.02$\times 10^{-2}$~0.246$\times 10^{-2}$。

Ⅳ-1矿体:为盲矿体,呈透镜状、似层状产出,产状平缓,厚度0.37m。品位Cu 0.02$\times 10^{-2}$、Zn 1.02$\times 10^{-2}$、Pb 0.41$\times 10^{-2}$。

3. 矿床物质成分

(1)物质成分:成矿主元素为Cu、Pb、Zn、Ag,平均品位分别为1.16%、1.42%、2.73%、(201.20~288.50)%;有益组分平均品位分别为Cd 0.0472%,Ga 12.858$\times 10^{-6}$,In 5.722$\times 10^{-6}$,Ge 4.138$\times 10^{-6}$,Mo 1.338$\times 10^{-6}$,Sb 66.36$\times 10^{-6}$,Wo 31.036$\times 10^{-6}$,Au 0.2$\times 10^{-6}$,Bi 91.5$\times 10^{-6}$,Se 0.61$\times$

10^{-6},Re 0.0074×10^{-6};有害元属 S 和 As 平均品位分别为 S 0.946%、0.07%。伴生有益元素概算远景资源量:Cd 678.70t、As 1 006.55t,S 13602.80t,Co0.015t,Bi 131.57t,Au 0.2876t,Ag 100.31t,Sb95.42t,Ge5.95t,$WO_3$1.49t,Mo1.92t,Ga 18.49t,In8.23t,Se0.88t,Re0.011t。

(2)矿石类型:按矿物组合划分矿石自然类型为方铅矿—闪锌矿—黄铜矿类型、黄铜矿—闪锌矿类型、黄铜矿—斑铜矿类型、黄铜矿和闪锌矿单一类型;按矿石结构、构造划分矿石类型为块状构造类型(黄铜矿—斑铜矿、黄铜矿—闪锌矿、黄铜矿、闪锌矿),条纹、条带状构造类型(黄铜矿—闪锌矿、方铅矿—闪锌矿—黄铜矿);浸染—斑点状构造类型(黄铜矿—闪锌矿、毒砂—黄铁矿—闪锌矿);矿石工业类型为主要达到工业要求的元素,铜、铅、锌、银矿石类型有铜铅锌银矿石、铜锌银矿石及铜银、锌银等工业类型矿石。

(3)矿物组合:金属矿物有闪锌矿、黄铜矿、斑铜矿、磁黄铁矿、方铅矿、银黝铜矿、毒砂、黄铁矿、辉锑矿;脉石矿物有绿泥石、绢云母、白云母、石英、石榴子石、绿帘石、方解石、长石、透闪石、电气石;次生矿物有孔雀石、蓝辉铜矿、辉铜矿、铜蓝、铅矾、锌华、褐铁矿等。

(4)矿石结构构造:矿石结构有他形粒状结构、包含结构、固溶体分解结构、浸蚀结构、交代残余结构、交代假像结构和交代蚕食结构等;矿石构造有块状构造、条纹状构造、条带状构造、浸染-斑点状构造、稠密浸染状构造、角砾状(胶结)构造和蜂窝状构造等。

4. 蚀变类型及分带性

矿体围岩及近矿围岩均具有不同程度的蚀变,主要有硅化、硅卡岩化、碳酸盐化、绿帘石化、绿泥石化等,尤其是绿帘石化和绿泥石化特别普遍,应该是与火山活动有关的区域性变质产物。

5. 成矿阶段

根据矿体的赋存空间环境、矿体特征、矿物的共生组合、同位素特征等划分为 2 个成矿期。

(1)火山沉积期:矿体呈似层状,整合产于固定层位且与围岩同步弯曲,说明成矿与火山活动有一定关系,与英安岩统纹岩、凝灰岩等海相火山岩相伴生;矿区火山—次火山岩类成矿元素丰度高,说明在早期海底火山喷发阶段沉积了原始矿体或矿源层。

(2)区域变质成矿期:在火山岩中常具有黄铁矿、黄铜矿、磁黄铁矿、毒砂等矿化,而矿床附近围岩蚀变具有不同的矽化、碳酸盐化,而绿泥石化、绿帘石化则甚广泛,尤其是在火山碎屑岩中更是常见,因而可以认为除火山热液活动这外,还有区域变质作用叠加而产生大范围的蚀变。在后期区域变质作用下成矿物质进一步富集,形成矿体。

6. 成矿时代

红太平矿床的矿石矿物的铅同位素特征$^{206}Pb/^{204}Pb$ 为 18.2557、$^{207}Pb/^{204}Pb$ 为 15.5462、$^{208}Pb/^{204}Pb$ 为 38.1186,在 $^{207}Pb/^{204}Pb-^{206}Pb/^{204}Pb$ 图解中投入 V 区,即为年青异常铅,但靠近古老异常一侧,模式年龄值为 290~250Ma 年(刘劲鸿,1997)与矿源层—下二叠统庙岭组一致。另据金顿镐等(1991)红太平矿区方铅矿铅模式年龄 208.8Ma。

7. 地球化学特征

(1)硫同位素:矿石矿物的 $\delta^{34}S$‰变化范围$-7.6\sim+1.6$,平均值-2.8,极差 9.2。$^{32}S/^{34}S$ 为 22.386~22.183,平均值为 22.279,见表 3-3-4。上述硫同位素显然具有近陨石硫的特点,表明 Cu、Pb、Zn、Ag、Fe、S、As 等来自下地壳或地幔,与早二叠世中酸性火山活动有成因联系。

表 3-3-4　红太平矿床硫同位素组成特征

矿物	测试结果	
	$\delta^{34}S$	$^{32}S/^{34}S$
方铅矿	−3.786	
闪锌矿	−0.8	22.239
黄铜矿	−7.6	22.388
黄铁矿	+1.6	22.1833
毒砂	−3.6	22.306

(2)微量元素：矿区内地层（庙岭组）成矿元素平均含量为 Cu $88×10^{-6}$、Pb $49×10^{-6}$、Zn $111×10^{-6}$，而世界主要类型沉积岩 Cu、Pb、Zn 平均含量为 $23×10^{-6}$、$12×10^{-6}$、$47×10^{-6}$。红太平矿区内地层 Cu、Pb、Zn 平均含量分别是世界沉积岩平均含量的 3.8 倍、4.0 倍、2.4 倍。若用众数法计算，矿区地层的背景值为 Cu $50×10^{-6}$、Pb $8×10^{-6}$、Zn $50×10^{-6}$，可见该区地层为含 Cu、Pb、Zn 高值层位。

红太平矿区内不同层位 Cu、Pb、Zn 含量的平均值见表 3-3-5，也同样说明该地层为含 Cu、Pb、Zn 高的异常区。

表 3-3-5　红太平矿区内不同层位 Cu、Pb、Zn 含量的平均值　　　　单位：$×10^{-6}$

层位	样品数	平均值			浓集系数			备注
		Cu	Pb	Zn	Cu	Pb	Zn	
上交互层（含矿层）	259	167.8	29.8	311.3	7.3	7.5	6.6	用世界沉积岩平均值除之得到浓集系数
上砂板岩层	125	65.2	55.2	135.8	2.8	4.6	2.9	
下交互层（含矿层）	24	541.7	781.8	1 065.8	23.6	65.2	22.7	
下岩段杂色层	69	121.8	22.6	117.5	5.3	1.9	2.5	

(3)成矿温度：据矿石结构构造及矿物组合特征认为主要成矿作用发生于低温条件下，这与闪锌矿中含镉、标志成矿温度较低的特征相吻合。

8. 物质来源

该矿床与含钙质岩石和火山活动产物密切相关，钙质岩增多则火山活动产物增多，易形成分布稳定、规模大、连续性好的矿体，这标志着成矿作用发生于海水具有一定深度和火山活动间歇期。矿床成矿物质来源与海底火山喷发中性熔岩有关，表现在矿体往往与海底火山岩及碎屑岩相伴生，含矿层中富含英安岩、玢岩、流纹岩凝灰岩夹层。通过各层火山物质含量统计可知上下交互层火山岩占 20%～30%，而其他层位仅占 5%～10%。同时对各层铜铅锌含量亦做了统计，上、下交互层较板岩层铜铅锌含量皆高 6 倍。这充分说明矿体与火山物质成正消长关系，上下交互层不仅火山岩相当发育，而在火山岩中常具有黄铁矿、黄铜矿、磁黄铁矿、毒砂等矿化。而矿床附近围岩蚀变具有不同的矽化、碳酸盐化，而绿泥石化、绿帘石化则甚广泛，尤其是在火山碎屑岩中更是常见，因而可以认为除火山热液活动这外，还有区域变质作用叠加而产生大范围的蚀变。

总之，海底古火山活动为本类矿床提供了物质来源，该矿床应属经强烈变质改造后的海底火山—沉积矿床。

9. 控矿因素及找矿标志

(1)控矿因素：二叠系庙岭组凝灰岩、蚀变凝灰岩、砂岩、粉砂岩、泥灰岩为主要含矿层位和控矿层位。二叠纪庙岭-开山屯裂陷槽控制了早期的海底火山喷发，是控矿的区域构造标志；轴向近东西展布的开阔向斜构造控制红太平矿区。

(2)找矿标志：二叠系北东东向展布的裂陷槽、构造盆地；二叠系庙岭组上段和下段火山碎屑岩与沉积岩交互层标志；硅化、绿泥石化、绢云母化及其金属矿化等多金属矿床的直接找矿标志；孔雀石、铅矾、铜蓝、辉铜矿、褐铁矿等矿物直接找矿标志。

重磁梯度带或者异常转弯处，重磁遥解译的线状深源断裂带（切割深度达岩石圈）或其次一级线状、环状断裂的交会收敛处及其附近，红太平矿区大面积分布的高阻高激电、中阻高激电和低阻高激电异常，以及地表以下60～150m处激电测深（中）高阻、高充电异常带，可与已知矿体围岩泥灰岩、结晶灰岩地质体进行模拟，故该异常可作为多金属矿的间接找矿标志。大梨树沟、红太平及新华村一带分布的1/20万、1/5万地球化学异常。

10. 矿床形成及就位机制

在晚古生代二叠纪地壳活动较为剧烈，伴随地壳下陷，海水入侵，沉积了一套海相碎屑岩，并有海底火山爆发，喷发出大量中性熔岩，形成了海底火山热液喷流，也形成了富含铅锌的矿层或矿源层，在后期的区域变形褶皱和强烈的变质改造作用，对多金属迁移富集起到了一定作用。因此该矿床同生、后生成因特征兼具，系属海相火山-沉积成因，又受区域变质作用叠加。

11. 成矿模式

汪清县红太平多金属矿床成矿模式见图3-3-8、表3-3-6。

12. 成矿要素

汪清县红太平多金属矿床成矿要素见表3-3-7。

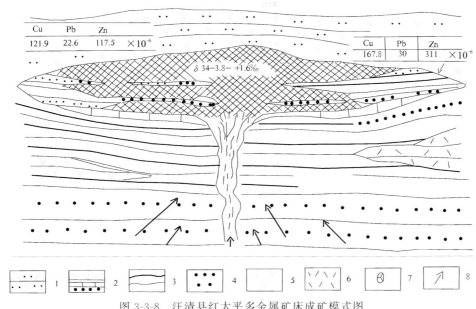

图3-3-8　汪清县红太平多金属矿床成矿模式图

1.安山质凝灰岩；2.含矿互层带（砂岩、泥灰岩、钙质砂岩、凝灰岩矿层）；3.板岩；4.砂岩；5.安山岩；
6.流纹岩；7.蜓化石；8.富含矿质的循环天水流体

表 3-3-6 汪清县红太平多金属矿床成矿模式表

名称	红太平式海相火山岩型红太平多金属矿床
成矿的地质构造环境	矿床位于天上-兴蒙-吉黑造山带（Ⅰ）小兴安岭-张广才岭弧盆系（Ⅱ）放牛沟-里水-五道沟陆缘岩浆弧（Ⅲ）汪清-珲春上叠裂陷盆地（Ⅳ）北部内
控矿的各类及主要控矿因素	二叠系庙岭组凝灰岩、蚀变凝灰岩、砂岩、粉砂岩、泥灰岩为主要含矿层位和控矿层位；庙岭—开山屯裂陷槽控制了早期的海底火山喷发，是控矿的区域构造；轴向近东西展布的开阔向斜构造控制红太平矿区
矿床的三度空间分布特征	产状：矿体倾向165°～185°，局部反倾，倾角15°～25° 形态：矿体呈层状、似层状
成矿期次	火山沉积期：矿体呈似层状，整合产于固定层位且与围岩同步弯曲，说明成矿与火山活动有一定关系，与英安岩统纹岩、凝灰岩等海相火山岩相伴生；矿区火山一次火山岩类成矿元素丰度高，说明在早期海底火山喷发阶段沉积了原始矿体或矿源层。区域变质成矿期：在火山岩中常具有黄铁矿、黄铜矿、磁黄铁矿、毒砂等矿化，而矿床附近围岩蚀变具有不同的矽化、碳酸盐化，而绿泥石化、绿帘石化则甚广泛，尤其是在火山碎屑岩中更是常见，因而可以认为除火山热液活动这外，还有区域变质作用叠加而产生大范围的蚀变。在后期区域变质作用下成矿物质进一步富集，形成矿体
成矿时代	模式年龄值为290～250Ma年（刘劲鸿，1997）与矿源层—下二叠统庙岭组一致，另据金顿镐等（1991）红太平矿区方铅矿铅模式年龄208.8Ma
矿床成因	属海相火山-沉积型矿床
成矿机制	在晚古生代二叠纪地壳活动较为剧烈，伴随地壳下陷，海水入侵，沉积了一套海相碎屑岩，并有海底火山爆发，喷发出大量中性熔岩，形成了海底火山热液喷流，也形成了富含铅锌的矿层或矿源层，在后期的区域变形褶皱和强烈的变质改造作用，对多金属迁移富集起到了一定作用。因此该矿床同生、后生成因特征兼具，系属海相火山—沉积成因，又受区域变质作用叠加
找矿标志	大地构造标志：放牛沟-里水-五道沟陆缘岩浆弧汪清-珲春上叠裂陷盆地北部； 地层标志：二叠系庙岭组凝灰岩、蚀变凝灰岩、砂岩、粉砂岩、泥灰岩出露区； 构造标志：二叠纪庙岭-开山屯裂陷槽，轴向近东西展布的开阔向斜构造

表 3-3-7 汪清县红太平多金属矿床成矿要素表

成矿要素		内容描述	类别
特征描述		属经强烈变质改造后的海底火山-沉积矿床	
地质环境	岩石类型	凝灰岩、蚀变凝灰岩合、砂岩、粉砂岩、泥灰岩	必要
	成矿时代	模式年龄值为290～250Ma年（刘劲鸿，1997）与矿源层—下二叠统庙岭组一致，另据金顿镐等（1991）红太平矿区方铅矿铅模式年龄208.8Ma	必要
	成矿环境	矿床位于天上-兴蒙-吉黑造山带（Ⅰ）小兴安岭-张广才岭弧盆系（Ⅱ）放牛沟-里水-五道沟陆缘岩浆弧（Ⅲ）汪清-珲春上叠裂陷盆地（Ⅳ）北部	必要
	构造背景	二叠纪庙岭-开山屯裂陷槽是控矿的区域构造标志；轴向近东西展布的开阔向斜构造控制红太平矿区	重要

续表 3-3-7

成矿要素		内容描述	类别
特征描述		属经强烈变质改造后的海底火山-沉积矿床	
矿床特征	矿物组合	金属矿物有闪锌矿、黄铜矿、斑铜矿、方黄铜矿(磁黄铁矿)、方铅矿、银黝铜矿、毒砂、黄铁矿、辉锑矿;脉石矿物有绿泥石、绢云母、白云母、石英、石榴子石、绿帘石、方解石、长石、透闪石、电气石;次生矿物有孔雀石、蓝辉铜矿、辉铜矿、铜蓝、铅矾、锌华、褐铁矿等	重要
	结构构造	矿石结构有他形粒状结构、包含结构、固溶体分解结构、浸蚀结构、交代残余结构、交代假像结构和交代蚕食结构等;矿石构造有块状构造、条纹状构造、条带状构造、浸染-斑点状构造、稠密浸染状构造、角砾状(胶结)构造和蜂窝状构造等	次要
	蚀变特征	主要有硅化、硅卡岩化、碳酸盐化、绿帘石化、绿泥石化等	重要
	控矿条件	控矿地层:二叠系庙岭组凝灰岩、蚀变凝灰岩、砂岩、粉砂岩、泥灰岩。控矿构造:二叠纪庙岭-开山屯裂陷槽控制了早期的海底火山喷发,是控矿的区域构造;轴向近东西展布的开阔向斜构造控制红太平矿区	必要

三、基性—超基性岩浆熔离-贯入型

该类型典型矿床特征详见第五节镍矿典型矿床:磐石市红旗岭铜镍矿床、蛟河县漂河川铜镍矿床、和龙市长仁铜镍矿床、通化县赤柏松铜镍矿床特征。

四、矽卡岩型(临江市六道沟铜钼矿床)

1. 地质构造环境及成矿条件

矿床位于晚三叠世—中生代华北叠加造山-裂谷系(Ⅰ)胶辽吉叠加岩浆弧(Ⅱ)吉南-辽东火山-盆地区(Ⅲ)长白火山-盆地群(Ⅳ)内。

(1)地层:矿区主要地层为中元古界老岭群珍珠门组,其上部为角岩夹大理岩及角岩与片岩类夹大理岩;下部为厚层白云石大理岩。

中生代火山岩分布于矿区北西、南东两侧。这套地层分布面积较广,总体呈近东西向展布,倾向分别为北西及南东,倾角20°～40°,其岩性组成:下部为碎屑岩及中性火山岩;上部为中酸性火山岩,见图3-3-9。

(2)岩浆岩:矿区地处中生代鸭绿江构造岩浆岩带中,区内燕山期岩浆喷发—侵入活动十分频繁。喷发岩为辉石安山岩、安山质角砾岩、安山岩、流纹岩、流纹质晶屑岩屑凝灰岩、流纹质火山角砾岩等,表现出由中性—中酸性—酸性分异演化的完整序列。火山岩化学性质属钙碱系列,数值特征见表3-3-8。

上述火山喷发(溢流)后,侵入岩相继侵入闪长岩、石英闪长岩、花岗闪长岩、闪长玢岩、英安斑岩、花岗斑岩等。它们侵入同期火山岩及老岭群地层中,其中以石英闪长岩与矿关系密切,呈岩株状;闪长玢岩、英安玢岩、花岗斑岩等为岩枝或岩脉。与该区火山岩为同源岩浆演化产物,构成火山-侵入杂岩系列。

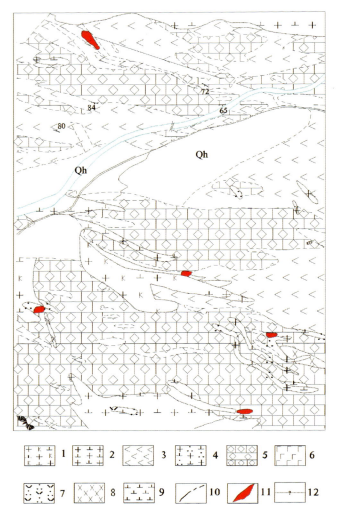

图 3-3-9 六道沟铜钼矿床地质图

1.钾长石化花岗闪长岩;2.花岗闪长岩;3.角闪岩;4.花岗闪长斑岩或闪长斑岩;
5.厚层结晶灰岩;6.玄武岩;7.石英正长斑岩石英斑岩;8.基性岩脉辉绿岩角闪岩
黄斑岩;9.闪长岩;10.实、推测整合岩层界线;11.矿体;12.接触性质不明

表 3-3-8　浑江地区中生代火山岩岩石化学特征简表

岩性	化学特征					
	$SiO_2/\%$	$K_2O/\%$	δ	τ	K_2O+Na_2O	Fe_2O_3/FeO
安山岩	57.73	2.96	3.61	17.03	7.29	1.46
流纹岩	73.68	3.94	1.47	59.76	7.04	0.96

(3)构造:矿区位于中朝准地台北缘,鸭绿江断裂带北东侧,头道沟-长白镇近东西向断裂北侧,中生代烟筒沟火山岩断陷盆地东南部边缘。区域东西向断裂构造及北东向断裂构造控制该区中生代岩浆活动。

2.矿体三度空间分布特征

(1)矿化特征:矿化产于老岭群珍珠门组厚层白云石大理岩与上部角岩夹大理岩的过渡带。与成矿有关的侵入体为石英闪长岩体,其长轴近东西向,面积2km²,平面上呈东宽西窄、剖面上大下小似楔形,东部前缘多分支,南部边缘总体向外倾。岩体同位素年龄为120.5Ma(K-Ar法测定黑云母)。岩体相变明显,中心相为花岗闪长岩,过渡相为石英正长闪长岩,边缘相为石英闪长岩,接触带局部为闪长岩。该岩体岩枝发育,其岩性为石英闪长岩,边缘相、过渡相、岩被相与矿化关系密切。铜山矿床产于该花岗闪长岩体向南分出的岩枝——石英闪长岩南部接触带,岩体或岩枝边部见有异离体、围岩捕房体。岩体冷凝边不发育,主体相呈中粒花岗结构,块状构造,岩枝体岩石矿物颗粒亦大于1mm,斜长石环带结构不明显,钾长石多为条纹—微斜条纹长石。岩体内见花岗伟晶岩与细晶岩相伴产出。说明该岩体形成深度为中—浅深度,并经受中等侵蚀。

花岗闪长岩岩石化学特征属正常系列,部分为铝过饱和,SiO_2含量比中国同类岩石低,为60.05%;K_2O+Na_2O平均为6.63%,一般$K_2O>Na_2O$;$Fe_2O_3/(Fe_2O_3+FeO)$边缘相为0.38,内部相为0.32。石英闪长玢岩均为岩枝或岩脉,形态不规则,自身蚀变强,具有以钼为主的斑岩型矿化。岩石化学成分与前述花岗闪长岩的边缘相相似,唯CaO含量偏高,镁略低,$Fe_2O_3/(Fe_2O_3+FeO)$为0.45,副矿物亦相似。

区域断裂构造控制该区中生代岩浆活动,成矿作用受火山构造控制。矿区位于两个中生代火山岩盆地的中间隆起地段。在火山活动过程中,这里形成一系列环状、辐射状断裂及次火山岩体,为成矿创造了良好的条件。与该矿床相关的铜山花岗闪长岩体,即沿火山岩盆地边缘的环形断裂侵入,长轴大体呈近东西向,其岩枝体沿辐射状断裂侵入,多呈北西向。矿区北西向断裂与珍珠门组大理岩类层面基本吻合,矿体主要产于花岗闪长岩体与珍珠门组接触带矽卡岩内,呈北西向展布。

矿化水平分带是内接触带及钾化石英闪长玢岩岩枝(脉)体内发育钼矿化或铜钼矿化,正接触带及外接触带矿化以铜为主,外接触带围岩中具铅、锌矿化。

矿化垂直分带是600m标高以上矿体条数多,矿带宽,向下矿体条数变少,矿带变窄,单矿体规模变小至尖灭;600m标高以上以铜为主,几乎没有单独钼矿体;400～6400m标高以铜为主,但出现单独钼矿体;400m标高以下以钼为主,形成单独矿体,铜矿化减弱。

(2)矿体形态、规模、产状:矿床计有60多个大小不等的矿体,矿体形态复杂,为扁豆状、似层状、透镜状、不规则脉状。矿体产状与地层产状火体一致,走向北西,倾向北东,倾角45°～60°,见图3-3-10。

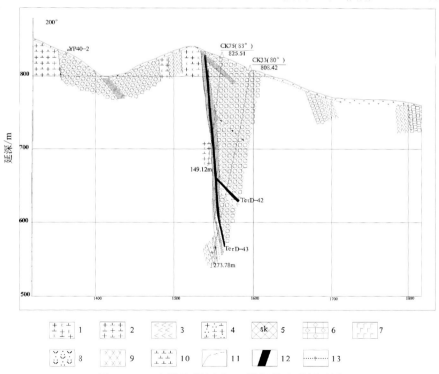

图3-3-10 六道沟铜钼矿14勘探线地质剖面图

1.钾长石化花岗闪长岩;2.花岗闪长岩;3.角闪岩;4.花岗闪长斑岩或闪长斑岩;5.矽卡岩;6.厚层结晶灰岩;7.玄武岩;8.石英正长斑岩、石英斑岩;9.基性岩脉辉绿岩、角闪岩、煌斑岩;10.闪长岩;11.实、推测整合岩层界线;12.矿体;13.接触性质不明

3. 矿石物质成分

(1) 矿石物质成分：有益元素 Cu 平均品位 0.675%，Mo 平均品位 0.071%，伴生有益组分 Pb，平均含量 1.8%，Zn 平均含量 1.76%，另有少量 Au、Sn 及微量 Be、Re、W、Se、Co、Ni、Ga 等。

(2) 矿石类型：含铜硫化物矿石。

(3) 矿物组合：矿石矿物成分主要为黄铜矿、辉钼矿、斑铜矿、闪锌矿，次为方铅矿、闪锌矿、磁铁矿、黄铁矿、硫砷铜矿、黝铜矿、镜铁矿；脉石矿物主要为石榴子石、透辉石、绿帘石，次为阳起石、符山石、长石、方解石、沸石、石英、钾长石、葡萄石。

(4) 矿石结构构造：矿石呈交代残余结构、固溶分解结构、格子状结构；致密块状构造、细脉浸染状构造、团块状构造。

4. 蚀变类型及分带性

围岩蚀变种类包括青磐岩化、硅化、绢云母化、黄铁矿化、矽卡岩化，矿化蚀变有矽卡岩型矿化蚀变和钾化斑岩型矿化蚀变。矽卡岩化是该矿区最主要、最发育的一种蚀变，与铜矿化关系极为密切，产于花岗闪长岩体与珍珠门组大理岩的接触带，尤以花岗闪长岩楔形岩体的前缘部位最为发育。

蚀变分带现象不太明显，大体为内接触带发育透辉石化、钾长石化、钠长石化、绢云母化，正接触带以石榴子石矽卡岩为主，过渡到透辉石矽卡岩，矿物颗粒由粗变细，外接触带绿帘石化较为发育。矿化分带内接触带为铜钼矿化，局部形成钼矿工业矿体；正接触带及外接触带以铜矿化为主，外接触带见铅锌矿化。

富矿体产于楔形岩体的前缘含水矿物复杂矽卡岩中。含矿气水溶液对围岩的交代有明显的选择性。矽卡岩化主要发育在厚层白云石大理岩与角岩夹薄层大理岩两大套岩层的过渡层位，即角岩、大理岩、片岩、白云石大理岩互层部位。下部为厚层白云石大理岩，矽卡岩化微弱；上部为泥质岩较多的岩石，矽卡岩化亦很微弱，但却构成良好的封闭层，使含矿气水溶液不易散失。不纯碳酸盐岩岩层与片岩、角岩互层对矽卡岩化及矿化最为有利。

钾化斑岩型蚀变见于南山石英闪长玢岩浅成侵入体中，见有钾长石化、钠长石化、绢云母化、硅化、青磐岩化。石英闪长玢岩脉均较小，蚀变分带不明显。石英闪长玢岩膨大部分蚀变较强，钼矿体产于其中；石英闪长玢岩变窄处，蚀变较弱，仅见钼矿化。

接触带附近的火山岩中发育强烈的青磐岩化、硅化、绢云母化，并较强的黄铁矿化，伴有铜、钼矿化。小铜矿沟西部钻孔中见安山岩褪色，有强烈黄铁矿化。酸性熔岩及凝灰岩类亦有强烈蚀变及黄铁矿化，钻孔中见铜钼矿化。

5. 成矿阶段

该矿床经历多期状矿化，大体归纳为 4 个成矿期：矽卡岩期、石英硫化物期、碱质硫化物期、碳酸盐期。铜矿主要形成在石英硫化物期的晚期阶段，钼矿主要形成在碱盐硫化物期。矽卡岩期晚期阶段仅出现少量黄铜矿、磁铁矿、白钨矿，而碳酸盐期则没有成矿作用。

6. 矿床成因及成矿时代

矿床产于燕山期花岗闪长岩体与老岭群珍珠门组大理岩接触带的矽卡岩中，矿石具交代残余结构，含矿矽卡岩体及矿体形态、规模、产状、蚀变、矿化富集均受接触带控制。花岗闪长岩体及其岩枝体石英闪长玢岩本身具钾化斑岩型铜钼矿，因此认为该矿床与花岗闪长岩有成因联系，其成因类型为接触交代（矽卡岩）型，至于斑岩型矿化，不占主要位置。该矿床形成于燕山早期。

7. 地球化学特征

硫同位素：脉状黄铜矿δS^{34}值为11.7‰，浸染状黄铜矿δS^{34}值为6.1‰，浸染状辉钼矿δS^{34}值为5.3‰~5.5‰，可以认为硫来源于地壳深部或上地幔。

8. 物质来源

根据矿体产出特征及矿床硫同位素特征判断，矿床成矿物质主要来源于含矿层位的大理岩和燕山期花岗岩类岩浆。

9. 控矿因素及找矿标志

（1）控矿因素：区域东西向断裂构造及北东向断裂构造控制该区中生代岩浆活动，燕山期花岗闪长岩体与老岭群珍珠门组大理岩接触带的矽卡岩带控制了矿体的产出部位。

（2）找矿标志：中生代火山岩盆地边缘，基底隆起带，碳酸盐岩石与中酸性小侵入体的接触带上；接触带外带200~300m范围内，岩枝体的前缘，岩枝（脉）体的下盘及分枝处；不纯碳酸盐岩石是良好的成矿围岩，特别有不同岩性互层泥质岩石作为上覆盖层时；接触带近处层间破碎发育处；成分复杂的矽卡岩是赋矿直接围岩，成分简单的矽卡岩含矿甚微，或几乎不含矿；石英闪长玢岩中发育的钾化斑岩型铜钼矿化及蚀变，矽卡岩化等蚀变均为良好找矿标志；Cu、Mo、Ag、Bi、Pb、Zn 6种元素组合是本矿床的成矿指示元素。

10. 矿床形成及就位机制

燕山期花岗闪长岩体侵入老岭群珍珠门组大理岩中，在热源和水源的作用下，在花岗闪长岩体与大理岩接触带上形成矽卡岩，呈带状分布。含矿层位的大理岩和燕山期花岗岩类岩浆所带来的成矿物质在热源和水源的作用下富集成矿。

11. 成矿模式

临江市六道沟铜钼矿床成矿模式见表3-3-9、图3-3-11。

12. 成矿要素

临江市六道沟铜钼矿床成矿要素见表3-3-10。

表3-3-9 临江市六道沟铜钼矿床成矿模式表

名称	六道沟式矽卡岩型六道沟铜钼矿床	
成矿的地质构造环境	矿床位于华北叠加造山-裂谷系（Ⅰ）胶辽吉叠加岩浆弧（Ⅱ）吉南-辽东火山盆地区（Ⅲ）长白火山-盆地群（Ⅳ）内	
控矿的各类及主要控矿因素	区域东西向断裂构造及北东向断裂构造控制该区中生代岩浆活动；燕山期花岗闪长岩体、老岭群珍珠门组大理岩控矿	
矿床的三度空间分布特征	产状	矿体产状与地层产状大体一致，走向北西，倾向北东，倾角45°~60°
	形态	为扁豆状、似层状、透镜状、不规则脉状
成矿期次	矽卡岩期、石英硫化物期、碱质硫化物期、碳酸盐期。铜矿主要形成在石英硫化物期的晚期阶段，钼矿主要形成在碱质硫化物期。矽卡岩期晚期阶段仅出现少量黄铜矿、磁铁矿、白钨矿，而碳酸盐期则没有成矿作用	

续表 3-3-9

名称	六道沟式矽卡岩型六道沟铜钼矿床
成矿时代	燕山早期
矿床成因	接触交代（矽卡岩）型
成矿机制	燕山期花岗闪长岩体侵入老岭群珍珠门组大理岩中，在热源和水源的作用下，在花岗闪长岩体与大理岩接触带上形成矽卡岩，呈带状分布。含矿层位的大理岩和燕山期花岗岩类岩浆所带来的成矿物质在热源和水源的作用下富集成矿
找矿标志	大地构造标志：清河-西保安-江域岩浆弧内 接触带标志：燕山期花岗闪长岩体与老岭群珍珠门组大理岩形成的矽卡岩带 构造标志：区域东西向断裂构造及北东向断裂构造

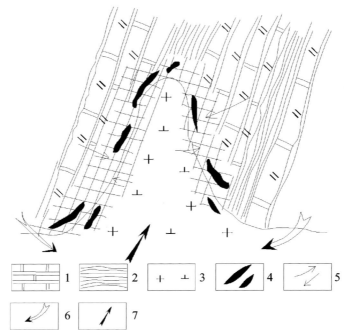

图 3-3-11 六道沟式矽卡岩型铜钼矿床成矿模式图
1.古生界灰岩、大理岩；2.千枚状片岩；3.燕山期花岗闪长岩；4.钼矿体；
5.地层、岩体矿质活化、迁移方向；6.雨水加入热液环流；7.燕山期花岗闪长岩浆期后含矿热液流动方向，沿矽卡岩裂隙充填叠加成矿

表 3-3-10 临江市六道沟铜钼矿床成矿要素表

成矿要素		内容描述	类别
特征描述		接触交代（矽卡岩）型	
地质环境	岩石类型	花岗闪长岩、大理岩、矽卡岩	必要
	成矿时代	燕山早期	必要
	成矿环境	矿床位于华北叠加造山-裂谷系（Ⅰ）胶辽吉叠加岩浆弧（Ⅱ）吉南-辽东火山盆地区（Ⅲ）长白火山-盆地群（Ⅳ）内	必要
	构造背景	区域东西向断裂构造及北东向断裂构造	重要

续表 3-3-10

成矿要素		内容描述	类别
特征描述		接触交代(矽卡岩)型	
矿床特征	矿物组合	矿石矿物成分主要为黄铜矿、辉钼矿、斑铜矿、闪锌矿,次为方铅矿、闪锌矿、磁铁矿、黄铁矿、硫砷铜矿、黝铜矿、镜铁矿;脉石矿物主要为石榴子石、透辉石、绿帘石,次为阳起石、符山石、长石、方解石、沸石、石英、钾长石、葡萄石	重要
	结构构造	矿石呈交代残余结构、固溶分解结构、格子状结构;致密块状构造、细脉浸染状构造、团块状构造	次要
	蚀变特征	围岩蚀变种类包括青磐岩化、硅化、绢云母化、黄铁矿化、矽卡岩化,矿化蚀变有矽卡岩型矿化蚀变和钾化斑岩型矿化蚀变	重要
	控矿条件	区域东西向断裂构造及北东向断裂构造控制该区中生代岩浆活动;燕山期花岗闪长岩体、老岭群珍珠门组大理岩控矿	必要

五、斑岩型(通化县二密铜矿床)

1. 地质构造环境及成矿条件

矿床位于晚三叠世—新生代华北叠加造山-裂谷系(Ⅰ)胶辽吉叠加岩浆弧(Ⅱ)吉南-辽东火山-盆地区(Ⅲ)柳河-二密火山-盆地区(Ⅳ)的三源浦中生代火山沉积盆地内(图 3-3-12)。

1)地层

区内出露主要地层有上侏罗统果松组、鹰嘴拉子组、林子头组、下桦皮甸子组。

(1)果松组:上部为暗灰紫色安山质集块岩、安山质凝灰角砾岩、斑状安山岩等;中部为灰紫色安山角砾岩、安山质集块岩、灰绿色斑状安山岩;下部绿黑色斑状玄武安山岩、灰紫色安山岩夹粉砂岩薄层,见图 3-3-12。

(2)鹰嘴拉子组:上部为灰绿色流纹质凝灰岩、紫红色粉砂岩、砂质页岩、灰绿色流纹质凝灰岩等;下部为紫红色砂砾岩、巨(粒)砾岩、页岩等。

(3)林子头组:上部为安山岩、凝灰岩互层夹安山质火山角砾岩;中部为粉砂岩、砾岩夹凝灰岩;下部为深灰色安山岩、二长安山岩等。

(4)下桦皮甸子组:上部为紫黑色凝灰质粉砂岩、紫红色粉砂岩;下部为黄绿色粉砂岩,黄绿色与紫黑色粉砂岩互层。

2)侵入岩

侵入岩主要是石英闪长岩和花岗斑岩,岩体规模较小,呈岩株状,属浅成—超浅成,具次火山岩性质,岩性与同期火山岩相对应,代表岩浆演化晚期,以单旋回为主,呈复式岩体侵入于林子头组中,总体呈北西向展布,面积仅 $9km^2$。据吉林省有色金属地质勘查局606队资料,其同位素年龄(K-Ar法)为 79~56Ma,岩体向东南倾,倾角较缓,向南东分出2个岩枝伸入围岩。

石英闪长岩岩石化学特征:SiO_2 及 Fe_2O_3 偏高,FeO、MgO、Na_2O 偏低,扎氏数值 d、S、d/c 值偏高,b、s、m、Q 值偏低,属偏碱性。花岗斑岩呈小岩株,侵入到石英闪长岩体东段内外接触带,面积仅 $0.4km^2$,斑状结构,岩石化学特征介于花岗闪长岩、花岗岩类之间,d/c 接近花岗岩类。

脉岩主要见有细晶岩、闪长玢岩、橄榄辉长玢岩等。

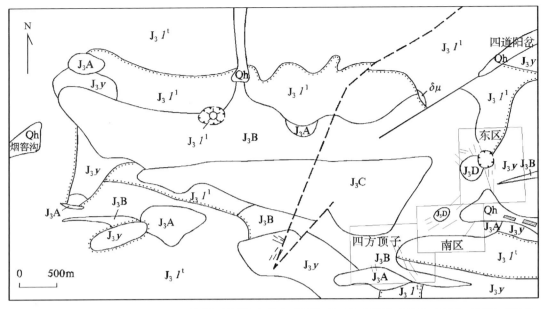

图 3-3-12　通化县二密铜矿床地质图

1.全新统；2.上侏罗统林子头组六合屯流纹岩段；3.上侏罗统林子头组太安安山岩段；4.上侏罗统鹰嘴砬子组；5.上侏罗统松顶山序列花岗斑岩单元；6.上侏罗统松顶山序列石英二长闪长岩单元；7.上侏罗统松顶山序列中粒石英闪长岩单元；8.上侏罗统松顶山序列细粒石英闪长岩单元；9.闪长玢岩；10.实测及推测地质界线；11.不整合地质界线/推测断层；12.环形构造；13.推测火山口；14.铜矿脉；15.铜矿生产矿段

3）构造

三源浦盆地是一个平缓开阔的向斜盆地，由于石英闪长岩体侵入的上拱作用，导致岩体周围地层向外倾斜形成似穹隆状构造形态。

(1) 控岩构造：北西向、东西向断裂交会于破火山口处，导出松顶山序列侵入，闪长岩冷凝固结时产生收缩，形成应力薄弱带控制后期花岗斑岩侵入。

与松顶山序列内外接触带、各个单元间接触带大致平行或斜交的北西、东西、北北东向断裂控制早期矿体；花岗斑岩内外接触带北西向张性、张扭性、扭性裂隙群控制晚期矿体分布；东区地表至 $-60\mathrm{m}$ 中段及井北 $210\sim300\mathrm{m}$ 中段发育的环形破碎带控制浸染状富矿体。

(2) 成矿后断裂：北西向断裂主要分布在四方顶子区和南区，北东向断裂见于四道阳岔、四方顶子区，切断北西向断裂，以剪性为主。南北向断裂见于四方顶子南区、小横道河子及东区外围，属扭性。东西向断裂见于主矿区西部。

2. 矿体三度空间分布特征

矿床位于松顶山复式岩体东段，矿体沿石英闪长岩与花岗斑岩体内外接触带分布，自北向南分四道阳岔、东区、东南区、南区、四方顶子、小横道河子等几个区段。最近在岩体北部石英闪长岩体中见到以浸染状、细脉浸染状为主的矿体，具有一定找矿前景。

二密铜矿大小工业矿体 84 条，其中东区 39 条、南区 15 条、四方顶子区 13 条、小横道河子区 4 条。按矿体产出部位分为两大矿体群：一是石英闪长岩体顶部围岩中，垂直于接触带张性断裂系统中的矿体（简称顶部围岩矿体群）；二是近接触带并与之平行的断裂系统中的矿体群。矿体按矿化特点可划分脉状—细脉浸染状矿体、脉状—复脉状矿体、网脉状—浸染状矿体、浸染状矿体、块状矿体，以脉状—复脉状矿体类型为主。

1)矿体特征

(1)石英闪长岩顶部围岩内矿体:分布在四方顶子一带,矿体产于石英闪长岩体上部接触带300m内围岩中,见图3-3-13。

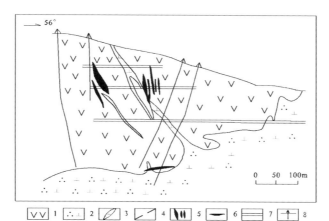

图3-3-13　通化县二密铜矿床四方顶子0线剖面石英闪长岩顶部围岩内张性断层中矿体
1.上侏罗统安山岩;2.燕山期石英闪长岩;3.脉岩;4.断层;5.张性断层中陡倾斜矿体(早期);
6.近接触带缓倾斜矿体(晚期);7.坑道;8.钻孔

该矿体延伸到下部被接触带的缓倾斜矿体所截,依矿体产出特点分为东西向矿带和北西向矿带。东西向矿带长150~270m,宽25~500m,深160~200m,倾向南70°~85°。单矿体呈透镜状,长40~220m,延深40~60m,厚1~6m,矿体由长30~80m、宽0.5~1m矿囊组成,每个矿囊长1~10m,宽0.12~2cm。北西向矿带有3条,受与岩枝平行的断层控制,矿带长450~600m,宽180~100m,深300~500m,倾向北东20~80°。矿带中的单矿体呈透镜状,长80~100m,宽1~5m,最宽达9m。矿体由细脉和浸染体组成,单一细脉长10~60m,宽0.5~5cm。矿石以细脉浸染状为主,金属矿物以黄铜矿、磁黄铁矿、黄铁矿为主,少许毒砂、闪锌矿;脉石矿物以石英、方解石为主。

(2)石英闪长岩接触带附近矿体:这种矿体包括脉状—复脉状和网脉状—浸染状矿体类型,尤以脉状—复脉状为主。矿体成群分布在石英闪长岩体的东南部,总体呈弧形,分布在岩体接触带内外100~200m范围内,海拔标高200~600m,实质上与弧形岩浆构造一致。矿体集中在花岗斑岩体顶部靠石英闪长岩接触带附近,见图3-3-14。弧形矿带总长3000m,宽200~300m,自北东至南西断续出现3条(东区、东南区及南区)矿体集中地带,每个矿体集中带长600~1900m,宽100~300m,深400~700m,最深1800m。矿带产状自北东至南西变化为30°∠35°→110°∠60°→150°∠35°→170°∠30°→220°∠10°,总体构成一个向南东突出并向东倾斜的弧形矿带,矿带由矿组组成,矿组分布情况是东区6个、东南区3个、南区10个。每个矿组由若干个矿体组成,单一矿体延长一般40~450m。

(3)花岗斑岩附近的浸染状矿化体—矿体:矿区内30多个浸染状矿化体,集中产在花岗斑岩顶部,见图3-3-15。围岩或隐爆角砾岩内,斑岩体内亦有赋存。矿体矿化强度不等,个别开采利用,一般不具有工业价值。矿体呈椭圆状、柱状、扁豆状等,一般长20m,深30m,宽10~17m,最大的5508号浸染状矿体长25~27m,深90m,宽达17m,当浸染状矿体为脉状矿体叠加时其铜品位明显增高(可达1%),一般情况下铜含量只有0.3%~0.6%。以上表明浸染状矿体是花岗斑岩体本身带来的早期矿化,主要成矿作用在此之后发生;矿石以浸染状为主,部分为斑点状构造。隐爆角砾岩内的富矿体赋存于隐爆角砾岩底部花岗斑岩冷凝收缩产生的虚脱空间带内。典型矿体平面为环带状,剖面呈"锅底"状,分为3个带:外部为含石英晶簇的破碎带,是成矿后的产物,一般宽5~8m;中间为含矿带,宽15~30m,不规则状,由棱角状蚀变岩和矿体组成,裂隙发育,赋存着大小不等、形态各异的富矿体上千个,规模大者25m,宽1~3m,深20m,铜品位达12%;内部为蚀变带,由蚀变岩角砾组成,富矿团小且少。

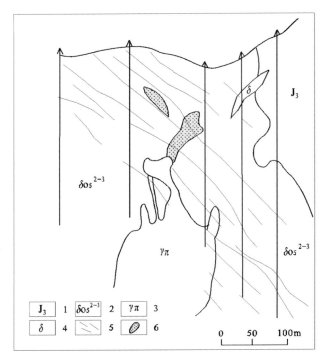

图 3-3-14 通化县二密铜矿床花岗斑岩顶部-石英闪长岩侵入接触带间的浸染状、脉状矿体群
1.侏罗系上统凝灰砂岩;2.燕山期石英闪长岩(δo_5^{2-3});3.花岗斑岩($\gamma\pi$);4.闪长岩;5.脉状矿体;6.浸染矿体

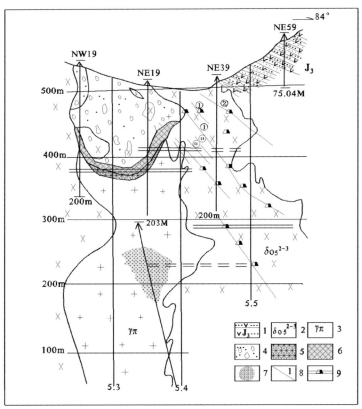

图 3-3-15 通化县二密铜矿床东区 17 线剖面花岗斑岩隐爆角砾岩内的矿体
1.侏罗系凝灰砂岩;2.燕山期石英闪长岩;3.花岗斑岩;4.隐爆角砾岩;5.石英晶簇;
6.团块状富矿体;7.浸染状矿体;8.脉状矿体;9.坑道

该类矿石呈块状构造,金属矿物以黄铜矿为主,少许闪锌矿、白铁矿和磁黄铁矿,脉石矿物以石英为主。矿物生成顺序是磁黄铁矿→白铁矿→黄铜矿→方铅矿、闪锌矿→石英、方解石。铜矿石 Cu 平均品位 0.4%～1%,高者达 7%～12%,伴生元素 Au、Ag、In、Co、Sn、Ga 等均可综合利用。

2) 矿床剥蚀情况

据矿床矿化强度的主要指数(S 为矿体面积,P 为金属量)呈明显的正消长关系,分布在一定空间内,矿床矿化前缘带在 640～450m 标高,此带上部挥发组分 B 大量出现,近前缘带在 450～200m 标高,根部在 200m 标高以下,矿化集中部位在 450～200m 标高之间。据此认为矿床基本没遭受剥蚀,原生矿体基本保存。

3. 矿石物质成分

(1) 物质成分:矿石矿物主要有黄铜矿、磁黄铁矿、白铁矿、毒砂和闪锌矿、辉钼矿、方铅矿、孔雀石、蓝铜矿等。矿石化学成分除了主要元素 Cu 外,尚含有微量 Pb、Zn、Mo、Bi、Au、Ag、In、Co、Sn、Ga 等。

(2) 矿石类型:有黄铜矿-白铁矿型、含铜磁铁矿型、次有电气石型、黄铜矿-磁黄铁矿-黄铜矿-毒砂型、孔雀石-褐铁矿型。

(3) 矿物组合:矿物成分有黄铜矿、磁黄铁矿、白铁矿、毒砂和闪锌矿,次为黄铁矿、辉钼矿、方铅矿、磁铁矿,少量辉铋矿。脉石矿物有石英、方解石,次为绢云母、高岭土、绿泥石等。表生矿物有褐铁矿、孔雀石、蓝铜矿等。

(4) 矿石结构构造:结构有自形—半自形结构、他形晶结构、斑状结构、包含结构、固溶体分解结构、交代结构;构造有块状构造、条带状构造、浸染状构造、角砾状构造、脉状构造、网脉状构造、胶状构造等。

4. 蚀变类型及分带性

矿区内存在面状和线状两种蚀变类型:面状蚀变主要发育在松顶山复式岩体和周围火山岩地层中,主要有黄铁矿化、黄铜矿化、绿泥石化、绿帘石化、电气石化、镜铁矿化、褐铁矿化、碳酸盐化、高岭土化、绢云母化、硅化等。线状蚀变主要发育在矿体上下盘近矿围岩中,蚀变矿物明显受围岩岩性控制,在石英闪长岩及花岗斑岩中,从矿体两侧发育有黄铜矿化、黄铁矿化、磁黄铁矿化、绢云母化、高岭土化、硅化、绿泥石化、绿帘石化等;在安山岩中矿体两侧以硅化、绿泥石化为主,其次为绢云母化、高岭土化。

5. 成矿阶段

根据矿体的空间赋存特征和矿物组合特征,将矿床划分为 4 个成矿期 9 个成矿阶段。

(1) 气成—高温热液成矿期:成矿温度为 360～300℃,$\delta^{34}S$ 为 2.3‰～3.8‰。早期形成的主要矿物为电气石,少量的石英、黄铁矿、毒砂,很少的辉钼矿;晚期形成的主要矿物为石英、辉钼矿、黄铁矿、毒砂,极少量的磁黄铁矿、黄铜矿和电气石。

(2) 高—中温热液期:成矿温度为 320～350℃,$\delta^{34}S$ 为 3‰～5.7‰。早期形成的主要矿物为石英和毒砂,少量的黄铜矿和闪锌矿,很少量的辉钼矿和磁黄铁矿。伴随强硅化和弱的绿泥石化、绢云母化、方解石化;中期形成大量的黄铜矿、石英、闪锌矿、方铅矿和磁黄铁矿,少量的黄铁矿和毒砂、磁铁矿,伴随强硅化和绿泥石化、弱的绢云母化、方解石化;晚期形成大量的黄铜矿、石英、毒砂、闪锌矿,少量的白铁矿,极少量的黄铁矿、磁铁矿和方铅矿,伴随强绢云母化、方解石化、弱高岭土化。

(3) 中—低温热液期:成矿温度为 235～150℃,$\delta^{34}S$ 为 2.2‰～3.4‰。早期形成主要矿物为黄铜矿和白铁矿,极少量的石英、磁黄铁矿、闪锌矿、方铅矿、磁铁矿。伴随强高岭土化、方解石化与弱绿泥石化、绢云母化;中期主要形成石英、黄铜矿,少量的白铁矿,极少量的闪锌矿和方铅矿。伴随强方解石化和玉髓化(碧玉)及弱的高岭土化;晚期主要形成少量石英、黄铜矿、白铁矿、闪锌矿,伴随强烈的方解石化和弱绿泥石化。

(4) 表生期:即氧化物阶段,在这一阶段由于矿体遭受氧化淋滤,形成次生氧化矿物,主要有褐铁矿、蓝铜矿、辉铜矿、孔雀石、黝铜矿。

6. 矿床成及成矿时代

侏罗系林子头组同位素年龄为89Ma,燕山期石英闪长岩株年龄为79～56Ma。矿床成矿与石英闪长岩、花岗斑岩体侵入关系密切,因此石英闪长岩的年龄可作为成矿年龄,为燕山晚期。矿床主体为属中深成—浅成次火山岩有关的斑岩型铜矿,次为高—中温热液型,局部为爆破角砾型。

7. 地球化学特征及成矿温度

(1)硫同位素特征:石英闪长岩和花岗斑岩中硫化物硫同位素组成$\delta^{34}S$值均为正值。石英闪长岩变化范围2.3‰～6.3‰,极差为4‰,平均值为3.7‰;花岗斑岩变化范围2.1‰～5.3‰,极差为3‰,平均值为3.39‰,都以富重硫为特征。表明硫源的一致性,体现深源硫特点,也反映二岩体同源性。

东区各矿脉硫化物$\delta^{34}S$变化于2.2‰～5.7‰之间,离差为3.4‰,总平均值为3.32‰;南区各矿脉中硫化物$\delta^{34}S$变化于2.3‰～5.3‰之间,离差为3.0‰,总平均值为3.4‰,两区基本一致,都以富重硫为特点,塔式效应明显,见图3-3-16。与矿区岩浆岩$\delta^{34}S$值非常接近,尤其矿体中$\delta^{34}S$值更与花岗斑岩接近,可见东区、南区矿脉成矿热液主要与花岗斑岩有直接成因联系。

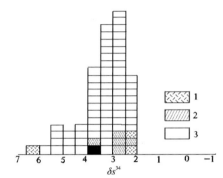

图3-3-16 二密铜矿硫同位素塔式图
1.石英闪长岩 2.花岗斑岩 3.矿体

(2)成矿温度

矿区主要区段矿物测温结果列入表3-3-11,由该表所列温度结果表明,应属与中深成—浅成次火山岩有关的高—中低温热液型铜矿床。

表3-3-11 矿区矿脉中矿物爆裂测温成果对比表

区段	矿脉号	单矿物名称	爆裂法测温成果对比		
			吉林冶金地质研究所		辽宁冶金地研所测定温度范围/℃
			第一次测定/℃	第二次测定/℃	
东区		富矿	Cpy		168～227
		富矿	Cpy		168～218
	13	Mr			199～258
	1	Pr			205～280
	12	Se			184～262
南区	14	Apy	起爆226	起爆260	262～364
	14	Cpy	起爆204	起爆240	161～211
	20	Cpy	起爆187	起爆320	188～252
	14	Cpy	起爆215	起爆300	199～298
	20	Cpy	起爆192	起爆230	195～256
	20	Mr	起爆178		199～260
	14	Se	起爆178	起爆320	205～260
	20	Apy	起爆179	起爆270	177～348

8. 物质来源

石英闪长岩、花岗斑岩都是成矿母岩,与成矿有直接成因联系,石英闪长岩平均含铜高出于岩石 2.5 倍以上,而岩体东部含铜高出岩体其他地段 4.5 倍之多,花岗斑岩平均含铜高于同部位的石英闪长岩 2.5 倍,比其他地段石英闪长岩高出 8 倍,因此,二岩体为成矿提供了物质来源。

9. 控矿因素及找矿标志

(1) 控矿因素:石英闪长岩接触带附近,大致平行接触带近东西向、北东向以及外接触带安山岩中北西向陡倾斜断裂,控制与石英闪长岩有关的矿脉,花岗斑岩体与石英闪长岩接触带,尤其是石英闪长岩中发育的呈北西向缓倾斜的斑岩体,控制着与花岗斑岩有关的矿体;花岗斑岩内环形破碎体构造,控制着与斑岩有关的块状富矿。

燕山晚期石英闪长岩、花岗斑岩控矿,因石英闪长岩、花岗斑岩侵入派生出的含矿热液为成矿提供了物质和热源条件。

(2) 找矿标志:蚀变以电气石化、硅化、绢云母化、高岭土化、绿泥石化、黑云母化为主,电气石化、硅化伴随少量铜钼矿化是矿化头晕,为重要的找矿标志;孔雀石化、褐铁矿化也是主要找矿标志。

磁性特征:在火山岩中安山岩磁性较强,流纹岩、凝灰岩较弱。在松项山序列中,石英二长岩、闪长岩、细粒石英闪长岩磁性较强,花岗斑岩呈弱磁性。矿石或矿化岩石具有一定磁性,其中浸染状磁黄铁矿石磁性最强;电性特征:区内充电率最高的是铜矿石,其次是黄铁矿化或黄铜矿化岩石,花岗斑岩、细粒石英闪长岩充电率稍高,其余都比较低,仅为 1.0% 左右。总之铜矿石物性参数特征是低阻、高充电率、中等磁性。

10. 矿床形成及就位机制

在 89 Ma 左右形成二密中生代火山岩盆地,在 79~56 Ma 间石英闪长岩侵入,含矿溶液沿接触带或外接触带东西向、北东向和北北西向产生的断裂充填形成脉状铜矿。石英闪长岩侵入后,花岗斑岩侵入于石英闪长岩中,由于斑岩上侵,在外接触带石英闪长岩中形成许多绕斑岩体的张裂,在区域应力场作用下,迁就、追踪原张裂,形成以张扭为主,伴压扭、扭性的缓倾斜裂隙群,为成矿提供有利空间,而花岗斑岩派生出的含矿热液沿这些构造裂隙充填交代形成细脉型、细脉浸染型、浸染型的矿脉群。

11. 成矿模式

通化县二密铜矿床成矿模式见表 3-3-12、图 3-3-17。

12. 成矿要素

通化县二密铜矿床成矿要素见表 3-3-13。

表 3-3-12 通化县二密铜矿床成矿模式表

名称	二密式斑岩型二密铜矿床
成矿的地质构造环境	矿床位于晚三叠世-新生代构造单元华北叠加造山-裂谷系(Ⅰ)胶辽吉叠加岩浆弧(Ⅱ)吉南-辽东火山-盆地区(Ⅲ)柳河-二密火山-盆地区(Ⅳ)三源浦中生代火山沉积盆地内
控矿的各类及主要控矿因素	控矿构造:石英闪长岩接触带附近,大致平行接触带近东西向、北东向以及外接触带安山岩中北西向陡倾斜断裂,控制与石英闪长岩有关的矿脉;花岗斑岩体与石英闪长岩接触带,尤其是石英闪长岩中发育的呈北西向缓倾斜的斑岩体,控制着与花岗斑岩有关的矿体;花岗斑岩内环形破碎体构造,控制着与斑岩有关的块状富矿。 岩体控矿:燕山晚期石英闪长岩、花岗斑岩为成矿提供了物质和热源条件

续表 3-3-12

名称		二密式斑岩型二密铜矿床
矿床的三度空间分布特征	产状	矿带产状自北东至南西变化为 30°∠35°→110°∠60°→150°∠35°→170°∠30°→220°∠10°，总体构成一个向南东突出并向东倾斜的弧形矿带
	形态	矿体呈椭圆状、柱状、扁豆状
成矿期次		气成—高温热液成矿期：成矿温度为 360～300℃，$\delta^{34}S$ 为 2.3‰～3.8‰。早期形成的主要矿物为电气石，少量的石英、黄铁矿、毒砂，很少的辉钼矿；晚期形成的主要矿物为石英、辉钼矿、黄铁矿、毒砂，极少量的磁黄铁矿、黄铜矿和电气石。 高—中温热液期：成矿温度为 320～350℃，$\delta^{34}S$ 为 3‰～5.7‰。早期形成的主要矿物为石英和毒砂，少量的黄铜矿、闪锌矿和辉钼矿、磁黄铁矿，伴随强硅化和弱的绿泥石化、绢云母化、方解石化；中期形成大量的黄铜矿、石英、闪锌矿、方铅矿和磁黄铁矿，少量的黄铁矿和毒砂、磁铁矿，伴随强硅化和绿泥石化，弱的绢云母化、方解石化；晚期形成大量的黄铜矿、石英、毒砂、闪锌矿，少量的白铁矿、黄铁矿、磁铁矿和方铅矿，伴随强绢云母化、方解石化、弱高岭土化。 中—低温热液期：这一时期的成矿温度为 235～150℃，$\delta^{34}S$ 为 2.2‰～3.4‰。早期形成主要矿物为黄铜矿和白铁矿，极少量的石英、磁黄铁矿、闪锌矿、方铅矿、磁铁矿。伴随强高岭土化、方解石化，弱绿泥石化和绢云母化；中期主要形成石英、黄铜矿，少量的白铁矿，极少量的闪锌矿和方铅矿，伴随强方解石化和玉髓化（碧玉），弱的高岭土化；晚期主要形成少量石英、黄铜矿、白铁矿、闪锌矿，伴随强烈的方解石化和弱绿泥石化。 表生期：即氧化物阶段，形成次生氧化矿物，主要有褐铁矿、蓝铜矿、辉铜矿、孔雀石、黝铜矿
成矿时代		燕山期石英闪长岩株年龄 56～79Ma，为燕山晚期
矿床成因		主体为与中深成—浅成次火山岩有关的斑岩型铜矿，次为高—中温热液型，局部为爆破角砾型
成矿机制		在 89Ma 左右形成二密中生代火山岩盆地，在 79～56Ma 间石英闪长岩侵入，含矿溶液沿接触带或外接触带东西向、北东向和北北西向产生的断裂充填形成脉状铜矿。石英闪长岩侵入后，花岗斑岩侵入于石英闪长岩中，由于斑岩上侵，在外接触带石英闪长岩中形成许多绕斑岩体的张裂，在区域应力场作用下，迁就、追踪原张裂，形成以张扭为主，伴压扭、扭性的缓倾斜裂隙群，为成矿提供有利空间，而花岗斑岩派生出的含矿热液沿这些构造裂隙充填交代形成细脉型、细脉浸染型、浸染型的矿脉群
找矿标志		大地构造标志：清河-西保安-江域岩浆弧内； 岩体标志：燕山期石英闪长岩和花岗斑岩出露区； 构造标志：北西向、东西向断裂交会破火山口处；松顶山序列内外接触带、各个单元间接触带大致平行或斜交的北西、东西、北北东向断裂控制早期矿体。花岗斑岩内外接触带北西向张性、张扭性、扭性裂隙群控制晚期矿体分布

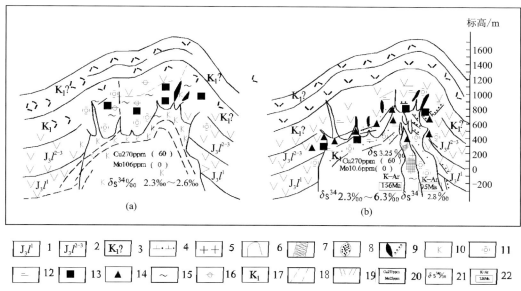

图 3-3-17 二密式斑岩型铜矿床成矿模式图

1.上侏罗统林子头组安山岩;2.上侏罗统林子头组安山岩、安山质凝灰岩;3.白垩系安山岩、流纹岩;4.燕山中—晚期石英闪长岩;5.花岗斑岩;6.隐爆角砾岩;7.浸染状矿体;8.浸染状矿化体(矿体);9.脉状—浸染状矿体(①早期石英闪长岩有关的矿体、②晚期花岗斑岩有关的矿体);10.钾化;11.矽化;12.绢云母化;13.黄铁矿化;14.电气石化;15.绿泥石化;16.绿帘石化;17.高岭石化;18.石英闪长岩原生层节理;19.张性断裂;20.铜、钼丰度值;21.硫同位素;22.同位素年龄值

表 3-3-13 通化县二密铜矿床成矿要素表

成矿要素		内容描述	类别
特征描述		主体为与中深成—浅成次火山岩有关的斑岩型铜矿,次为高—中温热液型,局部为爆破角砾型	类别
地质环境	岩石类型	石英闪长岩和花岗斑岩	必要
	成矿时代	燕山期石英闪长岩株年龄79~56Ma,为燕山晚期	必要
	成矿环境	矿床位于晚三叠世—新生代构造单元华北叠加造山-裂谷系(Ⅰ)胶辽吉叠加岩浆弧(Ⅱ)吉南-辽东火山-盆地区(Ⅲ)柳河-二密火山-盆地区(Ⅳ)三源浦中生代火山沉积盆地内	必要
	构造背景	北西向、东西向断裂交会于破火山口处;松顶山序列内外接触带、各个单元间接触带大致平行或斜交的北西、东西、北北东向断裂;花岗斑岩内外接触带北西向张性、张扭性、扭性裂隙群	重要
矿床特征	矿物组合	矿物成分有黄铜矿、磁黄铁矿、白铁矿、毒砂和闪锌矿,次为黄铁矿、辉钼矿、方铅矿、磁铁矿,少量辉铋矿;脉石矿物有石英、方解石,次为绢云母、高岭土、绿泥石等;表生矿物褐铁矿、孔雀石、蓝铜矿等	重要
	结构构造	结构有自形—半自形结构、他形晶结构、斑状结构、包含结构、固溶体分解结构、交代结构;构造有块状构造、条带状构造、浸染状构造、角砾状构造、脉状构造、网脉状构造、胶状构造等	次要

续表 3-3-13

成矿要素		内容描述	类别
特征描述		主体为与中深成—浅成次火山岩有关的斑岩型铜矿，次为高—中温热液型，局部为爆破角砾型	类别
矿床特征	蚀变特征	面状蚀变主要有黄铁矿化、黄铜矿化、绿泥石化、绿帘石化、电气石化、镜铁矿化、褐铁矿化、碳酸盐化、高岭土化、绢云母化、硅化等；线状蚀变主要发育在矿体上下盘近矿围岩中，蚀变矿物种类明显受围岩岩性控制，在石英闪长岩及花岗斑岩中，从矿体两侧发育有黄铜矿化、黄铁矿化、磁黄铁矿化、绢云母化、高岭土化、硅化、绿泥石化、绿帘石化等，在安山岩中矿体两侧以硅化、绿泥石化为主，其次为绢云母化、高岭土化	重要
	控矿条件	控矿构造：石英闪长岩接触带附近，大致平行接触带近东西向、北东向以及外接触带安山岩中北西向陡倾斜断裂，控制与石英闪长岩有关的矿脉；花岗斑岩体与石英闪长岩接触带，尤其是石英闪长岩中发育的呈北西向缓倾斜的斑岩体，控制着与花岗斑岩有关的矿体；花岗斑岩内环形破碎体构造，控制着与斑岩有关的块状富矿。燕山晚期石英闪长岩、花岗斑岩控矿，因由于石英闪长岩、花岗斑岩侵入派生出的含矿热液为成矿提供了物质和热源条件	必要

第四节 铅锌矿典型矿床研究

吉林省铅锌矿主要有 7 种成因类型：矽卡岩型、火山热液型、沉积-热液叠加型、沉积变质-岩浆热液改造型、多成因叠加型、岩浆热液型、变质热液型。本节主要选择了矽卡岩型、火山热液型、沉积-热液叠加型、沉积变质-岩浆热液改造型、多成因叠加型 5 种成因类型 7 个典型矿床开展铅锌矿成矿特征研究（表 3-4-1），主要典型矿床特征如下。

表 3-4-1 吉林省铅锌矿典型矿床一览表

矿床成因型	矿床式	典型矿床名称	成矿时代
矽卡岩型	万宝式	抚松县大营铅锌矿床	中生代
		集安市郭家岭铅锌矿床	中生代
火山热液型	放牛沟式	伊通县放牛沟多金属矿床	晚古生代
	红太平式	汪清县红太平多金属矿床	晚古生代
沉积-热液叠加型	正岔式	集安市正岔铅锌矿床	中生代
沉积变质-岩浆热液改造型	青城子式	白山市荒沟山铅锌矿床	古元古代
多成因叠加型	天宝山式	龙井市天宝山多金属矿床	中生代

一、矽卡岩型（抚松县大营铅锌矿床）

1. 地质构造环境及成矿条件

矿床位于晚三叠世—新生代华北叠加造山-裂谷系（Ⅰ）胶辽吉叠加岩浆弧（Ⅱ）吉南辽东火山-盆地区（Ⅲ）抚松-集安火山-盆地群（Ⅳ）内。

1）地层

矿区内出露的地层主要为寒武系—奥陶系及侏罗系。

(1) 寒武系徐庄组：石英黑云母角岩、绿帘阳起硅质角岩、变质粉砂岩与泥质板岩互层夹大理岩，厚204m。绿帘石、石榴子石化普遍，局部有矽卡岩，见铅锌矿体（下含矿层）。

(2) 寒武系张夏组：灰白色厚层大理岩，厚42.7m，底部和顶部与角页岩过渡时见透辉石、绿帘石、石榴子石矽卡岩，见铅锌矿体（中部含矿层）。

(3) 寒武系崮山组：角页岩夹透镜状薄层大理岩及条带状灰岩，局部有绿帘石榴子石矽卡岩，具铅锌矿化（上含矿层）。

(4) 寒武系长山组：硅质条带状灰岩夹薄层角页岩，厚57～163m。

(5) 寒武系凤山组：硅质条带状灰岩，厚38.7m。

(6) 奥陶系冶里组：深灰色厚层灰岩为主夹中薄层灰岩，厚，大于200m。

(7) 侏罗系长白组：火山岩、流纹质岩屑、晶屑凝灰质熔岩、流纹质—安山质角砾岩。

2）侵入岩

侵入岩为燕山期钾长花岗岩，呈岩基状，属黑松沟岩体组成部分，边部为二长花岗岩、花岗斑岩，侵入于中侏罗世火山岩中，距矿区600m。脉岩主要有闪长玢岩、霏细岩石英斑岩、石英正长斑岩，霏细岩脉黄铁绢英岩化较普遍，见微粒金，具金矿化。

3）构造

矿区内断裂构造有北东向、北西向两组。北西向有3条，被石英斑岩脉充填，多为高角度正断层，该组断裂成矿后仍有活动，切割矿体及北东向断裂。北东向断裂有3条，其中在侏罗系火山岩与震旦系、寒武系接触带上的断裂规模较大，为逆断层，倾向南东，倾角45°，沿断裂带常有霏细岩侵入，并见有黄铁绢英岩化；其余两条分布于寒武系中，与地层走向一致，倾角50°～80°，为正断层，破坏矿体，具多期活动特点。北东向主断裂控制矿带展布，次级平行主断裂的层间断裂为容矿断裂，见图3-4-1。

2. 矿体三度空间分布特征

矿体产出围岩主要为徐庄组页岩、灰岩，张夏组厚层灰岩和崮山组页岩灰岩。矿体受北东向层间断裂控制，长1120m，倾向南东，倾角20°～50°。矿区共发现26条矿体，矿体产状与地层产状一致，矿体在其中断续分布，形态呈似层状、透镜状、扁豆状。矿体长25～97m，厚0.3～8m，延深130m，规模小，见图3-4-2。

3. 矿床物质成分

(1) 物质成分：以Pb、Zn为主，少量Cu。

(2) 矿石类型：方铅矿-闪锌矿型、磁铁矿-黄铜矿型。

(3) 矿物组合：以闪锌矿、方铅矿、黄铁矿石为主，次为黄铜矿、磁铁矿、穆磁铁矿、赤铁矿、石英、方解石、绿帘石、石榴子石、透辉石、透闪石、绿泥石。

(4) 矿石结构构造：自形—他形粒状结构、交代结构、固溶体分解结构；块状、浸染状、脉状构造，矿体特征见表3-4-2。

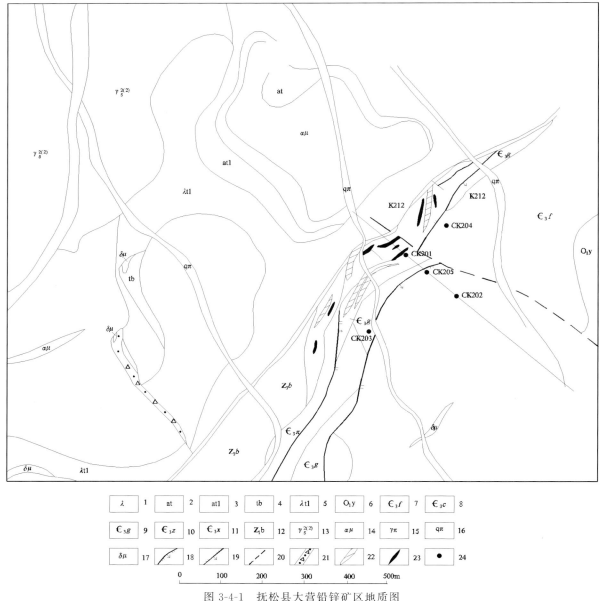

图 3-4-1 抚松县大营铅锌矿区地质图

1.流纹岩及熔结凝灰岩;2.酸性凝灰岩;3.安山质凝灰熔岩;4.安山角砾岩;5.流纹质岩屑、晶屑凝灰熔岩;6.冶里组中厚层灰岩;7.凤山组条带状灰岩夹角页岩;8.长白组条带状灰岩;9.崮山组条带状角页岩;10.张夏组大理岩;11.角页岩夹透镜状大理岩;12.八道江组大理岩;13.燕山期钾长花岗岩;14.安山玢岩;15.霏细岩;16.石英斑岩;17.闪长玢岩;18.正断层;19.逆断层;20.推断断层;21.新层破碎带;22.绿帘石榴岩;23.矿体;24.钻孔

4. 蚀变类型

蚀变主要为角砾岩化、矽卡岩化、硅化、碳酸盐化。

5. 成矿阶段

（1）成矿早期：寒武系中含有层状同生沉积形成的浸染状方铅矿、闪锌矿，构成 Pb、Zn 丰度高的矿源层。

（2）主成矿期：燕山期岩浆侵入为成矿提供充足热源，活化矿源层中 Pb、Zn 等成矿物质，使其迁移于北东向层间断裂容矿有利构造空间，富集成矿。

（3）表生期：主要对矿床风化淋滤，形成次生氧化矿物。

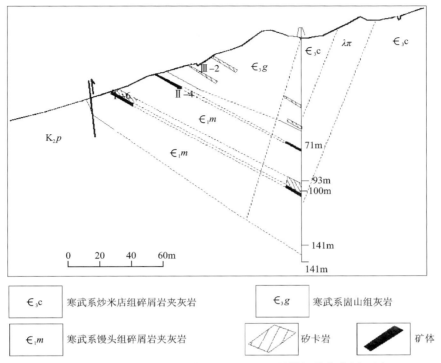

图 3-4-2　抚松县大营铅锌矿Ⅱ号矿段 2 号勘探线综合剖面图

表 3-4-2　抚松县大营铅锌矿床矿体特征

特征			大营铅锌矿
矿石类型			闪锌矿型
成矿阶段及矿物生成顺序	同生沉积	氧化物阶段	方角石→闪锌矿→方铅矿→黄铁矿
		硫化物阶段	
	穆磁铁矿—磁铁矿阶段		赤铁矿→穆磁铁矿→磁铁矿→闪锌矿→方铅矿→黄铜矿
	石英—硫化物阶段		黄铁矿→穆磁铁矿→磁铁矿→闪锌矿→方铅矿→黄铜矿
	碳酸盐—赤铁矿阶段		赤铁矿→黄铁矿→黄铜矿
围岩蚀变			角砾岩化、矽卡岩化、硅化、磷酸盐化
矿床规模			小型

6. 成矿时代

矿床与燕山期花岗岩侵入关系密切,推测成矿时代为燕山期,属岩浆期后热液叠加改造中低温层控热液矿床。

7. 地球化学特征

1) 硫同位素特征

由表 3-4-3 看到,大营铅锌矿矿石 δS^{34} 值除一件方铅矿为负值(-1.7‰)外,其余均为正值,变化于+0.9‰～+4.8‰之间,平均值为 3.14‰,以富重硫为特征,与花岗岩中黄铁矿 δS^{34} 值(+3.5‰)一致,表明矿床硫以岩浆硫为特征。不排除有少量海相硫酸盐的混入。

表 3-4-3 大营铅锌矿床硫同位素测试结果表　　　　　　　　　　　　　单位：‰

样号	测定对象	δS^{34}
D1	矽卡岩中黄铁矿	+3.3
K212-4	矽卡岩中黄铁矿	+4.8
DK10-3	矽卡岩中黄铁矿	+4
DK10-7	矽卡岩中黄铁矿	+2.8
D山T-2	石英斑岩中黄铁矿	+4.0
D山T-7	流纹岩中黄铁矿	+3.6
DK11-1	花岗岩中黄铁矿	+3.5
火-12	花岗岩中黄铁矿	+3.6
DK6-5	闪锌矿	+5.2
DK6-5	方铅矿	+3.7
DK6-5	黄铁矿	+6.6
L-1	矽卡岩中闪锌矿	+1.6
L-1	矽卡岩中方铅矿	+0.9
L-1	矽卡岩中黄铜矿	+3.4

2）氧、碳、氢同位素组成特征

矿床各类矿石中石英、方解石、重晶石等氧、碳、氢同位素组成特征见表 3-4-4。

（1）氧同位素：矿床矿化矽卡岩矿石中石英计算所得平衡水 $\delta O^{18} H_2 O$ 值为 8.101‰～14.03‰，表明成矿热液水为岩浆水（5‰～10‰）与相当变质水的地下水二者的混合。

（2）碳同位素：矿床碳同位素组成以较大的负值为特征，显示了生物有机碳特点，反映成矿作用碳来源于地层生物碳。

（3）氢同位素：矿石中石英 $\delta D(SMOW)$‰ 值为 -107.939，其值在大气降水（δD‰=50～-450）范围内，反映了成矿溶液不是单一来源，而是有大气降水参与的多种来源的混合水。

表 3-4-4 大营铅锌矿床碳、氢、氧同位素组成一览表

编号	测定对象	δO^{18} (PDB)/‰	δC^{13} (PDB)/‰	δO^{18} (SMOW)/‰	δD (SMOW)/‰	温度/℃	$\delta O^{18} H_2 O$ (SMOW)/‰
K202-6	碳酸盐化矽卡岩	-16.324	-17.853	13.678		300	8.101
K202-10	矽卡岩化大理岩	-15.945	-19.327	14.069			
K269-12	灰绿色大理岩	-14.229	-20.354	15.887			
K269-8	矿化矽卡岩中石英			18.541	-99.374	363.6	13.48
K269-8	矿化矽卡岩中磁铁矿			6.307			
Pb6-4	矿石中石英			19.724	-107.939	340	14.03

3）铅同位素

铅同位素比值稳定，变化小，为单阶段稳定增长的正常铅，主要来自寒武系。矿床 μ 值为 8.45～

8.63,平均 8.58,表明寒武纪地层中铅来自周围古陆上的内生矿床低 μ 值系统源区。

大营铅锌矿床蚀变时限见表 3-4-5,矽卡岩化、角岩化与火山岩时限一致,为接触交代成因。

表 3-4-5　大营铅锌矿床 K‑Ar 法年龄表

岩石名称	测定对象	年龄/Ma
绿帘石榴矽卡岩	地层中层状矽卡岩	100.65
紫色角页岩	矽卡岩顶底板	108.80
玄武安山岩	覆盖矽卡岩上的火山岩	101.67
正长斑岩	穿切矽卡岩体及矿体	85.85
正长花岗岩	蚀变带北侧 500m 侵入岩	65.92

8. 成矿物理化学条件

(1)成矿流体性质:根据矿石矿物包体成分测定,大营矿床属 $Ca^{2+}-F^--HCO_3^-$ 型水,属弱还原环境下形成。成矿流体成分主要为 Ca^{2+}、Cl^-、HCO_3^-、SO_4^{2-},具地下热卤水特征。由于流体中存在大量 CO_3^-、SO_4^{2-}、Cl^-,表明 Pb、Zn 可能与这些酸根离子呈络合物形式搬运。当进入孔隙大的构造空间时,由于压力降低 CO_2 逸出,造成碳酸盐络合物分解,或当环境变为还原条件,硫酸盐也同时被还原络合物破坏,Pb、Zn 转为硫化物在构造裂隙中沉淀,聚集形成工业矿体。

(2)矿床形成温度:大营矿床所测矿物爆裂温度(校正后)矽卡岩矿物为 250~300℃,矿石硫化物为 150~200℃。

9. 控矿因素及找矿标志

(1)控矿因素:寒武系灰岩、燕山期花岗岩类岩体及脉岩、北东向主断裂控制矿带展布次级平行主断裂的层间断裂为容矿断裂。

(2)找矿标志:寒武系灰岩、燕山期花岗岩类岩体及脉岩出露区、北东向主断裂带次级平行主断裂的层间断裂与角砾岩化、矽卡岩化、硅化、碳酸盐化区域。

10. 成矿作用及演化

下古生界寒武系—奥陶系碎屑岩-碳酸盐岩建造,其中有些层位含铅锌较高,并且含矿层及其围岩碳酸盐组分较高,有利于热液的交代。后期岩浆侵入活动提供矿源或者提供热源,晚期的热水溶液对围岩地层进行交代和改造,由于成矿流体中含有大量 CO_4^-、SO_4^{2-}、Cl^-,成矿元素 Pb、Zn 与这些酸根离子呈络合物形式搬运,当进入孔隙大的构造空间时,由于压力降低 CO_2 逸出,造成碳酸盐络合物分解或当环境变为还原条件,硫酸盐也同时被还原络合物被破坏,Pb、Zn 转为硫化物在构造裂隙中沉淀,聚集形成工业矿体。

11. 成矿模式

抚松县大营铅锌矿床成矿模式见图 3-4-3。

12. 成矿要素

抚松县大营铅锌矿床成矿要素见表 3-4-6。

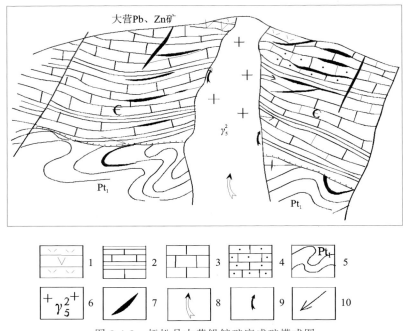

图 3-4-3　抚松县大营铅锌矿床成矿模式图

1.流纹质灰岩、安山岩；2.寒武纪—奥陶纪灰岩、页岩；3.矿化灰岩；4.砂岩；5.元古宙基底；6.燕山期花岗岩；
7.矿体；8.岩浆侵入方向；9.热液及热液运动方向；10.沉积物补给方向

表 3-4-6　抚松县大营铅锌矿床成矿要素表

成矿要素		内容描述	类别
特征描述		岩浆期后热液叠加改造中低温层控热液矿床	
地质环境	岩石类型	灰岩、花岗岩类岩体及脉岩	必要
	成矿时代	燕山期	必要
	成矿环境	北东向主断裂控制矿带展布次级平行主断裂的层间断裂为容矿断裂	必要
	构造背景	矿床位于华北叠加造山-裂谷系（Ⅰ）胶辽吉叠加岩浆弧（Ⅱ）吉南-辽东火山盆地区（Ⅲ）抚松-集安火山-盆地群（Ⅳ）内	重要
矿床特征	矿物组合	以闪锌矿、方铅矿、黄铁矿石为主，次为黄铜矿、磁铁矿、穆磁铁矿、赤铁矿、石英、方解石、绿帘石、石榴子石、透辉石、透闪石、绿泥石	重要
	结构构造	自形—他形粒状结构、交代结构、固溶体分解结构；块状构造、浸染状构造、脉状构造	次要
	蚀变特征	角砾岩化、矽卡岩化、硅化、碳酸盐化	重要
	控矿条件	大地构造背景控矿：矿床位于华北叠加造山-裂谷系（Ⅰ）胶辽吉叠加岩浆弧（Ⅱ）吉南-辽东火山盆地区（Ⅲ）抚松-集安火山-盆地群（Ⅳ）内；地层控矿：寒武系灰岩、燕山期花岗岩类岩体及脉岩，北东向主断裂控制矿带展布次级平行主断裂的层间断裂为容矿断裂；构造控矿：北东向主断裂控制矿带展布次级平行主断裂的层间断裂为容矿断裂	必要

二、火山热液岩型(伊通县放牛沟多金属矿床)

1. 地质构造环境及成矿条件

矿床位于南华纪—中三叠世天山-兴蒙-吉黑造山带(Ⅰ)小兴安岭-张广才岭弧盆系(Ⅱ)小顶子-张广才岭-黄松裂陷槽(Ⅲ)大顶子-石头口门上叠裂陷盆地(Ⅳ)内四平-德惠断裂带和伊通-伊兰断裂带之间,大黑山隆起带的中心部位。

1)地层

矿区出露的地层主要为一套浅变质中、酸性火山岩及沉积岩,时代为晚奥陶世和早志留世,此外白垩纪、古近纪和新近纪亦有零星出露,见图3-4-4。

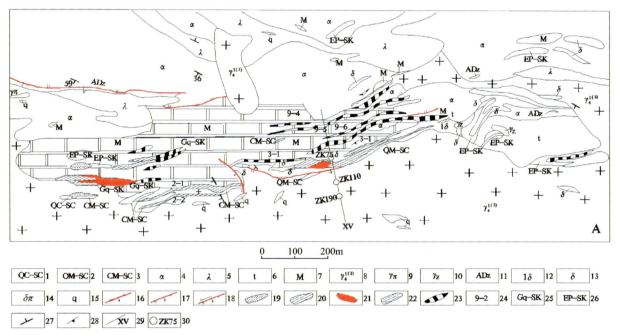

图 3-4-4 伊通县放牛沟多金属矿床地质图

1.石英绢云母片岩;2.石英绿泥片岩;3.绢云绿泥片岩;4.变质安山岩;5.变质流纹岩;6.凝灰岩;7.大理岩;8.花岗岩;9.花岗斑岩;10.花岗细晶岩;11.斜长细晶岩;12.蚀变闪长岩;13.细粒闪长岩;14.闪长斑岩;15.石英脉;16.压性断层;17.张性断层;18.张扭性断层;19.磁铁矿体;20.褐铁矿体;21.硫铁矿体;22.硫铁锌矿体;23.锌矿体;24.矿体编号;25.石榴子石矽卡岩;26.绿帘石矽卡岩;27.地层产状;28.片理产状;29.勘探线编号;30.钻孔及编号

(1)上奥陶统放牛沟火山岩:主要为浅变质中酸性火山岩-碳酸盐岩-碎屑岩建造,厚1 238.78～1 587.13m,岩性主要为片理化安山岩、片理化流纹岩、绢云石英片岩夹大理岩透镜体、大理岩、条带状大理岩,其中白色大理岩夹条带状大理岩为主要赋矿层位。

(2)下志留统桃山组:主要为浅变质中酸性火山岩-泥岩建造,厚1 302.03～1 746.96m,分为上、下两段。下段为浅变质中酸性火山岩,岩性为片理化含砾安山质凝灰岩及安山质角砾岩、片理化安山岩夹大理岩透镜体、片理化凝灰岩;上段为正常沉积-酸性火山岩,岩性为泥质板岩、碳质板岩夹大理岩透镜体,逐渐过渡到片理化流纹岩。

2)侵入岩

区内岩浆活动频繁,形成的侵入体均呈大小不等的岩株状产出,主要为海西早期、海西晚期、燕山早期。

(1) 海西早期侵入岩：可分为3期。第一阶段超基性岩侵入体仅见于施家油坊北山，呈东西向脉状展布，侵入于桃山组上段的碳质板岩中，后被闪长岩和石英二长岩侵入，岩性为橄榄辉石岩（角闪岩）。岩体中见有较强的黄铁矿化及磁黄铁矿化，Cu、Co、Ni含量远远高于克拉克值。第二阶段酸性岩浆活动强烈，形成的岩体规模亦较大，矿区内主要有以后庙岭为中心的花岗岩体。该岩体的内部相为白岗质花岗岩，其边缘相岩性复杂，以中细粒白岗质花岗岩为主，并见有花岗斑岩、花岗闪长岩及斜长花岗岩等。该岩体受后期断裂作用影响，在构造部位常形成片麻状花岗岩、花岗质碎裂岩、糜棱岩及千糜岩。该岩体与成矿关系密切。Rb-Sr等时线法确定后庙岭花岗岩的同位素年龄为352.65±21.45Ma，K-Ar法（钾长石）年龄为371~357Ma（冯守忠，2001）。第三阶段主要为中性岩类，形成以桃山为中心的闪长岩及闪长玢岩岩体群，侵入于第一、第二阶段岩体及早古生代地层中，在其与围岩接触部位局部见有矽卡岩化及铜矿化。

(2) 海西晚期侵入岩：岩体受纬向构造带控制，呈东西向展布。岩性为黑云母花岗岩、花岗闪长岩及石英二长岩等，均呈岩株状产出。

(3) 燕山早期侵入岩：受北东东向断裂控制，岩体规模较大，岩性主要为花岗岩、黑云母花岗岩，代表性岩体为莫里青岩体、许家小店岩体、韩家沟岩体。许家小店花岗岩中的白云母同位素年龄为171Ma，韩家沟黑云母花岗岩中钾长石同位素年龄为155Ma。区域上及矿区内脉岩主要有闪长岩、闪长玢岩、霏细岩、斜长细晶岩、花岗细晶岩、闪斜煌斑岩及云斜煌斑岩。

3) 构造

区域内存在一系列走向近东西的复式褶皱和挤压破碎带，致使石缝组和桃山组强烈褶皱、逆冲，侵入其中的海西早期花岗岩体在部分地段生成同向挤压带。此外，与东西向构造相伴生的有北东及北西两组共轭扭裂。

(1) 褶皱：区域上由石缝组和桃山组组成了3条主要褶皱。腰屯-发展公社倾伏向斜，下志留统桃山组为核部，轴向近东西，向东倾伏，两翼基本对称；五台子-孙家糖坊倾伏背斜，位于腰屯-发展公社倾伏向斜南侧，上奥陶统石缝组为核部，是轴向近东西，向东倾伏，北翼陡、南翼缓的不对称背斜；洪喜堂-新立屯倾伏向斜，下志留统桃山组为核部，是轴向近东西，向西倾伏，向东翘起的不对称向斜。

(2) 断裂：①东西向压性断裂。景家台-孙家台压性断裂带，长24km，宽500m，为成矿后断裂倾向130°~165°，倾角50°~70°，局部产生压性兼具扭性构造特征；放牛沟-后铁炉压性断裂带，长10km，宽大于500m。倾向16°~200°，倾角35°~70°，为成矿断裂，成矿后继续活动，海西早期花岗岩沿该断裂侵入，形成放牛沟以硫为主的磁铁、多金属矿床；天德合断裂，长6km，宽大于500m，倾向350°，倾角40°，为成矿断裂；洪喜堂-韩家沟断裂，长6km，宽100~1000m，倾向170°~180°，倾角45°~85°，具有多期活动的特点，海西早期施家油坊超基性岩侵入体沿该断裂侵入。②北西向压扭性断裂。丘家窑-天德合断裂，长10km，宽2000m；马蜂岭扭裂带，长2km；石灰窑-发展公社扭裂带，长11km。③北东向扭性断裂。区内不发育，仅发现半道子-孟家沟扭性断裂，长4km，宽50m，倾向南东，倾角45°~50°，为成矿后断裂，海西早期闪长岩及奥陶纪地层均遭受其破坏。

2. 矿体三度空间分布特征

1) 矿体的空间分布

从区域上看，庙岭花岗岩体呈镰刀状岩枝超覆于早古生代奥陶纪地层之上，含矿带位于花岗岩枝向南突出的凹部，向两端延伸到花岗岩内，含矿带随即消失。从矿区看，含矿带位于花岗岩外触带400m范围内，其中较大矿体则位于200m范围内，在内接触带亦有少量矿体分布，但规模较小，延深不大。

矿体严格受构造控制，主要赋存于近东西向压性破碎带中，其产状走向70°~100°，倾向南，倾角35°~70°。矿体在含矿破碎带中成群分布，在平面、剖面上呈密集平行排列，尖灭再现，舒缓波状。在北北西向张性兼扭性断裂中，一般不存在矿体，只是在与近东西向构造交切部位，接触带局部富集成矿。

在位于花岗岩接触带与大理岩之间的片理化、矽卡岩化安山岩中形成以充填交代为主的透镜状、似层状矿体,规模较大,形态复杂,矿体薄厚变化较大。在花岗岩、片理化流纹岩中的矿体,沿断裂分布,以充填为主,矿体形态简单,厚度较小,延长、延深不大。

2)矿体特征

矿区内已控制含矿带长1700m,宽150～400m,发现9个矿组,41条矿体。规模较大、矿石类型较全的有3号矿组的3-1号、3-2号矿体,9号矿组的9-4号、9-6号、9-7号矿体,7号矿组的7-4号、7-5号矿体,2号矿组的2-1号矿体。以上8个矿体的矿石量占矿区矿石总量的73%,其中以3-1号、3-2号矿体规模最大,占矿区矿石总量的39%。

2-1号矿体:矿体呈脉状、透镜状尖灭再现赋存于矽卡岩及片岩中。控制矿体长409m,斜深134m,最大厚度20.07m,平均厚9.1m。走向近东西,倾向南,倾角40°～60°。矿石类型主要为闪锌硫铁矿和硫铁矿石,占90%;闪锌硫铁矿石平均含S 15.9%、Zn 1.33%,硫铁矿石平均含S 14.32%;其次是闪锌矿、磁铁矿和褐铁矿矿石,闪锌矿石平均含Zn 2.21%,磁铁矿石平均TFe 26.36%。

3-1号矿体:位于矿区中部,赋存于大理岩及其顶部的片理化、矽卡岩化安山岩中。矿体在地表呈似层状、舒缓波状断续出露。控制矿体长794.5m,垂深327m,斜深351.5m,最大厚度35.41m,平均厚7.76m,见图3-4-5。矿体走向80°,倾向南,倾角40°～80°。矿石类型主要为闪锌硫铁矿、硫铁矿和闪锌矿石,占82%;闪锌硫铁矿石平均含S 13.56%、Zn 1.83%,硫铁矿石平均含S 17.53%,闪锌矿石平均含Zn 2.43%;其次为磁铁矿、铅锌矿、褐铁矿和氧化锌矿石;磁铁矿石平均TFe 34.85%,铅锌矿石平均含Pb 0.75%,Zn 1.59%。

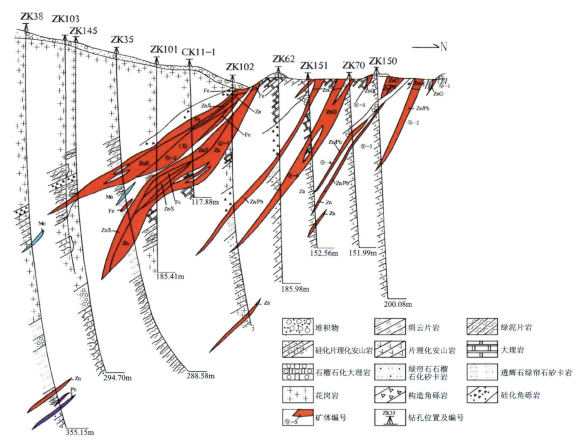

图3-4-5 放牛沟多金属矿Ⅻ号勘探线剖面图

3-2号矿体:位于3-1号矿体上部,有时两个矿体叠加,其形态产状与3-1号矿体相同。矿体赋存于片理化、矽卡岩化安山岩中。控制矿体长504m,垂深316m,斜深342m,最大厚度37.41m,平均厚8.27m,见图3-4-5。矿石类型主要为硫铁矿、闪锌硫铁矿及磁铁矿石,占92.4%;硫铁矿石平均含

S 19.45%,闪锌硫铁矿石平均含 S 13.57%、Zn 1.84%,磁铁矿石平均 TFe 33.69%;其次为闪锌矿、铅锌矿、褐铁矿和氧化锌矿石;闪锌矿石平均含 Zn 2.21%,铅锌矿石平均含 Pb 0.27%、Zn 3.00%。

7-4 号矿体:赋存于条带状大理岩及其顶部的片理化、矽卡岩化安山岩中。矿体呈不规则透镜状产出,控制矿体长 376m,垂深 292m,斜深 334m,最大厚度 19.58m,平均厚 5.79m,见图 3-4-5。矿体走向 80°,倾向南,倾角 45°~65°。矿石类型主要为铅锌矿、闪锌矿及闪锌硫铁矿石,占 89%。铅锌矿石平均含 Pb 0.40%、Zn 3.45%,闪锌矿石平均含 Zn 3.64%,闪锌硫铁矿石平均含 S 15.29%、Zn 5.89%;其次为铅锌硫铁矿和硫铁矿石,铅锌硫铁矿石平均含 S 21.69%、Pb 2.79%、Zn 5.20%,硫铁矿石平均含 S 18.43%。

7-5 号矿体:位于 7-4 号矿体上部,其形态产状与 7-4 号矿体相同,赋存于矽卡岩化大理岩中,局部由于构造破坏变化较大。控制矿体长 431m,垂深 233m,斜深 268m,最大厚度 19.68m,平均厚 4.37m,见图 3-4-5。矿石类型主要为闪锌硫铁矿、闪锌矿及铅锌矿石,占 82.5%;闪锌硫铁矿石平均含 S 10.60%、Zn 4.77%,闪锌矿石平均含 Zn 3.58%,铅锌矿石平均含 Pb 0.62%、Zn 2.60%;其次为铅锌硫铁矿石平均含 S 18.27%、Pb 0.47%、Zn 3.80%。

9-4 号矿体:位于矿区中段北部,赋存于大理岩及其顶部的片理化、矽卡岩化安山岩中。矿体呈不规则的脉状,延深较大,断续延至 3-1 号矿体下部。局部被断裂构造破坏,但影响不大。控制矿体长 659m,垂深 203.5m,最大厚度 9.12m,平均厚 3.80m,见图 3-4-5。矿体走向北东东,倾向南,倾角 40°~70°。矿石类型主要为铅锌矿石,占 61%,平均 Pb 1.01%、Zn 2.34%;其次为闪锌矿石,占 35%,平均 Zn 1.87%;再次为闪锌硫铁矿及氧化锌矿,闪锌硫铁矿石平均 S 6.79%、Zn 8.00%。

9-6 号矿体:位于 9-5 矿体上盘,形态产状与 9-4 号矿体相同,主要呈似层状赋存于矽卡岩化大理岩中,局部被断裂构造破坏,但影响不大。控制矿体长 447.5m,垂深 269m,斜深 342m,最大厚度 24.32m,平均厚 4.99m,见图 3-4-5。矿石类型主要为闪锌矿和铅锌矿石,占 96%;闪锌矿石平均含 Zn 2.42%,铅锌矿石平均含 Pb 0.52%、Zn 2.43%;其次为闪锌硫铁矿、铅锌硫铁矿和氧化锌矿石,闪锌硫铁矿石平均含 S 18.41%、Zn 10.82%,铅锌硫铁矿石平均含 S 18.93%、Pb 0.48%、Zn 8.30%。

9-7 号矿体:位于 9-6 号矿体上盘,平行分布,其形态产状与 9-6 号矿体相同,局部被断裂构造破坏,但影响不大,深部有盲矿体呈尖灭再现。控制矿体长 480.5m,垂深 358m,斜深 356m,最大厚度 30.17m,平均厚 5.43m,见图 3-4-5。矿石类型主要为闪锌矿石,占 70%,闪锌矿石平均含 Zn 3.12%;其次为铅锌矿石,占 22.5%,平均含 Pb 1.00%、Zn 2.84%;再次为闪锌硫铁矿、铅锌硫铁矿和氧化锌矿石,闪锌硫铁矿石平均含 S 12.00%、Zn 5.87%,铅锌硫铁矿石平均含 S 13.28%、Pb 4.07%、Zn 7.21%。

3)矿体剥蚀程度

从矿床典型剖面研究,矿体的剥蚀深度在 100m 左右。矿床异常 PbZnAgBa/CuBi>$n\times 10^{-6}$,矿组异常 PbZnAgBa/CuBi>$n\times 10^{-6}$,剥蚀程度较浅。

3. 矿床物质成分

(1)物质成分:矿床主要有用成分为 S、Fe、Pb、Zn,其主要以闪锌硫铁矿、铅锌硫铁矿、闪锌矿、方铅矿、铅锌矿、磁铁矿、褐铁矿和氧化锌矿物形式存在。矿床伴生的重要组分为 Cu、Bi、Mo、Co、Mn、W 等;伴生的稀散元素主要有 Cr、In、Ga、Ge、Se、Te、Ta 等;另外还伴生有 Ag、Au。

(2)矿石类型:矿石类型以闪锌矿、方铅矿-闪锌矿、闪锌矿-硫铁矿石为主。

(3)矿物组合:矿石矿物以黄铁矿、磁铁矿、闪锌矿、方铅矿为主,磁黄铁矿、黄铜矿、辉铋矿、辉钼矿、白钨矿、毒砂、硬锰矿、软锰矿等少量出现;脉石矿物有石榴子石、透辉石、透闪石、绿帘石、方解石、石英、绿泥石等。

(4)矿石结构构造:矿石结构主要有自形—半自形粒状结构、他形粒状结构、交代包含结构等,其次有乳浊状结构、斑状结构等;矿石构造以致密块状构造、条带状构造和浸染状构造为主,局部见有网络状构造、脉状构造、角砾状构造。

4. 蚀变类型及分带性

蚀变类型主要有青磐岩化、绿泥石化、绿帘石化、黝帘石化、硅化、绢云母化、萤石化、闪石化、黄铁矿化等；在岩体接触带附近石榴子石-透辉石或透闪石矽卡岩及碳酸盐化发育，并伴有黄铁矿化，大理岩中的纹层状黄铁矿大多形成以绿泥石为主的蚀变。

5. 成矿阶段

矿床可以划分为 3 个成矿期 4 个成矿阶段。

(1)矽卡岩化成矿期：①早期矽卡岩化阶段。形成的矿物主要有石榴子石、透辉石、硅灰石、钠长石，稍晚形成磁铁矿、白钨矿，主要形成钙铁-钙铝石榴子石矽卡岩，局部形成透辉石石榴子石矽卡岩及硅灰石、钠长石化等。该阶段是硫铁矿的主要成矿阶段。②晚期矽卡岩化阶段。黄铁矿亚阶段，形成的矿物主要有黑柱石、蔷薇辉石、绿帘石、黝帘石、斜方砷铁矿黄铁矿，以及少量的绿泥石、石英、方解石，主要形成绿帘石绿泥石矽卡岩、蔷薇辉石黑柱石矽卡岩，稍晚形成黄铁矿，是黄铁矿的主要成矿阶段；硫化物亚阶段，形成的矿物主要有绿泥石、阳起石、透闪石、萤石、石英、方解石、黄铁矿、磁黄铁矿、闪锌矿、黄铜矿、辉铋矿、辉钼矿，以及少量的方铅矿、绿帘石、黝帘石，主要形成绿泥石、透闪石(阳起石)矽卡岩以及多金属硫化物，伴随该阶段的热液蚀变有萤石化及含绿帘石的石英方解石脉等，该阶段为本区的主要成矿阶段；重叠矽卡岩化阶段，形成的矿物主要有石英、方解石、黄铁矿、方铅矿，以及少量的绿帘石、绿泥石、黄铜矿，主要形成脉状绿帘石、石榴子石、绿泥石及含矿石英方解石脉。本阶段为典型热液蚀变阶段，形成第二期闪锌矿、方铅矿、黄铜矿，以及第三期黄铁矿脉，但规模均很小。

(2)低温热液期：形成无矿方解石及沸石脉。

(3)表生成矿期：氧化淋滤阶段，主要形成褐铁矿和氧化锌矿。

6. 成矿时代

Rb-Sr 等时线法确定后庙岭花岗岩的同位素年龄为(352.65 ± 21.45)Ma。K-Ar 法(钾长石)年龄为 371~357 Ma。Rb-Sr 等时线法确定的绢云母安山岩矿化蚀变年龄为(313.6 ± 4.47)Ma，晚于花岗岩体的形成。矿石铅的模式年龄为 306.4~290Ma。根据花岗岩和安山岩均有矿化并有工业矿体形成，这一模式年龄小于花岗岩的成岩年龄和蚀变年龄，与地质观察结果一致。成岩、蚀变、成矿在时间上相近，反映它们可能是在一个统一的岩浆-热液系统中形成的。

7. 地球化学特征

1)岩石微量元素及岩石化学

在矿区石缝组、桃山组中，除 Zn、Pb 等主要成矿元素的丰度个别地段接近地壳克拉克值以外，其他层中的丰度值均小于地壳克拉克值，在区域地层中处于分散状态。在安山岩、流纹岩、大理岩等主要岩石类型海西期中，Zn、Pb 等元素的丰度均小于世界同类型岩石的平均含量，也均处于分散状态。可见从地层岩石中元素丰度角度分析，本地区不存在富含主要成矿元素的矿源层或岩石类型。

据 107 个花岗岩的原生晕分析结果统计，Zn 86×10^{-6}，Pb 91×10^{-6}，Cu 50×10^{-6}，高于标准花岗岩克拉克值 1~4 倍，其他元素亦具有类似关系。据Ⅶ线原生晕剖面对比，在矿体顶底板及尖灭处的花岗岩中，成矿元素 Cu、Pb、Zn、Mo 等呈现明显的高含量，达$(1000~2000)\times10^{-6}$(图 3-4-6)。

海西期花岗岩属钙碱性系列或正常系列，对成矿有利。据Ⅺ、Ⅹ、Ⅴ线岩石化学剖面可以看出，矿体与围岩明显地从花岗岩中带入 Si、Fe、S，带出 Ca。

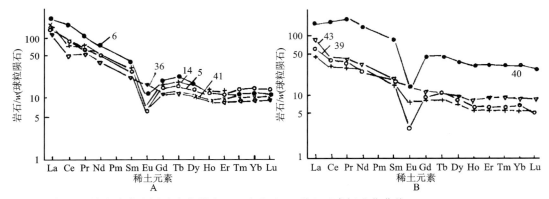

图 3-4-6　伊通县放牛沟多金属矿床花岗岩(A)及矿石(B)稀土元素标准化曲线(据吉林矿产地质研究所,1992)

5、6.花岗岩；14.片理化花岗岩；36、41.花岗斑岩；39.硫铁矿矿石；40.磁铁矿矿石；43.方铅矿矿石

2) 稀土元素

各种矿石及花岗岩都具有向右倾斜、负斜率、富轻稀土的配分型式。值得说明的是,蚀变矿物萤石和绿帘石稀土元素的配分、特征参数值和分布模式也和花岗岩的相似。无论从 Sm 与 Eu,或是从(Nd+Gd+Er)与(Ce+Sm+Dy+Yb)的关系,都可说明它们具有相似的组成特征。以上这些组分的相似性,反映了物质来源的一致性。

3) 铅同位素

矿石铅、花岗岩的全岩铅及花岗岩中钾长石铅,在铅同位素组成坐标图上呈线性分布,见图 3-4-7。这种特征进一步证实,矿床形成的物质来源于花岗岩深部岩浆源的论断。放牛沟矿床铅同位素组成 $^{206}Pb/^{204}Pb$ 为 17.38～18.32,$^{207}Pb/^{204}Pb$ 为 15.38～15.64,$^{207}Pb/^{204}Pb$ 比较低(15.38～15.60),反映物质来源比较深,接近上地幔。矿石铅的源区特征值(0.066～0.070)部分超出了正常铅的范围(0.063～0.067),反映矿石铅可能并非单一的深部来源。其他特征值 μ、ω、κ 等进一步说明矿石铅既有来自上地幔或下地壳的,也有来自上地壳的。

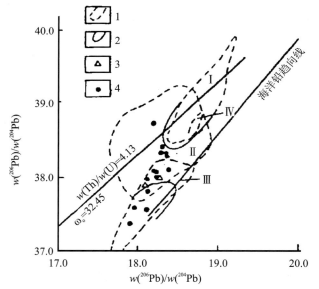

图 3-4-7　伊通县放牛沟多金属硫铁矿床矿石铅来源(据冯守忠,1984)

1.现代 3 种海洋铅分布域；2.300Ma 时代校正后的海洋铅分布域；3.外围矿床矿点的矿石铅；4.放牛沟矿床的矿石铅；
Ⅰ.海洋化学沉积锰结核铅；Ⅱ.太平洋西岸岛弧铅；Ⅲ.中央海岭拉斑玄武岩铅；Ⅳ.现代

4）硫同位素

放牛沟矿床硫化物的δS^{34}平均为值为$+5.08‰$（$+0.3‰\sim+6.7‰$），分布范围窄，极差小，无负值，塔式效应明显。这些特征与花岗岩及矽卡岩内黄铁矿基本相同，而与矿体上下盘大理岩中沉积成因黄铁矿明显不同。矿体上下盘大理岩中沉积黄铁矿δS^{34}均为大负值（$9.0‰\sim29.60‰$），极差大，分布范围广。矿床共生硫化物的δS^{34}值，黄铁矿＞磁黄铁矿和闪锌矿＞方铅矿，矿石硫化物硫同位素的分馏是在成矿溶液硫同位素处于平衡的条件下进行的。在此基础上得出成矿溶液总硫的硫同位素组成，平均为$+6.5‰$（$+6.1‰\sim+7.1‰$）。对比拉伊与大本所提出的热液多金属矿床成矿溶液总硫同位素组成特征的3种类型，本矿床应属第3种类型（$\delta S^{34}=+5‰\sim+15‰$）。成矿溶液中的硫应为深源硫与海相地层硫的混合硫源。根据其δS^{34}值在第3种类型中偏小，接近第1种类型（δS^{34}值近于零），可以认为本矿床成矿成晕的硫主要来自深部岩浆，部分来自地层（冯守忠，2001）。

5）氧同位素

根据花岗岩副矿物磁铁矿测试结果计算，$\delta O^{18} H_2O$ 为$+6.47‰$（$+5.14‰\sim+8.14‰$）。岩浆阶段的水基本属于岩浆水（$+5.5‰\sim+8.5‰$）。磁铁矿测试结果计算的$\delta O^{18} H_2O$为$6.27‰$，但变化幅度较大（$+2.1‰\sim+11.4‰$），氧化物阶段的水可能以岩浆水为主，但也有大气降水的加入，$\delta O^{18} H_2O$为$3.51‰$（$+1.28‰\sim+5.4‰$）。晚期硫化物阶段至碳酸盐阶段，含矿溶液中参加的大气降水逐渐增多，随大气降水环流带入的壳源物质也逐渐增多。

放牛沟矿床成矿成晕物质，主要来自上地幔或下地壳，但也有部分物质来自上地壳。

8. 物质来源

矿床的形成与该地区早古生代末期火山作用无明显关系，与海西早期后庙岭花岗岩体具有共同的物质来源；后庙岭花岗岩体的深部岩浆源可能由以下地壳物质为主，并有少量地壳物质参与的深部地壳同熔岩浆及部分火山-沉积岩系同化物质所形成。放牛沟矿床成岩（后庙岭花岗岩）成矿物质主要来自下地壳，部分来自上地壳。矿床属岩浆热液成因类型。

9. 成矿的物理化学条件

(1) 成矿温度：早期矽卡岩阶段大于400℃（爆裂法石榴子石）；晚期矽卡岩阶段330～400℃（爆裂法磁铁矿）；早期硫化物阶段280～330℃（爆裂法闪锌矿、磁黄铁矿）；晚期硫化物阶段200～280℃（爆裂法方铅矿、萤石）。

(2) 成矿压力：$P=1\,171.5$MPa，属中深—深成条件（相当于4.68km）。

(3) 成矿介质酸碱度：花岗岩（3个样品）pH值为8.47～9.7，属碱性；矿石（5个样品）pH值为6.82～7.12（平均7.0），属弱酸性—弱碱性。

(4) 成矿溶液组分：早期硫化物阶段为富Na、Ca的F^-—Cl^-—SO_4^{2-}水溶液；晚期硫化物阶段为富Ca的Cl^-—SO_4^{2-}水溶液，与花岗岩具有相似组分特征和共同物质来源。

10. 控矿因素及找矿标志

(1) 控矿因素：①岩浆活动控矿作用。区内岩浆活动对成矿的控制作用具体表现为海西早期同熔型后庙岭花岗岩与上奥陶统放牛沟火山岩火山-沉积岩系接触带及其外侧200m范围内，以花岗岩为中心，矿床及其原生晕在空间、时间、物质组分上分带性十分明显，具有共同的物质来源。②断裂构造对成矿的控制作用。近东西向放牛沟-前庙岭斜冲断裂带既是控矿构造，亦是控岩构造，矿体及原生晕异常分布于该断裂两侧次级层间构造破碎带、裂隙带。断裂系统的多次活动，使深部上升的不同阶段、不同组分的含矿溶液形成矿床分带和矿石类型的叠加。从早期到晚期，具有由中高温向中低温演变的特点。

为主形成的。

(2)侵入岩:区域内燕山早期侵入岩体有老秃顶子、梨树沟和草山3个岩体。3个岩体的岩性均为似斑状黑云母花岗岩。脉岩有闪长玢岩、辉绿岩、闪斜煌斑岩等,多呈岩墙或岩脉状侵入,多形成于成矿后,并切穿矿体。

(3)构造:矿区内构造较复杂,珍珠门组地层构成一复式的向斜构造,期间又包括一系列形态多样的次级褶皱,且控制了矿体的分布,尤以次级同斜倒转褶皱控矿更为明显。矿区内断裂构造发育,主要有3组:第一组走向北北东,属压扭性层间断裂,具有多期继承性活动特点,为矿区内主要含矿构造;第二组走向北东,压扭性断裂,主要被晚期岩脉充填,破坏早期岩脉或矿体,错距一般为1~2m,大者可达20m;第三组走向南北,分布及规模次于前两组,主要见于主矿带两侧,被矿体或岩脉充填。

2. 矿体三度空间分布特征

荒沟山铅锌矿已发现矿体76个,其中铅锌矿体14个,铅矿体5个,黄铁矿体54个,含锌黄铁矿体3个。矿体产状普遍较陡,倾向南东,个别向北西倾斜。矿体呈似层状顺层产出,但在走向或倾向上与围岩都有5°左右的交角。矿体总体呈北东向展布,走向5°~30°,倾角50°~90°。矿体规模大小不等,一般长120~360m,最长达400m,厚0.5~5m,最厚达8.6m,平均厚度0.5~1m,见图3-4-9。每一矿体系由一条或数条矿脉构成。各矿体或矿脉之间在平面上和剖面上均呈雁行式排列,具有尖灭侧现或尖灭再现特点。

矿体形态不规则,沿走向或倾向厚度变化较大,有膨大缩小、分支复合、分支尖灭及羽状和刺状分支等现象。局部形态常为透镜状、串珠状、细脉状及束状、不规则状。在围岩发生挠曲或揉皱造成的层间剥离构造中见有整合的透镜状或肠状矿脉。

黄铁矿体多呈脉状、细脉带状沿大理岩或片岩的层间裂隙产出,局部地段呈斜交脉或团块产出。黄铁矿含S量高,含Zn一般在1%以下。局部受构造破碎有闪锌矿细脉充填;锌矿体Zn品位一般在10%以上,含S一般在20%以上,含Pb一般1%~3%。

铅矿化主要有两种类型,微—细粒方铅矿化主要出现在I期闪锌矿的综合矿石中,其次见于花斑状、条带状的含碳质大理岩中,多呈浸染状,少数呈块状方铅矿细脉出现;粗—巨粒的方铅矿化往往在闪锌矿脉的局部地段富集,呈团块状、脉状出现,构成单独的铅矿体,最高品位在40%以上。矿床内大多数铅锌矿体是叠加在黄铁矿脉之上的,是黄铁矿脉被破碎后由铅锌等矿化物质充填胶结黄铁矿角砾而形成的。因此,铅锌矿体与黄铁矿体有密切的成生联系和共生关系。

矿床具金属分带特征,水平分带东部为硫带,中部为锌带,西部为铅带;垂直分带上部为硫,中部为锌,下部为铅。

3. 矿床物质成分

(1)物质成分:矿石化学成分以Pb、Zn为主,伴有少量Cu、Ni、Co,微量Ag、Au。其中有益组分Pb平均1.22%,最高40.14%;Zn平均9.08%,最高42.62%;S平均12.09%,最高47%。伴生元素Ag平均27×10^{-6},最高253.7×10^{-6};Au可达3.28×10^{-6};Cd 0.0538×10^{-6},平均0.069×10^{-6};Sb在方铅矿中含300×10^{-6};Hg在闪锌矿中含416×10^{-6}。

(2)矿石类型:黄铁矿石、综合矿石、方铅矿石及氧化矿石。

(3)矿物组合:主要有黄铁矿、闪锌矿和方铅矿,此外尚有极少量的磁铁矿、磁黄铁矿、黄铜矿和黝铜矿;脉石矿物数量很少,有石英、白云石和方解石。地表氧化带次生矿物种类较多,包括白铅矿、铅矾、菱锌矿、异极矿、褐铁矿、赤铁矿及黄钾铁矾等。

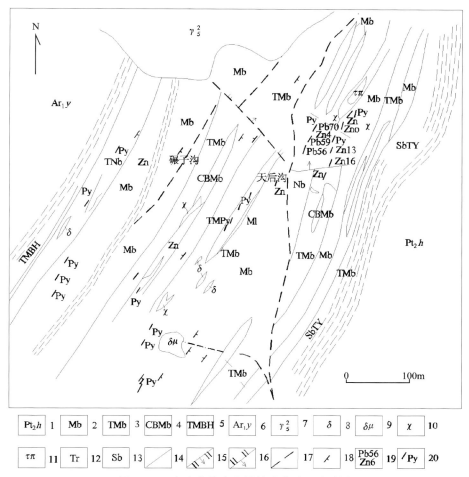

图 3-4-9 白山市荒沟山铅锌矿床矿区地质图

1.中元古界花山组片岩;2.珍珠门组厚层状白云石大理岩;3.薄层状白云石大理岩;4.燧石条带白云石大理岩;5.薄层状透闪白云石大理岩;6.太古界片麻岩;7.燕山期似斑状黑云母花岗岩;8.闪长岩;9.闪长玢岩;10.煌斑岩;11.粗面斑岩;12.破碎带;13.构造角砾岩;14.糜棱岩;15.正断层;16.逆断层;17.性质不明推测断层;18.地层产状;19.铅锌矿体及其编号;20.硫铁矿体

(4)矿石结构构造:矿石结构有自形粒状结构、半自形粒状结构、溶蚀交代结构、骸晶结构、压碎结构、溶蚀结构、固溶体分解结构;矿石构造有块状构造、条带状构造、角砾状构造、浸染状及细脉浸染状构造、流动构造。

4. 成矿阶段

矿化具多期多时代特点。根据矿石的结构构造及矿物共生组合,确定出如下的矿化阶段:石英-碳酸盐-黄铁矿阶段、多金属硫化物阶段、浸染状方铅矿阶段、闪锌矿阶段、方铅矿阶段、成矿后期碳酸盐阶段、次生氧化物阶段。

5. 蚀变类型及分带性

围岩蚀变主要有碳酸盐化、硅化、黄铁矿化、滑石化、透闪石化、蛇纹石化等,其中以黄铁矿化、硅化及围岩褪色化与矿化的关系比较密切,一般出现在近矿体几米以内的大理岩中。此外,区域性的蚀变主要为滑石化和透闪石化。

6. 成矿时代

珍珠门组中 Pb 同位素资料表明，矿石铅属于古老的正常铅，具有较高的 μ 值，显然矿石铅属于壳源。铅的模式年龄在 1800Ma 左右，刚好与老岭群珍珠门组的放射年龄（1800.5~1700Ma）相吻合。

7. 地球化学特征

（1）硫同位素：对矿床中产于不同类型岩石和矿石中的各种硫化物进行了硫同位素测定，显示 $\delta^{34}S$ 值为 2.6‰~18.9‰，多大于 10‰，均为较大的正值，表明富集重硫。$\delta^{34}S$ 值总的变化范围为 +10‰~+18.9‰。

（2）碳、氧同位素：根据矿床中矿物和岩石样品的氧碳同位素分析（陈尔臻等，2001），同位素 $\delta^{18}O$ 值为 +20.2‰~+21.2‰，矿脉中热液白云石的 $\delta^{18}O$ 值为 +16.4‰。白云石大理岩 $\delta^{13}C$ 值有两个样品为 +1.3‰左右，另两个样品为 -9.1‰左右，而热液白云石为 +1.2‰。据 Veizer 和 Hoefs 统计，前寒武纪沉积碳酸盐 $\delta^{18}O$(SNOW) 在 +14‰~+24‰区间内，海相沉积碳酸盐 $\delta^{13}C$ 值约为零，$\delta^{13}C$ 平均为 +0.56‰±1.55‰，深源火成岩体中含氧矿物的 $\delta^{18}O$ 值变化范围大部分介于 +6‰~+10‰之间，深源的碳酸盐岩 $\delta^{13}C$ 在 -8.0‰~-2.0‰之间。金丕兴等（1992）的研究结果，亦与此结果相近。由此来看本矿床的围岩白云石和矿脉中的白云石 $\delta^{18}O$ 值与正常海相沉积的一般值相吻合，其 $\delta^{13}C$ 值也与海相沉积的相吻合，而完全不同于火成岩体，两个大理岩 $\delta^{13}C$ 为较大的负值，明显富集轻碳。

（3）铅同位素：铅锌矿体内方铅矿样品的铅同位素测定表明（陈尔臻，2001），方铅矿的铅同位素组成非常均一，$^{206}Pb/^{204}Pb$ 为 15.390~15.608，$^{207}Pb/^{204}Pb$ 为 15.203~15.321，$^{208}Pb/^{204}Pb$ 为 34.721~34.961，$^{208}Pb/^{207}Pb$ 为 0.012~1.022，φ 值为 0.7833~0.8070，其模式年龄为 1890~1800Ma。根据 1800 Ma 的模式年龄，求得矿物形成体系的 $^{238}U/^{204}Pb$（μ 值）为 9.38，$^{232}Th/^{204}Pb$（μ_k 值）为 35.03，进而求得 Th/U 值为 3.71。与金丕兴等（1992）研究结果基本一致，表明矿石铅是沉积期加入的。

（4）微量元素地球化学特征：矿床围岩大理岩中 Pb 平均含量 88×10^{-6}，Zn 平均含量 730×10^{-6}，与涂里干和魏德波尔（1961）的世界碳酸盐平均含量比分别是世界碳酸盐平均含量的 9.7 倍、36.5 倍，表明大理岩中 Pb、Zn 的丰度比较高。矿石中除主要成矿元素 Zn、Pb 外，有意义的伴生元素有 Ag、Sb、As、Ag、Cd 等。Pb、Zn 是本矿床的主要成矿元素，其品位变化较大，最高品位 Pb 40.14%、Zn 42.62%，最低品位 Pb 0.37%、Zn 0.6%，平均品位 Pb 1.22%、Zn 9.08%。比值对矿床成因的研究，能够提供较重要的信息，通过对我国主要铅锌矿床统计分析可以看出，不同成因热液型矿床的 Zn/Pb 值不同。岩浆期后热液型矿床，其 Zn/Pb 值往往小于 2；而沉积改造型层控矿床，其 Zn/Pb 值往往大于 2。本矿床 Zn/Pb 值为 7.8，与沉积改造型层控矿床 Zn/Pb 值相一致。

本矿床闪锌矿 Ga 含量 2.6×10^{-6}~80×10^{-6}，平均值 15.7×10^{-6}；Ge 含量 0.3×10^{-6}~135.6×10^{-6}，平均值 12.0×10^{-6}；In 含量 0.1×10^{-6}~4.1×10^{-6}，平均值 0.8×10^{-6}；Ga/In 比值 19.6，Ge/In 比值 15.0。统计分析结果表明，岩浆期后热液型铅锌矿床闪锌矿具有贫 Ga、Ge，富 In 以及 Ga/In 和 Ge/In 均小于 1 的特点；而沉积改造型层控矿床闪锌矿具有富 Ga、Ge，贫 In 以及 Ga/In 和 Ge/In 均大于 1 的特点。本矿床闪锌矿具有富 Ga、Ge，贫 In 以及 Ga/In 和 Ge/In 均大于 1 的特点，与沉积改造型层控矿床闪锌矿的特征相一致。

8. 成矿物理化学条件

（1）成矿温度：根据表 3-4-8，35 件矿体中闪锌矿和黄铁矿的爆裂温度在 147~291℃之间，多数在 200~300℃之间，早期细粒闪锌矿温度平均 291℃，晚期粗粒闪锌矿温度平均 199℃。根据细粒闪锌与六方磁黄铁矿平衡共生电子探针分析资料(表 3-4-9),根据斯克特(1966)公式计算的成矿温度,细粒闪锌矿 306~325℃。方铅矿与闪锌矿矿物对硫同位素达平衡时计算的成矿温度平均为 280℃。从上述成矿温度来看早期成矿温度上限在 300℃ 左右,晚期(粗粒闪锌矿)成矿温度上限为 230℃。

(2)成矿压力:根据平衡早六方磁黄铁矿与闪锌矿电子探针分析,计算的压力为 $(2.5\sim3.5)\times10^5$ KPa。

(3)包裹体特征:成矿溶液以水为主,占 80% 以上,说明成矿介质是热水溶液。从表得出阳离子比值 K^+/Na^+ 为 0.11~0.58,Ca^{2+}/Na^+ 为 0.16~2.60,Mg^{2+}/Ca^{2+} 为 0.09~1.21;阴离子 F^-/Cl^- 为 0.02~0.27,根据液相成分可划分为 3 种硫体类型,分别为低盐度富 Mg^{2+} 流体(容矿围岩)、低盐度富 Ca^{2+} 流体(闪锌矿)、低盐度富 K^+ 流体(矿体中石英)。从 $Cl^->F^-$、$Na^+>K^+$、$Ca^{2+}>Mg^{2+}$、阴离子>阳离子等说明成矿物质可能成络离子的形式迁移。不同期矿物包裹体成分基本相似,无急剧变化,说明成矿溶液是一次进入储矿构造中而分期沉积的。成矿流体的 pH 值为 6.5~7.0,$\log fs_2 = -9.6$,$\log fD_2 = -24.1$,f_{CO_2} 上限为 1.2(偏高)(荒沟山铅锌矿带隐伏矿床预测,1988)。

根据矿床主要受层间断裂控制以及矿物包裹体爆裂温度、硫同位素地质温度、矿物包裹体气热成分、矿体内含氧矿物的氧同位素组成和热晕-蒸发晕资料等确定,成矿溶液为变质热液。成矿溶液的成分主要为 H_2O 和 CO_2,并含少量有机质 CH_4(甲烷)。成分与成岩过程中形成的燧石包裹体中的成分基本相同,而且 CO_2/H_2O、K^+/Na^+ 值和 pH 值也基本相同,说明成矿的热液来自围岩。溶液的 pH 值接近中性或稍偏酸性。根据氧同位素组成与温度的分馏关系,计算出成矿水的 $\delta^{18}O$ 值为 +1.0‰~+4.3‰(200℃时),+2.1‰~+6.6‰(250℃时)。表明成矿水不属于岩浆水(岩浆水的 $\delta^{18}O$ 值为 +7.0‰~+9.5‰)。

本矿床是属于矿源层经变质热液再造而成的后生层控铅锌矿床。

9. 物质来源

珍珠门组薄层白云石大理岩在上部(过渡带)和大粟子组的 H4 与 H5 是区内铅锌矿床产出的主要层位,层控性明显。虽具有后期改造的特点,其原始富集层位是半封闭还原环境,能直接看到大量的黄铁矿(层位、条带状以及韵律特征等)和互层产出的闪锌矿等,证明矿床产于一个原始沉积的富集层内。铅锌含量普遍较高,铅高出地壳平均含量 1 倍以上,锌含量高出 4.69 倍,局部地段含量更高,可见某些地区中赋存着丰富的成矿物质。

矿石铅同位素组成属于均一的单阶段古老正常铅,平均 μ 值为 9.09,非常接近地壳的 μ 值(μ = 9.0),地层的沉积变质年龄与矿床中铅的模式年龄相当,都在 1800Ma 左右,证明矿石中铅与地层是同埋藏形成的,富含以分散状态存在着的 Zn、Pb 等亲 Cu 元素的珍珠门组乃是直接提供后生成矿作用中的成矿物质的矿源层。它们的最初来源,大部分可能是来自当时海洋周围的剥蚀古陆,少部分可能由海底火山喷发活动提供。

黄铁矿是一种不含铀的矿物,其同位素组成可以代表成岩阶段形成环境的普通铅,也就是代表了成岩时的初始铅同位素组成。地层中属于沉积成因的黄铁矿的铅同位素比值与矿石中方铅矿和闪锌矿的比值很相似这一事实,暗示了地层中的铅和矿石中的铅之间可能有亲缘关系。铅锌矿床中伴生的黄铁矿大部分也具有相似的铅同位素组成,但有一部分黄铁矿和 1 件闪锌矿属异常铅,显然是铅锌成矿后另一期成矿作用的产物,这晚期成矿可能就是区内金的成矿时期。

表 3-4-8 荒沟山铅锌矿矿体矿物包裹体爆裂温度结果表

样品名称	分析样品数	产状及部位	爆裂温度/℃	资料来源	备注
黄铁矿	5	浸染状、细脉状产于薄层条带大理岩	241	吉林省冶金地质勘探研究所	1983 年
黄铁矿	5	块状黄铁矿矿体产于大理岩破碎带	245		
黄铁矿	6	黄铁矿、方铅矿呈星散状分布于细粒闪锌矿体中	253		
闪锌矿	7		291		
闪锌矿	3	纯闪锌矿矿体产于矿体破碎带中	227		
闪锌矿	1		230	冶金部天津研究所	0 中段,1983 年
闪锌矿	2		196		1 中段
闪锌矿	1	角砾状、斑杂状综合矿石中的中粗粒块状闪锌矿矿石(12 号)	147		2 中段
闪锌矿	2		187		3 中段
闪锌矿	3		17		4 中段

矿体中硫化物$\delta^{34}S$与地层中的黄铁矿和闪锌矿的$\delta^{34}S$值相似,在7.5‰～18.9‰之间,表明初始硫来源于同时代地层硫。这些初始硫被海水中的生物和有机质所吸附,地层中生物不断还原硫酸盐,是富集重硫的主要原因。在后生成矿过程中这种硫被活化出来,迁移至断裂破碎带中再次与Fe、Zn、Pb等结合并沉淀形成矿体,故矿体中的硫直接来源于地层,最初硫源是海水中的硫酸盐。

10. 控矿因素及找矿标志

1)控矿因素

(1)地层和岩性的控制作用:区域内的铅锌矿、铜矿、黄铁矿等硫化物型矿床(点)以及原生矿化类型不明的硫化物铁帽,绝大多数赋存在元古宇老岭群珍珠门组大理岩中,矿化具有明显的层位性。荒沟山铅锌矿及其外围的其他铅锌矿床(点)主要赋存在薄层—微层硅质、碳质条带状或含燧石结核的白云岩(白云岩化)的碳酸盐岩中。

对于岩相古地理环境和生物的控制作用,根据荒沟山铅锌矿和天湖沟铅锌矿床的硫同位素$\delta^{34}S$均为较大的正值,表明硫化物中的硫属于生物成因硫,且反映是在一个封闭或半封闭的浅海湾或潟湖相中硫酸盐补给不足的条件下形成的。薄层—微层条带状白云石大理岩与中层—厚层白云石大理岩成互层状并夹有泥质碎屑岩变质而成的片岩,反映矿床所处部位位于后礁相的古地理环境。

部分大理岩的碳同位素$\delta^{13}C$负值较高,大理岩和燧石中普遍含有机碳以及燧石的包体气液成分中含有甲烷,都说明当时的海水中有大量的生物存在。Pb、Zn丰度是地壳克拉克值的数倍以至十几倍,生物起到了重要的作用。此外,在后生成矿过程中,特别是薄层—微层硅质或碳质条带状白云石大理岩中,含有丰富的有机碳,能促进含矿溶液中的成矿物质再次沉淀形成矿体。

(2)构造控制作用:本矿床是典型受压扭性层间破碎带控制的后生矿床。黄铁矿脉是在岩层发生褶皱时沿大理岩或片岩的层理、挠曲部位发生的张性层间剥离构造充填而成。之后又发生层间的挤压运动,黄铁矿脉被破碎,铅锌矿化叠加在黄铁矿脉之上。总体来看,无论是在矿区范围内还是在区域上,凡是产在薄—微层硅质或碳质条带状白云石大理岩层中的黄铁矿脉或某一地段发生继承性的层间挤压破碎活动时,就有可能形成铅锌矿体;反之,可能性会很小。例如荒沟山的18号矿体,其北段黄铁矿脉被强烈破碎而构成有工业价值的铅锌矿体,而南段由于破碎程度低则仍为黄铁矿体,铅锌无工业品位,无工业价值。

构造的控矿作用还表现在由压扭性作用造成的围岩次级张性层间剥离和挠曲的地段,矿体厚度大,往往成为铅锌富矿体所在部位。

2)找矿标志

(1)珍珠门组大理岩富含Zn、Pb、Cu、Fe以及Ag、Sb、Hg、Cd等亲硫元素,区域上应注意寻找与变质热液成因有关的各种金属硫化物矿床。

(2)珍珠门组中的薄层—微层硅质或碳质条带状或含燧石结核的白云石大理岩是形成和寻找Pb、Zn等硫化物矿床的最有利岩层。

(3)受到继承性构造破碎的黄铁矿层或其邻近地段是Pb、Zn矿化的有利场所,利用氧化带铁帽中的Zn、Pb、As、Cd、Sb、Hg等元素含量判断原生硫化物矿体类型。

(4)根据矿脉组成出现和具有雁行式侧列的特点,应注意已知矿体(床)的延长部位和平行系统的找矿工作。

(5)化探Pb、Zn、As、Sb、Cd、Hg异常的存在。

(6)物探高阻高激化异常。

11. 成矿模式

白山市荒沟山铅锌矿床成矿模式见图3-4-10。

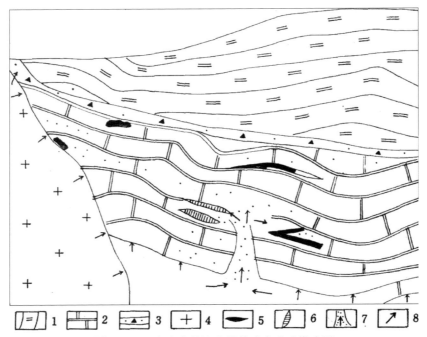

图 3-4-10 白山市荒沟山铅锌矿床成矿模式图

1.花山组片岩;2.珍珠门组白云质大理岩;3.层间破碎带;4.老秃顶子岩体;
5.矿体;6.矿化体;7.海底火山喷气;8.地下热流动方向

12. 成矿要素

白山市荒沟山铅锌矿床成矿要素见表3-4-9。

表 3-4-9 白山市荒沟山铅锌矿床成矿要素表

成矿要素		内容描述	类别
特征描述		火山-沉积变质改造型	
地质环境	岩石类型	薄层—微层硅质、碳质条带状或含燧石结核的白云石大理岩	必要
	成矿时代	燕山期	必要
	成矿环境	珍珠门组构成一复式的向斜构造,期间又包括一系列形态多样的次级褶皱控制了矿体的分布,尤以次级同斜倒转褶皱控矿更为明显。走向北北东,压扭性层间断裂为矿区内主要含矿构造;南北向断裂主要见于主矿带两侧,被矿体或岩脉充填	必要
	构造背景	矿床位于前南华纪华北东部陆块(Ⅱ)胶辽吉元古宙裂谷带(Ⅲ)老岭坳陷盆地内	重要
矿床特征	矿物组合	主要有黄铁矿、闪锌矿和方铅矿,此外尚有极少量的磁铁矿、磁黄铁矿、黄铜矿和黝铜矿;脉石矿物数量很少,有石英、白云石和方解石;地表氧化带次生矿物种类较多,包括白铅矿、铅矾、菱锌矿、异极矿、褐铁矿、赤铁矿及黄钾铁矾等	重要
	结构构造	结构有自形粒状结构、半自形粒状结构、溶蚀交代结构、骸晶结构、压碎结构、溶蚀结构、固溶体分解结构;矿石构造有块状构造、条带状构造、角砾状构造、浸染状及细脉浸染状构造、流动构造	次要

续表 3-4-11

成矿要素		内容描述	类别
特征描述		火山-沉积变质改造型	
矿床特征	蚀变特征	围岩蚀变主要有碳酸盐化、硅化、黄铁矿化、滑石化、透闪石化、蛇纹石化等,其中以黄铁矿化、硅化及围岩褪色化与矿化的关系比较密切,一般出现在近矿体几米以内的大理岩中。此外,区域性的蚀变主要为滑石化和透闪石化	重要
	控矿条件	大地构造控矿:矿床位于前南华纪华北东部陆块(Ⅱ)胶辽吉元古宙裂谷带(Ⅲ)老岭坳陷盆地内; 地层和岩性控矿:区域内的铅锌矿、铜矿、黄铁矿等硫化物型矿床(点)以及原生矿化类型不明的硫化物铁帽,绝大多数赋存在元古宇老岭群珍珠门组薄层—微层硅质、碳质条带状或含燧石结核的白云岩(白云岩化)的碳酸盐岩中,矿化具有明显的层位性; 构造控制:受压扭性层间破碎带控制的后生矿床,构造的控矿作用还表现在由压扭作用造成的围岩次级张性层间剥离和挠曲的地段,矿体厚度大,往往成为铅锌富矿体所在部位	必要

四、多成因叠加型(龙井市天宝山多金属矿床)

1. 地质构造环境及成矿条件

该矿床位于晚三叠世—新生代东北叠加造山-裂谷系(Ⅰ)小兴安岭-张广才岭叠加岩浆弧(Ⅱ),太平岭-英额岭火山-盆地区(Ⅲ)罗子沟-延吉火山-盆地群(Ⅳ),处于北东向两江断裂与北西向明月镇断裂带交会部位东侧,天宝山中生代火山盆地南侧,天宝山倾伏背斜轴部。

1)地层

区内出露地层主要有早古生代青龙村群黑云斜长片麻岩、斜长角闪岩;石炭系(天宝山群)亮晶灰岩、板岩;二叠系中酸性火山岩及碎屑岩夹板岩、灰岩等,见图 3-4-11。

2) 岩浆岩

(1)侵入岩:在天宝山矿区岩浆活动较频繁,有加里东期片麻状花岗岩、海西期花岗闪长岩类、印支期斑状二长花岗岩、燕山期斑岩类。根据花岗岩类岩石谱系单位的准则,把天宝山矿区内花岗岩类划分为 2 个超单元 3 个单元 19 个侵入体,具体特征见表 3-4-10。

(2)火山岩:天宝山矿区火山岩亦较发育,分布于天宝山顶和九户洞一带,主要岩性有流纹岩、安山岩、英安岩、玄武安山岩及其相应的凝灰岩类。根据产出特征和年代学资料,按岩石地层单位,将其划分为古早古生代变质基性火山岩、三叠纪(安山岩、流纹岩)火山岩、侏罗纪火山岩和早白垩世火山岩。

(3)岩浆岩特征:①岩浆岩属Ⅰ型,形成深度较大,达上地幔或下地壳;在 $\log\tau - \log\sigma$ 图解中,均落入 B 区且在日本火山岩 J 线附近,说明产生于造山带和岛弧环境;②为钙碱系列;③含矿岩体中成矿元素含量高,Cu、MoAu、Ag、Pb、Zn 等一般是同类岩体的 1~100 倍。天宝山矿区的岩体或火山岩含 Cu 0.5~2.35 倍,平均 1.07 倍;Pb 0.67~146.0 倍(除去最高 146.0),平均 1.88 倍;Zn 1.35~3.00 倍,平均2.3 倍。

3)构造

断裂构造分为 3 组,分别为北西向、东西向、南北向。北西向断层从西至东有南阳洞断裂,在二道

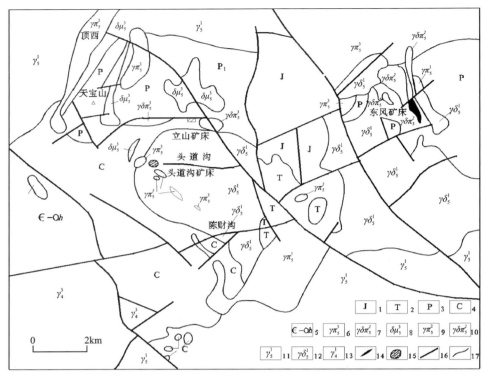

图 3-4-11 龙井市天宝山多金属矿床矿区地质图

1.侏罗纪中性火山岩;2.三叠纪酸性火山岩;3.二叠纪变质火山岩;4.石炭纪大理岩;5.寒武系—奥陶系黄莺屯组;6.燕山晚期花岗岩;7.燕山晚期花岗闪长斑岩;8.燕山晚期闪长玢岩;9.燕山早期花岗岩;10.燕山早期花岗闪长斑岩;11.印支期花岗岩;12.印支期花岗闪长玢岩;13.海西晚期花岗岩;14.矿体;15.隐爆角砾岩;16.断裂;17.地质界线

沟、天宝山、九户洞等地有青龙村片麻岩、片麻状花岗岩中规模较大的推覆构造及新兴坑-陈财沟断裂、天宝山沟断裂、九户洞断裂和东风北山-东风南山次级北西向断裂(控制东风矿床)等。东西向断裂有陈财沟-东风坑断裂、头道沟断裂、二道沟断裂(控制二道沟岩体)。南北向断裂有水泵地断裂(控制卫星岩体)、新兴坑断裂等。根据相互切割关系判断,形成时序为东西向断裂较早,北西向断裂次之,南北向断裂最晚。就性质而言,东西向与南北向断裂为张性或张扭性,而北西向断裂则为压扭性或压性。这几组断裂构造控制了岩浆岩、角砾岩筒、爆破角砾岩群及矿化体的分布,特别在两组或两组以上断裂的交会处往往形成矿床。

表 3-4-10 天宝山矿区侵入岩序列表

时代	超单元	单元	岩体名称	分布	岩石类型	组构	矿物组成	成岩后变化	年龄/Ma	接触关系
三叠纪	天宝山超单元	二道沟单元	二道沟岩体	二道沟天宝山顶	闪长岩岩墙花岗斑岩	少斑结构、霏细结构	Pl、Hb 等		130	脉动侵入石炭系和头道沟岩体
			卫星岩体	沿卫星南北向分布	辉长闪长岩墙	半自形柱粒状结构	Pl、Hb、Mp	Mp 发生、斜闪石化等蚀变	135	脉动侵入石炭系头道沟岩体中
			立山岩体、东风岩体	立山坑、新兴坑西南、东风坑西南	英安斑岩(流纹斑岩、安山斑岩)	斑状结构、块状构造矿物粒度(基质)自上至下变粗	Pl、Qz、Bi、Kf	绿帘石化、绿泥石化、钾长石化、黑云母化	205	侵入二叠纪地层和东山岩体

续表 3-4-10

时代	超单元	单元	岩体名称	分布	岩石类型	组构	矿物组成	成岩后变化	年龄/Ma	接触关系
二叠纪	天宝山超单元	东山单元	东山西坡岩体	东山西坡	闪长岩	块状构造中细粒半自形结构	Pl、Hb、Bi、Qz；副矿物：Mt、Tn、Zi、Pl	破碎、强钠长石化		呈团块状残留在西南沟岩体中
		顶西单元	鸡冠山岩体	天宝山镇南	砖红色二长花岗斑岩	斑状结构、显微花岗结构、交代结构	Pl、Kf、Qz、Org、Qz、Bi、Hb	强钾长石化、析出赤铁矿	175（偏小）	侵入头道沟岩体
			顶西岩体	天宝山顶西部	二长花岗斑岩	斑状结构、中细粒结构，具有震裂构造	Pl、Kf、Qz、Hb、Bi 等	方解石化、沸石化		侵入天宝山岩块和头道沟岩体
			西南沟岩体	西南沟一带	斑状二长花岗岩	似斑状结构	Pl、Kf、Qz、Bi；副矿物：Mt、Cp			
			南阳洞岩体	南阳洞一带	细粒二长花岗岩	块状构造、细粒花岗结构	Pl(环状构造)、Kf、Bi；副矿物：Mt、Zi		187.8	
			头道沟岩体	头道沟一带山坑—陈财沟	花岗闪长岩斜长花岗岩	块状构造、半自形粒状结构、交代结构	Pl、Mi、Qz、Bi、Hb；副矿物：Mt、Tn、Cp、Zi、All		238、227	侵入石炭系中
		东山单元	东山岩体	东风坑	石英闪长岩	块状结构、半自形粒状结构、交代结构	Pl(具环状构造)、Kf、Qz、Hb；副矿物：Mt、Tn、Cp、Zn	变形变质具片麻状	238、280、254	侵入二叠系中
			白石岭岩体	东风矿床东南	石英闪长斑岩	斑状结构	Pl、An、Qz、Bi、Cp、Pl、Org、Hb+Bi	热力变质、变形		侵入石炭系和片麻状花岗岩中
早古生代—新元古代	南阳洞超单元		天宝山、新成屯、银洞财、长生屯、九户洞	天宝山顶、新成屯、银洞财、长生屯、九户洞一带	片麻状花岗岩、变质花岗斑岩、细粒花岗岩等	片麻状结构、角砾状构造、花岗变晶结构	Mi、Org、Qz、Bi；副矿物：Mt、Zi、Ap、All、Gr、Pl	动力变质、热变质、Qz、Fp 变形拉长，Bi 发生 Chl 化、钾化	326、516.6（片麻状花岗闪长岩）	侵入青龙头村群中

2. 矿体三度空间分布特征

天宝山矿田的矿床成因组合具有多位一体的特点，形成完整的成矿系列，主要矿床有立山矿床、东风矿床和新兴矿床等。

1）立山矿床

该矿床主要赋存于头道沟花岗闪长岩、英安斑岩与天宝山岩块的接触带中，矿体小而多，但断续延深较大，矿体形态复杂，呈透镜状、板状、脉状、巢状等。总体规律是上部以脉状为主，中部以透镜状、板状为主，下部以似层状为主。其中最大的是 17 号矿体，其次为兴隆 3 号矿体、立山 13 号矿体等，整个矿带长 700m，宽 500m，控制深度大于 800m。矿带上部向北西倾伏，向下转向向西倾伏，倾伏角 30°～50°，矿体延深大于延长。单个矿体产状紊乱多变，大多沿不纯灰岩岩块和角岩岩块接触部位分布，少量沿层理分布，兴盛矿体直接产于英安斑岩断裂带内，见图 3-4-12。

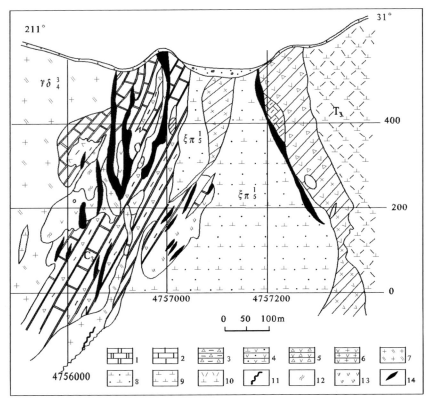

图 3-4-12 龙井市天宝山多金属矿床立山坑 A2 线地质剖面图

1. 大理岩；2. 板岩；3. 角岩；4. 英安质凝灰岩；5. 凝灰角砾岩；6. 流纹质凝灰岩；7. 花岗闪长岩；8. 英安斑岩；9. 闪长斑岩；10. 次安山岩；11. 破碎带；12. 蚀变带；13. 矽卡岩化；14. 矿体

矿床在中上部厚度大、品位富，往下有变贫趋势，但 Zn 的平均品位却从 1～8 中段上升，由 8～12 中段下降，可是到 16 中段又有显著提高，往下出现富锌贫铜铅的矿石类型。

矿床围岩蚀变主要为层状矽卡岩，主要蚀变矿物为石榴子石、透辉石、方柱石或葡萄石等，其构造为块状构造、条带状构造、似层状构造、细粒变晶结构、自形—半自形结构，显示热变质或区域变质的结构，但后期确有矽卡岩化叠加，呈斑杂构造、不等粒他形交代结构等。

矿石组构因产出特征不同而有别，产于岩体中的矿石多具脉状构造、块状构造、角砾状构造，结构则以中粗粒半自形结构为主，矿石矿物组合为闪锌矿-黄铜矿-方铅矿等；产于透辉石、石榴子石矽卡岩中矿石常具浸染状构造、斑点状构造，结构为他形粒状结构，矿石矿物组合为黄铜矿-方铅矿-闪锌矿或单矿物矿石；产于灰岩和板岩的多为层状矿体、似层状矿体，具条带状构造，结构以微细粒他形粒状为特征，矿石矿物组合为闪锌矿-磁黄铁矿等。上述 3 种矿石组构分别代表了热液的浅部、改造（变质）重结晶的中部和反映同沉积的组构特征。

2）东风矿床

东风矿区出露的地层是二叠纪的相当于红叶桥组的一套变质中酸性火山-沉积岩系，其下部为中酸性火山岩及其火山碎屑岩；中部为偏酸性火山岩与不纯灰岩互层；上部为一套以中性熔岩为主的火山岩。地层产状走向 290°～345°，倾向南西，倾角 30°～55°，矿体产于中下部层位中。东风矿床由东风南山矿体、中部东风矿体及北西部北山矿体构成。

东风南山矿体：产于下部层中性火山碎屑岩中，为细脉浸染型铅锌矿体群。矿化普遍，但 Cu、Pb、

Zn品位低,分别为0.01%～0.55%、0.01%～1.51%、0.65%～2.78%。矿化主要发生在一种特殊的似脉状火山喷气沉积变质岩(前人称角岩或糜棱岩)中,它的矿物成分为隐晶状长石、石英、黑云母,其中常含特征的隐晶石榴子石和锌尖晶石(标型矿物)。此岩石是海底火山喷发时,在较高温度和压力下形成的。矿石矿物主要为闪锌矿、方铅矿,次为黄铜矿和黄铁矿。

中部东风矿体:赋存于中部层中,矿带走向340°,长1300m,宽200～300m,延深550多米。矿体产于中酸性熔岩与不纯灰岩互层的不纯灰岩中或接触处,见图3-4-13。

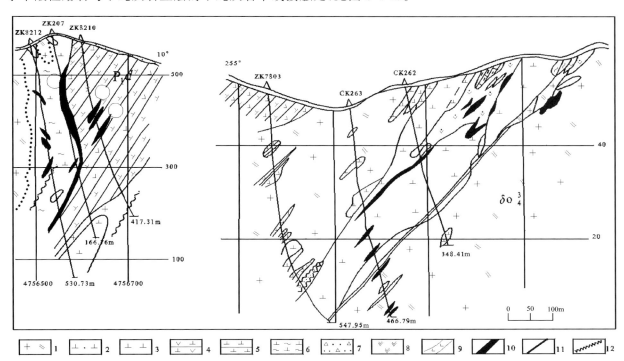

图3-4-13 龙井市天宝山多金属矿床东风坑勘探线剖面图
1.石英闪长岩;2.英安斑岩;3.中性脉岩;4.安山质凝灰岩;5.安山岩;6.混杂安山岩;7.角砾岩;8.矽卡岩;
9.煌斑岩;10.矿体;11.断层;12.破碎带

矿体产状多与地层产状一致,形态为层状、似层状。矿石平均品位Cu 0.27%,Pb 0.14%,Zn 2.45%。矿石矿物主要为磁黄铁矿、闪锌矿、黄铁矿、磁铁矿、方铅矿、白铁矿和毒砂,含少量斑铜矿、辉铜矿、黝铜矿、辉钼矿等。主要矿石类型为闪锌矿-磁黄铁矿矿石、黄铜矿-闪锌矿-磁黄铁矿矿石、闪锌矿-磁铁矿-磁黄铁矿矿石等。矿石构造以条带状构造、致密块状构造和浸染状构造为主,脉状构造次之,还见到球粒状或鲕状构造、胶状构造的变余构造。

值得重视的是,在矿带中有层状萤石和萤石绿泥石岩存在,前者位于东风6～7号矿体,夹在条带状闪锌矿-磁黄铁矿层中,下部靠近英安岩,层状萤石厚约1.0m,呈灰白色,具层状构造。后者出露于14号矿体的下盘,厚5.0m。岩石呈暗绿色,具片状构造,主要矿物为隐晶状绿泥石和微粒自形萤石,常含较多闪锌矿、磁黄铁矿和黄铜矿等金属硫化物,具有条带状构造,其产状与地层一致,是海底火山喷气沉积形成的特殊喷气岩(相当于"黑烟囱"的喷发产物)。上述事实为确认东风矿床的火山喷气沉积成因提供了有力证据。

3)新兴矿床

矿床产于头道沟花岗闪长岩体内,并受头道沟东西向断裂、新兴-陈财沟北西向断裂和卫星南北向断裂交会处的角砾岩筒所控制。角砾岩筒在平面上呈近南北向的椭圆形,南北长轴54～68m,东西短轴28～36m,剖面呈上大下小的漏斗形。上部全筒式矿化,中下部中心式矿化,矿体延深至320m。该岩筒向290°方向倾伏,倾伏角53°,见图3-4-14。

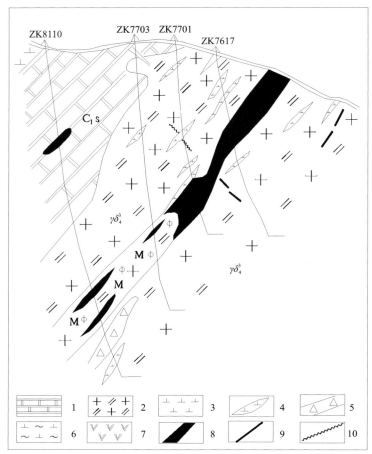

图 3-4-14　龙井市天宝山多金属矿床新兴坑隐爆角砾岩筒剖面图
1.大理岩；2.花岗闪长岩；3.闪长岩；4.中性脉岩；5.角砾岩；6.细晶岩；7.蚀变岩；
8.矿体；9.断裂；10.破碎带

角砾成分较复杂，大小不等，分选性差，滚圆度相差也大。角砾成分主要以花岗闪长岩角砾为主，其次为角岩角砾、英安斑岩角砾、霏细岩和流纹岩角砾、脉石英角砾、花岗斑岩角砾等。角砾多呈次棱角状、棱角状，少量为浑圆状。胶结物为粒径在 0.2cm 以下的呈灰白色或粉红色的碎屑、岩粉。胶结物发生强烈的水云母化-伊利石化、次生石英岩化、斜黝帘石化、绿帘石化等。由于多次爆破使先成角砾甚至胶结物又遭受破碎。这些角砾后来又被石英或硫化物所胶结，并构成工业矿石。闪锌矿和方铅矿等常围绕角砾产出，构成环状构造、粒间充填构造、脉状构造、浸染状构造，粗晶粒状结构等。金属矿物以闪锌矿、方铅矿为主，次为黄铜矿、黄铁矿、砷黝铜矿、自然铋和银、自然金等。

蚀变具有分带现象：筒内蚀变强，筒边蚀变弱，围岩蚀变更弱，筒内以次生石英岩化为主，边部为青磐岩化，围岩常有较明显的黄铁矿化。在震碎裂隙中充填粉红色含锰方解石脉。

角砾岩筒化学成分的明显特征是 CaO、MnO 增加，可能是由围岩灰岩、板岩提供。绢英岩化中白云母的 K-Ar 法年龄 224Ma，说明爆破角砾岩筒形成于三叠纪（印支期）。

3.矿床物质成分

（1）物质成分：主要有用组分为 Pb、Zn，伴生有 Cu、Mo、W、Au、Ag 等。

（2）矿石类型：闪锌矿-磁黄铁矿矿石、黄铜矿-闪锌矿-磁黄铁矿矿石、闪锌矿-磁铁矿-磁黄铁矿矿石、闪锌矿-黄铜矿-方铅矿、黄铜矿-方铅矿-闪锌矿、闪锌矿-磁黄铁矿等。

（3）矿物组合：立山矿床矿石矿物为闪锌矿、黄铜矿、方铅矿、磁黄铁、黄铁矿等；东风矿床矿石矿物主要为磁黄铁矿、闪锌矿、黄铁矿、磁铁矿、方铅矿、白铁矿和毒砂;新兴矿床以闪锌矿、方铅矿为主,次为黄铜矿、黄铁矿、砷黝铜矿、自然铋和银矿物复硫化物、自然金等。

(4)矿石结构构造:立山矿床产于岩体中的矿石以中粗粒半自形结构为主,多具脉状、块状构造,角砾状构造;产于透辉石、石榴子石矽卡岩中的矿石为他形粒状结构,常具浸染状构造、斑点状构造;产于灰岩和板岩中的矿石多为层状矿体,以微细粒他形粒状结构为特征,具条带状构造。东风矿床矿石构造以条带状构造、致密块状构造和浸染状构造为主,脉状构造次之,还见到球粒状或鲕状构造、胶状构造的变余构造;新兴矿床有粗晶粒状结构,环状构造、粒间充填构造、脉状构造、浸染状构造等。

4. 蚀变类型及分带性

头道沟花岗闪长岩和立山英安斑岩与碳酸盐岩接触带广泛形成矽卡岩带,控制矽卡岩型矿床,主要类型为石榴子石-单斜辉石矽卡岩、单斜辉石矽卡岩、石英-绿帘石矽卡岩等。角砾岩筒型矿床受面状蚀变控制,主要围岩蚀变为早期钾化、中期硅化、水云母化、绿泥石化、晚期方解石化、沸石化。热液脉状矿体近矿蚀变,内带以硅化、水云母化为主,外带为绿泥石化、碳酸盐化。

立山矿床围岩蚀变主要为层状矽卡岩,主要蚀变矿物为石榴子石、透辉石、方柱石或葡萄石等;新兴矿床筒内蚀变强,筒边蚀变弱,围岩蚀变更弱,筒内以次生石英岩化为主,边部为青磐岩化,围岩常有较明显的黄铁矿化。在震碎裂隙中充填粉红色含锰方解石脉。

5. 成矿阶段

(1)成矿早期:海西晚期花岗岩侵入到石炭系(天宝山岩块)与二叠系(红叶桥组)砂板岩、灰岩、中酸性火山岩层位,形成早期矽卡岩型矿体。

(2)成矿中期:印支期次火山岩-英安斑岩与碳酸盐岩地层接触形成矽卡岩型多金属矿床,同时也形成热液脉或角砾岩筒型多金属矿床。

(3)成矿晚期:燕山期花岗斑岩(多为脉状)与碳酸盐岩地层形成矽卡岩型热液脉状多金属矿化。

6. 成矿时代

立山、新兴矿床成矿与岩体有关,岩体 Pb-Pb 年龄为 238~225 Ma,新兴矿床绢云岩化白云母 K-Ar 法年龄为 224 Ma。东风坑层状矿体形成时代与二叠纪火山岩一致,地层 Pb-Pb 年龄为 229.5 Ma,属海西期—印支期,以印支期为主。

综上特征,东风矿床属浅成—超浅成次火山热液充填交代型,立山矿床属矽卡岩型,新兴矿床属爆破角砾岩型。

7. 地球化学特征

1)硫同位素特征

天宝山矿床硫同位素资料丰富,至今已积累146件测试数据。其中方铅矿49件、闪锌矿51件、黄铜矿17件、黄铁矿9件、磁黄铁矿7件、辉钼矿7件和毒砂6件。测试的样品中最集中的是东风矿床(43件)、新兴矿床(32件)和立山矿床(27件),其他矿区矿点36件。天宝山矿区主要矿床硫同位素组成特征见表3-4-11,主要硫化物的硫同位素组成见表3-4-12。

全矿区 $\delta^{34}S$ 变化于 $-7.1‰\sim+3.5‰$ 之间,平均值为 $-1.24‰$,极差为 $10.6‰$,标准离差为 $2.03‰$,全矿区 $\delta^{34}S$ 平均值接近于 0,但硫同位素组成变化较大,说明硫化物成因较为复杂。

矿区主要矿床硫同位素组成有一定变化规律,计算方铅矿、闪铅矿、黄铜矿、磁黄铁矿和毒砂的 $\delta^{34}S$ 值,东风矿床 $\delta^{34}S$ 平均值最高($+0.47‰$),新兴矿床平均值最低($-3.18‰$),立山矿床和立山选厂后山矿床介于其间。极差和标准离差东风矿床较大($1.34‰$),其他矿床都很相近。从金属硫化物的 $\delta^{34}S$ 值来看,方铅矿、黄铜矿的 $\delta^{34}S$ 都由东风矿床→立山选厂后山→立山矿床→新兴矿床逐渐变小。矿物的 $\delta^{34}S$ 极差和标准离差,方铅矿相差不大,而东风矿床中闪锌矿明显偏大,其他矿床差别不大。

由上述资料可以看出,天宝山矿区矿石矿物的 $\delta^{34}S$ 具有近陨石硫的特征,与外围蚀变火山岩中的 $\delta^{34}S$ 相差很小,特别是与东风矿床几乎完全一样,新兴矿床和立山矿床与其相差大一些,介于板岩、角岩或蚀变火山岩之间。在立山矿床和新兴矿床中,硫还来自天宝山岩块。

表 3-4-11 天宝山矿区各矿床硫同位素组成特征表

矿床	样数 n	$\delta^{34}S$/‰		极差(R)	标准离差(S)
		变化范围	平均值(X)		
新兴矿床	32	−4.8～2.2	−3.01	7.0	1.35
	31*	−4.8～1.2	−3.18	3.6	0.97
立山矿床	27	−7.1～+0.2	−2.41	7.3	1.31
	26*	−3.8～0.2	−2.23	4.0	0.93
立山选厂后山矿床	15	−2.45～0.34	−0.86		0.91
东风矿床	43	−5.9～3.5	0.20	9.4	1.79
	41*	−2.9～3.5	0.47	6.4	1.34
南阳洞	7	−2.2～0.6	−0.70	2.8	1.02

表 3-4-12 天宝山矿区各矿床主要硫化物硫同位素组成表

矿床名称	测试矿物	样品数	平均值(X)/‰	极差(R)	标准离差(S)
新兴矿床	方铅矿	12	−4.15	1.1	0.30
	闪锌矿	18	−2.70	1.2	0.33
	黄铜矿	3	−1.37	0.6	0.15
立山矿床	方铅矿	15	−2.71	2.5	0.70
	闪锌矿	7	−1.61	0.9	0.34
	黄铜矿	3	−2.10	1.9	0.98
立山选厂后山矿床	方铅矿	5	−1.93	0.88	0.32
	闪锌矿	5	−0.53	1.44	0.65
	黄铜矿	5	−0.12	0.85	0.32
东风矿床	方铅矿	8	−0.46	1.6	0.52
	闪锌矿	15	+0.31	6.4	1.78
	黄铜矿	6	+0.28	3.0	1.04
	磁黄铁矿	6	+1.33	1.3	0.45
	毒砂	6	+1.45	1.3	0.42
板岩、角岩、蚀变火山岩	黄铁矿			$\dfrac{-7.1\sim-4.6}{-5.8}$	2.5
	黄铁矿			$\dfrac{1.7\sim-1.2}{-0.02}$	3.9

2)Pb 同位素特征

24 个 Pb 同位素测试数据列于表 3-4-13,可见铅同位素具有如下特征。

天宝山矿区矿石铅、火成岩铅和灰岩铅属于现代铅。矿区火成岩和天宝山岩块中岩石 Pb 同位素值均很稳定,极差小于 0.5,变化率小于 1.2,标准偏差小于 0.25,μ 值 9.05～9.11,均属正常铅。计算的模式年龄有的为负值,有的为正值,但多数比 K-Ar 法年龄偏小,而二道沟区火山角砾岩和天宝山岩块中的灰岩的 2 个模式年龄为 289×10^{-8} 年和 287×10^{-8} 年，吻合较好。

新兴矿床、立山矿床和二道沟矿床矿石 Pb 同位素组成变化较大，极差 $1.27\sim1.96$，V 为 $3.30\%\sim5.12\%$，S 达 $0.51\sim0.80$，μ 值为 $8.1\sim9.6$。显然属于异常铅，至少有两阶段铅的演化历史。此外，它们的矿石铅投影区相互重叠，而且天宝山岩块岩石铅同位素投影区位于这一重叠区的中心部位，说明它们之间有成因联系。

东风矿床矿石 Pb 同位素值均投影于其他矿床矿石铅样品分布区的最上端且变化小，极差小于 0.3，变化率小于 1.5，标准偏差小于 0.2，μ 值为 $9.27\sim9.66$，属正常铅。

矿区侵入岩岩石铅同位素分布于新兴、立山和二道沟矿床铅分布范围内，但局限在左下方，说明上述矿床的铅是典型混合成因铅，是矿源层（天宝山岩块、红叶桥组）铅与岩浆中铅相混合的结果。

表 3-4-13　天宝山多金属矿床 Pb 同位素组成表

样号	矿物	产出部位	Pb^{206}/Pb^{204}	Pb^{207}/Pb^{204}	Pb^{208}/Pb^{204}	模式年龄/Ma	备注
天 284	方铅矿	新兴矿床 680 坑	18.500	15.435	37.536	负值	宜昌地质矿产研究所测定
天 12	方铅矿	新兴矿床新兴坑	17.935	15.087	38.435	负值	
天 14	方铅矿	新兴矿床新兴坑	18.066	15.190	38.737	负值	
天 34	方铅矿	新兴矿床新兴坑	18.272	15.463	38.802	0	
天 66-2	方铅矿	新兴矿床创业坑	18.161	15.372	38.453	53	
天 418	方铅矿	立山矿床一中段	17.978	15.177	39.368	负值	
天 405	方铅矿	立山矿床六中段	17.892	15.201	37.849	30	
天 414-1	方铅矿	立山矿床七中段	18.385	15.526	39.170	87	长春地质学院测定
天 414-2	方铅矿	立山矿床七中段	17.907	15.058	37.971	负值	
天 415	方铅矿	立山矿床七中段	18.228	15.485	38.816	149	
天 388	方铅矿	立山矿床十一中段	17.907	15.107	37.407	负值	
天 7601	方铅矿	立山矿床十一中段	17.993	15.413	38.058	235	
天 426	方铅矿	东风矿床 2 号矿体	18.400	15.504	39.170	48	宜昌地质矿产研究所测定
天 1149	方铅矿	东风南山 ZK8014	18.672	15.716	39.269	118	
天 343	方铅矿	二道沟地表 1 号矿体	17.993	15.232	38.239	负值	
天 376	方铅矿	二道沟地表 CK166 附近	18.353	15.669	38.515	289	
天 1131-1	方铅矿	卫二坑地表含矿角砾岩	17.578	14.831	37.014	负值	
天 749	方铅矿	银洞财含矿矽卡岩	17.850	15.136	37.443	负值	
天 1148	方铅矿	南阳洞含矿矽卡岩	17.759	14.922	37.234	负值	
天 558	长石+石英	头道沟花岗闪长岩体	18.127	15.407	37.612	126	桂林矿产地质研究所测定
天 758	长石+石英	海西期片麻状花岗岩体	18.120	15.390	37.703	110	
天 768	钾长石	榆树川钾长花岗岩体	18.136	15.377	37.271	80	
天 2105	灰岩	石炭系	17.885	15.389	37.707	287	
天 2125	方解石	石炭系	18.049	15.396	37.749	171	

3) C、O、H 同位素特征

矿区共测 16 件样品,见表 3-4-14。矿区 C、O 同位素共 4 组:Ⅰ区 $\delta^{13}C=-6.92‰\sim8.53‰$,$\delta^{18}O=-21.54‰\sim26.97‰$,具岩浆碳特点;Ⅱ区 $\delta^{13}C=-6.11‰\sim8.63‰$,$\delta^{18}O=-12.24‰\sim13.31‰$,为无矿方解石脉;Ⅲ区 $\delta^{13}C=-0.31‰\sim4.44‰$,$\delta^{18}O=-7.72‰\sim14.04‰$,代表海相石灰岩区;Ⅳ区 $\delta^{13}C=2.64‰\sim3.85‰$,$\delta^{18}O=-18.52‰\sim18.81‰$,为矿床附近灰岩。

H、O 同位素:矿区仅在新兴含矿角砾岩筒中与铅、锌矿化有关的石英脉中做了一件包裹体测定,δD 和 $\delta^{18}O$ 分别为 $85‰$、$-5.1‰$,应属混合岩浆水。

表 3-4-14 天宝山矿区碳酸盐 C、O 同位素测试结果表   单位:‰

序号	样号	采样位置	样品性质	$\delta^{13}C$	$\delta^{18}O$
1	天 2109	创业坑	含矿角砾岩与铅锌矿化密切的方解石	−7.52	−26.97
2	天 11	新兴坑	切穿含矿角砾岩的方解石脉	−6.11	−24.60
3	天	立山十五中段	含毒砂的切穿矽卡岩的方解石	8.53	−21.54
4	21020	南天门	灰岩中无矿方解石脉	−6.41	−12.17
5	天 2126	南天门	灰岩中无矿方解石脉	−8.63	−13.31
6	天 2313	立山十五中段	结晶砂屑灰岩	3.85	−18.81
7	天 2125	立山十五中段	结晶砂屑灰岩	1.74	−13.01
8	天 2365	东风二中段	下二叠统结晶灰岩	3.05	−7.72
9	天 1989	东风三中段	下二叠统大理岩	2.64	−18.52
10	天 2155	白石岭剖面	结晶碎屑灰岩	2.90	−10.32
11	天 2171	白石岭剖面	结晶灰岩	1.75	−12.24
12	天 2189	白石岭剖面	结晶碎屑灰岩	0.72	−12.97
13	天 2194	白石岭剖面	结晶碎屑灰岩	4.44	−10.75
14	天 2200	白石岭剖面	结晶灰岩	0.92	−11.4
15	天 2230	红专路剖面	结晶砾屑灰岩	0.31	−9.93
16	天 6	银铜才矿点	灰岩	2.24	−14.04

4) 微量元素特征

天宝山东风矿体形态均呈层状、似层状或长透镜状,矿体、矿化体的赋矿层位或部位是多样的,东风南山矿体呈层状分布于红叶桥组(原定庙岭组)下部火山喷气沉积变质岩中,东风矿体产于中酸性熔岩与不纯灰岩的接触处或在不纯灰岩中,在其中或下盘分布有层状喷气岩-萤石岩和萤石绿泥石岩。喷气岩中含有较多的闪锌矿、黄铜矿和磁黄铁矿等金属硫化物。金尚林等(1989)在研究天宝山矿床岩石含矿性时,全面系统地采取了 87 件矿床的地层及火山岩样品。天宝山矿区内地层 Cu、Pb、Zn 含量见表 3-4-15。可见天宝山矿区内上石炭统山秀岭组(天宝山岩块)和红叶桥组(庙岭组)富含 Cu、Pb、Zn 成矿元素,是含矿层,它在火山喷气作用、变质热液作用及海西期—燕山期岩浆-火山作用的热动力驱动下,已转变为矿源层。

表 3-4-15 天宝山矿区石炭系和二叠系金属元素含量表

地层	岩性	样品数	元素含量($\times 10^{-6}$)			浓集度(含量/地区平均值)			
			Cu	Pb	Zn	Cu	Pb	Zn	
石炭系 (天宝山岩块)	灰岩	49	9.4	57.4	22.0	0.45	2.90	0.28	资料来源于延边花岗联合科研队(1989)
	板岩	5	36.0	21.0	63.8	1.74	1.06	0.80	
二叠系 (红叶桥组)	灰岩	16	26.9	57.5	55.0	1.29	2.91	0.69	
	火山岩	17	24.0	21.0	165.0	1.18	1.06	2.08	

天宝山矿区侵入岩与成矿关系十分密切,特别是在立山坑、兴隆、太盛、新兴、顶西等矿床中表现得更为明显,有的就产在岩体及接触带中,主要侵入岩金属元素含量见表 3-4-16。

表 3-4-16 主要侵入岩金属元素含量表

期次	岩石类型	年龄值/Ma	Cu($\times 10^{-6}$)	Pb($\times 10^{-6}$)	Zn($\times 10^{-6}$)	备注
燕山期	花岗斑岩	130	47	126	114	成矿
	闪长玢岩	135	43	70	80	
	安山玢岩	140	25	10	140	
印支期	英安斑岩	205	23	47	138	主成矿母岩
	二长花岗岩	214	20	25	53	
海西期	花岗闪长岩	245	47	90	88	成矿
	片麻状花岗岩		20	30	150	

5) 成矿物理化学条件

(1) 包裹体特征：全矿区包裹体测试仅 4 件,其中新兴矿床石英包裹体 3 件,立山矿床透辉石包裹体 1 件。

新兴矿床含矿与非含矿角砾岩石英包裹体成分均以 H_2O 为主,其含量分别为 86.32% 和 79.5%,含矿角砾岩流体总浓度小于非含矿角砾岩,两者阳离子 Ca^{2+} 含量较高,次为 Na^+,阴离子中 SO_4^{2-} 较高,次为 Cl^-,属 $Ca^{2+}-Na^+-SO_4^{2-}-Cl^-$ 型。石英斜黝帘石阶段为 $Ca^{2+}-K^+-SO_4^{2-}-HCO_3^-$ 型,两者均不含 O 而含微量的 $CO、H_2、CH_4$ 等,说明两者均形成于还原环境。石英包裹体(石英-硫化物阶段)pH 值为 5.4,非含矿角砾岩 pH 值为 5.2,均属偏酸性,石英-斜黝帘石阶段包裹体 pH 值为 7.67,具偏碱性,说明成矿流体从弱碱性向偏酸性演化,含矿角砾岩 K^+ 含量为 3.35 比非含矿角砾岩大,而 $Na^+/(Ca^{2+}+Mg^{2+})=0.17$,比值小于后者,$Na^+/Cl^-=1.26,F^-/Cl^-=0.078$,介于岩浆热液与密西西比型热液水之间。成矿热液中 Cl^- 含量较高,可能金属迁移以氯络合物为主。气相成分中 $CO_2、N_2$ 含量较高,表明成矿在浅成条件下由大气降水参与完成。立山矿床包裹体 Eh 值 32.01,新兴矿床为 0.65；pH 值新兴矿床为 5.4~7.67,立山矿床为 7.15。

(2) 成矿温度：立山矿床矽卡岩型大于 490℃,硫化物形成温度为 270~426℃。新兴矿床第 Ⅰ 阶段为 338~481℃,第二阶段为 296~410℃,东风坑为 270~400℃。

(3) 成矿深度：推测为 0.5~4km。

9. 物质来源

(1) 水的来源：天宝山矿区水的来源(热液)比较丰富,主要表现在这几个方面。① 含水矿物的存在。东风矿床中的绿泥石、胶状黄铁矿,反映有热卤水存在的萤石、方柱石等矿物。② 水岩反应产物的存在。天宝山东风矿区内均有呈层状或透镜状产出的由于火山喷发富 Ca、Pb、Zn、Fe、Cu、F 的物质,遇到海水发生物化条件的改变而淀积的火山-沉积化学沉积物喷气岩,如含石榴子石、绿帘石、铁透辉石、绿泥石、萤石、石英、闪锌矿、黄铜矿、磁黄铁矿等单矿物岩条带或复矿物条带,也有同期产生的上述矿物的细脉。

含矿层下二叠统和天宝山岩块的沉积方式具有火山喷发-沉积、浊积和滑塌的特征,因此属高密度流,自然富水,在成岩过程中,水被挤出并变成含成矿元素的水(热液)参与成矿。③新兴矿床中石英的氢氧同位素组成。在 $\delta D - \delta^{18}O$ 图解(略)中,投点偏离了岩浆水区和变质水区,而向雨水线靠近,说明该矿床的热液具有以大气水为主的混合水的特征。

(2)热源:①热源主要有火山喷发或喷气产生的热,产生水岩反应,生成化学沉淀物;②侵入岩提供的热,如形成各类角岩,有时不仅提供热,而且伴随热液活动,在与围岩接触处引起各种热液蚀变作用;③浅变质作用提供的热量;④有断裂构造产生的热量。

10. 控矿因素及找矿标志

(1)控矿因素:石炭系(天宝山岩块)与二叠系(红叶桥组)砂板岩、灰岩、中酸性火山岩是矿床控矿层位。印支期—海西期花岗闪长岩、英安斑岩、石英闪长岩等为矿床提供了物质、热液、热能。东西向、北西向、近南北向 3 组断裂交会处控制部分矿床的形成。燕山期花岗斑岩(多为脉状)与碳酸盐岩地层形成矽卡岩型热液脉状多金属矿化。

(2)找矿标志:立山矿床蚀变标志主要为矽卡岩化,新兴矿区蚀变标志筒内主要有石英岩化,次有绿帘石化、绿泥石化、黄铁矿化等。矿床位于大面积起伏的航磁 ΔT 正磁场中低缓异常区边缘,矿体反映明显低阻高极化异常。矿田具明显 1∶20 万水系沉积物异常,主要异常元素有 Cu、Pb、Zn、Cr、Bi、Ag、Mo 等。异常规模大,分带明显。

11. 成矿模式

龙井市天宝山多金属矿床成矿模式见图 3-4-15。

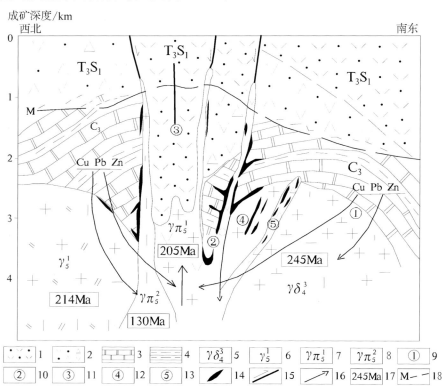

图 3-4-15　龙井市天宝山多金属矿床成矿模式图

1.英安质凝灰岩;2.英安质熔角砾岩;3.结晶灰岩;4.板岩;5.海西期头道沟组花岗闪长岩;6.印支期二长花岗岩;7.印支期英安斑岩;8.燕山期花岗斑岩;9.海西期矽卡岩型矿床;10.立山矽卡岩型矿床;11.火山热液脉状矿床;12.立山选矿厂火山热液脉状矿床;13.新兴角砾岩筒型矿床;14.多金属矿体;15.断层;16.成矿物资迁移方向;17.同位素年龄值;18 现代地形线

12. 成矿要素

龙井市天宝山多金属矿矿床成矿要素见表3-4-17。

表 3-4-17 龙井市天宝山多金属矿床成矿要素表

成矿要素		内容描述	
特征描述		多成因叠加,东风矿床属浅成—超浅成次火山热液充填交代型,立山矿床属矽卡岩型,新兴矿床属爆破角砾岩型	类别
地质环境	岩石类型	砂板岩、灰岩、中酸性火山岩、花岗岩、石英闪长岩类	必要
	成矿时代	海西期—印支期—燕山期,以印支期为主	必要
	成矿环境	东西向、北西向、近南北向3组断裂交会处	必要
	构造背景	矿床位于晚三叠世—新生代东北叠加造山-裂谷系(Ⅰ)小兴安岭-张广才岭叠加岩浆弧(Ⅱ)太平岭-英额岭火山-盆地区(Ⅲ)罗子沟-延吉火山-盆地群(Ⅳ)内	重要
矿床特征	矿物组合	立山矿床矿石矿物为闪锌矿、黄铜矿、方铅矿、磁黄铁、黄铁矿等;东风矿床矿石矿物主要为磁黄铁矿、闪锌矿、黄铁矿、磁铁矿、方铅矿、白铁矿和毒砂;新兴矿床以闪锌矿、方铅矿为主,次为黄铜矿、黄铁矿、砷黝铜矿、自然铋和银矿物复硫化物、自然金等	重要
	结构构造	立山矿床产于岩体中的矿石以中粗粒半自形结构为主,多具脉状构造、块状构造、角砾状构造;产于透辉石、石榴子石矽卡岩中矿石为他形粒状结构,常具浸染状构造、斑点状构造;产于灰岩和板岩的多为层状矿体结构,以微细粒他形粒状结构为特征,具条带状构造。东风矿床矿石以条带状构造、致密块状构造和浸染状构造为主,脉状构造次之,还见到球粒状或鲕状构造、胶状构造的变余构造。新兴矿床有粗晶粒状结构,环状构造、粒间充填构造、脉状构造、浸染状构造等	次要
	蚀变特征	头道沟花岗闪长岩和立山英安斑岩与碳酸盐岩接触带广泛形成矽卡岩带,控制矽卡岩型矿床,主要类型为石榴子石-单斜辉石矽卡岩、单斜辉石矽卡岩、石英-绿帘石矽卡岩等。角砾岩筒型矿床受面状蚀变控制,主要为围岩蚀变,早期钾化、中期硅化、水漫云母化、绿泥石化,晚期方解石化、沸石化。热液脉状矿体近矿蚀变,内带以硅化、水云母化为主,外带以绿泥石化、碳酸盐化。立山矿床围岩蚀变主要为层状矽卡岩,主要蚀变矿物为石榴子石、透辉石、方柱石或葡萄石等;新兴矿床筒内蚀变强,筒边蚀变弱,围岩蚀变更弱,筒内以次生石英岩化为主、边部为青磐岩化,围岩常有较明显的黄铁矿化,在震碎裂隙中充填粉红色含锰方解石脉	重要
	控矿条件	大地构造控矿:矿床位于晚三叠世—新生代东北叠加造山-裂谷系(Ⅰ)小兴安岭-张广才岭叠加岩浆弧(Ⅱ)太平岭-英额岭火山-盆地区(Ⅲ)罗子沟-延吉火山-盆地群(Ⅳ)内; 地层控矿:石炭系(天宝山岩块)与二叠系(红叶桥组)砂板岩、灰岩、中酸性火山岩是矿床控矿层位,印支期—海西期花岗闪长岩、英安斑岩、石英闪长岩等为矿床提供了物质、热液、热能; 构造控制:东西向、北西向、近南北向3组断裂交会处控制部分矿床的形成,燕山期花岗斑岩(多为脉状)与碳酸盐岩地层形成矽卡岩型热液脉状多金属矿化	必要

第五节 镍矿典型矿床研究

吉林省镍矿主要有 2 种成因类型：基性—超基性岩浆熔离-贯入型、沉积变质型。本节主要选择基性—超基性岩浆熔离-贯入型、沉积变质型 2 种成因类型 5 个典型矿床开展镍矿成矿特征研究（表 3-5-1），主要典型矿床特征如下。

表 3-5-1 吉林省镍矿典型矿床一览表

矿床成因型	矿床式	典型矿床名称	成矿时代
基性—超基性岩浆熔离-贯入型	红旗岭式	磐石市红旗岭铜镍矿床	中生代
		蛟河县漂河川铜镍矿床	中生代
		和龙市长仁铜镍矿床	晚古生代
	赤柏松式	通化县赤柏松铜镍矿床	古元古代
沉积变质型	杉松岗式	白山市杉松岗铜钴矿床	古元古代

一、磐石市红旗岭铜镍矿床特征

1. 地质构造环境及成矿条件

该矿床位于南华纪—中三叠世天山-兴蒙-吉黑造山带（Ⅰ）包尔汉图-温都尔庙弧盆系（Ⅱ）下二台-呼兰-伊泉陆缘岩浆弧（Ⅲ）盘桦上叠裂陷盆地（Ⅳ）内。辉发河超岩石圈断裂不仅是两构造单元的分界线，也是含镍基性—超基性侵入岩体的导岩（矿）构造，与之有成因联系的北西向次一级断裂为储岩（矿）构造。

1）地层

辉发河超岩石圈断裂南东侧为华北陆块区，出露地层主要为太古宙地体；北西侧为吉黑造山带，出露地层主要为志留系—泥盆系海相砂页岩和泥灰岩等（呼兰群片岩及大理岩），见图 3-5-1。这种格局是由于辉发河超岩石圈断裂带在中奥陶世后加里东运动时期南东部上升强烈，开始长期隆起剥蚀，而北西侧相对下降、断陷、海侵，发展成中上古生界褶皱带。

2）侵入岩

由于辉发河超岩石圈断裂带不断活动，深度不断增大，引起基性—超基性岩和花岗岩沿断裂带大量侵入，根据基性—超基性岩的岩相、生成时代及岩石化学特征等划分为 5 种类型（表 3-5-2）。

红旗岭铜镍矿田主要由 H-7 大型矿床、H-1 中型矿床及 H-9 等 9 个小型矿床组成。矿田分布于开源-和龙超岩石圈断裂西段辉发河超岩石圈断裂带北侧，含矿岩体受北西向次一级压扭性断裂控制，侵位于呼兰群中，单个岩体多为脉状、岩墙状与透镜状，呈串珠状排列。岩体类型为辉长岩-辉石岩-橄榄岩型与斜方辉石岩-苏长岩型。同位素年龄为 350~331Ma，成岩时代属（石炭纪）海西早期。

（1）1 号（H-1）岩体：在平面上呈似纺锤形（图 3-5-2），走向北西 40°，长 980m，宽 150~280m，延深 560m。在横剖面上两端向中心倾斜，北西端倾角 75°，南东端倾角 36°，呈一向北西侧伏的不对称盆状体。在纵投影图上，岩体埋深由南而北逐渐变深，于南端翘起处矿化甚为富集。

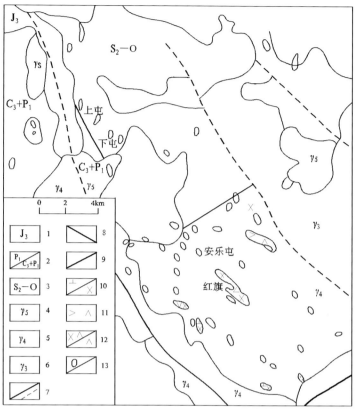

图 3-5-1　磐石市红旗岭铜镍矿田地质图

1.上侏罗统火山碎屑岩;2.上石炭统—下二叠统、下二叠统砂、板岩、灰岩;3.中志留统—奥陶系呼兰群变质岩系、片岩及大理岩;4.燕山期钾长花岗岩;5.海西期黑云母花岗岩及花岗闪长岩;6.加里东期片麻状花岗岩;7.实测及推测一般性断裂;8.区域性大断裂;9.岩石圈断裂;10.中基性及基性岩体;11.中性—基性—超基性杂岩体;12.基性—超基性杂岩体及超基性岩体;13.性质不明岩体

表 3-5-2　侵入岩岩体特征一览表

岩体类型	时代	岩带	岩体形态	岩体组合	分异程度	岩石化学特征	含矿性	属于本类型岩体
斜长角闪石岩-角闪石岩型	加里东晚期	Ⅱ～Ⅲ	透镜状或不规则岩墙状	斜长角闪石岩-角闪石岩(变质中基性岩)	差	M/F 值为 $1.3\sim2.8$	无矿化	14、16、17、20、21、22、26、27、28、29、4、5、6、15、18、19、24 号岩体
辉长岩-辉石岩型	海西早期	Ⅰ(Ⅲ)	岩墙状(或似盆状)	闪长岩-辉长岩-辉石岩	较好	M/F 值为 3.4 (3号岩体平均)	有小型脉状矿体(8号岩体未见矿)	3、30、25、8、23 号岩体
辉长岩-辉石岩-橄榄岩型	海西早期	Ⅰ	似盆状或杯状	辉长岩-辉石岩-橄榄岩(橄榄辉岩)	好	M/F 值为 5.5 (1号岩体平均)	大、中型矿床	1、2 号岩体
斜方辉石岩型	海西早期	Ⅰ岩带亚带	岩墙状	(苏长岩)-顽火辉岩	单岩相岩体	M/F 值为 $4.2\sim5.7$ (7号岩体平均)	大型矿床(32、33号岩体未见矿)	7、32、33 号岩体
角闪橄榄岩型	海西早期	Ⅰ(Ⅲ)	似盆状或杯状	角闪橄榄岩-(角闪石岩)	较差	M/F 值为 4.7 (9号岩体平均)	有小型脉状矿体(31号岩体未见矿)	9、31 号岩体

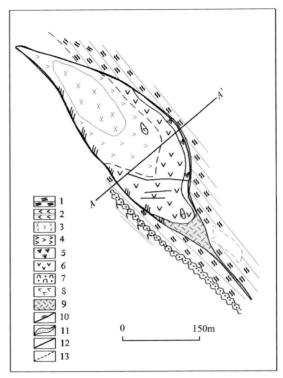

图 3-5-2 磐石市红旗岭铜镍矿床 1 号岩体地质图
1.黑云母片麻岩;2.角闪片岩;3.辉长岩;4.斜方辉石岩;5.辉石橄榄岩;6.橄榄辉石岩;7.石英霏细斑岩脉;8.斜长岩脉;9.工业矿体;10.逆斜断层;11.破碎带;12.性质不明断层;13.相变界线

H-1 岩体主要由辉长岩、含长橄辉岩与含长辉橄岩 3 个岩相组成,三者体积比为 1∶95∶4。20 世纪 60 年代初的一些研究者们认为这 3 个岩相是彼此过渡的结晶相变关系。近年来的研究披露三者间是侵入关系和隐秘侵入接触关系,实际上是一个复式岩体。

岩体最上部是辉长岩相,由 An50～60 的斜长石(含量 50%～55%)及辉石(单斜辉石 35%,斜方辉石<10%)组成,中等粒度(1.5～2mm),辉长结构,仅局部见有辉绿结构。

含长辉橄岩相产于岩体中心部位,包在辉长岩外围,主要由斜方辉石(E_n=90±的古铜-顽火辉石,含量 20%～30%)与橄榄石(F_o=86%～90%,含量 50%～60%)组成,含 An55～60 的斜长石(5%～10%)以及黑云母、棕闪石等。该岩相自身有相变,即随橄榄石的减少与辉石的增加,相变为含长橄榄岩等。嵌晶结构、反应边结构、自形—半自形粒状结构发育。

含长橄榄岩相位于岩体底部,是主要的含矿岩相,主要由橄榄石、辉石类矿物组成,前者 F_o=87%,含量不小于 25%,后者以古铜辉石为主,含量在 40%～70% 之间,其次含少量斜长石、棕闪石、黑云母等。次闪石化、黑云母化、蛇纹石化等蚀变与矿化关系密切,以海绵陨铁结构为特征,流动构造发育。硫化物平均含量在 35% 左右,由上至下硫化物含量有逐渐增加的趋势。

岩石化学特征:H-1 岩体属正常系列基性—超基性岩体。基性岩相 M/F=0.5～2,为铁质基性岩;超基性岩相 M/F=2～5.66,为铁质超基性岩。统计表明 M/F=2～4 者含矿性最好。在岩石化学图解上,3 个岩相分别分布在 3 个独立的、彼此不连续的区域内,表明该岩体是 3 次侵入作用形成的复式岩体。另外含矿与非含矿岩相的硫、镍含量差别显著,含矿岩相中硫、镍含量偏高,尤其是硫较非含矿岩相高出一个数量级。辉长岩 MgO 含量为 7.42%～11.61%,属于介于低温不含硫化物镁铁质岩与中温含硫化物中镁铁质岩之间的过渡岩石;辉橄岩与橄辉岩的 MgO 含量为 23.20%～33.66%,属于中温含硫化物中镁铁质岩,是含硫化铜镍矿最佳岩石类型。扎氏数字特征:b=22.17～62.99(平均 49.77),

$m'=54.73\sim84.24$(平均73.56),$n=65.71\sim94.12$(平均76.28),$a/c=0.29\sim2.18$(平均0.81)。其他岩石化学指数:$K_m=48.18\sim77.90$,$K=22.10\sim51.82$,$K_n=0.57\sim30.74$,$W=0.05\sim0.64$,$S=36.85\sim76.81$,$Ni/S=0.06\sim1.49$,$Ni/Cu=2.3$,$Ni/Co=2.6\sim63.64$,$S/P=0.06\sim82.49$。

(2)7号(H-7)岩体:位于矿区东南部,沿北西向压扭性断裂的次一级断裂与围岩呈不整合侵入。岩体底盘为黑云母片麻岩,顶盘为花岗质片麻岩、角闪岩与大理岩的互层带。岩体南段被第三纪砂砾岩层覆盖,见图3-5-3。岩体走向北西30°～60°,总长数百米,宽数十米,北西方向有两个与主岩体不相连的透镜状小岩体。在剖面上岩体呈岩墙状,见图3-5-4,倾向北东,倾角75°～80°。在岩体中段(如4线)产状稍有变化,从上往下由陡变缓,在转折处有狭缩现象。4线附近,在岩体上盘、下盘分别出现一个小的隐伏岩体,其产状与主岩体基本一致。

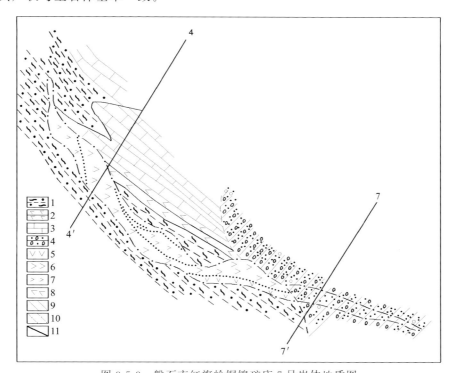

图3-5-3 磐石市红旗岭铜镍矿床7号岩体地质图
1.黑云母片麻岩;2.角闪片岩;3.大理岩;4.砂砾岩;5.橄榄岩;6.顽火辉岩;7.蚀变辉石岩;8.苏长岩;
9.岩相界线;10.岩体投影界线;11.实测及推测断层

组成岩体的主要岩相为顽火辉岩(局部强烈次闪石化为蚀变辉岩)和少量苏长岩。前者是岩体的主体,占岩体总体积的96%,苏长岩多在岩体的边部,与围岩呈构造破碎接触,据其岩体化学特征及在岩体中的产状,可能由顽火辉岩同化围岩形成。蚀变辉岩分布无明显的规律,多在岩体边部或苏长岩的内侧。

在岩体中段靠近下盘部位,常见有辉橄岩岩脉,这种岩脉由于其中橄榄石、斜方辉石相对含量变化,有时过渡为橄榄岩或橄榄辉岩,但总的来说,其成分主要为辉橄岩。它与两侧围岩(顽火辉岩或蚀变辉岩)接触界线清楚,接触带常有小破碎带相隔。

顽火辉岩呈暗绿色,中细粒,自形—半自形粒状结构。组成矿物主要为顽火辉石($E_n=91$,含量75%～80%)及少量棕色角闪石、拉长石和单斜辉石。部分岩石蚀变强烈,主要有皂石化、次闪石化、滑石化和少量绢石化。普遍含有较多的金属硫化物,往往构成海绵晶铁状或浸染状矿石。有时不规则状金属硫化物充填于造岩矿物之间,并沿解理交代硅酸盐。

苏长岩分布于顽火辉岩同围岩接触带内侧,与前者呈渐变关系,暗灰色—灰绿色,压碎结构、辉长结构,组成矿物主要有斜长石、斜方辉石、棕色角闪石和少量普通辉石。斜长石靠近围岩以中长石为主,含量为35%～45%,接近顽火辉石岩时为拉长石,含量减少。斜方辉石含量35%～65%,近片麻岩时含量

表 3-5-3 岩(矿)石稀土丰度表　　　　　　　　　　　　　　　　单位：×10⁻⁶

编号	1	2	3	4	5	6	7	8	9	10	11	12
La	4.14	3.44	1.69	2	0.75	1.06	1.64	9.59	1.36	2.35	3.37	0.7
Ce	6.88	6.16	4.82	5.7	2.49	2.77	4.32	21.9	3.30	7.20	8.19	1.1
Pr	1.02	0.96	0.68	0.89	0.42	0.38	0.64	2.76	0.38	1.21	0.92	1
Nd	3.65	4.79	2.96	4.2	2.04	1.95	2.31	11.89	1.79	6.16	3.27	5
Sm	0.69	1.40	0.81	1.26	0.65	0.53	0.54	2.80	0.44	2.16	0.73	1.3
Eu	0.16	0.45	0.26	0.33	0.17	0.23	0.13	0.72	0.13	0.69	0.11	0.3
Gd	0.55	1.52	0.88	1.40	0.65	0.71	0.53	2.59	0.56	2.66	0.61	1.2
Tb	<0.3	<0.3	<0.3	<0.3	<0.3	<0.3	<0.3	0.35	<0.3	0.43	<0.3	0.2
Dy	0.55	1.38	0.8	1.36	0.55	0.70	0.44	2.37	0.47	2.66	0.46	0.5
Ho	0.15	0.35	0.19	0.36	0.13	0.17	0.12	0.53	0.13	0.61	0.11	0.2
Er	0.32	0.69	0.41	0.71	0.27	0.39	1.25	1.20	0.26	0.35	0.22	0.5
Tm	<0.1	<0.1	<0.1	<0.1	<0.1	<0.1	<0.1	<0.1	<0.1	<0.1	<0.1	0.05
Yb	0.49	0.45	0.39	0.71	0.22	0.36	0.24	1.13	0.26	1.24	0.19	0.5
Lu	<0.1	<0.1	<0.1	<0.1	<0.1	<0.1	<0.1	0.14	<0.1	0.21	<0.1	0.15
Y	3.58	2.28	3.55	3.83	2.18	3.16	1.98	11.18	2.40	12.04	1.93	5
ΣREE	22.58	24.24	17.84	23.17	10.93	12.74	13.54	69.3	11.88	39.98	20.61	17.7

9. 控矿因素及找矿标志

(1)控矿因素：区域上受槽台两大构造单元接触带辉发河-古洞河超岩石圈断裂控制，是区域导岩构造，与辉发河-古洞河超岩石圈断裂有成因联系的次一级北西向断裂是控岩控矿构造，辉长岩-辉石岩-橄榄岩型与斜方辉石岩-苏长岩型为主要的含矿岩体。

(2)找矿标志：与辉发河-古洞河超岩石圈断裂有成因联系的次一级北西向断裂；辉长岩-辉石岩-橄榄岩型与斜方辉石岩-苏长岩型岩体；地球物理场重力线状梯度带或异常或中等强度磁异常；地球化学场 Cu、Ni、Co 高异常。

10. 矿床形成及就位机制

1)成矿作用

一系列特征表明，矿床具有两种熔离作用，即深部熔离作用和就地熔离作用。

(1)深部熔离作用：矿区同源、同期基性—超基性岩体含矿性不同。特别是 7 号岩体整个就是矿体，硫化物含量高达 20% 之多。成矿物质如此高的比例以及广泛发育的流动构造，用就地熔离的观点难以解释。1号岩体各侵入相接触关系的揭露,底部容矿岩相中硅酸盐矿物包裹硫化物乳滴结构的发现,以及豆状结构、海绵陨铁结构均可说明硫化物是在硅酸盐结晶前熔离的。特别是用1号岩体容矿岩相的样品所做的硫化物与硅酸盐不混溶试验(吴国忠,1984)确定,出现液态不混溶的温度为1450℃,如此高的温度只可能出现在地下深处。因此,深部熔离作用为本矿床的主要成矿作用。

Ni 有强烈亲硫的地球化学特征,因此岩浆阶段要使 Ni 富集 S 的分压起决定作用,只有岩浆中 f_{S_2} 超过硫化物浓度积时,才能使 Ni 呈硫化物相从岩浆中分离出来。资料表明,1600℃以上的高温(相当地幔岩浆发生的温度),硫呈单原子气体存在,与 Ni、Co、Cu、S 等化学亲合力低,它们都将溶解在硅酸盐中,不会发生硫化物与硅酸盐的液态不混溶,而且玄武质岩浆的密度为 2.7~2.8g/cm³(Clark,1966),它与源区物质(密度为 3.25~3.4g/cm³;Green 和 Rjngwood,1966)明显的密度差异将使之强烈趋向上升。因此深部熔离作用发生在岩浆源,而发生在岩浆上升到地壳中一定部位相对稳定的中间岩浆房中,据密度估算这一深度不大于 15km。重力效应和硫逸度是引起深部熔离作用的重要因素,这一过程可能是由于岩浆中"群聚态"的聚合迁移作用,岩浆分异成下部富 Mg^{2+}、Fe^{2+}、Ni^{2+} 等离子的熔浆和上部富含 CaO、Al_2O_3、SiO_2 的熔浆,熔浆上部吸收围岩中的 $(OH)^-$ 而富 O^{2-},深部则 S^{2-} 相对富集,由于底部 f_{S_2} 增高,呈离子状态的 Ni、Co、Cu 与 S 结合成化合物,发生硫化物与硅酸盐的不混熔作用。熔离的硫化物液滴汇聚加大下沉到岩浆房底部。这样,含矿岩浆在继续上升过程中,由于相对密度的差异而先后到达侵位,富硫化物熔体最后贯入成矿。

(2)就地熔离作用:含硫化物的熔浆侵入到地壳浅部,随温度降低,部分铁镁硅酸盐晶出,使熔体中 Mg^{2+}、Fe^{2+} 减少,Si^{4+}、Al^{3+}、Ca^{2+} 相对富集,提高了岩浆系统中 S 的分压,促使硫化物溶解度降低而发生熔离作用,形成了1号岩体橄榄岩相中底部矿体和上悬矿体及容矿岩相中矿石的垂直分带。在局部富集挥发分的地段熔离聚集的纯硫化物熔体,形成1号岩体的纯硫化物脉。

矿床熔离成矿作用过程可用硅酸盐与硫化物两组分相图表示(图 3-5-9)。图中 T_1 是实验确定的硫化物与硅酸盐不混溶发生的温度,T_2 为硅酸盐矿物结晶温度,T_3 为单硫化物固熔体形成的温度。Y 点为原始含矿岩浆的组成,当温度下降到 T_1 时,开始发生不混熔作用,熔浆分离出富硫化物熔体(b)和富硅酸盐熔体(a),随着温度继续降低两熔体组成分别沿 bQ 和 aP 线改变至 T_2,硅酸盐熔

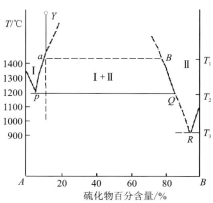

图 3-5-9 硅酸盐-硫化物两组分
熔离相图
(据 Hawlay,1962 修改)
Ⅰ.富硅酸盐熔浆;Ⅱ.富硫化物熔浆.
T_1~T_2 为高温深部熔离阶段;T_2~T_3
为就地熔离结晶重力分异阶段;T_3 以下
为单硫化物固溶体调整组成阶段

体开始结晶直至结束,而富硫化物熔体沿液相线 QR 向更加富硫化物的方向改变,直至 R 点硫化物结晶形成单硫化物固熔体。

2)就位机制

(1)富集成矿组分的地幔部分熔融产生拉斑玄武质含矿熔浆,沿超壳断裂上升到地壳中相对稳定的中间岩浆房发生液态熔离和重力效应,形成顶部富硅酸盐熔体底部富硫化物熔体的不混熔岩浆。

(2)伴随导岩容岩构造的脉动式间歇活动,岩浆房顶部相对密度小、硫化物浓度低的岩浆首先侵入形成1号岩体的辉长岩相并结晶分异成辉长岩和斜长二辉岩。

(3)硫化物浓度稍高、基性程度大的岩浆紧接着到达侵位,与辉长岩相呈侵入接触关系,形成1号岩体橄榄岩相,并随温度降低,铁镁硅酸盐晶出,发生就地熔离作用,形成上悬矿体和底部矿体。

(4)岩浆房底部富硫化物熔体最后上升,上部熔体侵位于1号岩体底轴部,并发生就地熔离和重力效应,形成容矿岩相矿石的垂直分带和纯硫化物脉。较下部更富硫化物的高黏度熔体在构造推动力作

用下呈岩墙状贯入张扭性断裂中,形成 7 号岩体。由于动力作用强,就地熔离不明显。

(5)岩浆房中残留的近于硫化物的熔体最后贯入,形成 7 号岩体中的纯硫化物脉。

11. 成矿模式

磐石市红旗岭铜镍矿床成矿模式见表 3-5-4、图 3-5-10。

12. 成矿要素

磐石市红旗岭铜镍矿床成矿要素见表 3-5-5。

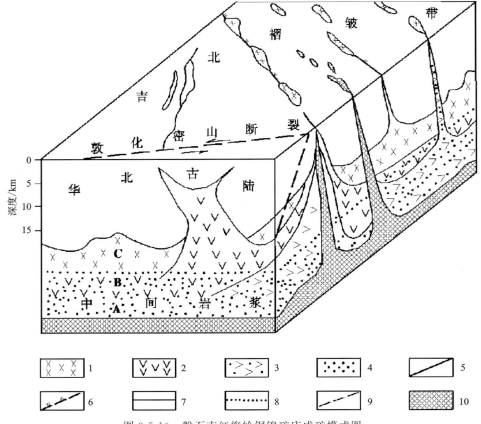

图 3-5-10 磐石市红旗岭铜镍矿床成矿模式图

1.闪长-辉长岩类(岩浆与岩石,下同);2.辉橄岩类;3.橄辉岩类;4.硫化物液滴;5.压扭性断层;6.次一级控岩(矿)压扭性断裂;7.张性断裂;8.熔体液态分界面;9.熔离纯硫化物矿浆界面;10.富硫化物矿浆(或矿体)

表 3-5-4 磐石市红旗岭铜镍矿床成矿模式表

名称	红旗岭式基性—超基性岩浆熔离-贯入型红旗岭铜镍矿床
成矿的地质构造环境	矿床位于天山-兴蒙-吉黑造山带(Ⅰ)包尔汉图-温都尔庙弧盆系(Ⅱ)下二台-呼兰-伊泉陆缘岩浆弧(Ⅲ)盘桦上叠裂陷盆地(Ⅳ)内。辉发河超岩石圈断裂不仅是两构造单元的分界线,也是含镍基性—超基性侵入岩体的导岩(矿)构造,与之有成因联系的北西向次一级断裂为储岩(矿)构造

续表 3-5-4

名称	红旗岭式基性—超基性岩浆熔离-贯入型红旗岭铜镍矿床	
各类及主要控矿因素	区域上受槽台两大构造单元接触带辉发河-古洞河超岩石圈断裂控制,是区域导岩构造;与辉发河-古洞河超岩石圈断裂有成因联系的次一级北西向断裂是控岩控矿构造;辉长岩-辉石岩-橄榄岩型与斜方辉石岩-苏长岩型为主要的含矿岩体	
矿床的三度空间分布特征	产状	1号岩体走向北西40°,在横剖面上两端向中心倾斜,北西端倾角75°,南东端倾角36°;7号岩体走向北西30°~60°,倾向北东,倾角75°~80°
	形态	似层状矿体、透镜状矿体、脉状矿体
成矿期次	主要为岩浆熔离-贯入阶段	
成矿时代	225Ma前后的印支中期	
矿床成因	岩浆熔离-贯入	
成矿机制	由富集成矿组分异常地幔部分熔融产生的拉斑玄武质含矿熔浆,沿超壳断裂上升到地壳中相对稳定的中间岩浆房发生液态熔离和重力效应,形成顶部富硅酸盐熔体、底部富硫化物熔体的不混熔岩浆。伴随导岩容岩构造的脉动式间歇活动,岩浆房顶部相对密度小、硫化物浓度低的岩浆首先侵入形成1号岩体的辉长岩相并结晶分异成辉长岩和斜长二辉岩。硫化物浓度稍高、基性程度大的岩浆紧接着到达侵位,与辉长岩相呈侵入接触关系,形成1号岩体橄榄岩相,并随温度降低,铁镁硅酸盐晶出,发生就地熔离作用,形成上悬矿体和底部矿体。岩浆房底部富硫化物熔体最后上升,较上部熔体侵位于1号岩体底轴部,并发生就地熔离和重力效应,形成容岩相矿石的垂直分带和纯硫化物脉。较下部更富硫化物的高黏度熔体在构造推动力作用下呈岩墙状贯入到张扭性断裂中,形成7号岩体。由于动力作用强,就地熔离不明显。岩浆房中残留的近于硫化物的熔体最后贯入,形成7号岩体中的纯硫化物脉	
找矿标志	大地构造标志:下二台-呼兰-伊泉陆缘岩浆弧盘桦上叠裂陷盆地内; 岩体标志:辉长岩-辉石岩-橄榄岩型与斜方辉石岩-苏长岩型基性—超基性岩体; 构造标志:与辉发河-古洞河超岩石圈断裂有成因联系的次一级北西向断裂是控岩控矿构造	

表 3-5-5 磐石市红旗岭铜镍矿床成矿要素表

成矿要素		内容描述	类别
特征描述		岩浆熔离型矿床	
地质环境	岩石类型	辉长岩-辉石岩-橄榄岩型与斜方辉石岩-苏长岩型	必要
	成矿时代	225Ma前后的印支中期	必要
	成矿环境	位于吉黑褶皱系吉林优地槽褶皱带南缘,辉发河超岩石圈断裂是含镍基性—超基性侵入体的导岩构造,与之有成因联系的北西向次一级断裂为储岩(矿)构造,与镍矿成矿有关的主要为印支期基性—超基性侵入岩	必要
	构造背景	矿床位于天山-兴蒙-吉黑造山带(Ⅰ)包尔汉图-温都尔庙弧盆系(Ⅱ)下二台-呼兰-伊泉陆缘岩浆弧(Ⅲ)盘桦上叠裂陷盆地(Ⅳ)内,两构造单元的分界线辉发河超岩石圈断裂是主要的导岩(矿)构造	重要

各侵入体之间关系：宏观上细粒苏长辉长岩穿切斜长二辉橄榄岩，含矿辉长玢岩穿切前二者；斜长二辉橄榄岩与细粒苏长辉长岩之间岩性变化界线清楚，后者中可见前者包体；细粒苏长辉长岩与含矿辉长玢岩之间界线清楚，并且后者切穿或包裹前者。岩体侵入顺序先是主侵入体就位，然后是附加侵入体的细粒苏长辉长岩体就位，后者是在前者处于凝固或半凝固状态时侵入的。

3）构造

赤柏松矿区处于两个三级构造单元接触带，古陆核一侧褶皱、断裂构造发育。

(1)褶皱构造：太古宙经历多期变质变形，表现在本区是3个穹状背形，即南侧三棵榆树背形、中部赤柏松-金斗穹状背形与东侧湾川背形，其褶皱轴走向分别为北东50°、北西20°、北西40°。

(2)断裂构造：本区主要断裂构造为本溪-二道江断裂，为铁岭-靖宇台拱与太子河-浑江凹陷褶断束两个三级构造单元的分界断裂，形成于五台运动末期，具多期活动特点，总体走向西段为东西向，东段转为北东向，赤柏松矿区位于转弯处内侧。该断裂构造为控制区域上基性岩浆活动的超岩石圈断裂。

(3)北东向或北北东向断裂构造：这一组断裂在本区十分发育，分布在穹状背形的核部，多被古元古代以来的基性岩、超基性岩充填，显多期活动特点，形成于古元古代，是本区控岩、控矿构造。

(4)东西向断裂构造：是本区发育最早的构造，多数为较大逆断层或逆掩断层，由于受后期岩浆构造改造、叠加，表现不够连续。

2. 矿体三度空间分布特征

Ⅰ号基性岩体的矿体产于岩体翘起的北端并向岩体侧伏方向延伸，矿体受岩相控制，产于斜长二辉橄榄岩中下部，由上部熔离成矿和下部贯入成矿叠加而成，贯入成矿构成富矿部位。矿体与围岩界线渐变，矿体总体较完整，矿化均匀，无夹石，局部因脉岩和地层残留出现无矿地段。局部可见超出岩体产于地层中的矿体，但规模很小，如岩体北端地表等，见图3-5-12。

Ⅰ号基性岩体中铜镍矿体形态和产状受岩体控制，北端翘起，深部向南东东方向侧伏，倾伏角45°左右。矿体地表长200m，厚24.72～31.45m，至Ⅷ线控制矿体最大斜深730m，斜长1000m，深部最大厚度51.6m，一般35.12～45.95m，富矿厚15.08～27.28m。Ⅷ线以北已探明铜、镍金属储量$14.4×10^4$t，伴生硫$63.1×10^4$t、硒286.23t、碲34.27t，平均品位Ni 0.55%、Cu 0.32%、S 3.83%、Se 0.001 7%、Te 0.000 21%。

按矿体赋存的岩相、矿体形态、产状、矿石类型及成因将矿体划分4种类型。

(1)似层状矿体：位于侵入体底部斜长二辉橄榄岩中，矿体特征与主侵入体斜长二辉橄榄岩基本一致，随岩体北端翘起，向南东方向侧伏，侧伏角45°。矿体长大于1000m，厚24.72～42.95m，主要由浸染状及斑点状矿石组成。

(2)细粒苏长辉长岩矿体：整个岩体都是矿体，因此形态产状与细粒苏长辉长岩一致，主要由浸染状矿石及细脉浸染状矿石组成。

(3)含矿辉长玢岩矿体：几乎全岩体都为矿体，其形态、产状与含矿辉长玢岩体完全一致，由云雾状、细脉浸染状及胶结角砾矿石组成，规模大，品位富，为主矿体。

(4)硫化物脉状矿体：沿裂隙贯入于含矿辉长玢岩接触处，局部贯入近侧围岩中，长数十米，厚几十厘米至几米，由致密块状矿石组成，规模小，品位富。

3. 矿床物质成分

(1)物质成分：矿石中有益元素主要是Cu、Ni，伴生有益元素为Co、Se、Te、Pt、Pd、Au、Ag、S。矿石中Ni平均含量0.57%，最高9.95%；Cu平均含量0.33%，最高5.31%；Co平均含量0.016%，最高0.001%；Ag平均含量$(1～5)×10^{-6}$，最高$38×10^{-6}$；S平均含量3.96%，最高22.47%。Ni/Cu值在熔离型矿石中比较稳定(1.52～1.81)；贯入型角砾状矿石8.39，块状矿石的比值高达40.37，Ni和Cu的比值出现负增长，证明此时已进入热液阶段，黄铜矿出现单矿物脉。

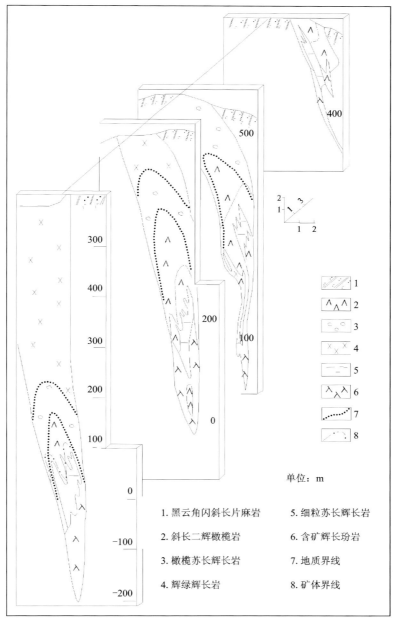

图 3-5-12　赤柏松铜镍矿床赤柏松Ⅰ号基性岩体北段地质剖面图

矿石中的有害组分为 Pb、Zn、As 和 Bi,含量均较低。

(2)矿石类型:铜镍硫化物型。

(3)矿物组合:所见金属矿物有磁黄铁矿、镍黄铁矿、黄铜矿、黄铁矿、紫硫镍铁矿、辉镍矿、针镍矿、方黄铜矿、墨铜矿、白铁矿、毒砂、斑铜矿、方铅矿、辉钼矿、闪锌矿;磁铁矿、钛铁矿、铬尖晶石、赤铁矿、金红石、钙钛矿、锐钛矿、自然金、针铁矿、孔雀石、蓝铜矿、铜蓝等,以磁黄铁矿、镍黄铁矿、黄铜矿为主,三者紧密共生。含镍矿物主要为镍铁矿,其次为紫硫镍矿、辉镍矿、针镍矿。镍矿物占硫化物总量的 29.7%,镍矿物中镍的相对含量:镍黄铁矿 69.5%、紫硫镍铁矿 20.4%、针镍矿 8.9%、辉镍矿 1.2%。

(4)矿石结构构造:①矿石结构。共结结构和显微文象状似共结结构是熔离矿石最常见的结构,磁黄铁矿、镍黄铁矿和黄铜矿密切共生,黄铜矿又常沿前两种矿物边缘分布;交代结构是贯入成矿和热液期的黄铁矿、白铁矿、紫硫镍铁矿等沿镍黄铁矿、磁黄铁矿的裂隙和边缘交代,为贯入成矿中常见的结构;此外还有热液阶段的交代结构,如黄铜矿、方铅矿交代黄铁矿等;②矿石构造。浸染状构造和斑点状构造为金属硫化物散布于硅酸盐矿物间,是熔离成因矿石中普遍发育的构造;贯入型矿石中主要发育稠密浸染状、细脉状、角砾状和块状构造,富硫化物脉多见于块状矿石中,细脉状构造还出现在细粒和斑状苏长辉长岩的接触部位。

4. 蚀变类型及分带性

Ⅰ号基性岩体从不含矿岩相到含矿岩相,黑云母含量呈 1.5%—3%—5%增长,在贯入型矿石中金属硫化物周围分布有黑云母等,这是一种钾化的表现。此外,次闪石化在含矿的岩体边部较为发育。

5. 成矿阶段

根据矿石中矿物组合的差异以及空间的交切关系,赤柏松铜镍矿床可以划分为 4 个成矿期 5 个成矿阶段。

(1)成矿早期:早期岩浆阶段形成的主要矿物有磁铁矿、铬尖晶石、钛铁矿、金红石、锐钛矿、钙钛矿,该阶段晚期有磁黄铁矿、镍黄铁矿、黄铜矿;岩浆熔离阶段形成的主要矿物有磁黄铁矿、镍黄铁矿、黄铜矿。

(2)主成矿期:岩浆贯入阶段形成的主要矿物有磁黄铁矿、镍黄铁矿、黄铜矿、白铁矿、黄铁矿;热液阶段形成的有白铁矿、黄铁矿、紫硫镍矿、方黄铜矿、黑铜矿、斑铜矿、辉钼矿、方铅矿、闪锌矿、赤铁矿、自然金。

(3)表生期:针铁矿、纤铁矿、孔雀石、蓝铜矿、铜蓝。

在上述的 5 个成矿阶段中,岩浆贯入阶段、热液阶段为主要成矿阶段。

6. 成矿时代

赤柏松基性岩群侵位于太古宙地体中,后遭受区域变质作用。Ⅰ号基性岩体 $^{40}Ar/^{40}K$ 同位素测年资料(表 3-5-6)显示,岩体形成年龄 2240~997.5Ma,以 2240~1960Ma 为主,而 997.5 Ma 的测定资料应考虑岩体遭受变质作用的影响。另外金斗Ⅷ-2 号岩体已测得 2562 Ma 同位素年龄,故将Ⅰ号基性岩体形成年龄定为元古宙早期。

表 3-5-6　通化县赤柏松铜镍矿床同位素测年表

编号	测定对象	岩石名称	$^{40}K/\%$	$^{40}Ar/\%$	$^{40}Ar/^{40}K$	年龄值/Ma	测定单位
JMTC18	全岩	辉绿辉长石	1.21	0.111 7	0.077 4	997.5	沈阳地质矿产研究所
JMTC5	全岩	橄榄苏长辉长岩	0.48	0.146 8	0.247	2184	沈阳地质矿产研究所
JMZK33	全岩		1.00	0.113 2	0.094 5	1163	沈阳地质矿产研究所
5Zy-4TC5	全岩稀释法	橄榄苏长辉长岩	0.32	0.078 9	0.202	1960	中国科学院
5Zy-6ZK17	全岩稀释法	辉长玢岩	0.27	0.083 5	0.252	2240	中国科学院

7. 地球化学特征及成矿温度

(1)岩石化学成分:根据主要氧化物含量变化,该岩体原始岩浆为基性,属拉斑玄武岩系列。主侵入体主要氧化物呈有规律变化,岩体由上部向底部镁、铁、铬、镍、钛逐渐增高,硅、铝、钙、钾、钠逐渐降低。主侵入体与附加侵入体的化学成分中,主要氧化物按顺序是铁、镁组分逐渐增加,硅、铝组分逐渐降低。这种氧化物变化规律体现了岩浆演化总规律。

(2)硫同位素特征:矿区采集 18 个样品 35 个单矿物进行硫同位素测定,测定结果表明,$\delta^{34}S$ 变化在 $-1.3\sim0.9$ 之间,离差系数为 0.76‰;$^{32}S/^{34}S$ 值变化在 22.185~22.249 之间,与陨石 $^{32}S/^{34}S$ 值 22.22

相近,说明硫来源于上地幔。硫同位素塔式效应明显,见图3-5-13。各种矿石类型测定结果一致性说明分馏作用微弱,也是岩浆熔离矿床特点。

(3)成矿温度:橄榄石结晶温度1412℃,辉石1 107.90~1 124.68℃,斜长石结晶温度 1 155.81~1 206.26℃,硫化物磁黄铁矿结晶温度310~495℃(张瑄,1983)。其中硅酸盐与熔化试验资料结晶温度1075~1210℃相近。硫化物主要结晶温度应低于330~575℃,一般认为磁黄铁矿-镍黄铁矿固溶体分解温度为425~600℃,X光衍射对磁黄铁矿测定 d 值,推算形成温度为325~550℃,与爆裂温度一致。

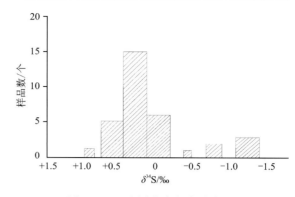

图 3-5-13 硫同位素频率分布图

主侵入体应属熔离型矿床,附加侵入体矿床应属熔离-深源液态分离矿浆贯入型矿床,总的来看,Ⅰ号基性岩体硫化铜镍矿床为熔离-深源液态分离岩浆贯入型矿床。

8. 物质来源

Ⅰ号基性岩体为多次的复合岩体,而硫化铜镍矿床也是多阶段、多种成矿作用过程的结果。各种矿石类型测定结果一致性说明分馏作用微弱,也是岩浆熔离矿床的特点,表明原始岩浆来自上地幔。

9. 控矿因素及找矿标志

1)控矿因素

(1)岩浆控矿:古元古代岩浆多次侵入基性—超基性岩时期为有利成矿期。复式岩体是构造多次活动、岩浆多次侵入的产物,多形成大而富的矿床,单式岩体分异完善,基性程度越高,对形成熔离型矿床越有利。就地熔离矿体一般位于岩体底部或下部,深源液态分离贯入型矿体多位于先期侵入岩体底部、边部或近侧围岩中。

(2)构造控矿:本溪-浑江超岩石圈断裂为控制区域基性—超基性岩浆活动的导矿构造,区域基性岩体沿断裂古隆起一侧分段(群)集中分布。基底穹隆核部断裂构造控制基性—超基性岩产状、形态等特征。

2)找矿标志

古元古代基性—超基性岩分布区,Ni/S、M/F 和 Ni、S 丰度是基性程度和含矿性的重要标志;地球物理场、重力场线状梯度带或变异带存在,磁场500~100Nt;地球化学场 NiO.01%~0.05%,高者0.1%~0.3%,Cu、Ni、Co 异常系数分别为2.2、3.3、2;磁异常与化探 Cu、Ni、Ag 异常重叠区。

10. 矿床形成及就位机制

(1)早期岩浆成矿作用:金属硫化物与橄榄石、斜方辉石组成显微文象状似共结结构,这种结构早于熔离作用硫化物的形成,结构主侵入体与附加侵入体均有所见,应属岩浆结晶作用早期阶段的产物。

(2)熔离作用:原生岩浆由于温度、压力的变化或第三种成分的加入,熔浆分为互不混熔的两种液体,即硅酸盐熔液与硫化物熔液,铜镍矿床形成主要取决于岩浆中硫和亲硫元素的浓度和岩浆成分,只有浓度较高才可能形成不混熔硫化物液体或硫化物结晶体从熔体中分离出来,进而形成熔离矿床。由于受重力影响而集中,岩体分异较完善,基性程度较高的岩相中多形成岩体的底部。

(3)深源液态分离作用:是对附加侵入体的硫化物,特别是对纯硫化物形成而言,即苏长辉长岩体、含矿辉长玢岩单一岩相,镍矿又与主侵入体属同源异期的产物。深源岩浆形成就是在以离子为主体,硅酸盐熔体中也存在被熔解金属原子和金属硫化物分子,这种硅酸盐被视为离子-电子液体。这种液体在微观上具有非常不均一的结构,从而决定在深源硫化物-硅酸熔浆液态即已分离为互不混熔的熔浆与富硫化物矿浆。已经发生熔离、分异的岩浆沿近南北向断裂依次上侵而形成铜镍矿床。

11. 成矿模式

通化县赤柏松铜镍矿床成矿模式见表 3-5-7、图 3-5-14。

12. 成矿要素

通化县赤柏松铜镍矿床成矿要素见表 3-5-8。

表 3-5-7　通化县赤柏松铜镍矿床成矿模式表

名称		赤柏松式基性—超基性岩浆熔离-贯入型赤柏松铜镍矿床
成矿的地质构造环境		矿床位于前南华纪华北东部陆块（Ⅱ）龙岗-陈台沟-沂水前新太古代陆核（Ⅲ）板石新太古代地块（Ⅳ）内的二密-英额布中生代火山-岩浆盆地南侧，本溪-浑江超岩石圈断裂为控制区域基性—超基性岩浆活动的导矿构造
各类及主要控矿因素		岩浆控矿：古元古代岩浆多次侵入基性—超基性岩的时期为有利成矿期。复式岩体多形成大而富的矿床，单式岩体分异完善，基性程度越高对形成熔离型矿床越有利。就地熔离矿体一般位于岩体底部或下部，深源液态分离贯入型矿体多位于先期侵入岩体底部、边或近侧围岩中。 构造控矿：本溪-浑江超岩石圈断裂为控制区域基性—超基性岩浆活动的导矿构造，基性岩体沿断裂古隆起一侧分段（群）集中分布，基底穹隆核部断裂构造控制基性—超基性岩产状、形态
矿床的三度空间分布特征	产状	走向北北东 5°～10°，北段倾向南东 63°～84°，中南段倾向转为北西 55°～86°，岩体北端翘起，向南东东向侧伏 45°左右
	形态	似层状、脉状
成矿期次		成矿早期：早期岩浆阶段形成的主要矿物有磁铁矿、铬尖晶石、钛铁矿、金红石、锐钛矿、钙钛矿，该阶段晚期有磁黄铁矿、镍黄铁矿、黄铜矿；岩浆熔离阶段形成的主要矿物有磁黄铁矿、镍黄铁矿、黄铜矿。 主成矿期：岩浆贯入阶段形成的主要矿物有磁黄铁矿、镍黄铁矿、黄铜矿、白铁矿、黄铁矿；热液阶段形成的有白铁矿、黄铁矿、紫硫镍矿、方黄铜矿、黑铜矿、斑铜矿、辉钼矿、方铅矿、闪锌矿、赤铁矿、自然金。 表生期：针铁矿、纤铁矿、孔雀石、蓝铜矿、铜蓝
成矿时代		元古宙早期，2240～1960Ma
矿床成因		Ⅰ号基性岩体铜镍矿床为熔离-深源液态分离矿浆贯入型矿床
成矿机制		岩体中岩石类型、矿物组成及岩石化学成分和硫化物中主元素可与伴生元素含量随岩体垂直深度而递变，其总趋向是由上而下岩体基性程度和有益元素含量增高；上、下岩相呈渐变过渡关系，蕴矿岩相中硫化物向深部逐渐富集。总之，岩体中造岩、造矿元素和矿物的分布特征，表明岩浆侵位于岩浆房后，发生了液态重力分异，从而导致上部基性岩相和下部超基性岩相的形成。并且，岩浆在分异演化过程中，当分异作用达到一定程度时，随岩浆酸度的增加，硫化物熔融体的熔解度降低，促成了熔离作用的发生。经熔离生成的硫化物熔浆因重力作用而沉于岩体底部，而部分硫化物熔浆则顺层贯入于岩体底板的片岩中，从而形成目前岩体中的硫化镍矿床。根据矿石中硫化物包裹体测温资料，硫化物结晶温度在 300℃ 左右，且浸染状矿石早晶出于块状矿石
找矿标志		大地构造标志：板石新太古代地块内的二密-英额布中生代火山-岩浆盆地南侧； 岩体标志：辉绿辉长岩-橄榄苏长辉长岩-二辉橄榄岩细粒苏长岩基性—超基性岩体； 构造标志：穹状背形的核部北东向或北北东向断裂构造

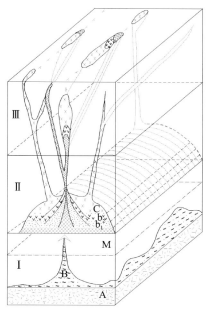

图 3-5-14　通化县赤柏松铜镍矿床成矿模式图

Ⅰ.上地幔;A.上地幔物质;B.上地幔部分熔融原始熔浆;M.莫霍面;Ⅱ.深源岩浆库、原始熔浆转移后进行液态重力分异场所;b_1.暗色橄榄苏长辉长岩质岩浆;b_2.中色橄榄苏长辉长辉长岩质岩浆;C.拉斑玄武质岩浆;Ⅲ.岩浆房、成岩成矿的地方

表 3-5-8　通化县赤柏松铜镍矿床成矿要素表

成矿要素		内容描述	成矿要素类别
特征描述		熔离-深源液态分离岩浆贯入型矿床	
地质环境	岩石类型	辉绿辉长岩-橄榄苏长辉长岩-二辉橄榄岩细粒苏长岩,含矿辉长玢岩	必要
	成矿时代	元古宙早期,2240～1960Ma	必要
	成矿环境	矿床位于铁岭-靖宇台拱与太子河-浑江凹陷褶断束接触带隆起一侧,与镍矿成矿有关的主要为古元古代(中条期)基性—超基性侵入岩,沿断裂古隆起一侧分段(群)集中分布,基底穹隆核部断裂构造控制基性—超基性岩产状、形态等特征	必要
	构造背景	位于前南华纪华北东部陆块(Ⅱ)龙岗-陈台沟-沂水前新太古代陆核(Ⅲ)板石新太古代地块(Ⅳ)内,二密-英额布中生代火山-岩浆盆地南侧,本溪-浑江超岩石圈断裂为控制区域基性—超基性岩浆活动的导矿构造	重要
矿床特征	矿物组合	金属矿物有磁黄铁矿、镍黄铁矿、黄铜矿、黄铁矿、紫硫镍铁矿、辉镍矿、针镍矿、方黄铜矿、墨铜矿、白铁矿、毒砂、斑铜矿、方铅矿、辉钼矿、闪锌矿、磁铁矿、钛铁矿、铬尖晶石、赤铁矿、金红石、钙钛矿、锐钛矿、自然金、针铁矿、孔雀石、蓝铜矿、铜蓝等	重要
	结构构造	共结结构、显微文象状似共结结构、交代结构;浸染状构造、斑点状构造、稠密浸染状构造、细脉状构造、角砾状构造、块状构造	次要
	蚀变特征	Ⅰ号基性岩体从不含矿岩相到含矿岩相,黑云母含量呈1.5%—3%—5%增长,在贯入型矿石中金属硫化物周围分布有黑云母等,这是一种钾化的表现。此外,次闪石化在含矿的岩体边部较为发育	重要

续表 3-5-8

成矿要素		内容描述	成矿要素类别
矿床特征	特征描述	熔离-深源液态分离岩浆贯入型矿床	
	控矿条件	岩浆控矿：古元古代基性—超基性岩时期为有利成矿期。复式岩体是构造多次活动、岩浆多次侵入的产物，多形成大而富的矿床，单式岩体分异完善，基性程度越高，对形成熔离型矿床越有利。熔离矿体一般位于岩体底部或下部，深源液态分离贯入型矿体多位于先期侵入岩体底部、边部或近侧围岩中；构造控矿：本溪-浑江超岩石圈断裂为控制区域基性—超基性岩浆活动的导矿构造，区域基性岩体沿断裂古隆起一侧，分段（群）集中分布。基底穹隆核部断裂构造控制基性—超基性岩产状、形态等特征	必要

第六节　钨矿典型矿床研究

吉林省钨矿主要有 2 种成因类型，分别为矽卡岩型、岩浆期后热液型。本节主要选择珲春市杨金沟岩浆热液型钨矿床 1 个典型矿床开展钨矿成矿特征研究。

1. 地质构造环境及成矿条件

矿床位于晚三叠世—新生代东北叠加造山-裂谷系（Ⅰ）小兴安岭-张广才岭叠加岩浆弧（Ⅱ）太平岭-英额岭火山-盆地区（Ⅲ）罗子沟-延吉火山-盆地群（Ⅳ）内，大北城-前山南北向褶断带的中段。

区内出露的地层主要为下古生界五道沟群，为古火山岩、碎屑沉积岩经受低—中级区域变质作用，并叠加动力变质和接触热变质作用，形成的一套变质岩系。总体走向近南北，长 30km，东西宽 214km。构造变形强烈，断裂和褶皱发育。侵入岩有基性—中性—酸性岩体、岩脉、岩株等，包括印支期大六道沟黑云母斜长花岗岩体（K－Ar 法同位素年龄 212Ma）；燕山早期五道沟二长花岗岩-花岗岩体（K－Ar 法同位素年龄 197～178.5Ma）；燕山早期小西南岔石英闪长岩体（K－Ar 法同位素年龄 157.27～120.73Ma）；农坪-杨金沟浅成花岗岩等，见图 3-6-1。

1）地层

地层主要为下古生界五道沟群，分为下、中、上 3 个岩性段。上段主要为红柱石黑云母石英片岩、绿泥石绢云母石英片岩和二云石英片岩，可见厚度约 583m；中段主要由斜长角闪片岩、斜长角闪岩、钙质云母片岩、黑云母石英片岩和薄层状不纯大理岩组成，可见厚度约 547m；下段主要为变质中—细粒砂岩夹变质流纹岩，可见厚度约 456m。

2）构造

矿区为一单斜构造（杨金沟向斜的西翼），整体走向北西，倾向北东，倾角 40°～80°，近南北带状分布，局部层间褶曲发育。断裂构造主要有走向断裂和斜向断裂。走向断裂与区域上的主要构造线一致，属压性断裂构造，南北延长较大，长 2km，倾向北东，倾角 65°～80°。斜向断裂与区域上的主要构造线有一定交角，属张性断裂构造，北西延长不大，总长 0.8～1.0km，倾向南西，倾角 40°～70°。上述两组断裂构造均被后期的石英脉充填，构成石英脉-石英细脉带，而且脉带方向性强，延伸稳定，连续性好。

3）侵入岩

闪长岩出露于向斜核部，以岩体及岩枝状产出，接触界线清楚，沿接触带见烘烤及绿泥石化、阳起石化、绿帘石化、硅化等蚀变，局部见星点、团块状黄铁矿、磁黄铁矿化。花岗斑岩分布于下古生界五道沟群中，呈小岩滴状、岩枝状，面积不足 50m²，与围岩接触处多见黑色泥化带，并见浸染状白钨矿化、毒砂等。

图 3-6-1 珲春市杨金沟钨矿区地质构造图

1.第三系砾岩、玄武岩;2.侏罗系火山岩;3.三叠系火山岩;4.二叠系变质碎屑岩、变质火山岩;5.下古生界五道沟群变质碎屑岩;6.海西期闪长岩、斜长花岗岩;7.印支期二长花岗岩;8.燕山期细粒花岗岩、闪长岩

石英脉发育,总体走向北西—北东,倾向以北东为主,其次为南西向,分布于五道沟群中、上段斜长角闪片岩、斜长角闪岩、云母石英片岩中。在矿区中部形成密集带,充填于同期不同方向的裂隙中,局部相互穿插。石英脉中可见白钨矿、黄铁矿、毒砂、辉钼矿及少量黑钨矿等。

2. 矿体三度空间分布特征

矿体以脉状、复脉状含白钨矿石英脉-石英细脉带产于斜长角闪片岩、斜长角闪岩、钙质云母片岩、黑云母石英片岩中,脉与脉的间距为5~50cm,在石英脉之间或石英脉两侧的围岩中也发生了强烈的蚀变形成蚀变岩,它们共同组成了矿体,与岩层产状一致,少数矿体与岩层产状不一致。现已发现白钨矿体87条,自西向东分为3个矿带和北部B线矿体,见图3-6-2。

①号矿带:由1~14号矿体组成,走向350°~10°,倾向北东,倾角50°~70°,地表控制长850m,延深50~370m,累计矿体厚度27.38m,WO_3平均品位0.37%。

②号矿带:由15~35号矿体组成,走向340°~0°,倾向北东,倾角50°~70°,地表控制长100m,延深50~420m,累计矿体厚度39.82m,WO_3平均品位0.50%。

③号矿带:由36~55号矿体组成,走向350°~0°,倾向北东,倾角50°~70°,地表控制总长1500m,延深70~280m,累计矿体厚度25.86m,WO_3平均品位0.38%。北部B线矿体群由56~76号矿体组成,走向290°~310°,倾向南西,倾角40°~70°,地表控制总长800m,延深50~300m,累计矿体厚度17.78m,WO_3平均品位0.43%。矿床规模已达到大型,具有特大型远景规模。

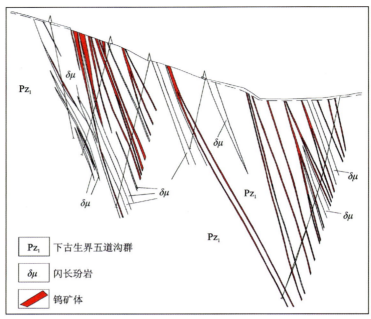

图 3-6-2　珲春市杨金沟钨矿 29 线地质剖面图

3. 矿石物质成分

（1）物质成分：主要有用组分为 WO_3，含量一般在 0.22%～1.50% 之间，最高为 5.25%。

（2）矿石类型：石英脉型。

（3）矿石矿物组合：金属矿物主要以白钨矿为主，少量黑钨矿，次为毒砂、黄铁矿、磁黄铁矿、黄铜矿、硫铜锑矿、辉钼矿等金属矿物；脉石矿物有石英、黑云母、斜长石、钠长石、磷灰石、绿泥石、方解石等。

（4）矿石结构及构造：矿石结构有粗粒、细粒结晶结构、包裹乳滴状结构、交代结构、填隙结构；矿石构造有脉状构造、细脉浸染状构造、角砾状构造。

4. 围岩蚀变

围岩蚀变主要有：①硅化。主要沿裂隙充填和交代，使岩石褪色或形成硅化石英脉；②钠长石化。交代斜长石与热液蚀变石英共生在一起，与白钨矿经常伴生；③黑云母化。呈细小鳞片状集合体状，分布不均匀，穿插交代角闪石或斜长石，被白钨矿交代；④阳起石化。呈脉状、细脉状产出，常被白钨矿交代，出现菊花状集合体；⑤白云母化。沿石英脉两侧分布，呈片状集合体或放射状；⑥磷灰石化、榍石化、电气石化。经常伴随热液蚀变出现，与白钨矿伴生。此外还有透辉石化、透闪石化、方柱石化、绿帘石化、绿泥石化、绢云母化、碳酸盐化。

5. 成矿阶段

（1）成矿早期阶段：五道沟群海相基性—中酸性火山岩-碎屑岩夹碳酸盐岩沉积建造富含 W，形成初始的含矿建造。

（2）岩浆成矿阶段：燕山期侵入岩浆活动带来大部分成矿物质 W 的同时，在岩浆热液的作用下，地层中的成矿物质 W 活化迁移，参与成矿。

6. 成矿时代

成矿时代 197～120Ma，为燕山期。

7. 成矿物理化学条件

(1)成矿温度:矿石矿物石英包裹体均一温度变化为203～330℃,大部分在205～290℃之间,而矿化中心部位出现315～330℃。

(2)成矿溶液的盐度:石英硫化物阶段成矿流体的盐度$W_{(NaCl)}=2.77\%～5.11\%$。

(3)成矿压力:对CO_2-H_2O型包裹体测定结果显示,成矿压力为810MPa,成矿深度在2.5～3km之间。

8. 地球化学特征

(1)微量元素特征:下古生界五道沟群斜长角闪片岩、斜长角闪岩、钙质云母片岩、云母石英片岩是地槽演化中期中基性火山岩夹碳酸盐及细碎屑岩钙质沉积建造,据1989年吉林有色地质勘查局研究所测得上述岩石的W含量平均值10.31×10^{-6},是地壳平均值的9倍,这套岩系是含白钨矿石英脉有利层位,同时也是为形成白钨矿提供钙质来源的主要岩层。矿区所有岩浆岩的W含量均比较高,花岗闪长岩的W平均含量为6.908×10^{-6},云英岩化花岗岩的W平均含量最高,为12.39×10^{-6},推断是成矿母岩,而其他脉岩的W含量相对也高于同类岩石。

(2)稀土元素特征:图3-6-3表明轻稀土大于重稀土,稀土配分模式图中曲线都是从左向右倾斜,基性岩石斜率相对平缓,闪长玢岩居中,花岗斑岩较陡,说明岩浆在深部明显有分异演化。

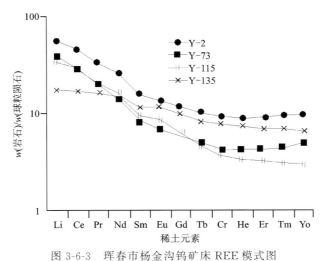

图3-6-3 珲春市杨金沟钨矿床REE模式图

(3)岩体中W的地球化学特征:矿区所有岩浆岩均含W较高,花岗闪长岩W含量平均6.908×10^{-6},混染花岗斑岩W含量最高为9.379×10^{-6},其他脉岩W含量相对也高于同类岩石。

9. 成矿物质来源

成矿物质主要来源于五道沟群含W较高的建造和后期侵入的含W较高的侵入岩浆,矿床属于层控-岩浆中高温热液型白钨矿床。

10. 控矿因素及找矿标志

1)控矿因素

(1)地层控矿:下古生界五道沟群斜长角闪片岩、斜长角闪岩、钙质云母片岩、云母石英片岩为一套中基性火山岩夹碳酸盐岩及细碎屑岩钙质沉积建造,上述岩石的W含量平均值10.31×10^{-6},是地壳平均值的9倍,这套岩系为白钨矿的形成提供钙质来源。

(2)构造控矿:矿床、矿点、矿化点均受断裂构造控制,断裂的交会部位是成矿最有利的部位,已知钨矿床均处在断裂的交会部位。

（3）岩体控矿：中二叠世闪长岩和晚三叠世花岗闪长岩是矿体的直接围岩，两期岩浆热液带来成矿的有益组分W。酸性次火山隐伏岩体、花岗斑岩类岩体中含矿；闪长玢岩、石英闪长岩小岩株和岩脉及花岗斑岩脉在时空关系上与成矿关系最为密切，矿体产于其上下盘或穿插其中。

2）找矿标志

下古生界五道沟群是由古火山、碎屑沉积岩经受低—中级区域变质作用，并叠加动力变质和接触热变质作用，形成的一套变质岩系。区内花岗斑岩为陆源弧新型挤压钙碱性岩石系列，对金、钨矿床的形成十分有利，花岗斑岩体内部有望发现浸染状白钨矿体。矿带内发育大量石英脉带，岩石强烈褪色，普遍见有白钨矿化。蚀变闪长玢岩（花岗闪长斑岩）具有碳酸盐化、绢云母化，在其上、下盘见有白钨矿化。W、Au等元素的水系沉积物异常，反映已知主要矿体、矿化点的展布特征。五道沟群与燕山期花岗斑岩接触带位置，有望发现规模更大的矿体。

11. 矿床形成及就位机制

下古生界裂谷型海相基性—中酸性火山岩-碎屑岩夹碳酸盐岩沉积建造（富含钨的岩层）；燕山期含矿母岩中的挥发分P、Cl^-、B沿断裂构造扩散，使五道沟群斜长角闪片岩、斜长角闪岩、云母石英片岩置换出W元素，同时中酸性岩浆经过钾、钠交代作用发生云英岩化、阳起石化、硅化等，在碱性条件下，W可以呈H_2WO_3、$Na_2(WO_4)^{2-}$、$(WO_4)^{2-}$形式搬运迁移，与斜长角闪片岩、斜长角闪岩在钠长石化过程中，代换出的Ca^{2+}反应析出白钨矿，即含钨石英脉沿裂隙交代沉积而形成白钨矿石英脉带，形成钨矿床。

12. 成矿模式

珲春市杨金沟式岩浆热液型钨矿床成矿模式见图3-6-4、表3-6-1。

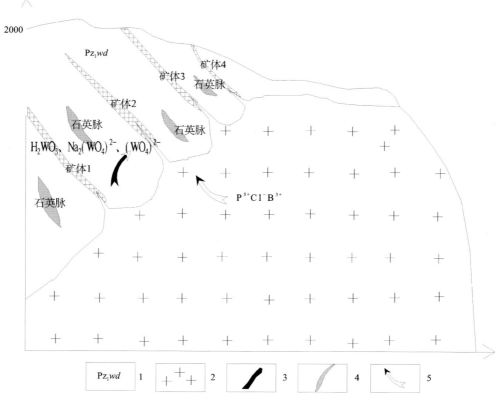

图3-6-4 杨金沟式岩浆热液型钨矿床成矿模式图

1.下古生界五道沟群变质岩系；2.花岗岩体；3.白钨矿矿体；4.石英脉；5.成矿物质搬运迁移方向

表 3-6-1 珲春市杨金沟钨矿床成矿模式表

名称	杨金沟式岩浆热液型杨金沟钨矿床	
成矿的地质构造环境	矿床位于晚三叠世—新生代东北叠加造山-裂谷系（Ⅰ）小兴安岭-张广才岭叠加岩浆弧（Ⅱ）太平岭-英额岭火山-盆地区（Ⅲ）罗子沟-延吉火山-盆地群（Ⅳ）内，大北城-前山南北向褶断带的中段	
各类及主要控矿因素	五道沟群含 W 较高的沉积建造和后期侵入的花岗岩类岩体，区域上北东和北西两组断裂构造	
矿床的三度空间分布特征	产状	走向 350°～10°，倾向北东，倾角 50°～70°
	形态	脉状、复脉状
成矿期次	成矿早期阶段：五道沟群海相基性—中酸性火山岩-碎屑岩夹碳酸盐岩沉积建造富含 W，形成初始的含矿建造； 岩浆成矿阶段：燕山期侵入岩浆活动带来大部分成矿物质 W 的同时，在岩浆热液的作用下，地层中的成矿物质 W 活化迁移，参与成矿	
成矿时代	197～120Ma，为燕山期	
矿床成因	岩浆中高温热液型白钨矿床	
成矿机制	下古生界裂谷型海相基性—中酸性火山岩-碎屑岩夹碳酸盐岩沉积建造（富含钨的岩层）；燕山期含矿母岩中的挥发分 P、Cl^-、B 沿断裂构造扩散，使五道沟群斜长角闪片岩、斜长角闪岩、云母石英片岩置换出 W 元素，同时中酸性岩浆经过钾、钠交代作用发生云英岩化、阳起石化、硅化等，在碱性条件下，W 可以呈 H_2WO_3、$Na_2(WO_4)^{2-}$、$(WO_4)^{2-}$ 形式搬运迁移，与斜长角闪片岩、斜长角闪岩在钠长石化过程中，代换出的 Ca^{2+} 反应析出白钨矿，即含钨石英脉沿裂隙交代沉积而形成白钨矿石英脉带，形成钨矿床	
找矿标志	下古生界五道沟群斜长角闪片岩、斜长角闪岩、钙质云母片岩、云母石英片岩等一套变质岩系；五道沟群与燕山期花岗斑岩接触带位置，花岗斑岩体内部有望发现浸染状白钨矿体；矿带内发育大量石英脉带，岩石强烈褪色，普遍见有白钨矿化；蚀变闪长玢岩（花岗闪长斑岩）具有碳酸盐化、绢云母化，在其上、下盘见有白钨矿化；W、Au 等元素的水系沉积物异常，反映已知主要矿体、矿化点的展布特征	

13. 成矿要素

珲春市杨金沟钨矿床成矿要素见表 3-6-2。

表 3-6-2 珲春市杨金沟钨矿床成矿要素表

成矿要素		内容描述	类别
特征描述		中高温岩浆热液型白钨矿床	
地质环境	岩石类型	主要有变质中—细粒砂岩夹变质流纹岩、斜长角闪片岩、斜长角闪岩、钙质云母片岩、黑云母石英片岩、薄层状不纯大理岩组、红柱石黑云母石英片岩、绿泥石绢云母石英片岩和二云母石英片岩、花岗岩类	必要
	成矿时代	197～120Ma，属燕山期	必要
	成矿环境	东北叠加造山-裂谷系（Ⅰ）小兴安岭-张广才岭叠加岩浆弧（Ⅱ）太平岭-英额岭火山盆地区（Ⅲ）罗子沟-延吉火山-盆地群（Ⅳ）内	必要
	构造背景	大北城-前山南北向褶断带中段，区域上北东和北西两组断裂构造	重要

续表 3-6-2

成矿要素		内容描述	类别
特征描述		中高温岩浆热液型白钨矿床	
矿床特征	矿物组合	金属矿物主要以白钨矿为主,少量黑钨矿,次为毒砂、黄铁矿、磁黄铁矿、黄铜矿、硫铜锑矿、辉钼矿等金属矿物;脉石矿物有石英、黑云母、斜长石、钠长石、磷灰石、绿泥石、方解石等	重要
	结构构造	矿石结构有粗粒、细粒结晶结构、包裹乳滴状结构、交代结构、填隙结构;矿石构造有脉状构造、细脉浸染状构造、角砾状构造	次要
	蚀变特征	主要有硅化沿裂隙充填和交代形成硅化石英脉;钠长石化交代斜长石与热液蚀变石英共生在一起,经常与白钨矿伴生;黑云母化呈细小鳞片状集合体产出,穿插交代角闪石或钠长石,被白钨矿交代;阳起石化呈脉状、细脉状产出,常被白钨矿交代,出现菊花状集合体;白云母化沿石英脉两侧分布,呈片状集合体或放射状;磷灰石化、榍石化、电气石化经常伴随热液蚀变出现,与白钨矿伴生;此外还有透辉石化、透闪石化、方柱石化、绿帘石化、绿泥石化、绢云母化、碳酸盐化	重要
	控矿条件	五道沟群含 W 较高的建造和后期侵入的花岗岩类岩体,区域上北东和北西两组断裂构造	必要

第七节　钼矿典型矿床研究

吉林省钼矿主要有 3 种成因类型,分别为斑岩型、石英脉型、矽卡岩型。本节主要选择了 8 个典型矿床开展钼矿成矿特征研究(表 3-7-1),主要典型矿床特征如下。

表 3-7-1　林省钼矿典型矿床一览表

矿床成因型	矿床式	典型矿床名称	成矿时代
斑岩型	大黑山式	永吉县大黑山钼矿床	中生代
		舒兰县季德屯钼矿床	中生代
		安图县刘生店钼矿床	中生代
		龙井市天宝山多金属矿床	中生代
	大石河式	敦化市大石河钼矿床	中生代
	天合兴式	靖宇县天合兴铜钼矿床	中生代
石英脉型	四方甸子式	桦甸市四方甸子钼矿床	中生代
矽卡岩型	铜山式	临江市六道沟铜钼矿床	中生代

一、永吉县大黑山钼矿床

1. 地质构造环境及地质条件

矿床位于晚三叠世—新生代东北叠加造山-裂谷系（Ⅰ）小兴安岭-张广才岭叠加岩浆弧（Ⅱ）张广才岭-哈达岭火山-盆地区（Ⅲ）南楼山-辽源火山-盆地群（Ⅳ）内。

1）地层

区内出露的地层主要有下古生界头道沟组变质岩与南楼山组火山岩。头道沟组为一套浅中变质的斜长角闪岩、阳起石岩、黑云母硅质岩、透辉石角岩、黑色板岩及透镜状大理岩，岩石普遍具有蚀变现象。南楼山组主要为中酸性火山角砾岩、安山岩、英安岩及少量流纹岩等，见图3-7-1。

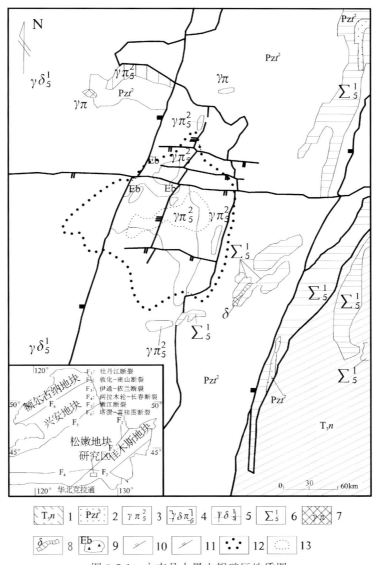

图 3-7-1 永吉县大黑山钼矿区地质图

1.侏罗系南楼山组；2.下古生界头道沟组；3.晚侏罗世花岗斑岩；4.花岗闪长斑岩；5.花岗闪长岩；6.超基性岩；
7.花岗斑岩脉；8.闪长岩；9.隐爆角砾岩；10.张性断层；11.压性断层；12.钼矿体；13.富钼矿体

2)构造特征

(1)褶皱构造:矿区头道沟组变质岩系构成了一个北东东向倒转背斜,前撮落含矿复式岩体出露于背斜核部,在空间受其控制。

(2)断裂构造:矿区断裂构造主要有两组。一组为近东西向,它是伴随下古生界褶皱同时生成的,晚三叠世以来再次活动,此时显张性或张扭性特征;另一组为北北东向压扭性断裂带,在两组断裂交会处控制岩体产出部位,如长岗岭花岗闪长岩和前撮落不等粒花岗闪长岩等。两组断裂构造区同时控制角砾岩筒分布。

(3)控矿断裂构造:东西向断裂构造为控岩构造,也是控矿构造,矿体呈东宽西窄楔形产出,在花岗闪长岩东西向构造破碎带中形成角砾状钼矿石。总体呈东西向,由北东向和北西向两组剪切面组成裂隙带,控制黄铁绢英岩化带和各种矿脉体的形成。

(4)成矿后断裂构造:主要见有北西向、北东向两组扭裂面和近东西向的张裂面,成矿后断裂虽然错断了矿体,对整个斑岩矿床无明显破坏作用。

3)侵入岩特征

侵入岩主要为燕山期花岗闪长斑岩与花岗闪长岩,花岗闪长斑岩呈不规则状侵入到花岗闪长岩中,为大黑山复式岩体的一部分。此外有少量超基性岩及脉岩,产状较陡,分布较为广泛,呈北东向展布。大黑山复式岩体无论在时间上、空间上还是成因上与钼矿化关系都很密切,是斑岩钼矿床的寄生岩体,含矿岩体是多次侵入的复式岩体,矿体主要赋存在花岗闪长岩中及花岗闪长斑岩中,北侧花岗闪长斑岩与花岗闪长岩接触部位见隐爆角砾岩筒。按侵入顺序划分为4期岩浆活动,见表3-7-2。

表3-7-2 大黑山含矿复式岩体特征

特征	大黑山含钼花岗岩体			
	长岗岭黑云母花岗闪长岩	前撮落不等粒黑云母花岗闪长岩	前撮落花岗闪长斑岩	前撮落霏细状花岗闪长斑岩
地表形态	椭圆形	椭圆形	不规则状	新月形
规模	长 8km、宽 3.5km、面积 28km²	长 2.25km、宽 1.65km、面积 3.7km²	长 0.9km、宽 0.35km、面积 0.46km²	长 0.275km、宽 0.14km、面积 0.038km²
产状	长轴方向:北东;侧伏方向:南东	倾斜方向:北西;倾斜角:80°;长轴方向:北东	倾斜方向:南;倾斜角:70°~80°;长轴方向:东西	倾斜方向:南;倾斜角:70°~80°;长轴方向:东西
岩石特征	斜长石(55%~70%)、石英(20%~25%)、钾长石(10%)及少量黑云母;半自形粒状结构、似斑状结构、局部斑状结构;块状构造	斜长石(40%~60%)、石英(20%~30%)、钾长石(5%~20%)、黑云母(3%);具半自形状、不等粒似斑状结构;块状构造、局部碎裂角砾状构造	斑晶组成:斜长石(60%~70%)、石英(20%~25%)、钾长石(5%~25%)、黑云母(5%);斑状结构、碎斑结构、基质半自形粒状显微他形粒状结构、霏细状;块状角砾斑杂状构造	斑晶组成:主要成分是斜长石(60%~70%),其次是石英(20%~25%)、钾长石(5%)、黑云母(5%);斑状结构、局部碎斑结构、基质霏细结构;块状构造
副矿物组合	榍石-磷灰石-锆石-金红石-磁铁矿-黄铁矿	磷灰石-锆石-金红石-磁铁矿-黄铁矿组合	磷灰石-锆石-金红石-榍石-黄铁矿-金红石-磁铁矿	磷灰石-锆石-金红石-黄铁矿

2. 矿体三度空间分布特征

大黑山钼矿是一个规模巨大的单一矿体,形态较简单,顶部被剥蚀。出露地表矿体呈不规则的椭圆形,富矿部分居中,呈带状东西向展布,空间上富矿部分悬于矿体的中上部。矿体主要赋存于花岗闪长斑岩体及不等粒花岗闪长岩体中,斑岩体中上部花岗闪长斑岩几乎囊括了全部富矿,部分矿体已达斑岩体顶部围岩内。矿体的东南部延伸到下古生界头道沟组的变质基性火山岩中,但范围狭小。

主矿体长2000,宽1600m,面积213km^2,厚300~700m,呈带状东西向展布,倾向北西,倾角70°~80°。根据前人勘探资料Mo含量0.08%、0.04%、0.02%指标,在含矿岩体中圈出3个环形等值线,其中内环钼含量大于0.08%,东西长约160m,南北宽140~320m,呈哑铃型;中环东西长约800m,南北宽约700m,呈梨形;外环呈直径约1000m的圆形,剖面上呈柱状,矿体整体形态颇似锅形。矿体300m以上完全控制,500m达到基本控制,仅有3个钻孔达到600~700m,但均未控制矿体底部。自矿体中心向四周,矿化强度逐渐减弱。

矿体与围岩、贫矿与富矿之间无明显界线,完全依靠工业指标来圈定。经钻探工程控制,现有钼的矿化高差大于1000m,但深部的矿化强度减弱,范围也缩小。矿体主要产于石英钾长石化、石英绢云母化、黄铁绢英岩化等强蚀变带中,富矿分布在黄铁绢英岩化带及其附近的钾质带中。矿石Mo含量总体变化均匀,仅在边部稍有变化,矿体总的形态、产状均较稳定。在矿体顶部,尤其在富矿的顶部,常见有不等粒花岗闪长岩和少量头道沟组围岩角砾或捕房体,表明矿化富集部位已超出斑岩体顶部,并伸入到围岩之中。Cu、Pb、Zn、Ag等有益伴生元素多在矿体边部相对富集。石英钾长石化在地表出露范围较大,并与石英绢云母化带、青磐岩化带一起由中心向四周依次呈同心环状分布。综合以上现象,矿床的剥蚀程度为中等。

3. 矿石物质成分及矿石类型

(1)物质成分:主要有用成分为Mo,伴生的有益组分为S 2.42%、Cu 0.03%~0.034%、Ga 0.001%、Re 0.0012%、Au 0.36×10^{-6},有害元素为P、S。

(2)矿石矿物组合:金属矿物主要为黄铁矿、辉钼矿、硫铁矿,次为闪锌矿、黄铜矿、黝铜矿、白钨矿、方铅矿,微量的磁黄铁矿、磁铁矿、钛铁矿、毒砂、硫铋铅矿、白铁矿、硒铅矿;氧化矿物有褐铁矿、孔雀石、白铅矿、钼铅矿、钼华;脉石矿物为石英、方解石、斜长石等。

(3)矿石类型:自然类型按矿石成分可分为不等粒花岗闪长岩矿石、花岗闪长斑岩矿石、霏细状花岗闪长岩矿石和变质中基性火山岩矿石;按结构构造可分为浸染型矿石、细脉浸染型矿石、细脉型矿石和角砾状矿石。工业类型为氧化矿石和原生矿石。

(4)矿石结构构造:叶片状结构、鳞片状结构、半自形粒状结构、他形粒状结构、交代残余结构、揉皱结构、压碎结构;淋滤、扩散交代作用形成的构造为稀疏浸染状构造,充填作用形成的构造为细脉状构造、微细脉状构造。

4. 围岩蚀变及蚀变分带

1)围岩蚀变

由于构造-岩浆-热液成矿体系发展演化的多期多阶段性及热液蚀变、矿化的叠加,造成了空间分布广泛、重叠范围大等十分复杂的蚀变和矿化。蚀变在空间上只有强度之别,而无质的差异。大黑山钼矿区内岩石遭受了普遍的热液蚀变作用,主要有硅化、高岭土化、绢云母化、钾化、碳酸盐化不发育。蚀变与矿化关系密切,富矿体主要赋存在强蚀变带中。

2)蚀变分带

大黑山钼矿床蚀变分带较明显,主要可划分为以下5种蚀变带。

(1)石英核石英网脉带:该带以密集石英网脉和规模较大的石英似伟晶岩脉为特征,带中数条长

150～300m 的石英-似伟晶脉构成的近东西展布的石英核。

(2)石英绢云母化带:该带围绕石英钾长石化带和石英核-石英网脉呈环状分布。

(3)石英钾长石化带:由钾长石化、石英钾长石化、黑云母石英钾长石化组成,蚀变岩主要分布于花岗闪长斑岩体及外接触带不等粒花岗闪长岩中,在平面呈以花岗闪长斑岩为中心近圆形分布,垂向上向花岗闪长斑岩中心的深部逐渐收缩。

(4)黄铁绢英岩化带:该带主要形成于花岗斑岩体上部,呈近东西向展布,分布范围与富钼矿体出露范围相近。

(5)青磐岩化带:该带为矿床外侧蚀变带,环绕花岗闪长斑岩分布。

3)氧化带

氧化带见有褐铁矿、孔雀石、钼华等,深度一般在 20～30m 之间,最深达 50m。

综上所述,花岗闪长斑岩为矿床主要成矿母岩,蚀变水平分带特征显示了斑岩型矿床成矿特点。矿体主要产于石英钾长石化、石英绢云母化、黄铁绢英岩化等蚀变叠加的强蚀变岩中,富矿分布在黄铁绢英岩化带及其附近的钾质带中。

5. 成矿期及成矿阶段

成矿期分 3 期,分别为岩浆晚期、热液成矿期(高—中温热液成矿阶段、中—低温热液成矿阶段)、表生成矿期,见表 3-7-3。

6. 成矿时代

前人测试黑云母花岗岩中的黑云母 K-Ar 同位素年龄(岩体年龄)为 354Ma。矿石中不同产状的辉钼矿 Re-Os 同位素等时线年龄(成矿年龄)为 (168.2 ± 3.2)Ma(李立兴等,2009),确定矿床的成矿时代为燕山早期。

7. 地球化学特征

(1)岩体岩石化学成分及岩石化学指数:表 3-7-4、表 3-7-5 反映出随岩体侵入先后,SiO_2、K_2O 有逐步增高的趋势,而 CaO 则趋于减少,中晚期两种斑岩 K_2O 明显高于国内同类岩石,表明随侵入活动时间的推移,岩浆向酸碱方向演化。FeO 含量则随侵入时间的推移逐渐降低,氧化系数值变化在 0.5～0.6 之间,均高于黎彤值(0.43)和戴里值(0.40),说明岩浆侵位较浅,弱氧化环境中固结成岩的面岩固结系数值递增表明,岩浆深源分异作用强。各岩体在 AFM 三角图中投点,均落在钙碱性岩区,属钙碱性岩石组合。

(2)微量元素特征:除范家屯组之外,其他地层 Mo、W 等元素含量偏高,浓集克拉克值分别在 1.15～5.01、1.15～6.36 之间。大黑山含钼岩体围岩为下古生界头道沟组,富集元素有 Cr、Ni、Co(铁族)和 W、Mo(钨钼族)以及 As、Sn、Mn 等,其中 Mo 为弱度富带,浓集克拉克值 1.15～2.52,贫化元素有 Ba、Pb、Rb、Au 等。

矿区周围南楼山组富集元素有 W、Mo、As,其中 Mo 为强度富集,浓集克拉克值达 5.06,略高于长岗岭花岗闪长岩体。最老基底岩石(头道沟组变质岩)中 Mo 元素已有初步富集,其后晚三叠世火山岩中 Mo 元素又有进一步浓集。矿区主成矿元素 Mo 和伴生元素 W、Cu、Pb、Ag、Sn、As、Te、U、Hf、Bi 十种元素组成在含钼岩体中普遍得到富集,其中 W、Ag 与钼成矿关系密切。

(3)稀土元素特征:各期岩体稀土总量低于同类岩石(83.51×10^{-6}～135.42×10^{-6},均值为 112×10^{-6}),相当国内同类岩石的 0.45 倍。稀土模式曲线平行,按侵入岩体侵入时代推移其曲线依次下移,均无铕异常,明显向重稀土一侧倾斜,属轻稀土富集型,见图 3-7-2。

表 3-7-3　大黑山钼矿床成矿阶段划分表

矿物生成顺序	成矿期			成矿溶液			成矿阶段					
	岩浆晚期	热液期	表生期	岩浆水	混合水	地下水	黑云母-钾长石-硫化物亚阶段	石英-钾长石-硫化物亚阶段	石英-水白云母-硫化物亚阶段	石英-碳酸盐-硫化物亚阶段	碳酸盐-萤石-硫酸盐-硫化物亚阶段	氧化阶段
黑云母							—					
钾长石							—	—				
钠长石								—				
磷灰石							—		—			
金红石											—	
石英							—	—	—	—	—	
绢云母-水白云母（伊利石）								—	—			
蒙脱石									—			
绿泥石										—		
绿帘石							—	—				
钛铁矿							—					
磁铁矿							—	—				
黄铁矿								—	—	—	—	
磁黄铁矿								—				
黄铜矿								—	—			
黝铜矿									—			

续表 3-7-3

矿物生成顺序	成矿期			成矿溶液			成矿阶段					
	岩浆晚期	热液期	表生期	岩浆水	混合水	地下水	黑云母-钾长石-硫化物亚阶段	石英-钾长石-硫化物亚阶段	石英-水白云母-硫化物亚阶段	石英-碳酸盐-硫化物亚阶段	碳酸盐-萤石-硫酸盐-硫化物亚阶段	氧化阶段
白钨矿												
辉钼矿							—	—				
闪锌矿								—	—			
方铅矿									—	·		
白铁矿									—			
辉铋矿									—			
自然金									—			
方解石										—	—	
萤石										—		
重晶石											—	
石膏											—	
沸石											—	
褐铁矿												—
孔雀石												—
钼铅矿												—
钼华												—

表 3-7-4　大黑山复式岩体化学成分表

岩体名称	岩性	平均样数/个	化学成分/%										
			SiO_2	TrO_2	Al_2O_3	Fe_2O_3	FeO	MnO	MgO	CaO	Na_2O	K_2O	H_2O	P_2O_5
长岗岭	黑云母花岗闪长岩	7	68.09	0.52	15.62	1.93	1.90	0.06	0.63	2.73	4.54	2.48	1.30	0.31
前撮落	不等粒黑云母花岗闪长岩	22	68.78	0.52	15.55	1.99	1.67	0.03	0.78	2.21	3.99	2.84	1.59	0.12
前撮落	花岗闪长斑岩	7	68.25	0.59	15.48	1.69	1.60	0.04	0.90	1.75	3.55	3.26	1.83	0.12
前撮落	霏细状花岗闪长斑岩	2	71.41	0.45	14.50	1.59	0.88	0.02	0.66	0.75	4.46	3.45	1.07	0.05

表 3-7-5　大黑山复式岩体岩石化学指数表

岩体名称	岩性	平均样数/个	岩石化学指数											
			δ	TAO	OX	FI	SI	DI	K/Na	K+Na	MF	LI	AR	ANKC	K/si
长岗岭	黑云母花岗闪长岩	7	1.96	21.31	0.50	72.00	5.49	78.66	0.55	7.02	85.27	18.14	2.24	1.03	0.04
前撮落	不等粒黑云母花岗闪长岩	22	1.69	22.65	0.54	75.72	7.05	79.11	0.75	6.61	82.43	19.37	2.20	1.06	0.04
前撮落	花岗闪长斑岩	7	1.83	20.22	0.51	79.56	8.18	79.57	0.92	6.81	78.52	20.2	2.30	1.30	0.05
前撮落	霏细状花岗闪长斑岩	2	1.60	22.31	0.64	90.01	6.61	85.46	0.52	7.91	78.97	23.53	2.59	1.24	0.03

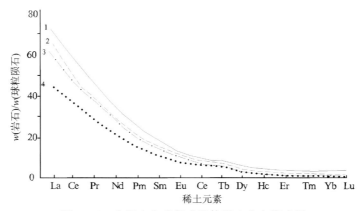

图 3-7-2　大黑山含矿复式岩体稀土分布模式图

1.长岗岭黑云母花岗闪长岩;2.前撮落不等粒黑云母花岗闪长岩;
3.前撮落花岗闪长斑岩;4.前撮落霏细状花岗闪长斑岩

(4)硫同位素:矿床内硫同位素 $\delta^{34}S$ 值变化在 1.0‰～2.5‰之间,平均值 1.33‰,变化范围很窄,仅 1.5‰,这说明在成岩过程中没有引起硫同位素分馏,仍保持高温均一化特征。根据硫同位素组成及变化特征,结合地质情况分析,大黑山钼矿的硫来源应主要于上地幔或地壳深部,$\delta^{34}S$ 值变化范围很窄,仅 1.5‰,平均值 1.9‰,与陨石硫很接近,在硫同位素组成频率图上呈塔形分布(图 3-7-3)。

(5)氧同位素:花岗闪长斑岩中两个全岩样品,在不同蚀变、矿化阶段岩石中,采取 18 个单矿物样品,矿区的 $\delta^{18}O$ 均为正值,变化范围 5.14‰～16.997‰,花岗闪长斑岩全岩 $\delta^{18}O$ 值为 8.44‰、8.24‰。

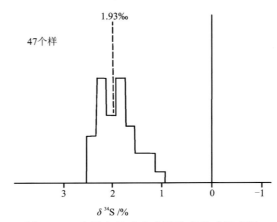

图 3-7-3 大黑山钼矿床硫同位素组成频率图

各蚀变矿化阶段的氧同位素组成相对稳定,变化范围小。石英–钾长石化阶段,钾长石的 $\delta^{18}O$ 值为 9.49‰~9.92‰,极差 0.43;石英 $\delta^{18}O$ 值为 9.19‰~9.36‰,极差 0.17‰。黄铁绢英岩化阶段,石英 $\delta^{18}O$ 值 9.07‰~10.46‰,极差 0.39‰;绢云母 $\delta^{18}O$ 值为 5.14‰~7.77‰,极差 2.63‰。经计算表明石英钾长化阶段,流体 $\delta^{18}O_w$ 值平均 5.5‰,接近岩浆水,但已偏离岩浆水,开始有地下水影响。黄铁绢英岩化阶段流体 $\delta^{18}O_w$ 值平均 2.69‰,进一步偏离岩浆水,地下水作用明显。主成矿阶段晚期流体 $\delta^{18}O_w$ 值平均 0.67‰,已有大量地下水掺入,而到晚期碳酸盐化阶段,流体 $\delta^{18}O_w$ 值平均 $-4.85‰$,地下水已占主导地位。

综上所述,在石英绢云母化阶段,由于大量地下水参与,热流体对长石类矿物的水解作用明显增强,呈弱酸性的含矿热液中,Mo 离子开始从络合物中分离出来,并与 SO_2 水解出来的 S 离子相结合,以 MoS_2 形式大量沉淀下来。以上物理化学条件为成矿提供必要因素。

8. 成矿物理化学条件

(1)成矿温度:据包裹体测温资料,大黑山矿床的温度变化于 80~510℃ 的较大区间,主要成矿温度集中在 240~340℃ 之间。

(2)成矿压力:根据包裹体研究的成果估算,矿床的成矿压力大致变化于 10~130mpa 之间,这样一个较大的变化区间,反映了成矿环境不是很稳定,即有时处于相对开放的条件,有时又处于封闭的条件。

(3)pH 值:主要蚀变矿化阶段的 pH 值在 5~5.5 之间,热流体呈弱酸性。

(4)包裹体特征:在成矿流体中,金属离子呈络合物的形式迁移,矿液沸腾,流体处于高温条件,特别是处于临界、超临界时,这种络合物具较高稳定性,但随着温度降低和减压沸腾,其稳定性遭到破坏,从而使金属硫化物沉淀。

9. 成矿物质来源

大黑山钼矿 $\delta^{34}S$ 为 1.0‰~2.5‰,平均 1.33‰,变化范围很窄,与陨石硫接近,从而认为其硫源为深部的岩浆分离体。成矿物质主要来源于幔源或下地壳,同时深部岩浆的上侵可能造成了老基底重融,导致部分地壳物质加入。

10. 控矿因素及找矿标志

1)控矿因素

(1)岩体控矿:花岗闪长岩、花岗闪长斑岩及霏细状花岗闪长岩岩体控矿。

(2)构造控矿:东西向基底断裂和中生代北北东向断裂是矿区重要控岩、控矿构造,构造多次活动有利于成矿。

2)找矿标志

(1)蚀变标志:大黑山含矿斑岩体中心部位被钾质蚀变岩、黄铁绢英岩和工业钼矿体占据,中细粒花岗闪长岩中绢英岩蚀变较发育,标志较为明显。在花岗闪长斑岩岩体上部有一个偏离矿化中心石英核(3号硅化带)。

(2)角砾岩标志:在含矿岩体形成过程中,由于多组断裂频繁活动,在内接触带包裹较多围岩角砾,在斑岩体上部、边部隐爆角砾岩发育,它们是找矿的明显标志。

(4)地球物理标志:在矿化岩体上有磁力、自然电位、重力负异常,在矿床围岩上磁力、自然电位和重力为环状正异常,ηs、ρs 为环状高值带。

(5)地球化学标志:1:20万、1:5万土壤化探异常明显,为 Mo、Cu、W、Ag、Sn、Pb 异常。矿床原生晕具有 Mo、W、Cu、Ag、Pb、Sn、Sr、Zn 等元素组合异常,主成矿元素 Mo 异常位于组合异常中央。

(6)自然重砂标志:矿床周围形成面积约 17.8km^2 的 1~2 级白钨矿重砂异常,伴生矿物有钛铁矿、锆石、金红石、铬铁矿、黄铁矿及少量辰砂、自然金。

11. 矿床形成及就位机制

大黑山钼矿处在滨太平洋活动带吉中火山断陷盆地中,幔源安山岩浆经深部分异后在北北东向与东西向两组断裂交会处,形成了大黑山 4 期岩体。岩浆分异使晚期岩体 Mo 含量增高,含矿岩浆上侵过程中岩浆内聚集了大量挥发分,于岩浆前造成隐爆,致使花岗闪长斑岩顶部形成崩塌角砾岩。岩浆晚期—期后阶段热流体上升,沿岩石粒间、空隙及构造裂隙进行了碱交代,形成面状钾长石化及黄铁矿化、辉钼矿、黄铜矿等浸染状矿化。随着温度降低,地下水渗入,含矿流体由气态转化为液态,产生石英、绢云母化、黄铁绢英岩化等蚀变,辉钼矿开始沉淀出来,形成含钼石英脉、辉钼矿细脉-石英、硅酸盐-硫化物脉等各种含矿脉体,后期挥发分局部集中,压力增大,引起局部隐爆作用,形成规模不大隐爆角砾岩筒。

12. 成矿模式

永吉县大黑山钼矿床成矿模式见图 3-7-4。

13. 成矿要素

永吉县大黑山钼矿床成矿要素见表 3-7-6。

表 3-7-6 永吉县大黑山钼矿床成矿要素表

成矿要素		内容描述	类别
特征描述		矿床属斑岩型	
地质环境	岩石类型	花岗闪长岩、花岗闪长斑岩及霏细状花岗闪长斑岩	必要
	成矿时代	辉钼矿 Re-Os 同位素等时线年龄为(168.2±3.2)Ma(李立兴等,2009)	必要
	成矿环境	矿床位于东西向、北北东向压扭性断裂带交会处,矿体赋存于花岗闪长岩、花岗闪长斑岩及霏细状花岗闪长斑岩中	必要
	构造背景	矿区位于东北叠加造山-裂谷系(Ⅰ)小兴安岭-张广才岭叠加岩浆弧(Ⅱ)张广才岭-哈达岭火山-盆地区(Ⅲ)南楼山-辽源火山-盆地群(Ⅳ)内	重要

续表 3-7-6

成矿要素		内容描述	类别
特征描述		矿床属斑岩型	
矿床特征	矿物组合	矿石矿物类主要有黄铁矿、辉钼矿，次要有闪锌矿、黄铜矿、黝铜矿、白钨矿、方铅矿；脉石矿物除主要造岩矿物外，还见蚀变矿物有绢云母、水云母、浊沸石、辉沸石、方解石、萤石、石膏、绿泥石等	重要
	结构构造	矿石结构主要有叶片状结构、鳞片状结构、半自形粒状结构、他形粒状结构；矿石构造以细脉状构造、细脉侵染状构造为主，浸染状构造次之	次要
	蚀变特征	大黑山钼矿区内岩石遭受了普遍的热液蚀变作用，主要有硅化、高岭土化、绢云母化、钾化、碳酸盐化不发育。蚀变与矿化关系密切，富矿体主要赋存在中等蚀变带中，蚀变具水平分带特征	重要
	控矿条件	岩体控矿：花岗闪长岩、花岗闪长斑岩及霏细状花岗闪长斑岩岩体控矿；构造控矿：东西向基底断裂和中生代北北东向断裂是矿区重要控岩、控矿构造，构造多次活动有利成矿	必要

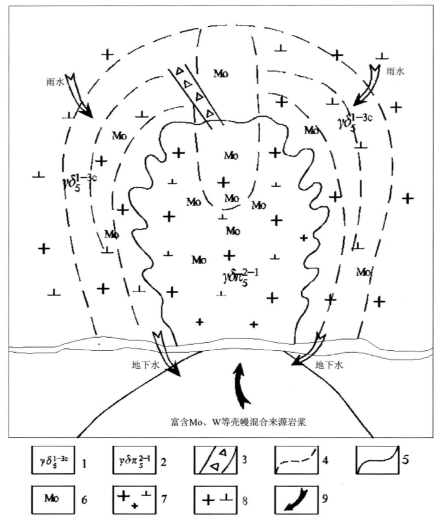

图 3-7-4 永吉县大黑山钼矿床成矿模式图

1. 不等粒花岗闪长岩；2. 花岗闪长斑岩；3. 隐爆角砾岩筒；4. 蚀变带界线；5. 岩体界线；6. 辉钼矿；
7. 花岗闪长斑岩花纹；8. 花岗闪长岩花纹；9. 成矿热液流体活动中心及流动方向

二、舒兰县季德屯钼矿床

1. 地质构造环境及成矿条件

矿床位于晚三叠世—新生代东北叠加造山-裂谷系（Ⅰ）小兴安岭-张广才岭叠加岩浆弧（Ⅱ）张广才岭-哈达岭火山-盆地区（Ⅲ）南楼山-辽源火山-盆地群（Ⅳ）内。

1）地层

区内仅出露有上古生界二叠系杨家沟组，主要岩性为含砾砂岩、黑灰色粉砂岩、细砂岩、板岩，见图3-7-5。

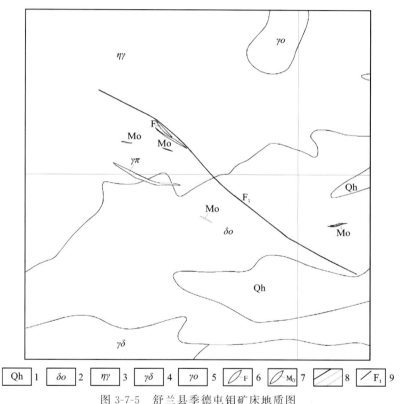

图3-7-5　舒兰县季德屯钼矿床地质图

1.第四系；2.石英闪长岩；3.似斑状二长花岗岩；4.花岗闪长岩；5.中细粒斜长花岗岩；
6.萤石矿体；7.钼矿体；8.勘探线钻孔位置及编号；9.断层/地质界线

2）侵入岩

侵入岩主要为燕山期似斑状二长花岗岩、花岗闪长岩、斜长花岗岩，似斑状二长花岗岩、石英闪长岩是含矿岩体，脉岩主要为花岗斑岩。

《吉林省地质志》中该岩体同位素年龄为170Ma(U-Pb法)左右；与之相近的福安堡二长花岗岩为170Ma左右（李立兴等，2009）。由此说明季德屯侵入岩为燕山早期。

3）构造

（1）控矿构造：主要为北西向，倾角70°～80°的一组断裂(F_1)，破碎带长大于800m，宽一般几十厘米至几米，沿走向有分支复合，性质为压扭性。矿化热液沿该组构造形成石英脉、石英网脉，尤其在断裂面附近极为发育，远离构造面呈浸染状矿化。

（2）容矿构造：主要为上述断层及岩体冷凝时产生的节理裂隙等，沿上述构造裂隙发育有石英脉、石英网脉等，贯穿于各类岩石中，具有多期活动的特征。

(3)成矿后构造：叠加在控矿的北西向构造（F_1）上，带内岩石、矿石均有不同程度的破碎，强烈处呈碎块状、泥状。沿断裂两侧矿体虽然破碎，但对矿体无明显破坏。

2. 矿体三度空间分布特征

矿体赋存在似斑状二长花岗岩和石英闪长岩中，地表总体呈椭球状，长轴方向为北西29°～300°。目前矿体最大延深已控制为344m，最大厚度大于185.8m，剖面上总体呈稳定的分支状、似层状、近水平状产出。控制矿体最长1300m，最宽1210m，长度、深度、厚度目前均未控制住（图3-7-6）。蚀变以面状蚀变为特征，并发育萤石化（可能为后期脉状蚀变），辉钼矿呈细脉浸染状、脉状，Mo的加权平均品位为0.087%。

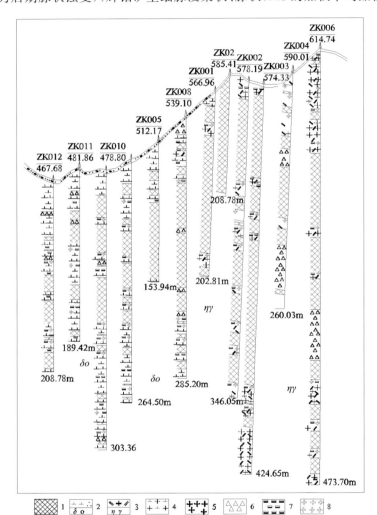

图 3-7-6　季德屯钼矿床11勘探线剖面图

1.钼矿体；2.石英闪长岩；3.似斑状二长花岗岩；4.花岗闪长岩；5.花岗斑岩；6.破碎带；7.辉钼矿化；8.硅化

矿体中部比较完整，夹石较少，向外逐渐变薄，夹石逐渐变多、变厚，相邻见矿工程和相邻剖面矿体连续性较好。中部的F_1断层从采场及钻孔中证明，成矿后活动不明显，断层两侧矿体连续性较好，对矿体连续性无明显影响。

矿体与围岩呈渐变过渡关系，矿体围岩及夹石均为似斑状二长花岗岩及石英闪长岩。

3. 矿石物质成分及矿石类型

（1）物质成分：矿石主要有用组分为Mo，伴生WO_3品位近0.1%。

(2)矿石类型：蚀变岩型、石英脉型、构造角砾岩型矿石。

(3)矿物组合：金属矿物主要为辉钼矿、黄铁矿、磁铁矿、闪锌矿，少量黄铜矿、方铅矿、磁黄铁矿；脉石矿物主要为碱长石、斜长石、石英、黑云母及角闪石等。

(4)矿石的结构构造：结构主要为似斑状结构、斑状结构、半自形粒状结构、碎裂结构等；构造主要为细脉状构造、稀疏浸染状构造，局部稠密浸染状构造、网脉状构造、斑点状及团块状构造、块状构造。

4. 蚀变类型及分带性

围岩蚀变主要有硅化、钾长石化、绿帘石化、高岭土化、绢云母化、云英岩化，其次可见黄铁矿化、辉钼矿化、黄铜矿化，各种蚀变相互叠加无明显分带性，与成矿关系密切的围岩蚀变主要有硅化、萤石化、钾长石化等。围岩蚀变既有典型的高温蚀变-云英岩化，也有中—低温蚀变硅化、钾化、绢云母化、萤石化等，总体中温蚀变较强，反映主成矿期应以中温为主。

矿区硅化（石英化）较发育，与矿体紧密伴生，含矿石英细脉、网脉及大脉发育地段往往是钼矿体的赋存部位，是矿区主要蚀变类型。矿体均产在蚀变带内，而且蚀变越强矿化越好。

5. 成矿阶段

(1)岩浆热液成矿期：燕山早期富含成矿物质的岩浆和气液流体上侵，含矿岩浆上升过程中造成负压环境，引发大气降水和地下水参与循环，温度从高温向中温变化，携带大量成矿物质的流体沿构造薄弱地带迁移、聚集、富集，形成了含钼石英网状脉状斑岩型矿体，该期为主成矿期。

(2)表生氧化期：主要形成褐铁矿、钼华，无钼的次生富集。

6. 成矿时代

推测此矿床成矿时代为燕山早期。

7. 成矿物理化学条件

辉钼矿属中温的产物，矿体的高—中温围岩蚀变均有出现，为弱酸性还原环境。

8. 物质成分来源

因缺少相关的同位素资料，与相同类型的矿床相比，推测此矿床成矿物质主要来源于岩浆热液。

9. 控矿因素

燕山早期似斑状二长花岗岩和石英闪长岩为控矿岩体，构造破碎带既为控矿构造，也为容矿构造。

10. 成因类型及就位机制

在燕山早期大规模的岩体侵入，岩浆射气元素大量聚集，成矿物质相对集中，提供了足够的成矿物质来源及能量。富含成矿物质的岩浆和气液流体上侵，导致大量地壳发生小规模熔融，含矿岩浆上升过程中造成负压环境，引发大气降水和地下水参与循环，温度从高温向中温变化，使早期成矿物质再次活化、迁移、聚集，携带大量成矿物质的岩浆热液沿构造裂隙薄弱地带迁移、聚集，富集成矿。矿床成因类型属斑岩型钼矿床。

11. 成矿模式

舒兰县季德屯钼矿床成矿模式见图 3-7-7。

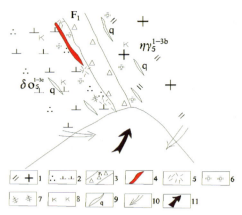

图 3-7-7　舒兰县季德屯钼矿床成矿模式图

1.燕山期似斑状二长花岗岩；2.燕山期石英闪长岩；3.构造破碎带及编号；4.钼矿体；5.浸染状钼矿化；6.硅化；7.云英岩化；8.钾长石化；9.石英脉；10.雨水加入热液环流；11.燕山期中酸性岩浆期后含矿热液流动方向，即沿平行 F_1 破碎带次级断裂裂隙充填

12. 成矿要素

舒兰县季德屯钼矿床成矿要素见表 3-7-7。

表 3-7-7　舒兰县季德屯钼矿床成矿要素表

成矿要素		内容描述	类别
特征描述		矿床属斑岩型	
地质环境	岩石类型	燕山期似斑状二长花岗岩、石英闪长岩、花岗闪长岩、斜长花岗岩	必要
	成矿时代	推测为燕山期	必要
	成矿环境	矿体赋存于北西向断裂构造及岩体冷凝时产生的节理裂隙中，燕山早期似斑状二长花岗岩和石英闪长岩为主要围岩与含矿赋矿层位	必要
	构造背景	构造背景：大地构造位置位于晚三叠世—新生代东北叠加造山-裂谷系（Ⅰ）小兴安岭-张广才岭叠加岩浆弧（Ⅱ）张广才岭-哈达岭火山-盆地区（Ⅲ）南楼山-辽源火山-盆地群（Ⅳ）内	重要
矿床特征	矿物组合	金属矿物主要为辉钼矿、黄铁矿、磁铁矿、闪锌矿，少量黄铜矿、方铅矿、磁黄铁矿；脉石矿物主要为碱长石、斜长石、石英、黑云母及角闪石等	重要
	结构构造	矿石结构主要为似斑状结构、斑状结构、半自形粒状结构、碎裂结构等；矿石构造为细脉状构造、稀疏浸染状构造，局部为稠密浸染状构造、网脉状构造、斑点状及团块状构造、块状构造	次要
	蚀变特征	围岩蚀变主要有硅化、钾长石化、绿帘石化、高岭土化、绢云母化、云英岩化，其次可见黄铁矿化、辉钼矿化、黄铜矿化，各种蚀变相互叠加无明显分带性，与成矿关系密切的围岩蚀变主要有硅化、萤石化、钾长石化等。矿区硅化（石英化）较发育，与矿体紧密伴生，含矿石英细脉、网脉及大脉发育地段往往是钼矿体的赋存部位，是矿区主要蚀变类型。矿体均产在蚀变带内，而且蚀变越强矿化越好	重要
	控矿条件	燕山早期似斑状二长花岗岩和石英闪长岩为控矿岩体，构造破碎带既为容矿构造，也为控矿构造	必要

三、敦化市大石河钼矿床

1. 地质构造环境及成矿条件

矿床位于晚三叠世—新生代东北叠加造山-裂谷系（Ⅰ）小兴安岭-张广才岭叠加岩浆弧（Ⅱ）太平岭-英额岭火山-盆地区（Ⅲ）罗子沟-延吉火山-盆地群（Ⅳ）内。

1）地层

该区地层主要为震旦系二合屯组的二云片岩、黑云片岩、白云片岩、绢云片岩等，是钼矿的主要赋存层位，见图 3-7-8。

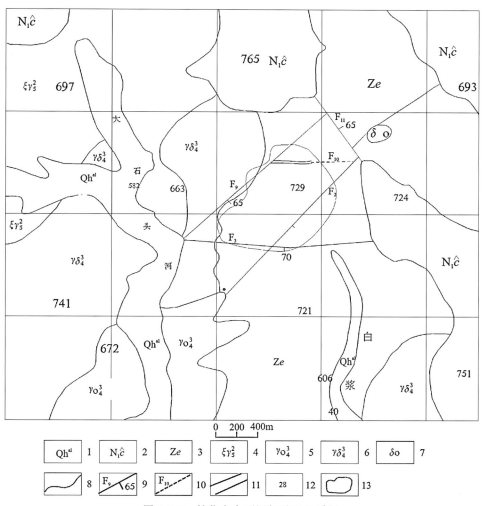

图 3-7-8　敦化市大石河钼矿区地质图

1.第四系全新统；2.中新统船底山组；3.震旦系二合屯组；4.碱长花岗岩；5.斜长花岗岩；6.花岗闪长岩；7.石英闪长岩；
8.地质界线；9.实测断层；10.推测断层；11.构造破碎带；12.地层产状；13.矿体分布范围

2）侵入岩

燕山早期以似斑状花岗闪长岩、斜长花岗岩为主；燕山晚期为碱长花岗岩、花岗闪长斑岩、辉石角闪岩、角闪辉石岩、闪长岩及少量中酸性脉岩等。燕山早期似斑状花岗闪长岩侵入于震旦系二合屯组浅变质岩底部,在空间及成因上与钼矿成矿关系密切。地表及浅部钼矿体主要产于浅变质岩系中,少量赋存于花岗闪长岩中。

3)构造

(1)褶皱构造:矿区内褶皱构造为一复式背斜,出露较完整,南东翼较宽,产状总体倾向南东,倾角40°～60°,倾角变化较大。西北翼总体产状倾向北西,倾角30°～60°,遭受燕山期花岗闪长岩侵入和断层的破坏,该翼北东端被玄武岩所覆盖。

(2)断裂构造:①成矿前构造。为大道岔-西北岔断裂构造,它是青背乡-团山子乡断裂带在矿区出露的一部分,呈北东向穿过矿区,倾向南东,倾角50°～60°,受其影响岩石普遍发育片理化现象,同时控制了矿区内侵入岩和脉岩的分布,是矿区内主要导矿构造。矿区控制断裂长800m,宽10～30m,具有压扭性构造特征。②成矿期构造。由于深部侵入岩体的上侵就位,岩浆挥发分的上升聚集并隐爆,在地层内形成了网脉状裂隙角砾岩筒,明显反映出岩石震裂特征为岩石中不仅发育有大量的片理,而且见有较多的劈理,有利于含矿溶液运移和富集。由品位变化特征可知,高品位区段主要分布于裂隙较发育的中心部位,经过对钻孔中劈理的统计,中心部位每米可达4～5条,宽度变化较大,一般为10～20cm,矿体在空间上呈陀螺状展布并包裹于该喇叭筒内,因此隐爆角砾岩筒是区内主要容矿构造。③成矿期后构造。F_{11}北西向断裂发育于矿区北东部,为张性断裂,走向140°,产状近于直立,由于规模较小对矿体影响较弱。

2. 矿体三度空间分布特征

本矿区的上部矿体赋存于二合屯组片岩内,在深部则赋存于似斑状花岗闪长岩顶部,在平面上矿体呈椭圆状,在剖面上矿体呈巨厚层状,在三度空间矿体呈陀螺状。其中Ⅰ-1号矿体为主矿体,连续性好,中心部位矿体厚大,外侧具有分支现象。其他矿体呈小块零星分布于主矿体外侧,矿体规模小。目前探明的钼矿体主要赋存于似斑状花岗闪长岩顶部及其围岩(二合屯组片岩)中,并在似斑状花岗闪长岩内部(深部)显示良好的找矿远景。

Ⅰ-1号钼矿体:矿体赋存于石英-绢云母化蚀变带内,含矿围岩主要为片岩,次为闪长岩和花岗岩。该带控制长900m,宽750m,矿体走向70°～80°,倾角近水平,厚100.76～377.47m。矿体连续性好,中心部位矿体厚、品位高,外侧具有明显的分支现象,低品位矿均分布在矿体外侧的石英脉分支中。矿体钼品位一般0.03%～3.48%,平均品位0.071%,变化较大,品位变化系数184%。钼矿体被后期侵入的闪长玢岩等细脉穿切破坏,但对矿体的破坏程度较弱,总体上仍保持矿体形态的完整性,矿体赋存标高300～707m。

(2)Ⅰ-2号矿体:位于Ⅰ-1号矿体的下部,矿体厚度变化较大,一般厚8.23～170m,平均厚40～50m,矿体出露标高一般130～300m,矿体赋存于片岩、闪长岩和花岗岩以及各种脉岩之中,矿体中见有少量后期脉岩对矿体有一定的破坏作用,但影响甚弱,见图3-7-9。

3. 矿石物质成分

(1)物质成分:矿石有用组分主要是Mo,与S呈正相关趋势。

(2)矿石类型:矿石的自然类型主要为石英网脉浸染的片岩型。

(3)矿物组合:矿床金属矿物主要是辉钼矿,矿石中还可见少量黄铁矿、闪锌矿、磁黄铁矿、黄铜矿、方铅矿等;另外,少量铜矿物呈乳滴状包在闪锌矿中。脉石矿物以碱长石、斜长石、石英、黑云母为主,脉石矿物质量分数占矿石质量的98%以上,有少量金属矿物。

(4)矿石的结构构造:结构主要为自形粒状结构、半自形—他形粒状结构、叶片状结构,次要为交代残余结构、固溶体分离结构、镶边结构;构造主要以浸染状构造和网脉状构造为主,局部见有团块状构造。浸染状矿化多分布于似斑状花岗闪长岩内。

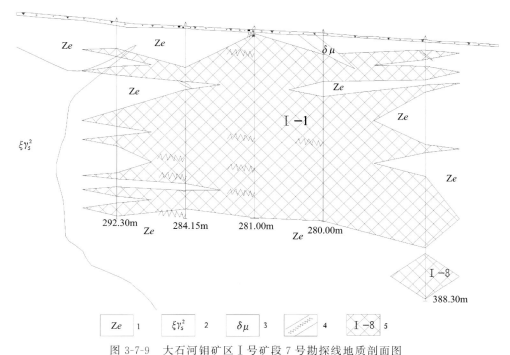

图 3-7-9 大石河钼矿区Ⅰ号矿段 7 号勘探线地质剖面图

1.震旦系二合屯组;2.燕山早期碱长花岗岩;3.闪长玢岩脉;4.石英脉;5.矿体及编号

4. 蚀变类型及分带性

本矿区主要蚀变为硅化、钾化、云英岩化、绢云母化和绿帘石化,从蚀变特征反映以中—高温为主。区内围岩蚀变较发育,具明显分带现象,由内向外主要为石英-绢云母化带和绿泥石化带。钼矿体主要赋存于石英-绢云母化带之中,蚀变与矿化紧密相伴,具有正相关关系。

(1)石英-绢云母化带:该带位于矿区中部二合屯片岩中,椭圆状近东西向展布,主要有硅化、绢云母化、高岭土化、黄铁矿化及辉钼矿化。蚀变不均匀,地表圈定矿体较困难,具有由中心向外不均匀减弱特征,带内深部含钼石英脉及网脉较发育,辉钼矿化、黄铁矿化、绿泥石化、云英岩化、绢云母化较强,距地表 11m 以下一般为 0.03%～0.1%,最高品位达 3.48%。上述特征显示,矿化与蚀变强度呈正相关关系,蚀变由里向外水平分带和网脉发育为斑岩型钼矿典型特征。

(2)高岭土-绿泥石化带:该带分布于石英-绢云母化带外侧,带宽变化较大,与带内无明显界线,面积 4km²,主要有硅化、黄铁矿化、高岭土化、绿泥石化,强度由里向外逐渐减弱。

5. 成矿阶段

按照矿石矿物共生组合、结构、构造、蚀变特征及相互穿插关系,把成矿过程划分为 2 个时期 4 个阶段,即热液期和表生期,热液期是成矿主要阶段,划分为 4 个阶段,见表 3-7-8。

6. 成矿时代

5 件辉钼矿 Re-Os 同位素测年加权平均年龄为 186.7 ± 5 Ma(鞠楠,2012)。大石河钼矿形成于中侏罗世,属燕山早期大规模钼矿成矿作用的产物。

7. 成矿物理化学条件

富液相流体包裹体(86 个)均一温度为 $140\sim220$ ℃,盐度 2%～6%,缺少高盐度包裹体,与矿体产于斑岩体顶部围岩中有关。

表 3-7-8　大石河钼矿床矿物生成顺序表

主要矿物	矿化期阶段				
	热液期				表生期
	第一阶段（隐爆阶段）	第二阶段（富钼矿化阶段）	第三阶段（黄铁矿-石英阶段）	第四阶段（碳酸盐阶段）	氧化淋滤
石英	——				
黑云母	——				
白云母	—				
绢云母	-				
石榴子石	-				
绿泥石	-				
磁铁矿	-				
辉钼矿		——	—		
黄铁矿		—	——		
磁黄铁矿			—		
黄铜矿			—		
闪锌矿			-		
方解石			-	——	
褐铁矿					——
钼华					——
矿石构造	浸染状	浸染状、脉状	浸染状、脉状	脉状	土状、团块状
矿石结构	半自形	半自形、叶片状	半自形、粒状	半自形、粒状	

8. 物质成分来源与成矿机制

大石河钼矿 5 件辉钼矿样品中 Re 含量较低，为 $(3.549\sim4.362)\times10^{-6}$，指示成矿物质为壳源。Os 含量为 $(10.85\sim13.25)\times10^{-9}$，Re 含量小于 20×10^{-6}，Os 小于 26.4×10^{-9}，也证明了成矿物质来源于地壳重熔岩浆。

9. 控矿因素和找矿标志

1) 控矿因素

(1) 构造控矿：矿区位于区域性构造敦密深断裂西北侧张广才岭北东向隆起带上，为东西向、北东向、北西向 3 组断裂构造的交会部位。构造不但是储矿空间，而且经多期的构造活动，还能使分散有益元素活化、迁移、富集成矿，是元素迁移的驱动力。因此，构造是区内重要控矿因素。目前所发现的钼矿体，均产在深大断裂次级断裂内。

(2) 岩浆岩控矿：岩浆活动为钼矿体形成提供成矿物质与热源，矿区内未发现与成矿有关的侵入岩体，可能与深部隐伏岩体有关。

(3) 二合屯组一套低变质的片岩是钼矿床的主要赋存层位，也是近矿围岩。

2)找矿标志

(1)构造标志:一是具备控制区域钼矿化的断裂带(二级构造);二是具有与二级控矿断裂相配套的次一级断裂交会部位。

(2)侵入岩条件:酸性侵入岩是钼矿主要成矿物质来源,本区域不同钼矿化类型(石英脉型、浸染型)均与酸性侵入岩有关,并且燕山早期的酸性侵入岩与本区域钼矿化有直接的成因联系。主要依据是本区域绝大多数的钼矿(点)均分布于燕山早期酸性侵入岩或其接触带上,区域燕山期酸性侵入岩中的钼背景含量和与钼矿化相伴生的元素含量明显高于其他侵入岩。

(3)蚀变标志:硅化、绿泥石化、绢云母化、云英岩化等是直接指示矿化的蚀变标志。

(4)地球化学标志:主要异常元素有Mo、W、Cu、Bi、As、Pb、Zn、Ag等,其中Mo、W、Cu、Bi构成了成矿及近矿指示元素,指示矿化蚀变带的分布范围,As、Ag、Pb、Zn等构成前缘指示元素。异常元素水平分带特征是重要的钼矿床地球化学标志。

10. 矿床形及就位机制

燕山早期受区域构造的影响,深部含钼似斑状细粒花岗闪长岩、二长花岗岩沿断裂构造复合部位上侵就位,岩浆分异形成的大量挥发分沿构造断裂带薄弱环节上侵,较发育的片理形成了大量网状裂隙,为矿床提供了容矿空间。深部岩体中含矿溶液沿裂隙不断向上运移,最终聚集成矿。深部岩浆多次侵入,持续分异,含钼热液沿着断裂破碎带充填形成网脉状富钼矿体。岩浆结晶分异过程中的气水-热液携带的Mo元素是矿床的重要成矿物质来源。

11. 成矿模式

敦化市大石河钼矿床成矿模式见图3-7-10。

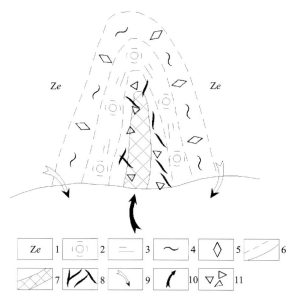

图3-7-10 敦化市大石河钼矿床成矿模式图

1.震旦系二合屯组;2.硅化;3.绢云母化;4.绿泥石化;5.碳酸盐化;6.蚀变带、矿体界线;7.块状钼矿体;
8.浸染状钼矿体;9.雨水加入热液环流;10.地下热液活动中心;11.角砾岩

12. 成矿要素

敦化市大石河钼矿床成矿要素见表3-7-9。

表 3-7-9 敦化市大石河钼矿床成矿要素表

成矿要素		内容描述	类别
特征描述		矿床属斑岩型	
地质环境	岩石类型	似斑状花岗闪长岩、斜长花岗岩	必要
	成矿时代	燕山期 185.6±2.7Ma	必要
	成矿环境	区内主要容矿、导矿构造为北东向黄松甸-西北岔断裂、东西向前进乡-庙岭冲断裂；隐伏岩体似斑状花岗闪长岩、斜长花岗岩控矿；二合屯组一套低变质的片岩与成矿无关，仅为赋存层位	必要
	构造背景	矿区大地构造位于东北叠加造山-裂谷系（Ⅰ）小兴安岭-张广才岭叠加岩浆弧（Ⅱ）张广才岭-哈达岭火山-盆地区（Ⅲ）南楼山-辽源火山-盆地群（Ⅳ）内	重要
矿床特征	矿物组合	矿床金属矿物主要是辉钼矿，矿石中还可见少量黄铁矿、闪锌矿、磁黄铁矿、黄铜矿、方铅矿等。另外，少量铜矿物呈乳滴状包在闪锌矿中。脉石矿物以碱长石、斜长石、石英、黑云母为主，脉石矿物质量分数占矿石质量的98%以上，有少量金属矿物	重要
	结构构造	结构主要有自形粒状结构、半自形—他形粒状结构、叶片状结构，次要为交代残余结构、固溶体分离结构、镶边结构；构造为热液充填作用所形成，以浸染状构造和网脉状构造为主，局部见有团块状构造	次要
	蚀变特征	主要蚀变为硅化、钾化、云英岩化、绢云母化和绿帘石化，从蚀变特征反映以中—高温为主。区内围岩蚀变较发育，具明显分带现象，由内向外主要为石英-绢云母化带和绿泥石化带，钼矿体主要赋存于石英-绢云母化带中	重要
	控矿条件	构造控矿：矿区位于区域性构造敦密深断裂西北侧张广才岭北东向隆起带上，为东西向、北东向、北西向3组断裂构造的交会部位。构造不但是储矿空间，而且经多期的构造活动，还能使分散有益元素活化、迁移、富集成矿，是元素迁移的驱动力。因此，构造是区内重要控矿因素。目前所发现的钼矿体，均产在深大断裂次级断裂内。 岩浆岩控矿：岩浆活动为钼矿体形成提供成矿物质与热源，矿区内未发现与成矿有关的侵入岩体，可能与深部隐伏岩体有关	必要

第八节　锑矿典型矿床研究

吉林省锑矿主要有2种成因类型，分别为岩浆热液型、火山热液型。本节主要选择了临江市青沟子岩浆热液型锑矿床1个典型矿床开展锑矿成矿特征研究。

1. 地质构造环境及成矿条件

矿床位于前南华纪华北东部陆块（Ⅱ）胶辽吉元古宙裂谷带（Ⅲ）老岭坳陷盆地（Ⅳ）内。

1）地层

区域出露的地层主要为古元古界老岭群珍珠门组、临江组和大栗子组，见图3-8-1。

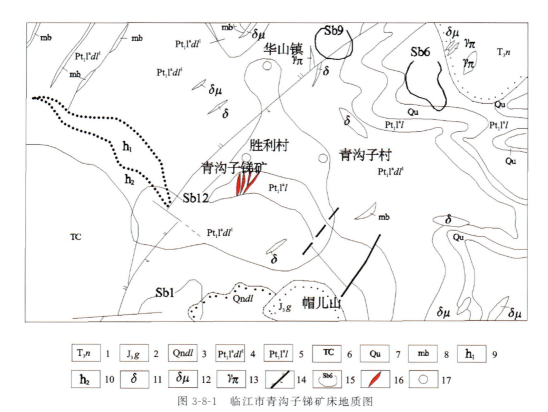

图 3-8-1　临江市青沟子锑矿床地质图

1.上三叠统闹枝沟组；2.上侏罗统果松组；3.新元古界大罗圈河组；4.新元古界大栗子组；5.新元古界临江组；6.草山单元；7.石英岩；8.大理岩；9.角岩化岩石；10.角岩；11.闪长岩；12.闪长玢岩；13.花岗斑岩；14.断裂构造；15.锑水系异常；16.锑矿体；17.村镇

(1)珍珠门组：出露于区域的北西部，主要岩性为白云石大理岩。

(2)临江组：出露于青沟子背斜核部，由北东向转至南东向展布，呈向北东突出的弧形，为一套海相泥质碎屑岩建造，变质较浅。下部为二云片岩夹薄层石英岩，上部为中厚层石英岩(标志层)夹薄层绢云片岩等。临江组为锑矿的主要含矿层位。

(3)大栗子组：分布在青沟子背斜两翼，也是由北东向转至南东向展布，划分为3个岩性段，下段为二云片岩、绢云片岩夹薄层石英岩；中段为十字石二云片岩、绢云片岩、千枚岩、二云片岩夹大理岩；上段为块状大理岩，赋存有大栗子铁矿。

2)构造

区域及外围构造变形发育，古元古界老岭群经历了3期变质变形：第一期是以层理为变形面的近南北向紧闭同斜；第二期是以第一期变形形成的透入形片理为变形面的北西向歪斜褶皱，在褶皱斜折端发育有折劈理，为一种非透入性构造；第三期变形是以第二期变形形成的透入性片理为变形面的北东向开阔等厚褶皱，在褶皱转折端发育有扇形断层。青沟子背斜主体为第二期北西向变形，由于第三期变形的改造呈向北突出近东西向展布的褶皱。

区域断裂构造主要有北东向、东西向、北东向及北西向。

3)侵入岩

区域出露有草山似斑状黑云母花岗岩岩体及少量中性脉岩。草山岩体出露在矿区的西部，同位素年龄(Rb-Sr)约为197Ma，属I型花岗岩。矿区内脉岩不甚发育，规模不大，主要分布在中部及北部，主要有闪长岩、闪长玢岩、辉绿岩、煌斑岩，呈东西向、北东向、北西向展布，长几十米至600m不等，宽1m至几十米，并多充填在断层中。

2. 矿体三度空间分布特征

矿床主矿脉带6条,赋存10条工业矿体。矿脉严格受断裂构造控制,从Ⅰ、Ⅲ矿组各中段来看,矿脉带产状亦有明显的变化,反映了多期构造复合叠加、继承的特点。矿体在矿脉中连续性差,呈尖灭再现和尖灭侧现分布。单个矿体以脉状、薄层状为主,其次为扁豆状、透镜状和不规则状。锑矿体近矿围岩主要为绢云片岩、碳质绢云片岩、石英岩、电气石变粒岩、含红柱石碳质黑云变粒岩等,矿体与围岩间界线清楚,近矿围岩具有不同程度的矿化和蚀变。围岩蚀变种类主要有硅化、碳酸盐化、绿泥石化、黄铁矿化、毒砂矿化等,见图3-8-2。

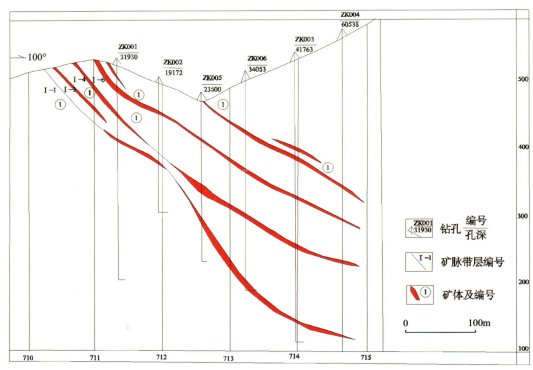

图3-8-2 临江市青沟子锑矿床0号勘探线剖面图

Ⅰ-1-1号矿体:长140m,斜深180m。矿脉带走向200°～340°,倾向北东—南东,倾角25°～40°。矿体与围岩界线较清楚,矿石类型以角砾状、致密块状为主。矿体受后期构造破坏改造较明显,往往沿矿体顶底板与矿体中形成破碎带和构造镜面,反映冲断层和平移断层的特点,使矿体连续性差,形成较大的透镜体和扁豆体。矿体厚0.08～1.06m,平均0.58m,品位0.19%～36.51%,平均10.75%。

Ⅰ-7-1号矿体:长430m,斜深134m。矿脉带走向36°～200°,倾向北东—南东,倾角24°～50°。矿石类型以条带状、脉状和浸染状为主。矿体连续性好,受后期构造破坏较强,形成较宽破碎带。矿体厚0.11～1.04m,平均0.52m,品位0.11%～29.45%,平均10.73%。

Ⅰ-8-1号矿体:长288m,斜深216m,矿脉带走向15°～20°,倾向南东和北东,倾角35°～50°。矿体以薄脉状为主,次为扁豆状、透镜状。矿石类型以致密块状、条带状、细网脉状为主,次为浸染状、角砾状。矿体厚0.14～5.78m,平均2.04m,品位0.15%～38.35%,平均4.49%。

Ⅲ-1-1号矿体:长2.5m,斜深179m。矿脉带走向北北东20°左右,倾向南东,倾角25°～40°,矿体不同部位赋存特征有所变化。矿石类型以致密块状为主,次为浸染状。矿体厚0.27～1.86m,平均0.71m,品位0.17%～33.70%,平均8.68%。

3. 矿床物质成分

(1) 矿石成分：Sb 6.17%、SiO_2 70.5%、Al_2O_3 4.59%、Fe_2O_3 10.80%、TiO_2 0.2%、CaO 0.63%、MgO 0.56%、Na_2O 0.15%、K_2O 0.01%、S 4.68%、As 1.94%、Cu 42×10^{-6}、Pb 12×10^{-6}、Zn 96×10^{-6}、Au 0.15×10^{-9}、Ag 2×10^{-6}，其中 Au、S 含量偏高，可以综合回收。

(2) 矿石类型：青沟子锑矿氧化带不发育，矿石自然类型均为硫化物矿石。

根据矿石矿物组合，矿石工业类型分为石英-钨铁矿-自然砷-辉锑矿矿石、石英-毒矿-黄铁矿-辉锑矿矿石、石英-辉锑矿矿石。

根据矿石物质成分及结构构造分为致密块状矿石、细脉-浸染状矿石、胶结角砾-角砾状矿石、含钨铁矿条带状矿石。

(3) 矿物组合：矿石矿物成分主要有辉锑矿、自然砷、钨铁矿、黄铁矿、磁黄铁矿、白铁矿、毒砂、磁铁矿、钛铁矿、褐铁矿、石英、绢云母、绿泥石、黑云母、方解石、电气石和石墨等。

(4) 矿石结构构造：结构有粒状结构、自形晶结构、显微叶片状结构、放射状结构、交代残余结构、显微状结构、应力双晶结构及碎斑结构；构造有块状构造、团块状构造、浸染状构造、条带状构造、条纹状构造、细脉-脉状构造、胶结角砾-角砾状构造、晶洞（簇）构造。

4. 蚀变类型及分带性

围岩蚀变主要为硅化、绢云母化、碳酸盐化、绿泥石化、黄铁矿化、毒砂矿化和辉锑矿化。矿体上盘比下盘矿化强，上盘宽十几米，下盘宽几米，蚀变分带不明显。硅化与锑矿化相伴出现，硅化较强的部位矿化较好，硅化弱则矿化差，无硅化基本无矿。

5. 成矿阶段

根据矿物组合、穿切关系及蚀变特征，青沟子锑矿床划分为 1 个热液期 4 个矿化阶段。

(1) 硅化石英-黄铁矿-毒砂阶段：该阶段矿物组合由硅化石英、黄铁矿、毒矿，少量磁黄铁矿、黄铜矿组成，经爆裂测温，形成温度在 275～310℃ 之间。

(2) 硅化石英-钨铁矿-自然砷-柱状辉锑矿阶段：该阶段是锑矿成矿的主要阶段，矿物组合由钨铁矿、自然砷、粒状辉锑矿、巨晶辉锑矿、毛发状辉锑矿、硅化石英、绢云母等组成。该阶段所形成的辉锑矿主要发育于Ⅰ、Ⅲ矿组，经爆裂测温，大粒辉锑矿形成温度在 200～225℃ 之间。

根据硅化石英和辉锑矿的结晶形态，在同一成矿阶段中同种矿物沉淀的先后顺序分为 3 个矿物世代。第一世代为"马牙状"（梳状）石英-巨晶状（粒状）辉锑矿世代；第二世代为粒状硅化石英-针柱状辉锑矿世代；第三世代为自形小柱状（或粒状）石英晶簇-毛发状辉锑矿世代。

(3) 硅化石英-毒砂-细砂辉锑矿阶段：该阶段也是辉锑矿的主要成矿阶段，主要矿物组合由硅化石英、自形毒砂、黄铁矿、辉锑矿组成。经爆裂测温，两个辉锑矿样品的温度分别为 275℃ 和 270℃，平均 252℃，明显高于第二成矿阶段的形成温度。

(4) 硅化石英-碳酸盐阶段：热液活动结束阶段，矿物组合为石英和方解石，基本不含硫化物。

6. 成矿时代

在坑道中取与矿体没有直接关系的闪斜煌斑岩，K－Ar 全岩年龄为 296.08±4.34Ma。采坑道中矿体上盘与锑矿紧密接触并有蚀变且被辉锑矿微细脉穿切的蚀变闪斜煌斑岩，K－Ar 全岩年龄为 127.49±8.38Ma，可作为矿床成矿年龄的上限。结合区域上老秃顶岩体（K－Ar）年龄为 186Ma，草山岩体（Rb－Sr）年龄为 197±10Ma，均属燕山早期活动，因此锑矿形成年龄应为燕山早期。

7. 地球化学特征

(1)微量元素特征:在片岩和石英岩中 Ag、Pb、Zn 含量高于地壳丰度值,Bi 含量与地壳丰度值相近,Sb 含量变化较大,总体与地壳丰度值接近,Au、Cu、Sn、As、Hg 含量低于地壳丰度值;在辉绿岩中,Ag、Zn、Sb 含量高于地壳丰度值,Bi、Pb 含量接近地壳丰度值,Cu、Sn、As、Hg 含量低于地壳丰度值;在闪长玢岩及纳长斑岩中,Ag、Zn 含量高于地壳丰度值,Pb 含量与地壳丰度值相近,其他元素含量较低。Sb 在含十字石二云片岩、石英岩及辉绿岩等一些地层及脉岩中含量较高,高出地壳丰度值一个数量级以上,是锑矿成矿的主要矿质来源。

(2)硫同位素特征:$\delta^{34}S$ 均为正值,总变化范围为 2.10‰~11.7‰,极差 9.68‰,平均值 6.41‰,标准离差 3.05‰,变化范围不大,显示本矿床硫同位素组成以富重硫为特征。7 件辉锑矿样品 $\delta^{34}S$ 变化范围较小,在 2.10‰~5.18‰ 之间,极差 3.08‰,平均值 3.94‰,接近陨石硫。说明辉锑矿沉淀时的物理化学条件比较稳定,硫源均一化程度较高,锑成矿与岩浆热液活动有关。经对硫同位素与爆裂温度关系的研究证明,硫同位素与温度之间具正相关性,$T=206.11+8.23\delta^{34}S‰$。

(3)氢氧同位素特征:在矿床内采集石英样品分析氢氧同位素组成,$\delta^{18}O$ 变化范围在 14.96‰~18.56‰ 之间,经换算,$\delta^{18}OH_2O$ 值在 7.49‰~8.05‰ 之间,平均 7.74‰。石英包体水的 δD 变化范围为 $-121.0‰ \sim -84.3‰$,平均 $-98.5‰$。对石英包体水的 δD 和 $\delta^{18}OH_2O$ 值投影,有 2 件样品落入正常岩浆水区域,1 件样品落入正常岩浆水区域附近的两(天)水区域中,说明本矿床成矿溶液主要来自岩浆热液,其次有大气降水的混染。

8. 成矿物理化学条件

(1)包裹体特征:与辉锑矿有关的石英包体成分特征为 $Cl^->F^-$、$Mg^{2+}>Ca^{2+}$、$Na^++K^+>Ca^{2+}$、$K>Ca$,CO_2、CO 气体含量较高,离子浓度(指 Na^+、K^+、Ca^{2+}、Mg^{2+}、F^-、Cl^- 6 种离子之和的质量分数)较低,为 0.6~0.8。水的类型为 K-Na-Mg-Cl 型。包体中阳离子组分比值 $K/(Ca+Mg)$ 在 0.59~1.1 之间,平均 0.85,Na^+/K^+ 在 0.53~0.80 之间,平均 0.67。

(2)pH 值特征:根据硫同位素、氢氧同位素、包裹体成分、包体测温、同位素年龄、热液蚀变等特征,成矿溶液属于一种富硅的弱碱性溶液,成矿元素锑在溶液中主要呈络合物 $[SbCl_4]^-$、$[SbS_3]^{3-}$、$[Sb(HS)]$ 等形式存在;锑在碱性条件下迁移,在弱酸性(pH=6.58)条件下沉淀的岩浆(期房)热液。

(3)成矿温度:辉锑矿爆裂温度最低 210℃,最高 270℃,一般在 220~235℃ 之间;黄铁矿爆裂温度最高 290℃,最低 280℃,平均 285℃;磁黄铁矿爆裂温度 310℃;毒砂爆裂温度 275℃。全区平均爆裂温度 263℃。矿物形成温度由高到低的顺序是磁黄铁矿-黄铁矿-毒矿-辉锑矿,这种温度序列基本上与各成矿阶段矿物生成顺序相吻合。

9. 物质来源

根据硫同位素、氢氧同位素特征,青沟子锑矿成矿物质来源与岩浆作用有关。锑矿体常呈脉状,与围岩界线清楚,并伴有浅成脉岩出现,矿石常具角砾状、晶洞状、晶簇状构造等特征,说明锑矿是在浅成低压环境中形成的;锑矿形成温度多在 220~235℃ 之间,属中低温环境;矿床成因类型属于岩浆期后中低温热充填型锑矿床;工业类型为石英脉(或破碎带网状脉)型锑矿床。

10. 控矿因素及找矿标志

1)控矿因素

(1)构造控矿:北东向深大断裂是导矿构造,其次级构造为储矿构造。锑矿脉(体)主要受北东向、北北东向、北西向、近南北向和近东西向断裂构造控制,矿脉的展布方向严格受构造面的制约。断裂性质、规模在一定程度上控制了矿脉的规模,性质复杂、活动期次多、时间长、断层破碎带宽的断裂,为矿液活动、充填提供了良好的条件,形成了厚度较大、品位较富、连续性好的矿脉(体)。断裂切割背斜核部,在其背斜顶部成矿较好,易形成工业矿体。

(2)地层控矿:锑矿化明显受地层岩性控制,主要矿体赋存在临江组、大栗子组泥质碎屑岩的中浅变质岩系的云母片岩、石英岩、千枚岩中,这些岩石有利于断层破碎带和节理裂隙的形成。其中绢云片岩、二云片岩是良好的屏蔽层,有利于矿液富集形成规模较大的工业矿体。

(3)岩浆岩控矿:矿床与岩浆岩在空间、时间、成因上有着极为密切的联系,矿床成因为中低温热液充填型,主要是印支期草山单元黑云母花岗岩期后热液活动的产物。多期次热液活动与多次成矿作用以及相伴的中酸性岩脉侵位,无疑为锑成矿提供了良好的物源和热源。

2) 找矿标志

北东向陡倾斜断裂及旁侧次级断裂构造是区域找矿标志;褶皱构造加上断裂构造是寻找锑矿体构造标志;临江组、大栗子组碳质绢云片岩、千枚岩、石英岩等为锑矿床地层岩性标志;断裂带硅化、黄铁矿化、毒砂化等是找矿蚀变标志;锑、金、砷水系、重砂、次生晕是地球化学找矿标志;低电阻率、高充电率是寻找块状锑矿体物探标志。

11. 矿床形成及就位机制

印支期—燕山早期花岗岩及同源中基性岩脉侵位于古元古代晚期老岭群大栗子组及临江组二云片岩、千枚岩、石英岩等中,在岩浆热液及少部分地下水参与下,在弱碱性还原环境中热液把岩体及地层中S与Sb等有用元素萃取、富集、迁移到青沟子复式背斜核部,并在扇形断裂有利空间沉淀充填成矿。

12. 成矿模式

临江市青沟子锑矿床成矿模式见图3-8-3。

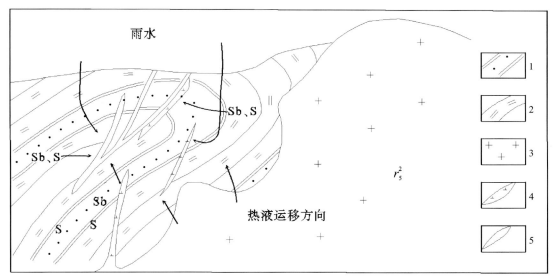

图3-8-3 临江市青沟子锑矿床成矿模式图
1.临江组石英岩;2.大栗子组二云片岩;3.燕山早期花岗岩;4.燕山期闪长玢岩;5.矿体

13. 成矿要素

临江市青沟子锑矿床成矿要素见表3-8-1。

表 3-8-1 临江市青沟子锑矿床成矿要素表

成矿要素		内容描述	成矿要素类别
特征描述		岩浆期后中低温热充填型锑矿床	
地质环境	岩石类型	二云片岩、石英岩、花岗岩	必要
	成矿时代	燕山早期	必要
	成矿环境	开阔的等厚褶皱转折端发育有扇形断层部位,叠加有北东向、东西向断裂部位	必要
	构造背景	前南华纪华北东部陆块(Ⅱ)胶辽吉元古宙裂谷带(Ⅲ)老岭坳陷盆地(Ⅳ)内	重要
矿床特征	矿物组合	主要有辉锑矿、自然砷、钨铁矿、黄铁矿、磁黄铁矿、白铁矿、毒砂、磁铁矿、钛铁矿、褐铁矿、石英、绢云母、绿泥石、黑云母、方解石、电气石和石墨等	重要
	结构构造	结构有粒状结构、自形晶结构、显微叶片状结构、放射状结构、交代残余结构、显微状结构、应力双晶结构及碎斑结构;构造有块状构造、团块状构造、浸染状构造、条带状构造、条纹状构造、细脉状-脉状构造、胶结角砾状-角砾状构造、晶洞(簇)构造	次要
	蚀变特征	矿床围岩蚀变种类主要为硅化、绢云母化、碳酸盐化、绿泥石化、黄铁矿化、毒砂矿化和辉锑矿化。矿体上盘比下盘矿化强。蚀变种类以硅化、碳酸盐化、黄铁矿化、毒砂矿化为主,绿泥石化、电气石化、辉锑矿化较弱;蚀变特征以裂隙、微裂隙充填为主;蚀变规模,矿体上盘宽十几米,下盘宽几米;蚀变分带不明显。从坑道矿脉带中观察,硅化与锑矿相伴出现,硅化较强的部位矿化好;硅化弱,矿化差;无硅化基本无矿	重要
	控矿条件	构造控矿:矿体主要受北东向、北北东向、北西向、近南北向和近东西向断裂构造控制,断裂切割背斜核部,在背斜顶部成矿较好,易形成工业矿体。北东向深大断裂是导矿构造,次级构造为储矿构造。地层控矿:主要矿体赋存在临江组、大栗子组泥质碎屑岩的中浅变质岩系的云母片岩、石英岩、千枚岩中,这些岩石有利于断层破碎带和节理裂隙的形成;在空间、时间、成因上与印支期草山单元黑云母花岗岩期后热液活动有着极为密切的联系	必要

第九节 金矿典型矿床研究

吉林省金矿主要有9种成因类型,分别为绿岩型、岩浆热液改造型、火山沉积-岩浆热液改造型、矽卡岩型-破碎蚀变岩型、火山岩型、火山爆破角砾岩型、侵入岩浆热液型、砾岩型、沉积型。本节主要选择了21个典型矿床开展金矿成矿特征研究(表3-9-1),主要典型矿床特征如下。

表 3-9-1 吉林省金矿典型矿床一览表

矿床成因型	矿床式	典型矿床名称	成矿时代
绿岩型	夹皮沟式	桦甸市夹皮沟金矿床	古太古代
		桦甸市六匹叶金矿床	中生代
岩浆热液改造型	荒沟山式	白山市荒沟山金矿床	中生代
		通化县南岔金矿床	中生代
	西岔式	集安市西岔金银矿床	中生代
		集安市下活龙金矿床	中生代
	金英式	白山市金英金矿床	中生代
火山沉积-岩浆热液改造型	二道甸子式	桦甸市二道甸子金矿床	中生代
	弯月式	东辽县弯月金矿床	中生代
矽卡岩型-破碎蚀变岩型	兰家式	长春市兰家金矿床	中生代
火山岩型	头道川式	永吉县头道川金矿床	晚古生代—中生代
	刺猬沟式	汪清县刺猬沟金矿床	中生代
		汪清县五凤金矿床、	中生代
		汪清县闹枝金矿床、	中生代
		永吉县倒木河金矿床	中生代
火山爆破角砾岩型	香炉碗子式	梅河口市香炉碗子金矿床	中生代
侵入岩浆热液型	海沟式	安图县海沟金矿床	中生代
	杨金沟式	珲春市杨金沟金矿床	中生代
	小西南岔式	珲春市小西南岔金铜矿床	中生代
砾岩型	黄松甸子式	黄松甸子砾岩型金矿床	新生代
沉积型	珲春河式	珲春河砂金矿床	新生代

一、绿岩型

(一)桦甸市夹皮沟金矿床特征

1. 成矿地质背景及成矿地质条件

矿床位于前南华纪华北东部陆块(Ⅱ)龙岗-陈台沟-沂水前新太古代陆块(Ⅲ)夹皮沟新太古代地块(Ⅳ)内,处于辉发河-古洞河深大断裂向北突出弧形顶部。

1)地层

矿区内主要出露花岗岩-绿岩带,西南侧分布有古太古代高级区深变质地体,北部及东南部零星出露有元古宇色洛河群和中侏罗统,见图 3-9-1。

矿床赋存于夹皮沟绿岩带之中,由于太古宙英云闪长岩、奥长花岗岩的侵入,整个绿岩带被分割成若干长条状断块,分为上下两个层序。下部层序相当于原三道沟群下含铁层,原岩为镁铁质火山岩夹超镁铁质岩,沿该层底部被元古宙的板庙岭钾质花岗岩侵入,主要变质岩为斜长角闪岩,底部夹少量超镁铁质变质岩,顶部夹黑云变粒岩和条带状磁铁石英岩,金矿床赋存于镁铁质火山岩之中。上部层序大致相当于三道沟组上含铁层,为镁铁质-长英质火山岩及火山碎屑岩-沉积岩,岩性主要有黑云变粒岩、黑云片岩、磁铁石英岩、斜长角闪岩等,为主要的含铁层位,老牛沟铁矿即赋存其中。

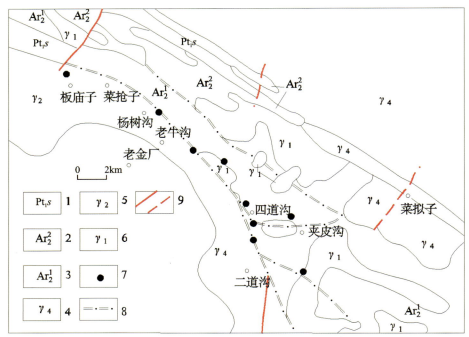

图 3-9-1 桦甸市夹皮沟金矿床地质略图

1.色洛河群;2.夹皮沟绿岩带上部层位;3.夹皮沟绿岩带下部层位;4.海西期花岗岩;5.五台-中条期钾质花岗岩;
6.阜平期英云闪长岩-奥长花岗岩;7.金矿床;8.韧性剪切带;9.断层及推断断层

2)构造

该区主要以阜平期褶皱和韧性剪切带为基础构造,其褶皱轴及韧性剪切带展布方向总体上都为北西向,在韧性剪切带中有多次脆性构造叠加,形成了多条平行的挤压破碎带。大部分金矿床位于褶皱构造轴部、陡翼或倾没端,并与韧性剪切带空间呈现协调性。

(1)韧性剪切带:在褶皱变形过程中形成,矿田内主要有老牛沟和腰仓子两条韧性剪切带,走向北西,矿田内所有金矿床都产在韧性剪切带中。

(2)脆性构造:从古元古代至中生代均有发育,古洞河超岩石圈断裂呈北西向展布,后期构造使其继续活动,并伴有多条新的脆性构造产生。这些脆性构造是本区容矿构造,按含矿断裂产状可划分为两类:①矿体走向与韧性剪切带走向大致平行,但倾向上有较小交角,或倾向相反;②矿体走向与韧性剪切带走向斜交或垂直,一般平行韧性剪切带那组矿脉规模大,为各矿床主要矿体。

3)岩浆岩

区内岩浆活动频繁,以阜平期、中条期和海西期最为剧烈,燕山期次之。阜平期英云闪长岩-奥长花岗岩带围绕并侵入了绿岩带;中条期钾质花岗岩和海西期花岗岩分别出露于矿区的西南部和北东部;燕山期钾长花岗岩仅在东南及东北部出露。另外,燕山期及海西期的脉岩广布,与金矿关系密切,主要表现在含金石英脉赋存于岩脉裂隙之中或其上下盘,含金石英脉与岩脉相互穿插,甚至岩脉本身构造成矿体,表明二者形成时间相近。

2. 矿体三度空间特征

夹皮沟金矿的矿体以含金石英脉型为主,多以单脉和复脉产出,其次为破碎蚀变岩型,呈脉状、似脉状、透镜状、串珠状。矿体沿走向及倾向变化复杂,分支复合、尖灭再现明显,产状变化较大,自南向北走向为北东→北东东→北北西→北西→北北东→东西,倾角由缓(20°~45°)逐渐变陡(75°~85°),与韧性剪切带基本一致;倾向则由南东向变为南西向,与围岩剪切理有一定交角。

含金石英脉的厚度变化较大,最薄0.1m,最厚达22m,一般0.5~1.5m,长50~200m,最长770m,延深往往大于延长,一般100~300m,最大可达670m,见图3-9-2、图3-9-3。

近矿围岩为斜长角闪岩、绿泥片岩、角闪斜长片麻岩。控矿构造为北西向韧性剪切带外缘夹皮沟向斜陡翼。

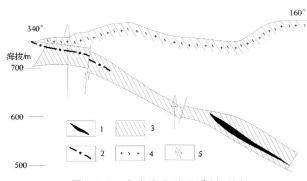

图3-9-2 夹皮沟金矿地质剖面图
1.含金石英脉;2.石英脉;3.糜棱岩化带;4.角闪斜长片麻岩和斜长角闪片麻岩;5.断层

3. 矿石物质成分

(1)矿石成分:含金矿物为自然金、银金矿、针碲金矿,自然金主要为包裹金,次为裂隙金,少数为晶隙金形式赋存于石英、黄铁矿、黄铜矿、方铅矿、磁铁矿、赤铁矿中,有时见与黄铜矿、银金矿连生。其中,赋存于石英、黄铁矿、磁铁矿、赤铁矿中金的成色最好,一般在850以上;在黄铜矿、方铅矿中的较差,一般为700~850。

矿石Au品位为$(4.0~50)\times10^{-6}$,伴生Ag、Pb、Cu等,Ag、Cu、Pb、Bi与Au呈正消长关系,主要成矿元素、伴生元素及微量元素从矿体到近矿围岩,Au、Ag、Cu、Pb、Zn等递减,V、Ti、Ba、Sr递增。特征元素矿上部为Au、Ag、Pb,矿体本身为Au、Cu、Mn、Co,矿下部Au、Mo、Ag、Pb、V、Ti、Co、Mo、Mn、V、Cu、W、Ba、Sr逐渐增高。其中Cu、Co在含金石英脉中部富集,Mo、Ba、Sr在其下部富集。

(2)矿石类型:金-黄铁矿型、金-黄铁矿-黄铜矿-方铅矿型。

(3)矿石矿物:主要金属矿物为黄铁矿、黄铜矿、方铅矿,次为磁黄铁矿、闪锌矿、磁铁矿、白铁矿、白钨矿、黑钨矿、辉铋矿、辉银矿、铜银铅铋矿、菱铁矿;金矿物有自然金、银金矿、针碲金矿、碲金矿;脉石矿物有石英、绿泥石、孔雀石和蓝铜矿。

(4)矿石结构构造:结构以自形粒状、半自形粒状、交代残余状为主,尚有碎裂结构;构造有条纹、条带状、浸染状、角砾状、网脉状、脉状等,条带状是构成矿体的主要类型。

4. 围岩蚀变

近矿围岩多为动力变质岩,并为热液蚀变叠加,通常热液蚀变较窄,矿体内侧较强烈的蚀变为1~2m,最大亦不超过数米。蚀变主要有绿泥石化、绢云母化、黄铁矿化、硅化、方解石化、铁白云石化等。其中前3种金矿化关系密切。蚀变带规模与构造裂隙的发育程度有关,蚀变矿物类型又受围岩岩性控制。

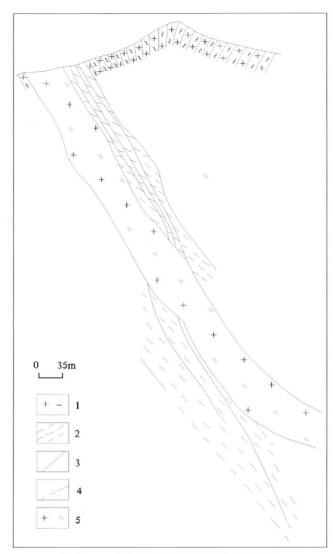

图 3-9-3　夹皮沟(本区)金矿床地质剖面图
1.TTG 质片麻岩;2.韧性剪切带;3.含金石英脉;4.实测及推测韧性剪切带边界;5.华力西期花岗闪长岩

5. 成矿阶段

成矿共分为 5 个阶段:①石英阶段(Ⅰ)。早期脉状石英,构成石英脉的主体;②多属氧化物阶段(Ⅱ)。由白钨矿、菱铁矿开始,以黑钨矿、磁铁矿结束;③石英-黄铁矿阶段(Ⅲ)。石英与黄铁矿呈充填的条带切穿金属氧化物并出现含铋硫化物,为金的富集阶段;④多金属硫化物阶段(Ⅳ)。由多金属硫化物组成的细脉或网脉,切穿石英-黄铁矿脉,为金的主要富集期;⑤石英-碳酸盐阶段(Ⅴ)。碳酸盐矿物及晚期石英成脉状穿切含金石英脉或成团块沿含金石英脉两侧的片理带分布。其中Ⅲ、Ⅳ阶段为金的主要富集阶段,形成工业矿体,Ⅰ、Ⅴ阶段一般不含金。

6. 地球化学特征

(1)微量元素地球化学特征:晚期太古宙绿岩带高于古太古代高级区变质地体,绿岩带下部层位含量近克拉克值的 10 倍,见表 3-9-2。三叠纪—白垩纪一些岩体含金丰度较高,是克拉克值的 6~110 倍,见表 3-9-3。

表 3-9-2 夹皮沟太古宙地层含金丰度表

位置	样品数	平均含量/×10⁻⁶
绿岩带上部	18	0.004
绿岩带下部	10	0.039
上壳岩	6	0.003
TTG	26	0.002 8

表 3-9-3 夹皮沟矿区岩浆岩微量分析结果表

岩体名称	微量金/×10⁻⁶	克拉克值倍数	时代
北大顶子花岗岩	0.55	110	三叠纪
四道岔花岗岩	0.39	66	三叠纪
黄泥岭花岗岩	0.04	8	石炭纪—三叠纪
二道沟花岗闪长岩	0.40	80	二叠纪—三叠纪
八家子正长斑岩	0.05	10	二叠纪—三叠纪
四道岔正长斑岩	0.05	10	二叠纪—三叠纪
大金牛花岗斑岩	0.08	16	三叠纪
兴安屯花岗斑岩	0.03	6	白垩纪

注：资料来源 604 队(1977)。

(2)硫同位素地球化学特征：根据夹皮沟矿区目前已积累的 387 件矿石硫同位素数据统计(表 3-9-4)，其 $\delta^{34}S$ 的变化范围从 $-2.7‰$ 到 $11.9‰$，其中 80% 以上的样品 $\delta^{34}S$ 集中在 $3‰$ 到 $6.4‰$ 之间，平均 $5.7‰$，为正向偏离。同围岩硫比较，矿石硫略大于围岩硫，一般在 $0.5‰\sim4‰$ 之间，这种重化现象符合硫同位素的热力效应。

表 3-9-4 夹皮沟矿区围岩硫同位素组成对比表

岩(矿)石名称	变化范围/‰	平均值 $X/‰$(样品数量)	极差 R
斜长角闪岩	3.0～5.2	2.17(18)	2.2
英云闪长岩	1.8～2.4	2.00(3)	0.6
黑云处岩	—0.2～3.0	1.68(5)	3.2
磁铁石英岩	0.4～6.0	2.46(10)	5.6
绿岩带总体	—0.2～6.0	2.17(36)	6.2
矿石	—2.7～11.9	5.76(387)	14.6
辉绿岩	0.2～0.4	0.16(3)	0.6

(3)铅同位素组成特征：铅同位素变化较大，$^{206}Pb/^{204}Pb$ 为 $15.31\sim18.13$，$^{207}Pb/^{204}Pb$ 为 $15.22\sim16.22$，$^{208}Pb/^{204}Pb$ 为 $36.64\sim40.99$，这种铅同位素差异反映了该区金矿石铅多是异常铅，见表 3-9-5。

(4)氢氧同位素特征：石英包裹体测定结果见表 3-9-6。从表中可以看出，矿石中石英包裹体 $\delta^{18}O$ 变化范围为 $-14.4‰$ 到 $-6.7‰$，平均为 $-10.46‰$，说明成矿过程中对 $\delta^{18}O$ 改造特别强烈，并有大气水的(δ^{18}O 为 $-11‰$)参与;矿石中石英包裹体 δD 变化于 $-92.4‰ \sim -74.2‰$ 之间,平均为 $-87.32‰$,与该区变质岩系 δD(平均值 $-84.35‰$)大致相近,也接近该区太古宙及中生代花岗岩的 δD 值,表明了成矿溶液乃至重熔花岗岩形成过程中都继承了绿岩带变质水同位素特征。

表 3-9-5　矿(岩)石铅同位表组成及模式年龄

顺序号	样品号	测定单位	采样位置	测定矿物	^{206}Pb/^{204}Pb	^{207}Pb/^{204}Pb	^{208}Pb/^{204}Pb	年龄值/Ma
1	75-4	长春地质学院(现并入吉林大学)	夹皮沟本区大猪圈坑	黄铜矿	16.578	15.431	37.627	1151
2	8-1	北京三所(现为核工业北京地质研究院)	夹皮沟本区万宝山坑	方铅矿	17.82	16.07	40.63	1062
3	8-2	北京三所(现为核工业北京地质研究院)	夹皮沟本区	方铅矿	17.31	15.64	39.68	1000
4	8-3	北京三所(现为核工业北京地质研究院)	夹皮沟本区	方铅矿	16.41	15.29	36.64	1300
23	Pb-1	长春地质学院(现并入吉林大学)	夹皮沟绿岩带下部层位斜长角闪岩	全岩	17.242	15.578	38.118	1010
24	Pb62-1	长春地质学院(现并入吉林大学)	夹皮沟绿岩带下部层位斜长角闪岩	全岩	16.765	15.253	36.255	755
25	R-7	长春地质学院(现并入吉林大学)	夹皮沟绿岩带下部层位斜长角闪岩	全岩	17.667	15.564	38.069	425
26	T34-8	长春地质学院(现并入吉林大学)	夹皮沟绿岩带下部层位斜长角闪岩	全岩	17.420	15.566	37.541	648
27	Pb48	长春地质学院(现并入吉林大学)	夹皮沟岭上英云闪长岩	全岩	16.537	15.273	36.779	952
28	Pb196	长春地质学院(现并入吉林大学)	夹皮沟地区板庙岭钾质花岗岩	全岩	16.520	15.541	36.078	1245

表 3-9-6　石英包裹体的 δD、δ^{18}O 测定结果　　　　　　　　　　　单位:‰

样号	采样位置	测定矿物	δD(SMOW)	δ^{18}O(SMOW)
75-3	夹皮沟(本区)大猪圈坑含金石英脉	石英	-89.8	-10.3
G-8	夹皮沟绿岩带岩石	石英	-92.4	
64-5	夹皮沟绿岩带铁矿层中石英	石英	-76.3	-5.9
G-1	古太古代英云闪长岩	石英	-84.7	
G-22	中生代花岗岩	石英	-86.7	

注:"戴新义等"样品由地矿部矿床所刘裕庆等测定(1987)。

7. 成矿物理化学条件

(1)成矿温度:矿石中共生硫同位素平衡温度为 $206 \sim 445$℃,与包裹体相等,见表 3-9-7。

(2)包裹体成分:见表 3-9-8,含矿石英成分不太一致,成矿热液性质为 $Na^+ - K^+ - Cn^{++} - SO_4^{2-} - Cl^-$ 型,金主要以 $(AuCl)^{1-}$、$(AuS_2)^{2-}$、$(AuS_2O_3)^{3-}$ 等氯硫络合物形式运移。

表 3-9-7 硫同位素平衡温度表

矿床	采样位置及编号	共生矿物对	$\Delta\delta^{34}S$	平衡温度/℃	包裹体温度/℃
夹皮沟区	万宝山 1102 号、1101 号	Py-Gn	2.9	323	210～355
	第三号脉 1107 号、1108 号	Cp-Gn	1.6	329	

表 3-9-8 夹皮沟矿床各类石英包裹体成分数据表

序号		1	2	3	4	5
样品号		75-3	G-1	G8	64-5	G22
采样位置		夹皮沟(本区)大猪圈坑	古太古代地体	绿岩带	绿岩带磁铁石英岩	显生宙花岗岩
阳离子组 /×10^{-7}	K^+	15.68	1.8	4.0	4.39	4.5
	Na^+	12.98	1.6	15.0	46.9	8.3
	Ca^{2+}	2.79	88.7	0	40.3	
	Mg^{2+}	0.48	18.7	7.5	0	2.0
阴离子组 /×10^{-7}	F^-	9.99	4.3	12.5	0.55	3.4
	Cl^-	20.27	23.9	20.0	48.58	25.8
	SO_4^{2-}	35.54	40.0	200.0	41.97	59.4
	HCO_3^-			71.7	42.0	
	NO_3^-	0				
	PO_4^{3-}	0				
气相成分 /×10^{-7}	H_2O	2 248.84	4.4	4.0	1 585.38	5.8
	CO_2	828.68	0.874	0.33	185.22	0.16
	H_2	0.960			0	
	O_2	0			0	
	N_2	0			4.427	
	CH_4	6.951			1.35	
	CO	0			0.648	

8. 成矿物质来源

新太古代裂谷形成以后,深大断裂切穿地壳深部,引发火山喷发产生以拉斑玄武岩为主的镁铁质-长英质-碱质火山岩建造,形成了底部含金丰度较高的初始矿源层。经阜平期、中条期构造-岩浆活动提供了热源,成矿物质活化、迁移进一步富集,形成变质后的矿源层,局部形成小矿体。又经海西期—燕山期构造-岩浆活动,侵入岩为成矿提供部分成矿物质及充足的热源,并进一步改造矿源层,且加热部分下渗天水,形成含矿的复合热液,热液在循环过程中继续萃取地层中的成矿物质,然后迁移至有利地段富集成矿。

9. 成矿时代

夹皮沟金矿为多阶段成矿,始于太古宙晚期变质变形,终于燕山期,但主成矿期说法不一。据八家子和二道沟含金石英脉中水热锆石铀-铅一致线上交点年龄值 2469±33Ma 及 2475±19Ma(李俊建等,1996)作为夹皮沟金矿的主成矿期。吉林省冶金研究所王义文(1978)研究认为,夹皮沟主成矿期为新太古代和古元古代(1900~1800Ma),与我国北方主要两次变质作用时期相吻合;板庙子金矿的含金石英脉 K-Ar 稀释法获得年龄值为 1 864.34±45.44 Ma(戴蕲义等,1986),也表明矿田某些金矿形成与古元古代构造岩浆活动有关。1050Ma 年板庙子花岗片麻岩与 938Ma 年鹿角沟变闪长岩及一些矿床 1000Ma 年左右年龄等数据表明,中元古代晚期可能又是一次较主要的成矿期;燕山期脉岩与矿体密切的空间关系表明,燕山期构造岩浆活动对夹皮沟金矿的再富集起到了重要的作用。

矿床成因类型为火山沉积变质热液型,后期热液叠加。

10. 控矿因素及找矿标志

(1)控矿因素:矿体赋存于大陆边缘裂谷中的绿岩带下部层位,该层含金丰度较高,为矿源层。深大断裂、韧性剪切带控制了矿田的展布,叠加于韧性剪切带之上的线性构造为容矿构造。各期的中酸性岩体发育,与矿空间关系密切。晚期岩体及脉岩含金丰度较高。

(2)找矿标志:花岗绿岩建造出露区,蚀变是本区的重要找矿标志,蚀变类型以硅化、绿泥石化、绢云母化、黄铁矿化、方解石化及白铁矿化为主;地球化学标志1:20万,1:5万水系沉积异常,1:1万土壤化探异常,主要以 Au、Ag、Pb、Zn、Cu、Bi 等元素异常为主;重砂异常标志金重砂异常明显;地球物理标志矿体具有高阻、低激化异常特征。

11. 矿床形成及就位机制

夹皮沟金矿床具有多成因、多期成矿特点。中太古代末—新太古代早期,原始古陆块之下异常地幔的活动导致了上覆地壳的裂陷作用(类似于现代大陆边缘裂谷或弧后盆地),大量拉斑玄武岩及安山质长英质火山岩、火山碎屑岩、BIF 和沉积岩的堆积,形成了原始绿岩建造,并携带了地球深部的金进入地壳。新太古代晚期,古老微板块的聚合,伴随裂谷或弧后盆地的闭合,导致了绿岩建造的深埋和变质变形,深部的镁铁质火山岩的部分熔融,产生了同构造的奥长花岗岩-英云闪长岩-花岗闪长岩的底辟侵入,形成了花岗岩-绿岩带。并在 2600~2500 Ma 和 2000 Ma 左右遭受了两次低角闪岩相和绿片岩相的区域变质及退变质作用,岩石发生脱挥发分作用,释放出 Si、CO_2、H_2O 和 Au 等成矿物质,形成大量的变质含矿热液,并有同期可能的岩浆流体和深源(下地壳-地幔)含矿流体的混合,在深部形成低盐、偏碱、还原性的 CO_2-H_2O 含矿热流体,受温压梯度的影响,沿龙岗古陆块边缘发育的多期次大型韧性剪切带系统向上运移,同时受到部分下渗循环天水或海水的加入,于是对围岩产生退变质作用,进一步获取成矿物质。当含矿热流体聚集到有利的构造扩容部位,由于温度的下降、溶解度降低,硫、铁及其他多金属元素组合,形成黄铁矿及其他多金属硫化物,同时金离子被还原沉淀在早期形成的矿物裂隙和晶隙间而形成金矿床。

海西期—燕山期(以燕山期为主),受太平洋板块俯冲作用影响,产生了强烈的构造-岩浆作用。深部地壳的重熔形成了沿古陆边缘分布的大片花岗质侵入体,部分幔源与深源的煌斑岩、辉绿岩等,对早期形成的金矿局部进行叠加、改造。

12. 成矿模式

桦甸市夹皮沟金矿床成矿模式见图 3-9-4。

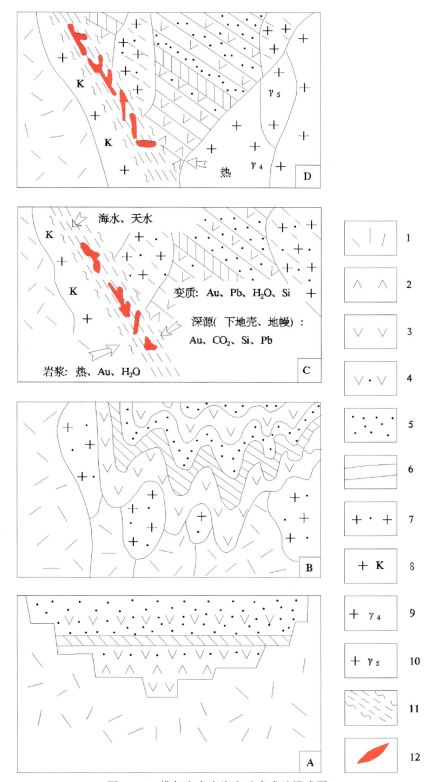

图 3-9-4 桦甸市夹皮沟金矿床成矿模式图

1.古陆壳;2.超镁铁质岩;3.镁铁质岩;4.镁铁质-安山质火山岩;5.长英质火山岩、火山碎屑岩;6.硅铁质岩;7.太古宙 TTG 岩石;8.钾长花岗岩;9.海西期花岗岩;10.燕山期花岗岩;11.韧性剪切带;12.含金石英脉

13. 成矿要素

桦甸市夹皮沟金矿床成矿要素见表3-9-9。

表3-9-9 桦甸市夹皮沟金矿床成矿要素表

成矿要素		内容描述	类别
特征描述		火山沉积变质热液矿床,后期热液叠加	
地质环境	岩石类型	斜长角闪岩、超镁铁质变质岩、夹黑云变粒岩和条带状磁铁石英岩,金矿床赋存于镁铁质火山岩之中	必要
	成矿时代	新太古代—燕山期	必要
	成矿环境	矿床位于前南华纪华北东部陆块(Ⅱ)龙岗-陈台沟-沂水前新太古代陆块(Ⅲ)夹皮沟新太古代地块(Ⅳ)内	必要
	构造背景	辉发河-古洞河深大断裂向北突出弧形顶部,北西向阜平期褶皱轴及韧性剪切,在韧性剪切带中有多次脆性构造叠加,形成了多条平行的挤压破碎带。大部分金矿床位于褶皱构造轴部、陡翼或倾没端,并与韧性剪切带空间呈现协调性	重要
矿床特征	矿物组合	矿石矿物成分较复杂,主要金属矿物为黄铁矿、黄铜矿、方铅矿,次为磁黄铁矿、闪锌矿、磁铁矿、白铁矿、白钨矿、黑钨矿、辉铋矿、辉银矿、铜银铅铋矿、菱铁矿;金矿物有自然金、银金矿、针碲金矿、碲金矿;脉石矿物有石英、绿泥石、孔雀石和蓝铜矿	重要
	结构构造	结构以自形粒状、半自形粒状、交代残余状为主,尚有碎裂结构;构造有条纹状、条带状、浸染状、角砾状、网脉状、脉状等,条带状是构成矿体的主要类型	次要
	蚀变特征	绿泥石化、绢云母化、黄铁矿化、硅化、方解石化、铁白云石化等	重要
	控矿条件	大陆边缘裂谷中的绿岩带下部层位,深大断裂、韧性剪切带控制了矿田的展布,叠加于韧性剪切带之上的线性构造为容矿构造,各期的中酸性岩体发育,与矿空间关系密切,晚期岩体及脉岩含金丰度较高	必要

(二)桦甸市六匹叶金矿床特征

1. 地质构造环境及成矿条件

矿床位于前南华纪华北东部陆块(Ⅱ)龙岗-陈台沟-沂水前新太古代陆核(Ⅲ)夹皮沟新太古代陆块(Ⅳ)南部内。该区是经历了多期构造活动及热事件的太古宙高级变质岩区。

1)地层

区域出露的地层主要为上壳岩,显生宙盖层稀少,仅局部见下白垩统火山碎屑岩和第四系玄武岩等。

上壳岩时代最老为3.4~3.1Ga,变质变形强烈,呈规模很小的残块产出,主要有变粒岩类、含榴斜长角闪岩、黑云角闪磁铁石英岩、变粒岩类、暗色麻粒岩等,出露面积仅数平方米。显生宙盖层零星出露,仅在迎风沟一带见有小面积的下白垩统酸性熔结凝灰岩和砂砾岩。

2)岩浆岩

区域出露的岩石以花岗质岩石为主,占太古宇分布面积的80%以上。常见奥长花岗岩类(2537Ma,

U-Pb等时线;刘大瞻,1990)、二长花岗岩类(2457Ma,U-Pb等时线;刘大瞻,1990),其次是少量的黑云(角闪)斜长片麻岩(2932Ma,Rb-Sr全岩等时线;徐公愉,1985)、黑云二长片麻岩等。太古宙的花岗岩类侵入体经历多次岩浆侵入和变质作用,已演化为片麻岩(TTG)。但太古宙晚期的花岗质岩石大多属于弱变形和未变形,说明矿区在太古宙晚期属于低应变带。矿区除大面积分布的中—新太古代的花岗质岩石外,主要侵入岩类是中生代的二长花岗岩,呈较大的岩株分布在矿区的北部,并且有新太古代的辉长岩类,中生代的微晶闪长岩、石英闪长岩、辉绿玢岩、闪长玢岩、安山玢岩等。矿区各种构造岩类主要分布在线性构造内,常见各种糜棱岩化岩石、初糜岩、糜棱岩、片糜岩、千枚状糜棱岩,以及碎粒岩、碎斑岩、碎粉岩、构造角砾岩等。上述构造岩类主要分布在韧-脆性剪切带和脆性断裂内,往往是矿体的主要围岩。该区北东向、南西向零星出露有二长花岗岩岩株及规模较小的中生代侵入的各种脉岩。

3) 构造

区域内除在上壳岩中见有方向各异的片麻理及规模很小的褶皱构造外,各种断裂构造广泛发育并伴有大量的片理化、挤压破碎现象,尤其是在北西向、近东西向的剪切构造带内,既有早期韧性变形特征,又有大量晚期脆性断裂叠加的特点,同时伴有各种中基性脉岩侵入,而且矿化蚀变广泛而强烈,是区域内最重要的控矿构造。

矿区构造的主体为北西向韧-脆性剪切带,是夹皮沟金矿田北西向控矿构造的南东延长部分,在中生代五道溜河二长花岗岩体西侧的外接触带呈多条相互平行展布。西部规模较大的韧-脆性剪切带穿过矿区,一直向南东方向延伸,延长达10km以上。主剪切带宽130~240m,走向320°~330°,倾向南西,倾角70°~80°,其边界平直,沿走向、倾向常呈舒缓波状,局部有膨缩现象,常见规模不等沿C面理形成的晚期构造破碎带。

剪切带内岩石组合复杂多样,常见沿C面理侵入的辉绿玢岩、闪长玢岩、细粒闪长岩、石英闪长岩等,但主要是太古宙灰色片麻岩(TTG)和少量的镁铁质岩石经剪切作用所形成的各种糜棱岩类及碎裂岩类。带内矿化蚀变较为普遍,且以中—低温热液矿化蚀变为主,一般是剪切带中心矿化蚀变较强,向两侧则变弱。

2. 矿体三度空间分布特征

金矿体主要分布在Ⅰ号矿化带和Ⅱ号矿化带内,且集中在8~11线间和韧-脆性剪切带上盘至Ⅱ号矿化带东部边缘宽约150m范围内,目前已圈出金矿体10条。赋矿围岩主要是蚀变花岗质碎斑(粉)岩、糜棱岩、蚀变微晶闪长岩等。金矿体呈脉状、似脉状、长扁豆状平行侧列产出,局部膨缩现象明显,深部有分支复合现象。一般矿体与围岩无明显界线。

Ⅰ号矿化带:矿化带出露在北西向六批叶沟韧-脆性剪切带上盘部位,由大架沟至大西沟呈北西向带状产出,向南东收敛,延长1200m,幅宽20~80m,总体走向330°,倾向南西,倾角65°~83°。有后期脆性断裂叠加和细粒闪长岩脉侵入,并且蚀变花岗质碎裂碎斑岩以及花岗质碎粒碎粉岩沿矿化带呈北西向展布。蚀变以硅化、绢云母化、高岭土化为主,次为绿泥石化和碳酸盐化。金属矿化以黄铁矿化为主,局部见条带状、细脉状、浸染状、角砾状、团块状的方铅矿、闪锌矿、黄铜矿等。在此矿化带中已发现6条矿体,矿体均呈脉状平行并列产出,间隔在20~40m之间,有向南东侧伏和剖面上呈侧列产出的特点。其中2-1号、2-1-1号矿体出露地表,其他金矿体以隐伏形式产出。

Ⅱ号矿化带:与Ⅰ号矿化带成平行带状产出,位于Ⅰ号矿化带下盘,沿走向有膨缩现象,延长1200m,宽20~80m,走向330°~340°,倾向南西,倾角75°~85°,有两期脉岩侵入和后期构造叠加,并且脉岩和花岗质碎裂岩沿矿化带呈北西向展布。蚀变以硅化、绿泥石化、碳酸盐化为主,次为绢云母化、高岭土化。金属矿化以黄铁矿化为主,局部见条带状、细脉状、浸染状、角砾状、团块状的方铅矿、闪锌矿、黄铜矿。在此矿化带中赋存有4条金矿体,其中2-2号金矿体北西端出露地表,而大部分为隐伏矿体。其他3条金矿体为隐伏矿,三者呈平行并列产出,间隔10~20m,均有向南东侧伏的特点。

2-1号金矿体:是矿区主矿体之一,位于基线附近8~15线间,产在主剪切带上盘Ⅰ号矿化带中,是矿床内最大的金矿体,占资源储量的32%。地表控制延长270～498m,控制延深270～320m。矿体总体走向330°,倾向南西,倾角75°～83°,局部直立或反倾。矿体平均品位9.56×10^{-6},地表出露最大宽度14.40m,平均水平厚度4.66m,形态呈脉状、长扁豆状,在剖面上矿体向深部具有分支复合现象。矿体围岩为各种构造碎裂岩类,主要为蚀变花岗质碎粒碎粉岩、花岗质碎斑岩及硅化石英岩,在矿体分支、复合部位有规模较小的夹石。矿体及近矿围岩主要蚀变为硅化(包括石英细脉、网脉)、绢云母化、高岭土化、绿泥石化、碳酸盐化。常见金属矿化有黄铁矿化、方铅矿化、闪锌矿化、黄铜矿化、褐铁矿化。多金属硫化物常呈细脉和网脉,局部见多金属硫化物团块和条带。

2-2号金矿体:位于2-1号金矿体下盘100m处,赋存在Ⅱ号矿化带中,是已知金矿体中品位最高的矿体,资源储量占矿床的33%。地表控制延长100m,平均水平厚度3.65m,深部工程控制延长95～625m,平均水平厚度0.87～1.43m,控制延深410m。矿体总体走向330°,倾向南西,倾角75°～85°,局部直立或反倾。矿体平均水平厚度1.47m,Au平均品位8.50×10^{-6},Ag平均品位24.45×10^{-6}。矿体呈脉状,有向南东侧伏特点,且大部分属盲矿体。矿体上盘围岩为蚀变细粒闪长岩,下盘为蚀变石英闪长岩。近矿围岩蚀变以硅化、绢云母化为主,伴有绿泥石化、高岭土化、碳酸盐化;金属矿化以黄铁矿化为主,可见多金属硫化物细脉及条带,局部见致密金属硫化物条带或团块,其分布于石英脉两侧。矿体明显标志是:上、下盘有0.3～3.0m含花岗质碎粒岩角砾,胶结物为石英方解石细脉、网脉,以及碳酸盐化、硅化的蚀变,见图3-9-5、图3-9-6。

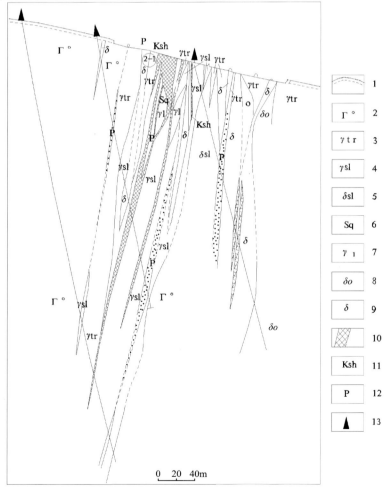

图3-9-5 桦甸市六匹叶金矿区0号勘探线地质剖面图
1.表土及残坡积物;2.奥长花岗岩;3.花岗质破碎碎裂岩;4.花岗质破碎碎粉岩;5.闪长质破碎碎粉岩;6.硅化石英脉;
7.花岗质糜棱岩;8.石英闪长岩;9.细粒闪长岩;10.金矿体及编号;11.矿化蚀变带;12.破碎带;13.钻孔

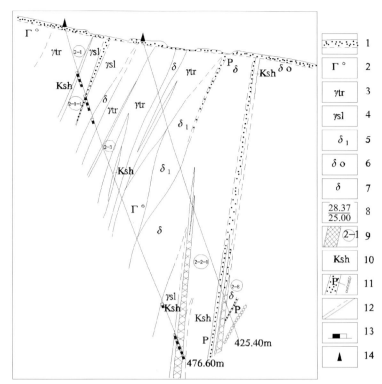

图 3-9-6　桦甸市六匹叶金矿区 11 号勘探线地质剖面图

1.表土及残坡积物；2.奥长花岗岩；3.花岗质破碎碎裂岩；4.花岗质破碎碎粉岩；5.闪长质糜棱岩；6.石英闪长岩；7.细粒闪长岩；8.金品位；9.金矿体及编号；10.矿化蚀变带；11.破碎带；12.实测及推测地质界线；13.取样位置；14.钻孔

3. 矿床物质成分

(1)物质成分：金矿石中金属矿物质量分数为 3.43%，脉石矿物质量分数为 96.57%。自然金中除 Ag 含量较高外，尚有 Fe、Ni、Co、Cu、S 等杂质，但总体上看其杂质种类较少，含量也较低。自然金皆属于自然元素类金-银系列矿物中的银金矿。

(2)矿石类型：蚀变岩型。

(3)矿物组合：金属矿物主要是黄铁矿，其次是闪锌矿、方铅矿、褐铁矿、赤铁矿、黄铜矿、黝铜矿、辉铜矿、斑铜矿、铜蓝、银金矿、自然金、自然银、辉银矿、深红银矿等，含少量磁铁矿、赤铁矿、白铁矿、磁黄铁矿、镍黄铁矿、针镍矿、雄黄、雌黄等；脉石矿物以石英、绿泥石、长石类、绢云母为主，其次是少量的方解石、石墨、角闪石、辉石等。

(4)矿石结构构造：以自形、半自形、他形显微粒状晶质结构为主，其次为压碎结构，局部见交代结构、固熔体分离结构和包含结构；矿石构造常见块状构造、团块状构造、浸染状构造、角砾状构造，亦有细脉状-网脉状构造，局部可见晶簇构造、晶洞构造，地表或氧化带可见蜂巢状构造等。

4. 蚀变类型及分带性

区内金矿体产于韧-脆性剪切带内，矿体的围岩主要是各种碎裂岩、糜棱岩和中基性脉岩类。一般来说，含铁镁的暗色矿物经热液蚀变常形成绿泥石、绿帘石、阳起石、方解石及含铁矿物，而长石类浅色矿物常形成绢云母、方解石、钠黝帘石等。

本矿区因受长期区域构造作用和热液活动的影响，导致岩石变质变形强烈。围岩蚀变沿北西向韧-脆性剪切带呈带状分布。常见硅化、绢云母化、绿泥石化、绿帘石化、碳酸盐化、高岭土化、钾化，与金、银矿关系密切的蚀变主要为硅化、绢云母化，与铅矿关系密切的主要为硅化。

围岩蚀变大致可分为内带、中带和外带。矿体上下盘附近的近矿围岩中（属内带），主要以硅化、黄铁绢英岩化、多金属矿化为主，伴有绿泥石化、绿帘石化、碳酸盐化，多呈线状蚀变特征，而中带则表现为面状蚀变逐渐增强，以绢云母化、硅化为主，其次是碳酸盐化、黄铁矿化和绿帘石化等。离矿体稍远的外带则以面状蚀变为主，常见较弱的绢云母化、硅化、绿泥石化、钾化，有时可见高岭土化。矿体围岩蚀变总体以中温热液蚀变为主，但目前所见的围岩蚀变往往有蚀变叠加现象，是深部含矿热水溶液多次沿构造带上升，不断与围岩进行水岩反应的结果。

5. 成矿阶段

矿床成矿期分为沉积变质期、内生热液成矿期和表生氧化期。

（1）沉积变质期：在大陆边缘裂谷下形成了富含金的火山-沉积建造，在区域变质作用下，Au元素随变质热液向韧性剪切带迁移，形成了构造矿源层或初始贫金矿化体。

（2）内生热液成矿期：氧化物阶段主要形成黄铁矿、石英、绿泥石、褐铁矿等；硫化物阶段主要形成黄铁矿、黄铜矿、方铅矿、闪锌矿、自然金、银金矿、自然银、石英、绢云母，少量绿泥石、方解石，金矿化主要出现在金属硫化物阶段；碳酸盐阶段主要形成黄铁矿、石英、绿泥石、方解石等。

（3）表生氧化期：主要形成褐铁矿、赤铁矿、辉铜矿和铜蓝。

6. 成矿时代

在六匹叶金矿石中选择与金矿物属同一成矿作用下生成的绢云母作为测年样品，经中国科学院地质与地球物理研究所侯树桓等（2004）用较先进的 $^{40}Ar-^{39}Ar$ 快中子活化法测年，获得8个相连一致的凹形中高温绢云母年龄谱，为 $190.28\pm0.30Ma$，据此确定金矿床主要成矿年代在190Ma左右，属燕山早期。

7. 地球化学特征

（1）岩石中Au、Ag含量特征：矿区花岗质碎斑岩Au含量平均值 9.53×10^{-9}，Ag含量平均值 0.74×10^{-6}；花岗质碎粒碎粉岩Au含量平均值 74.94×10^{-9}，Ag含量平均值 0.85×10^{-6}；蚀变岩Au含量平均值 76.14×10^{-9}，Ag含量平均值 1.17×10^{-6}；石英脉Au含量平均值 184.5×10^{-9}，Ag含量平均值 3.96×10^{-6}；硅化石英岩Au含量平均值 5.82×10^{-9}，Ag含量平均值 0.33×10^{-6}；闪长质碎斑岩Au含量平均值 4.08×10^{-9}，Ag含量平均值 0.74×10^{-6}；斜长角闪岩Au含量平均值 12.54×10^{-9}，Ag含量平均值 0.29×10^{-6}。

（2）稀土特征：五道溜河序列岩石与矿区金矿石稀土元素含量都很低（$\Sigma REE<100\times10^{-6}$），同属轻稀土富集、重稀土亏损型，$\delta Eu$ 均显示为负异常（$\delta Eu_{矿石}=0.60\sim0.90$，$\delta Eu_{岩石}=0.56\sim0.74$）；二者具有相似或较一致的稀土元素特征。

（3）硫同位素特征：硫同位素变化范围较小，$\delta^{34}S$ 为 $2.6‰\sim5.2‰$，说明矿石硫同位素组成比较均一，应属同岩浆源或酸性侵入岩范围（格里年科，1980）。

8. 成矿物理化学条件

根据石英晶体包裹体研究，估算成矿流体被捕获时的温度、盐度、密度、压力及成矿深度等。

（1）流体包裹体气相成分以 H_2O、CO_2 为主，含少量 CH_4、C_2H_6、N_2 及微量的 H_2S 和 Ar。其中 H_2O 的含量占绝对优势，CH_4 等还原性气体种类少，含量低，导致氧化还原参数值（$0.034\sim0.121$）也较低，反映出成矿流体具有较弱的还原性。将成矿期与成矿期后包裹体气相成分进行比较，除 H_2O 略有上升之外，其余6种气相组分均呈下降态势。这种现象表明，随着流体内的化学反应不断进行，温度、压力等物理与化学条件也在不断变化，气相组分或参与化学反应或逃逸，因而导致其含量降低。而气相 H_2O 在成矿期后略有增加，也符合热液矿床的成矿规律。

包裹体液相成分以 Na^+、K^+、Cl^-、SO_4^{2-} 为主，其次为 Mg^{2+}、F^-，而 Ca^{2+} 仅为痕量，未检测出 NO_3^-、PO_4^{3-}、Br^- 等。这说明成矿流体属富含 Na^+、K^+、Cl^-、SO_4^{2-} 及少量 Mg^{2+}、F^- 的热水溶液，具有较强的溶解成矿物质的能力。Cl^- 含量占阴离子总量的 78%～91%，表明成矿流体中的络合物是以金氯络合物为主；而成矿期后流体 Na^+、Cl^-、SO_4^{2-} 呈上升趋势，K^+、Mg^{2+}、F^- 呈下降趋势，是在成矿流体运移过程中，由于物理、化学条件的改变使金络合物离解的结果。矿体中常见的金与黄铁矿、多金属硫化物等共生，并有钾化、绢云母化等蚀变现象。

（2）据显微测温统计，石英气液两相包裹体均一温度变化较大，最低为 100℃，最高为 352℃，集中分布于 180～300℃之间，大体显示出 3 个峰值范围，即 300～360℃、180～300℃、100～180℃。上述 3 个峰值范围与矿区早、中、晚 3 个成矿阶段大体上相互对应。

（3）根据 $NaCl-H_2O$ 体系的盐度计算公式，求得六匹叶沟金矿床成矿流体盐度变化范围为 0.88%～81.55%，但主要集中于 5.11%～6.88%之间。

（4）大量气液两相包裹体的存在，表明流体主要是 $NaCl-H_2O$ 体系，而成矿早期 CO_2 三相包裹体的出现，说明此区早期成矿阶段除 $NaCl-H_2O$ 体系外，尚存在 $CO_2-H_2O-NaCl$ 或 H_2O-CO_2 体系的流体。根据包裹体测温数据及推算的盐度，利用刘斌等（1987）的经验公式计算出流体密度，六匹叶沟金矿流体密度范围为 0.356～0.997g/cm³，平均为 0.797g/cm³。

（5）求得流体成矿期的压力为 55.62～71.29MPa，成矿期后的压力为 48.83MPa。若按静岩压力 3.3km/10^8Pa 进行成矿深度估算，六匹叶沟金矿床的成矿深度大致在 1.62～2.34km 之间。

9. 物质成分来源

（1）成矿物质来源：在大陆边缘裂谷下形成了富含金的火山-沉积建造，在区域变质作用下，Au 元素随变质热液向韧性剪切带迁移，形成了构造矿源层或初始贫金矿化体。三叠纪晚期，区域东部有二长花岗岩沿东西向断裂侵入，不但带来了大量的热能和气水溶液，而且有可能沟通了深部"流态矿源层"（张秋生，1991），使气水溶液中含有较多的 Au^+，大量的 SiO_2、H_2O、CO_2、Ca^{2+}、HS^-、HCO_3^- 等组分变成真正的矿液，在各种动力的驱使下，沿韧-脆性剪切构造带上升，并不断与围岩发生化学反应，萃取 Au 等有益元素。

（2）成矿流体的来源：六匹叶沟金矿床矿石石英包裹体 Na^+/K^+ 均值为 1.32，$Na^+/(Ca^{2+}+Mg^{2+})$ 均值为 100.61，表明该矿床属岩浆热液成因范畴，而 CO_2/H_2O 摩尔比值较低（0.027～0.048），也显示出岩浆热液的特征。推测成矿流体可能主要来源于初始混合岩浆水，并发展成再平衡混合岩浆水。但流体盐度[ω(NaCl)]较低，平均值为 5.21%，尤其是 W4 样品中石英包裹体盐度平均值仅为 2.39%（大多数在 0.88%～2.07%之间），且流体中富含有机质（CH_4、C_2H_6）及 N_2 等，反映出矿区成矿阶段曾有相当数量的大气降水混入含矿流体中。综上所述认为该区成矿流体主要来源于初始混合岩浆水，并有变质水和大气降水叠加。

10. 控矿因素和找矿标志

1）控矿因素

（1）构造控矿：目前所发现的金矿体、银矿体、铅矿（化）体，均产在韧（脆）性剪切带内。构造不但是储矿空间，而且经多期的构造活动还能使分散有益元素活化、迁移、富集成矿，是元素迁移的驱动力。因此，构造是区内重要控矿因素。

（2）岩性控矿：显生宙辉绿岩、辉石闪长岩等，微量元素分析 Pb、Ag 含量是维氏值数倍至几十倍，为铅、银矿体形成可能提供矿质。铅、银矿体产出位置与上述岩体、岩脉存在相关性，晚期石英硫化物脉是载金脉体。因此，矿质来源丰富程度与岩性因素密切相关，也是形成工业矿体的必要因素。

2）找矿标志

（1）构造标志：北西向韧性剪切带是金、银、铅矿体的主要赋存部位，如Ⅰ、Ⅱ、Ⅲ号矿化带。

（2）蚀变标志：已知矿体都伴有围岩热液蚀变，尤其是硅化与金、银、铅矿体的关系非常密切，硅化强或石英网脉密集的部位,一般都预示着有金、银、铅矿体产出。

(3)脉岩标志:金、银、铅矿体与脉岩在空间上相伴生,所以脉岩密集分布地段也往往为金、银、铅矿体产出部位。

(4)矿物学标志:细粒他形黄铁矿、方铅矿与石英细脉伴生,是金、银、铅矿体直接找矿标志,如果只见呈浸染状立方体黄铁矿,一般含金性差。

(5)地球化学标志:次生晕Au、Ag元素异常,已视为一种直接的找矿信息。Au、Ag元素异常强度高,元素组合好,浓集中心明显异常,见矿概率高。

(6)地球物理标志:物探电法异常对区内深部找矿也具有指示意义,通常矿体规模比较大,硫化物含量相对较高,一般有激电异常反映,异常呈低阻高极化特征;个别矿体硅化强或石英网脉密集出现的部位,一般呈高阻高极化特征。

11. 矿床形成及就位机制

太古宙末至古元古代的热事件使区内的TTG质岩石部分熔融,形成区内以北西向为主的较大范围的钾化及钾质花岗岩,并产生岩浆期后热液,在长期的构造岩浆活动中,使含金热水溶液有机会进入脆—韧性剪切带内,沿各种裂隙与面理发生交代、蚀变和矿化,这可能是该区最早的金矿化,但未形成金的工业矿体。

中生代时,受太平洋板块向华北陆台俯冲作用的影响,剪切带逐步抬升、张开,渐入韧-脆性变形域,并有大量的脆性断裂作用叠加,在带内形成大量的碎裂岩,并伴有中基性岩浆沿剪切带C面理上侵,形成辉绿玢岩、微晶闪长岩、石英闪长岩等中基性脉岩的侵入和较强的金矿化。三叠纪晚期,区域东部有二长花岗岩沿东西向断裂侵入,不但带来了大量的热能和气水溶液,并有可能沟通了深部"流态矿源层"(张秋生,1991),使气水溶液中含有较多的Au^+,大量的SiO_2、H_2O、CO_2、Ca^{2+}、HS^-、HCO_3^-等组分变成真正的矿液,在各种动力的驱使下,沿韧-脆性剪切构造带上升,并不断与围岩发生化学反应,萃取Au等有益元素。在物理化学条件发生剧变的情况下,热液中含金络合物失去平衡,金在适当的部位沉淀形成金矿(化)体。据此推测,中生代是韧-脆性剪切带内主要成矿期。

12. 成矿模式

桦甸市六匹叶金矿床成矿模式见图3-9-7。

13. 成矿要素

桦甸市六匹叶金矿床成矿要素见表3-9-10。

表3-9-10 桦甸市六匹叶金矿床成矿要素表

成矿要素		内容描述	类别
特征描述		中—低温热液型金矿	
地质环境	岩石类型	蚀变花岗质碎斑(粉)岩、糜棱岩、蚀变微晶闪长岩等	必要
	成矿时代	主要成矿年代在190Ma左右,属燕山早期	必要
	成矿环境	北西向、近东西向的剪切构造带内,既有早期韧性变形特征,又有大量晚期脆性断裂叠加的特点,同时伴有各种中基性脉岩侵入,而且矿化蚀变广泛而强烈,是区域内最重要的控矿构造	必要
	构造背景	矿床位于华北东部陆块(Ⅱ)龙岗-陈台沟-沂水前新太古代陆核(Ⅲ)夹皮沟新太古宙陆块(Ⅳ)南部内,该区是一个经历了多期构造活动及热事件的太古宙高级变质岩区	重要

续表 3-9-10

成矿要素		内容描述	类别
特征描述		中—低温热液型金矿	
矿床特征	矿物组合	金属矿物主要是黄铁矿,其次是闪锌矿、方铅矿、褐铁矿、赤铁矿、黄铜矿、黝铜矿、辉铜矿、斑铜矿、铜蓝、银金矿、自然金、自然银、辉银矿、深红银矿等,含少量磁铁矿、赤铁矿、白铁矿、磁黄铁矿、镍黄铁矿、针镍矿、雄黄、雌黄等;脉石矿物以石英、绿泥石、长石类、绢云母为主,其次是少量的方解石、石墨、角闪石、辉石等	重要
	结构构造	矿石以自形、半自形、他形显微粒状晶质结构为主,其次为压碎结构,局部见交代结构、固熔体分离结构和包含结构;矿石构造常见块状、团块状、浸染状、角砾状构造,亦有细脉状-网脉状构造,局部可见晶簇、晶洞构造,地表或氧化带可见蜂巢状构造等	次要
	蚀变特征	围岩蚀变沿北西向韧-脆性剪切带呈带状分布,常见硅化、绢云母化、绿泥石化、绿帘石化、碳酸盐化、高岭土化、钾化,与金、银矿关系密切的蚀变主要为硅化、绢云母化,与铅矿关系密切的蚀变主要为硅化	重要
	控矿条件	构造控矿:目前在矿内所发现的金矿体、银矿体、铅矿(化)体,均产在韧(脆)性剪切带内,构造是区内重要控矿因素; 岩性控矿:显生宙辉绿岩、辉石闪长岩等,经微量元素分析,铅、银含量是维氏值数倍至几十倍,为铅、银矿体形成可能提供矿质。铅、银矿体的产出位置与上述岩体、岩脉存在相关性,晚期石英硫化物脉是载金脉体。因此,矿质来源丰富程度和岩性因素密切相关,也是形成工业矿体的必要因素	必要

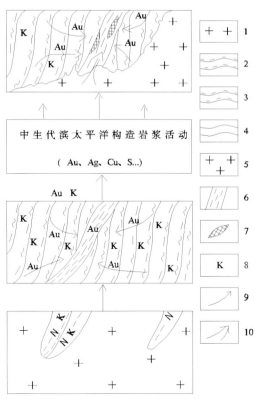

图 3-9-7 桦甸市六匹叶金矿成矿模式图

1.太古宙花岗岩;2.黑云二长片麻岩;3.黑云斜长片麻岩;4.灰色片麻岩;5.中生代花岗岩;6.韧性剪切带;7.矿体;
8.区域性钾化;9.围岩中成矿物质的运移方向;10.岩浆热液带来成矿物质的运移方向

二、岩浆热液改造型

(一)白山市荒沟山金矿床特征

1. 地质构造环境及成矿条件

矿床位于前南华纪华北东部陆块(Ⅱ)胶辽吉元古宙裂谷带(Ⅲ)老岭坳陷盆地(Ⅳ)内。

1)地层

区内主要见有古元古界老岭群珍珠门组和花山组,见图3-9-8。

(1)花山组:出露在矿区东南侧,自下而上分为3个岩性段。一段为二云片岩、千枚岩,底部为二云片岩夹薄层大理石英岩;二段为二云片岩、绢云千枚岩夹数层大理岩及菱铁矿;三段下部为厚层大理岩及绢云千枚岩与薄层大理岩互层,为主要含铁层,上部为千枚状片岩夹薄层大理岩或石英岩。

(2)珍珠门组:分布在矿区中部和北部,自下而上划分为3个岩性阶段。一段为碳质条带状的白云石大理岩;二段为薄层白云石大理岩夹中厚层白云石大理岩和角闪绿片岩,上部具条带状大理岩和中厚层大理岩石;三段下部为块状白云石大理岩、硅化白云石大理岩,局部层内夹褐铁矿化角砾状白云石大理岩,是铅锌矿赋存层位。上部为巨厚-块状碎裂化、硅化白云石大理岩,局部出现糜棱岩化,碎裂构造发育。荒沟山金矿床矿体主要含矿层位为珍珠门组第三段巨厚层(块状)白云石大理岩顶部的碎裂化、构造角砾岩化、硅化白云石大理岩,含矿层厚80～240m,而与白云石大理岩接触的大栗子组片岩中矿体极少,仅在断裂面边部零星成矿。

2)侵入岩

区内出露的侵入岩体为老秃顶子岩体,岩体侵位时间为215～197Ma,为印支期花岗岩。脉岩主要有闪长岩、闪长玢岩、石英闪长玢岩、闪长细晶岩、辉绿岩和云斜煌斑岩,集中分布在石灰沟-荒沟山-杉松岗断裂两侧,形成时间为206～145 Ma,展布方向为北东。区内的老秃顶子岩体以及脉岩为成矿物质的迁移富集提供了热源。

3)构造

区内控矿主要有北东向的褶破构造及北东向韧性、韧脆性断裂构造。

区内发育有3条北东向韧脆性断裂,其一为花山组片岩与珍珠门组大理岩接触构造带,发育在石灰沟—荒沟山—杉松岗一带,为荒沟山"S"形断裂的一部分,矿区内出露长8km,空间展布呈舒缓波状,总体走向为北北东,倾角陡,近直立,北段倾向南东,南段倾向北西,属压扭性构造。在断裂带珍珠门组大理岩一侧,岩石多呈碎裂化和角砾岩化,形成构造角砾岩和碎裂岩;在大栗子组片岩一侧,岩石多表现为片理化,形成片理化带。构造具多期活动和被晚期断裂构造叠加、改造的特征,局部见硅化蚀变,为本区控矿、容矿构造。

在矿区内可见两期变形构造:第一期主要表现为区域片理构造;第二期表现为复式背形和向形构造。荒沟山金矿就位于荒沟山-板庙子复式向形构造的南东翼,其次一级褶皱为石灰沟复式向形,东部为荒沟山复式背形。

2. 矿体三度空间分布特征

荒沟山金矿床分为南大坡矿段、石灰沟矿段、杉松岗矿段,由8个矿组32个矿体组成,具工业意义的矿体有23个,Ⅱ矿组Ⅱ-4、Ⅱ-3、Ⅱ-6、Ⅱ-5号矿体规模最大,Ⅱ-2、Ⅱ-1、Ⅱ-11、Ⅰ-2、Ⅱ-12号次之,其中以南大坡矿段为主。

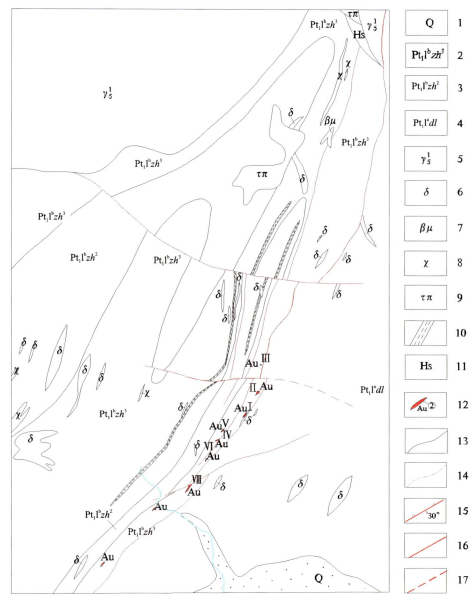

图 3-9-8 荒沟山金矿床地质图

1.砂、砾、黏土等;2.块状白云石大理岩、局部硅化夹少碳质条带白云石大理岩;3.透闪条带白云石大理岩夹碳质条带白云石大理岩;4.二云片岩、绿泥片岩、局部夹薄层白云石大理岩;5.似斑状黑云母花岗岩;6.闪长岩、闪长玢岩;7.辉绿岩;8.煌斑岩;9.粗面岩;10.韧性剪切带;11.角岩;12.金矿体;13.实测地质界线;14.推测地质界线;15.实测逆断层;16.性质不明断层;17.推测断层

(1)南大坡矿段:位于矿区中部,矿段长1200m,从南西向北东划分为Ⅰ~Ⅲ号矿组。

Ⅰ号矿组:位于0~13号勘探线间330m区段内,地表仅0线有矿体出露,自下而上为Ⅰ-3、Ⅰ-1、Ⅰ-2号矿体,矿体相距15~20m,赋存于距石灰沟-荒沟山-杉松岗断裂30~50m范围内碎裂化、硅化白云石大理岩中。各矿体产状基本一样,与石灰沟-荒沟山-杉松岗断裂带近似平行,500m标高以上倾向南东,500m标高以下倾向北西,倾角65°~70°,深部矿体有北东侧伏之势,具尖灭再现特点。矿体形态为柱状,走向长,倾向深1:3~1:7,矿体与围岩界线清楚,品位$(1.13\sim22.84)\times10^{-6}$,厚度为0.80~4.39m。

Ⅱ号矿组:位于4~24号勘探线间500m区段内,共圈出13个矿体,以隐伏矿体为主,赋存于石灰沟-荒沟山-杉松岗断裂下盘70~150m的范围内。近矿围岩为碎裂化、角砾岩化、硅化白云石大理岩,受石灰沟-荒沟山-杉松岗或平行石灰沟-荒沟山-杉松岗断裂次一级断裂控制,见图3-9-9、图3-9-10,总体走向北北东,倾向南东或北西,倾角60°～80°。矿体自上而下依次为Ⅱ-1号至Ⅱ-10号,相互近似平行排列,间距3～20m不等,形态为脉状、透镜状。金矿体有向北东侧伏趋势,倾状角30°～65°,矿体长26～275m,倾向最大延深380m,厚度0.8～9.25m,品位(1.02～50.73)×10^{-6}。

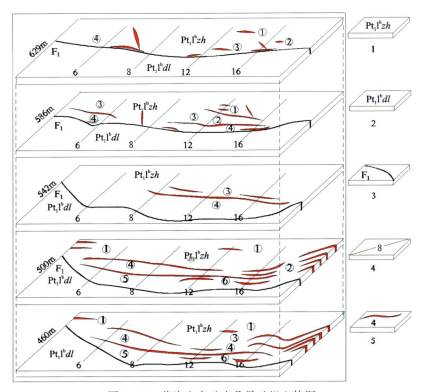

图3-9-9 荒沟山金矿床Ⅱ号矿组立体图

1.古元古界珍珠门组;2.古元古界大栗子组;3.分组界线;4.勘探线及编号;5.矿体及编号

Ⅲ号矿组:位于南大坡矿段东端26～34号勘探线间195m的区段内,大部分为盲矿体,矿体赋存于石灰沟-荒沟山-杉松岗断裂下盘5～40m范围内的碎裂化、角砾岩化、硅化白云石大理岩层中,自下而上圈出Ⅲ-1、Ⅲ-2两个矿体。矿体呈透镜状,沿倾向具有尖灭再现特征,走向北北东,倾向南东,倾角60°～65°,长18～60m,垂向延深60～120m,厚度0.32～3.84 m,品位(1.13～45.50)×10^{-6}。

(2)石灰沟矿段:位于矿区南西段13线至高丽沟间,从南西向北东划分出Ⅶ、Ⅷ、Ⅳ、Ⅴ共4个矿组8个矿体,矿组间距在300m左右,其中Ⅷ号矿组赋矿层位与南大坡矿段相当,属南西沿走向再现部分,而Ⅶ、Ⅳ、Ⅴ号矿组则远离石灰沟-荒沟山-杉松岗断裂,属第二含矿带矿体。矿体形态呈小脉状、透镜状,走向北北东,倾向北西,倾角57°～76°,矿体地表控制长几十米到百余米,垂向延深几十米至170m,厚度0.5～4.51m,矿石品位(1.34～19.37)×10^{-6}。

(3)矿床剥蚀程度:矿区次生晕可划分为Au、Ag、As、Sb、Hg和Pb、Zn、Cu两个元素组合系列,南大坡矿段的异常元素组合为Au、As、Sb,杉松岗矿段的异常元素组合为Hg、As、Sb,是一套低温元素组合,反映矿床剥蚀深度较浅。从矿体剖面上分析既有盲矿体,又有出露矿体,反映矿体剥蚀深度较浅,基本为隐伏矿床。

3.矿床物质成分

(1)物质成分:矿石中主要有益成分为Au,伴生有益成分为Ag,有害元素为As、Sb等。

金以独立的金银卤化物形式存在,以自然金为主,少量银金矿物,金银卤化物呈显微状、次显微状,多数粒径小于0.004mm,0.001～0.003mm占绝大多数,最大粒径可达0.04mm,以粒间金为主,包裹

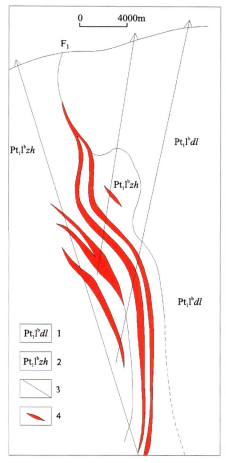

图 3-9-10 荒山沟金矿 16 号勘探线剖面图
1.古元古界大栗子组；2.古元古界珍珠门组；3.地层界线；4.矿体

金、裂隙金次之。形态以显微粒状、乳滴状、角砾状为主，有不规则粒状、树枝状、哑铃状、月牙状、长条带状、纺锤状、长柱状、球状、厚板状等。载金矿物为黄铁矿、毒砂、褐铁矿、辉锑矿、蓝铜矿等。矿物包裹连生或粒间嵌布。

伴生有益成分 Ag，除与金成金银互化物外，尚有辉银矿、深红银矿、银黝铜矿、硫银矿、硫锑铜银矿、辉锑银矿、银砷黝铜矿独立含银矿物，品位$(4.94\sim38.64)\times10^{-6}$。

(2)矿石类型：矿床类型为破碎带蚀变岩型金矿床。矿石类型依据矿石矿物组合及硫化物含量，为贫硫化物型金矿石。依据矿石组成、结构和构造划分为角砾状硅化矿石、致密状硅化矿石；按工业类型划分为氧化矿石和原生矿石。

(3)矿物组合：矿石矿物为自然金、银金矿、自然砷、自然铜、黄铁矿、毒砂、白铁矿、闪锌矿、方铅矿、辉锑矿、黄铜矿、黝铜矿、辉锑银矿、硫锑银矿、硫锑铜银矿、辉砷镍矿、辉砷铅矿、硫镍钴矿、方硫铁矿、针镍矿、辉银矿、磁黄铁矿、硫钴矿、胶黄铁矿、辰砂、雄黄、磁铁矿、金红石、钛铁矿、褐铁矿、孔雀石、蓝铜矿、臭葱石、铜蓝、辉铜矿；脉石矿物为石英、白云石、方解石、绢云母、角闪石、透闪石、斜长石、萤石、黏土类矿物（蒙托石、伊利石）、榍石、重晶石、磷灰石、石榴子石、辉石、绿帘石、十字石。

(4)矿石结构构造：矿石结构有自形粒状结构、半自形粒状结构、他形粒状结构、显微粒状结构、交代结构、假象结构、胶状结构、纤粒状结构、显微团粒结构，此外还见有片状结构、充填状结构、交代残留结构等；矿石构造有稀疏浸染状构造、浸染状构造、角砾状构造、细脉状构造、蜂巢状构造。

4. 蚀变类型及分带性

矿区内围岩蚀变类型以硅化、黄铁矿化、褐铁矿化为主,其次有毒砂化、绢云母化及碳酸盐化、黄铜矿化、辉锑矿化、方铅矿化、闪锌矿化等,偶见重晶石化。

(1)硅化:早期为大颗粒硅化石英,呈他形及不规则粒状,该期硅化伴随有金矿化;中期以玉髓、蛋白石质状态出现,粒度细小,穿切早期石英,多呈网脉状分布,该期硅化与金矿化关系密切,金属矿化发育;晚期多呈微细脉状,未见金属矿化,与金无关。

(2)碳酸盐化:多发生在断裂带内及脉岩与围岩接触地段,以方解石细脉形式沿裂隙生成或以硅化蚀变岩(矿体)胶结物状态出现,是热液末期的产物,与金矿化无关。

(3)黄铁矿化、褐铁矿化、黄铜矿化、毒砂矿化、辉锑矿化、方铅矿化、闪锌矿化:以黄铁矿化较为普遍,在断裂带附近、硅化蚀变岩中及脉岩蚀变部位更为明显。褐铁矿化大部分为黄铁矿氧化的产物,呈粒状集合体或脉状分布,局部可见黄铁矿碎斑。黄铜矿化、毒砂矿化、辉锑矿化、方铅矿化、闪锌矿化多发生在硅化蚀变岩(矿体)中,含量极少。毒砂与金矿关系密切,可作为本区找金的矿物学标志。

5. 成矿阶段

荒沟山金矿矿石矿物成分复杂,且种类多达50余种。根据不同类型的矿石中矿物组合的差异以及空间的交切关系,荒沟山金矿可以划分为3个成矿期6个成矿阶段。

(1)沉积成矿期:在珍珠门组碳酸岩沉积阶段,形成了富含Au的初始矿源层。

(2)热液期:①热液成矿早期。石英-黄铁矿阶段,形成石英、黄铁矿和自然金。②热液主成矿期。石英-硫化物早期阶段,形成的矿物有石英、玉髓、绢云母、黄铁矿、毒砂、自然金、黑云母、重晶石、萤石、方铅矿、磁铁矿、黄铜矿;石英-硫化物晚期阶段,形成的矿物有石英、玉髓、绢云母、黄铁矿、毒砂、自然金、黑云母、重晶石、萤石、方铅矿、磁铁矿、银金矿、白铁矿、辉锑矿、闪锌矿、黄铜矿、黝铜矿;石英-硫化物-方解石阶段,形成的矿物有石英、玉髓、绢云母、黄铁矿、毒砂、自然金、黑云母、重晶石、萤石、方铅矿、磁铁矿、银金矿、白铁矿、辉锑矿、闪锌矿、黄铜矿、黝铜矿、银黝铜矿、砷黝铜矿、辉锑银矿、硫锑铅矿、辉银矿、深红银矿、硫铜银矿、白云石、方解石。③热液成矿晚期。石英-方解石阶段,形成的矿物有石英、黄铁矿、白云石、方解石、雄黄、辰砂。

(3)表生期:褐铁矿阶段,为表生氧化阶段,形成的矿物有辉铜矿、铜蓝、孔雀石、锑华、臭葱石、褐铁矿。

在上述的6个成矿阶段中石英-硫化物早期阶段、石英-硫化物晚期阶段、石英-硫化物-方解石阶段为主要成矿阶段。

6. 成矿时代

天津地质研究所王魁元等(1989)测试蚀变闪长玢岩(Rb-Sr)等时线年龄为1 313.06±7.93Ma,岩脉中石英硫化黄铁矿普通铅模式年龄为1 244.35Ma;矿区内可见到金矿体产于脉岩碎裂带之中或在脉岩与围岩接触边缘产生金矿化现象,吉林省第四地质调查所测试矿化蚀变闪长岩及老秃顶子岩体(K-Ar)法年龄为72.39±31,属燕山早期。因此该矿床成矿期为两期,早期为中元古代,晚期为燕山早期,以后者为主。

7. 地球化学特征

(1)岩石化学特征:矿区内珍珠门组大理岩中常量元素平均含量分别为SiO_2 6.76%、Al_2O_3 1.02%、MgO 19.92%、CaO 27.91%、CO_2 43.08%、MnO 0.03%。以贫SiO_2、Al_2O_3和高MgO、CaO为特征。CaO/MgO一般为1.40,反映其原岩应属白云岩-钙质白云岩系列。B/Ga大于4.5,反映正常浅海相沉积特点。脉岩中以 MgO、TiO_2、FeO、P_2O_5 偏高，其他元素偏低为特点。

（2）微量元素特征：根据岩石化学分析资料计算结果，金矿体中 Sb、Hg、As、Au、W、Ag 强烈富集，反映了成矿元素组合特点；Li、Cu、Bi、Sr、Co 较为富集；而 Sn、V、Ni、Zr、Hf、Nb、Ta、Be 等接近正常大理岩丰度值，绿片岩、片岩、脉岩中 F、Rb、Zr、Hf、Nb、Ta、B、Be、Ba、Sr 等元素相对富集。

（3）稀土元素特征：矿体取得的稀土元素含量资料显示，除片岩外分布模式相似，尤其是硅化蚀变岩、近矿大理岩、远矿大理岩分布模式基本一致，其轻稀土与重稀土比值大，表明大理岩的硅质具局部熔融特点，见图 3-9-11。

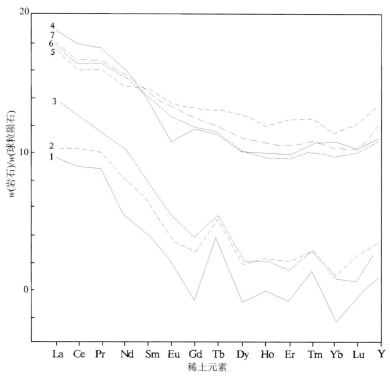

图 3-9-11　荒山沟金矿床矿区岩石稀土分布模式图
1. 白云石大理岩；2. 近矿白云石大理岩；3. 硅化蚀变带；4. 片岩；5. 绿片岩；6. 闪长岩脉；7. 辉绿岩脉

（4）硫同位素特征：从矿床及其外围硫同位素的组成来看，矿区地层中硫同位素 $\delta^{34}S$ 数值区间为 $(7.3\sim31.8)\times10^{-3}$，极差为 24.5×10^{-3}，$\delta^{34}S$ 值均为分布范围大的正值，具重硫特点，反映半封闭浅海岩相古地理环境。而矿区外围地层中硫同位素多为大于 -1.0×10^{-3} 的负值，具生物硫的特点，反映生物繁盛的干涸浅海环境。矿区脉岩硫同位素分布范围为 $(2.57\sim8.10)\times10^{-3}$，极差为 5.53×10^{-3}，塔式效应较明显，接近陨石硫而向正向偏离，说明有地层硫的混入。矿体中硫同位素 $\delta^{34}S$ 分布范围 $(2.05\sim9.16)\times10^{-3}$，均值为 5.84×10^{-3}，极差 7.11×10^{-3}，变化范围较小，与脉岩硫类似，但塔式效应不明显。

（5）碳、氧同位素：矿体围岩白云石大理岩 $\delta^{18}O$ 值为 $(18.91\sim21.0)\times10^{-3}$，与变质作用在 300℃ 时平衡水 $\delta^{18}O$ 值为 $(10.67\sim12.75)\times10^{-3}$，具典型区域变质水特点。而矿体中 $\delta^{18}O$ 值为 $(9.77\sim14.64)\times10^{-3}$，与地层中变质水 $\delta^{18}O$ 相近，当成矿温度为 205℃ 时，平衡水 $\delta^{18}O$ 值为 $(-1.74\sim2.53)\times10^{-3}$，值偏低说明大气降水在成矿过程中参加了热液活动。

8. 成矿物理化学条件

据爆裂法和均一法测试结果，成矿温度分别为 270℃、230℃，其主成矿期温度分别为 304℃、230℃，基本高于中低—中温范畴。

9. 物质来源

(1)金的来源：荒沟山地区岩石中 Au 元素丰度值为$(0.013\sim 0.005\ 9)\times 10^{-6}$，高于地壳克拉克值$(0.004\times 10^{-6})$3～5倍，可以认为它是金矿形成的矿源层。据硫同位素分析，成矿硫的来源除地层中的硫之外，尚有来自深部岩浆硫的加入，说明有深部岩浆活动带来的金。

(2)硫的来源：从矿床及其外围硫同位素的组成来看，矿区地层中硫具重硫特点，反映半封闭浅海岩相古地理环境。而矿区外围地层中硫具生物硫的特点，反映生物繁盛的干涸浅海环境。矿区脉岩硫同位素分布范围为$(2.57\sim 8.10)\times 10^{-3}$，极差为$5.53\times 10^{-3}$，塔式效应较明显，接近陨石硫而向正向偏离，说明有地层硫的混入。

(3)热液流体来源：综观 S、C、O 同位素的特征，成矿热液中的水来自深部岩浆岩并加热了地层中的残留水及围岩中的大气降水，形成了热水溶液。在沿断裂形成的通道上升过程中，地下水不断补充，深部岩浆不断加热构成了地下循环热液系统，同时淋滤和萃取了流经围岩中的成矿物质，形成了成矿热液。就其围岩蚀变及矿石组分分析，成矿热液带来的组分有 CO_2、SiO_2、K_2O、Na_2O、Al_2O_3，以及 H_2S、SO_3、Au、Ag、As、Sb、Ti、Bi、Hg、Fe 等，另有少量的 Cu、Pb、Zn。稀土元素的特征也证明了成矿物质主要来自珍珠门组白云石大理岩层中，并有岩浆活动带来的物质加入。荒沟山金矿成因应为中低—中温热液矿床。

10. 控矿因素及找矿标志

1) 控矿因素

(1)地层控矿：主要表现为矿床产在金丰度值较高的珍珠门组大理岩地层中，其次为上部花山组的片岩盖层起到屏蔽及还原作用。

(2)构造控矿：矿区内珍珠门组白云石大理岩与花山组片岩接触带，由于两侧岩石力学性质的差异造成薄弱地带，在区域构造应力场作用下，沿此带形成了区域性的韧-脆性断裂，而向深部切割较深，矿区内 F_1 即属此种断裂，它展布在杉松岗—荒沟山—石灰沟，向南延伸到大横路三道阳岔一带，是本区金矿重要成矿带，也是成矿热液运移通道。该断裂带及分支构造或闪长岩(闪长玢岩)脉的接触带，围岩(特别是大理岩)透入性裂隙系统以及沿断裂形成的岩溶溶隙和溶洞均是良好的容矿空间。片岩在本区则表现为矿液运移的天然屏蔽，并因含少量碳质和黄铁矿而成弱还原环境，利于成矿物质的沉淀。

(3)岩浆控矿：岩浆活动不仅为矿床的形成提供了能源，同时带来了大部分成矿物质。

2) 找矿标志

珍珠门组厚层角砾状大理岩含金丰度值较高，并且富含碳质，是有利的找矿层位；珍珠门组与大栗子组韧脆性构造接触带及其次级构造是控矿及赋矿的有利空间，是找矿的构造标志；有重熔型花岗岩体及派生各类脉岩，特别是闪长玢岩、细晶闪长岩发育，为成矿提供了热液及热源，是找矿的岩浆岩标志；围岩蚀变，即从矿体到围岩其分带是硅化—碳酸盐化—绢云母化，矿体为强硅化蚀变岩，具有棕红色、黄褐色、灰黑色、杂色多孔洞粗细角砾的硅化蚀变岩是找矿直接标志；化探异常是重要找矿标志，1∶20 万、1∶5 万水系沉积物异常、土壤化探异常，其元素组合是 Au、Ag、As、Sb、Hg 套合异常。

11. 矿床形成及就位机制

在 1800Ma 年以前，由海解作用、海底火山及热泉而来的成矿物质进入海水沉积物中，加之古陆风化剥蚀析出的成矿物质，经地表径流搬运、迁移进入海中沉积下来，由于成矿物质来源的差异，成岩后出现某些层位金丰度偏高的所谓矿源层。

在吕梁运动(1700Ma)造成的区域变质作用中，主要表现物质均一化，从岩石中带出的富含金的变质热液向低温低压扩容带迁移，形成含金石英脉。

燕山期岩浆活动造成深部热液环流对流，同时萃取围岩中的特别是矿源层中的成矿物质，这些由岩浆提供和加温所平衡的成矿热液进入构造所造成的低压带内,由于 P、T、pH、Eh 等物理化学条件的变化,在适当空间充填交代成矿。成矿后由于断裂构造的复活或叠加,矿体遭受破碎,形成角砾状或构造碎裂化矿石。

在成矿后的表生阶段,金的次生富集部位发育于淋滤带下部,随着潜水面的变化有所变化。产于氧化带中的自然金颗粒一般均比原生矿石中的自然金粒度粗大,而且金的纯度也高。

12. 成矿模式

白山市荒沟山金矿床成矿模式图 3-9-12。

13. 成矿要素

白山市荒沟山金矿床成矿要素见表 3-9-11。

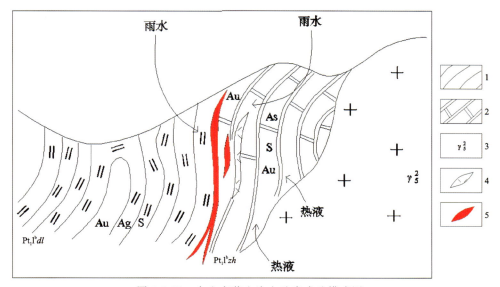

图 3-9-12　白山市荒山沟金矿床成矿模式图

1.大栗子组片岩;2.珍珠门组白云质大理岩;3.印支期—燕山期花岗岩;4.脉岩;5.矿体

(二)白山市金英金矿床特征

1. 地质构造环境及成矿条件

矿区位于前南华纪华北东部陆块(Ⅱ)胶辽吉元古宙裂谷带(Ⅲ)老岭坳陷盆地(Ⅳ)内。

1)地层

矿区出露的地层有老岭群珍珠门组、青白口系钓鱼台组和南芬组。

(1)珍珠门组:主要分布于矿区西北部和 26 线以西,F_{102} 断裂的上盘近断裂带地段。矿区东北部 36 线至 52 线一带在施工钻孔的深部也见到了该层大理岩,即 26 线北东。该层大理岩在 F_{102} 上盘,赋存于石英砂岩之下,向北东深部有很大的延伸,主要岩性有条带状白云石大理岩,含石英白云石大理岩和角砾状白云石大理岩。角砾状白云石大理岩指白云石大理岩破碎成尖棱角状角砾,被褐红色—赤红色铁质白云石混合物等碎屑所胶结。靠近不整合面附近发育,多受硅化蚀变,厚度可达数十米。硅化蚀变大理岩只有局部含矿,局部赋存有工业矿体,绝大部分矿体赋存于上覆的石英砂岩中。珍珠门组顶部与上覆的钓鱼台组石英砂岩接触部位,发育有白云石大理岩质构造角砾岩带。该角砾岩带呈褐红色—赤红色—紫红色,多受硅化蚀变,厚度可达数十米,矿体主要赋存于上覆的石英砂岩中。

表 3-9-11　白山市荒沟山金矿床成矿要素表

成矿要素		内容描述	类别
特征描述		中低—中温热液矿床	
地质环境	岩石类型	厚层(块状)白云石大理岩顶部的碎裂化、构造角砾岩化、硅化白云石大理岩	必要
	成矿时代	矿体形成年龄 1 244.35Ma，具有两期成矿特征	必要
	成矿环境	花山组片岩与珍珠门组大理岩接触构造带，即 S 型构造带	必要
	构造背景	前南华纪华北东部陆块(Ⅱ)胶辽吉元古宙裂谷带(Ⅲ)老岭坳陷盆地(Ⅳ)内	重要
矿床特征	矿物组合	矿石矿物为自然金、银金矿、自然砷、自然铜、黄铁矿、毒砂、白铁矿、闪锌矿、方铅矿、辉锑矿、黄铜矿、黝铜矿、辉锑银矿、硫锑银矿、硫锑铜银矿、辉砷镍矿、辉砷铅矿、硫镍钴矿、方硫铁矿、针镍矿、辉银矿、磁黄铁矿、硫钴矿、胶黄铁矿、辰砂、雄黄、磁铁矿、金红石、钛铁矿、褐铁矿、孔雀石、蓝铜矿、臭葱石、铜蓝、辉铜矿；脉石矿物为石英、白云石、方解石、绢云母、角闪石、透闪石、斜长石、萤石、黏土类矿物(蒙托石、伊利石)、榍石、重晶石、磷灰石、石榴子石、辉石、绿帘石、十字石	重要
	结构构造	矿石结构有自形粒状结构、半自形粒状结构、他形粒状结构、显微粒状结构、交代结构、假象结构、胶状结构、纤粒状结构、显微团粒结构，此外还见有片状结构、充填状结构、交代残留结构等；矿石构造有稀疏浸染状构造、浸染状构造、角砾状构造、细脉状构造、蜂巢状构造	次要
	蚀变特征	矿区内围岩蚀变类型以硅化、黄铁矿化、褐铁矿化为主，其次有毒砂化、绢云母化及碳酸盐化、黄铜矿化、辉锑矿化、方铅矿化、闪锌矿化等，偶见重晶石化，毒砂与金矿关系密切，可作为本区找金的矿物学标志	重要
	控矿条件	珍珠门组第三段巨厚层(块状)白云石大理岩顶部的碎裂化、构造角砾岩化、硅化白云石大理岩，含矿层厚 80～240m；区域内的印支期花岗质岩浆活动及后期脉岩侵入为成矿物质的迁移富集提供了热源；花山组片岩与珍珠门组大理岩接触构造带为区域内的导矿和容矿构造	必要

(2)钓鱼台组：是矿区内出露面积最广的岩层，主要分布于矿区中部，F_{102} 断裂南东侧，呈宽带状北东向延伸，在 F_{102} 北西侧也有长条带状出露。岩层走向北东 35°，倾向南东，倾角 35°～40°。钓鱼台组顶部为含海绿石石英砂岩，中部为厚层状中粒石英砂岩，底部为赤铁石英砂岩(含赤铁矿层)，与下伏珍珠门组大理岩呈角度不整合接触或断层接触。由于早期的隆-滑构造作用和晚期的逆冲构造应力作用，沿不整合面形成厚大硅化构造角砾岩带，是金矿的主要赋矿层位。底部的赤铁石英砂岩与下伏的大理岩接触部位发育有构造角砾岩，岩石为褐红色—紫红色—紫灰色，为角砾构造。角砾成分主要有赤铁石英砂岩、石英砂岩，少量赤铁矿及石英岩、石英大理岩的角砾，并见有少量闪长玢岩角砾。经矿化蚀变后称硅化构造角砾岩带，是矿区主要的赋矿层位。

(3)南芬组：分布于矿区东南部和 F_{102} 断裂北西侧。上部为紫色、黄绿色钙质页岩，中部为绿灰色薄层泥晶灰岩，常见泥质粉砂岩夹层，下部为绿灰色页岩夹薄层泥质粉砂岩。与下伏钓鱼台组呈整合接触，在接触部位多形成薄层含海绿石中粒石英砂岩。

2)构造

(1)单斜构造：矿区出露地层属"浑江褶断束"北西翼的单斜构造。在 F_{102} 断裂的两侧，同层位的岩层重复出现，是由于 F_{102} 断裂深切地层，其上盘(南东盘)向北西逆冲抬升，再经剥蚀所致。同时由于这种逆冲的构造应力作用，上盘地层产生层间破碎带、片理化和揉皱构造，使 F_{100} 在邻近 F_{102} 和与其交会部位(走向交会地段)受到强烈的叠加改造(角砾岩厚度变大、产状变陡、产生强硅化),有利于成矿作用发生。

(2)断裂构造:矿区内断裂构造十分发育,主要有北东向和北西向两组,其中北东向的规模较大,与成矿关系密切,北西向的多横切地层和北东向断裂。

北东向有F_{102}断裂和F_{100}断裂,F_{102}是矿区内最大的断裂,走向北东38°~50°,倾向南东,倾角62°~76°,由南西到北东斜贯矿区,在矿区内长6000多米,沿走向和倾向均呈舒缓波状。地表26线南西,其南东侧(上盘)为珍珠门组大理岩,北西侧(下盘)为南芬组页岩和泥晶灰岩。26线北东,形成在钓鱼台组石英砂岩和南芬组页岩、薄层泥晶灰岩之间。从断层面上发育的斜冲擦痕、定向排列的断层角砾和构造透镜体及其下盘泥晶灰岩中发育的片理化带等强烈挤压特征来看,该断裂显压扭性,为陡倾斜的逆冲断裂,并有多期次和继承性活动特点。该断裂的断层角砾岩、断层泥和片理化带,在很大范围内(32~52线间)均受硅化、褐铁矿化、黄铁矿化蚀变,局部有0.4~1.0g/t的金矿化,是矿区内的重要控矿构造,但至今未见工业矿体。

F_{100}断裂带总体走向北东40°~50°,倾向南东,倾角43°~73°。断裂叠加在钓鱼台组石英砂岩与珍珠门组大理岩之间的不整合面上,为陆台边缘的隆-滑(拆离)层间断裂构造,分布于F_{102}断裂的南东侧(上盘),较F_{102}倾角缓。在矿区的南西部地表,二者相距约500m,随着向北东延伸,二者则逐渐靠近。于26线在地表交会复合后,向北东延伸到矿区之外,矿区内长6000多米。在与F_{102}断裂交会、复合部位附近产状变陡,形成有利的成矿部位,向深部逐渐变缓。全部金矿体均赋存于F_{100}断裂带中,但该断裂也只是局部含矿。由于早期的隆-滑作用和断裂活动沿不整合面间多次发生,在不整合面间形成了构造角砾岩;又由于F_{102}断裂的深切和上盘的逆冲作用,不整合面间构造角砾岩受到强烈的叠加改造,逐渐形成了规模很大的构造角砾岩带。由于中生代晚期本区深部的潜火山-岩浆热液活动,使构造角砾岩带遭到构造破碎,同期产生硅化和矿化蚀变,在其有利成矿地段形成金的工业矿体,故该断裂是区域上的重要控矿构造,更是本区的主要控矿和容矿构造。本区金矿化主要与沿着珍珠门组大理岩和钓鱼台组石英砂岩之间的不整合面叠加形成的硅化构造角砾岩带有关。原生的赤铁矿呈网脉状穿切构造角砾岩带,应属高氧逸度成矿环境下的产物。

北西向断裂:矿区内比较发育,多为数条断裂大致平行密集分布,形成北西向断裂带。特征是每条断裂长度都不大(150~250m),但陡倾、横切北东向岩层与北东向断裂和矿体,并有错移,其成矿后活动显著。

3)岩浆岩

矿区内岩浆活动弱,仅在聚龙山庄北东有闪长玢岩小岩体,出露面积长约250m,宽约70m。与围岩侵入接触(薄层状灰岩),地表尚未发现其他岩体。在7号钻孔孔深50.80m处,见有蚀变成灰白色的石英闪长玢岩脉体,其与含金硅化构造角砾岩接触的两侧矿化蚀变强。另外,在10号孔、14号孔、16号孔、30号孔深部矿层中,均见有矿化蚀变的石英闪长玢岩角砾(已蚀变成浅灰白色、外观类似流纹斑岩),但60线至84线之间见到的闪长玢岩并无矿化蚀变现象。位于该地段的矿区内唯一出露的岩体,即聚龙山庄北东闪长玢岩小岩体,也没有矿化与蚀变,即使矿化与岩浆活动有关,也是隐伏岩体。金英金矿不具有典型与侵入岩有关的金矿特征。

2. 矿体三度空间分布特征

金英金矿主要受区域性断裂F_{102}以及局部性断裂F_{100}的联合控制。F_{100}断层叠加在先期存在的钓鱼台组石英砂岩与珍珠门组硅化白云质大理岩间的不整合面附近,表现为宽窄不一的硅化构造角砾岩带。金矿体赋存于硅化构造角砾岩带中的局部地段。

已控制的矿体在走向上长1376m,在倾向上延深550m,在走向上及倾向上都有膨缩现象。由于F_{102}的影响,矿体上部产状陡且走向上连续性好,沿倾向往深部产状变缓且变为多条矿体,但仍然位于

沿不整合面发育的 F_{100} 断裂构造角砾带中。局部性的北西向断裂多数切割矿化构造,表现为成矿后构造的特点。F_{100} 是矿体直接容矿和控矿构造,F_{102} 则是控矿构造,整个矿构造蚀变带连续性很好。矿床大致分为 4 个矿体。

(1) I 号矿体:位于矿床中间部位,属隐伏矿体,其头部埋深在地表以下 70m,赋存空间位置在 30 线至 50 线间、F_{102} 断裂带与硅化构造角砾岩带交会构造附近。矿体赋存标高 700~330m,形态呈"T"字形不规则的厚大透镜状体,在不同勘探线、不同标高,矿体走向长度、倾斜延深和厚度均有很大变化。矿体走向最长 60~390m,平均长度 193m,倾斜延深最大 360m。矿体形态的这种变化反映了赋存在张性构造角砾岩带中矿体边界的"锯齿"状张性形态特点。从 600m、400m 标高所切矿体水平断面图来看,浅部从 32 线到 46 线间矿体紧贴 F_{102} 压扭性断裂带,呈走向上边界比较平直的似层状体,形态较规则,显然是原硅化构造角砾岩带在主成矿期受 F_{102} 断裂强烈叠加改造的结果。该部位矿体厚度大,含金品位高,矿体边界形态变化较规则。从 400m 标高所切水平断面来看,I 号矿体赋存于边界形态呈锯齿状变化的张性硅化构造角砾岩带中,矿体呈厚大的囊状体。矿体水平厚度 7.1~66.60m,真厚度 1.20~48.60m,平均真厚度 16.10m,平均品位 3.17×10^{-6},见图 3-9-13。

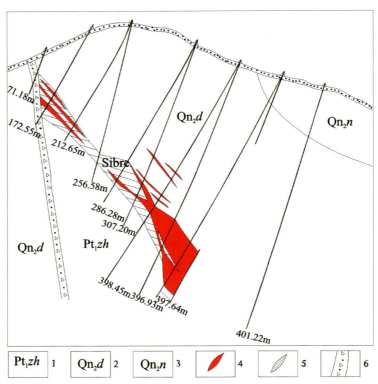

图 3-9-13　白山市金英金矿床 34 线地质剖面图
1.古元古界珍珠门组大理岩;2.古元古界钓鱼台组石英砂岩;3.古元古界南芬组页岩;4.矿体;5.蚀变带;6.破碎带

(2) II 号矿体:该矿体位于 16a 线至 30 线间硅化构造角砾岩带中,赋存标高在 680~270m 之间。矿体头部于 16a 线至 28 线间出露于地表,但向下延深不大(15~80m),即尖灭,只在矿体南西端 16a 线至 22 线间,沿硅化构造角砾岩带向南东侧伏延深,自 28 线至 30 线间和 300~230m 标高间形成不连续透镜状矿体。矿体走向上最长 110m,倾斜延深最大 420m(断续),平均 113m。矿体水平厚度 6.3~26.3m,平均真厚度 10.5m,倾向南东,倾角为 45°~50°。Au 品位 $(1.10~65.20)\times10^{-6}$,平均品位 3.74×10^{-6},见图 3-9-14。

(3) III 号矿体:赋存于 52 线至 60 线间,350~500m 标高的隐伏矿体。矿体呈短透镜状,走向长 220m,倾斜延深 40~100m,走向北东 25°,倾向南东,倾角 50°。矿体平均真厚度 10.1m,Au 平均品位 2.01×10^{-6}。

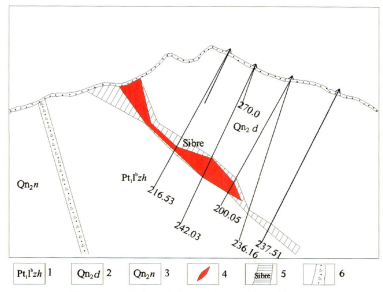

图 3-9-14　白山市金英金矿床 18a 线地质剖面图

1.古元古界珍珠门组大理岩；2.古元古界钓鱼台组石英砂岩；3.古元古界南芬组页岩；4.矿体；5.蚀变带；6.破碎带

(4) Ⅳ号矿体：为隐伏矿体，头部埋深在地表以下 200～260m 之间，赋存在 62 线至 84 线之间，标高在 350～450m 之间。控制矿体长 500m，倾斜延深最大 160 m（74 线），一般 110～160m。矿体形态呈较大的似层状体，走向北东 45°～50°，倾向南东，倾角 43°～60°。矿块平均真厚度 7.30m，Au 品位最高 61.43×10^{-6}，一般 1.26×10^{-6}～15.76×10^{-6}，平均品位 5.32×10^{-6}。该矿体赋存于张扭性硅化构造角砾岩带中，头部以近 20°角向北东侧伏延深，与 F_{102} 断裂在该位置附近的侧伏延伸一致。相对于其他矿体，该矿体硫化物含量很低，硅化、重晶石化发育，产状稳定。

3. 矿床物质成分

(1) 物质成分：由于本矿区矿体形成于北东向断裂接触断面靠近赤铁石英砂岩一侧的硅化蚀变带中，受北东向断裂构造控制。矿石主要成分由多期次石英组成，局部存在赤铁矿化、褐铁矿化、黄铁矿化、重晶石化等。矿石成分简单，主要有益成分为 Au，其他有益有害组分含量较低。

(2) 矿石类型：主要为蚀变岩型。

(3) 矿物组合：金属矿物主要有自然金、含银自然金和极少量银金矿、黄铁矿、胶状黄铁矿、白铁矿，极少量或微量的毒砂、方铅矿、闪锌矿、黄铜矿、磁黄铁矿、金红石、褐铁矿、赤铁矿；脉石矿物主要有石英、玉髓、白云石、重晶石，极少量的方解石、绢云母、白云母、绿泥石等。

(4) 矿石结构构造：矿石结构主要有自形结构、半自形结构、他形粒状结构、他形粒状变晶结构、填隙结构、镶边结构、重结晶交代结构等；矿石构造主要有角砾状构造、脉状构造、团块状构造、浸染状构造、致密块状构造、胶状构造。

4. 蚀变类型及分带性

矿床中蚀变带总的走向为北东 45°，总体倾角 40°～50°。矿化蚀变带厚度变化较大，最厚处达 87m，最薄处厚度变为 0m，大多数为 10～30m，但沿延展方向走向变化较大。走向的变化表现在两种尺度上，一是相邻勘探线间走向常呈现较大角度反复转折，这种转折在不同标高与不同的勘探线间都有显示，它们看似无规律，但又普遍出现（既是规律）。所以，这体现的实际上是张性断裂的特点，是张性断层面的不规则性或锯齿状形态在矿床尺度上的一定程度的表现。二是围岩蚀变以上盘围岩赤铁石英砂岩最为明显，硅化黄铁矿化较为发育，有时星点状黄铁矿化范围可达数十米宽。下盘围岩大理岩中主要发育硅化,但范围明显较上盘窄。下盘围岩为泥灰岩时,可见星点状及脉状黄铁矿化,这些黄铁矿化蚀变不构成工业矿体。

与矿化有关的蚀变主要是硅化、重晶石化、黄铁矿化和赤铁矿化。绢英岩化(极少)和含铁质碳酸盐化是热液活动的产物,但不具有代表性。硅化蚀变最为普遍,但是不同地段其蚀变强度有所不同,以硅化构造角砾岩带最强。重晶石化、赤铁矿化亦较为普遍。多金属矿化有黄铁矿化、白铁矿化、黄铜矿化、方铅矿化、闪锌矿化等金属矿化和金矿化。上述各金属矿物在含金构造角砾岩带中所见极少,而且多呈小细脉浸染状、分散(星散)浸染状分布于构造角砾岩中。只有局部黄铁矿化、白铁矿化呈细粒稠密浸染状和团块状出现。

矿石中金矿化富集主要与硅化蚀变的强度关系密切,一般是在孔洞发育的紫红色—紫灰色—深灰色强硅化的构造角砾岩中,矿石含 Au 品位较高。

5. 成矿阶段

依据矿石结构、矿物共生组合、矿物生成顺序、矿脉间的穿切包容关系,将矿床划分为 4 个成矿阶段。

(1)早期硅化石英-金-烟灰色黄铁矿阶段:是继张性构造角砾岩带形成之后,早期发生的比较广泛的矿化作用。其特点是整个张性构造角砾岩带普遍发生构造破碎和硅化作用,一些碎粒和张性角砾被硅化石英集合体胶结,形成含金硅化构造角砾岩带,其上、下盘的石英砂岩和大理岩层,在一定范围内沿构造破碎裂隙也遭受较强烈的硅化作用。在上盘石英砂岩中,局部硅化强烈地段形成交代石英岩透镜体。该阶段随硅化作用的发育,沿裂隙面发生早期阶段的黄铁矿化。黄铁矿多呈小细脉状、薄膜状或细粒星散浸染状分布于硅化岩石的解理裂隙中。该阶段有金矿化作用发生,矿化面分布较广而含 Au 品位低。

(2)微细粒硅化石英-金-星散浸染状黄铁矿阶段:是在主成矿期控矿构造又一次强烈的脉动活动,使早期矿化蚀变的硅化构造角砾岩带又遭受强烈的构造破碎,导致本区深部处于高温高压状态的富含硅质和金的成矿热液沿导矿构造上升到张性构造角砾岩带中,进行充填、胶结、交代。在矿质将要发生结晶、沉淀的过程中,由于又一次遭受到强烈的构造破坏作用,造成浅成成矿环境温压发生骤变(骤降),金和极少量金属硫化物发生急速沉淀,形成大量的微细粒状自然金和极少量金属硫化物(肉眼不可见,主要是黄铁矿),呈星散浸染状赋存于硅化石英空洞和晶隙间,是本区金成矿的重要矿化阶段,矿床中金矿体主要在这一阶段形成。

(3)重晶石、玉髓-金-赤铁矿阶段:为矿床形成的第三矿化阶段。该阶段主成矿期构造脉动活动强度有所减弱,矿化蚀变主要发生在硅化构造角砾岩带范围内,局部地段波及上下盘。本阶段重晶石化发育,呈不规则脉状充填胶结硅化构造角砾岩的张性角砾和早期烟灰色黄铁矿角砾,并胶结赤铁石英砂岩和赤铁矿张性角砾。在"空腔"和空洞中常形成自形—半自形板柱状晶体,或在腔壁形成晶簇。镜下观察重晶石脉、玉髓脉、赤铁矿脉可相伴生成并互有穿切,其边部常伴有微细粒金属矿物生成,见有微细粒自然金粒,赋存于重晶石中或在重晶石与硅化石英微粒间。重晶石化是矿床中金成矿的重要矿化阶段,见矿钻孔中凡重晶石化发育的矿层含金品位较高,就是明证。

(4)微含金细粒黄铁矿-白铁矿叠加矿化阶段:是本矿区成矿活动晚期阶段,主控矿构造又一次脉动活动,其构造活动应力强度相对减弱,构造破碎范围相对窄小。本区深部经多次分异活动的残余热液亦变为富含有多金属硫化物。该种热液沿导矿构造上升,充填并胶结破碎的矿石角砾和碎粒,形成细脉—网脉状—稠密浸染状富含黄铁矿和白铁矿的矿石,属成矿作用晚期的叠加矿化阶段。经镜下鉴定、电子探针点定量分析和电镜光面扫描,该阶段黄铁矿和白铁矿虽与金矿化活动有关,但不含可见金。该阶段晚期有无色石英-碳酸盐小细脉生成,赋存于矿石微细裂隙中,无金属矿物伴随,也没有金矿化作用发生,标志本区热液活动的尾声和金成矿作用的结束。

6. 成矿时代

推测成矿时代为燕山期。

7. 物质来源

成矿物质主要来源于含金硅化构造角砾岩,矿床类型为低温热液(改造)型。

8. 地球物理及地球化学特征

(1)地球物理特征:针对矿化强度与硅化强度成正比特点,电阻率成为地球物理测量的重点。研究表明,矿化带有突出的电阻率异常,硅化构造角砾岩带具有明显的电阻率异常。

(2)地球化学特征:在剖面上隐伏硅化构造角砾岩带也表现为电阻率异常,只有局部有极化率异常。金矿化硅化构造角砾岩带的地球化学研究表明,矿化带有明显的地球化学异常,且表现出较好的分带性,前缘晕异常明显,深部有较好的盲矿体。构造原生晕异常元素组合为 Au、Ag(Cu、Pb、Zn)As、Sb、Hg、V、Mo、Co、Ni 12 种元素,其中 As、Sb、Hg、V 为矿体的前缘晕。在矿体顶部的覆盖层中前缘晕异常明显,可作为隐伏金矿的找矿标志。

9. 控矿因素及找矿标志

(1)控矿因素:钓鱼台组褐红色—紫红色—紫灰色构造角砾岩带是金矿的主要赋矿层位,北东向 F_{100} 断裂是区域上的重要控矿和容矿构造。

(2)找矿标志:发育硅化构造角砾岩;颜色为褐红色—紫红色—赤红色—紫灰色;蚀变为强硅化、褐铁矿化和重晶石化发育(局部黄铁矿化发育);裂隙、孔穴、晶洞发育的强硅化构造角砾岩带;较规则的带状、柱状高阻(>300Ω)、高极化率($3×10^{-2}$)综合异常。规模较大的带状金次生晕异常与硅化构造角砾岩带相吻合;构造原生晕异常元素组合为 Au、Ag(Cu、Pb、Zn)、As、Sb、Hg、V、Mo、Co、Ni 的 12 种元素,其中 As、Sb、Hg、V 为矿体的前缘晕。

10. 矿床形成及就位机制

在太古宇基底上,古元古界珍珠门组与新元古界钓鱼台组之间形成一个沉积不整合面。由于地壳运动,沿此不整合面形成隆滑型拆离性质的断裂构造,发育有厚大的构造角砾岩带。至中生代,由于太平洋板块的俯冲,本区再次发生强烈的构造活动,沿隆滑断裂形成大规模的北东向断裂束,地表和地下水环流将地层中的含矿物质带出,在 F_{102} 与 F_{100} 构造扩容空间,由于温度、地球化学条件的改变以及不整合面上盘的赤铁石英砂岩的氧化作用,以金-硫络合物形式迁移的金得以分解并沉淀,大多数 S^{2-} 被迅速氧化成 S^{6+},形成大量重晶石。

11. 成矿模式

白山市金英金矿床成矿模式见图 3-9-15。

12. 成矿要素

白山市金英金矿床成矿要素见表 3-9-12。

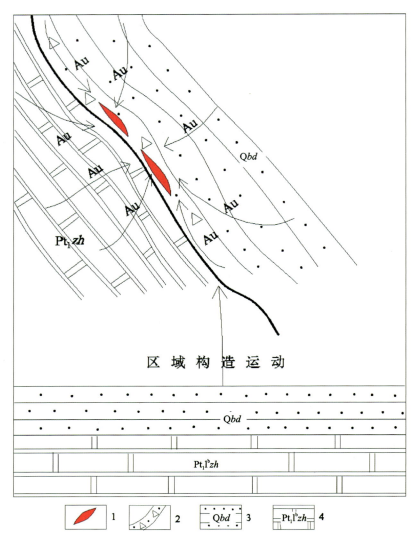

图 3-9-15 白山市金英金矿床成矿模式图
1.金矿体;2.构造角砾岩带;3.钓鱼台组砂岩;4.珍珠门组大理岩

表 3-9-12 白山市金英金矿床成矿要素表

成矿要素		内容描述	成矿要素类别
特征描述		矿床类型为热液(改造)型	
地质环境	岩石类型	褐红色—紫红色—紫灰色构造角砾岩,角砾成分主要有赤铁石英砂岩、石英砂岩,少量赤铁矿及石英岩和石英大理岩角砾	必要
	成矿时代	推测成矿时代为燕山期	必要
	成矿环境	矿区位于前南华纪华北东部陆块(Ⅱ)胶辽吉古元古代裂谷带(Ⅲ)老岭坳陷盆地(Ⅳ)内	必要
	构造背景	主要受区域性的断裂 F_{102} 以及局部性的断裂 F_{100} 的联合控制。F_{100} 断层叠加在先期存在的钓鱼台组石英砂岩与珍珠门组硅化白云质大理岩间的不整合面附近,表现为宽窄不一的硅化构造角砾岩带。金矿体赋存于硅化构造角砾岩带中的局部地段	重要

续表3-9-12

成矿要素		内容描述	成矿要素类别
特征描述		矿床类型为热液(改造)型	
矿床特征	矿物组合	金属矿物主要有自然金、含银自然金和极少量银金矿、黄铁矿、胶状黄铁矿、白铁矿、极少量或微量的毒砂、方铅矿、闪锌矿、黄铜矿、磁黄铁矿、金红石、褐铁矿、赤铁矿;脉石矿物主要有石英、玉髓、白云石、重晶石,极少量的方解石、绢云母、白云母、绿泥石等	重要
	结构构造	矿石结构主要有自形结构、半自形结构、他形粒状结构、他形粒状变晶结构、填隙结构、镶边结构、重结晶交代结构等;矿石构造主要有角砾状构造、脉状构造、团块状构造、浸染状构造、致密块状构造、胶状构造	次要
	蚀变特征	围岩蚀变以上盘围岩赤铁石英砂岩最为明显。硅化黄铁矿化较为发育,有时星点状黄铁矿化范围可达数十米宽。下盘围岩大理岩中主要发育硅化,但范围明显较上盘窄。下盘围岩为泥灰岩时可见星点状及脉状黄铁矿化,这些黄铁矿化蚀变不构成工业矿体	重要
	控矿条件	钓鱼台组褐红色—紫红色—紫灰色构造角砾岩带,是金矿的主要赋矿层位;北东向 F_{100} 断裂是区域上的重要控矿和容矿构造	必要

三、火山沉积-岩浆热液改造型(桦甸市二道甸子金矿床)

1. 地质构造环境及成矿条件

矿床位于南华纪—中三叠世天山-兴蒙-吉黑造山带(Ⅰ)包尔汉图-温都尔庙弧盆系(Ⅱ)下二台-呼兰-伊泉陆缘岩浆弧(Ⅲ)磐桦上叠裂陷盆地(Ⅳ)内。二道甸子-漂河岭复背斜构造南西倾没端。

1)地层

矿区主要分布为寒武系—奥陶系变质岩系,地层产状变化较大,从北到南地层走向由北东向—北北东向转向南北向—北北西向—北西向,呈弧状产出,倾向南西,倾角较陡,一般60°~80°,由于黑云母花岗岩侵入,地层遭受接触变质。矿区范围内自下而上划分8层,即黑云母麻岩层;黑云母片岩层;长石角闪石角岩夹薄层石英角页岩层;碳质云英角页岩与长石角闪角页岩互层,该层为含矿层;长石角闪石角页岩层;碳质云母石英角页岩层;石榴子石云母石英角页岩层;厚层泥板岩、含碳板岩、红柱石板岩角页岩、混染云母石英角页岩层,见图3-9-16。

2)岩浆岩

矿区出露岩浆岩主要为燕山期黑云母花岗岩,围绕矿区东、南、西三面侵入于石炭系与寒武系—奥陶系中,测定K-Ar同位素年龄为227.7~184Ma。燕山期闪长岩分布矿区南西处,呈岩珠状产出,呈北西向侵入于黑云母花岗岩中。脉岩主要有变余辉长岩脉、斜长花岗岩脉花岗细晶岩脉、花岗伟晶岩脉及煌斑岩墙。

3)构造

(1)成矿前构造:主要表现为顺地层走向北东向—北北东向转向南北向—北北西向—北西向西突出弧形构造。

(2)成矿期(控制含金石英脉)构造:北西向冲断层为主要控矿构造,控制石英脉长3000m,宽20~50m,延深约500m,地表由12条斜列石英脉组成,由南至北呈右行斜列构成首尾相叠雁行状。断裂产

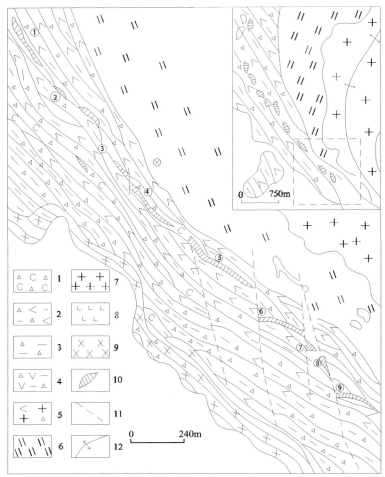

图 3-9-16 桦甸市二道甸子金矿床地质图

1.含炭云母石英角页岩;2.长石角闪石角页岩;3.云母石英角页岩;4.石榴子石云母石英角页岩;5.混染岩;6.黑云母片麻岩;
7.花岗岩;8.煌斑岩;9.细晶岩;10.含金石英脉及其编号;11.破碎带;12.复背斜

状南山走向300°～330°,北山大致与地层线状构造一致,呈向西突出弧形。断层中充填石英脉平面呈右行斜列,单脉呈舒缓波状,较规整,局部有收缩膨胀现象,石英脉产状变陡时脉变薄,反之变厚。石英脉斜切岩层,含矿裂隙面平直,延长较远,相互平行。控制脉岩的断裂构造为北西向。

(3)成矿后构造活动强烈,北西向压扭性构造表现为斜冲断层和平移断层,部分重叠石英脉体的侧壁;近南北向和近东西向两组共轭断层,断层面平直,延伸比较稳定,见方解石脉充填。

2. 矿体三度空间分布特征

矿体多呈脉状产于碳质云英角岩与长石角闪石角页岩互层带中,以产于片岩中为主,矿体特征见表 3-9-13。矿体在平面上呈脉状,剖面上呈板状或扁豆状。矿带由 12 条含金石英脉组成,单脉长 80～650m,多数在 100～150m 之间,厚度几米至几十米,控制深度 500～600m,走向 315°,倾向南西或北东,倾角 60°～90°。Au 平均品位 10.5×10^{-6},最高 331.7×10^{-6},见图 3-9-17。

其中老 1-4 号脉、新 1-3 号脉分布于矿区北山,老 5-9 号脉分布于矿区南山,上述矿脉受北西斜冲断层控制,从南东至北西呈右行斜列。矿体形态一般呈脉状、扁豆状、透镜状,脉体膨缩现象明显。在 350～450m 标高及 150～250m 标高矿脉集中,品位较高。

表 3-9-13 二道甸子金矿脉特征表

矿脉号	产状	规模/m			平均品位/×10⁻⁶		Au 最高品位/×10⁻⁶
		延长	延深	水平厚度	Au	Ag	
新 1 号脉	325°∠80°	300	300	1.89	15.44	12.45	331.7
新 2 号脉	330°∠85°	58.6	50	1.43	8.44		71.00
新 3 号脉	350°NE∠80°	53	50	0.98	68.00		172.22
老 1 号脉	315°NE∠75°～85°	100	150	0.70	11.67	6.60	
老 2 号脉	315°NE∠75°～85°	125	100	1.73	9.41	2.93	74.20
老 3 号脉	320°NE∠80°	80		0.86	20.74		
老 4 号脉	330°NE∠80°	75	50	1.18	13.65		43.50
老 5 号脉	305°NE∠80°	70	50	地表 Au 品位达 308×10⁻⁶，深部无资料			
老 6 号脉	310°NE∠80°	20	40	1.73	6.4		33.5
老 7 号脉	310°NE∠80°	20	30	3.65	13.49		51.07
老 8 号脉	310°NE∠80°	50	75	3.84	9.48		26.66
老 9 号脉	300°NE∠80°	52	50	2.76	8.79		39.00

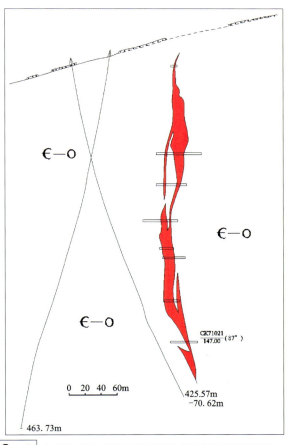

图 3-9-17 二道甸子金矿床 19 号勘探线剖面图

3. 矿床物质成分

(1) 物质成分：①矿石矿物成分，金属硫化物占 5% 左右；②矿石化学成分，Au 一般 $4\times10^{-6}\sim25\times10^{-6}$，Pb、Zn $0.001\%\sim0.1\%$，As $0.01\%\sim36\%$；③金的赋存状态，含金磁黄铁矿-毒砂阶段为主成矿期，其中自然金占总含量的 90.9%，而含金黄铁矿阶段只占 4.2%。矿石中金以微粒（$0.001\sim0.01$mm）存在形式为主，占金总含量的 91.4%。

(2) 矿石类型：闪锌矿-方铅矿型、磁黄铁矿型、磁黄铁矿-黄铁矿型。

(3) 矿物组合：毒砂、黄铁矿、黄铁矿、闪锌矿、方铅矿、黄铜矿、白铁矿、磁铁矿、自然金等；脉石矿物主要为石英，其次为云母、角闪石、绿泥石等。

(4) 矿石结构构造：矿石结构有乳滴状结构、粒状结构、压实结构、交代结构；矿石构造有蜂窝状构造、块状构造、网脉状构造、交代构造、团块状构造。

4. 蚀变类型及分带性

蚀变类型主要有绢云母化、黄铁矿化、绿泥石化及黑云母化，由于围岩性质不同蚀变也不同，绢云母化、绿泥石化发育于碳质岩层及石英脉体，黑云母化仅发育在绿色岩层地段。绢云母化与黄铁矿化和含金黄铁矿化阶段有关。

5. 成矿阶段

根据矿体出露的矿体空间特征、矿化蚀变特征、矿物的组合特征，将矿床的成矿划分为 3 个成矿期 6 个成矿阶段。

(1) 早期火山沉积成矿期：早古生代火山沉积建造形成了含金丰度较高的地质体，为后期的热液改造提供了成矿矿的物质基础。

(2) 热液成矿期：为主要成矿期，分为 4 个阶段。无矿石英脉阶段主要生成大量石英，无矿化；含金磁黄铁矿-毒砂阶段主要生成石英、毒砂、磁黄铁矿、闪锌矿、黄铜矿、方铅矿、自然金等矿物；含金黄铁矿阶段主要生成石英、毒砂、菱铁矿、黄铁矿、磁铁矿、自然金、闪锌矿、黄铜矿、方铅矿、白铁矿等矿物；碳酸盐阶段主要生成白云石、磁黄铁矿、方解石等。含金磁黄铁矿-毒砂阶段、含金黄铁矿阶段为主要成矿阶段。

(3) 表生氧化期：主要形成表生氧化矿物。

6. 成矿时代

二道甸子金矿的成矿时代，经两个强蚀变岩样品中的绢云母 K-Ar 法测定，年龄数据分别是 173.25 ± 3.91 Ma 和 195.26 ± 4.48 Ma，主成矿期应为燕山期。

7. 地球化学特征

(1) 硫同位素特征：二道甸子金矿床已分析矿物硫同位素 51 个，围岩 12 个样，见表 3-9-14。矿石中硫同位素组成变化范围较大，这是地层硫同位素混入的结果，而有些值又与外围产于岩浆岩中的辉锑矿硫同位素相近，说明与岩浆热液有一定关系。因此可以认为矿石中硫主要来自围岩地层，部分来自岩浆热液。

(2) 氧同位素：矿区共测定 17 个石英样品氧同位素组成，其结果见表 3-9-15。从数据可以看出，石英水的氧同位素组成可分 3 个组，第一组为花岗岩中含金、锑的石英，爆裂温度为 300℃，氧同位素组成在 8.23‰~10.59‰ 之间，其成矿水接近岩浆水；第二组为含金石英，爆裂温度为 300~320℃，成矿水的氧同位素组成在 6.64‰~9.40‰ 范围内，亦落在氢氧同位素组成图解岩浆水区域内；第三组为晚期不含金石英脉，爆裂温度为 285~300℃。氧同位素变化较大，为 2.29‰~8.02‰。这是由随着温度下降，氧同位素组成发生分馏或是大气降水渗入结果。

表 3-9-14　二道甸子金矿硫同位素组成特征表

采样位置	样品数/个	硫同位素组成 /‰				矿物	备注
		平均值	变化范围	极差	标准差		
矿床	38	−4.5	−7.8～1.2			磁黄铁矿	数据来自1978年和1991年吉林省有色地质勘查局研究所,围岩中分析矿物为磁黄铁矿和黄铁矿
矿床	7	4.5	−5.2～2.8	2.4		毒砂	
矿床	4	−4.2	−8.3～2.0	6.3		黄铁矿	
矿床	1	−4.7				闪锌矿	
矿床	1	−5.3				方铅矿	
矿床	51	−4.5	−8.3～1.2	7.1	1.5	矿床平均	
围岩	12	−3.15	−12.0～3.2	15.2	1.2	围岩平均	
外围矿点	3	−7.16	−7.6～6.5	1.13		辉锑矿	

表 3-9-15　二道甸子矿区石英的氧同位素组成特征表

样号	矿物	爆裂温度/℃	$\delta^{18}O$(SMOW)/‰	$\delta^{18}O$ 水/‰	备注
10−5	南山10坑含金石英	295	+15.97	+8.89	
四十万	地表民采坑石英	320	+14.56	+8.53	
八−5	八坑含金石英	320	+12.85	+6.64	
19−2	一中段含金石英	300	+13.96	+7.07	
八−6	八坑含金石英	310	+15.94	+9.40	
206	二坑含金石英	315	+14.95	+8.57	
2−99−1	二中段含金石英	310	+14.34	+7.80	
7−4	东侧平行石英脉	280	+9.94	+2.29	
红−1	不含金石英	310	+11.01	+4.47	长春地质学院同位素室测定,1991
1−S−1	北东向晚期石英	295	+15.10	+8.02	
二−1	花岗岩中含长石石英	305	+10.96	+4.24	
8W−2	不含金石英	285	+13.78	+6.32	
7−6	不含金石英	295	+11.39	+4.31	
2−S−4	不含金石英	305	+14.13	+7.41	
秃−3	花岗岩中含锑石英	300	+15.83	+8.93	
腰−1	花岗岩中含锑石英	305	+16.46	+9.74	
植林	花岗岩中含锑石英	300	+17.49	+10.59	

(3)铅同位素:矿床铅同位素组成见表 3-9-16、图 3-9-18。含金石英脉中方铅矿的铅同位素组成很不均匀,具地槽褶皱回返时造山带中地层的铅同位素特征,与典型的岩浆热液矿床有显著的差别,可以说明二道甸子金矿床矿质来源并非是岩浆提供的,岩浆只为金矿的形成提供了能量及流体,而提供矿源的是地层。

表 3-9-16 矿石矿物的铅同位素组成表

序号	采样位置	$^{206}Pb/^{204}Pb$	$^{207}Pb/^{204}Pb$	$^{208}Pb/^{204}Pb$	模式年龄/Ma	资料来源
1	矿石中方铅矿	18.62	15.42	39.64		黄键(1978)
2	矿石中方铅矿	18.17	15.60	40.56	400	黄键(1978)
3	矿石中方铅矿	20.99	15.99	39.35		黄键(1978)
4	矿石中方铅矿	18.357	15.542	38.141	100	王义文(1978)
5	矿石中方铅矿	18.414	15.623	38.371	200	王义文(1978)
6	矿石中方铅矿	18.20	15.45	38.35	100	王秀璋(1982)
7	矿石中方铅矿	18.134	15.581	36.660	100	吴尚全、张文启(1991)
8	花岗岩中辉锑矿	16.884	15.456	38.366	900	吴尚全、张文启(1991)
9	花岗岩中辉锑矿	17.608	15.593	38.366	500	吴尚全、张文启(1991)
10	花岗岩中黄铁矿	17.142	15.574	37.733	800	吴尚全、张文启(1991)
11	围岩中磁黄铁矿	16.721	15.572	37.532	1100	吴尚全、张文启(1991)

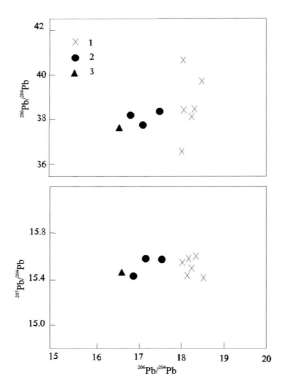

图 3-9-18 二道甸子金矿床铅同位素组成图解

矿体围岩中层纹状磁黄铁矿的铅同位素组成，代表了地层沉积时的铅同位素组成特征，说明寒武纪—奥陶纪地层可能是南部古老地台上升剥蚀，沉积进入到北部古生代海槽的结果，并非代表成矿时地层铅同位素特征，与整个围岩中经过聚集的铅同位素组成应有更大的区别，层纹状磁黄铁矿的铅同位素特征，不能否定围岩是二道甸子金矿的物质来源。

（4）微量元素特征：在二道甸子矿区对不同岩石中的金含量值进行了测定，数据见表3-9-17，可以看出，含层纹状硫化物碳质角岩有较高的含金量，尤其是在经过构造破碎之后，金有较显著的富集，证明在构造活动中的金确实有重新活化迁移的迹象。

表3-9-17 矿区岩石中的金含量 单位：×10⁻⁹

岩石名称	云英闪长岩	花岗岩	辉绿岩	晚期石英脉	斜长角闪角岩	碳质云英角岩	碳质破碎带	含层纹状硫化物角岩
样品数/个	2	3	2	3	5	11	4	4
含金量	127	142	1.00	26	14.5	2.33	198.75	201.50

注：表中数据由吉林地勘局研究所化验室分析（1991）。

8. 成矿物理化学条件

成矿温度为300～320℃，金矿的成矿深度据气液包裹体研究资料为1.38～1.5km。

9. 物质来源

上述同位素地质学特征为该区成矿作用中的硫源和铅源，主要来自周围的地层，部分来自于岩浆，而岩浆主要提供了热源及水源。同时微量元素特征亦说明，物质主要来源于地层。

10. 控矿因素及找矿标志

（1）控矿因素：寒武系—奥陶系长石、角闪石角页岩、碳质云母角页岩等为含矿围岩，特别是条带状含碳围岩含金性更好，且为金矿的形成提供了成矿物质；燕山期闪长岩侵入，提供热源及岩浆水；北西向压扭性断层是主控矿构造，为金矿提供就位空间，尤其产状变陡部位，石英脉变薄但Au品位提高，产状变缓，脉宽，品位低。

（2）找矿标志：物探、化探、遥感异常是寻找金矿的标志。石英脉呈钢灰色—烟灰色、暗绿色油质光泽强，性脆含金性好。围岩蚀变主要为绢云母化、黄铁矿化、绿泥石化及黑云母化，是寻找金矿重要的标志，特别是细粒、结晶差的硫化物常与金共生。矿脉在空间出现分带和富集中心。

11. 矿床形成及就位机制

二道甸子金矿位于华北陆块与造山带的接壤部位，此处深大断裂长期活动，为Au等成矿元素的不断活化和迁移提供了足够的地质能量。燕山期黑云母花岗岩呈岩基状侵入，将周围地层中的有用元素重新活化，燕山期闪长岩株的侵入，携带含矿热液沿早期形成的构造裂隙运移，在温压及物理化学条件适合的环境形成含金石英脉。二道甸子金矿在成因上属于火山沉积-岩浆热液型矿床。

12. 成矿模式

桦甸市二道甸子金矿床成矿模式见图3-9-19。

13. 成矿要素

桦甸市二道甸子金矿床成矿要素见表3-9-18。

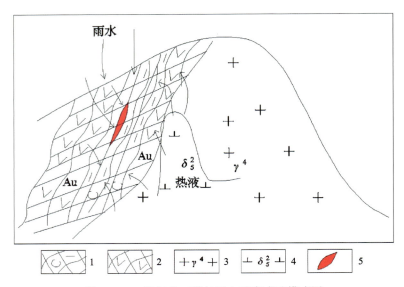

图 3-9-19　桦甸市二道甸子金矿床成矿模式图
1.含碳质角岩；2.角闪石角岩；3.海西期花岗岩；4.燕山期闪长岩；5.矿体

表 3-9-18　桦甸市二道甸子金矿床成矿要素表

成矿要素		内容描述	类别
特征描述		属于火山沉积-岩浆热液型矿床	
地质环境	岩石类型	寒武系—奥陶系碳质云英角页岩与长石角闪石角页岩互层；燕山期花岗岩类	必要
	成矿时代	173.25±3.91Ma 和 195.26±4.48Ma，主成矿期应为燕山期	必要
	成矿环境	二道甸子-漂河岭复背斜构造南西倾没端，北西向冲断层为主要控矿构造	必要
	构造背景	南华纪—中三叠世天山-兴蒙-吉黑造山带（Ⅰ）包尔汉图-温都尔庙弧盆系（Ⅱ）下二台-呼兰-伊泉陆缘岩浆弧（Ⅲ）磐桦上叠裂陷盆地（Ⅳ）内	重要
矿床特征	矿物组合	毒砂、黄铁矿、黄铁矿、闪锌矿、方铅矿、黄铜矿、白铁矿、磁铁矿、自然金等；脉石矿物主要为石英，其次为云母、角闪石、绿泥石等	重要
	结构构造	矿石结构有乳滴状结构、粒状结构、压实结构、交代结构；矿石构造有蜂窝状构造、块状构造、网脉状构造、交代构造、团块状构造	次要
	蚀变特征	主要有绢云母化、黄铁矿化、绿泥石化及黑云母化，由于围岩性质不同蚀变也不同，绢云母化、绿泥石化发育于碳质岩层及石英脉体，黑云母化仅发育在绿色岩层地段，绢云母化与黄铁矿化和含金黄铁矿化阶段有关	重要
	控矿条件	寒武系—奥陶系长石、角闪石角页岩、碳质云母角页岩等为含矿围岩，特别是条带状含碳围岩含金性更好，且为金矿的形成提供了成矿物质；燕山期闪长岩侵入，提供热源及岩浆水；北西向压扭性断层是主控矿构造，为金矿提供就位空间，尤其产状变陡部位，石英脉变薄，但Au品位提高，产状变缓，脉宽，品位低	必要

四、火山岩型（汪清县刺猬沟金矿床）

1. 地质构造环境及成矿条件

矿床位于晚三叠世—中生代小兴安岭-张广才岭叠加岩浆弧（Ⅱ）太平岭-英额岭火山-盆地区（Ⅲ）罗子沟-延吉火山盆地群（Ⅳ）内,受北北东向图们断裂带与北西向嘎呀河断裂复合部位控制。

1）地层

矿区出露有二叠系和中侏罗统屯田营组火山岩。二叠系零星出露,为一套浅变质的海相-海陆交互相沉积岩,并夹有少量火山碎屑岩。大部分地区被侏罗系火山岩所覆盖,并与下伏二叠系呈角度不整合接触。

屯田营组火山岩其 Rb-Sr 等值线年龄为 147.5Ma,其岩性为安山质集块岩、角砾凝灰熔岩夹安山岩,其中有次安山岩、次安山玄武岩、次粗面安山岩等次火山岩体呈脉状侵入。中酸性火山喷发岩大面积分布于尖山子以东,总体呈东西向展布,受东西向断陷盆地控制,刺猬沟金矿就产于该组火山岩之中,见图 3-9-20。

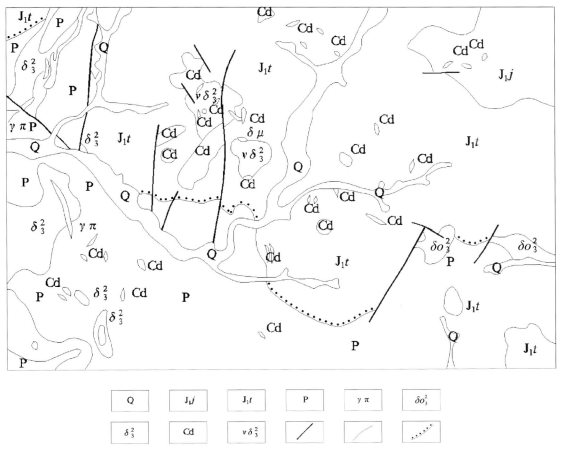

图 3-9-20 汪青县刺猬沟地区地质图

1.第四系；2.侏罗系火山岩；3.屯田营组火山岩；4.二叠系浅变质岩；5.花岗岩；6.石英闪长岩；7.闪长岩；
8.次安山岩；9.辉石闪长岩；10.断裂；11.地质界线；12.不整合地质界线

2）侵入岩

燕山期花岗岩闪长岩小侵入体在矿区东部二叠系中有出露，距矿区约4km，推测在矿区深部存在隐伏岩体。矿区内有闪长岩、辉石闪长岩、花岗斑岩和次安山岩脉，均受近东西向与北西向、北东向构造交会部位控制。在空间和时间上与成矿有较密切的关系。

3）构造

矿区位于百草沟-苍林东西向断裂、新和屯-西大坡北东向断裂和大柳河-海山北西向断裂交会处。围绕矿区有安山质角砾岩和集块岩成环带状分布，其中东山见有多层熔结凝灰岩和松脂岩，并有次火山岩相当发育，因此刺猬沟矿床所处部位可视为一个寄生埋藏火山口。

（1）成矿构造：矿体受近火山口相辐射状断裂即沿成矿前的北西向（被次火山岩脉充填）和北北东向（次安山玄武岩充填）两组剪裂形成的追踪张裂控制。矿区有成矿断裂带3条，从西向东依次编号为Ⅰ、Ⅱ、Ⅲ号断裂带，见图3-9-21。Ⅰ号断裂带地表出露长1320m，宽10～20m，延深750m，总体走向北东10°，近直立，沿走向、倾向均呈"S"形波状展布；Ⅱ号断裂带地表出露长940m，宽0.5～10m，延深300m，总体走向北东30°，倾向南东，倾角65°～80°，沿走向呈"S"形展布；Ⅲ号断裂带地表出露长340m，宽0.05～0.90m，总体走向北东10°，倾向不定，倾角大于60°。

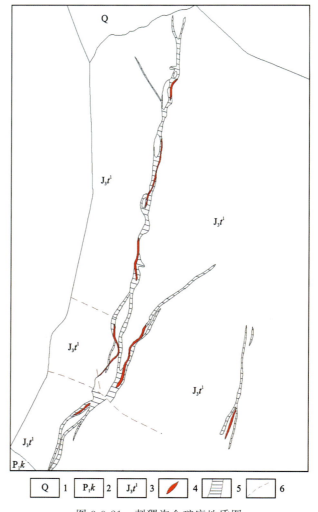

图3-9-21　刺猬沟金矿床地质图

1.第四系；2.二叠系柯岛组凝灰质板岩、砂岩、凝灰岩；3.侏罗系屯田营组火山岩；4.金矿体；5.蚀变带；6.断层

成矿构造发育在屯田营组火山喷发岩下段安山质角砾熔岩和安山质熔集块角砾岩中,侵入该岩段之中次安山岩被成矿断裂切割。充填成矿断裂中含矿脉体同位素年龄为178.3±1Ma,确定刺猬沟金矿成矿断裂生成于中侏罗世。

(2)成矿构造生成与发展:刺猬沟金矿成矿断裂在成矿热液期内主要有4次生成及活动。第一次生成阶段为充填冰长石、石英脉的断裂;第二次生成阶段为充填中—粗—巨粒方解石的断裂,形成规模大,延伸稳定;第三次生成阶段为充填细粒暗灰色—灰白色石英脉的断裂,主要发育在中—粗—巨粒方解石脉中,并将其切割和破碎;第四次生成阶段为充填含白云石方解石脉的断裂,断裂切割前3个阶段脉体或将其脉体破碎成角砾。后两个阶段为成矿阶段。

(3)成矿构造与火山构造的关系:火山构造形成于中侏罗世,而刺猬沟金矿成矿断裂也形成中侏罗世晚期,成矿断裂发育在火山口附近,但从走向和特征来看,既不是火山口原生放射状断裂,也不是火山环状断裂,同时形成时间也晚于分布火山口附近次火山岩。因此,成矿断裂不是伴随火山喷发作用形成,而是在火山喷发和次火山岩侵入之后,由区域构造应力场活动产生断裂,成矿断裂仅是叠加在火山口的断裂构造。

(4)成矿后断裂:主要有北北东向、北北西向和北西向3组,切割和破碎矿体,但错距均不大。

2. 矿体三度空间分布特征

金矿床由3条含金方解石石英脉组成,脉体产在中侏罗世第一次火山喷发旋回的安山质凝灰角砾熔岩和安山岩中,沿走向和倾向延至二叠纪地层中,但脉体迅速变窄、尖灭。

3条含金方解石石英脉相邻很近,其中Ⅰ、Ⅱ号脉相距80m,Ⅱ、Ⅲ号脉相距400m。3条脉走向上近平行,Ⅰ号脉规模最大,Ⅱ号脉次之,Ⅲ号脉最小。含矿脉体类型有冰长石-石英脉、粗晶方解石脉,脉体规模大,以单脉和复脉产出,是Ⅰ、Ⅱ号脉主体,但含金性差。中细粒石英方解石脉,多沿主脉体裂隙充填,走向上呈串珠状,多为单脉,具分支、复合特征,含金性好,是主含金脉体。含硫化物石英方解石脉规模小,不连续,充填在中细粒石英方解石脉体中。含白云石、重晶石方解石脉脉体规模小,形成晚,穿切以上4种类型。

金矿体严格受石英方解石脉制约,并产于其中,金矿主要赋存于细粒方解石脉和冰长石-石英脉体之中。脉体的围岩主要为安山岩、安山质角砾熔岩和次火山岩。矿体沿走向不连续,每个独立矿体间隔70~120m,矿体之间由低品位石英方解石脉连接,厚度小于或等于脉体厚度,见图3-9-22。

矿体赋存于脉体上部,一般距地表50~200m,矿体与脉体侧伏方向一致,并且矿体底界与不整合面近于平行,相距200m左右,矿体出露最大标高624.4m,最低标高180m,延深100~200m,矿体多赋存于脉体分支、复合、转弯、膨大部位,其形态与脉体一致。矿区共圈出7个矿体,其中Ⅰ号脉4个矿体,Ⅱ号脉2个矿体,Ⅲ号脉1个矿体,以Ⅰ号脉3个矿体为主。矿体品位北富南贫,近地表富,深部贫,出现3个浓集中心具有等距性,每个浓集中心间距200m。

Ⅰ-1号矿体:位于Ⅰ号脉体的北段转弯处的分支复合部位,矿体长70m,厚0.6~5.63m,平均2.49m,垂深212m。矿体从南往北走向由10°逐渐变为35°,倾向东,倾角85°,呈近直立的大扁豆状。品位3.46×10^{-6}~78×10^{-6},平均16.99×10^{-6};伴生银品位3.50×10^{-6}~46.00×10^{-6},平均15.00×10^{-6}。

Ⅰ-2号矿体:位于Ⅰ号脉体中段,矿体长520m,厚0.55~8.50m,平均2.52m,垂深80m。矿体走向10°,倾向西,倾角80°,呈近脉状。品位2.14×10^{-6}~39.70×10^{-6},平均8.74×10^{-6};伴生银品位2.0×10^{-6}~32.00×10^{-6},平均9.71×10^{-6}。

Ⅰ-3号矿体:位于Ⅰ号脉体南段,矿体长200m,厚0.44~5.30m,平均1.66m,矿体走向自南往北由35°变为335°之后又逐渐变为10°、5°,总体倾向西,倾角74°~85°,呈近脉状。品位1.50×10^{-6}~40.96×10^{-6},平均7.73×10^{-6};伴生银品位1.6×10^{-6}~11.5×10^{-6},平均3.43×10^{-6}。

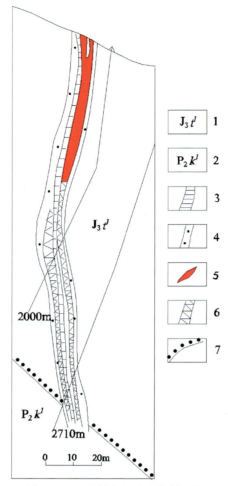

图 3-9-22 刺猬沟金矿Ⅰ线剖面图

1.屯田营组火山岩;2.二叠系变质岩;3.蚀变带;4.破碎带;5.矿体;6.石英方解石脉;7.不整合界面

3. 矿床物质成分

（1）矿石物质成分：主要含金矿物为银金矿、自然金、针碲金矿，含银矿物为银金矿、自然银、辉银矿，主要赋存于石英颗粒间裂隙中，呈显微金矿物，金成色为 547～826，多数在 700 左右。金与银、金与 Al_2O_3、金与（K_2O+Na_2O）含量总体上呈正相关。

（2）矿石类型：属贫硫化物石英-方解石型矿石。

（3）矿物组合：矿石中金属硫化物含量少，主要为黄铁矿、辉银矿、银金矿，其次为闪锌矿、方铅矿、黝铜矿、针碲金矿、碲银矿、自然银、自然金、辉铜矿，局部出现硬锰矿、辰砂、硫锑铅矿、孔雀石、褐铁矿、菱铁矿等；脉石矿物主要是方解石、石英，其次有白云母、钾长石、重晶石、钠长石、绢云母、明矾石、冰长石、玉髓等。

（4）矿石结构构造：矿石结构有自形结构、半自形结构、浸染状结构、他形粒状结构、固溶体熔离结构、压碎结构、隔板状结构、交代状结构和港湾状结构；矿石构造有角砾状构造、晶洞（晶簇）构造、梳状构造。

4. 蚀变类型及分带性

刺猬沟金矿围岩蚀变受断裂控制，可分为 3 期。

(1)早期蚀变:主要有青盘岩化作用,形成有绿泥石、绢云母、碳酸盐岩、钠长石、石英等蚀变矿物组合。

(2)成矿期蚀变:成矿期蚀变有两种,开始为钾质泥化,由伊利石-水云母、碳酸盐岩等矿物组成;晚期硅化、碳酸盐化蚀变,往往叠加于钾质黏土化带上,并常形成复脉体,是矿区主要矿化蚀变类型,矿物组合有方解石、石英及少量明矾石、泥质物等,呈带状分布于脉体两侧。

(3)成矿期后蚀变:主要有绿泥石化、叶蜡石化等,沿裂隙分布。

5. 成矿阶段

刺猬沟金矿划分2个成矿期5个成矿阶段。

(1)热液成矿期:第一阶段冰长石-石英脉阶段规模小,生成的矿物主要有黄铁矿、石英、方解石,以浸染状、角砾状、网脉状为组构特征,含矿性不好;第二阶段冰长石-石英阶段分布广泛,规模大,生成的矿物主要有磁铁矿、黄铁矿、石英、方解石,以粗粒巨粒镶嵌结构块状构造为组构特征,不含矿;第三阶段中细粒石英方解石脉阶段分布于脉体拐弯、膨大部位,沿走向呈串珠状分布,是该矿床主要成矿阶段,生成的矿物主要有石英、方解石、碲金矿,以浸染状中粒镶嵌结构脉状构造为组构特征,含矿性好;第四阶段微粒石英多金属阶段规模小,分布不广,生成的矿物主要有石英、方解石、闪锌矿、黄铜矿、方铅矿、斑铜矿、辉铜矿、黝铜矿、辉锑矿、碲金矿、银金矿,以浸染状他形微粒结构、网状构造为组构特征,含矿性最好;第五阶段重晶石白云石-方解石阶段脉体规模小,分布不广,生成的矿物主要有石英、方解石、重晶石、白云石、碲金矿,以粗粒镶嵌结构、脉状构造为组构特征,不含矿。

(2)表生期:主要生成褐铁矿。

6. 成矿时代

充填在成矿断裂中含矿脉体的 $^{40}Ar/^{39}Ar$ 年龄为 $178.0\pm3Ma$,赋矿屯田营组火山岩其Rb-Sr等值线年龄为147.5Ma,由此推断成矿时代为燕山早期。

7. 地球化学特征

1)微量元素特征

将矿石元素平均值与维氏克拉克值比较得出浓度克拉克值,由浓度克拉克值大小得出元素浓集序列为Te-Au-Ag-B-As-Sb-Se-Tb-Pb,这些富集元素组合显示了该矿床成矿作用地球化学特征,尤其是碲的高度富集,反映了一般火山热液矿床特征。

2)稀土元素特征

(1)金矿石英中 ΣREE 为 $0.18\times10^{-6}\sim0.23\times10^{-6}$,平均 0.21×10^{-6},具有低含量特点,不同矿化阶段 ΣREE 变化不大。石英 ΣREE 分馏很弱,其中含矿石英的La/Sm(n)为6.80、8.22,而不含矿石英都小于3.5,REE分馏强度极弱,石英REE的Eu/Sm变化为 $0.72\sim1.29$,表现出具有Eu正异常,并随石英中含金量增加而增高趋势。REE模式曲线大致平行,反映具有同源演化关系。Sm/Nd比值 $0.11\sim0.25$,反映矿液具有明显深源和浅源混合特点。

(2)黄铁矿 ΣREE 为 $24.2\times10^{-6}\sim36.32\times10^{-6}$, ΣREE 总量较高。La/Yb=5.65、La/Sm(n)= $2.83\sim2.85$,均为弱分馏。黄铁矿REE模式曲线,位置高于单矿物石英,但仍属于低丰度弱分馏,具有弱Eu负亏损特征,见图3-9-23。

3)同位素地球化学

(1)氢氧同位素:成矿流体中 $\delta^{18}O$ 均小于0,变化于 $-13.002‰\sim-0.56‰$ 之间, δD 值变化于 $-104.74‰\sim-93.616‰$ 之间,在 $\delta D\sim\delta^{18}O$ 图投点落在天水演化线与岩浆水之间,总体上天水的作用比较大,见图3-9-24。有关岩石中的氧氢同位素数据显示,火山与侵入岩有同源性,即均为深部幔源岩浆的产物。

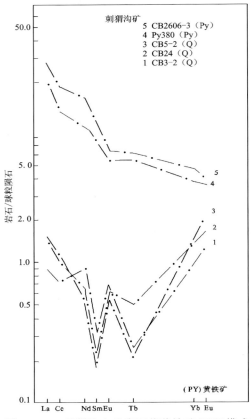

图 3-9-23　刺猬沟金矿床石英黄铁矿 REE 模式图

(2)硫同位素：共有 10 个数，除去 4.9‰ 和 13‰ 两件样品之外，其余 8 件样品平均值为 -1.725×10^{-3}，变化范围 $-3.4\times10^{-3}\sim0.043\times10^{-3}$，极差 3.443×10^{-3}。总体特征变化范围小，偏负值区集中，具有较明显的塔式效应(图 3-9-25)，接近陨石硫值，说明硫同位素具有深成特点。

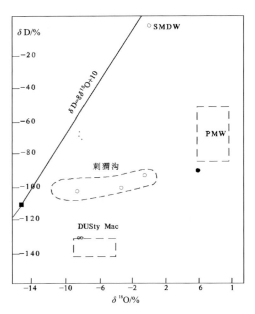

图 3-9-24　刺猬沟金矿床 δD-$\delta^{18}O$ 图
■ 本区中生代大气降水估值(据张理刚，1980)
● 中生代火山岩浆平衡水(据邹祖荣，1989)

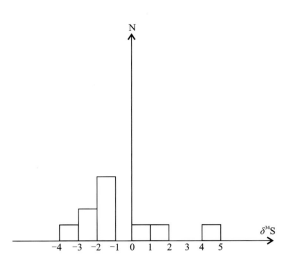

图 3-9-25　刺猬沟金矿床黄铁矿硫同位素直方图

(3) 碳同位素：矿床碳酸盐 $\delta^{18}C$、$\delta^{18}O$ 组成中，$\delta^{13}C$—PDB 值变化范围 $-9.5\times10^{-3}\sim5.6\times10^{-3}$，$\delta^{18}O$—SMOW 值变化范围 $-4.44\times10^{-3}\sim-0.992\times10^{-3}$。从流体包裹体成分测定结果来看，成矿流体主要是碳型 H_2CO_3，加之矿物沉淀温度多在 200℃ 以上。因此 $\delta^{13}C$ 方解石 = $\delta^{13}CH_2O$ = $\delta^{13}C$ 流体（Rye and Ohmoto，1974）即大致可用方解石碳同位素代替成矿流体碳同位素组成。这种同位素组成接近纯岩浆碳同位素值 $-7.5\times10^{-3}\sim-3\times10^{-3}$，反映矿床碳的可能来源。

岩石中碳酸盐的同位素组成：二叠纪地层中碳酸盐 $\delta^{13}C$ 为 $2.46‰\sim3.05\times10‰$，$\delta^{18}O$ 为 $-18.52‰\sim7.72‰$，二叠系庙岭组大理岩 $\delta^{13}C$ 为 3.582‰，$\delta^{18}O$(PDB) 为 $-9.93‰$，说明刺猬沟金矿床碳源不是来源于区域含碳层位二叠系，而是来源于岩浆。

(4) 铅同位素：刺猬沟金矿方铅矿同位素组成为 $^{206}Pb/^{204}Pb=18.29\sim18.39$、$^{207}Pb/^{204}Pb=15.41\sim15.56$、$^{208}Pb/^{204}Pb=37.84\sim38.09$，在铅的构造图中，位于地幔演化线附近，反映铅的深源性，说明该矿床属于广义岩浆热液矿床。

8. 成矿物理化学条件

1) 包裹体

(1) 包裹体测温度：采集不同阶段及不同空间样品的包裹体均一温度，统计出 I 号矿体不同阶段温度平均值，第一阶段含冰长石、方解石网脉状沉淀，平均温度 221.4℃，第二、第三成矿阶段石英方解石脉形成温度平均为 240.3℃，第四阶段含硫化物石英方解石脉平均温度为 304.5℃。由此可见，该矿床成矿流体沉淀温度升高的过程，也说明有能量（热源）补给作用。

(2) 成矿流体盐度成分：由包裹体成分计算盐度，统计数据表明，该矿床盐度介于 0~5wt%NaCl 当量。另外，利用冷冻法测得部分盐度数值明显较低。第一阶段在 0.4~0.7wt%NaCl 当量，第三期阶段在 0.1~0.3wt%NaCl 当量，反映了该矿床成矿流体盐度特征。测定 10 种包体成分样品，主要成分有 K^+、Na^+、Ca^{2+}、Mg^{2+}、HCO_3^-、F^-、Cl^-、SO_4^{2-}，该矿床成矿硫体成分类型为 K^+-Ca^{2+}-HCO^-，且 Ca^{2+}、HCO^- 浓度逐渐升高，早期富 K^+、Na^+，晚期富 Cu^+ 离子，早期富 Cl^-、SO_4^{2-}，晚期富 HCO_3^-；Ca^{2+}/Mg^{2+}、CO_2/H_2O 及 CO/CO_2 比值逐渐增大，反映了流体成矿演化特征，尤其 Na^+/K^+ 比值系数小于 1，说明具岩浆热液特点。

矿床 pH、Eh 值不同阶段成矿流体变化值总体是 pH 值逐渐升高，从 6.57 增至 7.34，Eh 值降低，由 66.32 降到 20.77。这反映矿床沉淀环境，在当时温度和压力条件下处于偏碱性和低氧化状态。

2) 成矿压力及深度估算

该矿床包裹体盐度较低，均小于 1wt%NaCl，当成矿温度为 220~300℃，利用 Hass(1971) 不同盐度深度-温度图解（图 3-9-26）来估测深度范围，得出矿床形成深度为 263~1063m，压力范围为 7.3~29.5Mpa。

9. 物质来源

从同位素、包裹体、微量元素、稀土地球化学特征可以看出，刺猬沟金矿的成矿物质来源于广义的岩浆热液-火山热液。

成矿流体水的来源：从石英包体 δD 测定值来看，略高于推测大气降水的值，投点中生代岩浆平衡水与大气降水之间，大体呈线性相关，成矿流体水系天水与岩浆水作用结果算得天水与岩浆水比值大体为 3:7~7:3。总体上大气降水（或地下水）作用较明显。

10. 控矿因素和找矿标志

(1) 控矿因素：区域上受近东西向百草沟-苍林断裂和北东向亲合屯-西大坡断裂及北西向大柳树河-海山断裂交会处形成的火山盆地控制；矿体赋存在中侏罗统屯田营组钙碱性安山质岩-次火山侵入杂岩及火山口相和断陷部位，主要含矿岩石为安山质角砾凝灰熔岩和次火山岩；矿体受叠加在火山口附

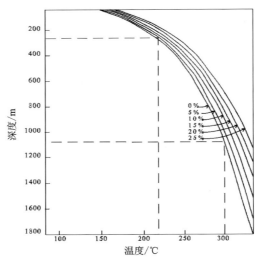

图 3-9-26　刺猬沟金矿床成矿深度-温度图解(取盐度＝0wt％)(据 Haas,1971)

近的北北东向断裂构造控制。

(2)找矿标志:主要蚀变类型为青盘岩化、沸石化、赤铁矿化、冰长石化、黄铁矿化、碳酸盐化及硅化等;地球化学标志1∶20万、1∶5万水系沉积异常,土壤化探异常,前缘元素为 Hg、Sb,中部元素为 W、Ti、Cu、Bi、As 等,下部元素为 Cr、Ni、Mo、Pb、Be、Ag、Au 等;地球物理标志,电性是低阻、高激化异常。

11. 矿床形成及就位机制

矿床形成顺序过程为:库拉板块→太平洋板块向欧亚板块俯冲引起的陆缘活动带内初始矿源岩部分熔融钙碱性安山质岩浆和幔源含金热流体的产生→屯田营期火山/次火山侵入杂岩的上侵就位→区域性断裂构造的多次发生和叠加→幔源含金流体上涌和与表生环流水体系的汇聚混合→热液蚀变作用的发生→金的富集沉淀定位。

刺猬沟金矿属低硫型,矿化体中金与硫呈负相关,说明金以络阳离子迁移可能性很小,矿床原生晕分带也反映出金与多金属硫化物在时空上有显著的差别,液体包裹体中阴离子以 HCO_3^- 为主,这与整个矿床中矿体主要由石英方解石脉组成是一致的,Ere 等认为还原态羟基络离子可以使金溶解、迁移,条件是一种低的氧化还原环境,并且出现金-碳酸盐组合。刺猬沟金矿有大量自然金、银金矿赋存于方解石颗粒中与石英颗粒间,并且该矿床每个阶段皆有碳酸盐出现,因而推断金是以羟基络阴离子迁移的。沉淀机制可能是还原态羟基进一步氧化,在与钙结合成 $CaCO_3$ 的同时,使金离子还原而沉淀。以上体现了成矿作用在时间上长期性和多阶段性,在空间上严格受穿透性断裂多次发生和叠加造成的低压高热流区控制。

12. 成矿模式

汪清县刺猬沟金矿床成矿模式见图 3-9-27。

13. 成矿要素

汪清县刺猬沟金矿床成矿要素见表 3-9-19。

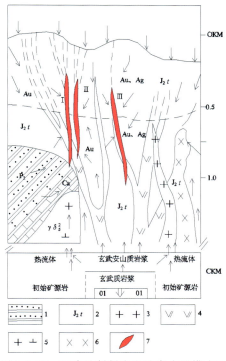

图 3-9-27　汪清县刺猬沟金矿床成矿模式图

1. 二叠系柯岛组砂岩、灰岩；2. 侏罗系中性火山岩；3. 花岗斑岩；4. 次安山岩；5. 花岗闪长岩；6. 辉石闪长岩；7. 矿体

表 3-9-19　汪清县刺猬沟金矿床成矿要素表

成矿要素		内容描述	成矿要素类别
特征描述		侵入岩浆热液型金矿床	
地质环境	岩石类型	安山质角砾凝灰熔岩和次火山岩	必要
	成矿时代	充填在成矿断裂中含矿脉体的 $^{40}Ar/^{39}Ar$ 年龄为 178.0±3Ma，赋矿屯田营组火山岩其 Rb-Sr 等值线年龄为 147.5Ma，由此推断成矿时代为燕山早期	必要
	成矿环境	矿区位于小兴安岭-张广才岭叠加岩浆弧（Ⅱ）太平岭-英额岭火山-盆地区（Ⅲ）罗子沟-延吉火山盆地群（Ⅳ）内，受北北东向图们断裂带与北西向嘎呀河断裂复合部位控制	必要
	构造背景	矿体受近火山口相辐射状断裂即沿成矿前的北西向（被次火山岩脉充填）和北北东向（次安山玄武岩充填）两组剪裂形成的追踪张裂控制	重要
矿床特征	矿物组合	矿石中金属硫化物含量少，主要是黄铁矿、辉银矿、银金矿，其次为闪锌矿、方铅矿、黝铜矿、针碲金矿、碲银矿、自然银、自然金、辉铜矿，局部出现硬锰矿、辰砂、硫锑铅矿、孔雀石、褐铁矿、菱铁矿等；脉石矿物主要是方解石、石英，其次有白云母、钾长石、重晶石、钠长石、绢云母、明矾石、冰长石、玉髓等	重要
	结构构造	矿石结构有自形结构、半自形结构、浸染状结构、他形粒状结构、固溶体溶离结构、压碎结构、隔板状结构和交代状结构、港湾状结构；矿石构造有角砾状构造、晶洞（晶簇）构造、梳状构造	次要
	蚀变特征	主要蚀变类型为青磐岩化、沸石化、赤铁矿化、冰长石化、黄铁矿化、碳酸盐化及硅化等	重要
	控矿条件	区域上受近东西向百草沟-苍林断裂和北东向亲合屯-西大坡断裂及北西向大柳树河-海山断裂交会处形成的火山盆地控制；矿体赋存在中侏罗统屯田营组钙碱性安山质岩-次火山侵入杂岩及火山口相和断陷部位，主要含矿岩石为安山质角砾凝灰熔岩和次火山岩；矿体受叠加在火山口附近的北北东向断裂构造控制	必要

五、侵入岩浆热液型

(一)安图县海沟金矿床

1. 地质构造环境及成矿条件

矿床位于晚三叠世—新生代东北叠加造山-裂谷系(Ⅰ)小兴安岭-张广才岭叠加岩浆弧(Ⅱ)太平岭-英额岭火山-盆地区(Ⅲ)敦化-密山走滑-伸展复合地堑(Ⅳ)内,二道松花江断裂带金银别-四岔子近东西向韧-脆性剪切带东端与两江-春阳北东向断裂带交会处。

1)地层

矿区出露地层主要为中元古界色洛河群红光屯组和木兰屯组,其东侧四岔子分布有中侏罗统中性火山岩及含煤岩系,见图3-9-28。

(1)红光屯组:下段下部为含砾黑云斜长角闪片麻岩、斜长角闪岩、绢云片岩夹镁质大理岩及磁铁石英岩;中部为斜长角闪岩夹变粒岩、含石榴子石斜长变粒岩;上部为黑云斜长片岩、二云片岩、绢云绿泥片岩。上段下部为变凝灰质板岩、变质砂岩夹钙质板岩;上部为含碳泥质板岩。

(2)木兰屯组:下部为变质底砾岩、安山质凝灰岩;中部为变英安岩、变质安质角砾凝灰岩;上部为变流纹岩及变流纹质凝灰岩。

在矿区镁质大理岩层和矿区西部外围石人沟大理岩层 Pb-Pb 同位素年龄值分别为 1162 Ma、1153Ma,属中元古代。色洛河群红光屯组中各岩性微量元素平均值较高,与维氏值比富集系数较大。Au 平均值 18.89×10^{-9},Ag 平均值 1.35×10^{-6},U 平均值 1.99×10^{-6},Th 平均值 8.88×10^{-6},Cu 平均值 40.5×10^{-6},Pb 平均值 27.5×10^{-6},Zn 平均值 88.13×10^{-6},As 平均值 35.85×10^{-6},Bi 平均值 0.50×10^{-6},Sb 平均值 3.92×10^{-6},Hg 平均值 12.13×10^{-6}。Au、Ag、As、Bi、Sb 都富集4倍以上,因此把色洛河群红光屯组确定为金的矿源层。

2)岩浆岩

矿区中部分布的燕山早期二长花岗岩为主要成矿围岩,岩体内脉岩发育,成群成带分布。矿区西部和西北部分布大面积岩基状加里东期花岗闪长岩-黑云母花岗岩。燕山早期二长花岗岩 SiO_2 含量平均为 65.70%,Al_2O_3 平均 16.39%,K_2O+N_2O 平均 9.50%,$Na_2O/K_2O=1.29$,$Fe_2O_3/FeO=1.10$,$A/NKC=0.95$,$^{87}Sr/^{86}Sr$ 初始比值为 $0.706\ 86\pm0.000\ 15$。表明岩石富硅、富碱、富铝,贫钙,$Na_2O>K_2O$,属同熔型花岗岩类。

从海沟岩体及脉岩相的成矿元素含量来看,二长花岗岩丰度值 Au 为 2.44×10^{-9},Cu 8.70×10^{-6},Zn 32.69×10^{-6},均低于维氏值。但经蚀变后浓集系数很高,金含量可增高 37.59 倍。在脉岩相中只有成矿前的闪长玢岩金丰度值为 129.85×10^{-9},高于维氏值的 28.9 倍。

二长花岗岩中锆石 U-Pb 年龄值为 $185.6\sim167$Ma,全岩 Rb-Sr 锶年龄值为 181Ma,角闪石 K-Ar 年龄值为 161.3Ma,主岩体时代应属燕山早期,脉岩相 K-Ar 年龄值为 $142.3\sim120.94$Ma,含金石英脉绢云母 K-Ar 年龄值为 143.95Ma。

3)构造

本区构造可以划分为成矿前构造、成矿期构造、成矿后构造。

(1)成矿前构造:金银别-四岔子东西向断裂带经过矿区南部,倾向南,倾角陡,容矿断裂构造发育于此断裂带北部,在海沟岩体内由西向东大体上以等间距展布 4 条北东向断裂带。每条断裂带又是由许多平行似等间距分布的北北东向、北东向断裂组成。在平面、剖面上具有舒缓波状延展特点。根据断裂发生顺序可划分为早期、中期、晚期。早期为北东向压剪性片理化带;中期片理化带中贯入大量闪长玢岩脉;晚期闪长玢岩贯入后,又有构造片理化。

(2)成矿期构造:按形成顺序又可分为早、中、晚 3 期。早期沿北北东向或北东向片理化带上充填含金石英脉;中期大量含金石英脉贯入后,沿断裂裂隙充填交代形成硫化物细脉,黄铁矿细脉产状由北西向与北东向两组共轭组成;晚期方铅矿及铀矿化形成。

(3)成矿后构造:一期以次安山岩脉北东向贯入为主;二期正长斑岩、煌斑岩、次安山岩近东西向贯入;三期北西向正断层广泛展布。

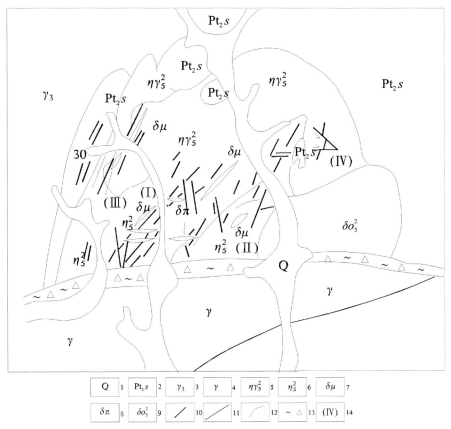

图 3-9-28　安图县海沟金矿床地质图

1.第四系河床冲积物;2.中元古界色洛河群;3.加里东期黑云母花岗岩;4.细粒花岗岩;5.二长花岗岩;6.二长岩;
7.闪长玢岩;8.正长闪长斑岩;9.次安山岩;10.石英山长岩;11.构造千枚岩;12.平推断层;13.逆断层;14.破碎带

2. 矿体三度空间分布特征

矿区共有 4 条矿带,15 条矿脉,35 个矿体,见图 3-9-29。

Ⅰ号矿带:位于矿区中心,沿着Ⅰ号容矿断裂带分布,矿带长 1900m,宽 220m,由 27 号、28 号、29 号、37 号等矿脉组成,共有 8 个矿体。矿体呈脉状,走向 50°,倾向 310°～330°,倾角 40°～85°。其中 28-1、28-2、28-3、28-4、28-5 号矿体长 200～800m,厚 0.2～17.70m,平均厚 3.90m。品位 $3×10^{-6}$ ～ $10×10^{-6}$,最高品位 $59.82×10^{-6}$,平均品位 $8.04×10^{-6}$。28-6 号、28-7 号矿体长 120～240m,厚 0.63～11.08m,平均厚 3.72m。品位 $1.39×10^{-6}$ ～ $34.70×10^{-6}$,平均品位 $5.42×10^{-6}$。

Ⅱ号矿带:位于矿区中心偏东,沿着Ⅱ号容矿断裂带分布,长 1600m,宽 460～500m,由 32 号、33

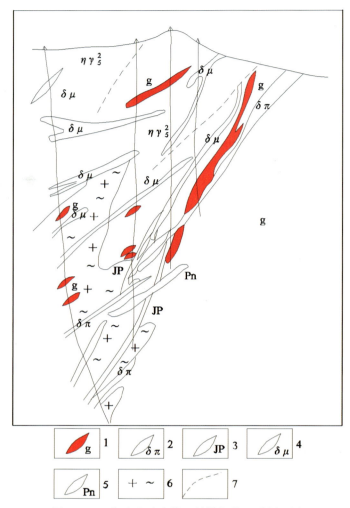

图 3-9-29　海沟金矿床第 7 号勘探线地质剖面图
1.含金石英脉；2.闪长玢岩脉；3.构造片岩带；4.闪长斑岩脉；5.辉绿岩脉；6.二长花岗岩；7.断层

号、34 号、36 号、38 号、40 号等矿脉组成，共 10 个矿体。矿体呈脉状，走向 40°，倾向 300°～320°，倾角 40°～60°。其中 38-1 号、38-4 号矿体长 90～480m，厚 0.3～20.20m，平均厚 4.31m。品位 3×10^{-6}～5×10^{-6}，最高品位 60.60×10^{-6}，平均品位 6.05×10^{-6}。

Ⅲ号矿带：位于矿区西部，沿着Ⅲ号容矿断裂带分布，长 1800m，宽 600m，共有 30 号、31 号、42 号、43 号等矿脉，共 7 个矿体。矿体呈脉状，走向 30°，倾向 300°～330°，倾角 65°～80°。其中 43-1 号—43-5 号矿体长 600～1000m，厚 0.2～1.70m，品位 1×10^{-6}～2.5×10^{-6}，最高品位 20.61×10^{-6}。30 号矿体长 160m，厚 0.3～2.50m，品位 0.42×10^{-6}～4.16×10^{-6}。

Ⅳ号矿带：位于矿区东部，沿着Ⅳ号容矿断裂带分布，长 250m，宽 20m，共有 1 条矿脉（41 号），10 个矿体。矿体呈脉状，走向 20°，倾向 110°，倾角 40°。其中 41-1 号、41-3 号、41-4 号、41-8、41-9 号、41-10 号矿体长 20～210m，厚 0.1～6.000m，平均厚 2.46m，品位 1×10^{-6}～2.5×10^{-6}，最高品位 42.78×10^{-6}，平均品位 2.51×10^{-6}。

3. 矿床物质成分

（1）物质成分：伴生元素有 Pb、Zn、Ag、Cu、Mo、Se、Te、U 等，其中 U 主要富集于 0 勘探线附近。从矿石的微量元素含量及其富集序列来看，Au 富集系数最高，达 682.2，其余依次排列为 Bi、Ag、Sb、Mo、

Pb、Hg、As、B、Cr、W、Sb……，其中前6种为成矿元素，具有标志性特征。Au与Bi、Hg、Pb、Ag、As、Sb、Cu、Co呈密切的正相关关系，反映出自然金与方铅矿、黄铜矿、辉银矿、毒砂、黄铁矿、自然银等紧密伴生。

(2)矿石类型：以贫硫化物石英脉型金矿石和细粒浸染状金矿石为主，次为浸染状金银矿石和金-铅-碲矿石等。

(3)矿物组合：矿石矿物组合主要为自然金、方铅矿、黄铜矿，次为闪锌矿、磁黄铁矿、磁铁矿、白铁矿、铜蓝、蓝辉铜矿、黝铜矿、沥青铀矿、晶质铀矿、碲金矿、斜方碲金矿、碲铅矿等；脉石矿物主要为石英、方解石，少量为绢云母、绿泥石等。

(4)矿石结构构造：矿石结构为结晶结构、自形晶粒状结构、他形晶粒状结构、滴状结构、填隙结构、出溶结构(乳浊状结构、骨晶结构)、交代结构(侵蚀结构、交代残余结构)、动力结构(柔皱结构、压碎结构)等；矿石构造为细脉状构造、网脉状构造、稀疏浸染状构造等。

4. 蚀变类型及分带性

围岩蚀变划分为3个阶段，分别为成矿前硅化-碱交代阶段、成矿期硅化-绢云母化-绿泥石化-黄铁矿化阶段、成矿后绿泥石化-碳酸盐化阶段。

(1)成矿前硅化-碱交代阶段：主要发育于二长花岗岩中，分布面积大，但不均匀。此期以面型蚀变为主，主要蚀变以钾长石化、钠长石化为主，晚期交代形成的红色钾长石斑晶较多，晶体较大；此外，还有电气石化、绿帘石化、绢云母化、绿泥石化、黄铁矿化等蚀变。经过碱质蚀变后大量金被活化、迁移。这是使二长花岗岩中金丰度值贫化的原因。

(2)成矿期硅化-绢云母化-绿泥石化-黄铁矿化阶段：以线型蚀变为主，在近矿脉处形成平行发育的硅化、绢云母化、绿泥石化、黄铁矿化等。以矿脉为中心两侧形成带状蚀变，蚀变宽窄不一，宽度为0.5~15m不等。强蚀变带可分为近矿蚀变、远矿蚀变。近矿蚀变以硅化为主，远矿蚀变以绿泥石化为主；硅化主要以硅质细脉和蠕虫状分布于长石中或节理裂隙面上；绿泥石化多为显微鳞片状集合体分布；黄铁矿化多呈立方体浸染状分布于蚀变岩中。

(3)成矿后绿泥石化-碳酸盐化阶段：该阶段无矿化。

5. 成矿阶段

该矿床主要成矿期为燕山早期二长花岗岩及其脉岩相热液期和表生期。

(1)热液期：该期又可划分5个阶段。

自然金-石英阶段：石英脉为白色—烟灰色，含微量金。自然金呈长条形、椭圆形分布于石英粒间，含量0.01×10^{-6}~1×10^{-6}，金成色高(946~999)。偶见黄铁矿，多呈立方体，粒径1~5mm，不均匀地浸染于石英中。

自然金-硫化物阶段：以金、铅矿化为特征，主要为自然金、硫化物、碲化物，共生矿物组合为自然金、方铅矿、黄铁矿、黄铜矿、闪锌矿、磁黄铁矿、白铁矿、赤铁矿、碲金矿、碲铅矿等；脉石矿物以石英、绢云母为主，少量方解石、绿泥石等。矿物组合从早到晚可分为2个组合类型：①石英-黄铁矿组合。第一世代以黄铁矿为主，偶见微量自然金(第一世代)，黄铁矿为粗粒自形晶，含金较低。自然金呈长条形，长1~5μm，金成色为920~934。②自然金-硫化物组合。形成大量自然金(第二世代)、黄铁矿(第二世代)、黄铜矿、方铅矿和少量磁黄铁矿、白铁矿、闪锌矿、碲铅矿。自然金最高的组合为黄铁矿、黄铜矿、方铅矿。此种硫化物均为他形细粒，含量均为该组合金属矿物总量的90%~95%。碲铅矿(第一世代)普遍发育，但含量极微，多呈粒状，粒径1~10μm，圆滴状，呈他形粒状沿方铅矿解理或颗粒边缘分布。碲铅矿较多时自然金也较富集。

自然金-碲化物阶段：自然金、碲金矿（第二世代），伴有少量的硫化物。自然金呈不规则粒状（5～22μm）与方铅矿等硫化物连生。自然金-碲化物组合多呈浸染状分布于早期石英粒间，但多出现在自然金-硫化物细脉附近，50%～70%自然金分布于方铅矿粒间或裂隙中。自然金主要呈不规则粒状、树枝状、椭圆状，金成色为873～997。

自然金-贫硫化物含铀矿物阶段：含有少量硫化物（黄铁矿、黄铜矿、方铅矿、磁黄铁矿）和自然金、赤铁矿、磁铁矿、晶质铀矿、沥青铀矿、方解石、绿泥石组合。该组合主要为赤铁矿、磁铁矿、晶质铀矿、沥青铀矿组合。赤铁矿呈板状自形晶沿早期晶出的黄铜矿、方铅矿等硫化物边缘生长。磁铁矿是交代赤铁矿而成，多分布于赤铁矿边缘，在磁铁矿中常见赤铁矿残留。晶质铀矿为八面体，立方体晶形沥青铀矿为非晶质的小球状或肾状颗粒，粒径4～10μm，前者多与黄铁矿连生，后者多与磁黄铁矿连生。

石英-方解石阶段（无矿阶段）：形成孔雀石、蓝铜矿等。

（2）表生成矿期：主要为氧化物形成阶段。

6. 成矿时代

与成矿关系密切的二云花岗岩全岩U-Pb年龄值为185.6～167.0Ma，Rb-Sr年龄为181Ma，K-Ar法年龄为161.3Ma，属燕山期。

7. 地球化学特征

（1）硫同位素：矿石硫同位素组成变化范围为－23.2‰～－0.5‰，平均－7.8‰；二长花岗和闪长玢岩$\delta^{34}S$值变化范围为－10.1‰～0.5‰，平均4.1‰，表明矿石与围岩硫均以富集^{34}S为特征。方铅矿和黄铁矿的$\delta^{34}S$差别不大，具有硫源单一，并且经历了相同的地质演化。

（2）碳酸盐岩碳和氧同位素：据大理岩和方解石脉的碳、氧同位素测定结果，中元古界色洛河群大理岩经历了多次变质作用和大气降水的交换，使$\delta^{18}O$降为13.9‰，但是$\delta^{13}C$值仍为6.1‰，保持着前寒武纪碳酸盐^{13}C的特点（区域大理岩的$\delta^{13}C$值为－2.5‰～4‰，$\delta^{18}O$为12‰～19‰）。二长花岗岩中的捕虏体大理岩不仅受到历次变质作用，而且遭受二长花岗岩的强烈交代作用，失去了沉积变质特征，显示出岩浆深源碳和氧同位素组成的特点。$\delta^{13}C$近于－5‰，$\delta^{18}O$近于8.0‰，方解石脉$\delta^{13}C$值降到－12.7‰，但$\delta^{18}O$值增高到22.1‰，是成矿后大气降水从不同围岩淋滤出来的CO_3^{2-}离子和Ca^{2+}离子结合而形成的，CO_3^{2-}中的碳部分为富^{12}C的有机碳。

（3）硅酸盐石英氧同位素：二长花岗岩的$\delta^{18}O$（全岩钾长石）值为7.7‰，混合岩化片麻岩中的斜长石$\delta^{18}O$值为8.3‰，与正常花岗岩类或金-铜系列花岗岩类特征值基本一致。含金石英脉石$\delta^{18}O$值变化范围为12.2‰～13.2‰，平均12.6‰；不含金石英脉石英和蚀变绢英片岩中的石英$\delta^{18}O$值为11.6‰～11.7‰。总之花岗岩类岩石→近矿蚀变岩→含金石英脉，其$\delta^{18}O$值依次增高。

（4）矿物包裹体气、液及成矿流体的氢、氧、碳同位素：海沟金矿床的成矿介质水的δD、$\delta^{18}O$和CO_2气体的$\delta^{13}C$值变化范围较大。碳以深源岩浆碳和有机碳过渡为特征。大部分石英的$\delta^{18}O$值近似于花岗岩浆水，部分为大气降水。说明成矿流体应属混合岩浆水。

（5）铅同位素：12件样品铅同位素组成变化范围$^{206}Pb/^{204}Pb$为15.0951～18.346，平均16.944；$^{207}Pb/^{204}Pb$为15.1267～15.615，平均15.4525；$^{208}Pb/^{204}Pb$为36.3282～38.404，平均37.1512。除燕山期闪长岩富含放射成因的^{206}Pb和色洛河群样品中含较多放射成因的^{208}Pb外，大多数样品的铅同位素组成仍比较集中，均落在正常铅演化曲线附近。在图3-9-30中4个方铅矿铅同位素、2个矿石铅同位素、二长花岗岩及闪长岩铅同位素均落在造山带演化曲线或其附近，次之落在地壳或下地壳演化曲线上，说明此矿床铅主要形成于造山带环境中。

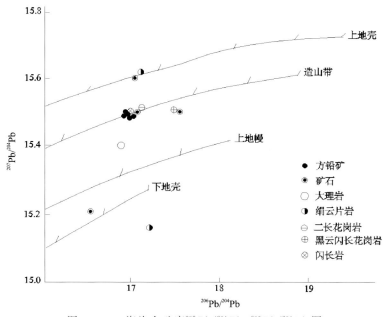

图 3-9-30　海沟金矿床 $^{207}Pb/^{204}Pb$ – $^{206}Pb/^{204}Pb$ 图

8. 成矿物理化学条件

(1) 成矿温度、压力和深度：成矿温度以均一温度为准，其变化范围为 120～420℃，金矿化最佳温度为 220～300℃。第Ⅰ成矿阶段温度为 420～350℃，成矿压力为 30～50MPa；第Ⅱ成矿阶段温度为 370～290℃，成矿压力为 43～136MPa；第Ⅲ成矿阶段温度为 300～210℃，成矿压力为 61～102MPa；第Ⅳ成矿阶段温度低于 220℃，成矿压力 15～60MPa；第Ⅴ成矿阶段温度为 140℃，成矿压力变化范围为 30～136MPa，表明成矿中期为金矿化高峰期，其压力也最大，平均为 87.3MPa。无矿石英脉和方解石脉的压力为 12～80MPa，平均为 45.1MPa。根据垂深 30MPa/km 增压率计算，其成矿深度为 0.5～4.5km，平均 2.45km。

(2) 成矿流体酸碱度、氧化还原电位和还原参数：成矿流体的 pH 为 4.1～5.5，平均 4.8，第Ⅰ成矿阶段为 4.1，第Ⅱ、Ⅲ成矿阶段为 4.4～5.1，平均约 4.7，流体属酸性—弱酸性。从成矿早期至晚期，流体由酸性→弱酸性→近似中性过渡。流体的氧逸度变化范围为 $10^{-425.5}$～10^{-25}MPa，平均为 $10^{-33.8}$MPa。温度 380℃时达 10^{-25}MPa，200℃时降至 10^{-45}MPa。流体的 Eh 为 -0.3～0.55，平均 -0.42，从成矿早期至晚期 Eh 由小变大。含金石英脉的还原参数为 0.41～0.95，平均 0.57，表明成矿环境属还原性质。

(3) 地层中金的活化与迁移：海沟金矿床的主要围岩在区域变质作用过程中，固态岩石中分散着的金，在温度 300～350℃、压力 1000～2000MPa 条件下，金可以络合物 $(AuCl_3)^-$ 形式存在，在富含 Cl^- 的溶液中它可以 $Na[AuCl_2][H_2O]_n^-$ 的形式存在于溶液中。通过海沟岩体成岩作用时的岩石包体和矿物包裹体的成分对比，发现成岩期溶液中 Cl^- 的浓度比成矿期 Cl^- 的浓度高 2 倍。海沟岩体在成矿期充分具备高温 (573～850℃) 条件，且溶液富含 Cl^-、F^-、SO_4^{2-}、H_2、K^+、Na^+、Ca^{2+}、Mg^{2+} 等，而岩浆期的初生热液性质略显弱碱性 (pH=7.5) 氧化环境 (Eh=0.75)，有着较高的氧逸度，这就具备了足够的能力从围岩中浸出金。

9. 成矿物质来源

矿床原生晕分布特征显示，主要成矿元素 Au 的分布在矿化带内形成了正晕场和矿化场，而在矿化带以外的围岩中形成了面积较大的亏损场。尤其是成矿前碱交代阶段,面状蚀变带中金的含量都很低,一般为 $2.33\times10^{-9}\sim4.00\times10^{-9}$。其中包括色洛河群变质岩系中变流纹质凝灰岩(Au 为 2.29×10^{-9},浓集系数为 0.54)、砂质板岩(Au 为 2.77×10^{-9})、绢云石英片岩(Au 为 2.331×10^{-9})、斜长角闪岩(Au 为 2.431×10^{-9},浓集系数为 6.56)、大理岩(Au 为 4.1×10^{-9},浓集系数为 0.93)和花岗闪长岩(Au 为 107.8×10^{-9})等。与区域同层岩性相比,除矿床正晕场外,主要围岩 Au 含量都低于地壳丰度值近 1 倍。该亏损场(或低景场)中的金在长期多次的地质构造成矿作用中已迁移到矿化带内,所以说海沟金矿床中的金主要来源于中元古界色洛河群变质岩系和花岗闪长岩。

10. 控矿因素及找矿标志

(1)控矿因素:中元古界色洛河群红光屯组斜长角闪岩、二云片岩、黑色板岩夹大理岩,燕山期二长花岗岩、闪长玢岩成群成带,槽台边界超岩石圈断裂与北东向深断裂交会处控制岩浆侵入,北东向断裂、裂隙带属压扭性断裂发育地段与岩体周边内外接触带是控矿有利部位。

(2)找矿标志:中元古界色洛河群红光组分布区;区域上北西向深大断裂与北东向深大断裂交会处,矿体受次一级北东向压扭性构造控制;燕山期二长花岗岩、闪长玢岩;硅化、钾长石化、钠长石化、电气石化、绿帘石化、绢云母化、绿泥石化、黄铁矿化,特别是线型分布的硅化-绢云母化-绿泥石化-黄铁矿化是找矿直接标志。化探异常主要指示元素 Au、U、Pb、Bi、Mo,次要指示元素 Ag、Cu、Zn、Sn、Ni、Co、V、As、Sb 异常区,异常内带为 Au、U、Pb。

11. 矿床形成及就位机制

在 1600~1108 Ma 中条运动初期,随着裂陷槽的褶皱隆起,强烈的火山爆发和变质作用使大量的 U、Th、Pb、Au、Bi、Ag、As、Sb、C 进入了色洛河群中,其间 Pb、Au、Ag、S 等成矿元素形成了本区的一次大规模金矿化,构成海沟金矿的矿源层。进入滨太平洋板块的活化阶段,在大陆内部形成一些具有继承性的断裂带,尤其是沿富尔河、两江两组大断裂的交叉处更为活跃,由于地幔再次上涌,形成一些同熔型花岗岩浆并沿具拉张性深大断裂上侵。燕山早期花岗闪长岩浆沿海沟复式背斜上侵,在结晶分异过程中分泌出初生岩浆水与部分大气降水的混合,形成再平衡岩浆水,并携带了大量的矿质和矿化剂(Au、Ag、Sb、Se、S、K^+、Na、Cl^-、F 等)。上侵过程中的热力、动力和矿化剂,同时也加热了岩体周围的地下水(层间水、裂隙水),变热而环流的地下水浸滤出围岩中大量的 Au、Ag 等成矿物质而形成富含矿质的热流体。随着花岗闪长岩的结晶固化和频繁的构造作用,在岩体顶部形成一组北东向构造糜棱岩带和片理化带,继而追踪该岩带又形成了张扭性的构造裂隙带。由于在岩浆分异过程中的强烈钾、钠质交代作用和矿化作用,大量矿质进入含矿热水溶液,并富集到岩浆期后,形成了高盐度的成矿溶液,并富集于张扭构造裂隙带中,形成含金石英脉群,构成大型海沟金矿床。

12. 成矿模式

安图县海沟金矿床成矿模式见图 3-9-31。

13. 成矿要素

安图县海沟金矿床成矿要素见表 3-9-20。

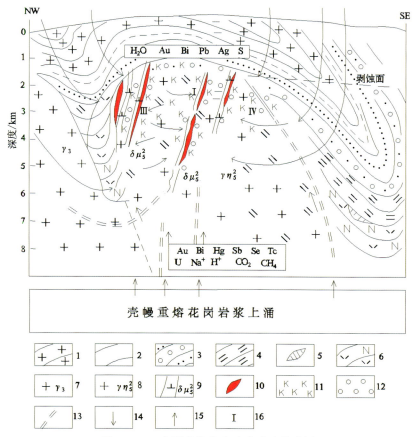

图 3-9-31 安图县海沟金矿床成矿模式图

1.变质英安岩、流纹岩及其凝灰岩;2.板岩类;3.变质砾岩、变质砂岩;4.绿泥片岩、绢云片岩;5.大理岩;6.斜长角闪岩、角闪片岩;7.加里东期花岗岩;8.燕山期二长花岗岩;9.闪长玢岩;10.含金石英脉;11.钾长石化;12.绢英岩化;13.运移流体的断裂;14.岩浆热流体运移方向;15.古大气降水地下水流体运移方向;16.矿带

表 3-9-20 安图县海沟金矿床成矿要素表

成矿要素		内容描述	要素类别
特征描述		侵入岩浆热液型金矿床	
地质环境	岩石类型	斜长角闪岩、二云片岩、黑色板岩夹大理岩;燕山期二长花岗岩、闪长玢岩	必要
	成矿时代	燕山期	必要
	成矿环境	矿区位于晚三叠世—新生代东北叠加造山-裂谷系(Ⅰ)小兴安岭-张广才岭叠加岩浆弧(Ⅱ)太平岭-英额岭火山-盆地区(Ⅲ)敦化-密山走滑-伸展复合地堑(Ⅳ)内,二道松花江断裂带金银别-四岔子近东西向韧—脆性剪切带东端与两江-春阳北东向断裂带交会处	必要
	构造背景	槽台边界超岩石圈断裂与北东向深断裂交会处控制岩浆侵入,北东向断裂、裂隙带属压扭性断裂发育地段与岩体周边内外接触带是控矿有利部位	重要
矿床特征	矿物组合	矿石矿物组合主要为自然金、方铅矿、黄铜矿,次为闪锌矿、磁黄铁矿、磁铁矿、白铁矿、铜蓝、蓝辉铜矿、黝铜矿、沥青铀矿、晶质铀矿、碲金矿、斜方碲金矿、碲铅矿等;脉石矿物主要为石英、方解石,少量为绢云母、绿泥石等	重要
	结构构造	矿石结构为结晶结构、自形晶粒状结构、他形晶粒状结构、滴状结构、填隙结构、出溶结构(乳浊状结构、骨晶结构)、交代结构(浸蚀结构、交代残余结构)、动力结构(柔皱结构、压碎结构)等;矿石构造为细脉状构造、网脉状构造、稀疏浸染状构造等	次要

挤压片理化带被中生代东西向断裂共轭的南北向张性断层沿袭改造而成,部分燕山早期侵入岩和次火山岩及四道沟金矿点受其控制。

(3)矿床构造:①成矿前断裂构造。以燕山早期花岗岩派生的花岗细晶岩、花岗伟晶岩脉充填为标志,有3组断裂构造,即东西向断裂、北北东向断裂、北西向断裂。②成矿期断裂构造。以中酸性火山岩和含矿脉体充填为标志,又进一步划分为成矿早期和主成矿期断裂构造,成矿早期构造控制早期细脉浸染状铜钼矿化的隐伏构造,东西向延伸。北北东向张性断裂倾向南东,倾角50°~74°,被乳白色石英脉充填,主要分布在北山矿段西部6号矿组附近,受后期断裂破坏甚重,只见零星片断。北北西向压扭性断裂倾向东,倾角70°~80°,多呈反"多"字方形斜列,被乳白色石英脉充填,为6号矿组主要组成部分,且有含矿石英脉、石英方解石脉主成矿期产物充填于乳白色石英脉上下盘接触带,说明该带在主成矿期还有活动。主要成矿期构造中,北北西向压扭性断裂是控制闪长玢岩等中基性次火山岩的主要容矿构造。另外,北北西向压性断裂的次一级断裂,亦控制了一些工业矿体,有以下两种类型。北西向压扭性断裂走向330°,倾南西,倾角较陡,断裂构造规模较大,断裂呈舒缓波状延伸,可见到反"多"字形斜列和分支复合现象,多发育在主断裂上盘,控制11号矿体。北西向扭(压)性断裂,倾向北东,倾角20°~25°,由密集的剪切裂隙带或片理化带组成,主要发育在主断裂上盘,0号矿体受此断裂控制。③成矿后断裂。以充填晚期花岗闪长斑岩及破坏矿体为标志,沿袭主容矿构造形成复合断裂,沿破碎带发育有断层角砾,另外还有东西向压扭性断裂、北东—北北东向和北西向张扭性断裂等。

2. 矿体三度空间分布特征

矿体严格受北北西向压性断裂及其次级断裂控制。总的矿化范围长2.51km,宽0.8km,已圈出大小矿体34个,略呈"S"形北北西向延伸,分为北山矿段和南山矿段,见图3-9-33。

(1)北山矿段共12个矿组22个矿体,自西向东依次为10号、6号、1号、2号、3号、4号、5号、7号、8号、9号、25号矿组,0号矿体位于矿段中心部位,矿体多向东倾或近直立,见图3-9-34。根据矿体形态、产状等特点,分复脉型、单脉型、密脉型、网脉或细脉浸染型4种矿体类型,特征见表3-9-21。

(2)南山矿段已圈出7个矿体,由东到西依次为11号、12号、13号、14号、15号、21号、22号矿体,其中11号矿体、22号矿体为主矿体,12号、13号、14号、15号是11号矿体上盘分支矿脉。该矿段矿体产状稳定,连续性好,规模大,均为单脉型矿体,特征见表3-9-22。

表3-9-21 小西南岔金铜矿床北山矿段矿体特征表

矿组号	矿体类型	矿体编号	产状/(°)		规模/m				备注
			倾向	倾角	长度	厚度			
						平均	最大	最小	延深	
1	石英脉蚀变带	1-1		65~70	535	1.71	11.21	0.37	680	深部趋向与1-2会合
		1-2	73~86	80~90	680	4.43	17.85	0.44		
		1-3			450	1.37	2.82	0.42		
2	石英脉蚀变带	2-1			490	1.40	9.31	0.53		
		2-2	85	75~88	600	2.17	12.05	0.25	290	产状稳定
3	石英脉、方解石脉和蚀变带	3-1	70~80	75~80	450	2.64	12.67	0.34	320	
		3-2			700	1.86	12.92	0.43		
		3-3			370	1.14	10.76	0.40		
		3-4			340	1.67	21.12	0.67		

续表 3-9-21

矿组号	矿体类型	矿体编号	产状/(°) 倾向	产状/(°) 倾角	规模/m 长度	规模/m 厚度 平均	规模/m 厚度 最大	规模/m 厚度 最小	规模/m 延深	备注
4	石英脉、方解石脉和蚀变带	4-1	65	陡	595	1.65	3.50	0.57	330	局部向西倾
		4-2			300	0.80	1.74	0.34		
		4-3			250	0.76	2.14	0.40		
5	石英脉蚀变带	5	255	85	780	2.09	8.06	0.45	290	
6	石英脉蚀变带	6-1			600	2.71	17.41	0.50		深部趋向与5会合
		6-2	80~75	60~75	600	2.21	7.75	0.69	190	深部趋向与1-2会合
		6-3			980	1.37	3.35	0.52		
7	石英脉蚀变带	7-1			565	0.70	1.71	0.31		
		7-2			450	3.03	5.27	0.34		
		7-3			335	2.02	2.45	0.52		
		7-4	115~225	70~90	335	3.55	7.70	0.63	320	2线以北倾向115°
8	石英脉蚀变带	8			375	1.45	3.48	0.54	240	
9	石英脉蚀变带	9-1			415	0.92	1.81	0.52		
		9-2	225	45~70	590	1.98	3.30	0.40		
		9-3			310	1.97	0.90	0.46		
		9-4			335	2.57	4.20	0.65		
0	密脉型蚀变带	0	50~65	24~36	290	1.75	2.70	0.80	100	隐伏矿体
10	密脉型细脉状蚀变带	10	60	40	100	50				隐伏矿体

表 3-9-22 小西南岔金铜矿床南山矿段矿体特征表

矿组号	矿体类型	产状/(°) 倾向	产状/(°) 倾角	规模/m 长度	规模/m 平均厚度	规模/m 延深	备注
11	石英脉、方解石脉和角砾岩带	主脉 265~272	50~63	1500	2.38	>450	主矿体上部陡,下部缓;矿体主要分布在次火山岩脉两侧断裂破碎带中;主岩脉走向、倾向皆为舒缓波状;上盘支脉较多,与主脉呈"入"字形相交,其另端向北撒开;支脉远离主脉,很快变窄尖灭
		支脉 230~245	70~85	20~150	1.09	>101	
12	石英脉	245	68	600	1.42	150	近地表缓,深部陡
13	石英脉				1.23	>310	
14	蚀变带石英脉	240~250	75~85	750	0.67	>265	地表为蚀变带
21	同11号	240	75~80	1200	1.24	>400	矿体分布在次火山岩脉两侧,产状稳定
22	同上细脉浸染状矿化	240	70~80	1200	1.89	>230	矿体南部见次火山岩脉

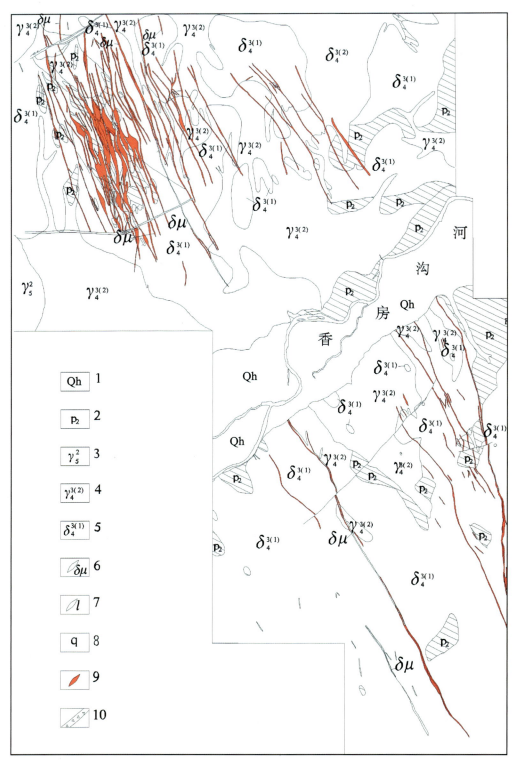

图 3-9-33 珲春市小西南岔金铜矿床地质图

1.第四系;2.二叠系片岩、角岩;3.燕山期花岗岩;4.海西期闪长花岗岩;5.闪长岩;6.闪长玢岩;7.细晶岩脉;8.石英脉;9.金铜矿体;10.断层

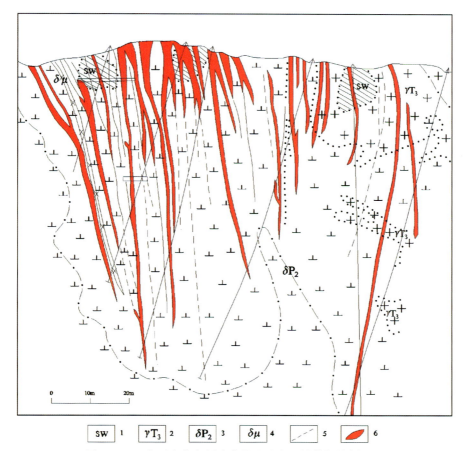

图 3-9-34 小西南岔金铜矿床北山矿段 3 号勘探线剖面图

1.志留系五道沟群;2.晚三叠世花岗岩;3.中二叠世闪长岩;4.闪长玢岩;5.构造破碎带;6.金铜矿体

3. 矿床物质成分

(1)矿石成分:主要有益组分 Cu 平均含量 0.86%,Au 平均含量 3.81%,主要伴生有益组分元素为 Ag、Te、Mo、Bi、Ga、Ge、In 等,有害杂质有 MgO(<5.35%)、As(<0.007%)、Zn(<0.03%),不影响铜、金的选矿与冶炼。金与银常形成置换的固体溶液的连续系列,金成色最高达 930,一般在 814~873 范围内,主要可见金嵌布于黄铜矿、磁黄铁矿、辉铅铋矿、斜方辉铅铋矿、辉锑铋矿及石英中,而微细粒金主要赋存在黄铁矿中,其次赋存在毒砂、磁黄铁矿和辉钼矿中。金主要与成矿晚期阶段金属硫化物密切共生。

(2)矿石类型:主要为氧化矿石和硫化矿石,根据矿化蚀变及矿物组合硫化矿石又划分 4 种类型,分别为硫化物型、少硫化物型、中硫化物型和高硫化物型。

(3)矿物组合:主要金属矿物有黄铜矿、黄铁矿、磁黄铁矿、自然金、银金矿,其次有毒砂、胶黄铁矿、斑铜矿、闪锌矿、方铅矿、斜长辉铅铋矿等;表生矿物有褐铁矿、针铁矿、孔雀石、铜蓝、自然铜、白铁矿、辉铜矿、沥青铜矿等;非金属矿物以石英、方解石为主,次要有绢云母、绿泥石、绿帘石、阳起石、沸石等。

(4)矿石结构构造:结构主要有半自形晶结构、文象结构、乳滴状结构、交代溶蚀结构、包含结构、填隙结构、胶结结构、斑状压碎结构、揉皱结构;构造主要有块状构造、细脉浸染状构造、条带状构造、梳状构造、多孔状构造。

4. 蚀变类型及分带性

(1)钾长石化及黑云母化:有两种蚀变,一是成矿前与燕山早期花岗岩侵入有关的钾长石化和黑云母化,分布广泛;二是成矿早期的酸性次火山岩-花岗闪长斑岩中产生钾长石化和黑云母化,伴生有绢云母化、硅化及黄铁矿化、黄铜矿化、辉钼矿化等，主要发现于北山矿段西部隐伏花岗斑岩中。

（2）阳起石化及透闪石化：是成矿早期一种蚀变，见于6号矿组，为代表乳白色石英脉的脉壁或脉体内围岩捕虏体，多见于斜长角闪岩、角闪石角岩围岩接触处，呈放射状、球状集合体。

（3）硅化及绢云母化：是矿区最发育近矿围岩蚀变，主要分布于容矿断裂带中，石英呈网脉状、团块状、浸染状，绢云母化与硅化伴生。

（4）碳酸盐化：是主成矿期硫化物-石英方解石脉阶段和硫化物-方解石脉阶段的蚀变类型。

（5）绿泥石化：成矿前的蚀变多分布于燕山早期花岗岩体中断裂带和细晶岩脉中，成矿期的绿泥石化产于容矿断裂带中，呈微细网脉状或浸染状、团块状分布于蚀变岩中，绿泥石化一般与绢云母化、硅化伴生，分带较明显，构成弱蚀变带的主要蚀变类型，称远矿蚀变。

5. 成矿阶段

成矿阶段可划分两个成矿期，即热液成矿期和表生成矿期。

（1）热液成矿期：金-石英阶段和金-石英-硫化物阶段。

金-石英阶段：早期细脉浸染铜钼矿化亚阶段，生成的矿物主要有石英、辉钼矿、毒砂、黄铜矿及少量黄铁矿，典型结构构造为半自形晶结构、浸染状构造，围岩蚀变为钾长石化、绢云母化，标型元素为Cu、Mo。晚期贫硫化物乳白色石英脉亚阶段，生成的矿物主要为大量的石英，少量的辉钼矿、毒砂、黄铁矿、黄铜矿和自然金，典型结构构造为半自形晶结构，细脉浸染状、条带状构造，围岩蚀变类型为阳起石化、透闪石化、硅化，标型元素为Cu、As。

金-石英-硫化物阶段：早期硫化物石英脉亚阶段，生成的矿物主要为大量的石英、黄铁矿、黄铜矿、磁黄铁矿、自然金，少量的辉钼矿、毒砂、斑铜矿、钛铁矿、闪锌矿、方铅矿和胶黄铁矿，典型构造为条带状构造，典型结构为半自形-他形晶结构，围岩蚀变类型为绢云母化、硅化，标型元素为As、Cu、Pb、Au。中期富硫化物石英方解石脉亚阶段，生成的矿物主要为大量的石英、黄铜矿、磁黄铁矿、方解石、黄铁矿、自然金、银金矿、胶黄铁矿，以及少量的斜方辉铅铋矿、方铅矿、辉铅铋矿、碲银矿，典型构造为块状状构造、梳状构造，典型结构为胶状结构，围岩蚀变类型为绿泥石化、碳酸盐化，标型元素为Au、Ag、Bi、Cu。晚期贫硫化物方解石脉亚阶段，生成的矿物主要为大量方解石，少量的黄铁矿、黄铜矿，典型构造为梳状构造、脉状构造，围岩蚀变类型为碳酸盐化、沸石化，标型元素为Cu、CO_3^{2-}。

（2）表生成矿期：主要生成方解石、褐铁矿、臭松石、孔雀石、自然铜、辉铜矿、铜蓝。

6. 成矿时代及成因

小西南岔金矿床成因上主要与燕山早期的中酸性次火山岩有关。花岗斑岩、闪长玢岩的K-Ar法年龄分别为107.2Ma和130.1Ma，除了上述主要成矿期外，还与早期花岗斑岩有关铜矿化，这一期花岗岩K-Ar法年龄为137Ma，可见小西南岔矿床形成延续了几百万年的时间。

矿床的形成具有多期、多类型成矿作用叠加的特点，如与闪长岩、花岗斑岩有关斑岩型铜、金矿化，与中基性次火山岩-闪长玢岩有关的火山岩型金铜矿化，主成矿期为后者。矿体形态以脉状和复脉状为主，网脉状、细脉浸染状矿体次之，主要成矿期围岩蚀变为硅化、绢云母化、绿泥石化、碳酸盐化，包裹体测温主成矿期为中温环境，矿床形成深度在1.5km左右，压力为25～50MPa。据上述特点，小西南岔金铜矿床成因类型归属于斑岩型及火山-次火山热液单脉状—复脉状金铜矿床。

7. 地球化学特征

（1）硫同位素：矿石$\delta^{34}S$为3.3×10^{-3}～4.8×10^{-3}，是不大的正值，均值为4.1×10^{-3}，变异系数极低（0.095），具单一硫源-上地幔和深成均一化特点。花岗闪长岩$\delta^{34}S$为4.5×10^{-3}。

（2）锶同位素：矿区花岗闪长岩和闪长玢岩的$^{87}Sr/^{86}Sr$值分别为0.704 825和0.705 036，略大于大西洋岛屿玄武岩平均$^{87}Sr/^{86}Sr$初始值0.703 7±0.001，大于混染的新西兰安山岩$^{87}Sr/^{86}Sr$初始值

0.705 5,可认为这些岩石是同源于玄武岩熔浆经结晶分离作用和受不同程度壳层混染的产物。

(3)微量元素地球化学特征:燕山早期中性次火山岩和青龙村群变质岩的 Au 含量高于岩石 Au 平均含量值 4~5 倍,因此可认为金矿来源主要与中酸性火山岩有关。各类岩石蚀变岩除了增加 Au、Cu、Ag 元素外,还有 Co 和 Ni。Co、Ni、Cu 等属基性岩类型的元素,其主要来源于玄武岩浆。对矿体、闪长玢岩、燕山期侵入岩、海西期侵入岩 4 组样品进行 Ni+Co 与 Au 相关分析,其相关系数分别为 0.49、0.67、-0.26、-0.31,说明 Au 与闪长玢岩关系密切,可以认为 Cu、Au 等主要成矿物质与闪长玢岩都是来自深部-上地幔的玄武岩浆。

8. 成矿物理化学条件

(1)围岩蚀变及矿物共生组合标志:在成矿早期阶段,围岩蚀变主要有钾长石化、黑云母化、绿帘石化、阳起石化等,矿石矿物主要有黄铜矿、辉钼矿、毒砂、黄铁矿等,为典型高温热液蚀变矿物组合。在主成矿阶段,蚀变主要有硅化、绢云母化、绿泥石化、碳酸盐化、沸石化,矿石矿物主要为黄铜矿、黄铁矿、磁黄铁矿、胶黄铁矿、闪锌矿、辉碲铋矿、碲化物、自然金和银金矿等,是较典型中温—中低温型蚀变和矿物组合,这也说明成矿温度由早到晚经历从高温到低温变化。

(2)矿体包裹体测温:爆裂法成矿温度变化范围在 160~400℃之间,平均值变化范围为 251~280℃,证明成矿作用经历了从高温到低温的变化过程,主要在中温阶段成矿。

(3)成矿压力条件分析:矿床处于中—新生代隆起区,侏罗系火山岩层不发育,厚度变化为 1000~1500m,由于长期处于剥蚀环境,剥蚀深度在 1500m 左右,如果热液柱平均密度按 $2.5g/cm^2$ 计算,成矿压力在 40MPa 左右。

9. 物质来源

根据矿床地球化学特征,小西南岔矿床的形成与燕山早期的火山-深成杂岩关系密切,尤其是与演化晚期阶段的中酸性次火山岩(花岗斑岩、闪长玢岩等)有极密切的时间、空间关系。燕山早期-深成作用不同阶段均有不同矿化作用,特别是晚期潜火山岩阶段矿化、蚀变更强烈,主要成矿物质来源于燕山早期的火山-深成杂岩岩浆。燕山早期花岗岩、闪长玢岩等和矿石中的硫具有同源性特点,可以认为 Au 等主要矿物质与岩浆同源。

10. 控矿因素及找矿标志

(1)控矿因素:区域上东西向大断裂与共轭断裂控制中生代火山盆地和隆起构造格架,在隆褶带、断陷盆地带次级隆起区,主要出现铜-钼和金-铜系列成矿作用,而断陷带中次级凹陷区,则出现铅-锌和金-铜成矿系列。矿床受区域性断裂交切构造控制,在两组构造交切部位发育有燕山早期火山-深成杂岩体。在岩浆控矿中,小西南岔矿床形成主要与燕山早期火山-深成杂岩晚期中酸性次火山岩有关,尤其是中基性次火山岩与成矿关系密切。

(2)找矿标志:小西南岔矿床是多期阶段成矿作用叠加而成,早期钾长石-黑云母-绿帘石和阳起石-透闪石-绿泥石,是早期与花岗闪长岩、花岗斑岩有关的铜、铜-钼矿化阶段的产物,蚀变范围广。中期硅化-绢云母化、碳酸盐化是与金铜矿化阶段的产物,是近矿蚀变组合。晚期碳酸盐化-绿泥石化为近矿蚀变外带。在原生晕标志中,如果金 $0.1×10^{-6}$~$1×10^{-6}$,铜 $500×10^{-6}$~$1000×10^{-6}$,高异常边部出现 Hg、Pb、Sb,可作为找矿直接标志。在金自然重砂标志中,在Ⅲ级河流中出现大于 $0.003×10^{-6}$ 和水源头出现大于 $0.03×10^{-6}$ 说明金自然重砂高异常,并在重砂中出现黄铜矿-磁黄铁矿组合,这是近矿标志。

11. 矿床形成及就位机制

本区进入中生代后,由于受环太平洋活动带影响,沿近东西向和北东向深大断裂带喷发、侵入大量的中基性—酸性火山岩及花岗岩类,同时也从地壳深处随岩浆上侵带来了大量的 Au、Cu 等有用元素,并经历了从高温到低温过程,在中温、低压、强还原性和碱性热水溶液形成易溶的稳定络合物,并迁移、富集。当溶液内碱性向酸性演化接近中性环境时开始电离,络合物解体,金和其他金属硫化物及二氧化硅开始沉淀成矿,热液活动到晚期,随着大量金属硫化物析出,热液碱性浓度相对增高而出现碳酸盐化。

12. 成矿模式

珲春市小西南岔金铜矿床成矿模式见图3-9-35。

13. 成矿要素

珲春市小西南岔金铜矿床成矿要素见表3-9-23。

表3-9-23 珲春市小西南岔金铜矿床成矿要素表

成矿要素		内容描述	类别
特征描述		斑岩型及火山-次火山热液单脉-复脉状金铜矿床	
地质环境	岩石类型	花岗斑岩及次火山岩	必要
	成矿时代	137～107.2Ma	必要
	成矿环境	矿区位于晚三叠世—新生代东北叠加造山-裂谷系(Ⅰ)小兴安岭-张广才岭叠加岩浆弧(Ⅱ)太平岭-英额岭火山-盆地区(Ⅲ)罗子沟-延吉火山-盆地群(Ⅳ)构造单元内	必要
	构造背景	北西向断裂与北北东向断裂交会处	重要
矿床特征	矿物组合	主要金属矿物有黄铜矿、黄铁矿、磁黄铁矿、自然金、银金矿,其次有毒砂、胶黄铁矿、斑铜矿、闪锌矿、方铅矿、斜长辉铅铋矿等;表生矿物有褐铁矿、针铁矿、孔雀石、铜蓝、自然铜、白铁矿、辉铜矿、沥青铜矿等;非金属矿物以石英、方解石为主,次有绢云母、绿泥石、绿帘石、阳起石、沸石等	重要
	结构构造	结构主要有半自形晶结构、文象结构、乳滴状结构、交代溶蚀结构、包含结构、填隙结构、胶结结构、斑状压碎结构、揉皱结构;构造主要有块状构造、细脉浸染状构造、条带状构造、梳状构造、多孔状构造	次要
	蚀变特征	阳起石化及透闪石化是成矿早期一种蚀变,硅化及绢云母化是矿区最发育近矿围岩蚀变,碳酸盐化是主成矿期硫化物-石英方解石脉阶段和硫化物-方解石脉阶段产生的蚀变类型	重要
	控矿条件	区域上东西向大断裂与其共轭断裂控制中生代火山盆地和隆起构造格架,在隆折带、断陷盆地带次级隆起区,主要出现铜-钼和金-铜系列成矿作用,而断陷带中次级凹陷区则出现铅-锌和金-铜成矿系列。矿床受区域性断裂交切构造控制,在两组构造交切部位发育有燕山早期火山-深成杂岩体。在岩浆控矿中,小西南岔矿床形成主要与燕山早期火山-深成杂岩晚期中酸性次火山岩有关,尤其是中基性次火山岩与成矿关系密切	必要

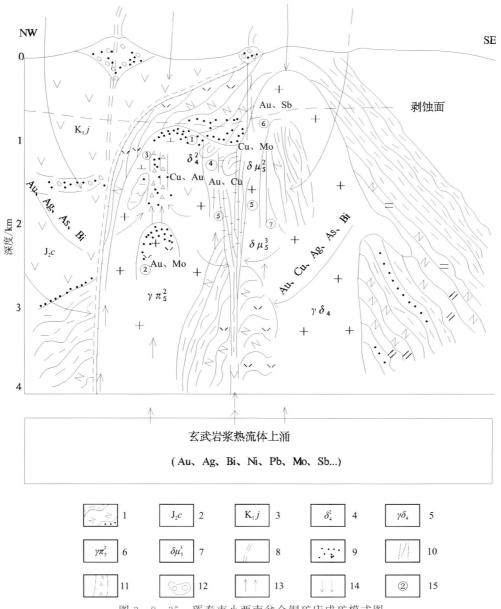

图3-9-35 珲春市小西南岔金铜矿床成矿模式图

1.下志留统五道沟群变质岩；2.中侏罗统刺猬沟组安山岩-流纹岩；3.下白垩统金沟岭组玄武安山岩-安山岩；4.早海西期花岗斑岩；7.燕山期闪长玢岩；8.深断裂及大断裂；9.细脉浸染状矿化；10.石英脉型矿化；11.角砾岩筒型矿化；12.火山口硅化；13.幔源岩浆热流体上涌；14.古大气降水-地下水运移方向；15.矿化、矿床类型；①早海西期细脉浸染状Cu、Mo矿化；②燕山早期花岗斑岩顶部细脉浸染状斑岩型Cu、Mo矿化；③斑岩体上部角砾岩筒型Au、Cu矿化；④燕山晚期密脉带Au、Cu矿化；⑤单脉型Au、Cu矿化；⑥单脉型Au、Sb矿化；⑦大六道沟单脉型Au、Cu矿化

第十节 银矿典型矿床研究

吉林省银矿主要有7种成因类型，分别为热液型、火山热液型、热液改造型、火山岩型、岩浆热液型、热液充填型、构造蚀变岩型。本节主要选择了8个典型矿床开展银矿成矿特征研究（表3-10-1）。

表 3-10-1　吉林省银矿典型矿床一览表

矿床成因型	矿床式	典型矿床名称	成矿时代
热液型	山门式	四平市山门银矿床	中生代
火山热液型	民主屯式	磐石市民主屯银矿床	晚古生代
热液改造型	西岔式	集安市西岔金矿床	中生代
火山岩型	红太平式	汪清县红太平多金属矿床	晚古生代
岩浆热液型	西林河式	抚松县西林河银矿床	中生代
岩浆热液型	百里坪式	和龙市百里坪银矿床	中生代
热液充填型	刘家堡子-狼洞沟式	白山市刘家堡子-狼洞沟金银矿床	中生代
构造蚀变岩型	八台岭式	永吉县八台岭银金矿床	中生代

一、热液型（四平市山门银矿床）

1. 地质构造环境及成矿条件

矿床位于晚三叠世—新生代东北叠加造山-裂谷系（Ⅰ）小兴安岭-张广才岭叠加岩浆弧（Ⅱ）张广才岭-哈达岭火山-盆地区（Ⅲ）大黑山条垒火山-盆地群（Ⅳ）内，矿床受区域性依兰-伊通断陷旁侧断裂控制，主干断裂旁侧的次级北北东向断裂是容矿构造。

1）地层

矿区内出露的地层为下古生界寒武系—下奥陶统西保安组和中奥陶统黄莺屯组，为一套区域变质的中低级变质岩，由于受后期岩浆活动的影响多呈残留体状，见图3-10-1。

西保安组原岩为一套中基性火山岩-碎屑岩沉积建造，自下而上分为2个岩性段：下段为角闪斜长变粒岩夹薄层磁铁石英岩透镜体；上段为二云片岩、绢云石英片岩夹变流纹岩、变英安岩薄层。在下部含铁角闪变粒岩内取样，用Rb-Sr法测得年龄值是479Ma，相当于早奥陶世。黄莺屯组变质程度为绿片岩相，原岩为一套海相中酸性火山岩-碎屑岩沉积及碳酸盐岩建造，从老到新表现为海相沉积环境由深到浅演化，火山作用由基性—中酸性形成完整的喷发旋回。从下到上可分为4个岩性段：第一段为黑云斜长变粒岩夹云母片岩，原岩为海相中性火山岩；第二段为变流纹岩、变英安岩夹变质粉砂岩，原岩为海相酸性火山岩；第三段为大理岩夹变质粉砂岩，以硅质条带大理岩、燧石结核大理岩、透闪石大理岩为主，在硅质条带大理岩中发现小壳化石，时代属于奥陶纪；第四段为变质细砂岩。黄莺屯组变质碎屑岩、碳酸盐岩建造为矿体的直接围岩，大理岩中以富含硅质、粉砂质条带以及同生黄铁矿和石墨为主要特征。该岩层由于岩石孔隙发育，化学性质活泼，有利于成矿热液的渗透和交代，是矿区矿化富集最有利围岩。

2）岩浆岩

矿区岩浆岩发育，自加里东期到燕山晚期有多次岩浆侵入活动。加里东期侵入岩与围岩同期遭受变质变形作用，片理、片麻理构造发育，海西期侵入岩见中性—基性小岩株，与矿床关系较密切的主要为燕山期中性—中酸性侵入岩。

（1）加里东期侵入岩：主要有北周家沟片麻状石英闪长岩、山门莫家片麻状花岗岩。北周家沟片麻状石英闪长岩，分布在翻身屯及周家沟一带，呈岩株状产出，面积约15km²，具有片麻状构造，片麻理以东西向最为发育。山门莫家片麻状花岗岩分布在山门莫家及粉房屯一带，呈岩株产出，面积约30km²，在岩体内部见黄莺屯组和早期岩体的捕虏体。由于交代混染作用的影响，岩体与捕虏体之间的界线不清，岩体内发育有片麻状及条痕状构造，钾硅质交代发育，具有韧性变形的特点。

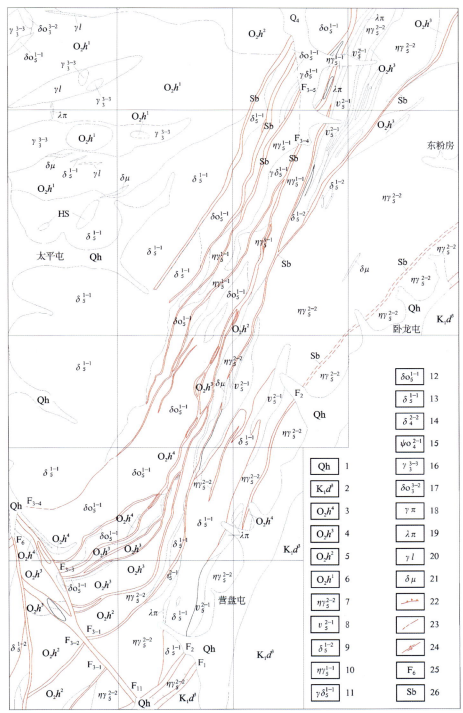

图 3-10-1　四平市山门银矿床地质图

1.第四系冲积、洪积砂砾石;2.白垩系登娄库组三段砂岩、粉砂岩及泥岩;3.奥陶系黄莺屯组四段变泥质细砂岩;4.奥陶系黄莺屯组三段大理岩夹变质粉砂岩;5.奥陶系黄莺屯组二段变流纹岩、英安岩、粉砂岩;6.奥陶系黄莺屯组一段变粒岩;7.燕山早期二长花岗岩;8.燕山早期辉长岩;9.印支期中细粒闪长岩;10.印支期二长花岗岩;11.印支期花岗闪长岩;12.印支期石英闪长岩;13.印支期粗粒闪长岩;14.海西期闪长岩;15.海西期辉长岩、辉石角闪岩;16.加里东期花岗岩;17.加里东期石英闪长岩;18.花岗斑岩;19.流纹斑岩;20.花岗细晶岩;21.闪长玢岩;22.实测及推测正断层;23.实测及推测性质不明断层;24.实测及推测平移断层;25.断层编号;26.构造角砾岩带

(2)海西期侵入岩：主要为东山黑云母花岗岩和花岗闪长岩，分布在东山—哈福一带，呈岩株状-岩枝状产出，面积约25km²。岩石类型为黑云母花岗岩、似斑状花岗岩及花岗闪长岩，是一个多次侵入的复式岩体，岩体内部经常可见古生界捕房体，测得K-Ar法年龄值是239±2Ma，时代属于海西晚期。此外还有辉石角闪岩-辉长岩，分布在龙王—北周家沟及山门水库一带，呈岩株状及岩瘤状产出，面积在0.2~1km²之间，见银矿化，K-Ar法测得年龄值是329Ma，相当于海西中期。

(3)印支期侵入岩：主要为靠道子闪长岩体，分布于矿区的西南部龙王屯—太平屯—靠道子一带，呈北东向尖锥状侵入，超覆于黄莺屯组之上，区域上面积约80km²，在矿区控制了卧龙矿段主矿体的分布，是山门银矿成矿母岩。该岩体为复式岩体，主要由中细粒闪长岩、黑云母闪长岩、黑云母二长闪长岩、石英闪长岩等组成，在岩体的边部见有混染岩化岩石系列，大致可分为交代石英闪长岩、交代花岗闪长岩、交代二长花岗岩，锆石U-Th-Pb法测得年龄值是193.3Ma，为晚印支期。

(4)燕山期侵入岩：主要为东粉房屯二长花岗岩体，分布于东粉房—营盘—大架山一带，主体位于北北东向韧性剪切带底板，主要沿靠道子闪长岩体东缘展布，并侵入于石英闪长岩，面积约25km²，呈北北东向带状展布，倾向北西。主体相是中粗粒结构-似斑状结构，边缘相是细粒结构，岩石类型主要为二长花岗岩，岩浆期后自交代表现为钾长石化和黑云母、石英水化现象。该岩体与靠道子闪长岩、石英闪长岩接触外带形成接触交代混染带，带宽300~500m，呈北北东向条带状相间排列，明显受早期北北东向构造控制。K-Ar法年龄值为158Ma，U-Th-Pb等时线年龄为150Ma，属燕山中期。

(5)脉岩：矿区各类脉岩十分发育，主要沿北北东向断裂贯入，分布于矿床上下盘，主要有细粒闪长岩、辉长岩，还见有霏细岩、细粒二长花岗岩、辉绿玢岩、煌斑岩、闪长玢岩、流纹斑岩等。各种脉岩和矿体基本受同一构造系统控制，空间上相互多平行产出，有的为矿体顶底板直接围岩，与早期北北东向岩体一起组成北北东向构造岩浆带。

3)构造

矿区位于四平-德惠和伊通-依兰两条壳断裂之间的大黑山条垒南段东缘断裂带上，经历了多期次、不同性质、不同形式的构造运动。早海西期构造运动以较深层次的韧性变形为主，主构造带呈近东西向展布，形成近东西的背向斜构造；燕山期构造运动是以北北东向中浅层次的韧-脆性变形为主，主构造线呈北北东向展布。

(1)褶皱构造：由于后期构造运动和岩浆活动的影响，褶皱构造面貌不清或残缺不全。矿区内基本能辨认清楚的为粉房屯背斜，位于粉房屯至龙王屯，轴向近东西，长4000m，宽2000m，核部为寒武系—下奥陶统西保安组，南翼是中奥陶统黄莺屯组一段与二段，向南倾斜，倾角46°~60°，北翼有加里东期以来的侵入岩活动，使其北翼残缺不全，产状不清。

(2)断裂构造：区域内断裂构造除两条超壳断裂外，主要在其旁侧隆起区发育一组次级平行北北东向断裂系，还发育一组北西和南北向断裂构造，而北西与北北东向构造交会部位控制了区域矿化集中区的分布。矿区内断裂构造发育，主要为北北东向，应属区域性北北东向断裂系的组成部分，包括早期形成的北北东向控岩构造和糜棱岩化带，为伊通-依兰断陷活动的派生产物。东西向断裂构造为湾龙屯至北周家沟断裂带，东西走向，矿区出露长4000m，宽300m，断裂带内见有碎裂岩-糜棱岩，在条带状大理岩中，可见到无根褶曲及糜棱岩化、平行化的假层理，侵入岩中普遍发育片麻理。北东向断裂构造是矿区内主要构造线，它对前期的构造线有明显的改造作用，对岩浆活动与成矿、储矿都有明显的控制作用，主要有营盘-龙王水库主糜棱岩化带，沿闪长岩边缘分布，最宽达350m，受后期侵入岩的影响和断层的切割，中间有间断，剪切带中的地层和岩体都发育着相同的面理构造，底部是以闪长岩为主体的糜棱岩。龙王矿段中部糜棱岩带位于营盘-龙王水库主糜棱岩化带以西500m，长2000m，浅部是糜棱岩化闪长岩，深部为糜棱岩化大理岩及粉砂岩。龙王矿段西部糜棱岩带，位于龙王矿段中部糜棱岩带以西约150m，长约1500m，构造带见糜棱凌岩化闪长岩、碎斑岩及角砾岩，具有韧-脆性过渡的特点。

综述3条糜棱岩带的特点：在平面上呈左列展布，反映了推覆和左旋扭运动的特点，3个带之间则普遍发育碎裂构造。成矿期的北北东向断裂构造，时间上形成于剪切作用之后，空间上叠加于糜棱岩化带之上或两个糜棱岩化带之间的碎裂带之中,形成容矿的叠加复合构造为岩浆热液活动提供了通道,矿体即赋存其中。

区内北西向断裂主要为张家屯-湾龙屯断裂,延长4km,宽300m,倾向210°,倾角60°,在张家屯矿化段大理岩呈挤压透镜体产出。古洞屯-营盘屯断裂延长2km,宽350m,倾向北东,倾角35°,带中大理岩和变质粉砂岩构造透镜体发育。北西向断裂与北北东向断裂形成时间接近,古洞屯-营盘屯断裂带中也见有强硅化角砾岩及金银矿化体,在成因上二者可能属于同一构造应力场作用的不同配置构造,但在后期继承性活动中,北西向断裂又截断了北北东向含矿断裂。上述两条北西向断裂分别控制了山门银矿区矿体分布的南、北边界,已探明的工业矿体均分布在该区段内。

2. 矿体三度空间特征

1) 矿体产出及分布

山门银矿区已知矿化分布面积约20km²,呈北北东向带状延伸,南北长大于10km,东西宽1～2km。自北向南分为张家屯、龙王、卧龙、营盘、古洞5个矿(化)段。卧龙矿段处于矿区中间部位,是最重要的矿段,北接龙王矿段,南连营盘矿段。矿体分布于燕山早期花岗闪长岩与奥陶系黄莺屯组的超覆侵入接触带及内外接触带,矿体产出严格受北北东向断裂控制,呈脉状、似层状和透镜状(图3-10-2)。卧龙矿段已查明大小工业矿体11条,主要矿体有8条,龙王矿段已查明大小工业矿体11条,主要矿体有5条。其中,仅卧龙矿段3号矿体部分出露地表,其余矿体均为隐伏—半隐伏,出露标高为350m左右,主矿体埋深300m,最低见矿标高为-200m,深部未封闭。矿体(矿带)呈近平行侧列展布,平面上呈左行斜列,倾向上呈向下盘斜列,相邻矿体间距10～30m,水平分布宽80～100m,矿带总体走向北东25°～30°,倾向北西,倾角20°～60°。一般下部矿体较缓,上部矿体较陡,主矿体走向延长较大,倾向延长较小,同一矿体在产状缓的部位,矿体变厚,产状陡的部位矿体变薄。

2) 矿体特征

(1) 卧龙矿段主要矿体有8条,为1号、2号、3号、3-1号、3-2号、3-3号、3-5号、3-7号矿体。在主要矿体上下盘还分布有为数不多的零星小矿体,一般延长与延深均小于100m。

1号矿体:产于黄莺屯组中细粒大理岩、条带状大理岩夹变质粉砂岩层间破碎带中,侧列于2号矿体下盘,两矿体近平行延伸,相距近100m,是卧龙矿段最下盘埋深最深的一个矿体,最大连续段长大于650m,向南延入营盘矿段尚未封闭。矿体主要呈脉状,走向上呈尖灭再现,局部呈较厚大的透镜体,厚度一般1～3m,局部膨大可达16m,平均厚2.07m,延深一般仅100m左右,局部连续延深大于400m。矿体埋深150～200m,矿化不均匀,主要富集于50～100m标高。金的含量相对较高,出现银金矿石,但很不均匀,Ag平均品位242.91×10^{-6},品位变化系数136%;Au平均品位1.36×10^{-6},品位变化系数297%。

2号矿体:产于黄莺屯组中细粒大理岩、条带状大理岩夹变质粉砂岩层间破碎带中,侧列分布于3号矿脉带下盘,两矿体近平行延伸,相距100m左右,矿体分南北两段,相互呈尖灭再现,连续段长400m左右。矿化以北段连续性较好,呈较规则的脉状,而南段矿体延深不稳定,倾向上呈尖灭再现,矿化连续性较差,呈不规则脉状。矿体厚度变化较大,一般1.5～2.0m,局部膨大大于9.0m,平均厚1.97m。矿化不均匀,主要富集于0m标高上下,矿体埋深150～250m,最大斜深大于200m。Ag平均品位175.84×10^{-6},品位变化系数80%;Au平均品位1.82×10^{-6},品位变化系数151%。

3号矿体:是卧龙矿段最主要的矿体,主要呈似层状产于石英闪长岩与黄莺组大理岩夹变质粉砂岩接触断裂带中。矿体工程控制长大于2000m,两端未封闭,地表出露长大于300m,大部分隐伏地下,埋深50～100m,最大延深470m,斜深200～400m,延深不稳定,局部有分支复合现象。矿体膨缩变化较大,最厚20.8m,薄者仅数十厘米,平均厚3.38m。矿化富集于0～250m标高,不均匀,Ag平均品位175.55×10^{-6},变化系数125%;Au平均品位1.3×10^{-6},品位变化系数183%。矿石主要类型为硅化蚀变岩型银矿石、金银矿石和少量银金矿石。

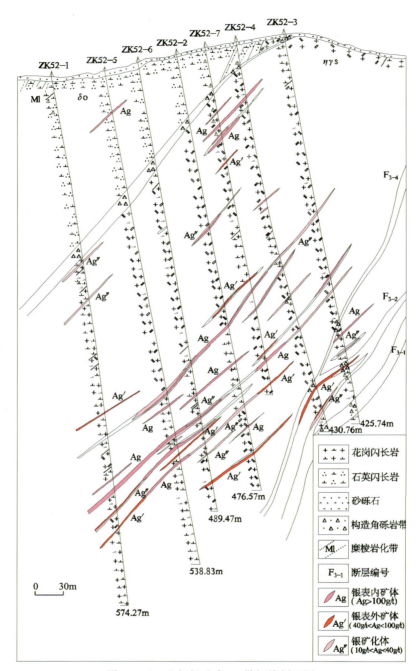

图 3-10-2　山门银矿床 52 勘探线剖面图

在 3 号矿体上下盘发育数条平行小矿体,包括 3-1 号、3-3 号、3-5 号、3-7 号等,均分布在 3 号矿体上盘,呈脉状、透镜状,有的在空间上沿走向及倾向相互可以对应,由于矿化不连续,呈尖灭再现展布,与 3 号主矿体组成 3 号脉带,也包括 3-2 号矿体。矿体间相距 10～20m,一般长小于 100m,长者大于 300m,各矿体平均厚度一般在 3～4m 左右,局部厚者大于 10m,斜深多数小于 100m,个别大于 200m,主要分布于 100m 标高以上。矿石类型、矿化特征与 3 号主矿体相似。

3-2 号矿体:位于 3 号矿体下盘,与 3 号矿体同受石英闪长岩与黄莺屯组接触断裂带控制,距 3 号主矿体下盘大致 15～25m,属 3 号矿脉带的组成部分。矿体长度大于 1200m,走向上不连续,分成北、中、南 3 段,空间上相互对应,呈尖灭再现展布,稳定连续段长 250～400m,一般延深 100m 左右,局部大于 200m。矿体主要呈脉状或不规则脉状,局部呈小透镜体状,总的产状较稳定,矿体厚度较薄,一般为

$1\sim 2m$，局部膨大大于$5m$，平均为$1.37m$。矿化较集中于$100m$或$200m$标高上下，埋深$100\sim 150m$，为盲矿体。矿化不均匀，Ag平均品位164.94×10^{-6}，品位变化系数120%；Au平均品位0.85×10^{-6}，品位变化系数139%。

（2）龙王矿段主要有2号、3号、5号、6号、9号共5条矿体，其他矿体规模较小，分布在5条主矿体的上下盘。矿体产于燕山早期蚀变闪长岩中，受北北东向断裂构造带控制，均为隐伏矿体。

2号矿体：控制长度$400m$，矿体分布在$-122\sim 25m$标高间，倾角南缓北陡，为$34°\sim 45°$，平均$37°$，走向和倾向上均呈舒缓波状。矿体厚度$0.43\sim 4.54m$，Ag品位$51.5\times 10^{-6}\sim 202.4\times 10^{-6}$，平均品位$137.8\times 10^{-6}$；Au品位$0.57\times 10^{-6}\sim 4.53\times 10^{-6}$，平均品位$2.32\times 10^{-6}$。单样计算Ag品位变化系数$58.6\%$，Au品位变化系数$80\%$。

3号矿体：位于2号矿体之上，控制长度$600m$，矿体倾角南缓北陡，为$41°\sim 50°$，平均$44°$，倾向上呈尖灭再现展布。矿体厚度$0.64\sim 6.54m$，平均厚度$2.25m$，Ag品位$82.3\times 10^{-6}\sim 2428.3\times 10^{-6}$，平均品位$291.5\times 10^{-6}$；Au最高品位$6.89\times 10^{-6}$，平均品位$1.57\times 10^{-6}$。单样计算Ag品位变化系数$211.5\%$，Au品位变化系数$170\%$。

5号矿体：控制长度$1000m$，矿体倾角南缓北陡，为$34°\sim 48°$，倾向上呈尖灭再现展布。矿体厚度$0.38\sim 3.42m$，平均厚度$1.03m$，Ag品位$147.2\times 10^{-6}\sim 3056.5\times 10^{-6}$，平均品位$398.9\times 10^{-6}$；Au平均品位$0.87\times 10^{-6}$。单样计算Ag品位变化系数$142.4\%$，Au品位变化系数$165.5\%$。

6号矿体：控制长度$1200m$，向北东侧伏，矿体倾角南缓北陡$31°\sim 45°$。矿体厚度$0.44\sim 3.07m$，平均厚度$1.52m$，Ag最高品位1320.5×10^{-6}，平均品位327.0×10^{-6}；Au平均品位0.83×10^{-6}。单样计算Ag品位变化系数103.3%，Au品位变化系数155%。

9号矿体：控制长度$1000m$，由于矿化不连续，分成北、中、南3段，空间上相互对应，呈尖灭再现展布，总体向北东侧伏。南段矿体长$300m$，平均厚度$1.11m$，Ag品位$377.6\times 10^{-6}\sim 380.0\times 10^{-6}$，平均品位$378.0\times 10^{-6}$；中段矿体长$200m$，平均厚度$1.39m$，Ag品位$115.0\times 10^{-6}\sim 967.1\times 10^{-6}$，平均品位$730.2\times 10^{-6}$；北段矿体长$200m$，平均厚度$1.81m$，Ag品位$165.6\times 10^{-6}\sim 203.1\times 10^{-6}$。该矿体Au品位普遍偏低，最高品位$0.96\times 10^{-6}$，平均品位$0.30\times 10^{-6}$。

3. 矿床物质成分

（1）物质成分：矿床主要有用成分是银，其分布形式主要为晶隙银、裂隙银、连生银及包体银、次显微银等，主要以自然元素、金银互化物、银的硫化物、银的硫盐矿物形式存在。矿床伴生的重要组分为Au，尚有Cd、Pb、Zn、Te、Sb等有益元素，伴生的有害组分有As、Hg、C、F等，但含量很低，分布较均匀。

（2）矿石类型：矿石中硫化物含量较低，为贫硫化物型矿石。矿石类型主要为硅化蚀变岩型，次为石英脉型。工业类型主要为银矿石、金银矿石、银金矿石。

（3）矿物组合：矿石矿物以黄铁矿、辉银矿、锌银黝铜矿、自然银为主，次为闪锌矿、方铅矿、银金矿、硫锑银矿、硫砷银矿、少量深红银矿、螺状硫银矿、黄铜矿、孔雀石、蓝铜矿、褐铁矿、黑钨矿、白钨矿、磁铁矿、自然金等；脉石矿物有石英、方解石、铁白云母、绢云母、萤石、重晶石、磷灰石、电气石、石墨、石榴子石、角闪石、金红石、自钛石、榍石等。

（4）矿石结构构造：矿石结构主要有自形—半自形粒状、他形粒状、交代熔蚀、交代残余、包含结构等，其次有乳滴状结构、叶片状结构、骸晶结构、压碎结构等；矿石构造以浸染状构造、细脉浸染状构造、脉状构造、团块状构造为主，局部见有晶洞构造、角砾状构造、梳状构造、网脉状构造。

4. 围岩蚀变及分带特征

围岩蚀变主要有硅化、黄铁绢云岩化、碳酸盐化和水云母化、黏土矿化等，以矿体为中心，蚀变具明显的分带性，银矿化富集与硅化关系最为密切。早期的黄铁绢云岩化蚀变强度大，分布宽，常形成数米至数十米的蚀变岩带，分布在矿体的上下盘，其规模与矿体的厚度成正比，属成矿前锋蚀变；而硅化常呈强硅化的蚀变岩(硅质岩),特别是主成矿期的灰色硅化叠加于黄铁绢云岩化之上,常使矿体的厚度增大,其蚀变强度一般与矿化的富集强度成正比。而较晚期的碳酸盐化、水云母化和黏土矿化,多分布在强绢云母蚀变岩带的外侧,应属成矿晚期的蚀变。

5. 成矿阶段

根据矿石的结构构造及矿物共生组合特点,划分了6个成矿阶段:石英-黄铁绢云岩阶段、脉状白云石-石英-黄铜矿-方铅矿阶段、脉状-块状粗粒方铅矿-闪锌矿阶段、灰色石英-银多金属硫化物阶段、白色石英-硫化物阶段、方解石-石英-黄铁矿阶段。

(1)石英-黄铁绢云岩阶段:为成矿热液前锋活动阶段,矿物组合为自形的黄铁矿、绢云母和石英,受构造控制,呈线形分布于矿体上下盘,以断裂构造为中心,远离断裂带,蚀变矿化减弱。

(2)脉状白云石-石英-黄铜矿-方铅矿阶段:形成了含黄铜矿、方铅矿的白云石石英细脉,受构造裂隙控制,细脉两侧为蚀变绢云母,多呈分散状,与主矿体的空间不一致,主要分布于矿床上部的花岗闪长岩体中,且与细粒二长花岗岩脉关系密切。

(3)脉状-块状粗粒方铅矿-闪锌矿阶段:伴随有硅化、绢云母化,方铅矿、闪锌矿呈粗粒结晶,银含量低,石英包裹体温度高(250℃)、石英发光强度大,多分布在矿床下部。

(4)灰色石英-银多金属硫化物阶段:是银矿的主成矿阶段,伴随的蚀变主要是硅化。石英含弥漫状的硫化物特点,称为灰色硅化,叠加于黄铁绢云岩化蚀变带上,该阶段的矿物组合是石英、方铅矿、闪锌矿、辉锑矿、辉银矿、深红银矿、银黝铜矿、脆银矿、自然银等各种银矿物。

(5)白色石英-硫化物阶段:硅化蚀变的石英为灰白色,在空间上与灰色硅化硫化物阶段相叠加,方铅矿交代银黝铜矿(早期的)、黄铜矿、自然银、银金矿、自然金等,沿早期形成黄铁矿、闪锌矿等晶粒裂隙或粒间充填。银黝铜矿呈细脉状分布在闪锌矿中,自然银分布在早期方铅矿中。

(6)方解石-石英-黄铁矿阶段:主要是碳酸盐化,金属矿物含量很少,分布于主矿化蚀变带外侧。

6. 成矿时代

成矿早期黄铁绢云岩阶段生成的绢云母K-Ar法年龄为154~145Ma,而与矿体空间相伴随的煌斑岩脉的K-Ar法年龄为122 Ma。据野外地质观察,有银矿脉穿入煌斑岩带的现象,成矿应晚于煌斑岩脉的生成。成矿后流纹斑岩脉的K-Ar法年龄为67 Ma,故成矿时代应早于67 Ma而晚于122 Ma,属燕山晚期成矿。

7. 地球化学特征

1)岩石化学特征

下古生界黄莺屯组变质碎屑岩、碳酸盐岩建造,主要岩石类型的岩性和岩石化学特征见表3-10-2。大理岩以贫 Al_2O_3、MgO、K_2O、Na_2O 和高 SiO_2、CaO 为特征,CaO/MgO 一般为33.7~52.5,反映其原岩应属钙质碳酸盐岩系列;变质碎屑岩以贫 MgO、CaO、K_2O、Na_2O 和高 SiO_2、Al_2O_3 为特征,反映其原岩应属正常浅海相沉积。

与矿床关系较为密切的燕山期中酸性侵入岩,主要有靠道子闪长岩和东粉房屯二长花岗岩,主要岩石类型和岩石化学特征见表3-10-3。靠道子闪长岩化学成分 $Na_2O>K_2O$,$Al/(K+Na+2Ca)<1$,属壳幔同熔型岩浆岩;东粉房屯二长花岗岩化学成分 $K_2O>Na_2O$,$Al/(K+Na+2Ca)>1$,岩石富碱,为陆壳改造型花岗岩。

2)微量元素特征

下古生界黄莺屯组变质碎屑岩、碳酸盐岩建造,是矿区矿化富集最有利围岩,大理岩平均含 Ag 0.72g/t,变质粉砂岩平均含 Ag 1.17g/t,高于其他岩石4~5倍,相当于地壳平均值9~14.6倍;大理岩和变质粉砂岩中砷的浓集系数为16.2~18.5,锑的浓集系数为6.33~6.98,碳酸盐岩和变质砂岩具有初始矿源层的特点,详见表3-10-4。

表 3-10-2 黄莺屯组地层岩石化学分析结果表　　　　　　　　　　　　　　　　单位:%

岩性	岩石化学分析结果														
	SiO_2	Al_2O_3	Fe_2O_3	FeO	MnO	TiO_2	CaO	MgO	K_2O	Na_2O	P_2O_5	SO_3	H_2O	未检测成分	总量
厚层大理岩	3.88	0.78	0.36	0.07	0.03	0.06	52.03	0.99	0.10	0.08	0.03	0.17	0.07	41.85	100.43 100.50
条带大理岩	33.36	1.47	0.29	0.38	0.05	0.03	43.57	1.29	0.33	0.29	0.13	0.36	0.36	18.38	100.29
钙质粉砂岩	56.97	15.16	1.48	4.55	0.08	0.63	5.53	1.84	3.42	1.16	0.17	0.0	0.22	8.75	99.96
碳质板岩	71.84	13.65	4.42	0.39	0.03	0.38	0.78	0.77	3.70	0.13	0.03	0.16	0.59	4.48	100.73
变质粉砂岩	64.41	17.07	4.07	1.44	0.06	0.22	1.16	1.12	5.32	1.85	0.40	0.15	0.81	3.01	100.28
变流纹岩	72.11	14.82	3.91	0.27	0.08	0.20	0.51	0.43	2.58	3.27	0.01	0.26	0.57	2.37	100.82

表 3-10-3 矿区主要岩浆岩岩石化学分析结果表　　　　　　　　　　　　　　　单位:%

岩性	岩石化学分析结果														
	SiO_2	Al_2O_3	Fe_2O_3	FeO	TiO_2	MnO	MgO	CaO	Na_2O	K_2O	P_2O_5	SO_3	H_2O	未检测成分	总量
闪长玢岩	65.62	16.87	5.28	0.57	0.25	0.10	0.47	1.46	5.04	2.27	0.13	0.11	0.28	1.99	100.44
煌斑岩	43.48	14.32	2.40	3.86	1.18	0.16	4.10	11.99	1.93	4.08	1.13	0.11		1.09	89.83
辉绿玢岩	48.04	17.56	2.22	5.07	1.12	0.09	4.90	7.05	2.76	2.50	0.38	0.00	0.71	7.80	100.20
石英闪长岩	57.24	16.77	1.39	4.19	0.75	0.09	3.08	4.22	4.01	3.10	0.25	0.12		4.00	99.21
硅化蚀变岩	90.95	0.47	0.81	0.57	0.00	0.03	0.26	0.86	4.15	0.59	0.23	1.06	0.20	1.57	101.75
黄铁绢云岩	61.78	18.33	1.50	2.43	0.50	0.10	2.46	0.86	0.13	6.27	0.28	3.63	0.42	5.72	104.41
绢云母化二长花岗岩	70.09	13.25	0.92	1.81	0.13	0.05	0.94	2.72	2.33	4.23	0.25	0.06	0.32	3.74	100.84
弱绢云母化二长花岗岩	63.63	15.20	0.29	3.86	0.38	0.08	1.36	3.08	3.24	3.98	0.04	0.09	0.15	5.26	100.64
含辉石闪长岩	44.66	18.18	4.21	7.28	1.08	0.18	8.48	0.81	1.59	1.75	0.06				88.22
脉状流纹岩	71.28	13.32	0.68	1.26	0.06	0.04	0.04	2.44	3.29	4.90	0.04	0.17	0.39	2.63	100.54
闪长岩	56.82	17.75	1.81	4.58	0.78	0.15	4.05	6.46	4.37	1.81	0.31				98.89

3）同位素特征

(1)硫同位素:山门银矿硫化物含量较少,约占3.4%,黄铁矿和方铅矿占3.2%,用黄铁矿和方铅矿 $\delta^{34}S$ 的值近似代表了成矿流体中全 $\delta^{34}S$ 的值,分析表明(见表 3-10-5) $\delta^{34}S$ 值为 $-12.6‰ \sim 1.79‰$,极差 14.39‰,均值 $-4.3‰$,分布范围比较分散,如此显著的负值难以由物理化学条件的变化解释,应考虑生物硫的贡献,由于生物硫只能由地球表层的生物作用提供,因此硫等成矿物质应主要来源并沉淀于地壳表层。

表 3-10-4　矿区主要岩石微量元素统计表　　　　　　　　　　　　　　单位:$\times 10^{-6}$

岩石名称		分析结果										
		Au	Ag	Cu	Pb	Zn	As	Sb	Bi	Hg	Co	Ni	Mo
大理岩	X	3.45	0.72	17.5	10.2	23.9	35.8	3.80	0.18	0.075	10.8	13.8	1.30
	K	0.99	9.00	2.08	0.85	0.25	16.27	6.33	45.0	0.83	0.43	0.16	0.10
变钙泥质粉砂岩	X	3.97	1.17	17.5	12.1	35.0	40.67	4.19	0.36	0.115	15.0	20.0	1.70
	K	1.13	14.63	2.80	1.00	0.40	18.49	6.98	90.0	1.278	0.60	0.20	0.13
变流纹岩	X	6.50	0.27	14.0	13.6	58.0	7.68	1.59	0.13	0.076	15.0	12.2	1.30
	K	1.86	3.38	2.20	1.10	0.60	3.49	2.65	32.5	0.844	0.60	0.10	0.10
石英闪长岩	X	2.19	0.33	14.8	19.0	61.5	4.05	2.16	0.14	0.054	13.7	20.6	1.40
	K	0.63	4.13	2.30	1.60	0.70	1.84	3.60	35.0	0.656	0.55	0.20	0.11
二长花岗岩	X	1.22	0.23	12.5	10.8	37.1	2.49	2.49	0.14	0.018	11.0	9.20	0.83
	K	0.35	2.88	2.00	0.90	0.40	1.13	4.15	35.0	0.200	0.44	0.10	0.06
煌斑岩	X	2.09	0.18	14.3	15.6	42.6	5.54	1.15	0.12	0.055	13.0	26.1	0.98
	K	0.60	2.25	2.30	1.30	0.50	2.52	1.92	30.0	0.611	0.55	0.30	0.08
闪长玢岩	X	4.46	0.17	16.0	15.0	58.9	7.80	0.63	0.18	0.062	16.4	24.5	1.20
	K	1.27	2.13	2.50	1.30	0.60	3.55	1.05	45.0	0.689	0.66	0.30	0.09
辉长岩	X	0.82	0.20	19.0	7.80	65.0	6.70	3.24	0.15	0.029	21.6	33.3	0.67
	K	0.23	2.50	3.00	0.70	0.70	3.05	5.40	37.5	0.322	0.86	0.40	0.05
糜棱岩	X	2.52	0.21	14.7	16.0	52.8	3.44	0.55	0.40	0.067	12.5	13.7	1.50
	K	0.72	2.63	2.30	1.30	0.60	1.56	0.92	100	0.744	0.50	0.20	0.12
地壳克拉克值		3.5	0.08	6.3	12	94	2.2	0.6	0.004	0.09	25.0	89.0	13.0

注:Au 含量单位为$\times 10^{-9}$;X 为元素平均含量值,K 为富集度,克拉克值采用黎彤值(1976)。

(2)氢氧同位素:山门银矿床矿石和矿化蚀变岩氢氧同位素测试结果见表 3-10-6,$\delta^{18}O$ 变化范围 $-18.5‰\sim 12.0‰$,δD 变化范围 $-104‰\sim -90‰$,利用均一温度数据与采用分馏方程 $1000\ln\alpha_{适应-水} = 3.65\times 10^6 T^{-2}-2.59$ (Bitner,1975)计算获得的 $\delta^{18}O$ 为 $-11.84‰\sim 0.88‰$,所有 δD 均低于 $-90‰$,反映成矿流体明显受大气降水的影响。δD-$\delta^{18}O$ 关系中,投影点落在岩浆水和大气水线之间,表明成矿流体主要由大气降水组成,岩浆水也参与了成矿作用。

(3)铅、碳同位素:山门银矿矿石铅同位素$^{207}Pb/^{204}Pb=15.42\sim 15.52$,$^{206}Pb/^{204}Pb=18.02\sim 18.15$,闪长岩铅同位素$^{207}Pb/^{204}Pb=15.56\sim 15.64$,$^{206}Pb/^{204}Pb=18.32\sim 18.35$,$^{208}Pb/^{204}Pb=38.24\sim 38.47$;$^{87}Sr/^{86}Sr=0.705\ 44$,$\delta Eu=0.82\sim 0.9$;二长花岗岩铅同位素$^{207}Pb/^{204}Pb=15.58\sim 15.61$,$^{206}Pb/^{204}Pb=18.56\sim 18.89$,$^{208}Pb/^{204}Pb=38.71\sim 38.85$;$^{87}Sr/^{86}Sr=0.715\ 76$,$\delta Eu=0.45$。三者铅同位素组成基本一致。二长花岗岩中石英 CO_2 气体的 $\delta^{13}C$ 值($-11.9‰$)与矿石中石英包裹体的 $\delta^{13}C$ 值($-12.6‰\sim -4.3‰$)变化范围相同,表明它们的碳质来源相同。

7. 成矿物理化学条件

（1）矿石矿物原生气液包体数量少，体积小，一般为0.01～0.015mm，最大0.025mm，多为单相液相包体，分布无规律，呈椭圆状或不规则状，气液比一般在1:8左右。次生包体气液两相均有，分布成群，杂乱无章或沿裂隙发育，次生包体比原生包体更小。均一温度110～228℃，常见150℃左右（未经压力校正），气相测压为26.1～79.11MPa，按其计算静水压力，成矿深度为1～3km。包体成分富含水，占95%以上，气相有H_2O及CO_2，同时含N_2、H_2、CH_4、CO等。还原系数$(H_2+CO_2+CH_4)/CO_2$为0.065～0.135，最大0.86，属弱还原环境。金属离子$K^+>Na^+>Mg^{2+}>Ca^{2+}$，阴离子$SO_4^{2-}>Cl^->F^-$，Cl^-含量仅1.33×10^{-9}～13.5×10^{-9}，包体盐度较低，包体密度在0.9左右，详见表3-10-7～表3-10-9。根据矿石矿物包体特征及测温、测压结果，成矿具有低温、低压、低盐度、浅成（1～3km）特点。成矿温度从早到晚由高到低，主成矿阶段为150～183℃。

表 3-10-5　山门银矿硫同位素组成特征表

岩（矿）石名称	测定矿物	样品数	硫同位素$\delta^{34}S$/‰	平均值/‰	极差/‰	标准差
变质粉砂岩 大理岩	黄铁矿	8	-30.3～-1.86	-12.69	28.44	7.01
二长花岗岩 斜长花岗岩 石英闪长岩	黄铁矿	5	-1.9～+0.5	-0.84	2.4	0.71
矿体及矿化体	黄铁矿	36	-9.6～+1.79	-2.42	11.39	2.33
	闪锌矿	13	-8.7～-1.18	-3.82	7.52	2.05
	方铅矿	14	-12.6～-2.7	-9.04	9.9	2.44
	黄铜矿	3	-7.6～-6.3	-6.96	1.3	0.53
平均		66	-12.6～+1.79	-4.3	14.39	3.46

测试单位：核工业部第三研究所（1992）。

表 3-10-6　山门银矿氢氧稳定同位素分析结果表　　　　　　　　　　单位：‰

样品号	岩石名称	矿物	$\Delta^{13}C_{PDB}$	$\delta^{18}O_{PDB}$	$\delta^{18}O_{SMOW}$
DF-46	大理岩	方解石	2.0	-17.8	12.51
DF-63	大理岩	方解石	0.1	-24.5	5.6
DF-70	方解石英脉	方解石	-0.4	-23.6	6.53
DF-27-1	方解石英脉	方解石	-0.6	-27.4	2.61
DF-52	方解石英脉	方解石	-0.5	-18.7	11.6
DF-6	方解石英脉	方解石	-0.93	-22.3	7.87
DF-22	方解石英脉	方解石	-0.2	-27.8	2.40
DF-30	矿化白云石英脉	白云石	-0.8	-18.4	11.9
DF-26	矿化白云石英脉	白云石	-3.1	-18.2	12.1
DF-44	矿化白云石英脉	白云石	-2.7	-16.8	13.5
DF-90	银矿石	石英	-12.6	-15.32	14.2
DF-93	银矿石	石英	-4.3	-16.45	13.9
DF-94	钾长花岗岩	石英	-11.9	-20.18	9.2

测试单位：中国地质科学院矿床研究所（2004）。

9. 控矿因素及找矿标志

1) 控矿因素

(1)构造控矿:矿床受北北东向及北西向两组断裂交会控制。北北东向依兰-伊通地堑边缘断裂靠隆起一侧次一级平行断裂带控制了矿化蚀变带及银矿体的分布。石英闪长岩体与中奥陶统黄莺屯组呈超覆侵入的断裂叠加-复合接触带及其内外两侧不同性质多次活动叠加的复合断裂、层间破碎带是银矿化富集或工业矿体赋存的有利空间。

(2)地层控矿:奥陶纪黄莺屯组为控矿地层,矿体产于花岗闪长岩与黄莺屯组含碳变质粉砂质、泥质、钙质板岩与粉砂岩接触带或变质粉砂岩与大理岩的层间破碎带,这类矿体矿化富集程度较高,矿体呈较厚大的似层状、透镜状。而产于花岗闪长岩断裂裂隙中的矿体,多呈较稳定的脉状,但其规模和矿化强度相对有所减弱。奥陶系黄莺屯组大理岩、变钙泥质粉砂岩、板岩的平均含银量$(1.3\sim1.5)\times10^{-6}$,相当于克拉克值的 20 余倍,这为成矿提供了一定的物质基础。该套泥砂质岩石含钙较高,易形成弱碱性环境,有利于金属元素从酸性介质的溶液中解离沉淀。泥碳质粉砂岩具有一定塑性,在构造活动中形成的层间断裂或裂隙,易形成局部封闭或半封闭的稳定环境,对含矿溶液的富集十分有利。变质粉砂岩由于颗粒细小,具有较大的表面能和孔隙度,且岩石中含有一定量的碳质,有利于矿液的渗透和对金属元素的吸附。

(3)岩体控矿:花岗闪长岩相对于围岩(地层)较致密坚硬,构造发育时间相对短,发育的完善程度差,对矿化富集可能有一定的影响。在同一构造系统中,中基性—酸性脉岩广泛发育,在时间、空间上与矿体相伴产出,有的产于矿体上下盘,直接成为矿体顶底板围岩。这种多期次频繁的岩浆活动,为成矿物质的迁移、富集提供了良好的条件,当然也提供了一部分成矿物质。

2)找矿标志

(1)深大断裂两侧断块隆起区边缘北北东向次级平行断裂带、韧-脆性剪切带及糜棱岩化带及与北西向断裂带交会部位是矿床产出的有利部位。

(2)中奥陶统黄莺屯组中酸性火山岩-碎屑岩夹碳酸盐岩建造分布区,尤其是含泥、碳质较高的大理岩夹变质粉砂岩、板岩分布区及其与中酸性侵入岩接触带是找矿有利地段。

(3)中生代岩浆侵入活动频繁地区,尤其是不同性质、不同期次的小侵入体和岩脉发育地段,不同类型、不同强度的热液蚀变叠加改造地段是成矿的有利地段。

(4)$-100\sim1.0$nT 的线性低缓负磁异常是追索控矿构造的间接找矿标志;Ms 为 $15\%\sim16\%$ 高激化率异常带和 ρs 为 $300\sim2000\Omega$ 的低阻带,可以有效地指示矿体或矿化蚀变带的存在。

(5)1:5 万水系沉积物化探测量,Ag、Pb、Co 浓度克拉克值大于 1.1 的异常区,Au、Ag、Cu、等元素组合的变异系数大于 0.2 时,它们富集的可能性较大。用 0.22×10^{-6} 圈定的 Ag 异常,基本可确定银矿化的分布范围,尤其是与 Ag 异常配套的 Au、Cu、Pb、Zn、Sb、Ag 套合异常,找矿更为有利。1:2 万土壤化探,Au、Ag、Cu、Pb、Zn 共 5 种元素的综合异常与矿带分布范围基本吻合。

(6)黄铁绢云岩化强蚀变带、强硅化破碎带、含硫化物石英脉、褐铁矿化-硅化破碎带以及含黄铁矿、闪锌矿、方铅矿化的蚀变破碎带等为直接找矿标志。

10. 矿床成因及就位机制

1)矿床成因

山门银矿受区域性依兰-伊通断陷旁侧断裂控制,与中基性—中酸性侵入岩有密切的时空关系。成矿溶液和岩浆利用了深达地壳上部的断裂体系活化就位。银主要来自围岩(岩浆侵入晚期被活化),岩浆侵入活动是成矿物质再活化的媒介(同时也带来部分成矿物质)。围岩的成矿物质在热水对流或循环过程中不断被溶滤或萃取,在较开放的系统中有大量雨水加入,矿床主要在低温、低压、低盐度的地下热雨水中形成,矿床属低温热液型银矿床。

2) 成矿机制

山门银矿床的形成与岩浆热液有关,成矿具有多期、多阶段特点,成矿物质具有多源性。成矿机制是燕山期花岗岩侵位后,随着岩浆期后的富硅、矿质交代作用进行,残余岩浆热液中不断富集矿化剂,沿断裂构造系统运移。当进入成矿构造中,由于液压沸腾,大量的 CO_2、H_2O、H_2S、HCl 等挥发分沿构造上盘破碎的混染带的裂隙向上蒸发,并与石英闪长岩发生反应,当到达天水线时被冷却凝结,同时与天水混合和被氧化形成含 HCO_3^-、HCl^-、HSO_4^- 等酸性溶液向下淋滤,造成长石红化、角闪石和黑云母的绿泥石化,除 Fe、Al 等不活泼组分外,其他大量的金属阳离子被带入热液。良好的成矿空间与岩性条件,起伏的石英闪长岩与地层的接触构造带,由于岩性差异,易于应力释放而造成构造的多期活动。构造带的上下盘岩性差异形成了酸性地球化学界面使矿质大量集中沉淀形成银矿脉。

11. 成矿模式

四平市山门银矿床成矿模式见图 3-10-5、表 3-10-10。

12. 成矿要素

四平市山门银矿床成矿要素见表 3-10-11。

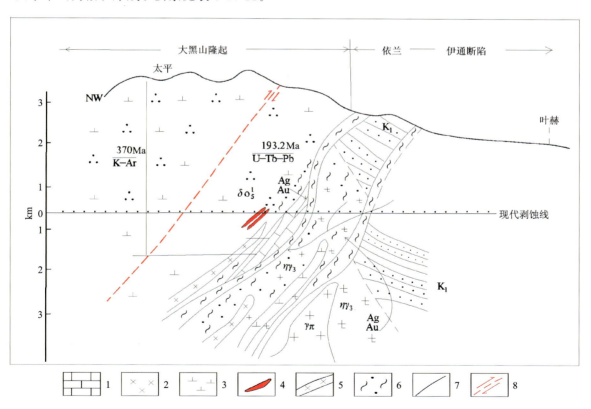

图 3-10-5 四平市山门银矿床成矿模式图

1.奥陶系上统石缝组;2.煌斑岩脉;3.闪长岩脉;4.金银矿体;5.复杂断层带;6.糜棱岩带;7.矿液形成迁移方向;8.逆冲断层

含矿层位。下部厚层灰白色细粒大理岩为区域上巨大透镜体的一部分,在其边部为流纹质凝灰岩、凝灰熔岩夹薄层灰白色大理岩透镜体和板岩,少部分板岩和大理岩内见有碳质;中部为流纹质凝灰岩、凝灰熔岩及英安质凝灰岩、凝灰熔岩,中间夹一层碧玉岩;最上部为流纹岩。

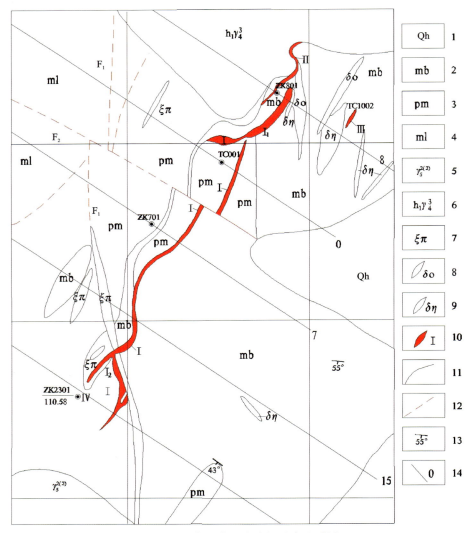

图 3-10-6　磐石市民主屯银矿床地质图

1.第四系;2.余富屯组大理岩;3.余富屯组千糜岩;4.余富屯组糜棱岩;5.燕山期中粗粒花岗岩;6.混染岩化中细粒花岗岩;7.正长斑岩脉;8.石英闪长玢岩脉;9.闪长玢岩脉;10.银矿体及编号;11.地质界线;12.推断断层;13.产状;14.勘探线位置及编号

2)岩浆岩

区内侵入岩以燕山期中酸性岩为主,其次为海西期中酸性岩,主要为燕山期中粗粒花岗岩、海西期中细粒花岗岩,另有正长斑岩、闪长玢岩、石英闪长玢岩等脉岩。

(1)海西期中细粒花岗岩:出露在矿区北部,呈岩株状侵入于余富屯组中,属新发屯花岗岩体的南部边缘相,边部具有同化混染现象。硅酸岩全分析结果显示该岩石属弱钙碱型,富含长英质矿物。该岩体同位素年龄为 338 Ma,形成时间为海西中期。

(2)燕山期中粗粒花岗岩:呈小岩株侵入于余富屯组中,面积约 0.1km²,岩石有碎裂现象,硅酸岩全分析结果显示该岩石极强钙-碱质岩石,富含长英质矿物。

3)构造

区域主体构造为一被破坏的复式背斜,轴向北北东,北部被燕山期花岗岩体所破坏,南部被大梨河-

烟筒山隐伏断裂破坏，表现为西翼的下石炭统与东翼下二叠统以断层接触。次级褶皱轴向为北东，次级断裂主要为北东向、北西向。矿区内余富屯组的岩石糜棱岩化较强，具有韧性剪切带的特征，该带自烟筒山延伸至太平川、小枫倒树一带，民主屯银矿位于此带内，矿区内未见韧性剪切带边界。

（1）矿区内韧性断裂：矿区内构造线及地层总体走向均为北东，岩石均已被改造为糜棱岩与千糜岩，应是区域韧性剪切带的一部分，岩性分带性明显，北西侧为糜棱岩带，中间夹一层碧玉岩；中部为千糜岩带，夹有大理岩透镜体；南东部为大理岩。银矿体赋存在千糜岩带与大理岩接触部位，受断裂构造控制。

（2）褶皱构造：大理岩层内见有规模较小的背斜构造，褶皱延长不超过30m，轴面走向北东，倾向不定，枢纽多向南东倾没，少数向北西倾没。

（3）断裂构造：矿区内断裂主要为北东向、北西向和近南北向，北东向断裂为控矿构造，矿体主要产于此方向断裂内，北西向和近南北向断裂破坏矿体为成矿后断裂，被后期岩脉充填。

2. 矿体特征

目前民主屯银矿共圈定4条矿体，以Ⅰ号矿体为主，其他矿体规模较小。

Ⅰ号矿体：位于两层大理岩层间及其所夹的千糜岩内，其上下盘围岩为大理岩和千糜岩，形态为似层状，平面上呈舒缓波状，局部有膨大或分支现象，走向北东30°～40°，倾向北西，倾角60°～90°。F_1、F_2断层对矿体起破坏作用，F_1通过矿体，矿石已破碎为构造角砾岩，并又被后期正长斑岩脉充填；F2推测在平面上平移断距为40m。Ⅰ号矿体长444m，厚0.47～11.20m，平均厚度2.75m，仅ZK2301孔控制矿体斜深48m，Ag品位$(40～1060)\times10^{-6}$，平均品位228×10^{-6}，伴生Au最高品位1.40×10^{-6}，平均品位0.41×10^{-6}，矿石类型为块状石英脉型。

Ⅱ号矿体：位于大理岩和海西期中细粒花岗岩接触带内，总体走向北东55°，呈波状弯曲，倾向北西，倾角45°～55°，矿体延长80m，厚度分别为2.00m和0.50m，品位为50×10^{-6}和43×10^{-6}，仅YM1中见工业矿体，宽度5.6m，Ag最高品位880×10^{-6}，平均553×10^{-6}，矿石类型为块状石英脉型。

Ⅲ号矿体：仅见于ZK2301中，矿体围岩为千糜岩，矿体厚1.0m，Ag品位170×10^{-6}，矿石类型为块状石英脉型。

Ⅳ号矿体：单工程控制矿体厚0.70m，Ag品位700×10^{-6}，矿石类型为块状石英脉型。

3. 矿床物质成分及矿石类型

1）矿床物质成分

矿石中主要有益成分为Ag，伴生有益成分Au，有害元素为As、Sb等。银总体分布东富西贫，块状石英脉型矿石银较富，一般为$(150～500)\times10^{-6}$，角砾状石英脉型相对较贫，一般为$(100～300)\times10^{-6}$。矿石中可综合利用的伴生有益组分Au，平均含量0.41×10^{-6}，最高1.40×10^{-6}，在矿体东端及西端含量较高，Ag、Au比值为556：1，其他有益有害组分均较低，详见表3-10-12。

表3-10-12　矿石组合分析结果表　　　　　　　　　　　　　　单位：$\times10^{-6}$

元素		Bi	As	Sb	Pb	Hg
样品号	ZH_1	0.19	707.0	189.43	0.07	0.269
	ZH_2	0.21	888.7	135.07	0.02	2.365
平均含量		0.20	797.9	162.3	0.045	1.317

2）矿石类型

（1）自然类型：块状石英脉型、角砾状石英脉型。

（2）工业类型：银金矿石（$Au>1.0\times10^{-6}$）、银矿石（$Au<1.0\times10^{-6}$）。

3）矿石物质组分

(1)金属矿物：主要为黄铁矿、毒砂、辉银矿、辉锑银矿、深红银矿、锑银矿及少量黄铜矿、闪锌矿、自然铅、铝钒、锐钛矿、磁铁矿、磁黄铁矿、自然金、自然银。黄铁矿、毒砂、闪锌矿、黄铜矿常共生；辉锑银矿、深红银矿、锑银矿、自然银、自然金共生。

(2)脉石矿物：主要为石英，其次为少量的绢云母、绿泥石、绿帘石、角闪石、辉石。

4）矿石的结构构造

(1)矿石结构：主要为他形—半自形粒状结构。

(2)矿石构造：块状构造、条带状构造、梳状构造、浸染状构造。

4. 围岩蚀变及分带性

围岩蚀变主要有硅化、绢云母化、黄铁矿化和毒砂，其次有绿帘石化、绿泥石化、碳酸盐化等。硅化十分普遍，主要分为两种类型，其一以细脉状、不规则团块状隐晶形式分布于各类岩石中，这类硅化不含银；其二存在于含银石英脉边部，以细脉状结晶石英形式分布，这类硅化具有银矿化。黄铁矿化发育较普遍，呈浸染状分布，与银矿化没有明显的伴生关系。毒砂仅见于银矿体内，呈浸染状分布，与银矿化呈正相关。绢云母化、绿帘石化、绿泥石化普遍发育，尤其是在千糜岩内绢云母含量较高。

成矿阶段根据矿体特征、矿石组分、结构、构造特征，划分为2个成矿期5个阶段。

(1)中低温热液成矿期：石英-黄铁矿阶段、石英-黄铁矿-毒砂-金阶段、富硫化物-金银阶段、无矿碳酸盐阶段。第Ⅰ和第Ⅱ阶段以金矿化为主，有少量自然金和银产出；第Ⅲ阶段为主要成矿阶段，以银和铅锌矿化为主，主要为金银矿、辉银矿、锑银矿和少量深红银矿、自然银等；第Ⅳ阶段为成矿后石英、方解石期。

(2)表生成矿期：褐铁矿阶段。

6. 成矿时代

海西期花岗岩体同位素年龄为338 Ma，成矿时代应为海西期。

7. 地球化学特征

1）岩石化学特征

(1)海西期中细粒花岗岩：根据硅酸岩全分析样品 G_1 的分析结果（表3-10-13），进行了简单成因指数计算分析，其瑞特曼指数（δ）为3.13，而 K_2O、Na_2O 的含量近于相同，说明该岩石属弱钙碱型；长英指数（FI）为94.49，表明岩石富含长英质矿物；固结指数（SI）为0.17，说明岩浆结晶时间较长，分异程度很高；氧化指数（W）为0.86，表明岩浆形成于较大深度。

(2)燕山期中粗粒花岗岩：根据硅酸岩全分析样 G_2 的分析结果（表3-10-14），成因指数计算分析，其中瑞特曼指数（δ）为0.75，属极强钙-碱质岩石；长英指数（FI）为94.12，表明岩石富含长英质矿物；固结指数（SI）为26.95，说明结晶时间较短；氧化系数（W）为0.32，表明岩浆形成于中浅深度。

表3-10-13　海西期中细粒花岗岩岩石化学成分分析结果表　　　　　　　　　单位：%

氧化物	SiO_2	TiO_2	Al_2O_3	Fe_2O_3	FeO	MnO	CaO	Na_2O	K_2O	MgO	P_2O_5	LOS	合计
含量	71.60	0.32	14.14	2.09	0.33	0.74	0.51	4.80	4.86	0.02	0.13	0.99	100.60

表3-10-14　燕山期中粗粒花岗岩岩石化学成分分析结果表　　　　　　　　　单位：%

氧化物	SiO_2	TiO_2	Al_2O_3	Fe_2O_3	FeO	MnO	CaO	Na_2O	K_2O	MgO	P_2O_5	LOS	合计
含量	75.94	0.06	14.26	0.50	1.07	0.08	0.89	0.31	0.10	4.86	0.08	2.10	100.21

(3)岩(矿)石:矿石中主要成分为 SiO_2,含量占 80% 左右,其次为 Al_2O_3、CaO、MgO、Fe_2O_3、FeO、Na_2O、K_2O(表 3-10-15)。块状石英脉型和角砾状石英脉型两种类型矿石的 SiO_2、Na_2O、TiO_2、P_2O_5、MnO_2、S、$FeO+Fe_2O_3$ 含量相近,但 Al_2O_3、CaO、LOS、$FeO+Fe_2O_3$ 差别较大。原因其一是围岩不同,块状石英脉型矿石(QH_1)围岩为大理岩,角砾状石英脉型矿石(QH_2)围岩为千糜岩;其二是角砾状石英脉中有千糜岩角砾和胶结物泥质、正长斑岩及黄铁矿等存在,故而富含 Al_2O_3,贫 CaO、CO_2,氧化程度高。

2)微量元素特征

(1)海西期中细粒花岗岩:根据光谱分析结果,岩石中所见到的微量元素 21 种(表 3-10-16),其中 Ba、Be、B、P、Pb、Ti、Ga、Gr、Y、La、Yb、Sr 含量低于维氏值,Sn、Mn、Ni、Mo、V、Zr、Cu、Zn、Co 含量高于维氏值。

(2)燕山期中粗粒花岗岩:根据光谱分析结果,岩石中所见到的微量元素 19 种(表 3-10-17),其中 Ba、Be、B、Pb、V、Ti、Zn、Sr、Ga 含量低于维氏值,Mn、Gr、Ni、Nb、Mo、Cu、Y 含量高于维氏值,Zr、Sn 含量与维氏值相等。

表 3-10-15 矿石化学全分析结果表   单位:%

氧化物		SiO_2	Al_2O_3	CaO	MgO	Fe_2O_3	FeO	Na_2O	K_2O	TiO_2	P_2O_5	MnO_2	S	LOS	合计
样品号	QH_1(块状)	79.86	3.47	6.88	0.31	0.45	2.15	0.30	0.60	0.13	0.05	0.05	0.06	6.07	100.18
	QH_2(角砾状)	82.91	8.03	0.27	0.51	2.48	0.87	0.25	1.52	0.34	0.10	0.10	0.05	2.33	99.72
平均值		81.29	5.75	3.58	0.41	1.47	1.51	0.28	1.06	0.24	0.08	0.08	0.06	4.20	

表 3-10-16 海西期中细粒花岗岩中微量元素含量表   单位:$\times 10^{-6}$

元素	Ba	Be	B	P	Pb	Sn	Ti	Mn	Ga	Cr	Ni
含量	650	1.83	3.33	83	15	35	2000	733	1.25	130	17.5
维氏值	830	5.5	15	700	20	3	2300	600	20	25	8
元素	Mo	V	Y	La	Zr	Cu	Yb	Zn	Co	Sr	
含量	1.83	50	7	30	213	32.5	2	135	11.8	208	
维氏值	1.0	40	34	60	200	20	4	60	5	300	

表 3-10-17 燕山期中粗粒花岗岩中微量元素含量表   单位:$\times 10^{-6}$

元素	Ba	Be	B	Pb	Sn	Ti	Mn	Ga	Cr	Ni
含量	100	3	<10	40	3	900	700	7	15 010	
维氏值	830	5.5	15	700	3	2300	600	20	25	8
元素	Nb	Mo	V	Y	Zr	Cu	Yb	Zn	Sr	
含量	25	<1	12.5	35	200	30	10	55	100	
维氏值	20	1.0	40	34	200	20	4	60	300	

(3)岩(矿)石:根据余富屯组地层岩石地球化学测量结果,各元素平均值及其浓集克拉克值见表 3-10-18。其中 Au、Ag、As、Sb、Hg、Pb、W、Sn、Bi 的浓集克拉克值大于 1,表明矿区是这几种元素的

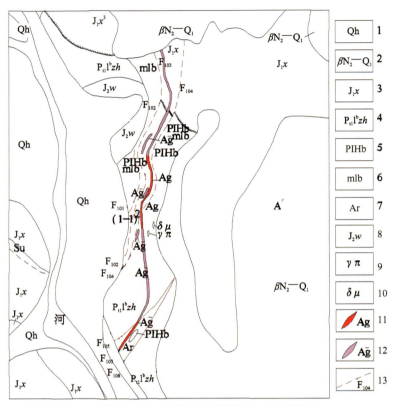

图 3-10-8　抚松县西林河银矿床地质图

1.第四系；2.新近系和下更新统玄武岩；3.下侏罗统小营子组；4.老岭群珍珠门组大理岩；5.斜长角闪岩；6.糜棱岩化大理岩；
7.太古宙花岗质糜棱岩；8.五道溜河单元钾长花岗岩；9.花岗细晶岩；10.闪长玢岩；11.银矿体；12.银矿化体；13.韧脆性剪切带

构造中有 Ag、Cu、Pb、Zn 等矿化石英脉及构造角砾岩充填，为成矿物质富集奠定了基础。

（2）脆韧性断裂：以北西向和北东向断裂为主，近东西向次之。北东向断裂为叠加在糜棱岩带内的脆性控矿构造，该组构造穿切太古宙花岗质糜棱岩及糜棱岩化大理岩，构造带内发育 Ag、Au、Cu、Pb、Zn、Sb 等矿化石英脉及构造角砾岩。北西向断裂形成晚于北东向断裂，沿断裂可见绢云母化、黄铁矿化、褐铁矿化、辉锑矿化等，是锑矿控矿构造。另外矿区还出露有东西向断裂，并切穿北西向断裂。

2. 矿体特征

矿体赋存于太古宙花岗岩与元古宇珍珠门组大理岩接触带中，矿体总体走向北北东，倾向北西或南东，倾角 65°～85°。矿体严格受 F_{102} 及 F_{103} 构造蚀变带控制。矿体产状不稳定，反映了多期构造复合叠加、继承的特点。该区共发现 3 条银矿体，矿体分布于构造蚀变带中或主构造的次级裂隙中，连续性较好，单个矿体以脉状、薄脉状为主，其次为扁豆状及透镜状。其中①号矿体为较具规模的工业矿体，①-1 号、②号矿体为单工程控制的矿体，各矿体具体特征叙述如下。

①号矿体：矿体主要展布于 3 号～20 号勘探线之间，地表由 TC1、TC3、TC4、TC6、TC8、TC9、TC11、TC12-1、BT1、BT2 控制，深部由 PDⅠ、PDⅣ、SM1 控制，矿体地表控制长 1200m。详查地段地表控制长 320m，深部控制长 300m，控制斜深 160m，矿体厚度不稳定，变化较大。厚度为 0.17～8.42m，平均厚度 1.70m，厚度变化系数为 100.37%，属厚度不稳定矿体。矿体 Ag 品位在地表较低，在深部有增高的趋势，一般在 $50.1×10^{-6}$～$1098.9×10^{-6}$ 之间，平均品位 $218.33×10^{-6}$，品位变化系数为 80.17%，属品位较均匀矿体，矿体倾向 275°～290°，局部反倾，呈舒缓波状，倾角 65°～85°，局部直立，矿体与构造蚀变带走向近于平行，交角一般小于 20°。矿体在空间分布上严格受裂隙控制，多呈脉状、扁豆状、透镜状，并具有分支复合及尖灭再现特点，见图 3-10-9。

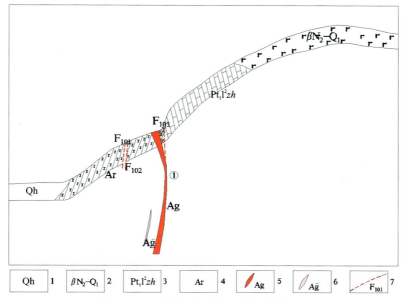

图 3-10-9 西林河银矿床 4 勘探线剖面图

1.现代河床砂砾沉积；2.古近系和下更新统玄武岩；3.老龄群珍珠门组糜棱岩化大理岩；4.太古宙花岗质糜棱岩；
5.银矿体；6.银矿化体；7.韧脆性剪切带

矿脉局部受后期构造改造破坏，在矿体顶底板和矿体中形成破碎带及构造面，但由于单个小矿体多沿控矿构造次级断裂分布，所以后期构造并不影响矿脉的连续性。

①-1号矿体：含矿岩石为辉银矿化石英脉，矿体控制长 50m，控制斜深 50m，厚度一般为 $0.30\sim 2.91$m，平均厚度 1.60m，Ag 品位 $137.02\times 10^{-6}\sim 723.8\times 10^{-6}$，平均品位 191.86×10^{-6}，矿体倾向 $280°$，倾角 $85°$。

②号矿体：含矿岩石为辉银矿化大理岩、碎裂蚀变岩。矿体控制长 50m，控制斜深 50m，厚度一般为 $0.80\sim 4.40$m，平均厚度 3.15m，Ag 品位 $80.10\times 10^{-6}\sim 573.38\times 10^{-6}$，平均品位 159.32×10^{-6}，矿体倾向 $100°\sim 120°$，倾角 $65°\sim 80°$。

3. 矿石物质成分及矿石类型

（1）矿石物质成分：西林河银矿石化学成分全分析结果见表 3-10-23。

表 3-10-23　矿石全分析结果表

样品编号	化学分析结果									
	$Ag/\times 10^{-6}$	$Au/\times 10^{-6}$	$Cu/\%$	$Pb/\%$	$Zn/\%$	$Sb/\%$	$SiO_2/\%$	$LOS/\%$	$CaO/\%$	$MgO/\%$
1ZHC-2	268.0	0.21	0.46	0.51	0.52	0.32	67.35	2.72	6.71	3.88
样品编号	$TiO_2/\%$	$Fe_2O_3/\%$	$P_2O_5/\%$	$Al_2O_3/\%$	$K_2O/\%$	$SO_3/\%$	$MnO/\%$	$NaO_2/\%$	$FeO/\%$	
1ZHC-2	0.30	2.23	0.02	2.73	1.25	5.27	0.18	0.12	1.64	

（2）矿石类型：矿石自然类型均为硫化物矿石；工业类型为黄铜矿-方铅矿-闪锌矿辉银矿矿石和方铅矿-黄铁矿-黄铜矿辉银矿矿石。

（3）矿石物质组分：矿石矿物主要有辉银矿、黄铁矿、黄铜矿、方铅矿、闪锌矿、辉锑矿；脉石矿物主要为石英、绢云母、方解石等，其中辉银矿、黄铁矿、石英、绢云母。

（4）矿石结构构造：矿石结构为他形晶粒状结构、自形晶结构；矿石构造为块状构造、团块状构造、浸染状构造、细脉-脉状构造、角砾状构造。

4. 蚀变特征及分带

西林河银矿围岩蚀变种类主要为硅化、绢云母化、辉银矿化、黄铁矿化、黄铜矿化、方铅矿化、闪锌矿化、辉锑矿化等。蚀变特点为矿体顶板比底板蚀变强,以硅化、黄铁矿化为主,蚀变多沿裂隙、微裂隙分布,蚀变分带不明显。硅化与银矿化关系密切,硅化与银矿体相伴出现,硅化较强的部位矿化好,无硅化基本无矿。

5. 成矿阶段

根据矿物共生组合与矿石典型结构、构造及相互穿插关系,将西林河银矿床划分为1个热液期3个成矿阶段。

(1)第一成矿阶段:硅化石英-黄铁矿-黄铜矿-方铅矿阶段。该阶段是银矿成矿的初级阶段,成矿热液未充分演化富集,由于温度等条件的改变,在一些构造裂隙中形成矿化蚀变,形成的矿体较贫,元素组合较少,矿物组合为黄铁矿、黄铜矿、方铅矿、硅化石英、绢云母等。

(2)第二成矿阶段:硅化石英-辉银矿-方铅矿-闪锌矿-辉锑矿阶段。该阶段为主要成矿阶段,主要矿物组合为辉银矿、方铅矿、闪锌矿、辉锑矿、硅化石英等。

(3)第三成矿阶段:硅化石英-碳酸盐化阶段。该阶段热液活动结束,矿物组合简单,为石英和方解石,基本不含硫化物,集合体呈细脉-网脉状,对先期形成的矿物和集合体具穿切关系。硅化石英呈粒状、玉髓状,结晶稍差,方解石呈他形与硅化石英相伴随,其沉积晚于石英。

6. 成矿时代

推测成矿时代为燕山期。

7. 成矿物理化学条件

矿物共生组合主要是黄铁矿、黄铜矿、方铅矿、硅化石英、绢云母等,属典型的中低温矿物组合,属中低温型热液成矿。

8. 成矿物质来源

太古宙花岗岩提供了部分成矿物质,燕山期五道溜河侵入岩体与成矿关系密切,除提供成矿物质外还提供了热源。长期分异作用的银及多金属元素在燕山期岩浆中聚集,成矿热液由于地下水带入作用,在低温低压弱酸性还原环境下,沿构造薄弱环节充填聚集成矿。

9. 矿床形成及就位机制

首先银矿体严格受蚀变带控制,而蚀变带受构造控制,控矿构造的次级裂隙是矿体的富集部位,从而矿体与围岩界线明显。其次与矿化有密切关系的蚀变有强硅化、绢云母化,此蚀变为近矿围岩蚀变,为受热液晚期作用的结果。另外,矿石构造多见致密块状、脉状、网脉状、浸染状,因此确定矿床为岩浆热液型。

经历了多期的构造岩浆活动,断裂构造及韧脆性剪切带非常发育,构造运动结果使地壳形成断块式升降运动,为岩浆上侵提供了侵位,诱导了岩体的侵入。早期太古宙花岗岩带来了部分成矿物质,随着岩浆的不断演化,燕山期五道溜河岩浆热液侵入,一方面提供了大量的成矿物质,另一方面又将地层中成矿元素萃取出来赋存在岩浆中,形成了富含成矿物质的岩浆,同时又加热地下水形成混合热液。由于珍珠门组糜棱岩化大理岩与太古宙花岗质糜棱岩属脆性岩石,易于形成构造节理裂隙,且岩石封闭条件较好,岩石中的碳质,对矿液的渗透和金属元素的吸附等有利成矿因素,促使成矿元素不断富集,最后在构造的有利部位成矿。

10. 控矿因素及找矿标志

1）控矿因素

（1）老岭群珍珠门组糜棱岩化大理岩控矿，矿体赋存于珍珠门组大理岩与太古宙花岗质糜棱岩接触带。

（2）北东向深大断裂是导矿构造，其次级构造北东向断裂构造及韧-脆性剪切带为成矿提供了空间，为主要控矿、储矿构造。

（3）太古宙花岗岩为成矿提供了部分成矿物质，燕山期五道溜河侵入岩体与成矿关系密切，除提供成矿物质外还提供了热源。

2）找矿标志

（1）北东向断裂及北西向断裂密集区，糜棱岩带周边分布有燕山期花岗岩，是重要的构造及岩浆岩找矿标志。

（2）太古宙花岗岩及珍珠门组大理岩接触带为界面找矿标志。

（3）沿断裂分布的硅化、黄铁矿化、褐铁矿化、绢云母化蚀变带是找矿的蚀变标志。

（4）Au、Ag及其指示元素的重砂、分散流、次生晕、原生晕等异常是地球化学标志。

11. 成矿模式

抚松县西林河银矿床成矿模式见图3-10-10、表3-10-24。

12. 成矿要素

抚松县西林河银矿床成矿要素见表3-10-25。

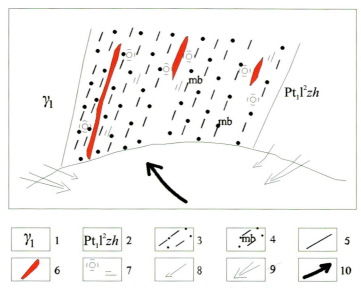

图3-10-10 抚松县西林河银矿床成矿模式图

1.太古宙花岗岩；2.古元古界老岭群珍珠门组；3.花岗质糜棱岩；4.糜棱岩化大理岩；5.脆性断裂；6.银矿体；7.硅化、绢云母化；8.围岩矿质迁移至成矿热液；9.雨水加入地下水热液环流；10.燕山期后成矿热液沿北东向叠加在糜棱岩带之上的脆性断裂裂隙充填成矿

表 3-10-24　抚松县西林河银矿床成矿模式表

名称	西林河式岩浆热液型银矿床	
成矿的地质构造环境	矿区位于晚三叠世—中生代华北叠加造山-裂谷系（Ⅰ）胶辽吉叠加岩浆弧（Ⅱ）吉南-辽东火山-盆地区（Ⅲ）抚松-集安火山-盆地群（Ⅳ）内	
各类及主要控矿因素	地层控矿：老岭群珍珠门组白云石大理岩和太古宙花岗质糜棱岩为成矿提供部分成矿物质；构造控矿：北东向断裂构造及韧脆性剪切带为主要控矿构造，矿体严格受构造蚀变带控制；岩浆岩控矿：燕山期五道溜河侵入岩体	
矿床的三度空间分布特征	产状	总体走向北北东，倾向北西或南东，倾角65°～85°
	形态	矿体以脉状、薄脉状为主，其次为扁豆状及透镜状
成矿期次	划分为1个热液期3个成矿阶段：第一成矿阶段为硅化石英-黄铁矿-黄铜矿-方铅矿阶段，该阶段是银矿成矿的初级阶段；第二成矿阶段为硅化石英-辉银矿-方铅矿-闪锌矿-辉锑矿阶段，该阶段为主要成矿阶段；第三成矿阶段为硅化石英-碳酸盐化阶段	
成矿时代	成矿时代为燕山期	
矿床成因	属侵入岩浆热液型	
成矿机制	构造运动结果使地壳形成断块式升降运动，为岩浆上侵提供了侵位，诱导了岩体的侵入。早期太古宙花岗岩带来了部分成矿物质，随着岩浆的不断演化，燕山期五道溜河岩浆热液的侵入，一方面提供了大量的成矿物质，另一方面又将地层中成矿元素萃取出来赋存在岩浆中，形成了富含成矿物质的岩浆，同时又加热地下水形成混合热液。由于珍珠门组糜棱岩化大理岩与太古宙花岗质糜棱岩属脆性岩石，易于形成构造节理裂隙，且岩石封闭条件较好，岩石中的碳质对矿液的渗透和金属元素的吸附等有利成矿因素，促使成矿元素不断富集，最后在构造的有利部位成矿	
找矿标志	大地构造标志：吉南-辽东火山-盆地区抚松-集安火山-盆地群内；地层标志：老岭群珍珠门组糜棱岩化大理岩、太古宙花岗质糜棱岩；构造标志：北东向深大断裂是导矿构造，其次级构造北东向断裂构造及韧-脆性剪切带为主要控矿构造，矿体赋存于珍珠门组大理岩与太古宙花岗质糜棱岩接触带	

表 3-10-25　抚松县西林河银矿床成矿要素表

成矿要素		内容描述	成矿要素类别
特征描述		矿床成因类型为岩浆热液型	
地质环境	岩石类型	白云质大理岩、花岗质糜棱岩、糜棱岩化花岗岩、钾长花岗岩	必要
	成矿时代	成矿时代为燕山期	必要
	成矿环境	矿区位于夹皮沟地块北缘，中生代火山盆地群叠合部位。区内构造岩浆活动强烈，北西向和北东向断裂构造为主要的控岩、控矿构造；矿体赋存太古宙花岗岩与古元古界老岭群珍珠门组大理岩接触带中，受脆-韧性断裂控制	必要
	构造背景	矿床位于东北叠加造山-裂谷系（Ⅰ）胶辽吉叠加岩浆弧（Ⅱ）吉南-辽东火山-盆地区（Ⅲ）抚松-集安火山-盆地群（Ⅳ）内，区域北东向深大断裂是导矿构造，其次级北东向断裂构造及韧脆性剪切带提供了成矿空间	重要

续表 3-10-25

成矿要素		内容描述	成矿要素类别
特征描述		矿床成因类型为岩浆热液型	
矿床特征	矿物组合	矿石矿物主要有辉银矿、黄铁矿、黄铜矿、方铅矿、闪锌矿、辉锑矿；脉石矿物主要为石英、绢云母、方解石等	重要
	结构构造	矿石结构为他形晶粒状结构、自形晶结构；矿石构造为块状构造、浸染状构造、脉状构造、角砾状构造	次要
	蚀变特征	主要为硅化、绢云母化、辉银矿化、黄铁矿化、黄铜矿化、方铅矿化、闪锌矿化、辉锑矿化等。矿体顶板比底板蚀变强，以硅化、黄铁矿化为主，蚀变多沿裂隙、微裂隙分布，蚀变分带不明显；硅化与银矿化关系密切，硅化与银矿体相伴出现，硅化较强的部位矿化好，无硅化基本无矿	重要
	控矿条件	构造控矿：北东向深大断裂是导矿构造，其次级北东向断裂构造及韧-脆性剪切带为主要控矿、储矿构造，矿体严格受构造蚀变带控制； 岩浆岩控矿：燕山期五道溜河侵入岩体与成矿关系密切，一方面提供了大量的成矿物质，另一方面又将地层中成矿元素萃取出来赋存在岩浆中，形成了富含成矿物质的岩浆，同时又加热地下水形成混合热液，沿构造薄弱处充填聚集成矿； 地层控矿：矿体赋存在太古宙花岗岩与古元古界老岭群珍珠门组大理岩接触带中，珍珠门组大理岩提供了部分的成矿物质	必要

第十一节 稀土矿典型矿床研究

吉林省稀土矿只有1种成因类型，即风化壳型，选择了安图县东清独居石砂矿1个典型矿床开展稀土矿成矿特征研究。

1. 地质构造环境及成矿条件

矿床位于南华纪—中三叠世天山-兴安-吉黑造山带（Ⅰ）包尔汉图-温都尔庙弧盆系（Ⅱ）清河-西保安-江域岩浆弧（Ⅲ）内。

1）地层

志留纪—泥盆纪片岩、片麻岩呈孤岛状残存于大面积花岗岩中；下二叠统庙岭组为一套浅海相碎屑沉积岩夹透镜状碳酸盐岩，上部柯岛组—开山屯组火山碎屑岩夹正常沉积岩，沿东西向东清花岗岩体及北西向混合岩化带南北两侧出露，部分呈残留体零星出露于花岗岩中；中生代地层主要分布于万宝-西北岔、永庆-四岔子盆地，主要为火山-陆相碎屑岩夹含煤岩系。

2）侵入岩

区域侵入岩分布面积最大的为燕山中期钾长花岗岩及二长花岗岩，另为海西晚期黑云母花岗岩、黑云母斜长花岗岩及花岗闪长岩。

(1)燕山中期钾长花岗岩及二长花岗岩：以大的岩基及大小不等的岩株产出，贯入于海西晚期花岗岩中，或侵入捕房中生代地层，边缘形成程度不同的钾长石化及混合岩化带。

(2)海西晚期黑云母花岗岩、黑云母斜长花岗岩：呈岩基产出且面积最大者为东清花岗岩体，其次见

山势较陡。第四纪沉积物以残坡积为主，该层位于黑云母斜长花岗岩分布范围以内，普遍发育独居石等有用矿物部分构成工业矿体，其组成物质自上而下依次为腐殖土层、含砂与碎石黏土层及砂碎石层，向上为黑云母斜长花岗岩强烈风化产物组成的残积层。两者之间多为渐变过渡关系，部分可与残积层顶面高岭土带相区分。坡积层的厚度自山脊向坡脚逐渐加大，一般1~2m，最大达5m以上。残积层厚度亦即花岗岩的全风化深度，根据工程验证，一般可达7m以上。但该层在混合花岗岩及一些脉岩上面，厚度仅有1~2m。

除残坡积外，矿区广泛分布有洪积物，主要见于各支沟及坡脚，形成微地貌主要有坡积裙，呈条带状覆盖在支沟洪积物或漫滩上。宽度一般在50m左右，最长达600m，厚度3~4m不等。物质成分与坡积层相似，含黏土较多，含矿不均，部分可达边界品位以上。洪积扇或冲积锥主要分布于各支沟沟口处，由支沟或山坡暂时性水流携带各种碎屑物堆积而成。沉积物层理不清，分选极差，组成物质为砂、黏土、角砾状砾石等，有用矿物含量不均，一般不富。

2. 矿体三度空间分布特征

东清独居石矿床按成因可以划分为河流冲积和残坡积两种类型，河流冲积型又可以分为河谷砂矿和阶地砂矿。河谷砂矿主要分布于东西清沟现代河谷中，现代河谷的主要地形为河漫滩，河漫滩两侧边缘常有坡积物或洪积物覆盖，一级阶地仅在下游断续出现。独居石等有用重矿物主要赋存于漫滩沉积物中，其次在一级阶地坡洪积物及现代河床冲积物中也都有一定含量。阶地砂矿主要分布于东清沟下游二级阶地上，由于规模小且分散而不具重要意义。

东清矿区大部分低山残坡积物中含有独居石等有用矿物，按工业指标可圈定出大小28个矿体，其分布与黑云母斜长花岗岩中独居石的含量及风化程度有密切关系。

1) 冲积河谷砂矿

冲积河谷砂矿主要有东清沟Ⅰ号和西清沟Ⅱ号两个连续矿体，按单矿层及混合砂矿两种方案圈定的矿体其平面形态基本相似。

(1)东清沟Ⅰ号矿体：矿体沿沟谷呈树枝状展布，主矿体自11线至23线间走向为340°，23线至77线间走向近南北向，矿体总长度约为6km。主矿体以西矿体沿支沟有5个分支，以东有4个分支，与主矿体共同组成Ⅰ号连续矿体，累计总长度约15km。

东清沟Ⅰ号矿体单矿层最大宽度为310.07m，最小宽度30.67m，平均宽度124.75m，单矿层平均厚度1.86m，矿体平均品位367.14g/m³。混合砂矿体最大宽度为310.07m，最小宽度30.67m，平均宽度111.91m，平均厚度3.24m，矿体平均品位236.08g/m³。矿体品位有自上游至下游逐渐变贫趋势。东清沟Ⅰ号矿体的基岩全部为风化黑云母斜长花岗岩，近顶面富含高岭土质软泥。花岗岩风化砂中普遍含有独居石，局部可达工业品位以上，可以作为砂矿一同开采。基岩顶面或矿层底板横向平坦或稍有起伏，纵向自上游而下倾斜，上游及支沟坡度大，主沟向下游方向坡度逐渐变缓。

(2)西清沟Ⅱ号矿体：矿体形态与东清沟Ⅰ号矿体相似。主矿体自42线至53线间走向近东西，53线至56线间走向北东40°，56线至93线间走向近南北，总长度4.5km。主矿体以西有3个近东西向分支，以东有2个分支，累计总长度约10km。

西清沟Ⅱ号矿体单矿层最大宽度为240.01m，最小宽度38.53m，平均宽度107m，单矿层平均厚度1.6m，矿体平均品位254.21g/m³。混合砂矿体最大宽度为179.8m，最小宽度20m，平均宽度90m。平均厚度2.8m，矿体平均品位175.51g/m³。矿体伴生有用矿物磷钇矿较多，单矿层品位10.2g/m³，混合砂矿平均品位6.71g/m³。矿体平均品位上下游较低，中间53~91线稍高，东侧支沟品位较高，而上源及西侧支沟低贫。基岩特征及含矿性同东清沟Ⅰ号矿体。

2) 残坡积砂矿

残坡积砂矿主要有4号、18号、27号3个矿体。

(1)4号矿体：位于西清沟以东至东西清沟分水岭间的坡地，是矿区内最大的残坡积型矿体。平面形态不规则,单矿层矿体面积 1.2km², 平均厚度 1.88m, 平均品位 142.44g/m³。混合砂矿面积 1.02km², 平均厚度 2.55m, 平均品位 133g/m³。矿体厚度、品位无明显变化规律,底岩为风化程度不等的黑云母斜长花岗岩。

(2)18 号矿体:位于东清沟西侧,呈一近东西向延伸的矩形,东西长 0.2~0.5km,南北宽 0.2~0.5km。单矿层矿体面积 0.34km², 平均厚度 1.73m, 平均品位 172.84g/m³。混合砂矿面积 0.31km², 平均厚度 2.11m, 平均品位 153.57g/m³。

(3)27 号矿体:位于矿区南东端,呈北西向长条状,长 2.25km, 最宽 0.7km。单矿层矿体面积 0.46km², 平均厚度 1.63m, 平均品位 143.43g/m³。混合砂矿面积 0.36km², 平均厚度 2.09m, 平均品位 135.46g/m³。矿体品位自北西端向南东端有变贫的趋势。

3. 矿床物质成分

(1)物质成分:主要稀土工业矿物为独居石,可综合利用矿物有磷钇矿和铁铝石榴子石,见表 3-11-2、表 3-11-3。

表 3-11-2　不同类型砂矿床矿物含量表　　　　　　　　　　　　　　　　单位:g/m³

项目	冲积砂矿	残坡积砂矿	项目	冲积砂矿	残坡积砂矿
独居石	100~1000	70~250	夕线石	较少	较少
磷钇矿	5~60	3~50	钛铁矿	<5	微
铁铝石榴子石	1000~50 000	50~500	磁铁矿	较少	较少
锆石	50~80	30~50	金红石	微	微
磷灰石	30~70	20~30	锐钛矿	微	微
铌铁矿	0~几百粒	较少	板钛矿	微	微
铁镁尖晶石	较少—较多	较少	萤石	分布不均	分布不均
透辉石	较少	较少	黑、白云母	较多	较多
角闪石类	较少	较少	褐铁矿	较少	较少
绿帘石	较少	较少	黄铁矿、重晶石	分布不均	分布不均
榍石	较少	较少	石英等轻矿物	很多	很多

表 3-11-3　独居石单矿物化学成分表　　　　　　　　　　　　　　　　单位:%

项目	独-1	独-2	项目	独-1	独-2
P_2O_5	26.00	25.60	Y_2O_3	1.70	1.70
La_2O_3	13.00	12.00	U_3O_8	0.169	0.23
CeO_2	29.67	30.66	ThO_2	6.11	5.73
Pr_6O_{11}	3.33	3.33	Ta_2O_5	0.006	0.01
Nd_2O_3	12.00	11.33	ZrO_2	0.15	0.10
Sm_2O_3	2.00	2.00	Nb_2O_5	0.008	0.005
Eu_2O_3	0.20	0.20	SiO_2	2.45	2.29

续表 3-11-3

项目	独-1	独-2	项目	独-1	独-2
Gd_2O_3	1.32	1.32	CaO	0.79	0.81
Tb_4O_7	0.13	0.13	MgO	0.21	0.12
Dy_2O_3	0.26	0.26	Fe_2O_3	0.43	0.53
Ho_2O_3	0.07	0.07	Al_2O_3	0.08	0.27
Er_2O_3	0.20	0.20	TiO_2	0.09	0.35
Tm_2O_3	0.06	0.06	MnO	0.02	0.03
Yb_2O_3	0.13	0.13	PbO	0.026	0.06
Lu_2O_3	0.05	0.05	合计	100.659	99.555

(2) 矿石类型：砂矿型。

(3) 矿物组合：主要矿物为独居石、磷钇矿、铁铝石榴子石、锆石、磷灰石，少量铌铁矿；造岩矿物有铁镁尖晶石、透辉石、角闪石、绿帘石、榍石、夕线石、钛铁矿、磁铁矿、橄榄石、金红石、锐钛矿、板钛矿、萤石、石英、黑云母、斜长石、钾长石、白云母、褐铁矿、黄铁矿、重晶石等。

4. 成矿阶段

(1) 成矿早期：海西晚期侵入岩浆活动形成了东清富含稀土元素的东清黑云母斜长花岗岩体，构成了区域稀土矿床成矿的母岩。

(2) 表生成矿期：富含稀土元素的东清黑云母斜长花岗岩体在表生条件作用下逐步风化，富含稀土元素的重矿物独居石、磷钇矿等被剥蚀带入河流富集形成沉积砂矿，部分原地形成残坡积砂矿。

5. 成矿时代

成矿时代为第四纪。

6. 物质来源

成矿物质主要来源于海西晚期东清黑云母斜长花岗岩体。

7. 控矿因素及找矿标志

(1) 控矿因素：海西晚期黑云母斜长花岗岩及后期的花岗伟晶岩脉带来成矿物质，控制了稀土矿的成矿物质来源。东清、西清沟河及其支流所塑造的狭窄弯曲的河流谷地及两侧的侵蚀剥蚀低山地形是控矿的主要构造。

(2) 找矿标志：海西晚期黑云母斜长花岗岩及后期的花岗伟晶岩脉出露区；东清、西清沟河及其支流狭窄弯曲的河流谷地及两侧的侵蚀剥蚀低山。

8. 矿床形成及就位机制

海西晚期侵入岩浆活动形成了东清富含稀土元素的东清黑云母斜长花岗岩体，构成了区域稀土矿床成矿的母岩。在表生条件作用下逐步风化，富含稀土元素的重矿物独居石、磷钇矿等被剥蚀带入河流富集形成沉积砂矿，部分原地形成残坡积砂矿。

9. 成矿模式

安图县东清独居石砂矿成矿模式见图 3-11-1。

10. 成矿要素

安图县东清独居石砂矿成矿要素见表 3-11-4。

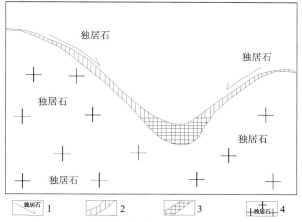

图 3-11-1　安图县东清独居石砂矿成矿模式图

1. 富含独居石的花岗岩体；2. 残坡积独居石风化壳型矿体；3. 冲洪积型独居石矿体；4. 花岗岩风化后独居石矿物的迁移方向

表 3-11-4　安图县东清独居石砂矿床成矿要素表

成矿要素		内容描述	成矿要素类别
特征描述		河流冲积及残坡积砂矿	
地质环境	岩石类型	淤泥质黏土、亚砂土(或称沼泽土、腐殖土、砂砾石)、黑云斜长花岗岩、伟晶岩	必要
	成矿时代	第四纪	必要
	成矿环境	天山-兴蒙-吉黑造山带(Ⅰ)包尔汉图-温都尔庙弧盆系(Ⅱ)清河-西保安-江域岩浆弧(Ⅲ)内	必要
	构造背景	东清、西清沟河及其支流狭窄弯曲的河流谷地与两侧的侵蚀剥蚀低山地形	重要
矿床特征	矿物组合结构构造	主要矿物为独居石、磷钇矿、铁铝石榴子石、锆石、磷灰石，少量铌铁矿；造岩矿物有铁镁尖晶石、透辉石、角闪石、绿帘石、榍石、夕线石、钛铁矿、磁铁矿、橄榄石、金红石、锐钛矿、板钛矿、萤石、石英、黑云母、斜长石、钾长石、白云母、褐铁矿、黄铁矿、重晶石等	重要
			次要
			重要
	控矿条件	海西晚期黑云母斜长花岗岩及后期的花岗伟晶岩脉带来成矿物质，控制了稀土矿的成矿物质来源。东清、西清沟河及其支流所塑造的狭窄弯曲的河流谷地及两侧的侵蚀剥蚀低山地形是控矿的主要构造	必要

第十二节　萤石矿典型矿床研究

吉林省萤石矿主要有 2 种成因类型，即热液充填交代型、火山热液型。本节主要选择了 3 个典型矿床开展萤石矿成矿特征研究（表 3-12-1），主要典型矿床特征如下。

表 3-12-1　吉林省萤石矿典型矿床一览表

矿床成因型	矿床式	典型矿床名称	成矿时代
热液充填交代型	金家屯式	永吉县金家屯萤石矿床	中生代
	南梨树式	磐石市南梨树萤石矿床	中生代
火山热液型	牛头山式	九台市牛头山萤石矿床	中生代

一、热液充填交代型（永吉县金家屯萤石矿床）

1. 成矿地质背景及成矿条件

矿床位于晚三叠世—新生代东北叠加造山-裂谷系（Ⅰ）小兴安岭-张广才岭叠加岩浆弧（Ⅱ）张广才岭-哈达岭火山-盆地区（Ⅲ）南楼山-辽源火山-盆地群（Ⅳ）内。

1）地层

矿区内地层主要为上二叠统一拉溪组上段，其次为白垩系泉头组，见图 3-12-1。一拉溪组上段总体走向近南北，倾向西，倾角 40°～60°，厚度大于 414m。按岩性自下而上分为 3 层：凝灰质板岩由安山岩岩屑及少量长石晶屑组成，厚度大于 63m；泥质板岩主要由泥质组成，厚度 142m；板岩夹灰岩主要岩性为绢云母板岩及微晶灰岩，其次为硅质岩、大理岩，厚度 209m，萤石矿赋存于该层位，矿体的直接围岩是灰岩及泥质板岩。白垩系泉头组不整合覆于一拉溪组之上，岩性为含砾砂岩，砾石有晶屑凝灰岩、含砾晶屑岩屑凝灰岩、火山角砾岩及硅质岩等，厚度大于 38m。

2）侵入岩

矿区内仅见燕山早期侵入体，主要为闪长玢岩、闪长岩、煌斑岩及安山玢岩岩脉，具有多次侵入的特征。第一侵入阶段为花岗岩类，第二侵入阶段为闪长岩。燕山期中酸性岩体控制矿体产出。

3）变质岩

变质作用主要发生在二叠系一拉溪组中，凝灰岩为凝灰质板岩，黏土岩变为泥质板岩，属绿片岩相变质岩。动力变质岩主要有构造角砾岩、碎裂岩、糜棱岩等。

4）构造

（1）褶皱：褶皱构造较简单，由一拉溪组组成近南北向的单斜构造，总体倾向西，北部走向北北东，中部为近南北及北北西，南部又转为北北东而略呈"S"形，局部见小褶曲。

（2）断裂：断裂构造主要为层间破碎带，是主要的控矿构造，分布在矿区中部，走向近南北，长约 700m，宽 10～40m，呈不规则的带状展布，具多处分支。带内主要为构造角砾岩、糜棱岩及萤石矿体，矿体多分布在下部，构造角砾岩多在上部，糜棱岩多见于构造角砾岩和萤石矿体之间，构造角砾岩成分以泥质板岩为主，少量石灰岩。构造角砾岩和糜棱岩具萤石矿化及硅化（石英细脉），局部有闪长玢岩填充，后者未见矿化，但具板理化。

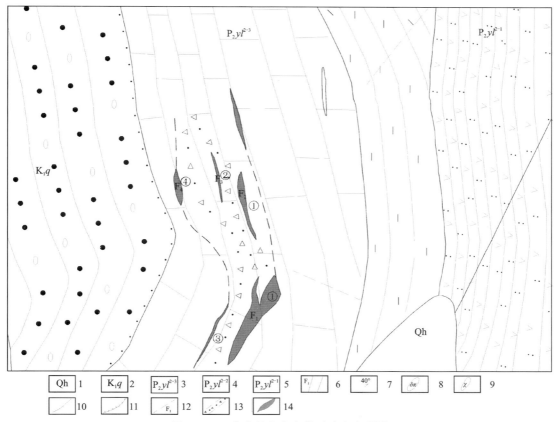

图 3-12-1 永吉县金家屯萤石矿床地质图

1.第四系砂砾石及黏土;2.白垩系泉头组含砾砂岩;3.二叠系—拉溪组上段板岩夹灰岩(含萤石矿);4.二叠系—拉溪组上段泥质板岩;5.二叠系—拉溪组凝灰质板岩;6.萤石矿体及编号;7.产状;8.闪长玢岩;9.煌斑岩脉;10.实测及推测地质界线;11.不整合地质界线;12.实测推测断层及编号;13.断层破碎带;14.矿体

综上所述,层间破碎带形成时间推测为二叠纪末期,先表现为张性,其后发生萤石矿化伴有硅化,而后有岩脉充填。晚期转为压性,生成糜棱岩。

2. 矿体三度空间分布特征

矿体呈南北带状展布,长700m,宽200m,主要赋存于上二叠统一拉溪组上段,围岩是灰岩及泥质板岩,共有4条矿体,其中①号矿体为主矿体,其余3条为主矿体上盘围岩中的小矿体。主矿体厚10.12m,其余小矿体合计厚度4.39m。

①号矿体沿走向长306m,沿倾向斜深148m,真厚度1.00～28.35m,平均10.12m,产状变化较大,总体走向南北,倾向西,倾角30°～60°,北段较缓,南段较陡,局部有上陡下缓之势。矿体呈脉状,沿走向、倾向膨缩较急剧,具分支复合特征,矿体连续性较好,见图3-12-2、图3-12-3。

②号矿体及③号矿体距主矿体上盘30～40m,④号矿体位于②号矿体上盘10～20m处。这3条小矿体产出方向与主矿体大致平行,厚度小,平均厚度在2m以下。矿体倾角较陡,都在60°以上,③号矿体达75°。

3. 矿石物质成分

(1)矿物成分:主要由萤石及石英组成,伴生有用组分褐铁矿。
(2)矿物组合:萤石、石英、方解石、褐铁矿、高岭土。
(3)矿石类型:自然类型主要为石英-萤石型矿石及萤石型矿石,少量方解石-萤石型矿石;工业类型为脉状矿石。

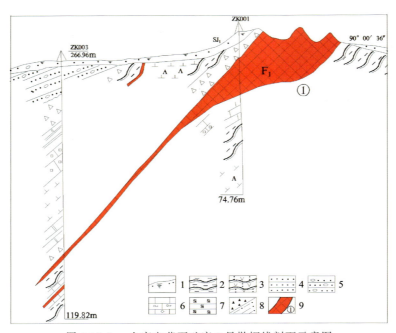

图 3-12-2　金家屯萤石矿床 0 号勘探线剖面示意图

1.腐殖土及残坡积；2.泥质板岩；3.凝灰质板岩；4.砂岩；5.含砾砂岩；6.微晶灰岩/条带状微晶灰岩/结晶灰岩；7.硅质岩；8.构造角砾岩/糜棱岩；9.矿体

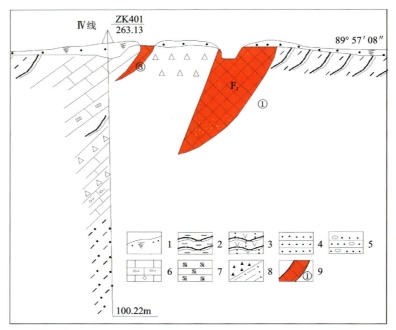

图 3-12-3　金家屯萤石矿床Ⅳ号勘探线剖面示意图

1.腐殖土及残坡积；2.泥质板岩；3.凝灰质板岩；4.砂岩；5.含砾砂岩；6.微晶灰岩/条带状微晶灰岩/结晶灰岩；7.硅质岩；8.构造角砾岩/糜棱岩；9.矿体

（4）结构构造：结构为粒状结构，局部有角砾状、蜂窝状、葡萄状及网格状结构；构造有块状构造，少量条带状构造。

4. 蚀变特征

围岩蚀变类型主要有硅化、高岭土化、碳酸盐化、褐铁矿化、萤石化、黄铁矿化、绢云母化及大理岩化等。

5. 成矿阶段

根据矿体特征、矿石组分、结构构造特征,将矿化划分为2个成矿期。

(1)岩浆热液期:燕山期中酸性岩浆侵入晚期,岩浆热液上侵,掺入大量循环水,低温岩浆气液中F^-离子与围岩中Ca^{2+}离子结合成CaF_2,沿构造裂隙薄弱处充填,形成萤石矿体,为主成矿期。

(2)表生期:氧化作用阶段生成主要矿物组合为褐铁矿、高岭土。

6. 成矿时代

根据矿体赋存的地层、矿体特征、区域构造运动等特征,推测其成矿时代为燕山期。

7. 岩石地球化学特征

矿石中微量元素含量与地壳克拉克值相当,尤其与维纳格拉多夫(1956)酸性岩更接近,仅亲Cu元素,As、Sb明显高于克拉克值,稀土元素Nb、La低于克拉克值。S、P、Fe_2O_3、SiO_2、$CaCO_3$是有害组分,其中S含量普遍较低,P、Fe_2O_3及$CaCO_3$含量也较低,SiO_2含量较高,变化较大,对冶金及化工用萤石的品级产生影响,但通过手选即可降低其含量,提高品级。

8. 矿床物质来源及成因类型

(1)成矿物质来源:据微量元素Q型聚类分析,萤石与灰岩之间距离函数较小,为0.317,与安山玢岩之间距离系数较大,为0.545,而与花岗岩及闪长岩之间的距离系数也较大,为0.396,由此推断组成萤石的Ca来源是石灰岩。但石英脉与花岗岩之间的距离系数小,为0.249,而萤石矿与石英脉又密切伴生,因此F的来源不排除与花岗岩有成因联系(图3-12-4)。

(2)成因类型:该矿床属热液充填交代型,主要依据有矿体呈透镜状,分支发育,其分支除顺层分布外,也有斜交岩层的;矿体与顶底围岩界线明显;矿体围岩蚀变强烈,尤其硅化强烈,此外还有绢云母化、大理岩化等;矿石结构多呈梳状、网脉状及细脉状。

9. 控矿因素

(1)地层控矿:矿床产于一拉溪组上段泥质板岩夹灰岩岩层之中,矿体的直接围岩是灰岩和泥质板岩,矿石中的脉石主要是泥质板岩和硅质岩。

(2)构造控矿:矿体产于层间破碎带,矿体最厚的地段是断裂(层间破碎)最发育的地段,表明控矿构造就是层间破碎带,而层间破碎带最发育的地段是不同岩性交接带以及岩层产状发生较大转折的部位。

10. 矿床形成及就位机制

燕山早期中酸性岩浆侵入,含氟岩浆热液在岩浆热液晚期沿深大断裂上侵,使围岩中矿物质活化,在岩浆热液和地表水环流作用下,岩浆热液温度下降,在层间张性破碎带沿裂隙薄弱处充填,含矿物质赋存于泥质岩与石灰岩交代处的层间破碎带构造中,构成良好的封闭空间,使含矿气水溶液不易散失,气液中成矿物质F^-离子与围岩中成矿物质Ca^{2+}离子得以充分作用,从而形成萤石矿体。

11. 成矿模式

永吉县金家屯萤石矿床成矿模式见图3-12-5。

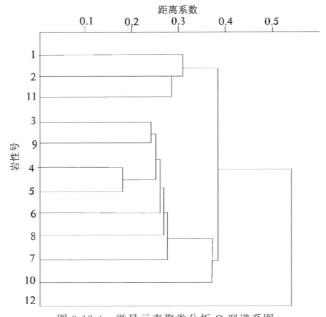

图 3-12-4　微量元素聚类分析 Q 型谱系图

1.萤石;2.石灰岩;3.石英脉;4.角砾岩;5.板岩;6.黄铁矿;7.闪长岩;8.硅质岩;9.花岗岩;10.安山岩;11.糜棱岩;12.闪长玢岩

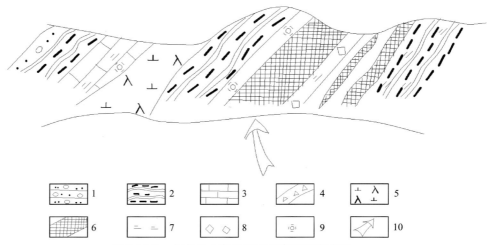

图 3-12-5　永吉县金家屯萤石矿床成矿模式图

1.含砾砂岩;2.泥质板岩;3.灰岩;4.构造角砾岩;5.闪长玢岩;6.萤石矿体;7.绢云母化;8.黄铁矿化;9.硅化;10.燕山期岩浆期后热液运移方向

12. 成矿要素

永吉县金家屯萤石矿床成矿要素见表 3-12-2。

表 3-12-2　永吉县金家屯萤石矿床成矿要素表

成矿要素		内容描述	类别
特征描述		矿床属热液充填交代型	
地质环境	岩石类型	一拉溪组上段石灰岩、泥质板岩、硅质岩石及燕山期闪长岩	必要
	成矿时代	燕山期	重要
	成矿环境	矿床赋存于上古生界上二叠统一拉溪组上段泥质板岩夹灰岩层位中，区内侵入岩为海西期闪长岩及脉岩，矿体主要产于层间破碎带内	必要
	构造背景	大地构造位置位于晚三叠世—新生代构造单元分区，东北叠加造山-裂谷系（Ⅰ）小兴安岭-张广才岭叠加岩浆弧（Ⅱ）张广才岭-哈达岭火山-盆地区（Ⅲ）南楼山-辽源火山-盆地群（Ⅳ）内，矿体产于层间破碎带最发育的地段是不同岩性交接带以及岩层产状发生较大转折的部位	重要
矿床特征	矿物组合	矿石矿物类型主要有萤石、石英、方解石、褐铁矿、高岭土	重要
	结构构造	结构为粒状结构，局部有角砾状、蜂窝状、葡萄状及网格状结构；构造有块状构造，少量条带状构造	次要
	蚀变特征	矿区内围岩蚀变类型主要有硅化、高岭土化、碳酸盐化、褐铁矿化、萤石化、黄铁矿化及绢云母化等。硅化主要分布于矿体及其两侧，两侧厚一般在 1m 左右，硅化发育地段生成一些石英细脉，岩石硬度增大，硅化蚀变与矿体紧密共生，其生成严格受构造控制。萤石化主要分布于矿体两侧围岩中，多呈细脉状，宽一般在 5m 左右，属热液交代近矿围岩蚀变	重要
	控矿条件	地层控矿：矿床产于一拉溪组上段泥质板岩夹灰岩岩层之中，矿石中的脉石主要是泥质板岩及硅质岩，因此认为石灰岩、泥质板岩及硅质岩石为控矿岩石；构造控矿：矿体产于层间破碎带，最厚的地段是断裂（层间破碎）最发育的地段，表明控矿构造就是层间破碎带，而层间破碎带最发育的地段是不同岩性交接带以及岩层产状发生较大转折的部位；控矿岩体：燕山期中酸性岩体提供热量与成矿物质	必要

二、火山热液型（九台市牛头山萤石矿床）

1. 地质构造环境及成矿条件

矿床位于晚三叠世—新生代东北叠加造山-裂谷系（Ⅰ）小兴安岭-张广才岭叠加岩浆弧（Ⅱ）张广才岭-哈达岭火山-盆地区（Ⅲ）大黑山条垒火山-盆地群（Ⅳ）内。

（1）地层：矿区出露地层为下白垩统营城子组，分别为上碎屑岩层、流纹岩层、角砾岩层、下碎屑岩层。岩性主要为流纹岩、花岗质碎屑岩，少量花岗质及凝灰质碎屑岩类和安山玢岩。岩层呈南北走向，倾向西，倾角由北向南逐渐变陡，即 30°～80°，见图 3-12-6。

（2）侵入岩：区内侵入岩主要为燕山期四楞山中—粗晶花岗岩，提供萤石矿成矿物质及热量，为控矿岩体。花岗霏细岩在矿区呈小的岩墙、岩楔体产出，呈南北向或北东向展布，陡倾斜穿入安山玢岩及下碎屑岩内，岩体边部有时有清晰的流动构造。矿物成分以正长石、石英为主，极少暗色矿物。岩石块状、微晶质，偶有少量正长石及石英斑晶，岩浆活动主要在中生代。

12. 成矿模式

九台市牛头山萤石矿床成矿模式见图3-12-7。

13. 成矿要素

九台市牛头山萤石矿床成矿要素见表3-12-3。

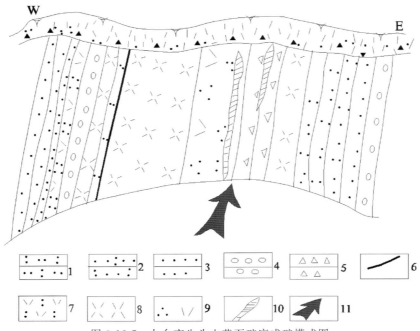

图 3-12-7　九台市牛头山萤石矿床成矿模式图

1.凝灰质粉砂岩；2.凝灰质砂岩；3.中粗粒砂岩；4.细砾岩；5.角砾岩；6.劣煤；7.流纹质凝灰岩；8.流纹岩；9.石英斑岩；10.萤石矿脉；11.白垩纪酸性火山岩浆期后热液注入方向（沿岩层裂隙及破碎带贯入）

表 3-12-3　九台市牛头山萤石矿床成矿要素表

成矿要素		内容描述	类别
特征描述		矿床属火山热液型	
地质环境	岩石类型	流纹岩、花岗质碎屑岩，燕山期四楞山中—粗晶花岗岩	必要
	成矿时代	燕山期	重要
	成矿环境	所属成矿区带为兰家-八台岭金-铁-铜-银成矿带（Ⅳ）八台岭-上河湾金-银-铜-铁找矿远景区（Ⅴ5-6）。矿床赋存于上古生界上二叠统一拉溪组上段泥质板岩夹灰岩层位中，区内侵入岩为海西期闪长岩及脉岩，矿体主要产于层间破碎带内	必要
	构造背景	大地构造位置位于吉林省晚三叠世—新生代构造单元分区，东北叠加造山-裂谷系（Ⅰ）小兴安岭-张广才岭叠加岩浆弧（Ⅱ）张广才岭-哈达岭火山-盆地区（Ⅲ）大黑山条垒火山-盆地群（Ⅳ）内。北东向的九台-其塔木断层北西向上河弯-桃山断层，既为容矿构造，亦为控矿构造	重要

续表 3-12-3

成矿要素		内容描述	类别
特征描述		矿床属火山热液型	
矿床特征	矿物组合	燧石、萤石、石英、高岭石、叶蜡石、方解石、黄铁矿组合	重要
	结构构造	结构为多半自形结构、晶粒结构；构造有块状构造，少量条带状构造	次要
	蚀变特征	矿区内围岩蚀变类型主要有硅化、高岭土化、萤石化、黄铁矿化等	重要
	控矿条件	①构造控矿：受大断层运动产生的次一级南北向破裂，既为容矿构造，亦为控矿构造，为直接找矿标志； ②侵入岩控矿：燕山期四楞山花岗霏细岩提供成矿物质及热源，为控矿岩体； ③下白垩统营城子组提供成矿物质，为控矿、赋矿地层，流纹岩、花岗质碎屑岩为主要围岩	必要

第十三节　磷矿典型矿床研究

吉林省磷矿主要有2种成因类型，即沉积型、沉积变质型，本节主要选择了通化市水洞沉积型磷矿床1个典型矿床开展磷矿成矿特征研究。

1. 成矿地质条件

矿床位于前南华纪华北东部陆块（Ⅱ）龙岗-陈台沟-沂水古太古代陆核（Ⅲ）八道江坳陷盆地（Ⅳ）内。

1）地层

区域内广泛出露下寒武统水洞组（原报告为黑沟组）、碱厂组和馒头组，上—中震旦统含叠层石碳酸盐岩地层仅于矿区北部和西部边缘分布。

（1）水洞组：为一套含磷碎屑岩和含膏泥质碳酸盐岩建造。含磷碎屑岩在空间上严格受浑江凹陷和长白凹陷的控制，自通化水洞—浑江黑沟—平川一带呈北东向断续延伸约100km，厚7.97～28.34m。下部含磷粉砂岩厚4.03～5.82m，主要由紫红色细粒石英砂岩、石英粉砂岩、含磷粉砂岩、局部夹薄层含铁石英砂岩组成，含磷1%～3%，底部有0.01～0.1m含铁胶磷砾岩或胶磷砂砾岩；中部为含海绿石石英砂岩-磷块岩层，厚3.94～14.32m，主要由砾状磷块岩、碎屑状砂质磷块岩、含磷砂岩、磷质粉砂岩组成，底部有厚0.05～1.0m的胶磷砾岩或砾屑磷块岩，顶部有砾状磷块岩、生物介壳磷块岩，P_2O_5含量3%～10%，该层赋存有1～2层工业矿层，层位稳定，具特殊岩性岩相组合，厚度变化有一定规律。

（2）碱厂组：自下而上为砾岩段，岩性主要含燧石角砾状钙质砂岩、燧石岩，砾石成分主要为燧石、砂质灰岩、胶磷矿及条带灰岩，厚0.18～1.53m；燧石灰岩段局部含磷，厚4.38m；沥青灰岩段层位稳定，厚28.70m；条带状泥质白云岩段厚5.04m。

（3）馒头组：在矿区厚度大于80m。底部为紫红色—灰黄色砾岩，砾石成分为紫红色粉砂岩及条带灰岩，厚0.5～2.36m；上部为紫红色钙质粉砂岩、粉砂质白云岩、泥灰岩互层，其中食盐假晶较发育，厚度大于80m。

2）侵入岩

区域内侵入岩浆活动较弱，仅有石英斑岩及少量闪长玢岩沿北东向破碎带侵入，主要分布于Ⅰ矿段北西边缘、Ⅱ矿段中心，呈侵入接触，时代推测为燕山期。在脉岩与震旦系碳酸盐岩或与寒武系含磷地层接触带及其附近仅有弱硅化、碳酸盐化,偶见星点状黄铁矿。

3) 构造

矿区位于浑江坳陷南西端,构造较为复杂。

(1) 褶皱构造:矿区总体为一轴向北东、较开阔的平缓向斜构造,碱厂组、馒头组组成向斜核部,水洞组含磷地层与震旦系为向斜的两翼。北西翼倾向110°~120°,倾角10°~25°,南东翼倾向300°,倾角8°~18°。向斜两翼常具有明显波状起伏特点,并有次一级西北天-姜家沟与西葫芦沟-灰窑短轴背斜。由于后期构造影响,向斜北东端翘起,馒头组、碱厂组及水洞组部分含磷地层处于剥蚀状态,呈零星分布。

(2) 断裂构造:北东—北北东向逆断层,具有倾角陡、沿倾向上有波动特点,一般走向30°~45°,倾角60°~89°,常使震旦系逆冲于水洞组含磷地层之上,或造成含磷地层及矿层重复,并产生水平、垂直方向位移,断距5~40m;北西向断层具有平移性质,常切割北东—北北东向逆断层,使含磷地层及矿层产生40~200m位移,造成矿层不连续;近南北向断层规模小,常切割上述两组断层。北东—北北东向逆断层和北西向断层将矿床分成Ⅰ、Ⅱ、Ⅲ矿段。

2. 矿体三度空间分布特征

矿床赋存于寒武系水洞组含磷碎屑岩中的海绿石石英砂岩-磷块岩层内,矿床总体为一向斜构造。矿体呈规则层状缓倾斜产出,厚度、品位变化有一定规律,矿石类型简单,埋藏较浅。由于后期构造剥蚀作用结果,形成大小不等、彼此独立的Ⅰ、Ⅱ、Ⅲ矿段。主要工业矿层多分布于向斜北西翼及Ⅰ、Ⅱ矿段次一级向斜两翼,轴部被剥蚀。矿层与顶底板粉砂岩、细粒石英砂岩多为渐变过渡关系,靠化学分析来确定。只有顶部有生物介壳含磷砾岩,底部有砾状磷块岩、胶磷砾岩存在时与围岩则有清晰的界线。

1) Ⅰ号矿段

该矿段构成矿床主体,占全区总储量的83.7%,是区内重要矿段。矿层多分布于向斜北西翼,近轴部或南东翼矿层往往变薄、变贫以至尖灭,走向延伸达2000m,倾向延深1200~1800m。区内F_{102}、F_{302}断层将矿段切割成3部分。

1号矿体:是矿段中规模较小的矿体,与上部2号矿体以0.8~3.14m的紫红色细砂岩或含海绿石长石石英砂岩相隔,含磷2%~2.5%。矿体底板为细砂岩、石英粉砂岩,其间为渐变关系。矿体储量仅占矿段总储量的18%,具有埋藏浅、出露标高较高、便于露天开采的特点,见图3-13-1。矿体位于西北天-姜家沟小背斜北西翼,整体倾向北西,局部倾向南东,倾角在10°左右,最大倾角为26°。矿体沿走向、倾向上具有波状起现象。

矿体主要由砂质磷块岩、含砾砂质磷块岩组成。以边界品位(P_2O_5)为3%圈定矿体,走向延长920m,倾向延深600m。矿体最大厚度11.90m,最小厚度0.70m,平均厚度4.33m。矿体最高品位5.61%,最低品位4.00%,平均品位4.41%。以边界品位5%圈定,矿体走向长380m,倾向延深370m。矿体最大厚度2m,最小厚度1.6m,平均厚度1.73m;矿体最高品位9.31%,最低品位5.1%,平均品位6.63%。

2号矿体:赋存于1矿体之上与之平行产出,分布范围与1号矿体基本一致。矿体与顶板紫色粉砂岩界线清晰,底板为含磷细砂岩与之为渐变关系,见图3-13-1。矿体主要由黑色砂质磷块岩及生物介壳砾状磷块岩、含砾砂质磷块岩组成,呈北东-南西向分布,产状与1号矿体相同。以边界品位3%圈定矿体,走向延伸910m,倾向延深600m。矿体最大厚度3.22m,最小厚度1.19m,平均厚度2.06m;矿体最高品位13.75%,最低品位5.90%,平均品位8.71%。以边界品位5%圈定,矿体走向长度910m,倾向延深600m。矿体最大厚度2.4m,最小厚度0.84m,平均厚度1.72m;矿体最高品位21.25%,最低品位7.1%,平均品位10.67%。

3号主矿体:分布于F_{102}断层以东、F_{305}断层以南地段,在层位上与上述1号、2号矿体相当,应同属一个地质矿体。该矿体为Ⅰ矿段中最大的矿体,储量占矿段储量的73%。矿体埋藏较深,呈现平缓向斜,沿走向、倾向上具有微波状起伏现象。

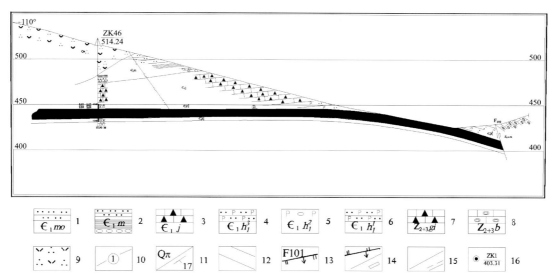

图 3-13-1 通化市水洞磷矿床勘探线剖面图

1.猪肝色粉砂岩灰岩;2.砖红色粉砂岩页岩底部砾岩;3.沥青质灰岩;4.紫红色薄层状含磷砂岩;5.灰绿色—紫红色磷块岩矿体;6.紫红色薄层状含磷粉砂岩;7.沥青质灰岩;8.藻灰岩;9.石英斑岩;10.矿体及编号;11.石英斑岩/地层产状;12.单项工程平均品位<4%的矿体;13.正断层及编号;14.逆断层/性质不明的断层;15.推测断层/平行不整合界线;16.钻孔/孔号/标高(m)

矿体主要由砂质磷块岩、含磷砂岩组成。矿体底部有薄层紫红色砾状磷蓼岩,顶部有薄层生物介壳磷砾岩,而这些砾状磷块岩,仅在矿体浅部有分布,而在相应深部则变为含磷砂岩或含砾砂质磷块岩,矿体中夹石多为含磷砂岩、海绿石石英砂岩在空间呈断续分布,厚度多在 0.6~2m 之间,含磷为 1.25%~3%。

以边界品位 3% 圈定矿体,走向延伸长达 1330m,倾向延深 1200m。矿体最大厚度 8.69m(ZK5),最小厚度 0.70m,平均厚度 4.40m;矿体最高品位 4.83%,最低品位 4%,平均品位 4.46%。以边界品位 5% 圈定矿体,仅局限分布于,矿体厚度 0.66~3.56m,有一定变化,品位 5.22%~7.47%。

2)Ⅱ号矿段

该矿段位于向斜北东端,处于五台山一带。矿段有一个工业矿层,层位稳定,矿体顶为碱厂组底部燧石砂岩或粉砂岩界线清晰,底板为紫色粉砂岩,呈渐变关系。矿体属于向斜北西翼一部分,夹石较少,倾向南东,倾角多在 5°~10° 之间。局部波状起伏。

矿体主要由砂质磷块岩、含砾砂质磷块岩、生物介壳磷砾岩、砾状磷块岩组成。以边界品位 3% 圈定矿体,走向延伸 1000m,倾向 550m,呈北北东向分布,矿体最大厚度 9.21m,最小厚度 1.06m,平均厚度 4.90m,品位最高 6.4%,最低 4%,平均品位 4.51%。以边界品位 5% 圈定矿体,走向长 500m,倾向延深 400m,最大厚度 4.90~9.21m,最小厚度 0.7m,平均厚度 2.06m;最高品位 9.77%,最低品位 5.48%,平均品位 6.59%。

3)Ⅲ号矿段

该矿段位于向斜构造南东翼梯子沟一带,含磷岩段厚度薄,一般为 2~6m,层序不全。矿体倾向北西,倾角 8°~27°,矿体主要由砂质磷块岩、含砾砂质磷块岩组成,其间夹石为含磷砂岩与之为渐变关系。以边界品位 3% 圈定矿体,走向长 220m,倾向延深仅 150m,呈北北东—南南西向分布。矿体厚度 3.14m,品位 4.79%,其中包括品位 5.67%,厚度 1.49m 的较富矿石。矿体规模虽小,但便于露天开采。

3.矿石物质成分

(1)矿石物质组分:有用矿物主要为胶磷矿。脉石矿物主要为石英,少量的钾长石、海绿石、赤铁矿,并有极少量的电气石、金红石等碎屑。胶磷矿含量不均匀,少者 1%～6%,多者 25%～40%,一般在 10%～12%之间。根据矿石的多项化学分析,有用组分为 P_2O_5,有害组分为 SiO_2、Al_2O_3、CaO、Fe_2O_3 等。SiO_2 含量 40%～82%,变化较大,与含量有负相关关系。

(2)矿石结构构造:矿石结构主要有砾状或砂状结构、生物碎屑-砂砾状结构;矿石构造主要为块状构造。

4. 矿石类型

矿石类型主要有砾状磷块岩、砂质磷块岩、含磷砂岩 3 种。

5. 成矿期次

根据矿体的空间赋存形态、矿石矿物的结构构造划分为两个成矿期。
(1)沉积成矿期:沉积一套富含生物介壳类生物碎屑的碎屑岩,形成了以胶磷矿为主的低品位磷矿。
(2)表生氧化成矿期:在地表风化条件下形成次生含磷矿物,局部次生富集。

6. 成矿时代

根据矿体赋存层位,成矿期为寒武纪。

7. 成矿物质来源

根据矿体特征和控矿的因素分析,成矿物质主要来源于古陆风化剥蚀和海相化学沉积。古陆两侧富含磷的基性建造岩石风化剥蚀后,磷被水系带入海盆,一部分被生物吸收,以生物碎屑形式形成富含磷的沉积,一部分形成化学沉积;另一部分磷可能来源于海水。

8. 控矿因素及找矿标志

1) 控矿因素
(1)地层控矿:矿床均赋存在寒武系水洞组含磷碎屑岩中,目前发现的所有沉积型的磷矿床(点)、矿化点均受此层位控制。
(2)构造控矿:后期的褶皱构造只改变矿体的形态,后期的断裂构造对矿体起到破坏作用。
2) 找矿标志
(1)大地构造标志:胶辽吉古元古代裂谷带八道江坳陷盆地。
(2)地层标志:寒武系水洞组出露区。
(3)构造标志:八道江坳陷盆地内轴向北东较开阔的平缓向斜构造两翼。

9. 矿床形成及就位机制

在寒武纪早期八道江坳陷盆地继承了新元古代沉积盆地,接受浅海相及滨海相沉积。在水洞期炎热干旱的沉积环境下,古陆富含磷的基性建造岩石风化剥蚀后,磷被水系带入海盆,一部分被生物吸收;另一部分形成化学沉积,在潮间坪环境下沉积一套富含生物介壳类生物碎屑的碎屑岩,形成了以胶磷矿为主的低品位磷矿。后期的褶皱构造只改变矿体的形态,后期的断裂构造对矿体起到破坏作用。

10. 成矿模式

通化市水洞磷矿床成矿模式见图 3-13-3、见表 3-13-1。

11. 成矿要素

通化市水洞磷矿床成矿要素见表 3-13-2。

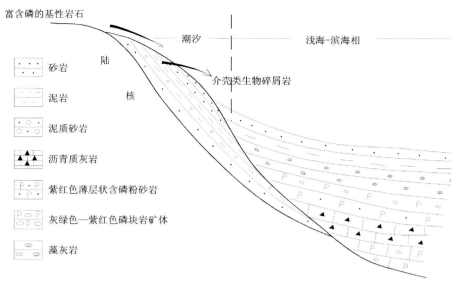

图 3-13-3　通化市水洞磷矿床成矿模式图

表 3-13-1　通化市水洞磷矿床成矿模式表

名称						
概况	X	1260500—1261020	Y	414545—414710	地理位置	通化市鸭园镇
	主矿种	磷	储量	1 204 000t	品位	10.67%
成矿的地质构造环境	矿床位于南华纪华北陆块（Ⅰ）华北东部陆块（Ⅱ）龙岗-陈台沟-沂水古太古代陆核（Ⅲ）八道江坳陷盆地（Ⅳ）内					
各类及主要控矿因素	大地构造背景控矿：位于寒武纪沉积型磷矿产出的大地构造环境为南华纪华北陆块（Ⅰ）华北东部陆块（Ⅱ）胶辽吉古元古代裂谷带（Ⅲ）八道江坳陷盆地（Ⅳ）内； 地层控矿：吉林省发现的所有沉积型的磷矿均赋存在寒武系水洞组的紫红色含砾粉砂岩、紫红—黄绿色中薄层状胶磷砾岩、灰紫色—黄绿色中层状粉砂质细砂岩、灰色中厚层状砂质磷块岩与黄绿色薄层状砂质磷块岩互层、灰绿色中厚层状含海绿石砂质磷块岩、灰绿色胶磷砾岩、暗灰色含磷含砾砂岩等层位中，区域上所有沉积型磷矿床（点）、矿化点均受此层位控制； 构造控矿：后期的褶皱构造只改变矿体的形态，后期的断裂构造对矿体起到破坏作用					
矿床的三度空间分布特征	产状	矿床总体为一向斜构造，呈规则层状，缓倾斜产出有一定规律，矿体倾向北西，局部倾向南东，倾角在10°左右，最大倾角26°，沿走向、倾向上具有波状起伏现象				
	形态	矿体呈规则层状缓倾斜产出				
矿床的物质组成	矿石类型	砾状磷块岩、砂质磷块岩、含磷砂岩				
	矿物组合	矿石有用矿物主要为胶磷矿；脉石矿物主要为石英，少量的钾长石、海绿石、赤铁矿，并有极少量的电气石、金红石等碎屑				
	结构构造	结构主要有砾状或砂状结构、生物碎屑-砂砾状结构；矿石构造主要为块状构造				
	主元素含量	10.67%				
成矿期次	沉积成矿期：沉积一套富含生物介壳类生物碎屑的碎屑岩，形成了以胶磷矿为主的低品位磷矿； 表生氧化成矿期：在地表风化条件下形成次生含磷矿物，局部次生富集					

续表 3-13-1

名称	通化市水洞磷矿床
成矿时代	寒武纪
矿床成因	在寒武纪早期八道江坳陷盆地继承了新元古代沉积盆地,接受浅海相及滨海相沉积,来源于古陆两侧富含磷的基性建造岩石风化剥蚀后的磷被水系带入海盆和海洋,一部分被生物吸收,在水洞期炎热干旱的沉积环境下,生物死后生物介壳以生物碎屑形式在潮间坪环境下沉积一套富含磷的生物碎屑岩化学物质,形成了以胶磷矿为主的低品位磷矿,矿床类型为沉积型

表 3-13-2 通化市水洞磷矿床成矿要素

成矿要素		内容描述	类别
特征描述		矿床的成因属沉积型矿床	
地质环境	岩石类型	紫红色细粒石英砂岩、石英粉砂岩、含磷粉砂岩、局部夹薄层含铁石英砂岩、含海绿石石英砂岩-磷块岩	必要
	成矿时代	寒武纪	必要
	成矿环境	寒武系水洞组为含矿建造,矿体受北东—北北东向断裂控制	必要
	构造背景	矿床位于南华纪华北陆块(Ⅰ)华北东部陆块(Ⅱ)龙岗-陈台沟-沂水古太古代陆核(Ⅲ)八道江坳陷盆地(Ⅳ)内,八道江坳陷盆地内轴向北东较开阔的平缓向斜构造的两翼	重要
矿床特征	矿物组合	矿石有用矿物主要为胶磷矿;脉石矿物主要为石英,少量的钾长石、海绿石、赤铁矿,并有极少量的电气石、金红石等碎屑	重要
	结构构造	矿石结构主要有砾状或砂状结构、生物碎屑-砂砾状结构;矿石构造主要为块状构造	次要
	蚀变特征	无	重要
	控矿条件	大地构造背景控矿:寒武纪沉积型磷矿产出的大地构造环境为南华纪华北陆块(Ⅰ)华北东部陆块(Ⅱ)龙岗-陈台沟-沂水古太古代陆核(Ⅲ)八道江坳陷盆地(Ⅳ); 地层控矿:吉林省发现的所有沉积型的磷矿均赋存在寒武系水洞组的紫红色含砾粉砂岩、紫色—黄绿色中薄层状胶磷砾岩、灰紫色—黄绿色中层状粉砂质细砂岩、灰色中厚层状砂质磷块岩与黄绿色薄层状砂质磷块岩互层、灰绿色中厚层状含海绿石砂质磷块岩、灰绿色胶磷砾岩、暗灰色含磷含砾砂岩等层位中,区域上所有沉积型磷矿床(点)、矿化点均受此层位控制; 构造控矿:后期的褶皱构造只改变矿体的形态,后期的断裂构造对矿体起破坏作用	必要

第十四节 硫铁矿典型矿床研究

吉林省硫矿主要有 4 种成因类型,即海相火山岩型、湖相沉积型、矽卡岩型、海相沉积变质型,本节主要选择了 4 个典型矿床开展硫铁矿成矿特征研究(表 3-14-1)。

表 3-14-1 吉林省硫铁矿典型矿床一览表

矿床成因型	矿床式	典型矿床名称	成矿时代
海相火山岩型	放牛沟式	伊通县放牛沟多金属矿床	晚古生代
湖相沉积型	西台子式	桦甸市西台子硫铁矿床	新生代
矽卡岩型	头道沟式	永吉县头道沟硫铁矿床	中生代
海相沉积变质型	狼山式	临江市荒沟山硫铁矿床	古元古代

一、海相火山岩型（伊通县放牛沟多金属矿床）

矿床特征详见第四节伊通县放牛沟多金属矿床特征。

二、湖相沉积型（桦甸市西台子硫铁矿床）

1. 地质构造环境及成矿条件

矿床位于晚三叠世—新生代东北叠加造山-裂谷系（Ⅰ）小兴安岭-张广才岭叠加岩浆弧（Ⅱ）张广才岭-哈达岭火山-盆地区（Ⅲ）南楼山-辽源火山-盆地群（Ⅳ）辉发河断裂以北内。

1）地层

区内出露的地层主要为晚古生代下二叠统范家屯组和古近系渐新统桦甸组，零星出露有侏罗系小岭组。古近系渐新统桦甸组为硫铁矿的赋矿层位，见图 3-14-1。

（1）下二叠统范家屯组：主要为浅变质中酸性火山岩-碳酸盐岩-碎屑岩建造，厚约 4650m，中部上为黑灰色薄层状片岩、千枚岩夹灰白色变质砂岩，下为安山玢岩、流纹斑岩及少量凝灰岩；下部为灰白色大理岩、变质砂岩及薄层状板岩。岩石受不同变质作用影响，具糜棱岩化、碳酸盐化、局部绿泥石化、绿帘石化、硅化及火山玻璃重结晶。

（2）古近系渐新统桦甸组：属沼泽湖泊相碎屑岩沉积建造，主要由灰白色、灰色、灰绿色含砾粗砂岩、中细粒砂岩、细砂岩、粉砂质泥岩夹油页岩及褐煤组成，含有工业价值的煤、油页岩和硫铁矿。岩性可分为 3 段：上部含煤段以沼泽相沉积为主，为砂岩、页岩互层夹煤层；中部油页岩段为湖泊相沉积，为页岩、砂岩、黏土岩互层夹油页岩；下部含硫铁矿段为河流-湖泊相沉积，为砂砾岩、砂岩、页岩、碳质页岩和黏土岩互层，夹薄层石膏和硫铁矿。下部进一步划分为 5 个岩性段：①砂砾岩段，由砂岩—砂砾岩—砂岩—黏土这样两个沉积旋回组成，层位比较稳定，但厚度和岩性变化很大；②含硫铁矿岩段，灰色—灰绿色黏土夹硫铁矿层，在矿体下盘 0.5～3m 处有一层厚 5～20cm 的褐煤，局部夹有 2～3 层厚 0.6～4.8m 棕红色黏土及透镜状中粗砂岩；③棕红色黏土段，为棕红色—紫灰色黏土，上部夹杂色黏土、砂岩，下部夹有数层石膏薄层，石膏层厚 0.1～2cm；④灰黑色黏土段，由灰色黏土、砂岩、灰黑色黏土组成；⑤灰色黏土夹砂岩段，由灰色黏土夹 5～8 层粉砂岩及 2～3 层棕色黏土组成。

2）侵入岩

区内岩浆活动频繁，形成的侵入体均呈大小不等的岩株状产出，除少量的燕山期花岗岩外，主要为海西期花岗岩。

（1）海西期花岗岩：呈肉红色—灰黑色，中粗粒结构。内部相由斜长花岗岩、花岗闪长岩及似斑状黑

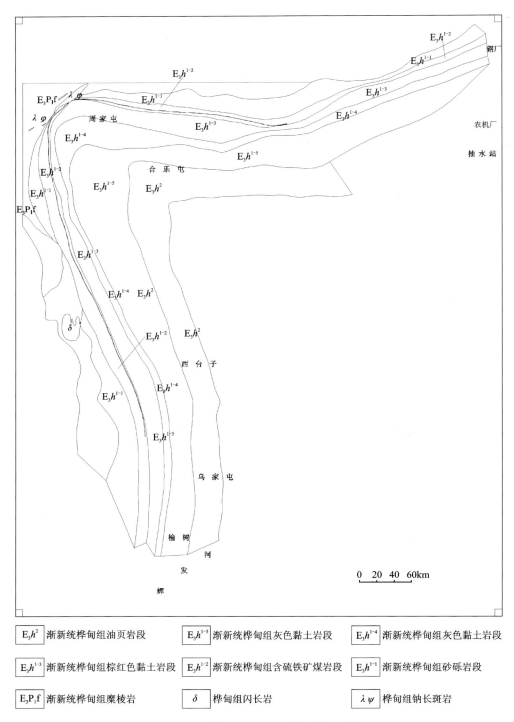

E_3h^2 渐新统桦甸组油页岩段	E_3h^{1-5} 渐新统桦甸组灰色黏土岩段	E_3h^{1-4} 渐新统桦甸组灰色黏土岩段
E_3h^{1-3} 渐新统桦甸组棕红色黏土岩段	E_3h^{1-2} 渐新统桦甸组含硫铁矿煤岩段	E_3h^{1-1} 渐新统桦甸组砂砾岩段
E_3P_1f 渐新统桦甸组糜棱岩	δ 桦甸组闪长岩	$\lambda\psi$ 桦甸组钠长斑岩

图 3-14-1 桦甸市西台子硫铁矿床地质图

云母花岗岩组成，边缘相由于受同化混染作用，通常为花岗斑岩、角闪花岗岩或细粒黑云母花岗岩及闪长岩。

（2）燕山期花岗岩：岩石以灰白色为主，主要为中粒黑云母花岗岩、白岗质花岗岩，边部分布有细粒花岗岩及花岗闪长岩。

矿区内脉岩不发育，主要见有钠长斑岩和辉绿玢岩。岩石内次生石英细脉分布广泛，具高岭土化，局部有硅化、黄铁矿化及绢云母化。

3）构造

区域内以褶皱为主,伴随着断裂构造。

（1）褶皱:矿区位于桦甸地堑向斜西北边缘,为区域桦甸-辉南地堑向斜东北边缘北翼一部分,呈北东-南西向延伸。矿区内主要为周家屯-仁义屯轴部走向为北西、倾向南东的倾没向斜构造,两翼出露地层均属古近系桦甸组,在褶皱的底部不整合覆盖在二叠系范家屯组之上。褶皱西翼至榆树屯长约4.5km,走向南东于高家沟转至为南西,倾向北东至南东,倾角10°～40°;东翼至杨家屯长约4km,走向南东,倾向南西,倾角15°～35°。

（2）断裂:区域辉发河断裂呈北东-南西分布,断裂西北侧为海西期花岗闪长岩及二叠纪地层,东南侧主要为侏罗纪地层。两侧岩石因受断裂活动影响破碎、变质强烈,并伴生褶曲及断裂。矿区位于辉发河断裂的北西侧,断裂构造较发育,主要有合乐屯断层和杨树屯断层。合乐屯断层长900m,走向80°,断层面倾向南东,倾角30°～50°。该断层使棕红色黏土岩段与含硫铁矿岩段下部的灰色黏土直接接触,造成矿体及部分灰色黏土缺失,为正断层。杨树屯断层长1700m,走向60°～80°,断层面呈波状弯曲,倾向南东,倾角30°～40°。该断层使棕红色黏土岩段与凝灰岩接触,造成含硫铁矿岩段和砂砾岩段缺失,为正断层。

2. 矿体三度空间分布特征

（1）矿体的空间分布:矿区位于北东-南西向桦甸地堑向斜西北边缘。矿体严格受周家屯-仁义屯长约4.5km倾没向斜构造控制,赋存在褶皱构造两翼的古近系桦甸组下部含硫铁矿岩段,规模较大,在含矿层内呈层状连续分布,矿体主要赋存在50～300m标高范围内。

2）矿体特征:矿体产于桦甸组下部含硫铁矿岩段,长在5000m左右,呈层状,厚度自数十厘米至1m,沿倾斜延深173～650m。矿体走向338°～98°,倾角一般均缓,两侧较陡,上段倾角20°～45°,下段15°～30°,中部平缓5°～15°。矿体分布较为规律,连续稳定,但在局部变化较大,有尖灭再现现象,下部及两侧均是逐渐相变至褐煤或碳质页岩。矿石由黄铁矿、白铁矿与褐煤及碳质岩等组成,有结核状及散染状两种类型,结核状矿石含硫35%以上,散染状矿石含硫5%。

（3）矿体剥蚀程度:从矿床典型剖面研究,剥蚀程度较浅,矿体的剥蚀深度在100m左右。

3. 矿床物质成分

（1）物质成分:主要有用成分为S、Fe,以黄铁矿、白铁矿形式存在。黄铁矿与白铁矿呈同心圆状,且相间成层,这是胶体沉淀的特征,并且是同时沉淀的。矿床伴生的稀散元素主要有Be、B、P、Ga、Ge等。

（2）矿石类型:矿石类型以硫铁矿石为主。

（3）矿物组合:矿石矿物以黄铁矿、白铁矿为主;脉石矿物有煤、褐煤、绿帘石、方解石、石英、绿泥石、碳质页岩等。

（4）矿石结构构造:矿石结构主要有胶状结构、偏胶状结构、花岗变晶结构,以偏胶状结构为最主要,胶状结构及花岗变晶结构较少见;矿石构造主要为结核状构造,常见有罂粟状构造、冰雹状构造、豌豆状构造、胡桃状构造、饼状构造和盾板状构造,次为浸染状构造。

4. 蚀变类型

蚀变类型主要有硅化、绿泥石化、绿帘石化、绢云母化、高岭土化、黄铁矿化等。

5. 成矿时代

矿体赋存在古近系桦甸组下部含硫铁矿岩段,连续分布,严格受地层层位控制,反映其成矿与成岩是在一个沉积环境中形成的,在时间上一致。成矿时代应为燕山晚期。

6. 控矿因素及找矿标志

(1) 控矿因素：地层与岩相条件对矿床生成非常重要，而水的深度有利于陆生植物生长，水体的阔度又允许大量碎屑物的堆积，并且有着强烈的还原作用环境，说明沉积环境对矿床形成来说具有着重大意义。在上述的沉积环境下，当盆地发展到晚期，在下降作用不剧烈和稳定水体存在较久的条件下，矿体有着生长和广泛发育的条件。

(2) 找矿标志：区域上沿深大断裂发育的中生代—新生代地堑盆地是成矿的有利空间；新生代湖泊相沉积的含煤岩系是主要的找矿标志。

7. 矿床形成及就位机制

西台子硫铁矿床是在还原介质中生成的，尤其盆地煤层中含有很多的有机质，易促成硫酸盐的还原作用。由于动植物腐败聚积了大量的硫化铁凝胶，然后逐渐堆积成结核状的黄铁矿与白铁矿，它们往往在原生成岩作用的同时阶段中生成，所见到结核在构造上特点是不切穿层理，层理在近结核处随结核的形状而成弯曲。矿石的组成成分、结构构造、围岩特征以及围岩内化石种类表明，矿床是在沉积分异作用变化较大，而又是强烈还原环境下封闭或半封闭的水盆地内堆积形成的，矿床为产于煤系页岩或黏土中的沉积硫铁矿床。

8. 成矿模式

桦甸市西台子硫铁矿床成矿模式见图3-14-2、表3-14-2。

9. 成矿要素

桦甸市西台子硫铁矿床成矿要素见表3-14-3。

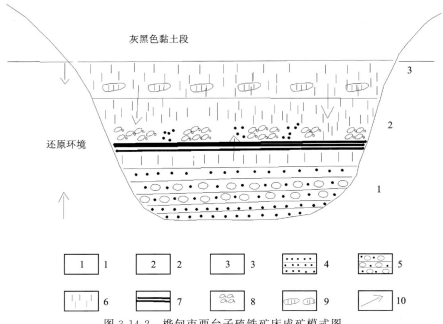

图3-14-2　桦甸市西台子硫铁矿床成矿模式图

1.渐新统桦甸组砂砾岩段；2.渐新统桦甸组含硫铁矿段；3.渐新统桦甸组棕红色黏土段；
4.中细粒砂岩；5.砂砾岩；6.黏土；7.富煤；8.硫铁矿；9.石膏；10.硫化铁凝胶迁移堆积方向

表 3-14-2　桦甸市西台子硫铁矿床成矿模式表

名称	西台子式湖相沉积型硫铁矿床	
成矿的地质构造环境	矿床位于东北叠加造山-裂谷系（Ⅰ）小兴安岭-张广才岭叠加岩浆弧（Ⅱ）张广才岭-哈达岭火山-盆地区（Ⅲ）南楼山-辽源火山-盆地群（Ⅳ）内	
各类及主要控矿因素	地层控矿：矿体主要赋存于渐新统桦甸组碎屑岩含煤和油页岩沉积建造的下部含硫铁矿岩段；构造控矿：沿深大断裂发育的中生代—新生代地堑盆地是成矿的有利空间，矿床受向斜褶皱构造控制，矿体严格受含矿层位控制	
矿床的三度空间分布特征	产状	矿床位于北东-南西向桦甸地堑向斜西北边缘，受周家屯-仁义屯倾没向斜构造控制；矿体赋存在褶皱构造两翼的桦甸组下部含硫铁矿岩段，主要赋存在 50～300m 标高范围内，矿体长在 5000m 左右，倾斜延深 173～650m，走向 338°～98°，倾角较缓
	形态	矿体呈层状
成矿期次	成矿早期：即沉积成矿期，由于动植物腐败聚积了大量的硫化铁凝胶，然后逐渐堆积成结核状的黄铁矿与白铁矿；主成矿期：重结晶成矿期，当盆地发展到晚期，在稳定水体存在较久的条件下，矿体广泛生长、发育和富集；表生期：主要是形成褐铁矿	
成矿时代	燕山晚期	
矿床成因	湖相沉积型	
成矿机制	沉积盆地发展初期，水的深度有利于陆生植物生长，水体的阔度又允许大量碎屑物的堆积，并且有着强烈的还原作用环境。由于动植物腐败盆地煤层中含有很多的有机质，易促成硫酸盐的还原作用，聚积了大量的硫化铁凝胶，在沉积分异作用下，逐渐堆积成结核状的黄铁矿与白铁矿，它们往往在原生成岩作用的同阶段中生成。在上述的沉积环境下，当盆地发展到晚期，在下降作用不剧烈和稳定水体存在较久的条件下，矿体有生长和广泛发育的条件，结核状的黄铁矿发生重结晶，富集形成矿体	
找矿标志	大地构造标志：张广才岭-哈达岭火山-盆地区南楼山-辽源火山-盆地群；地层标志：渐新统桦甸组碎屑岩含煤和油页岩沉积建造的下部含硫铁矿岩段；构造标志：中生代—新生代地堑盆	

表 3-14-3　桦甸市西台子硫铁矿床成矿要素表

成矿要素		内容描述	成矿要素类别
特征描述		矿床属湖相沉积成因类型	
地质环境	岩石类型	粉砂质泥岩、页岩、碳质页岩、黏土岩夹油页岩、褐煤、薄层石膏	必要
	成矿时代	成矿时代为燕山晚期	必要
	成矿环境	矿床位于北东-南西向桦甸地堑向斜西北边缘，受周家屯-仁义屯倾没向斜构造控制，矿体赋存在褶皱构造两翼的桦甸组下部含硫铁矿岩段	必要
	构造背景	矿床位于东北叠加造山-裂谷系（Ⅰ）小兴安岭-张广才岭叠加岩浆弧（Ⅱ）张广才岭-哈达岭火山-盆地区（Ⅲ）南楼山-辽源火山-盆地群（Ⅳ）内	重要

续表 3-14-3

成矿要素		内容描述	成矿要素类别
特征描述		矿床属湖相沉积成因类型	
矿床特征	矿物组合	矿石矿物以黄铁矿、白铁矿为主；脉石矿物有煤、褐煤、绿帘石、方解石、石英、绿泥石、碳质页岩等	重要
	结构构造	矿石结构：主要有胶状结构、偏胶状结构、花岗变晶结构，以偏胶状为最主要结构，胶状结构及花岗变晶结构较少见；矿石构造：主要为结核状构造，常见有罂粟状构造、冰雹状构造、豌豆状构造、胡桃状构造、饼状构造和盾板状构造，次为浸染状构造	次要
	蚀变特征	主要有硅化、绿泥石化、绿帘石化、绢云母化、高岭土化、黄铁矿化等	重要
	控矿条件	沿深大断裂发育的中生代—新生代地堑盆地是成矿的有利空间，地层与岩相条件对矿床生成非常重要，强还原环境下封闭或半封闭的水盆地内堆积形成的桦甸组沼泽湖泊相碎屑岩含煤和油页岩沉积建造为主要的含矿层位	必要

三、矽卡岩型（永吉县头道沟硫铁矿床）

1. 地质构造环境及成矿条件

矿床位于晚三叠世—新生代东北叠加造山-裂谷系（Ⅰ）小兴安岭-张广才岭叠加岩浆弧（Ⅱ）张广才岭-哈达岭火山-盆地区（Ⅲ）南楼山-辽源火山-盆地群（Ⅳ）内。

1) 地层

区域出露的地层主要有下古生界呼兰群头道沟组变质岩系、上古生界下二叠统范家屯组浅变质中酸性火山岩-碳酸盐岩-碎屑岩建造和中生界中—上侏罗统火山岩系。矿区内出露的地层主要为呼兰群头道沟组变质岩，是区内主要的赋矿层位，见图 3-14-3。

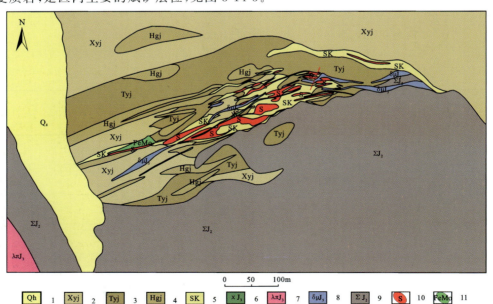

图 3-14-3 永吉县头道沟硫铁矿床地质图

1.第四系；2.斜长角闪岩；3.阳起角闪岩、透闪石岩、透闪阳起角岩；4.黑云母硅质角岩、硅质角岩、黑云母角岩、凝灰质碎屑岩；5.矽卡岩；6.煌斑岩；7.霏细斑岩；8.闪长玢岩；9.超基性岩；10.磁黄铁矿体；11.磁铁辉钼矿体

下古生界呼兰群头道沟组出露于三家子-头道沟、白石砬子-杨木顶子，呈北东向分布的两个条带，划分为3个岩段。

(1) 上段板岩段：仅在头道沟-三家子向斜轴部出露，其岩性由砂质板岩、千枚状板岩、碳质板岩组成，底部夹条带状大理岩或结晶灰岩透镜体，厚215m。

(2) 中段斜长角闪岩段：出露于头道沟-三家子向斜两翼及三道沟附近，厚775m，是矿区主要的赋矿层位。上部以角闪片岩为主，夹阳起片岩、绿泥阳起片岩、石英绿泥片岩，底部有斜长角闪岩及变质砂岩薄层。由于遭受区域变质和接触变质的双重作用，原来岩石改变了面貌，为一套变质岩石，岩石类型主要有斜长角闪（角）岩类，包括斜长角闪岩、斜长阳起角岩、黑云斜长阳起角岩、黑云角闪斜长角岩等；透闪-阳起角岩类包括透闪角岩、阳起角岩、透闪-阳起角岩、透辉角岩、透闪透辉角岩、黑云阳起角岩等；黑云母硅质角岩类包括黑云母硅质角岩、黑云母角岩、透闪硅质角岩、透辉硅质角岩、阳起硅质角岩、透闪阳起硅质角岩、硅质角岩等。中部以变质砂岩为主，夹砂质板岩、泥质板岩及角岩。下部为斜长角闪岩夹变质砂岩薄层。

(3) 下段粒岩段：出露于头道沟-三家子向斜北翼鸦鹊沟南山北西一带，出露面积不大，其底部被花岗岩吞蚀，厚度425m。上部以浅粒岩为主，夹斜长角闪岩；中部以灰绿色变粒岩为主，夹斜长角闪岩及绢云母阳起石岩、石英片岩；下部为灰白色细粒浅粒岩。

2) 侵入岩

区内岩浆活动频繁，相继有超基性岩浆活动，大规模酸性花岗岩浆侵入，主要为燕山晚期。花岗岩浆期后热液作用极为普遍，造成了有利的热液成矿条件。

(1) 超基性岩：超基性岩体的分布明显受口前-小城子断裂的次一级北东走向断裂控制，岩体多呈北东向带状或长条状分布。岩体较多，但规模不大，最大者为黑头山Ⅰ号岩体，面积 $3.6km^2$，一般为 $0.03\sim0.05km^2$。岩石类型较为简单，黑头山Ⅰ号超基性岩体岩石基性程度较高，为纯橄-辉橄岩相，其余岩体均为辉橄岩相。岩体蚀变很强，一般全蛇纹石化为蛇纹岩，岩体边部与围岩接触处有透闪石化、滑石化、阳起石化等。矿区南面出露Ⅰ号超基性岩体的侧枝，呈北东东向延伸，矿区内ZK62孔内超基性岩中见有铬铁矿。

(2) 花岗岩：在矿区内没有出露，主要大面积分布于矿区的东南部和西北部，岩体大致呈北东向延伸，其岩性以中—细粒黑云母花岗岩为主，在接触带上由于岩浆对围岩的同化混染作用，派生出闪长岩、正长岩、花岗闪长岩、斜长花岗岩等边缘相。花岗岩侵入于呼兰群头道沟组、中—上侏罗统和超基性岩体，所以花岗岩的时代晚于超基性岩。

(3) 脉岩：区内岩浆期后的各种脉岩较为发育，分布基本与北东向、北西向两组次一级断裂一致，侵入了不同时代的地层、超基性岩体及花岗岩体，主要有闪长岩、闪长玢岩、花岗斑岩、霏细斑岩、闪斜煌斑岩等。

闪长玢岩分布于矿区中部，侵入于呼兰群头道沟组斜长角闪岩段。由于遭受后期破坏和交代，沿走向、倾向呈断续分布，产状大体与地层产状一致，走向北东 $70°\sim80°$，倾向南东，倾角 $65°\sim70°$。岩石遭受不同程度的矽卡岩化和矿化（主要为磁黄铁矿化）作用，岩脉边界不清楚，形态不规则，脉体也不连续，为成矿前脉岩。

霏细斑岩分布于矿区西南边部，侵入于Ⅰ号超基性岩体中，走向北西，属酸性脉岩。

煌斑岩分布于矿区中部，多数为闪斜煌斑岩，岩石具弱阳起石化、黑云母化、透闪石化及绿帘石化等蚀变。煌斑岩脉切穿矿区所有地层、矽卡岩及矿体，为矿区最晚期的岩脉。

3) 构造

由于受多期构造运动活动影响，区内褶皱断裂构造发育。

(1) 褶皱构造：褶皱构造主要有头道沟-三家子向斜，向斜走向北东 $60°\sim70°$，两翼倾角较陡，北翼倾角 $60°\sim70°$，南翼倾角 $50°\sim60°$，轴面略向北西倾斜。向斜由头道沟组所组成，北翼出露地层为头道沟组下部粒岩段及中部斜长角闪岩段，南翼由于遭受超基性岩和花岗岩吞蚀残留一些斜长角闪岩段地层。

矿床位于头道沟-三家子向斜的北翼西段,由头道沟组斜长角闪岩段上部地层组成一单斜构造,走向北东70°~80°,倾向南东,倾角一般为60°~75°。

(2)断裂构造:区域性断裂主要为口前-小城子断裂,走向北东40°,在其两侧次一级北东、北西向断裂发育。矿区内断裂可分为成矿前和成矿期断裂及成矿后断裂。成矿前和成矿期断裂与区域构造线方向大体一致,为层间断裂,走向一般为60°,个别呈45°或70°,倾角60°~75°。此组断裂较发育,并具有继承性活动,断裂性质属压扭性断裂。成矿前有闪长玢岩脉充填,之后有超基性岩、中酸性脉岩侵入,沿此构造薄弱带有矽卡岩交代及矿液充填,形成矽卡岩带及矿体,此组断裂为矿区主要的控矿及容矿构造。成矿后断裂不发育,与区域断裂及地层走向相交,属张性断裂,大体可分为3组:一组为成矿前和成矿期断裂继承性活动断裂,充填了煌斑岩脉;一组为垂直地层和矿体走向的北西向断裂,其倾向北东,倾角75°~85°;另一组与地层走向斜交的走向北北东断裂。此组断裂虽然切穿矿体,但断距小,破坏性不大。

2. 矿体三度空间分布特征

1) 矿体的空间分布

区域上矿床产于口前-小城子断裂的次一级北东走向断裂内,矿床位于刘家屯燕山期闪长岩体北西700m处矽卡岩带内。从矿区来看,黑头山Ⅰ号超基性岩体呈岩枝超覆于下古生界呼兰群头道沟组之上,含矿带位于超基性岩枝向北的突出部位外接触带200m范围内,其中较大矿体则位于100m范围内。矿床由8条矿体组成,各矿体基本互相平行排列,在垂直方向上大致呈斜列式排列。矿床东西延长600m,宽50~100m,控制深度280~400m,矿体形态大致呈似脉状、扁豆状和透镜状。在纵向上,上部矿体形态复杂,分支多,品位较低;而下部矿体形态相对较完整,夹石少,品位较高。在横向上,矿床西段矿体形态简单,夹石少,品位较高;而东段矿体形态较复杂,分支多,品位较低。

2) 矿体特征

头道沟硫铁矿床由8条矿体组成(其中2号、3号、4号、7号、8号为隐伏矿体),矿体特征见表3-14-4。各矿体基本互相平行排列,在垂直方向上大致呈斜列式排列。矿体走向呈北东70°,东部(X线东)转为北东80°,倾向南东,倾角60°~75°,东部倾角稍缓。单个矿体长度50~480m,厚度3~14m,平均厚度7.76m,控制深度280~400m(平均300m)。矿体形态大致呈似脉状、扁豆状和透镜状,而局部形态很复杂,矿体及围岩的接触边界线有的呈渐变过渡,有的较规正平直,有的呈港湾状和不规则状。矿体在纵向和横向上均有膨胀、缩小、分支、复合现象,所以厚度变化很大,从几十厘米到20多米,最厚50.50m。矿体品位不均匀,S含量一般12%~22%,最高37.36%;Cu含量最高0.54%。在走向上,西部品位较高,向东逐渐降低;在倾向上,自上而下有由贫变富的趋势,矿体厚度大品位相应高,厚度小品位相应低。

矿床除硫铁矿外,在硫铁矿体边部或矿体之间还共生有磁铁矿和辉钼矿,并形成了单独的工业矿体,其中有25个辉钼矿体、18个磁铁矿体和14个磁铁辉钼矿体。这些矿体形态很复杂,多数呈小扁豆状、透镜状和囊状,少数呈似脉状和不规则状,零星分散产出于矽卡岩带中。辉钼矿体中Mo最高含量0.92%,磁铁矿体中TFe最高含量62.55%,磁铁辉钼矿体中Fe最高含量51.05%,Mo最高含量0.52%。

3. 矿床物质成分

(1)物质成分:矿床主要有用成分为S、Fe、Mo、Cu,主要以磁黄铁矿、黄铁矿、黄铜矿、磁铁矿、辉钼矿、褐铁矿等矿物形式存在。矿床伴生的重要组分为Cu以及Mo、Co、Mn、W等;伴生的微量元素主要有Pb、Zn、Ni、Sn、Zr、Ge、Bi等;另外还伴生为Ag、Au。

(2)矿石类型:矿石按其矿物成分和共生组合关系,可划分4种自然类型,分别为含铜磁黄铁矿矿石(主要矿石类型)、辉钼矿矿石、磁铁矿矿石、混合矿石(即磁黄铁辉钼矿矿石、磁黄铁磁铁矿矿石和磁铁辉钼矿矿石)。

(3)矿物组合:矿石矿物以磁黄铁矿、黄铁矿、黄铜矿、磁铁矿、辉钼矿为主,还有少量毒砂、钛铁矿、辉铜矿、锐铁矿、黑钨矿、白钨矿、闪锌矿、胶黄矿、硫钴矿、自然铅、自然铜和自然金等;脉石矿物有石英、绿帘石、角闪石(阳起石)、透辉石、绿泥石和少量的柘榴石、黑云母、方解石、斜长石等。

表 3-14-4 硫铁矿体特征表

矿体号	矿体规模/m			矿体产状/(°)			平均品位/%		矿体形态	矿石自然类型
	长度	厚度		延深	走向	倾向	倾角	S	Cu		
		变化范围	平均								
1	460	2.5~26	8.06	210	70~80	南东	50~70	17.42	0.15	似脉状	中等浸染状
2	450	3~41	12.91	280(盲矿)	70~90	南东—南	55~70	21.22	0.23	扁豆状	稠密浸染状
3	300	1~28	12.36	260(盲矿)	70	南东	50~70	20.43	0.18	扁豆状	稠密浸染状
4	150	8.65~10.4	9.47	70(盲矿)	70	南东	70	16.57	0.17	扁豆状	中等浸染状
5	200	3~7	4.44	370	60	南东	60	15.44	0.15	似脉状	稀疏浸染状
6	200	1~12	2.44	270	70	南东	70	14.13	0.10	似脉状	稀疏浸染状
7	50	4.71	4.71	30(盲矿)	70	南东	60	19.32	0.15	透镜状	中等浸染状
8	150	2.68~2.80	2.74	47(盲矿)	70	南东	60	17.53	0.18	透镜状	中等浸染状

(4)矿石结构构造:矿石结构主要有自形—半自形粒状结构、他形粒状结构,其次为包含结构、共边结构等;矿石构造主要为浸染状构造,包括稀疏浸染状构造、中等浸染状构造、稠密浸染状构造,其次为致密块状构造,少见有条带状、细脉状、蠕虫状和斑点状等构造。

4. 蚀变类型

蚀变类型主要有矽卡岩化、硅化、碳酸盐化、黄铁矿化,其次有绿泥石化、绿帘石化、黝帘石化、绢云母化、闪石化。在岩体接触带附近石榴子石-透辉石或绿帘石-角闪石矽卡岩及碳酸盐化发育,并伴有黄铁矿化。矽卡岩类型属钙质矽卡岩,主要矿物为柘榴石、透辉石、绿帘石、普通角闪石、阳起石等。矽卡岩岩石类型有透辉矽卡岩、透辉柘榴矽卡岩、柘榴透辉矽卡岩、绿帘角闪矽卡岩、角闪绿帘矽卡岩、角闪矽卡岩,前3种是后3种交代残留体,分布在矽卡岩带的边缘和个别地段。

5. 成矿阶段

根据矿物的生成顺序,矿床可以划分为5个成矿阶段。

(1)早期矽卡岩化阶段:形成的矿物主要有石榴子石、透辉石、石英,部分磁铁矿、毒砂、钛铁矿、白钨矿、黄铜矿等,形成早期硅酸盐,主要形成透辉矽卡岩、透辉柘榴矽卡岩、柘榴透辉矽卡岩、钙铁-钙铝石榴子石矽卡岩。

(2)晚期矽卡岩化阶段:形成的矿物主要有绿帘石、普通角闪石、阳起石、石英,部分辉钼矿、磁铁矿、毒砂、钛铁矿、白钨矿、磁黄铁矿、黄铜矿等,形成含水硅酸盐,主要形成绿帘角闪矽卡岩、角闪绿帘矽卡岩、角闪矽卡岩。

(3)氧化物阶段:形成的矿物主要有绿帘石、普通角闪石、阳起石、石英,大量磁铁矿、辉钼矿及部分毒砂、钛铁矿、白钨矿、磁黄铁矿、黄铜矿、黄铁矿等。

(4)石英硫化物阶段:形成少部分的绿帘石、普通角闪石、阳起石,大量的石英、磁黄铁矿、黄铜矿、黄铁矿,以及少量的辉钼矿、毒砂、钛铁矿、闪锌矿等,该阶段为本区的主要成矿阶段。

(5)石英碳酸盐阶段:主要生成含黄铁矿的石英、方解石脉和细脉状磁黄铁矿,是黄铁矿的主要成矿阶段,形成的矿物主要有石英、方解石、黄铁矿、闪锌矿,以及少量磁黄铁矿、黄铜矿。

6. 成矿时代

矿区内的超基性岩、闪长玢岩、霏细斑岩、煌斑岩等均不是成矿母岩,矽卡岩带虽然分布于头道沟组与超基性岩接触带,但成矿母岩不是超基性岩,一是因矽卡岩穿插了超基性岩,时代晚于超基性岩,二是因不是镁质矽卡岩,矽卡岩的类型和矿物组合与超基性岩无关。脉岩、闪长玢岩、霏细斑岩的时代比矽卡岩早,而且规模小,也不是成矿母岩。头道沟硫铁矿床的形成与矿区南东700m刘家屯燕山期花岗岩-花岗闪长岩-闪长岩系列杂岩体和下古生界呼兰群头道沟组接触交代以及顺层交代有关。矽卡岩化受继承性的北东向层间破碎带的控制,矿体均产在矽卡岩带中。燕山期花岗岩,特别是它的边缘相闪长岩为成矿母岩,矿床的成矿时代为燕山期。

7. 控矿因素及找矿标志

1)控矿因素

(1)岩浆活动控矿作用:区内岩浆活动对成矿的控制作用具体表现为燕山晚期花岗岩与下古生界呼兰群头道沟组接触带及其外侧700m范围内,矿区北东2km的三家子矽卡岩带,是闪长岩与头道沟组直接接触交代而形成的,南东700m刘家屯西山矽卡岩也是闪长岩与头道沟组直接接触而形成的。

(2)断裂构造对成矿的控制作用:区域性口前-小城子断裂是主要的控矿构造,矽卡岩带及矿体分布于该断裂两侧次级北东向层间构造破碎带、裂隙带内,断裂系统的多次活动使深部上升的不同阶段、不同组分的含矿溶液沿构造薄弱带有矽卡岩交代及矿液充填,形成矽卡岩带及矿体,此组断裂为矿区主要的控矿及容矿构造。

(3)地层的控矿作用:已知主矿体均赋存于头道沟组中段斜长角闪岩段,成矿围岩是经过区域变质和角岩化的泥质岩(黑云母硅质角岩)、火山碎屑岩(变质的凝灰质砂岩)以及中基性火山岩类(斜长角闪岩、斜长阳起角岩、阳起角岩等),在热液的作用下易产生矽卡岩化,形成以充填交代作用为主的矿体。因此矿体除受构造及花岗岩接触带控制外,层位及岩性亦起一定控矿作用。

2)找矿标志

燕山晚期花岗岩体与下古生界呼兰群头道沟组的接触带是成矿的有利空间;区域上的矽卡岩化、硅化、碳酸盐化、黄铁矿化,以及绿泥石化、绿帘石化、黝帘石化、绢云母化、闪石化等是区域上的找矿标志;在岩体接触带附近石榴子石-透辉石或绿帘石-角闪石矽卡岩及碳酸盐化发育,并伴有黄铁矿化,是矿体的直接找矿标志;Pb、Zn、Cu、Ag等元素的套合异常是矿床的重要找矿地球化学标志;显著的磁异常、激电异常是矿床的重要地球物理找矿标志。

8. 矿床形成及就位机制

头道沟硫铁矿床是以燕山晚期花岗岩岩浆活动带来成矿物质为主,在岩浆上侵的同时交代下古生界呼兰群头道沟组变质岩系而形成的。

岩浆活动和交代下古生界呼兰群头道沟组变质岩系带来成矿物质,在含矿热液的作用下,在构造应力薄弱、易交代的经过区域变质和角岩化的泥质岩石(黑云母硅质角岩)、火山碎屑岩(变质的凝灰质砂岩)以及中基性火山岩(斜长角闪岩、斜长阳起角岩、阳起角岩等)中形成矽卡岩,同时成矿物质发生沉淀,形成充填交代矿体。

9. 成矿模式

永吉县头道沟硫铁矿床成矿模式见图3-14-4、表3-14-5。

10. 成矿要素

永吉县头道沟硫铁矿床成矿要素见表3-14-6。

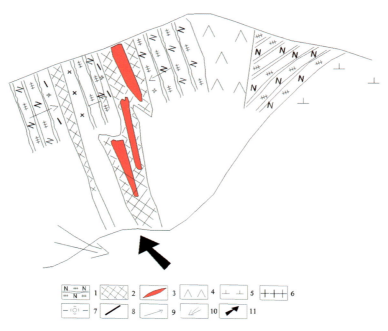

图3-14-4　永吉县头道沟硫铁矿床成矿模式图

1.呼兰群头道沟组地层；2.矽卡岩；3.硫铁矿体；4.超基性岩；5.长岩；6.花岗岩脉；7.硅化；8.断层；9.成矿物质迁移方向；10.雨水加入岩浆热液环流；11.燕山期中酸性岩浆及其热液迁移方向

表3-14-5　永吉县头道沟硫铁矿床成矿模式表

名称	头道沟式矽卡岩型硫铁矿床	
成矿的地质构造环境	矿床位于东北叠加造山-裂谷系（Ⅰ）小兴安岭-张广才岭叠加岩浆弧（Ⅱ）张广才岭-哈达岭火山-盆地区（Ⅲ）南楼山-辽源火山-盆地群（Ⅳ）内	
各类及主要控矿因素	地层控矿：矿体均赋存于寒武系头道沟组中段斜长角闪岩段； 岩浆控矿：矿床的形成与燕山期中酸性侵入岩体有关，其边缘相闪长岩为成矿母岩； 构造控矿：矽卡岩带及矿体分布于该断裂两侧次级北东向层间构造破碎带、裂隙带内	
矿床的三度空间分布特征	产状	矿床位于刘家屯燕山期闪长岩体与头道沟组接触带附近的矽卡岩带内，矿床东西延长600m，宽50~100m，控制深度280~400m。矿体基本互相平行排列，在垂直方向上大致呈斜列式排列；矿体走向北东70°，倾向南东，倾角60°~75°
	形态	矿体形态呈似脉状、扁豆状和透镜状
成矿期次	早期矽卡岩化阶段和晚期矽卡岩化阶段：为矽卡岩形成阶段，形成部分金属矿物； 氧化物阶段：形成大量磁铁矿、辉钼矿及部分其他金属矿物； 石英硫化物阶段：主要成矿阶段，大量的石英和金属矿物生成阶段； 石英碳酸盐阶段：主要生成含黄铁矿的石英、方解石脉和细脉状磁黄铁矿，是黄铁矿的主要成矿阶段	
成矿时代	为燕山期	

续表 3-14-5

名称	头道沟式矽卡岩型硫铁矿床
矿床成因	矽卡岩型
成矿机制	头道沟硫铁矿床以燕山晚期花岗岩浆活动带来成矿物质为主,在岩浆上侵的同时交代头道沟组变质岩所形成。岩浆活动和交代地层带来成矿物质,在含矿热液的作用下,在构造应力薄弱、易交代的经过区域变质和角岩化的泥质岩石(黑云母硅质角岩)、火山碎屑岩(变质的凝灰质砂岩)以及中基性火山岩(斜长角闪岩、斜长阳起角岩、阳起角岩等)中形成矽卡岩,同时成矿物质发生沉淀,形成充填交代矿体
找矿标志	大地构造标志:南楼山-辽源火山-盆地群; 地层标志:寒武系头道沟组中段斜长角闪岩段出露区; 接触带标志:燕山期中酸性侵入体与早古生代头道沟组火山-沉积岩系形成的矽卡岩带; 构造标志:口前-小城子断裂是主要的控岩控矿构造,次级的层间构造破碎带是容矿构造

表 3-14-6 永吉县头道沟硫铁矿床成矿要素表

成矿要素		内容描述	成矿要素类别
特征描述		矿床属矽卡岩成因类型	
地质环境	岩石类型	砂质板岩、碳质板岩、斜长角闪岩、角闪片岩、透闪-阳起角岩、黑云母硅质角岩、变质砂岩、浅粒岩、变粒岩、燕山晚期花岗岩	必要
	成矿时代	成矿时代为燕山期	必要
	成矿环境	燕山晚期花岗岩体与早古生代火山-沉积岩系的外接触带,呼兰群头道沟组斜长角闪岩段为主要的赋矿层位	必要
	构造背景	矿床位于东北叠加造山-裂谷系(Ⅰ)小兴安岭-张广才岭叠加岩浆弧(Ⅱ)张广才岭-哈达岭火山-盆地区(Ⅲ)南楼山-辽源火山-盆地群(Ⅳ)内	重要
矿床特征	矿物组合	矿石矿物以磁黄铁矿、黄铁矿、黄铜矿、磁铁矿、辉钼矿为主,还有少量毒砂、钛铁矿、辉铜矿、锐铁矿、黑钨矿、白钨矿、闪锌矿、胶黄矿、硫钴矿、自然铅、自然铜和自然金等;脉石矿物有石英、绿帘石、角闪石(阳起石)、透辉石、绿泥石和少量的柘榴石、黑云母、方解石、斜长石等	重要
	结构构造	矿石结构主要有自形—半自形粒状结构、他形粒状结构,其次为包含结构、共边结构等;矿石构造主要为浸染状构造,其次为致密块状构造,少见有条带状、细脉状、蠕虫状和斑点状构造等	次要
	蚀变特征	主要有矽卡岩化、硅化、碳酸盐化、黄铁矿化,其次有绿泥石化、绿帘石化、黝帘石化、绢云母化、闪石化	重要
	控矿条件	地层的控矿作用:矿体均赋存于头道沟组中段斜长角闪岩段,成矿围岩是经过区域变质和角岩化的泥质岩石、火山碎屑岩以及中基性火山岩类,在热液的作用下易产生矽卡岩化,形成以充填交代作用为主的矿体; 断裂构造的控制作用:区域性口前-小城子断裂是主要的控矿构造,矽卡岩带及矿体分布于该断裂两侧次级北东向层间构造破碎带、裂隙带,含矿溶液沿构造薄弱带交代充填,形成矽卡岩带及矿体; 岩浆活动的控矿作用:矿床的形成与矿区南东刘家屯燕山期花岗岩-花岗闪长岩-闪长岩系列杂岩体和下古生界呼兰群头道沟组火山-沉积变质岩系接触交代以及顺层交代有关,特别是它的边缘相闪长岩为成矿母岩	必要

四、海相沉积变质型(临江市荒沟山硫铁矿床)

1. 地质构造环境及成矿条件

荒沟山硫铁矿床位于前南华纪华北东部陆块(Ⅱ)胶辽吉古元古代裂谷带(Ⅲ)老岭隆起(Ⅳ)内荒沟山"S"形断裂带中部。

1）地层

区域内出露的地层自老至新有太古宇地体、古元古界老岭群、中元古界震旦系以及不整合在上述地层之上的中生界。古元古界老岭群珍珠门组为区域内金、铅锌、硫、铁矿的主要赋矿层位。

矿床内出露的地层为古元古界老岭群珍珠门组白云石大理岩层夹透镜体或薄层的片岩。大理岩主要为白云石大理岩、条带状大理岩、滑石大理岩、眼球状大理岩、透闪石大理岩、方柱石大理岩、燧石大理岩及角砾状大理岩；片岩为角闪片岩和绿泥片岩两种，见图3-14-5。

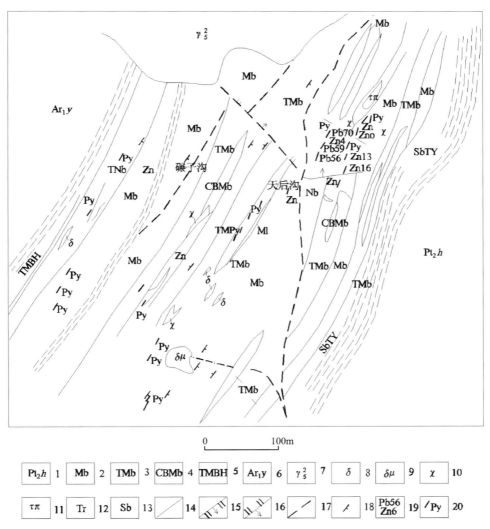

图 3-14-5 临江市荒沟山硫铁矿床矿区地质图

1.中元古界花山组片岩；2.珍珠门组厚层状白云石大理岩；3.薄层状白云石大理岩；4.燧石条带白云石大理岩；5.薄层状透闪白云石大理岩；6.太古界片麻岩；7.燕山期似斑状黑云母花岗岩；8.闪长岩；9.闪长玢岩；10.煌斑岩；11.粗面斑岩；12.破碎带；13.构造角砾岩；14.糜棱岩；15.正断层；16.逆断层；17.性质不明推测断层；18.地层产状；19.铅锌矿体及其编号；20.硫铁矿体

该区地层可分为3层：第一层为条带状大理岩夹中层及眼球状大理岩。第二层为主要含矿层，又分为3层，分别为中层白云石大理岩夹薄层白云石大理岩，中央矿带赋存于此层中；滑石大理岩夹中层白云石大理岩；薄层条带状大理岩夹滑石大理岩及透闪石大理岩。第三层为厚层块状白云石大理岩。本组白云石大理岩为主要的含矿围岩，黄铁矿、闪锌矿、方铅矿等矿脉均沿白云石大理岩的层间构造或层面充填。

2）侵入岩

区域内燕山早期侵入岩体有老秃顶子、梨树沟和草山3个岩体，岩性均为似斑状黑云母花岗岩。脉岩有闪长玢岩、辉绿岩、粗面斑岩脉、闪斜煌斑岩及石英斑岩脉等，多呈岩墙或岩脉状侵入，多形成于成矿后并切穿矿体。矿床内侵入岩均呈岩脉出露，按组分及结构构造可分为两大类，即闪长-辉长岩类岩脉和粗面斑岩脉。

(1)闪长-辉长岩类岩脉：属中—基性岩脉，主要成分为基性斜长石、辉石、角闪石，少量黑云母。由于生成条件不同而表现出不同的结构和矿物相的变异，分为微晶闪长岩、闪斜煌斑岩、闪长岩、闪长玢岩、辉长玢岩、辉绿岩。本类岩脉出露甚广，且多集中于矿床西南部，呈北东30°～45°方向分布，倾向北西，沿倾向有波状起伏、分枝复合现象，出露规模一般长100～200m，宽5～10m，大者长可达600m，宽60m。

(2)粗面斑岩脉：仅见于矿床北部，呈北东45°～60°方向展布，倾向北西，倾角40°左右，出露规模较大，沿走向延长至400m以上，宽可达60m。

3）构造

区域内断裂构造较为发育，早期走向北北东，属压扭性层间断裂，具有多期继承性活动特点，控制了岩浆及热液的活动，为区域内主要控矿构造；晚期走向南北，分布及规模次于北北东向断裂，主要见于主矿带两侧。

矿床内构造类型以断裂构造为主，整个断裂系统成为岩浆及热液的活动空间，控制了岩体的形态及规模。断裂系统可分为3组，即北东-南西向、近东西向及近南北向。

(1)北东-南西向断裂：平行区域主构造的一组次级断裂，是热液硫化物的主要活动空间及停积场所，为主要的控矿和容矿构造，主要矿体沿此组断裂分布。根据断裂倾向分为两类，一类为走向5°～35°，倾向南东-北西，倾角50°～90°，断裂规模沿走向一般长百米，长者可达400m，最大宽度5m，常为热液硫化物充填；另一类为走向30°～45°，倾向北西，倾角平缓0°～30°，为剪切裂隙，主要为各类岩脉所充填，并与前者在倾向上近于直角相交。

(2)近东西向断裂：其发育程度次于北东向断裂，但规模较大，主要被晚期岩脉所充填，对早期岩脉或矿体有时可见穿插及错动现象，但位移一般不大，常为1～2m，大者可达20m。

(3)近南北向断裂：分布及规模均次于前两组，主要分布于主矿带东西两侧，被矿体及岩脉充填。矿床内除上述断裂构造外，个别地段地层或矿体沿走向或倾向尚有不同程度的褶曲或倒转现象，与断裂构造相比尚属次要。

2. 矿体三度空间分布特征

1）矿体的空间分布

荒沟山硫铁矿床内已知发现矿体60条，其中黄铁矿体49条、闪锌矿体9条、方铅矿体2条。所有矿体除个别呈盲矿体赋存外，其余均出露于地表并遭受不同程度的氧化而成铁帽，一般20m以下为原生矿石。矿床内主要矿体组成了一个北东-南西向的中央矿带，长1500m左右，各矿体或矿脉之间在平面上和剖面上均呈雁行式排列，具有尖灭侧现或尖灭再现特点。矿体为变化不大的脉状矿体，黄铁矿体为稍大的透镜体，而方铅矿体则常为不规则的囊状，矿体规模一般不大，综合矿体的倾斜延深一般大于走向长度。以16号勘探线为界，北部多铅锌矿体，南部稍多黄铁矿体。

2)矿体特征

矿体除少数呈南北向,一般多呈北东向出露,矿床东部及18号勘探线以南矿体均倾向北西,而在18号勘探线以北则倾向南东,倾角较陡50°～90°,一般在70°以上。矿体多呈变化不大的脉状,黄铁矿体为稍大的透镜体,铅锌矿体则常为不规则的囊状,个别在倾向上由于受成矿前构造的影响而存在有扭曲现象。矿体长120～360m,宽0.1～5m,黄铁矿一般长50m左右,宽0.2～3m,铅锌矿体大小不一,主要矿体特征如下。

(1)Py11号矿体:位于矿床东部8～20号线间,矿体长330m,宽0.27～1.16m,走向北0°～4°,北端倾向南东,南端倾向北西,倾角70°。铁帽呈枣红色,具土状、蜂窝状及巨型的"V"形多孔状构造。氧化带矿物有褐铁矿、针铁矿及少量方解石、玉髓等。铁帽品位Pb 0.03%、Zn 0.03%～0.06%。深部经钻孔及坑道控制,ZK36孔见矿体真厚度1.16m,为条带状黄铁矿石,含S 15.30%、Zn 0.14%,其余钻孔及坑道内见铁帽,目前已知矿体氧化带深达80m。

(2)Py18号矿体:矿体位于中央矿带南部A线西22～34号线间,走向北东15°～35°,倾向北西,倾角77°左右,矿体长250m,铁帽宽0.33～1.60m。深部经钻孔及坑道控制,矿体延深较为稳定,厚度0.33～2.5m。矿体在28号线以南为综合矿石,含Zn最高为42.26%,28号线以北为黄铁矿石,含S 25.22%～42.01%。

(3)Py27号矿体:矿体位于中央矿带的最南部A线东44～48号线间,走向北东20°,倾向北西,倾角81°。深部经坑道控制,矿体长65m,平均厚度1.09m,为致密块状黄铁矿石,平均品位S 26.02%、Zn 0.83%。

(4)Zn6号矿体:位于中央矿带的北部A线以西4～11号线间,走向北东20°～26°,倾向南东,倾角50°～65°,局部达80°,矿体长365m,地表铁帽宽0.1～5m。经钻探控制深部矿体真厚度为0.32～1m,控制深度近300m,矿体依然存在。地表铁帽呈棕黄色至枣红色,具"V"形多孔状构造,氧化矿物以菱锌矿、褐铁矿为主,次为异极矿、铁菱锌矿、白铅矿、黄钾铁矾矿。原生矿以闪锌矿为主,次为黄铁矿、方铅矿,原生矿石为致密块状综合矿石,品位高,平均含Pb 2.18%、Zn 12.8%。

(5)Zn7号矿体:位于矿床西部2～3号线间,走向北北东5°,倾向南东,倾角75°。矿体长130m,铁帽宽0.4m,呈橘红色,具"V"形多孔状构造。氧化矿物为菱锌矿、褐铁矿等,铁帽品位Pb 0.82%、Zn 19.44%;深部原生矿体真厚度0.12m,为致密块状综合矿石,含Zn 30.21%。

(6)Zn12号矿体:位于中央矿带中部A线西4～8号线间,走向北东10°,倾向南东,倾角70°。矿体长97m,铁帽宽0.45～3.7m,18m以下为原生矿石,厚度0.5～1.2m,矿体倾角缓处厚度小,而倾角陡处厚度增大,目前控制深度达300m,矿体真厚度0.98m。矿体为致密块状综合矿石及黄铁矿石,品位高,含Zn 0.69%～30.74%、Pb 1.0%～1.54%、S 28.01%～31.28%。

(7)Zn13号矿体:位于中央矿带南部10～16号线间。矿体长140m,铁帽宽0.4～4.0m,走向北东32°,倾向南东,倾角80°。铁帽呈橘黄色至枣红色,具"V"形阶梯多孔状、土状、晶簇状及胶状等构造,氧化矿物以褐铁矿为主,次为黄钾铁矾、菱锌矿、针铁矿及玉髓等。铁帽品位Pb 0.31%～0.90%、Zn 0.45%～10.28%。深部坑道控制矿体长145m左右,矿体厚度0.1～4.0m,矿石为致密块状综合矿石,品位高,含Zn平均26.118%、Pb 0.37%、S 32.19%,并含够工业品位要求的分散元素Cd,品位0.01%～0.11%,平均0.08%。

(8)Zn14号矿体:位于中央矿带中部A线西4～8号线间,走向北东27°,倾向南东,倾角75°。矿体长105m,铁帽宽0.4～1.0m,呈黄褐色、紫红色,巨型"V"形多孔状、蜂窝状、胶状及土状等构造,氧化矿物有褐铁矿、针铁矿、玉髓等。铁帽品位Pb 0%～4.03%、Zn 2.0%～3.59%,深部经ZK42孔控制,在延深97m处矿体真厚度0.96m,为致密块状综合矿石,含Zn 14.02%、Pb 0.78%、S 31.41%。

3. 矿床物质成分

(1)物质成分:矿石的主要化学成分为S、Zn、Pb,其次有少量Cu、微量Ag及分散元素Cd等,此外尚含微量有害元素 As、F，见表 3-14-7、表 3-14-8。在综合矿石中含 Cd 0.01%～0.11%，其含量较为稳定。此外，经光谱分析尚含微量 Ag、Ga、Mo、Ni、V、Cr、Cs 等分散和稀有元素。不同类型矿体的主要元素含量均较稳定，一般均为 Zn、S 含量甚高，Pb 及其他有害元素含量较少或低微，Cd 与闪锌矿有关，随 Zn 含量的多少而增减。

（2）矿石类型：有氧化矿石和硫化矿石（黄铁矿石、综合矿石、方铅矿石）。

（3）矿物组合：主要有黄铁矿、闪锌矿和方铅矿，此外尚有极少量的磁铁矿、磁黄铁矿、黄铜矿和黝铜矿；脉石矿物数量很少，有石英、白云石和方解石，见表 3-14-9。地表氧化带次生矿物种类较多，包括白铅矿、铅矾、菱锌矿、异极矿、褐铁矿、赤铁矿、针铁矿、黄钾铁矾矿及硫镉矿等。

（4）矿石结构构造：结构有自形粒状结构、半自形粒状结构、压碎结构、溶蚀交代结构、骸晶结构、溶蚀结构、网格状结构；矿石构造有块状构造、条带状构造、角砾状构造、浸染状构造等。

表 3-14-7　黄铁矿石（S10 号矿体）主要化学成分含量表　　　单位：%

元素	最高	最低	平均
S	38.16	24.55	31.76
Zn	12.41	0.01	0.29
Pb	0.16	0	0.028
As	0.26	0.008	0.085
F	0.032	0.018	0.026

表 3-14-8　综合矿石（Zn13 号矿体）主要化学成分含量表　　　单位：%

元素	最高	最低	平均
S	40.53	4.70	26.115
Zn	47.45	7.19	32.19
Pb	2.31	0	0.37
As	0.148	0	0.063
F	0.038	0.008	0.02
Cd	0.11	0.01	0.08

表 3-14-9　荒沟山硫铁矿床矿物组分及共生组合表

矿石类型	矿石矿物		脉石矿物	
	主要	次要	主要	次要
黄铁矿石	黄铁矿	闪锌矿、方铅矿	石英	方解石、白云石
综合矿石	闪锌矿、黄铁矿	方铅矿、黄铜矿、磁黄铁矿	白云石	石英、方解石
方铅矿石	方铅矿	闪锌矿、黄铜矿、黄铁矿	石英	方解石、白云石

4. 蚀变类型及分带性

围岩蚀变主要有滑石化、硅化、透闪石化、白云石化、蛇纹石化、黄铁矿化，其次有绿泥石化、绿帘石化、碳酸盐化、钠长石化、绢云母化等；其中以黄铁矿化、硅化、滑石化及透闪石化与成矿的关系比较密切，一般出现在近矿体几米以内的大理岩中。黄铁矿化强弱与距矿体的远近有关，黄铁矿化强烈处常在矿体尖灭处或含矿裂隙紧闭处的围岩中，以及薄层大理岩或部分片岩中，而硅化更在闪锌矿体的围岩中常见。此外，当透闪石化与黄铁矿化相伴出现时亦为寻找黄铁矿体的重要标志。

5. 成矿阶段

矿化具多期多世代特点，根据矿石的结构构造及矿物共生组合，确定出如下的矿化阶段：石英-碳酸盐-黄铁矿阶段、多金属硫化物阶段、浸染状方铅矿阶段、闪锌矿阶段、方铅矿阶段、成矿后期碳酸盐阶段、次生氧化物阶段。

6. 成矿时代

珍珠门组中 Pb 同位素资料表明，矿石铅属于古老的正常铅，具有较高的 $\mu(^{238}U/^{204}Pb)$ 值，显然矿石铅属于壳源，铅的模式年龄在 1800Ma 左右，它刚好与老岭群珍珠门组的放射年龄（1800.5～1700Ma）相吻合。

7. 地球化学特征

（1）硫同位素：对荒沟山铅锌矿床中产于不同类型岩石和矿石中的各种硫化物进行了硫同位素测定，显示 $\delta^{34}S$ 值在 2.6‰～18.9‰ 之间，多大于 10‰，均为较大的正值，表明富集重硫。δ^{34} 值总的变化范围为 10‰～18.9‰。

（2）碳、氧同位素：根据荒沟山铅锌矿床中矿物和岩石样品的氧碳同位素分析（陈尔臻等，2001），其同位素 $\delta^{18}O$ 值为 20.2‰～21.2‰，矿脉中热液白云石的 $\delta^{18}O$ 值为 16.4‰。白云石大理岩 $\delta^{13}C$ 值有两个样品在 1.3‰ 左右，另两个样品在 -9.1‰ 左右，而热液白云石为 1.2‰。据 Veizer 和 Hoefs 统计，前寒武纪沉积碳酸盐 $\delta^{18}O$ 在 14‰～24‰ 之间，海相沉积碳酸盐 $\delta^{13}C$ 值在 0 左右，平均 $\delta^{13}C$ 为 0.56‰±1.55‰。深源火成岩体中含氧矿物的 $\delta^{18}O$ 值变化范围大部分介于 6‰～10‰ 之间，深源的碳酸盐岩 $\delta^{13}C$ 在 -8.0‰～-2.0‰ 之间。金丕兴等（1992）的研究结果亦与此结果相近。由此来看，本矿床的围岩白云石大理岩和矿脉中白云石的 $\delta^{18}O$ 值与正常海相沉积的一般值相吻合，其 $\delta^{13}C$ 值也与海相沉积的相吻合，而完全不同于火成岩体，两个大理岩的 $\delta^{13}C$ 为较大的负值，明显富集轻碳。

（3）铅同位素：荒沟山铅锌矿体内方铅矿样品的铅同位素测定表明（陈尔臻，2001），方铅矿的铅同位素组成非常均一，$^{206}Pb/^{204}Pb$ 为 15.390～15.608，$^{207}Pb/^{204}Pb$ 为 15.203～15.321，$^{208}Pb/^{204}Pb$ 为 34.721～34.961，$^{208}Pb/^{207}Pb$ 为 0.012～1.022，φ 值为 0.7833～0.8070，模式年龄为 1890～1800Ma。根据 1800Ma 的模式年龄，求得矿物形成体系的 $^{238}U/^{204}Pb$（μ 值）为 9.38，$^{232}Th/^{204}Pb$（μ_k 值）为 35.03，进而求得 Th/U 值为 3.71，与金丕兴等（1992）研究结果基本一致，表明矿石铅是沉积期加入的。

（4）微量元素地球化学特征：围岩大理岩中 Pb 的平均含量为 88×10^{-6}，Zn 的平均含量为 730×10^{-6}，与涂里干和魏德波尔（1961）的世界碳酸盐平均含量比，分别是世界碳酸盐平均含量的 9.7 倍、36.5 倍，表明大理岩中 Pb、Zn 的丰度比较高。矿石中除主要成矿元素 S、Zn、Pb 外，有意义的伴生元素有 Ag、Sb、As、Cd 等。S、Pb、Zn 是本矿床的主要成矿元素，其品位变化较大，黄铁矿石中平均品位 S 26.03%、Pb 0.03%、Zn 0.23%，综合矿石中平均品位 S 23.64%、Pb 1.58%、Zn 15.69%。Zn/Pb 值对矿床成因的研究，能够提供较重要的信息，不同成因类型矿床的 Zn/Pb 值不同。岩浆期后热液型矿床，其 Zn/Pb 值往往小于 2，而沉积改造型层控矿床，其 Zn/Pb 值往往大于 2。本矿床两种矿石类型 Zn/Pb 值为 7.7 和 9.9，与沉积改造型层控矿床 Zn/Pb 值相一致。

8. 成矿物理化学条件

（1）成矿温度：荒沟山铅锌矿床闪锌矿和黄铁矿的爆裂温度在 147～291℃ 之间，多数在 200～300℃

之间，早期细粒闪锌矿平均291℃，晚期粗粒闪锌矿成矿温度平均199℃。根据荒沟山铅锌矿床细粒闪锌矿与六方磁黄铁矿平衡共生探针分析资料，细粒闪锌矿成矿温度为306~325℃，方铅矿与闪锌矿矿物对的硫同位素达到平衡时，计算的成矿温度平均为280℃。从上述成矿温度来看，早期（细粒闪锌矿）成矿温度上限在300℃左右，晚期（粗粒闪锌矿）成矿温度上限为230℃。

(2)包裹体特征：据荒沟山铅锌矿床包裹体特征研究结果，成矿溶液以水为主，占80%以上，说明成矿介质是热水溶液。阳离子比值 K^+/Na^+ 为 0.11~0.58、Ca^{2+}/Na^+ 为 0.16~2.60、Mg^{2+}/Ca^{2+} 为 0.09~1.21；阴离子 F^-/Cl^- 为 0.02~0.27。根据液相成分可划分为3种流体类型，分别为低盐度富 Mg^{2+} 流体（容矿围岩）、低盐度富 Ca^{2+} 流体（闪锌矿）、低盐度富 K^+ 流体（矿体中石英）。从 $Cl^->F^-$、$Na^+>K^+$、$Ca^{2+}>Mg^{2+}$ 及阴离子>阳离子等说明成矿物质可能为络离子的形式迁移。不同期矿物包裹体成分基本相似，无急剧变化，说明成矿溶液是一次进入储矿构造中而分期沉积的。据荒沟山铅锌矿带隐伏矿床预测报告(1988)，成矿流体的pH值为6.5~7.0，$logf_{S_2}=-9.6$，$logfD_2=-24.1$，fCO_2 上限为1.2（偏高）。成矿溶液的成分主要为 H_2O 和 CO_2，并含少量有机质 CH_4（甲烷），其成分与成岩过程中形成的燧石包裹体中成分基本相同，而且 CO_2/H_2O、K^+/Na^+ 值和pH值也基本相同，说明成矿的热液是来自围岩。溶液的pH值接近中性或稍偏酸性。根据氧同位素组成与温度的分馏关系，计算出成矿水的 $δ^{18}O$ 值为 1.0‰~4.3‰（200℃时）、2.1‰~6.6‰（250℃时）。以上表明成矿水不属于岩浆水（岩浆水的 $δ^{18}O$ 值为 7.0‰~9.5‰）。

根据矿床主要受层间断裂控制以及矿物包裹体爆裂温度、硫同位素地质温度、矿物包裹体气热成分、矿体内含氧矿物的氧同位素组成和热晕-蒸发晕资料等确定成矿溶液为变质热液。矿床是属于矿源层经变质热液再造而成的后生层控黄铁矿床。

9. 成矿物质来源

珍珠门组中—薄层白云石大理岩是区内黄铁矿床产出的主要层位，层控性明显，具有后期改造的特点，其原始富集层位是半封闭还原环境，大理岩中赋存大量的黄铁矿（层位、条带状以及韵律特征等）和互层产出的闪锌矿等，证明矿床产于一个原始沉积的富集层内。铅锌含量普遍较高，铅高出地壳平均含量1倍以上，锌含量高出4.69倍，局部地段含量更高，可见某些地区中赋存着丰富的成矿物质。

矿石铅同位素组成属于均一的单阶段古老正常铅，平均 μ 值为9.09，非常接近地壳的 μ 值（$\mu=9.0$），地层的沉积变质年龄与矿床中铅的模式年龄相当，都在1800Ma左右，证明矿石中铅与地层是同埋藏形成的。富含以分散状态存在着的 Zn、Pb 等亲Cu元素的珍珠门组乃是直接提供后生成矿作用中的成矿物质的矿源层。它们的最初来源，大部分可能是来自当时海洋周围的剥蚀古陆，少部分可能由海底火山喷发活动提供的。

黄铁矿是一种不含铀的矿物，其同位素组成可以代表成岩阶段形成环境的普通铅，也就是代表了成岩时的初始铅的同位素组成。地层中属于沉积成因的黄铁矿的铅同位素比值与矿石中方铅矿和闪锌矿的比值很相似这一事实，暗示了地层中的铅和矿石中的铅之间可能有着亲缘关系。矿床中的黄铁矿大部分也具有相似的铅同位素组成，但有一部分黄铁矿和1件闪锌矿属异常铅，显然是铅锌矿成矿后另一期成矿作用的产物，这晚期成矿可能就是区内金的成矿时期。

矿体中硫化物 $δ^{34}S$ 与地层中的黄铁矿和闪锌矿的 $δ^{34}S$ 值相似，在 7.5‰~18.9‰ 之间，表明初始硫来源于同时代地层硫。这些初始硫被海水中的生物和有机质所吸附，地层中生物（细菌）不断还原硫酸盐，是产生富集重硫的主要原因。在后生成矿过程中这种硫被活化出来，迁移至断裂破碎带中再次与 Fe、Zn、Pb 等结合并沉淀形成矿体，故矿体中的硫直接来源于地层，最初硫源是海水中的硫酸盐。

10. 控矿因素及找矿标志

1）控矿因素

（1）地层和岩性的控制作用：区域内的铅锌矿、铜矿、黄铁矿等硫化物型矿床（点）以及原生矿化类型不明的硫化物铁帽，绝大多数赋存在古元古界老岭群珍珠门组大理岩中，矿化具有明显的层位性。荒沟山硫铁矿床及其他铅锌矿床（点）主要赋存在中层—薄层—微层硅质及碳质条带状或含燧石结核的白云石大理岩夹滑石大理岩及透闪石大理岩中。

岩相古地理环境和生物的控制作用方面，荒沟山铅锌矿床的硫同位素 $\delta^{34}S$ 均为较大的正值，表明硫化物中的硫属于生物成因硫，且反映是在一个封闭或半封闭的浅海湾或潟湖相中硫酸盐补给不足的条件下形成的。薄层—微层条带状白云石大理岩与中层—厚层白云石大理岩成互层状并夹有泥质碎屑岩变质而成的片岩，反映矿床所处部位位于后礁相的古地理环境。

部分大理岩的碳同位素组成 $\delta^{13}C$ 负值较高，大理岩和燧石中普遍含有机碳以及燧石的包体气液成分中含有甲烷，说明当时的海水中有大量的生物存在。Pb、Zn 丰度是地壳克拉克值的数倍以至十几倍，生物起到了重要的作用。此外，在后生成矿过程中，特别是薄层—微层硅质或碳质条带状白云石大理岩中含有丰富的有机碳，能促进含矿溶液中的成矿物质再次沉淀形成矿体。

（2）构造控制作用：本矿床是典型受压扭性层间破碎带控制的后生矿床。黄铁矿脉是在岩层发生褶皱时沿大理岩或片岩的层理或挠曲部位发生的张性层间剥离构造充填而成，之后又发生层间的挤压运动，黄铁矿脉被破碎，铅锌矿化叠加在黄铁矿脉之上。总体来看，无论是在矿区范围内还是在区域上，凡是产在薄层—微层硅质或碳质条带状白云石大理岩层中的黄铁矿脉或某一地段发生继承性的层间挤压破碎活动时，就有可能形成铅锌矿体；反之，可能性会很小。例如荒沟山的 18 号矿体，其北段黄铁矿脉被强烈破碎而构成有工业价值的铅锌矿体，而南段由于破碎程度低则仍为黄铁矿体，铅锌无工业品位，无工业意义。构造的控矿作用还表现在由压扭性作用造成的围岩次级张性层间剥离和挠曲的地段，矿体厚度大，往往成为硫铁矿、铅锌富矿体所在部位。

2）找矿标志

（1）珍珠门组大理岩富含 Zn、Pb、Cu、Fe 以及 Ag、Sb、Hg、Cd 等亲 S 元素，区域上应注意寻找与变质热液成因有关的各种金属硫化物矿床。

（2）珍珠门组中的薄层—微层硅质或碳质条带状或含燧石结核的白云石大理岩是形成和寻找硫铁矿、铅锌等硫化物矿床的最有利岩层。

（3）压扭性层间破碎带或其邻近地段是硫铁矿、铅锌矿化的有利场所；利用氧化带铁帽中的 Zn、Pb、As、Cd、Sb、Hg 等元素含量判断原生硫化物矿体类型。

（4）化探 Pb、Zn、As、Sb、Cd、Hg 异常。

（5）物探高阻高激化异常。

11. 成矿模式

临江市荒沟山硫铁矿床成矿模式见表 3-14-10、图 3-14-6。

12. 成矿要素

临江市荒沟山硫铁矿床成矿要素见表 3-14-11。

表 3-14-10　临江市荒沟山硫铁矿床成矿模式表

名称	狼山式沉积变质型硫铁矿床	
成矿的地质构造环境	矿床位于前南华纪华北东部陆块（Ⅱ）胶辽吉古元古代裂谷带（Ⅲ）老岭隆起（Ⅳ）内，荒沟山"S"形断裂带中部，北北东及其次级的断裂构造为主要的控矿和容矿构造	
各类及主要控矿因素	地层和岩性控矿：矿床赋存在古元古界老岭群珍珠门组白云石大理岩中，具有明显的层位性；岩相古地理环境：封闭或半封闭的浅海湾或泻湖相，属后礁相的古地理环境；构造控矿：矿床受北北东及其次级的一组断裂构造控制，是典型受层间破碎带控制的矿床	
矿床的三度空间分布特征	产状	矿床内主要矿体组成了一个北东-南西向的矿带，长1500m左右，矿体呈雁行式排列，具有尖灭侧现或尖灭再现特点，矿体规模一般不大，延深一般大于走向长度
	形态	矿体呈脉状、透镜状、囊状
成矿期次	石英-碳酸盐-黄铁矿阶段、多金属硫化物阶段、浸染状方铅矿阶段、闪锌矿阶段、方铅矿阶段、成矿后期碳酸盐阶段、次生氧化物阶段	
成矿时代	成矿时代为前寒武纪	
矿床成因	海相沉积变质型	
成矿机制	太古宇地体经长期风化剥蚀，陆源碎屑岩及大量Pb、Zn组分被搬运到裂谷海盆中，与海水中S等相结合，固定沉积物中实现了Pb、Zn金属硫化物富集，形成原始矿层或矿源层。之后在辽吉裂谷的抬升回返过程中，含矿地层发生褶皱和断裂，为热液环流提供了构造空间。同时在伴随的区域变质作用下，变质热液从围岩和原始矿层或矿源层中萃取S、Pb、Zn及其伴生组分，形成含矿热液，含矿热液运移到有利的构造空间，再次与Fe、Zn、Pb等结合并沉淀形成矿床属沉积变质热液型矿床	
找矿标志	大地构造标志：胶辽吉古元古代裂谷带老岭隆起；地层标志：老岭群珍珠门组白云石大理岩出露区；构造标志：北北东及其次级的一组断裂构造为控矿构造	

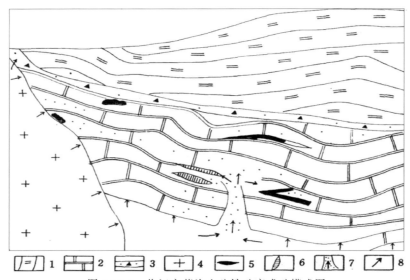

图 3-14-6　临江市荒沟山硫铁矿床成矿模式图

1.花山组二云片岩；2.珍珠门组大理岩；3.构造破碎带；4.中侏罗世花岗岩；5.矿体；
6.矿化体；7.海底火山喷气；8.地下热流动方向

表 3-14-11　临江市荒沟山硫铁矿床成矿要素表

成矿要素		内容描述	成矿要素类别
特征描述		矿床属海相沉积变质成因类型	
地质环境	岩石类型	古元古界老岭群珍珠门组白云石大理岩层夹透镜体或薄层的片岩,主要为白云石大理岩、条带状大理岩、滑石大理岩、眼球状大理岩、透闪石大理岩、燧石大理岩、角砾状大理岩、角闪片岩、绿泥片岩	必要
	成矿时代	前寒武纪	必要
	成矿环境	矿床位于荒沟山"S"形断裂带中部,区域北北东及其次级的一组断裂构造为主要的控矿和容矿构造,老岭群珍珠门组白云石大理岩层夹透镜体或薄层的片岩为主要的赋矿层位	必要
	构造背景	矿床位于前南华纪华北东部陆块(Ⅱ)胶辽吉古元古代裂谷带(Ⅲ)老岭隆起(Ⅳ)内	重要
矿床特征	矿物组合	矿石矿物:主要有黄铁矿、闪锌矿和方铅矿,此外尚有极少量的磁铁矿、磁黄铁矿、黄铜矿和黝铜矿;地表氧化带次生矿物主要有白铅矿、铅矾矿、菱锌矿、异极矿、褐铁矿、赤铁矿、针铁矿、黄钾铁矾矿及硫镉矿等。脉石矿物:主要有石英、白云石和方解石;地表氧化带有石英、绿帘石、角闪石、透辉石、绿泥石和少量的柘榴石、黑云母、方解石、斜长石等	重要
	结构构造	矿石结构:自形粒状结构、半自形粒状结构、压碎结构、溶蚀交代结构、骸晶结构、溶蚀结构、网格状结构;矿石构造:块状构造、条带状构造、角砾状构造、浸染状构造等	次要
	蚀变特征	围岩蚀变主要有滑石化、硅化、透闪石化、白云石化、蛇纹石化、黄铁矿化,其次有绿泥石化、绿帘石化、碳酸盐化、钠长石化、绢云母化等,其中以黄铁矿化、硅化、滑石化及透闪石化与成矿的关系比较密切。此外,当透闪石化与黄铁矿化相伴出现时亦为寻找黄铁矿体的重要标志	重要
	控矿条件	地层和岩性控矿:荒沟山硫铁矿赋存在古元古界老岭群珍珠门组白云石大理岩夹滑石大理岩及透闪石大理岩中,矿化具有明显的层位性。岩相古地理环境和生物的控制作用方面,根据荒沟山铅锌矿床的硫同位素 $\delta^{34}S$ 均为较大的正值,表明硫化物中的硫属于生物成因硫,且反映是在一个封闭或半封闭的浅海湾或潟湖相中硫酸盐补给不足的条件下形成的。薄层—微层条带状白云石大理岩与中层—厚层白云石大理岩成互层状并夹有泥质碎屑岩变质而成的片岩,反映矿床所处部位位于后礁相的古地理环境。 构造控矿作用:矿床受区域北北东及其次级的一组断裂构造控制,是典型受压扭性层间破碎带控制的后生矿床。黄铁矿脉是在岩层发生褶皱时沿大理岩或片岩的层理或挠曲部位发生的张性层间剥离构造充填而成的,之后又发生层间的挤压运动,黄铁矿脉被破碎,铅锌矿化叠加在黄铁矿脉之上。构造的控矿作用还表现在由压扭性作用造成的围岩次级张性层间剥离和挠曲的地段,矿体厚度大,往往成为硫铁矿、铅锌富矿体所在部位	必要

第十五节 硼矿典型矿床研究

吉林省硼矿只有1种成因类型,即沉积变质型。本节选择了集安市高台沟沉积型硼矿床1个典型矿床开展硼矿成矿特征研究。

1. 成矿地质背景及成矿条件

矿床位于前南华纪华北东部陆块(Ⅱ)胶辽吉古元古代裂谷带(Ⅲ)老岭隆起(Ⅳ)内。

1)地层

矿区出露主要地层有古元古界集安群蚂蚁河组、荒岔沟组、大东岔组。

(1)蚂蚁河组:主要岩性为磁铁浅粒岩、黑云变粒岩、蛇纹石化大理岩、橄榄大理岩、斜长角闪岩,含硼蛇纹岩、菱镁蛇纹岩、镁质大理岩、电气石变粒岩等,均呈大小不等包裹体分布在古元古界钾长花岗岩中。

(2)荒岔沟组:为一套含墨岩系,主要岩性为含墨黑云变粒岩、含墨透辉(透闪)变粒岩夹斜长角闪岩、含墨大理岩等。

(3)大东岔组:为一套高铝岩系,主要为堇青硅线斜长片麻岩、石榴黑云变粒岩、黑云斜长片麻岩、石英岩。

硼矿体严格受地层层位控制,蚂蚁河组上段、中段、下段3个含硼层位以上段含矿层为主,后两者次之。上段含矿层层位稳定,位于荒岔沟组之下90~180m,电气石变粒岩(标志层)之下10~15m,见图3-15-1。

2)构造特征

高台沟硼矿床赋存在两期褶皱叠加部位,第一期褶皱轴(F_1)走向在60°左右,第二期褶皱轴(F_2)走向在330°左右,矿体在次一级褶皱核部,含矿层厚度大,矿体厚度亦大。

断裂构造有北北东向(或北东向)、北西向及近东西向3组,均为成矿后构造,对矿体起破坏作用,特别是小断层往往成为矿体边界。

3)岩体特征

矿区内主要岩浆活动有古元古代重熔型钾长花岗岩、斜长花岗岩、伟晶岩脉及中基性—超基性岩(金伯利岩)。中基性岩脉均穿切矿体,在脉岩附近特别是伟晶岩脉附近形成蚀变带,并使硼短距离局部迁移富集。

2. 矿体三度空间特征

矿区共发现大小矿体13个,其中工业矿体11个。B_2O_3品位9.3%,查明资源量$23.279×10^4$t,属大型沉积变质型硼矿,勘探最大深度为垂深300m。

(1)矿体均毫无例外地产于中上部蛇纹岩、菱镁矿蛇纹岩中,多为盲矿体成群出现,平行叠置最多层数可达3层,产于含矿层厚度膨大蛇纹石化强烈地段,含矿层厚与矿体厚度大致成正比。绝大多数矿体赋存在含矿层厚度大于30m地段。一般规律是40~50m厚的含矿层,赋存有10~15m厚的矿体,见图3-15-2。

(2)矿体形态受含矿层控制,呈似层状或扁豆状产出,与含矿层顶、底板大致平行,随含矿层褶皱而褶皱,其产状与含矿层、地层一致。其中以8号、9号矿体规模最大,8号矿体长1050m,宽70~300m,一般为170~250m,厚度5~15m,倾角5°~25°,最低见矿标高473.5,最高605m,延长方向310°~330°,平均品位47.69%。9号矿体分布范围大致同8号矿体,矿体长1055m,宽33~263m,厚1~22m,一般为5~13m,见图3-15-2、图3-15-3。其次为1号、7号、10号矿体,其他矿体很小。7号矿体分布于9号矿

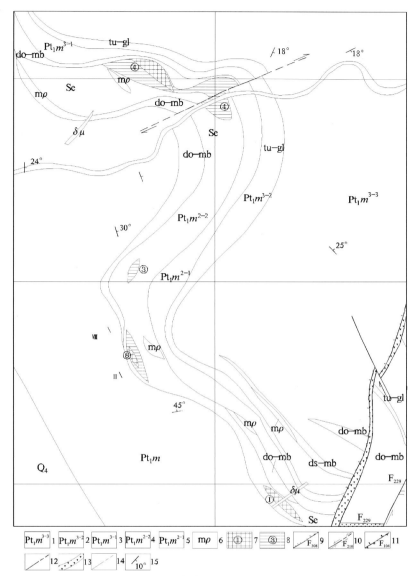

图 3-15-1 高台沟硼矿矿区地质图

1.上部混合岩;2.电气石变粒岩;3.顶板混合岩;4.第一层蛇纹岩;5.中部混合岩;6.混合伟晶岩;7.表内矿体及编号;8.表外矿体及编号;9.实测及推测正断层及编号;10.实测及推测平移断层及编号;11.实测及推测逆断层及编号;12.性质不明的实测及推测断层;13.构造破碎带;14.实测及推测地质界线;15.产状、Se.蛇纹岩(蚀变岩);ma-Sc.菱镁矿蛇纹岩;ds-mb.透辉大理岩(交代岩);do-mb.白云石大理岩(蚀变为主);tu-gl.电气石变粒岩

体下部,与9号矿体大致平行。矿体长187m,宽60m,厚3.99m,平均品位9.42%。总体倾向130°～140°,倾角20°左右。

含矿层呈似层状或连续的扁豆状,沿走向、倾向均有波状起伏,其产状与地层一致,厚度膨缩显著,无明显规律,含矿层厚度一般为20～80m,含矿层厚度在20m以上常见蛇纹石化,以下很少见蛇纹石化。

含矿层从顶至底有明显的不对称的"壳状"分带,为硅化白云石大理岩→滑石化菱镁大理岩→黄绿色菱镁蛇纹岩→暗绿色蛇纹岩→硼矿(最高3层)→暗绿色蛇纹岩→黄绿色菱镁蛇纹岩→滑石化菱镁大理岩(含硬膏)→硅化白云石大理岩。这一分带在大部分矿床中发育,一般在矿体下部明显,而上部不明显甚至缺失。分带也表明 MgO 与 B_2O_3 由含矿层顶、底向中心逐渐增高,而 CaO、SiO_2 则有逐渐降低趋势(图 3-15-3)。

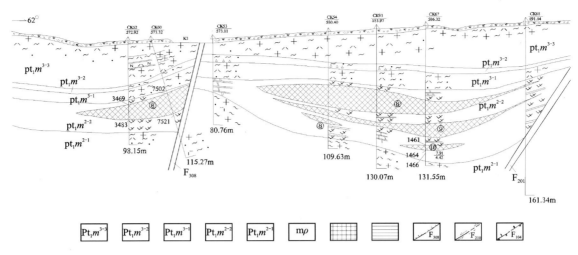

图 3-15-2 高台沟硼矿床第Ⅷ勘探线剖面图

1.上部混合岩;2.电气石变粒岩;3.顶板混合岩;4.第一层蛇纹岩;5.中部混合岩;6.混合伟晶岩;7.表内矿体及编号;8.表外矿体及编号;9.实测及推测正断层及编号;10.实测及推测平移断层及编号;11.实测及推测逆断层及编号

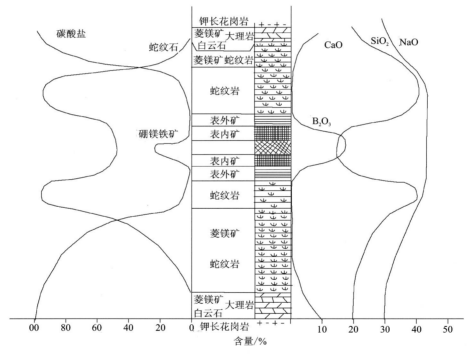

图 3-15-3 高台沟硼矿床含矿层岩性柱状图

(氧化物含量主要由 CK69、CK70 两钻孔资料综合计算得出)

3. 矿石矿物成分

(1)物质成分:矿床主要有用成分是 B,矿床伴生的重要组分为 Fe、Mg。

(2)矿石的化学成分:主成分 B,伴生 Fe 和 Mg。

(3)矿石结构构造:矿石结构常见有粒状变晶结构、包含变晶结构,热液交代结构显著,表现为粒状、纤维状、鳞片状交代残余结构及火焰状结构,硼镁铁矿石见"丁"字形分解残骸结构;矿石构造有典型的条带状、条痕状变质构造,过渡类型的团块状、斑点状构造及典型热液交代的云朵状构造、块状构造、脉状构造、网脉状构造。

(4)矿石类型：主要有硼镁石矿石和含磁铁矿硼镁石矿石。

(5)矿石矿物组合：不同类型矿石，矿物成分也有区别。硼镁石矿石矿物为硼镁石；脉石矿物以蛇纹石、菱镁石为主，白云石、方解石、橄榄石、磁铁矿次之，绿泥石少量。硼镁石有板状、纤维状、鳞片状3个变种。含磁铁矿硼镁矿矿石矿物以硼镁石为主，硼镁铁矿少量，偶见硼铝镁石；脉石矿物以蛇纹石、菱镁矿为主，磁铁矿、水镁石、水滑石次之，金云母、绿泥石、尖晶石少量，硼镁石成纤维状、鳞片状。硼镁铁矿成柱状残晶。

在空间上含磁铁矿硼镁矿多居于矿体中部，向边缘磁铁矿减少，逐渐过渡到硼镁石矿石。

4. 围岩蚀变

长英质伟晶岩脉或其他脉岩穿切矿体或矿体顶底板时，发生明显的蚀变作用，主要有金云母化、电气石化、镁橄榄石化、透闪石化、蛇纹石化、滑石化，局部见透辉石化。

5. 成矿阶段

成矿分两个阶段，分别为原始沉积富集阶段和五台期岩浆变质作用阶段。

(1)原始沉积富集阶段：沉积作用中硼为沉积物，主要是黏土矿物的吸附作用和蒸发浓缩硼矿物析出（介质富镁、高盐度、弱碱性）结晶作用的过程，为主要成矿阶段。

(2)五台期岩浆变质作用阶段：分为早期变质阶段（区域变质作用）和超变质作用阶段（混合岩化交代作用），变质微弱。

6. 成矿时代

硼矿就位期在古元古代1900Ma前后（陈尔臻，2001），成矿时代为古元古代。

7. 地球化学特征

同位素特征：矿石中黄铁矿硫同位素组成$\delta^{34}S=9.7‰\sim17.29‰$与火山岩硫同位素组成近似，与火山岩型铜矿床硫同位素组成具有一致性（图3-15-4）。辽宁同类型矿床碳同位素$\delta^{13}C_{PDB}$均在$-8.3‰\sim-5.6‰$之间，其范围变化与火山岩的碳同位素一致（图3-15-5）。

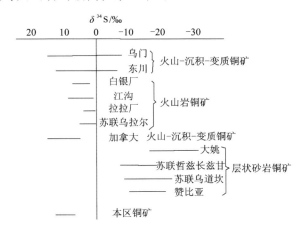

图3-15-4 高台沟硼矿与已知铜矿硫同位素组成特征对比图

8. 成矿的物理化学条件

从介质富镁（MgO>25%，CaO/MgO=0.6～0.7）、高盐度（硼矿与菱镁矿、石膏等高盐度和超盐度

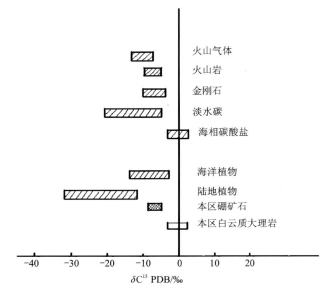

图 3-15-5 硼矿石及镁质大理岩的 $\delta^{13}C$ PDB‰ 与其他物质对比图

沉积矿物共生)、弱碱性介质(海盆中的水溶液大体呈弱碱性 pH＝7.2～8.4),硼矿石中共生的大量磁铁矿、少量雌黄铁矿等矿物推断介质也偏碱性,弱还原环境(原生磁铁矿介质 pH≥9、Eh＝0.2～0.8)是镁硼酸盐矿物从介质中析出所必需的物理化学条件,封闭的环境和干旱的气候为蒸发条件。介质中的硅胶对硼组织起着吸附聚集的作用,硅胶的胶凝提高了介质中 B 和 Mg 的组分浓度,促使镁硼酸盐析出。

9. 成矿物质来源

物质来源主要为火山喷发的 B、陆源带入的 B 及海水中的硼。海水中的 B 是有限的,海盆中大量的 B 应来自太古宇含硼的变质火山岩和变质火山-沉积岩以及远源火山喷发。所以,海盆周围太古宇含 B 的变质杂岩发育程度及远源火山喷发程度是成矿的根本条件。

10. 控矿因素及找矿标志

1)控矿因素

(1)地层控矿:硼矿主要产在古元古界集安群蚂蚁河组中,为封闭海湾-火山沉积环境,硼矿与含镁质碳酸盐岩建造、火山岩建造有关,矿体受蛇纹石化大理岩所控制。

(2)构造控矿:矿床受北东向宽缓褶皱构造控制,大多数矿体赋存于褶皱核部。

(3)岩体控矿:岩浆成矿作用主要提供热能、热液及成矿物质。古元古代中酸性花岗岩、伟晶岩脉及中基性脉岩与地层的接触带附近常形成蚀变带,并使硼短距离局部迁移富集。

2)找矿标志

(1)古元古界集安群蚂蚁河组分布区,蛇纹石化大理岩、暗绿色蛇纹岩分布区。

(2)矿床主要分布于褶皱构造核部,核部含矿层变厚,矿体也变厚。

(3)被后期断裂构造切割断块,向斜分布区矿体保留好。

(4)荒岔沟组以下 130m 左右,电气石变粒岩之下几十米见含硼层。

(5)蛇纹石化、金云母化、透闪或透辉石化、电气石化、镁橄榄石化等蚀变标志。

11. 矿床形成及就位机制

古元古代初期太古宙克拉通裂开,火山喷发活动将深部富 Na、富 B(局部富 Fe)火山物质带入海水盆地,以 B^+ 离子形式溶于海水中。在闭塞海盆地气候干旱蒸发大于补给使海水浓缩,B 以氧化物形成于沉积地层中形成含硼岩系。在 1900Ma 左右(吕梁运动)裂谷回返并发生区域性变质变形及大量底辟花岗岩侵入就位,并有小的岩枝伟晶岩等侵入到含矿层中,使硼矿再次活化、迁移,局部富集。

12. 成矿模式

集安市高台沟硼矿床成矿模式见图 3-15-6。

13. 成矿要素

集安市高台沟硼矿床成矿要素见表 3-15-1。

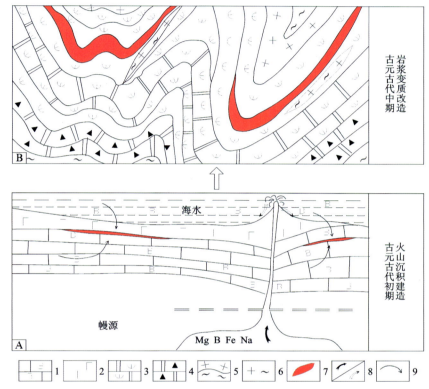

图 3-15-6 集安市高台沟硼矿床成矿模式图

1.含硼灰岩;2.基性喷出岩;3.蛇纹石化大理岩;4.电气石化大理岩;5.混合岩;6.伟晶岩脉;7.硼矿体;8.含硼岩浆热液运移方向/火山岩浆含硼矿物质运移方向;9.海水中、雨水及地层中含硼矿物质运移方向

表 3-15-1 集安市高台沟硼矿床成矿要素表

成矿要素		内容描述	类别
特征描述		矿床属沉积变质型	
地质环境	岩石类型	蛇纹岩、菱镁蛇纹岩、镁质大理岩、电气石变粒岩、钾长花岗岩、斜长花岗岩、伟晶岩脉	必要
	成矿时代	古元古代 1900Ma(陈尔臻,2001)	必要
	成矿环境	辽吉古元古代裂谷内集安群蚂蚁河组含硼岩系受二期叠加褶皱构造控制。晚期褶皱,一般表现为宽缓向斜及较紧密背斜,硼矿床保留在晚期宽缓向斜构造中。成矿带位于集安-长白(金、铅、锌、铁、银、硼、磷)成矿带(Ⅳ17)、正岔-复兴(金、硼、铅、锌、银)找矿远景区(V56)	必要
	构造背景	大地构造位于华北陆块(Ⅰ)华北东部陆块(Ⅱ)胶辽吉裂谷(Ⅲ)老岭隆起(Ⅳ)内。褶皱构造控矿,北北东向(或北东向)、北西向及近东西向 3 组断裂构造均为成矿后构造,对矿体起破坏作用,特别是小断层往往成为矿体边界	重要

续表 3-15-1

成矿要素		内容描述	类别
特征描述		矿床属沉积变质型	
矿床特征	矿物组合	硼镁石矿石：矿石矿物为硼镁石；脉石矿物以蛇纹石、菱镁石为主，白云石、方解石、橄榄石、磁铁矿次之，绿泥石少量，硼镁石有板状、纤维状、鳞片状3个变种。含磁铁矿硼镁矿矿石：矿石矿物以硼镁石为主，硼镁铁矿少量，偶见硼铝镁石；脉石矿物以蛇纹石、菱镁矿为主，磁铁矿、水镁石、水滑石次之，金云母、绿泥石、尖晶石少量	重要
	结构构造	矿石结构常见有粒状变晶结构、包含变晶结构，热液交代结构显著，表现为粒状、纤维状、鳞片状交代残余及火焰状结构，硼镁铁矿石见"丁"字形分解残骸结构；矿石构造有典型的条带状、条痕状变质构造，过渡类型的团块状、斑点状构造，典型热液交代的云朵状构造、块状构造、脉状构造、网脉状构造	次要
	蚀变特征	长英质伟晶岩脉或其他岩脉穿切矿体或矿体顶底板时，发生明显的蚀变作用，主要有金云母化、电气石化、镁橄榄石化、透闪石化、蛇纹石化、滑石化，局部见透辉石化，在空间上呈带状分布特点	重要
	控矿条件	矿体受蚂蚁河组控制；褶皱构造控矿，北东向宽缓褶皱控制，北北东向（或北东向）、北西向及近东西向3组断裂构造均为成矿后构造，对矿体起破坏作用，特别是小断层往往成为矿体边界；古元古代花岗岩类控矿	必要

第四章　吉林省成矿区带划分

第一节　成矿区带划分原则

一、Ⅰ、Ⅱ、Ⅲ成矿区带划分的原则

吉林省地处我国东北部,北与黑龙江省、南与辽宁省、西与内蒙古自治区相邻,东—东南与俄罗斯、朝鲜接壤。吉林省Ⅰ、Ⅱ、Ⅲ级成矿区带采用中国成矿区带划分方案(徐志刚等,2008),共划分了1个Ⅰ级成矿域,3个Ⅱ级成矿省,6个Ⅲ级成矿带。

二、Ⅳ、Ⅴ成矿区带划分的原则

吉林省Ⅳ、Ⅴ级成矿区带及找矿远景区是根据吉林省地质特点,在对吉林省大地构造演化与区域矿产时空演化的关系、区域控矿因素、区域成矿特征、矿床成矿系列、区域成矿规律以及物探、化探、遥感信息特征研究的基础上进行划分的。

1. Ⅳ级成矿带具体划分原则

(1)不同级别的大地构造单元控制不同级别的成矿区带,原则上为同一个构造单元。
(2)同一成矿区带控矿因素、控矿地质条件相同或相似。
(3)区域矿产空间分布的集中性和区域成矿作用的统一性。
(4)按地质、物探、化探、遥感多信息标志综合圈定的原则。
(5)成矿区带的边界一般在地质变化最大的急变带上。
(6)同一成矿区带处在同一个Ⅲ级成矿带内。

2. Ⅴ级找矿远景区的具体划分原则

(1)处在同一个Ⅳ级成矿带内。
(2)有已知矿床或矿点、矿化点,并且矿产相对集中的区域。
(3)成矿地质条件与已知找矿远景区相同或相近。
(4)物探、化探、遥感综合异常集中分布区。

第二节 成矿区带的划分

一、Ⅰ、Ⅱ、Ⅲ级成矿区带的划分

根据中国成矿区带划分方案,吉林省共划分了1个Ⅰ级成矿域,3个Ⅱ级成矿省,6个Ⅲ级成矿带。Ⅰ级成矿区带属滨太平洋成矿域(Ⅰ-4);Ⅱ级成矿区带属大兴安岭成矿省(Ⅱ-12)、吉黑成矿省(Ⅱ-13)、华北(陆块)成矿省(Ⅱ-14);Ⅲ级成矿区带属突泉-翁牛特Pb-Zn-Fe-Sn-REE成矿带(Ⅲ-50)、松辽盆地石油-天然气-U成矿区(Ⅲ-51)、小兴安岭-张广才岭(造山带)Fe-Pb-Zn-Cu-Mo-W成矿带(Ⅲ-52)、吉中-延边(活动陆缘)Mo-Au-As-Cu-Zn-Fe-Ni成矿带(Ⅲ-55)、佳木斯-兴凯(地块)Fe-Au-P-石墨-夕线石成矿带(Ⅲ-53)、辽东(隆起)Fe-Cu-Pb-Zn-Au-U-B-菱镁矿-滑石-石墨-金刚石成矿带(Ⅲ-56)。本次研究不包括突泉—翁牛特Pb-Zn-Fe-Sn-REE成矿带(Ⅲ-50)、松辽盆地石油—天然气—铀成矿区(Ⅲ-51)。成矿区带划分详见表4-2-1、图4-2-1。

二、Ⅳ、Ⅴ级成矿区带的划分

依据Ⅳ、Ⅴ级成矿带的划分原则,在对大地构造演化与区域矿产时空演化的关系、区域控矿因素、区域成矿特征、矿床成矿系列、区域成矿规律以及物探、化探、遥感等综合信息特征研究的基础上,共划分了13个Ⅳ级成矿带,36个Ⅴ级找矿远景区,具体划分见表4-2-1。

三、Ⅲ、Ⅳ、Ⅴ级成矿区带的范围

1. 突泉-翁牛特Pb-Zn-Fe-Sn-REE成矿带(Ⅲ-50)

该成矿带位于吉林省西北部白城—洮南一线以西地区的大兴安岭地区(省内部分),镇西-永茂断裂以西内蒙造山带的小部分,划分了1个Ⅳ级成矿带,即万宝-那金Pb-Zn-Ag-Au-Cu-Mo成矿带(Ⅲ-50-③);1个Ⅴ级找矿远景区,即闹牛山-偏坡营子Au-Cu-Mo找矿远景区(V1)。万宝-那金Pb-Zn-Ag-Au-Cu-Mo成矿带(Ⅲ-50-③)范围与Ⅲ级成矿带(Ⅲ-50)一致。闹牛山-偏坡营子Au-Cu-Mo找矿远景区(V1)位于那金-巨宝断裂以西。

2. 松辽盆地石油-天然气-U成矿区(Ⅲ-51)

该成矿带位于吉林省西北部松辽断陷盆地,镇西-永茂断裂以东,四平-长春-德惠岩石圈断裂(郯庐断裂的北延分支断裂)以西,未划分Ⅳ、Ⅴ级成矿区带。

3. 小兴安岭-张广才岭(造山带)Fe-Pb-Zn-Cu-Mo-W成矿带(Ⅲ-52)

该成矿带位于吉林省中部吉林造山带内,四平-长春-德惠岩石圈断裂(郯庐断裂的北延分支断裂)以东,敦化-密山岩石圈断裂以西,西拉木伦河断裂以北,划分了2个Ⅳ级成矿带,即兰家-上河湾Au-

Fe-Cu-Ag成矿带(Ⅲ-52-④)、福安堡—塔东Mo-Fe-W-Cu-Au-Pb-Zn-Ag成矿带(Ⅲ-52-⑥);5个Ⅴ级找矿远景区,即兰家Au-Fe-Cu-Ag-S找矿远景区(V2)、八台岭—上河湾Au-Ag-Cu-Fe找矿远景区(V3)、大绥河Cu-Fe-Cr-萤石找矿远景区(V4)、福安堡—马鹿沟Mo-Fe-Cu-Au-Ag-Pb多金属找矿远景区(V5)、塔东—额穆Fe-Au-Cu-Ni找矿远景区(V6)。

(1)兰家-上河湾Au-Fe-Cu-Ag成矿带(Ⅲ-52-④):位于四平-长春-德惠岩石圈断裂(郯庐断裂的北延分支断裂)与伊通-舒兰岩石圈断裂(郯庐断裂的北延主干部分)之间的大黑山条垒内。带内包括2个Ⅴ级找矿远景区,即兰家Au-Fe-Cu-Ag-S找矿远景区(V₂)、八台岭-上河湾Au-Ag-Cu-Fe找矿远景区(V3)。

(2)福安堡—塔东Mo-Fe-W-Cu-Au-Pb-Zn-Ag成矿带(Ⅲ-52-⑥):位于伊通-舒兰岩石圈断裂(郯庐断裂的北延主干部分)与敦化—密山岩石圈断裂之间。带内包括3个Ⅴ级找矿远景区,即大绥河Cu-Fe-Cr-萤石找矿远景区(V4)、福安堡—马鹿沟Mo-Fe-Cu-Au-Ag-Pb多金属找矿远景区(V5)、塔东—额穆Fe-Au-Cu-Ni找矿远景区(V6)。

4. 吉中-延边(活动陆缘)Mo-Au-As-Cu-Zn-Fe-Ni成矿带(Ⅲ-55)

该成矿带位于吉林省中部吉林造山带、延边造山带,四平-长春-德惠岩石圈断裂(郯庐断裂的北延分支断裂)以东,珲春-春阳断裂以西,西拉木伦河断裂以南,辉发河-古洞河超岩石圈断裂以北,划分了7个Ⅳ级成矿带,即山门-乐山Ag-Au-Cu-Fe-Pb-Zn-Ni成矿带(Ⅲ-55-①)、那丹伯—一座营Au-Mo-Ag-Pb-Zn-Cu-Ni成矿带(Ⅲ-55-②)、山河-榆木桥子Au-Ag-Mo-Ni-Cu-Fe-Pb-Zn成矿带(Ⅲ-55-③)、红旗岭-漂河川Ni-Au-Cu成矿带(Ⅲ-55-④)、海沟-红太平Au-Fe-Cu-Pb-Zn-Ag-Mo-Ni成矿带(Ⅲ-55-⑤)、五凤-百草沟Au-Cu-Ag-Pb-Zn-Fe成矿带(Ⅲ-55-⑥)、天宝山-开山屯Pb-Zn-Au-Ag-Ni-Mo-Cu-Fe成矿带(Ⅲ-55-⑦);12个Ⅴ级找矿远景区,即山门Ag-Au-Ni找矿远景区(V7)、放牛沟Au-Cu-Pb-Zn找矿远景区(V8)、西苇-沙河镇Au-Ag-Mo-Ni-Pb-Zn找矿远景区(V9)、头道-官马Au-Ni-Fe-Ag-Cu-萤石找矿远景区(V10)、大黑山-倒木河Mo-Au-Ag-Cr-Cu-Fe-Pb-Zn-S找矿远景区(V11)、红旗岭-漂河川Ni-Au-Cu-S-Fe-Sb找矿远景区(V12)、海沟Au-Fe-Ag-Ni找矿远景区(V13)、大蒲柴河Au-Cu-Fe-Ag-Ni-稀土找矿远景区(V14)、亮兵Cu-Fe-Ag找矿远景区(V15)、红太平Pb-Zn-Cu-Au-Ag-Ni找矿远景区(V16)、五凤-百草沟Au-Ag-Cu-Pb-Zn-Fe找矿远景区(V17)、天宝山-开山屯Pb-Zn-Au-Ag-Ni-Mo-Cu-Fe-Cr找矿远景区(V18)。

(1)山门-乐山Ag-Au-Cu-Fe-Pb-Zn-Ni成矿带(Ⅲ-55-①):位于西拉木伦河断裂以南,四平-长春-德惠岩石圈断裂(郯庐断裂的北延分支断裂)与伊通-舒兰岩石圈断裂(郯庐断裂的北延主干部分)之间的大黑山条垒内。带内包括2个Ⅴ级找矿远景区,即山门Ag-Au-Ni找矿远景区(V7)、放牛沟Au-Cu-Pb-Zn找矿远景区(V8)。

(2)那丹伯—一座营Au-Mo-Ag-Pb-Zn-Cu-Ni成矿带(Ⅲ-55-②):位于伊通-舒兰岩石圈断裂(郯庐断裂的北延主干部分)以南,辉南-伊通断裂带以西,辉发河—古洞河超岩石圈断裂以北。带内划分了1个Ⅴ级找矿远景区,即西苇-沙河镇Au-Cu-Ag-Mo-Ni-Pb-Zn找矿远景区(V9)。

(3)山河-榆木桥子Au-Ag-Mo-Ni-Cu-Fe-Pb-Zn成矿带(Ⅲ-55-③):位于西拉木伦河断裂以南,伊通—舒兰岩石圈断裂及辉南—伊通断裂以东,敦化—密山岩石圈断裂以北。带内划分了2个Ⅴ级找矿远景区,即头道-官马Au-Ni-Fe-Ag-Cu萤石找矿远景区(V10)、大黑山—倒木河Mo-Au-Ag-Cr-Cu-Fe-Pb-Zn-S找矿远景区(V11)。

(4)红旗岭-漂河川Ni-Au-Cu成矿带(Ⅲ-55-④):位于敦化—密山岩石圈断裂以北断裂带附近。带内划分了1个Ⅴ级找矿远景区,即红旗岭-漂河川Ni-Au-Cu-S-Fe-Sb找矿远景区(V12)。

(5)海沟-红太平Au-Fe-Cu-Pb-Zn-Ag-Mo-Ni成矿带(Ⅲ-55-⑤):位于敦化-密山岩石圈断裂以东,辉发河-古洞河超岩石圈断裂以北,松江—安图—天桥岭断裂及珲春-春阳断裂以西。带内划分了

4个Ⅴ级找矿远景区,即海沟 Au-Fe-Ag-Ni 找矿远景区(V13)、大蒲柴河 Au-Cu-Fe-Ag-Ni-稀土找矿远景区(V14)、亮兵 Cu-Fe-Ag 找矿远景区(V15)、红太平 Pb-Zn-Cu-Au-Ag-Ni 找矿远景区(V16)。

(6)五凤-百草沟 Au-Cu-Ag-Pb-Zn-Fe 成矿带(Ⅲ-55-⑥):位于松江-安图-天桥岭断裂以东,新合-延吉断裂以北和以西。带内划分了1个Ⅴ级找矿远景区,即五凤-百草沟 Au-Cu-Ag-Pb-Zn-Fe 找矿远景区(V17)。

(7)天宝山-开山屯 Pb-Zn-Au-Ag-Ni-Mo-Cu-Fe 成矿带(Ⅲ-55-⑦):位于松江-安图-天桥岭断裂、辉发河-古洞河超岩圈断裂、新合-延吉断裂之间。带内划分了1个Ⅴ级找矿远景区,即天宝山-开山屯 Pb-Zn-Au-Ag-Ni-Mo-Cu-Fe-Cr 找矿远景区(V18)。

5. 佳木斯-兴凯(地块)Fe-Au-P-石墨-夕线石成矿带(Ⅲ-53)

该成矿带位于吉林省东部延边造山带内珲春-春阳断裂以东地区(省内部分),划分了1个Ⅳ级成矿带,即新华村-小西南岔 Au-Cu-W-Pb-Zn-Ag-Fe-Mo-Pt-Pd 成矿带(Ⅲ-53-⑤);3个Ⅴ级找矿远景区,即新华村 Pb-Zn-Ag-Fe-Mo-Au-Cu 找矿远景区(V19)、九三沟-杜荒岭 Au-Cu-Ag 找矿远景区(V20)、小西南岔-农坪 Au-Cu-W-Pt-Pd 找矿远景区(V21)。

6. 辽东(隆起)Fe-Cu-Pb-Zn-Au-U-B-菱镁矿-滑石-石墨-金刚石成矿带(Ⅲ-56)

该成矿带位于华北陆块北缘、龙岗复合陆块内,辉发河-古洞河超岩圈断裂以南,划分了2个Ⅳ级成矿带,即铁岭-靖宇(次级隆起)Fe-Au-Ag-Cu-Pb-Zn 成矿带(Ⅲ-56-①)、营口-长白(次级隆起、Pt_1裂谷)Pb-Zn-Fe-Au-Ag-U-B-菱镁矿-滑石成矿带(Ⅲ-56-②);15个Ⅴ级找矿远景区,即山城镇-安口镇 Au-Fe-Cu 找矿远景区(V22)、辉南-抚民 Au-Fe 找矿远景区(V23)、王家店-那尔轰 Au-Cu-Fe-Ni 找矿远景区(V24)、夹皮沟 Au-Fe-Ni 找矿远景区(V25)、两江-金城洞 Au-Fe-Ag-Cu-Pb-Zn-Ni-Sb 找矿远景区(V26)、百里坪 Ag-Fe-Cu-Mo 找矿远景区(V27)、二密-赤柏松 Cu-Ni-Fe 找矿远景区(V28)、四方山-板石 Fe 找矿远景区(V29)、金厂-复兴 Au-B-Fe-Pb-Zn-Cu-Ag-S 找矿远景区(V30)、大安 Au-Fe-Cu-P 找矿远景区(V31)、抚松 Pb-Zn 找矿远景区(V32)、古马岭 Au-Pb-Zn 找矿远景区(V33)、南岔-荒沟山 Au-Ag-Fe-Cu-Pb-Zn-S 找矿远景区(V34)、六道沟 Au-Fe-Cu-Pb-Zn-W-Mo-Ni 找矿远景区(V35)、长白 Au-Cu-Fe-Mo-W 找矿远景区(V36)。

(1)铁岭-靖宇(次级隆起)Fe-Au-Ag-Cu-Pb-Zn 成矿带(Ⅲ-56-①):位于辉发河-古洞河超岩圈断裂以南,四方山-板石断裂以北。带内划分了8个Ⅴ级找矿远景区,即山城镇-安口镇 Au-Fe-Cu 找矿远景区(V22)、辉南-抚民 Au-Fe 找矿远景区(V23)、王家店-那尔轰 Au-Cu-Fe-Ni 找矿远景区(V24)、夹皮沟 Au-Fe-Ni 找矿远景区(V25)、两江-金城洞 Au-Fe-Ag-Cu-Pb-Zn-Ni-Sb 找矿远景区(V26)、百里坪 Ag-Fe-Cu-Mo 找矿远景区(V27)、二密-赤柏松 Cu-Ni-Fe 找矿远景区(V28)、四方山-板石 Fe 找矿远景区(V29)。

(2)营口-长白(次级隆起、Pt_1裂谷)Pb-Zn-Fe-Au-Ag-U-B-菱镁矿-滑石成矿带(Ⅲ-56-②):位于四方山-板石断裂以南,辽吉古元宙裂谷营口-宽甸隆起内。带内划分了7个Ⅴ级找矿远景区,即金厂-复兴 Au-B-Fe-Pb-Zn-Cu-Ag-S 找矿远景区(V30)、大安 Au-Fe-Cu-P 找矿远景区(V31)、抚松 Pb-Zn 找矿远景区(V32)、古马岭 Au-Pb-Zn 找矿远景区(V33)、南岔-荒沟山 Au-Ag-Fe-Cu-Pb-Zn-S 找矿远景区(V34)、六道沟 Au-Fe-Cu-Pb-Zn-W-Mo-Ni 找矿远景区(V35)、长白 Au-Cu-Fe-Mo-W 找矿远景区(V36)。

表 4-2-1 吉林省成矿区带划分表

Ⅰ	板块	Ⅱ	Ⅲ	Ⅳ	Ⅴ	代表性矿床（点）
Ⅰ-4 滨太平洋成矿域	西伯利亚板块	大兴安岭成矿省	Ⅲ-50 突泉-翁牛特 Pb-Zn-Fe-Sn-REE 成矿带	Ⅲ-50-③万宝-那金 Pb-Zn-Ag-Au-Cu-Mo 成矿带	V1 闹牛山-偏坡营子 Au-Cu-Mo 找矿远景区	东升铜矿
			Ⅲ-51 松辽盆地石油-天然气-铀成矿区			
			Ⅲ-52 小兴安岭-张广才岭（造山带）Fe-Pb-Zn-Cu-Mo-W 成矿带	Ⅲ-52-④兰家-上河湾 Au-Fe-Cu-Ag 成矿带	V2 兰家 Au-Fe-Cu-Ag-S 找矿远景区	兰家金矿、东风硫铁矿
					V3 八台岭-上河湾 Au-Ag-Cu-Fe 找矿远景区	八台岭银金矿、牛头山萤石矿
					V4 大绥河 Cu-Fe-Cr 萤石找矿远景区	小绥河铬铁矿、金家屯萤石矿
				Ⅲ-52-⑥福安堡-塔东 Mo-Fe-W-Cu-Au-Pb-Zn-Ag 成矿带	V5 福安堡-马鹿沟 Mo-Fe-Cu-Au-Ag-Pb 多金属找矿远景区	季德屯钼矿、大石河钼矿、福安堡钼矿
					V6 塔东-额穆 Fe-Au-Cu-Ni 找矿远景区	塔东铁矿
	吉黑板块	Ⅱ-13 吉黑成矿省	Ⅲ-55 吉中延边（活动陆缘）Mo-Au-As-Cu-Zn-Fe-Ni 成矿带	Ⅲ-55-①山门-乐山 Ag-Au-Cu-Fe-Pb-Zn-Ni 成矿带	V7 山门 Ag-Au-Ni 找矿远景区	山门银矿、山门镍矿、大顶子多金属矿
					V8 放牛沟 Au-Cu-Pb-Zn 找矿远景区	放牛沟多金属硫铁矿、孟家沟多金属矿
				Ⅲ-55-②那丹伯-----烃营 Au-Mo-Ag-Pb-Zn-Cu-Ni 成矿带	V9 西郎-沙河镇 Au-Cu-Ag-Mo-Ni-Pb-Zn 找矿远景区	弯月钼矿、西苇钼矿、弯月铅锌矿、青堆子萤石矿、二道岭金矿
					V10 头道-官马 Au-Ni-Fe-Ag-Cu 萤石找矿远景区	吉昌铁矿、石明铜矿、民主屯银矿、头道沟硫铁矿、南梨树萤石矿、头道川金矿
				Ⅲ-55-③山河-榆木桥子 Au-Ag-Mo-Ni-Cu-Fe-Pb-Zn 成矿带	V11 大黑山-倒木河 Mo-Au-Ag-Cr-Cu-Fe-Pb-Zn-S 找矿远景区	大黑山钼矿、四方甸子钼矿、倒木河钼矿、新立屯多金属矿、兴隆钼矿、向阳铜矿
				Ⅲ-55-④红旗岭-漂河川 Ni-Au-Cu 成矿带	V12 红旗岭-漂河川 Ni-Au-Cu-S-Fe-Sb 成矿远景区	红旗岭铜镍矿、漂河川铁矿、二道子金矿、西台子硫铁矿、火龙岭钼矿床
					V13 海沟 Au-Fe-Ag-Ni 找矿远景区	海沟金矿、四岔子铁矿
				Ⅲ-55-⑤海沟-红太平 Au-Fe-Cu-Pb-Zn-Ag-Mo-Ni 成矿带	V14 大蒲柴河 Au-Cu-Fe-Ag-Ni 稀土找矿远景区	刘生店钼矿、东清独居石矿、三岔子钼矿、官瞎沟铜钼矿、双山多金属矿
					V15 亮兵 Cu-Fe-Ag 找矿远景区	
					V16 红太平 Pb-Zn-Cu-Au-Ag-Ni 找矿远景区	红太平多金属矿

续表 4-2-1

I	II	III	IV	V	代表性矿床（点）
			Ⅲ-55-⑥五凤-百草沟 Au-Cu-Ag-Pb-Zn-Fe 成矿带	V17 五凤-百草沟 Au-Cu-Ag-Pb-Zn-Fe 找矿远景区	五凤金矿、刺猬沟金矿、闹枝金矿
			Ⅲ-55-⑦天宝山-开山屯 Pb-Zn-Au-Ag-Ni-Mo-Cu-Fe 成矿带	V18 天宝山-开山屯 Pb-Zn-Au-Ag-Ni-Mo-Cu-Fe-Cr 找矿远景区	天宝山多金属矿、天宝山东风北山钼矿、长仁铜镍矿、金谷山金矿
		Ⅲ-53 佳木斯-兴凯（地块）Fe-Au-P-石墨-夕线石成矿带	Ⅲ-53-⑤新华村-小西南岔 Au-Cu-W-Pb-Zn-Ag-Fe-Mo-Pt-Pd 成矿带	V19 新华村 Pb-Zn-Ag-Fe-Mo-Au-Cu 找矿远景区	
				V20 九三沟-杜荒岭 Au-Cu-Ag 找矿远景区	九三沟金矿、杜荒岭金矿
				V21 小西南岔-农坪 Au-Cu-W-Pt-Pd 找矿远景区	小西南岔铜金矿、杨金沟金矿、黄松甸子金矿、珲春河砂金矿、杨金沟钨矿
				V22 山城镇-安口镇 Au-Fe-Cu 找矿远景区	香炉碗子金矿、鲜光金矿
				V23 辉南-抚民 Au-Fe 找矿远景区	安口金矿
			Ⅲ-56-①铁岭-靖宇（次级隆起）Fe-Au-Ag-Cu-Pb-Zn 成矿带	V24 王家店-那尔轰 Au-Cu-Fe-Ni 找矿远景区	天合兴铜矿、那尔轰铜矿、王家店金矿
华北板块	Ⅱ-14 华北（陆块）成矿省	Ⅲ-56 辽东（隆起）Fe-Cu-Pb-Zn-Au-U-B-菱镁矿-滑石-石墨-金刚石成矿带		V25 夹皮沟 Au-Fe-Ni 找矿远景区	夹皮沟金矿、六匹叶金矿、二道沟金矿、老牛沟铁矿
				V26 两江-金城洞 Au-Fe-Ag-Cu-Pb-Zn-Ni-Sb 找矿远景区	西林河银矿、官地铁矿、金城洞金矿
				V27 百里坪 Ag-Fe-Cu-Mo 找矿远景区	百里坪银矿、石人沟金矿
				V28 二密-赤柏松 Cu-Ni-Fe 找矿远景区	二密铜矿、赤柏松铜镍矿、新安铜镍矿
			Ⅲ-56-②营口-长白（次级隆起）Pt1 裂谷 Pb-Zn-Fe-Au-Ag-U-B-菱镁矿-滑石成矿带	V29 四方山-板石 Fe 找矿远景区	四方山铁矿、板石铁矿
				V30 金厂-复兴 Au-B-Fe-Pb-Zn-Cu-Ag-S 找矿远景区	正岔铅锌矿、高台沟金矿、西岔银矿、金厂沟金矿、洞子铅锌矿、爱国铅锌矿
				V31 大安 Au-Fe-Cu-P 找矿远景区	金英金矿、刘家堡子狼沟银矿、水洞磷矿
				V32 抚松 Pb-Zn 找矿远景区	大营铅锌矿
				V33 古马岭 Au-Pb-Zn 找矿远景区	古马岭金矿、下话龙金矿

续表 4-2-1

I	板块 II	III	IV	V	代表性矿床（点）
				V 34 南岔-荒沟山 Au-Ag-Fe-Cu-Pb-Zn-S 找矿远景区	荒沟山金矿、南岔金矿、荒沟山铅锌矿、大横路铜钴矿、大栗子铁矿、青沟铁矿、七道沟铁矿、白房子铁矿、杉松岗铜钴矿、荒沟山硫铁矿、郭家岭铅锌矿、青沟子锑矿
				V 35 六道沟 Au-Fe-Cu-Pb-Zn-W-Mo-Ni 找矿远景区	临江铜钼矿、乱泥塘铁矿
				V 36 长白 Au-Cu-Fe-Mo-W 找矿远景区	

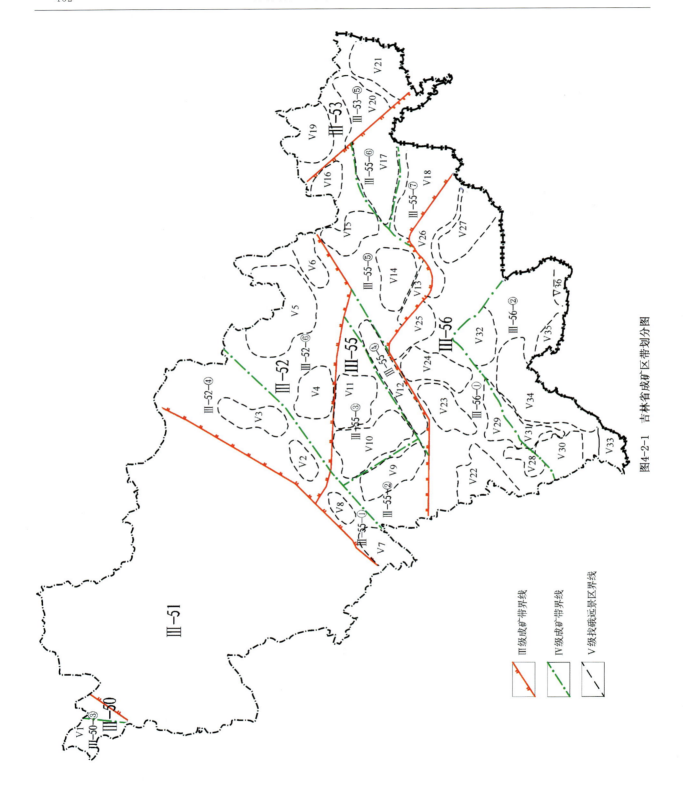

图 4-2-1 吉林省成矿区带划分图

第五章　成矿区带成矿特征及演化

第一节　突泉-翁牛特 Pb‑Zn‑Fe‑Sn‑REE 成矿带

一、地质构造背景演化及成矿特征

(一) 成矿地质构造环境及其演化

该成矿带位于大兴安岭成矿省南缘，分属两个不同的大地构造单元，以野马吐岩石圈断裂为界，西部为太平洋陆缘活动带乌兰浩特构造岩浆隆起区万红盆地，东部为华北板块白城晚古生代残余海槽，与大兴安岭成矿带同处于华北板块和西伯利亚板块结合带的褶皱增生带(古生代和中生代复合造山带)部位。构造演化经历了古亚洲洋、蒙古-鄂霍茨克海的闭合以及华北板块与西伯利亚板块的最终拼贴等过程，3次构造旋回促成本区发育内生金属矿产资源(铜、钼、铅锌、镍、金、银等)，成矿具有明显的多阶段性。

该成矿带内洮南西部地区划分了1个Ⅳ级成矿带，即万宝—那金 Pb‑Zn‑Ag‑Au‑Cu‑Mo 成矿带(Ⅲ‑50‑③)；1个Ⅴ级找矿远景区，即闹牛山—偏坡营子 Au‑Cu‑Mo 找矿远景区(V1)。

整体该区地质调查工作程度较低。化探工作为空白，基础地质调查仅局部开展，区域成矿作用、控矿因素方面研究程度偏低，缺少宏观联系和总结，没有建立起系统的区域(带)地质构造演化与成矿模式，在一定程度上影响了矿产勘查工作部署和地质找矿成果。

(二) 成矿特征

1. 成矿地质条件

在白城晚古生代残余海造山带内，主要为二叠系的一套正常陆源碎屑岩-凝灰质砂岩沉积建造，其中夹有少量中(酸)性火山碎屑岩、灰岩建造，岩性自下而上主要为黑色板岩，局部为砂岩、砾岩和透镜状灰岩，向上过渡为粉砂岩、粉砂质板岩及泥板岩。在该套建造中 Cu、Pb、Zn、Ag 等成矿元素含量高出地壳克拉克值的几倍至几十倍，是本区重要的含矿建造层位。万红盆地内主要为侏罗系的一套陆源碎屑夹薄层煤、火山碎屑岩及熔岩建造。

区内岩浆岩分布广泛，主要形成于燕山期，部分形成于海西晚期。燕山早期侵入岩为中性岩类、偏中性的酸性岩类、中酸性及酸性脉岩类。海西晚期侵入岩为超基性岩、中—酸性花岗岩及酸性脉岩类。

区内构造活动强烈，构造样式各异，自东向西划分为野马吐隆起、万宝坳陷区，主要构造为褶皱构造及断裂构造。区内的北西向、南北向及北东向断裂构造为主要控矿构造,北西向断裂是本区的重要控矿构造之一,区内已知铁、铜等矿床与矿点多呈北西带状展布延伸,且多分布于北西向断裂带的两侧。两组或两组以上断裂复合部位是控制本区矿床形成的最重要控矿形式,在多组断裂交会复合部位,经常伴有花岗(斑)岩的贯入,形成一系列铜、铁、铅等矿点或矿床。

2. 矿床类型及时空分布特征

区内的矿床(点)主要为热液型,矿产类型主要有铜、钼、铅锌、镍、金、银等,主要赋存在二叠系的一套正常陆源碎屑岩-凝灰质砂岩沉积建造中。已知的有莲花山铜银矿床、长春岭多金属矿床、洮南县东升铜矿点、洮安县巨宝乡马厂铜矿点、洮南县王粉房镍矿点等众多的矿床、矿点、矿化点,其中洮南县王粉房镍矿点产于海西晚期超基性侵入岩中。

3. 成矿系列及矿床式划分

通过对以往成矿系列划分成果的研究,结合本次矿产资源潜力评价的研究,对该成矿带成矿系列进行了初步的厘定,划分了1个成矿系列类型,2个成矿系列,2个矿床式。

第二节 小兴安岭-张广才岭(造山带)Fe-Pb-Zn-Cu-Mo-W 成矿带

一、地质构造背景演化及成矿特征

(一)成矿地质构造环境及其演化

该成矿带位于吉黑成矿省张广才岭南缘吉黑造山带、吉林省中部吉林造山带北部,分属两个性质不同的大地构造单元,以伊通-舒兰岩石圈断裂为界,西部属于华北板块,东部总体上为被动大陆边缘。该区经历了新元古代—晚古生代(截至到晚三叠世)古亚洲构造域多幕造山阶段、新生代库拉-太平洋板块向亚洲大陆俯冲的活化阶段,前中生代归属为内蒙-大兴安岭岩石圈板块,早古生代为华北地块的活动性陆缘即拉张型过渡壳,中生代隆起发展为新陆壳。

元古宙末,该区处于华北板块稳定大陆边缘的中亚-蒙古洋扩张中脊形成阶段,普遍发育基性火山喷发,形成的塔东岩群基性火山-碳酸盐岩-硅质铁锰建造,为铁(锰)矿富集层位,以铁、钒、钛、磷成矿为主,代表性矿床为塔东铁矿。古生代吉林—延边为广海沉积,形成广泛的拉张过渡型地壳;早期(寒武纪)在九台的机房沟主要形成了一套大洋底基性火山喷发,夹有碎屑岩、少量碳酸盐岩和含铁、锰沉积,构成一套完整的火山沉积旋回;中—晚期(奥陶纪—志留纪)来自区域西北方向的强大挤压力,使上河湾—放牛沟一带形成活动陆缘前缘—岛弧环境,大规模中—酸性火山作用,在碳酸盐相形成喷气型多金属(铅、锌、铜、铁、硫、金、银、镓)硫化物矿床,经后期花岗岩热液叠加形成多金属矿床;下古生界褶皱基底上发育起来的晚古生代海域,沉积范围明显缩小,形成陆间海构造环境,沉降作用强度和深度显著减弱,形成火山-类复理石式-类磨拉石建造,晚期沿断裂侵入的超基性侵入岩形成小规模铬铁矿。中生代以来在环太平洋陆缘岩浆带控制之下,火山岩浆活动强烈,形成了大面积的中酸性侵入岩,且沿构造破碎带多次侵入的复式岩体或脉体相有关的斑岩型、热液型矿床。该成矿带区域成矿模式见图5-2-1。

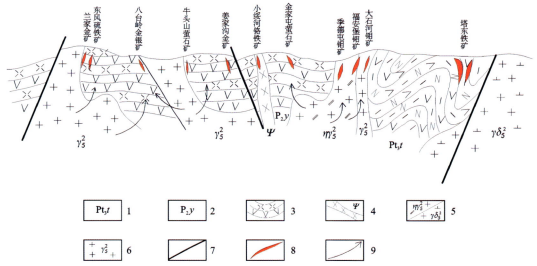

图 5-2-1 小兴安岭-张广才岭成矿带（Ⅲ-52）区域成矿模式图

1.新元古界塔东(岩)群；2.晚古生代—一拉溪组火山-碎屑-碳酸盐沉积建造；3.中生代中酸性火山-沉积建造；
4.海西期超基性岩；5.燕山期二长花岗岩-花岗闪长岩；6.燕山期花岗岩类；7.深大断裂；8.矿体；9.成矿物质、热液运移方向

（二）成矿特征

1. 矿床类型及时空分布特征

区内已知的矿产主要有铁、金、银、铜、钼、铅锌、铬、硫铁矿、萤石、磷、煤等。矿床(点)类型主要为沉积变质型、斑岩型、侵入岩浆型、岩浆热液改造型、火山热液型、热液充填型等。众多的矿床、矿点主要分布在大黑山条垒北段及张广才岭南缘中生代岩浆岩带内，大多分布在海西晚期、印支期、燕山期花岗岩侵入岩体内或其周围，裂陷边缘的次一级北东—东西向断裂是区内主要的控岩控矿构造。成矿时代主要为新元古代和中生代。

2. 成矿系列及矿床式划分

通过对以往成矿系列划分成果的研究，结合本次矿产资源潜力评价的研究，对该成矿带成矿系列进行了初步的厘定，划分了 1 个成矿系列类型，4 个成矿系列，8 个矿床式。

二、Ⅳ级成矿带成矿特征

（一）兰家-上河湾 Au-Fe-Cu-Ag 成矿带（Ⅲ-52-④）

1. 成矿地质条件及成矿特征

该成矿带位于松辽断陷与伊舒断裂之间的大黑山条垒北段，西南起长春兰家，北东至榆树市大岭，呈北东向带状展布，划分了 2 个Ⅴ级找矿远景区。

1）兰家 Au-Fe-Cu-Ag-S 找矿远景区（Ⅴ2）

(1)地质特征:区域主要含矿建造为二叠系范家屯组碎屑岩及晚三叠世石英闪长岩,矿产受范家屯组层控明显,后者为其提供了热源和矿源,在两者接触带附近形成矽卡岩型矿床。区内与矿产有关的构造主要为北西向兰家倒转向斜以及北西向、北东向次级断裂构造,是主要的控矿和容矿构造。区内侵入岩发育,具有多期多阶段性。有中二叠世橄榄岩、晚二叠世闪长岩、晚三叠世石英闪长岩、中侏罗世花岗闪长岩与二长花岗岩,早正长花岗岩与正长岩,脉岩有花岗斑岩。

(2)矿产特征:中型金矿 1 处,金矿点 7 处;小型铜矿 1 处,铜矿点 3 处;铁矿点 2 处,其中代表性的矿床为长春市兰家金矿床。

2)八台岭-上河湾 Au-Ag-Cu-Fe 找矿远景区(Ⅴ3)

(1)地质特征:出露的地层有新元古界机房沟岩组含铁变质岩系,以片岩夹大理岩和磁铁矿扁豆体为特征,原岩为一套中—酸性火山岩夹钙泥质或泥质粉砂岩和含铁或铁质泥硅质岩及碳酸盐岩,该层位内赋存有塔东式铁矿。主要有中二叠统哲斯组、范家屯组浅海相陆源碎屑岩及火山碎屑岩;上二叠统林西组、杨家沟组粉砂质板岩、泥质板岩夹细砂岩;下三叠统卢家屯组碎屑岩夹泥灰岩透镜体和薄煤层;下三叠统四合屯组火山碎屑岩建造;下白垩统沙河子组、登楼库组、泉头组碎屑岩建造,营城组火山-碎屑岩建造;新生界古新统缸窑组、棒槌沟组、舒兰组等含煤岩系。区域北东向伊通-舒兰断裂带及分支断裂为主要的导岩(矿)构造,其两侧与之有成因联系的次一级北东向断裂为储岩(矿)构造,断裂的交会部位为成矿有利部位。区内海西期、燕山期中酸性侵入岩发育,具有多期多阶段性,主要有中二叠世橄榄岩、晚二叠世闪长岩、晚三叠世石英闪长岩;早侏罗世闪长岩、二长花岗岩;中侏罗世花岗闪长岩、二长花岗岩、碱长花岗岩;晚侏罗世二长花岗岩;早白垩世花岗斑岩。脉岩有闪长玢岩、辉绿玢岩、石英脉。燕山期侵入岩与成矿关系密切,侵入岩体与地层的接触带是成矿有利部位。

(2)矿产特征:区内已发现矿化点、矿点、矿床多处,主要分布在岩体与地层(范家屯组、杨家沟组)接触带或岩体内、地层内构造裂隙控制热液充填型脉状矿化体。有小型金矿床 2 处,金矿点 2 处,小型萤石矿床 1 处,其中代表性的矿床为永吉县八台岭银金矿床。

该成矿带地质及矿产特征见图 5-2-2。

2.成矿作用及其演化

该成矿带以新元古代和中生代成矿为主,该区分布的矿床(铁矿例外)大都是燕山时期定位的,成矿与燕山期构造岩浆热液作用有密切关系。

(1)新元古代海底火山喷发-沉积作用:喷发物质主要为基性凝灰质及磁铁矿碎屑,形成含矿(Fe)岩系,局部地段形成矿体,因海水中溶解有较多的 S、P,形成大量的细粒黄铁矿,并伴生 P;由于构造运动发生区域变质,变质程度达绿片岩-角闪岩相。基性火山喷发物质发生重结晶形成斜长角闪岩,局部磁铁矿、黄铁矿发生重结晶颗粒变大,形成局部磁体矿富矿段或矿体和黄铁矿局部富集现象。区域上海西期花岗质岩浆侵入作用使含矿岩系遭受改造,花岗质岩浆侵入吞噬原来的含矿建造,使其支离破碎。残浆的气水热液沿层间裂隙或片麻理等渗透交代生成硅化、绢云母化热液蚀变,并生成以黄铁矿为主、次有黄铜矿等金属硫化物。由于气液改造,原来磁铁矿、黄铁矿发生改造形成细脉状黄铁矿和磁铁矿,形成塔东式沉积变质型铁矿。

(2)表生成矿作用:由于构造运动矿体出露地表,在物理和化学风化作用下,黄铁矿等金属硫化物风化,形成褐铁矿等。海西晚期—燕山期中酸性侵入岩的岩浆期后热液,与地层(范家屯组)接触带附近产生交代形成矽卡岩,则转入矽卡岩热液阶段,溶液开始表现为碱性环境,并有赤铁矿等矿物析出,而后慢慢向酸性过渡,出现了少量贫硫的自然金属及硫化物,这是金的主要沉淀时间,故金矿体多叠加于过渡带位置,矽卡岩形成之后还有晚期热液,硫化物金矿化阶段自然金与相伴的矿物沿地层内构造裂隙充填交代,一部分叠加在矽卡岩上,另一部分远离接触带形成单独的中温热液充填型脉状矿体。

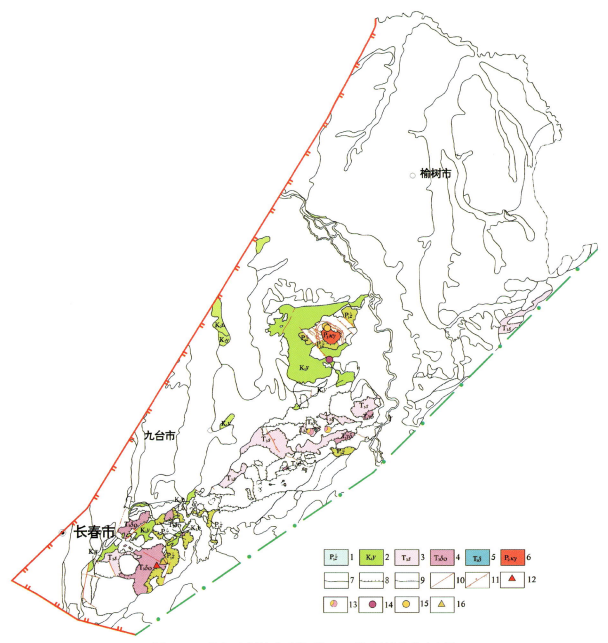

图 5-2-2　兰家-上河湾成矿带(Ⅲ-52-④)区域地质矿产图

1.哲斯组；2.营城组；3.四合屯组；4.晚三叠世石英闪长岩；5.晚三叠世闪长岩；6.晚二叠世碱性花岗岩；7.地质界线；8.超动接触界线；9.角度不整合界线；10.断层；11.逆断层倾向及倾角；12.铁矿；13.金银矿；14.萤石矿；15.金矿；16.硫铁矿

(二)福安堡-塔东 Mo-Fe-W-Cu-Au-Pb-Zn-Ag 成矿带(Ⅲ-52-⑥)

1. 成矿地质条件及成矿特征

该成矿带位于张广才岭南缘伊通-舒兰岩石圈断裂与敦化-密山岩石圈断裂之间,西南起永吉-拉溪,东至敦化塔东,呈北东向带状展布,划分了 3 个Ⅴ级找矿远景区。

1)大绥河 Cu-Fe-Cr-萤石找矿远景区(V4)

(1)地质特征:区内出露有下古生界下志留统—下泥盆统西别河组碎屑岩夹灰岩透镜体;上古生界中二叠统大河深组火山岩-火山碎屑岩、范家屯组浅海相陆源碎岩及火山碎屑岩;上二叠统杨家沟组粉砂质板岩、泥质板岩夹细砂岩;中生界上三叠统四合屯组安山质火山碎屑岩、角砾岩、集块岩;下侏罗统玉兴屯组火山-碎屑岩;下侏罗统南楼山组火山-碎屑岩。区内以东西—北东东向断裂构造为主,近南北向次之。区内侵入岩有晚泥盆世超基性岩,岩性为橄榄岩、含辉橄榄岩,岩石呈黑绿色、暗绿色,具蛇纹石化,为区内铬铁矿的主要赋矿岩体;中—晚侏罗世花岗闪长岩、二长花岗岩与早白垩世花岗斑岩,为区内的主要控矿岩体。

(2)矿产特征:区内已发现矿化点、矿点、矿床,主要分布在岩体与地层接触带或岩体内、地层内构造裂隙控制热液充填型脉状矿化体。有小型萤石矿床1处,铬铁矿点1处,铜矿点1处,代表性的矿床为永吉县小绥河铬铁、永吉县金家屯萤石矿床。

2)福安堡-马鹿沟 Mo-Fe-Cu-Au-Ag-Pb 多金属找矿远景区(V5)

(1)地质特征:位于南楼山-辽源中生代火山盆地群、吉林中东部火山岩浆段的叠合部位。出露的有新元古界新兴岩组片岩及大理岩、机房沟岩组变质砂岩和黑云片岩、变粒岩变质建造,塔东岩群拉拉沟岩组和朱墩店岩组为以构造片呈孤岛状残存于花岗岩中的一套含铁变质岩系,主要岩性为片麻岩、片岩、角闪岩、大理岩及磁铁角闪岩;中生界白垩系泉头组、嫩江组;新生界第三系棒槌沟组、舒兰组、荒山组及老爷岭组、军舰山组玄武岩。区内的构造较为复杂,断裂构造很发育,主要为北东向,北西向次之,其中以北东向大型断裂最为发育,是区内钼矿最重要的控矿构造和容矿构造。区内侵入岩具有多期多阶段性,主要有海西期早石炭世二长花岗岩;印支期中三叠世白云母二长花岗岩、花岗闪长岩、石英闪长岩;燕山期早—中侏罗世辉长岩、石英闪长岩、花岗闪长岩、二长花岗岩、碱长花岗岩,晚侏罗世二长花岗岩、正长花岗岩,早白垩世花岗斑岩。区内钼及多金属矿床(点)与燕山期侵入岩浆密切相关。脉岩有花岗细晶岩、花岗斑岩、流纹斑岩、石英脉。

(2)矿产特征:区内已发现矿化点、矿点、矿床多处,以斑岩型钼矿为主,产于燕山期侵入岩体内,主要有舒兰市福安堡钼矿床、舒兰市季德屯钼矿床、敦化市大石河钼矿床,另有产于地层内构造裂隙控制的热液型萤石矿床。有大型钼矿床2处,小型钼矿床1处,萤石矿点1处及其他众多的铜、铅、锌、金等,矿点、矿化点大多分布在印支期、燕山期花岗岩小岩株内或其周围。

3)塔东-额穆 Fe-Au-Cu-Ni 找矿远景区(V6)

(1)地质特征:位于机房沟-塔东-杨木桥子岛弧盆地带内。区内出露的地层主要为新元古界塔东岩群,是以构造片呈孤岛状残存于花岗岩中的一套含铁变质岩系,包括拉拉沟岩组和朱敦店岩组。拉拉沟岩组为浅粒岩-黑云变粒岩-磁铁石英岩变质建造,原岩为基性火山岩-火山碎屑岩-碎屑岩,为塔东式沉积变质型铁矿的主要含矿层位;朱敦店岩组为石英岩-云母片岩-大理岩(斜长角闪岩)变质建造,原岩为泥砂质沉积岩-基性火山岩。此外,此区还出露上古生界中二叠统大河深组火山岩-火山碎屑岩、范家屯组浅海相陆源碎岩及火山碎屑岩,上二叠统杨家沟组粉砂质板岩、泥质板岩夹细砂岩。该区为多向构造体系复合处,构造较为复杂,主要有近南北向、北东向、北西向、近东西向。近南北向断裂构造发育时间早,控制塔东岩群变质岩系的形成和分布及脉岩的展布。近南北向挤压带比较发育,沿该断裂带有热液活动现象,形成黄铁矿化、硅化、绢云母化等蚀变,其不仅控制了本区铁磷矿床的形成,而且控制了混合岩及热液型黄铁矿的形成。区内岩浆活动多期频繁,侵入岩分布广泛,主要有海西晚期黑云斜长花岗岩、闪长细晶岩、辉石闪长岩及燕山期钾长花岗岩。脉岩多为近南北向,有角闪石岩、煌斑岩、闪长玢岩、花岗闪长岩。

(2)矿产特征:区内已发现矿化点、矿点、矿床多处,以沉积变质型铁矿为主,受塔东岩群变质岩系的控制,代表性的矿床为敦化市塔东大型铁矿床;另有产于燕山期侵入岩体内或其周围的其他众多的铜、铅、锌、钼等矿点及矿化点。

2. 成矿作用及其演化

该成矿带以新元古代和中生代成矿为主,该区分布的多数矿床(铁矿例外)大都是燕山时期定位的,成矿与燕山期构造岩浆热液作用有密切关系。

(1)新元古代海底火山喷发-沉积作用:喷发物质主要为基性凝灰质及磁铁矿碎屑,形成中基性熔岩透镜体和次火山岩及含矿岩系,局部地段形成矿体。因海水中溶解有较多的硫、磷,形成大量的细粒黄铁矿,并伴生磷。后期由于构造运动发生区域变质作用,基性火山喷发物质发生重结晶形成斜长角闪岩,局部磁铁矿、黄铁矿发生重结晶,颗粒变大,形成局部磁体矿富矿段或矿体和黄铁矿局部富集现象。区域上海西期花岗质岩浆侵入作用使含矿岩系遭受改造,由于气液改造,原来磁铁矿、黄铁矿发生改造形成细脉状黄铁矿和磁铁矿,形成塔东式沉积变质型铁矿。

(2)表生成矿作用:由于构造运动矿体出露地表,在物理和化学风化作用下,黄铁矿等金属硫化物风化,形成褐铁矿等。在中生代受太平洋构造运动的影响,深部岩浆沿一个柱状的岩浆通道上涌,轻的富水岩浆通过岩浆通道上升,流体在其顶部从岩浆中分离。经历了去气的岩浆由于相对较大的密度下降进入下部的岩浆房,下部轻的富水岩浆则继续沿岩浆通道上升,这一对流过程可使大量的流体及挥发分聚集于岩浆通道的顶部。当压力超过围岩压力时发生隐爆,形成角砾岩筒构造,岩浆上侵携带来大量的成矿物质,含钼热液不断向上运移,最终在角砾岩筒各方向的隐爆裂隙中聚集成矿。

该成矿带地质及矿产特征见图 5-2-3。

第三节 吉中-延边(活动陆缘)Mo-Au-As-Cu-Zn-Fe-Ni成矿带

一、地质构造背景演化及成矿特征

(一)成矿地质构造环境及其演化

该成矿带位于吉黑成矿省,华北陆块与吉林-延边古生代增生造山带两个大地构造单元的分界,即辉发河-古洞河地体拼贴带以北,张广才岭、佳木斯-兴凯地块的南缘,吉林造山带、延边造山带内,总体上为被动大陆边缘。该区地质演化过程较为复杂,经历新元古代—晚古生代古亚洲构造域多幕陆缘造山阶段、中新生代滨太平洋构造域阶段的地质演化过程。

1.新元古代—晚古生代古亚洲构造域多幕陆缘造山阶段

新元古代—古生代在吉黑造山带上晚前寒武纪末期至早寒武世,吉中地区处于华北板块稳定大陆边缘的中亚-蒙古洋扩张中脊形成阶段,早寒武世在四平的下二台一带具有拉张过渡壳特征,主要形成了一套大洋底基性火山喷发,夹有碎屑岩、少量碳酸盐岩和含铁、锰沉积,构成一套完整的火山沉积旋回。在古陆(龙岗陆核)边缘裂陷槽沉积的一套基性—酸性火山喷发沉积和陆源碎屑岩沉积组合(色洛河岩群),遭受了褶皱造山作用和后期的构造岩浆活动,形成了一套绿片岩相-角闪石岩相的变质岩系。延边地区由于中生代一系列构造岩浆事件的改造,除晚古生代末期造山事件(晚二叠世—晚三叠世)证据较充分外,其他造山事件仅有一些零星的地质记录。延边地区的海沟地区、万宝地区的粉砂岩和板岩及和龙白石洞地区的大理岩均见有具刺凝源类或波罗的刺球藻等化石,敦化地区的塔东岩群一般认为也可与黑龙江的张广才岭群对比,时代为新元古代晚期。加里东期侵入岩以铜、镍、铂、钯成矿作用为

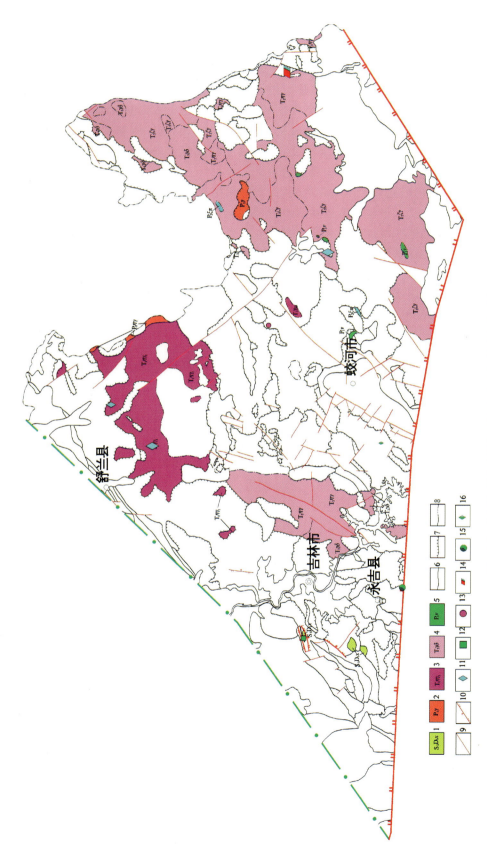

图5-2-3 福安堡—塔东成矿带（Ⅲ-52-⑥）区域地质矿产图

1.西别河组；2.早二叠世花岗岩；3.早三叠世二长花岗岩；4.晚三叠世花岗闪长岩；5.超基性岩；6.地质界线；7.超动接触界线；8.角度不整合界线；9.断层；10.逆断层倾向及倾角；11.钼矿；12.铬铁矿；13.萤石矿；14.铁矿；15.铜矿；16.铜钼矿

主,代表性矿床有仁和洞铜镍矿。

中晚石炭世—早二叠世地层主要为一套碳酸盐岩建造,中二叠世为一套海相陆源碎屑岩夹火山岩建造,晚二叠世—早三叠世为陆相磨拉石建造。早海西期形成两条花岗岩带,一条为和龙百里坪-敦化六棵松二叠纪花岗岩带,为一套钙碱性-碱性花岗岩组合;另一条为延吉依兰-敦化官地二叠纪花岗岩带,同样为一套钙碱性系列花岗岩。同时,可见有超铁镁岩侵入,见有铬矿化,代表性矿床有龙井彩秀洞铬铁矿点。晚海西期在所谓的槽台边界构造带内形成一条东起龙井江域经和龙长仁、海沟直至桦甸色洛河的几千米至十几千米宽的构造岩片堆叠带,带内堆叠了不同时代不同性质的构造岩片,以富含金为特点。

古亚洲多幕造山运动结束于三叠纪,其侵入岩标志为长仁-獐项镁铁-超镁铁质岩体群的就位,在区域上构造了长仁-漂河川-红旗岭镁铁质-超镁铁质岩浆岩带,以铜、镍成矿作用为主,代表性矿床有长仁铜镍矿,而同期沉积作用的标志为白水滩拉分盆地的陆相含煤碎屑岩建造。

2.中新生代滨太平洋构造域演化阶段

晚三叠世以来,吉林省进入滨太平洋构造域的演化阶段,受太平洋板块向欧亚板块俯冲作用的影响。

晚三叠世早期,在吉黑造山带上沿两江构造形成安图两江-汪清天桥岭幔源侵入岩带,主要出露在安图两江、三岔、青林子、亮兵、汪清天桥岭等地大致沿两江断裂带的北段呈小岩株状出露,岩性为一套碱性辉长岩、角闪正长岩、石英正长岩、碱长花岗岩组合。以铁、钒、钛、磷成矿作用为主,代表性矿床有三岔铁矿点、南土城子铁矿点。与此同时,伴生有大量火山喷发,形成一系列火山盆地,代表性盆地有天宝山盆地、天桥岭盆地等,两者共同构成了滨西太平洋的晚三叠世岩浆弧,与之相关的次火山岩具有多金属成矿作用,代表性矿床有天宝山多金属矿。

早侏罗世—中侏罗世基本上继承了晚三叠世岩浆弧的特点,但火山作用不明显,未见有火山岩及沉积岩层,而钙碱性侵入岩较发育,形成了大蒲柴河中侏罗世花岗岩带,岩性为花岗闪长岩-似斑状花岗岩闪长岩-二云母花岗组合。

晚侏罗世岩浆作用以火山喷发为主,形成一套钙碱性火山岩系(屯田营组),侵入岩仅在火山盆地周边局部发育,具有次火山岩的特点。截至早白垩世,随着欧亚板块的向外增生,受太平洋板块俯冲远距离效应的影响,地壳明显处于拉分作用的状态,具有向裂谷系方向演化的特点,形成一系列断陷盆地,沉积了一系列陆相含煤建造(长财组)、偏碱性火山岩建造(泉水村组)及含油建造(大拉子组),同时伴生有碱性花岗岩侵入(和龙仙景台岩体)。

晚白垩世盆地的裂谷性质已趋成熟,其中罗子沟等盆地发现有覆盖在大拉子组之上的一套安山玄武岩-流纹岩组合,具有双峰式火山岩的特点,而龙井组可能代表了该时期的类磨拉石建造。

晚侏罗世—白垩纪是吉黑造山带的一个重要成矿期,成矿以金铜为主,矿产地众多,代表性的有五凤金矿、刺猬沟金矿、九三沟金矿等。

新生代以来火山作用加剧,火山喷发物为大陆拉斑玄武岩-碱性玄武岩-粗面岩-碱流岩组合。

该成矿带区域成矿模式见图5-3-1。

(二)成矿特征

1. 矿床类型及时空分布特征

区内已知的矿产主要有铁、铬、金、银、铜、铅锌、镍、钼、锑、稀土、硫铁矿、萤石、煤等。矿床(点)类型主要为沉积变质型、矽卡岩型、侵入岩浆型、斑岩型、热液型、岩浆热液改造型、热液充填型、绿岩型(新发现的松江河金矿)等。众多的矿床、矿点主要分布于坳陷区,有些矿床分布于隆中之坳,总的来看也是坳

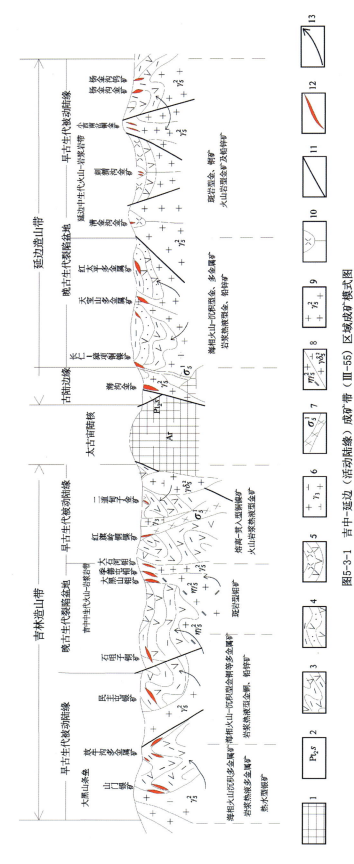

图5-3-1 吉中-延边（活动陆缘）成矿带（Ⅲ-55）区域成矿模式图

1.太古宙古陆核；2.中元古界色洛河（岩）群；3.早古生代海相-火山-碎屑-碳酸盐沉积建造；4.晚古生代海相-火山-碎屑-碳酸盐沉积建造；5.中生代陆相中酸性火山-沉积建造；6.加里东期二长花岗岩、花岗闪长岩；7.印支期辉长岩、辉石岩、辉石橄榄岩、橄榄辉石岩；8.燕山期二长花岗岩-花岗闪长岩-花岗闪长岩类；9.燕山期花岗岩类；10.次火山岩体；11.深大断裂；12.矿体；13.成矿物质、热液运移方向

陷区,大多分布在海西晚期、印支期、燕山期侵入岩体内或其周围。成矿时代自老到新各时代都有成矿,显示多期、多源的成矿特征,但主要成矿期为燕山期。

2. 成矿系列及矿床式划分

通过对以往成矿系列划分成果,结合本次矿产资源潜力评价的研究,对该成矿带成矿系列进行了初步的厘定,划分了2个成矿系列类型,7个成矿系列,26个矿床式。

二、Ⅳ级成矿带成矿特征

（一）山门-乐山Ag-Au-Cu-Fe-Pb-Zn-Ni成矿带(Ⅲ-55-①)

1. 成矿地质条件及成矿特征

该成矿带位于西拉木伦河断裂以南,四平-长春-德惠岩石圈断裂与伊通-舒兰岩石圈断裂之间的大黑山条垒南段,西南起四平山门,北东至伊通放牛沟,呈北东向带状展布。出露地层主要为下古生界寒武系—下奥陶统西保安组和中奥陶统黄莺屯组,为一套区域变质的中低级变质岩。西保安组为基性火山岩-硅铁建造的角闪片岩、角闪变粒岩、云母片岩;黄莺屯组为一套海相中酸性火山岩-碎屑岩沉积及碳酸盐岩建造的变质碎屑岩、碳酸盐岩、放牛沟火山岩与桃山组中酸性火山-类复理式建造的变英安岩、变流纹岩夹变质粉砂岩、大理岩等。在大顶山一带有上古生界上石炭统磨盘山组和石嘴子组硅质条带大理岩、结晶灰岩、厚层大理岩夹硅质岩、板岩、酸性熔岩等。区内侵入岩发育,从加里东晚期到燕山期均有分布,加里东晚期有黑云母角闪岩、含黑云母二长花岗岩和闪长岩等;海西期有斜长花岗岩,花岗闪长岩和石英闪长岩等;印支期和燕山期有二长花岗岩、流纹斑岩等。上述岩类均呈岩基或岩株北东向分布,形成区内明显的以北东向为主的构造-岩浆岩带,各期次侵入岩分别与不同类型的矿化有关,成为本区主要控矿因素之一。区内构造以断裂最为发育,主要以平行南北两侧大型断裂构造次一级北东—北北东向压性—压扭性冲断层和糜棱岩化带为主,北西向和其他方向断裂次之。褶皱构造多不完整,主要发育在下古生界中,形成复式褶皱,在放牛沟地区以东西向为主,在大顶山地区以北西向为主,在山门地区则以北东向为主。上述构造和北东向与北西向构造交会部位,为本区主要控岩、控矿构造。该成矿带内镍、钼、银、金、铜、铅、锌等矿产丰富,形成了众多的大、中、小型矿床。目前已发现矿床、矿点、矿化点共计40多处,其中大型银矿床1处,中型银矿床1处,中型铅锌矿(放牛沟多金属矿)1处,小型铜矿2处,铅锌矿1处,镍矿1处,划分了2个Ⅴ级找矿远景区。该成矿带地质及矿产特征见图5-3-2。

1)山门Ag-Au-Ni找矿远景区(V7)

(1)地质特征:区内主要含矿层位为下古生界黄莺屯组变质碎屑岩、碳酸盐岩建造,原岩为一套海相中酸性火山岩-碎屑岩沉积及碳酸盐岩建造;其次为火山岩和侵入岩,区域成矿受层控明显,含矿热液主要来源于上述地质体之中。区内侵入岩较发育,具有多期多阶段性,有晚志留世片麻状石英闪长岩,中二叠世石英闪长岩,晚二叠世辉石角闪岩,中三叠世花岗闪长岩,晚三叠世辉长岩,早侏罗世花岗闪长岩,中侏罗世石英闪长岩、花岗闪长岩、二长花岗岩,晚侏罗世闪长岩,早白垩世正长花岗岩。区内发育的脆性断裂构造是成矿和控矿构造,主要有北西向、北东向、东西向,在断裂带附近和两组断裂交会部位以及侵入岩与地层接触带是成矿的最佳部位。

(2)矿产特征:区内有大型银矿床1处,中型银矿床1处、银矿点4处;小型金矿床1处,金矿点10处;铁矿点3处、锰矿点2处、铝矿点1处;小型铜矿1处、矿点1处。

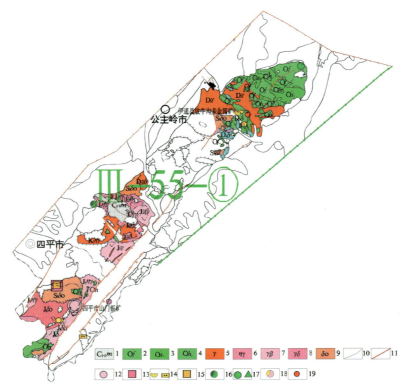

图 5-3-2　山门-乐山成矿带（Ⅲ-55-①）区域地质矿产图

1.石炭系磨盘山组；2.奥陶系放牛沟火山岩；3.奥陶系烧锅屯岩组；4.奥陶系黄顶子岩组；5.花岗岩；6.二长花岗岩；7.黑云母花岗岩；8.花岗闪长岩；9.石英闪长岩；10.地质界线；11.断层；12.银矿；13.镍矿；14.金矿；15.磷矿；16.多金属矿；17.铜矿；18.金银矿；19.铁矿

2）放牛沟 Au-Cu-Pb-Zn 找矿远景区（V8）

（1）地质特征：位于大黑山隆起带的中心部位，区域上奥陶系放牛沟火山岩片理化流纹质凝灰岩、英安质凝灰熔岩夹大理岩及中志留世弯月组变质流纹岩、变质安山岩夹大理岩为主要含矿建造，含矿热液主要来源于上述火山岩之中。区内侵入岩较发育，具有多期多阶段性。有晚志留世闪长岩、片麻状石英闪长岩、片麻状花岗闪长岩，晚三叠世辉长岩、石英闪长岩，早侏罗世花岗闪长岩、二长花岗岩、正长花岗岩，中侏罗世石英二长岩、二长花岗岩，晚侏罗世闪长岩，早白垩世正长花岗岩。区内发育的脆性断裂构造是成矿和控矿构造，主要有北西向、北东向、东西向，在断裂带附近和两组断裂交会部位是成矿的最佳部位。

（2）矿产特征：中型硫铁矿多金属矿床 1 处、矿点 1 处；小型铜矿床 3 处、铜矿点 2 处；铅锌矿点 2 处、铁矿点 1 处、金矿点 2 处。

2. 成矿作用及其演化

该成矿带以新元古代和中生代成矿为主，该区分布的多数矿床大都是燕山时期定位的，成矿与燕山期构造岩浆热液作用有密切关系。原始沉积的古生代海相中酸性火山岩-碳酸盐岩-碎屑岩建造，富含大量的金、银、铜、铅、锌等成矿物质，为初始矿源层。海西期侵入的基性岩浆具有深部熔离作用和就地熔离作用，形成了基性—超基性的不同岩相，降低了硫化物熔融体的熔解度，经熔离生成的硫化物熔浆因重力作用而沉于岩体底部，从而形成岩体中的硫化镍矿床。海西期—燕山期中酸性花岗岩浆活动带来部分成矿物质，在岩浆上侵的同时同化早古生代火山-沉积岩系物质，逐步活化地层中的造矿元素，随着岩浆期后的富硅、矿质交代作用进行，残余岩浆热液中不断富集矿化剂，形成以含金银氯络合物为主的矿液。在热动力驱赶下，矿液向低压的有利构造空间运移，当到达天水线时被冷却凝结，同时与天水混合和被氧化形成含 HCO_3^-、HCl^-、HSO_4^- 等酸性溶液向下淋滤,大量的金属阳离子被带入热液,在弱碱性介质条件下,金银沉淀富集成矿。当含矿热液运移到构造应力薄弱、易交代的含钙质、杂质较多的大理岩特别是条带大理岩、片理化安山岩及安山质凝灰岩中形成矽卡岩,同时成矿物质发生沉淀,形成充填交代矿体。

(二)那丹伯—座营 Au-Mo-Ag-Pb-Zn-Cu-Ni 成矿带（Ⅲ-55-②）

1. 成矿地质条件及成矿特征

该成矿带位于伊通-舒兰岩石圈断裂与辉发河-古洞河超岩石圈断裂之间,伊泉岩浆弧和中生代南楼山-辽源火山盆地群的叠合部位,北起伊通伊丹镇,南至辉南一座营,呈南北向带状展布,划分了 1 个 V 级找矿远景区,即西苇-沙河镇 Au-Cu-Ag-Mo-Ni-Pb-Zn 找矿远景区(V9)。

区内出露地层主要为新元古界西保安岩组,以含沉积变质铁矿为特征,岩性以角闪质岩石为主,偶见大理岩薄层,夹磁铁矿数层;下古生界中志留统石缝组是以变质砂岩、粉砂岩与结晶灰岩为旋回层的一套地层,赋存的矿产主要有金、铅锌、萤石;上志留统椅山组是以碎屑岩和碳酸盐岩为主的一套地层。区内侵入岩分布较广,有加里东期花岗闪长岩、印支期花岗闪长岩与燕山期花岗闪长岩(二长花岗岩)、闪长玢岩和花岗斑岩,其中燕山期花岗闪长岩和二长花岗岩分布广,空间上与钼矿化关系密切;侵入岩呈近东西—北东向分布,呈岩基状产出,构成吉林东部火山-岩浆岩带的组成部分。区内断裂构造展布方向主要为北东向,北西向次之,主要矿产均赋存于北东向构造带内。

该成矿带内金、银、铜、铅、锌、钼、铁、萤石等矿产丰富,形成了众多的矿床、矿点。其中,小型金矿 2 处、金矿点 7 处;小型铅锌矿 2 处、小型铁锰矿 1 处、钼矿点 1 处、小型萤石矿 1 处、萤石矿点 1 处。该成矿带地质及矿产特征见图 5-3-3。

2. 成矿作用及演化

该成矿带以新元古代和中生代成矿为主,该区分布的多数矿床大都是燕山时期定位的,成矿与燕山期构造岩浆热液作用有密切关系。新元古代海底火山喷发-沉积作用,喷发物质主要为基性凝灰质及磁铁矿碎屑,形成中基性熔岩透镜体和次火山岩,形成含铁岩系,因海水中溶解有较多的硫、磷,形成大量的细粒黄铁矿,并伴生磷。后期由于构造运动发生区域变质作用,局部磁铁矿、黄铁矿发生重结晶、颗粒变大,形成局部磁体矿富矿段或矿体和黄铁矿局部富集现象,后期花岗质岩浆侵入作用使含矿岩系遭受改造,由于气液改造,原来磁铁矿、黄铁矿发生改造形成细脉状黄铁矿和磁铁矿,形成塔东式沉积变质型铁矿。

古生代沉积的海相碎屑岩-碳酸盐岩建造,富含大量的金、银、铜、铅、锌等成矿物质,为初始矿源层。随着早古生代沉积作用结束代之为强烈的构造运动,在中生代受太平洋构造运动的影响,深部岩浆沿一个柱状的岩浆通道上涌,轻的富水岩浆通过岩浆通道上升,在其顶部流体从岩浆中分离,经历了去气的岩浆由于相对较大的密度下降进入下部的岩浆房,下部轻的富水岩浆则继续沿岩浆通道上升,这一对流过程可使大量的流体及挥发分聚集于岩浆通道的顶部。当压力超过围岩压力时发生隐爆,形成角砾岩筒构造,岩浆上侵携带来大量的成矿物质,含钼热液不断向上运移,最终在角砾岩筒各方向的隐爆裂隙中聚集成矿。在岩浆上侵的同时同化早古生代沉积岩系物质,逐步活化地层中的造矿元素。随着岩浆期后的富硅、矿质交代作用进行,残余岩浆热液中不断富集矿化剂,在热动力驱赶下,矿液向低压的有利构造空间运移。当含矿热液运移到构造应力薄弱、易交代的含钙质、杂质较多的大理岩及岩性界面中形成矽卡岩,同时成矿物质发生沉淀,形成充填交代矿体。

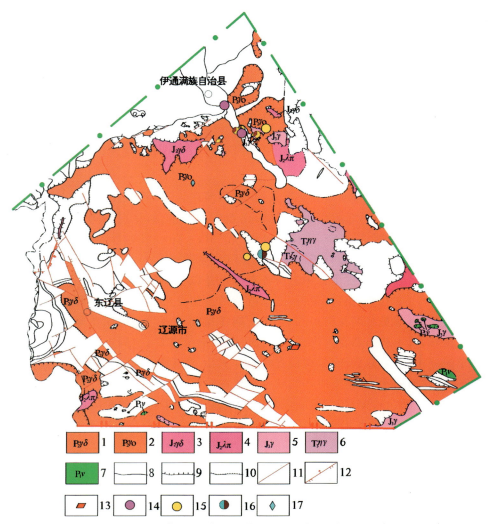

图 5-3-3 那丹伯—一座营成矿带（Ⅲ-55-②）区域地质矿产图

1.晚二叠世花岗闪长岩；2.晚二叠世斜长花岗岩；3.中侏罗世花岗闪长岩；4.中侏罗世次流纹岩；5.晚侏罗世花岗岩；6.晚三叠世二长花岗岩；7.早二叠世辉长岩；8.地质界线；9.超动接触界线；10.角度不整合界线；11.断层；12.道断层倾向及倾角；13.磷铁矿；14.萤石矿；15.金矿；16.铅锌矿；17.钼矿

（三）山河-榆木桥子 Au-Ag-Mo-Ni-Cu-Fe-Pb-Zn 成矿带（Ⅲ-55-③）

1. 成矿地质条件及成矿特征

该成矿带位于伊通-舒兰岩石圈断裂与敦化-密山岩石圈断裂之间，吉中中生代火山盆地东段。区内晚古生代处于被动大陆边缘构造环境，出露有晚石炭世碳酸盐岩-屑碎岩建造与早二叠世海相中酸性火山岩-沉积岩建造及浅海陆棚相类复理石建造。区域上晚古生代处于次稳定大陆边缘造山阶段特有的构造环境，对成矿较为有利。下二叠统 Pb、Zn、Ag 等成矿元素背景普遍偏高，特别是 Pb、Zn 的背景明显偏高，各层位中矿化剂元素 Cl 含量较高，有利于成矿物质的迁移富集。区内的已知矿床（点）均赋存在早二叠世地层内。区域海西期和印支期及燕山期中酸性侵入岩较发育。中生代区内陆相火山-岩浆活动强烈，形成了以中性火山岩为主的中酸性火山岩建造。火山热液活动与金、砷矿化关系密切。本区构造较发育，褶皱构造以晚古生代地层组成的一系列紧闭褶皱为主。以烟筒山-二道林子东西向基底断裂为界，南部以北西向为主，发育有磐石-明城背斜、黑石-官马向斜；北部以北东向为主，形成一些与韧性剪切带有关的规模不大的鞘褶皱。断裂构造以北西向黑石-烟筒山深断裂为主，南北向断裂和北东向头道川-烟筒山韧性剪切带等对本区成岩及成矿作用有着重要的控制作用。区域内已知矿产有铜、金、银、铅、锑、钨、钼等，已发现矿床、矿点及矿化点20余处。该成矿带地质及矿产特征见图5-4-4，划分了2个V级找矿远景区。

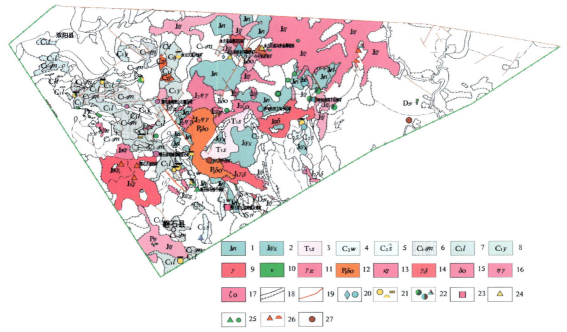

图5-3-4 山河-榆木桥子成矿带（Ⅲ-55-③）区域地质矿产图

1.南楼山组；2.玉兴屯组；3.四合屯组；4.窝瓜地组；5.石嘴子组；6.磨盘山组；7.鹿圈屯组；8.余富屯组；9.花岗岩；10.辉长岩；11.花岗斑岩；12.石英闪长岩；13.碱长花岗岩；14.花岗闪长岩；15.石英闪长岩；16.二长花岗岩；17.石英正长岩；18.实测角度不整合界线/花岗岩体超动接触界线；19.断层；20.钼矿；21.金矿；22.铅锌矿；23.镍矿；24.硫铁矿；25.铜矿；26.铁矿；27.锑矿

1)头道-官马 Au-Ni-Fe-Ag-Cu-萤石找矿远景区（V10）

（1）地质特征：位于磐石-双阳裂陷的中南部，区内印支晚期、燕山早期火山活动十分强烈，并有同期的中酸性侵入岩。西部出露下古生界石炭系窝瓜地组酸性火山熔岩夹灰岩建造，由片理化流纹岩、凝灰熔岩、英安质凝灰岩夹灰岩组成，系沿近南北向断裂海底喷溢的产物，本建造为窝瓜地铜矿的载体。区内还出露有鹿圈屯组砂岩夹灰岩建造与灰岩互层建造、磨盘山组灰岩建造、石嘴子组砂岩与页岩互层夹灰岩建造，侵入岩与火山活动紧密相伴。东胜利屯一带分布有印支期白云母花岗岩，中侏罗世闪长岩、石英闪长岩、二长花岗岩、正长花岗岩，早白垩世花岗斑岩。

（2）矿产特征：小型金矿1处，金矿点3处，小型砂金1处，小型铜矿1处，小型1处，小型铁矿3处，矿点12处。区内中部有官马镇火山热液型金矿、石嘴子铜矿、驿马火山热液型锑矿等。

2）大黑山-倒木河 Mo-Au-Ag-Cr-Cu-Fe-Pb-Zn-S找矿远景区（V11）

（1）地质特征：区内主要出露晚三叠世、早侏罗世火山岩建造和火山碎屑岩建造，早、中侏罗世石英闪长岩、花岗闪长岩建造和晚侏罗世二长花岗岩建造。北部有寒武系头道沟岩组变质岩构造残片和二叠系范家屯组碎屑岩建造。区内侵入岩分布面积较广，与火山岩共同组成驿马-吉林火山-岩浆构造带。区内有晚二叠世超基性岩，燕山早中期碱长花岗岩、石英闪长岩、花岗闪长岩、二长花岗岩，燕山晚期晶洞碱长花岗岩、闪长玢岩和花岗斑岩。其中花岗闪长岩和二长花岗岩分布最广，并且在空间上与铜钼及多金属矿床关系密切。

(2)矿产特征:区内有大黑山钼(铜)矿、锅盔顶铜矿等多金属矿床及矿点。南楼山组火山碎屑岩中有大型砷、铜矿床和多处矿点、矿化点。安山岩与燕山期花岗斑岩接触带形成小型铜及多金属矿床。中生代北东向火山岩带为区内控矿构造。区内有大型钼矿1处,小型1处,矿点2处;铁矿点6处;小型铜矿3处,矿点1处;金矿点1处;铅锌矿点1处;铁矿点3处。

2. 成矿作用及演化

由早古生代基底发展而来的晚古生代地壳成熟度大为提高,沉积范围缩小,稳定性增强,只有局部火山裂陷盆地发育有火山岩、砂泥岩、碳酸盐岩"互层带",赋存喷气型块状硫化物矿床(头道川式金矿、石嘴子式铜矿),晚期沿断裂侵入的超基性侵入岩具有铬铁矿化。中生代以来为滨太平洋活动陆缘的一部分,区域内火山作用很普遍,中—酸性岩浆侵入活动强烈,成熟地壳热作用达到顶峰,是成矿最佳时期,形成一些中酸性火山盆地和中—酸性深成侵入岩带,前者在火山热泉机制作用下生成官马式金矿和驿马式锑矿,于火山坳陷与隆起区之间的过渡地带集结铜、铅、锌(银)和钼矿床。它们多与火山坳陷下岩浆房沿过渡带构造破碎带多次侵入的复式岩体或脉体相有关的斑岩型、热液型矿床,代表性的矿床为大黑山斑岩型钼矿床等。产于火山盆地内的矿产有金、银、铜、锌铅、铁、萤石等多金属矿,它们多与这个时期岩浆活动有密切的关系。

(四)红旗岭-漂河川 Ni‒Au‒Cu 成矿带(Ⅲ‒55‒④)

1. 成矿地质条件及成矿特征

该成矿带位于辉发河深大断裂带北部,该断裂不仅限制了两侧沉积建造类型、岩浆活动,还控制着基性—超基性岩带的形成与分布。目前已发现基性—超基性岩多产出于断裂带北部一侧,自西向东依次发育红旗岭、漂河川基性—超基性岩群,划分了1个Ⅴ级找矿远景区,即红旗岭-漂河川 Ni‒Au‒Cu‒S‒Fe‒Sb 找矿远景区(V12)。

区域内出露地层主要有下古生界呼兰群变质岩系,岩性主要有变质砂岩、板岩、粉砂岩、碳质页岩、结晶灰岩及中基性变质火山岩;石炭系、二叠系英安岩、英安质凝灰角砾岩、凝灰岩夹灰岩等。呼兰群变质岩系是含铜镍基性、超基性岩体的围岩,同时也是金矿的赋矿层位。区域与铜镍成矿有关的岩浆活动为印支期基性—超基性岩侵入,主要有红旗岭岩群、漂河川岩群。单个岩体多为脉状、岩墙状、透镜状,呈串珠状排列,岩石类型为辉长岩-辉石岩-橄榄岩型及斜长辉石岩-苏长岩型等。区内还分布有大面积的燕山期黑云母花岗岩及闪长岩、花岗闪长岩,与金矿成矿关系密切。控制基性—超基性岩的构造为辉发河深大断裂的次一级断裂,大部分控岩构造呈北西向集群,东西向成带展布,北西向构造为容岩、容矿构造。红旗岭岩群已发现基性、超基性岩体47个,赋存大型铜镍矿床两处,尚有近20个基性、超基性岩体未进行系统评价。岩体分布在辉发河深大断裂的次一级构造黑石-烟筒山断裂带内,岩体顺层侵位于早古生代呼兰群变质岩中。茶尖岭铜镍矿化区目前区内已发现基性、超基性岩体15个,在1号、6号、新6号、9号和10号岩体控获镍金属量,对其余岩体,特别是已知盲矿体,投入的工作量都很少,勘查评价程度很低。漂河川基性—超基性岩体群成矿背景、岩体特征及成矿作用亦与红旗岭岩体群具有可比性,除已经评价的4号、5号、115号岩体外,其余的岩体工作程度都很少。

(2)矿产特征:红旗岭岩区内有大型镍矿1处,中型1处,小型铜矿5处,矿点1处;小型金矿1处,矿点5处;小型铁矿1处,矿点5处。漂河川岩区内有中型镍矿1处,小型镍矿3处,镍矿(化)点5处。大型金矿1处,小型金矿1处,金矿点3处,铌矿点1处,钨矿点1处。该成矿带地质及矿产特征见图5-3-5。

2. 成矿作用及演化

古生代该区为拉张过渡型地壳,沿古陆边缘附近形成海沟-岛弧带,形成了寒武系—奥陶系碳质云英角页岩与长石角闪石角页岩互层,为金(锑)的主要富集层位。燕山期黑云母花岗岩呈岩基状侵入,将

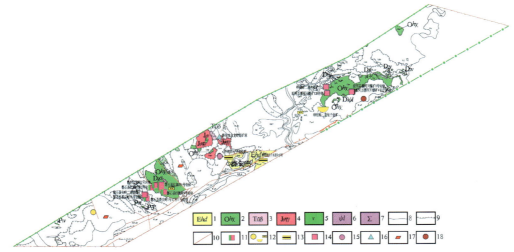

图 5-3-5 红旗岭-漂河川成矿带(Ⅲ-55-④)区域地质矿产图

1.古近系桦甸组;2.奥陶系黄莺屯组;3.晚三叠世花岗闪长岩;4.早侏罗世二长花岗岩;5.辉长岩;6.辉石橄榄岩;7.超基性岩;8.地质界线;9.不整合地质界线;10.断层;11.铜镍矿;12.金矿;13.硫铁矿;14.镍矿;15.萤石矿;16.钼矿;17.铁矿;18.锑矿

周围地层中的有用元素重新活化,燕山期闪长岩株的侵入,携带含矿热液沿早形成的构造裂隙运移,在温压及物理化学条件适合的环境形成含金石英脉(二道甸子金矿)。古生代末—中生代,为滨太平洋活动陆缘的一部分,随着构造作用的加剧,裂陷槽下部上地幔大量基性—超基性岩浆上升到地壳内,进入中间岩浆房,经分异先后侵入地壳表层,在红旗岭、漂河川等地形成红旗岭式铜镍硫化物矿床。

(五)海沟-红太平 Au-Fe-Cu-Pb-Zn-Ag-Mo-Ni 成矿带(Ⅲ-55-⑤)

1. 成矿地质条件及成矿特征

该成矿带位于兴凯地块南缘的延边中生代火山岩带上,为北东向展布的金铜成矿带,以金为主的金铜矿产主要受东西向火山-次火山岩带控制,划分了 4 个 Ⅴ 级找矿远景区。

区内出露有中元古界色洛河群,总体呈北西向带状分布,为绿片岩相-角闪石岩相的变质岩系。岩性为变质火山碎屑岩、大理岩及斜长角闪岩,是区内金的主要赋矿层位,近几年在该层位内发现了松江河金矿。中生界—新生界火山岩较发育,分布有上二叠统庙岭组中所夹火山碎屑岩、凝灰岩;上三叠统托盘沟组安山岩、英安岩及中酸性火山碎屑岩与天桥岭组流纹质和英安质火山岩、火山碎屑岩;上侏罗统屯田营组为一套安山岩建造;下白垩统刺猬沟组安山岩、英安岩及火山碎屑岩与金沟岭组玄武岩、玄武安山岩及火山碎屑岩和第三纪老爷岭组橄榄玄武岩、气孔状玄武岩等。区内构造主要以断裂构造为主,有北东向、北西向、东西向,每条断裂带又是由许多平行似等间距分布的北北东向、北东向断裂组成,在平面、剖面上具有舒缓波状延展特点;与成矿有关的构造为北东向、北西向构造,是主要的控矿和储矿构造。区内不同大地构造单元接合带中发育多条相互平行的韧性剪切带,与金及多金属矿关系比较密切,松江河金矿位于金银别-四岔子复杂构造带中的韧性剪切带内。区内侵入岩发育,具有多期多阶段性,有二叠纪花岗石英闪长岩、二长花岗岩;三叠纪花岗闪长岩、二长花岗岩、碱长花岗岩;早侏罗世石英闪长岩、花岗闪长岩、二长岩、二长花岗岩;中侏罗世二长花岗岩。它们在区域上构成大致呈近北东向带状展布的花岗岩浆岩带,对内生金属矿产形成十分有利。

区内与已知矿产有关的含矿建造为绿岩建造和火山岩建造,已知的矿床和矿点成矿类型有岩浆热液型、火山型、斑岩型、接触交代型、岩浆热液改造型(新发现的松江河金矿)。该成矿带地质及矿产特征见图 5-3-6。

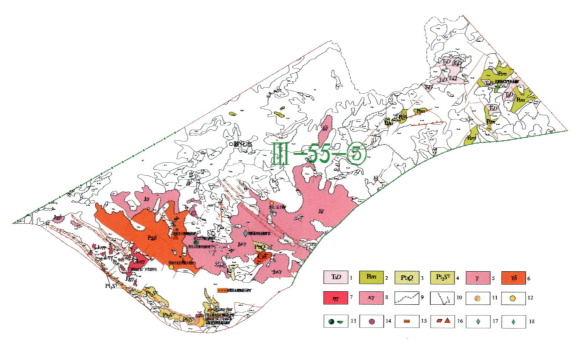

图 5-3-6 海沟-红太平成矿带(Ⅲ-55-⑤)区域地质矿产图

1.大兴沟群;2.庙岭组;3.青龙村群;4.色洛河群;5.花岗岩;6.花岗闪长岩;7.二长花岗岩;8.碱长花岗岩;9.实测角度不整合界线;10.花岗岩体超动接触界线;11.银金矿;12.金矿;13.铜钼矿;14.萤石矿;15.稀土矿;16.铁矿;17.钼矿;18.铜钼多金属矿

1) 海沟 Au-Fe-Ag-Ni 找矿远景区(V13)

(1)地质特征:区内出露有中元古界色洛河群、中生界—新生界火山岩。中元古界色洛河群总体上呈北西向带状分布,是一套以铁镁质火山岩为主体的变质-火山沉积岩系,后期经历了多期次的构造岩浆活动,岩石普遍遭受了中深程度区域变质作用和多期的强烈动力变质作用,形成以绿片岩相-角闪岩相为主体的变质岩系和糜棱岩系,为典型的绿岩型建造,是松江河金矿床的重要矿源层。中生界上三叠统托盘沟组为一套流纹岩-流纹质火山碎屑岩建造;上侏罗统屯田营组为一套安山岩建造。区内侵入岩发育,具有多期多阶段性,主要有晚三叠世碱长花岗岩、早侏罗世石英闪长岩、花岗闪长岩、二长岩、二长花岗岩;中侏罗世二长花岗岩。在180~160Ma 的二长花岗岩,侵入到新元古代红光屯岩组的斜长角闪岩、二云片岩夹大理岩中,沿北东向断裂构造沉淀而形成金矿(海沟金矿)。区内构造主要以断裂构造为主,有北东向、北西向、东西向,每条断裂带又由许多平行似等间距分布的北北东向、北东向断裂组成,在平面、剖面上具有舒缓波状延展特点,构成了金银别-四岔子复杂构造带的中段,松江河金矿产于该复杂构造带内南北向展布的韧性剪切带内。

(2)矿产特征:大型金矿1处,中型金矿1处(新发现的松江河金矿),小型金矿1处,金矿点2处,小型铁矿2处,铁矿点2处,镍矿点3处。

近年在该找矿远景区内新发现的松江河金矿,所处的构造环境是龙岗陆核北部的边缘裂陷槽,同时又是深大断裂带通过部位,褶皱造山作用和后期的构造活动及岩浆作用强烈而频繁,地层普遍遭受了较为强烈的动力变质作用。赋矿层位为中元古界色洛河群以铁镁质火山岩为主体的变质-火山沉积岩系,原岩应是古陆边缘裂陷槽内沉积的一套基性—酸性火山喷发沉积和陆缘碎屑岩沉积组合,后期经历了多期次的构造岩浆活动,岩石普遍遭受了中深程度区域变质作用和多期的强烈动力变质作用,形成以绿片岩相-角闪岩相为主体的变质岩系和糜棱岩系。矿床处于北东向和北西向两组构造交会部位,矿体产于近南北向展布的韧性剪切带内。该韧性剪切带早期为韧性变形,后期叠加有脆性变形作用,是矿区内的主要容矿构造。矿区内岩浆岩发育,主要有晋宁晚期钾长花岗岩、海西期辉石角闪岩、燕山期黄泥岭单元黑云母斜长花岗岩和五道溜河单元钾长花岗岩。

金矿体主要就位于色洛河岩群中部岩性段(黑云角闪斜长糜棱片岩、黑云斜长角闪糜棱片岩夹角闪片岩)的底部。矿体严格受韧性剪切带构造控制，呈脉状、薄脉状，长37~642m，厚0.80~3.61m，延深一般39~327m，最大延深1080m，单个矿体平品位$(0.53~7.77)\times 10^{-6}$。有用组分以自然金为主，次为银金矿。该矿床共发现10条金矿体，探明金资源储量9t，为中型金矿床。

2)大蒲柴河 Au-Cu-Fe-Ag-Ni-稀土找矿远景区(V14)

(1)地质特征：区内中生代火山岩较发育，有上三叠统托盘沟组安山岩、英安岩及中酸性火山碎屑岩；上侏罗统屯田营组一套安山岩建造；下白垩统刺猬沟组安山岩、英安岩及火山碎屑岩与金沟岭组玄武岩、玄武安山岩及火山碎屑岩；第三纪船底山组、老爷岭组橄榄玄武岩、气孔状玄武岩等。区内断裂构造比较发育，其中有由敦密(地堑)断裂大型变形构造、中—浅层次的北西—北北西向夹皮沟北西向韧性剪切带，也有表浅层次的脆性断裂；北西向断裂是区内重要的控矿断裂，北西向断裂与东西向断裂的交会部位是成矿有利地段。区内侵入岩有加里东期、海西期、印支期及燕山期侵入岩，构成吉林东部火山岩浆带，与内生多金属矿产有一定的成因联系。其中海西期二长花岗岩、花岗闪长岩分布广泛，在空间上与钼及多金属矿床关系密切。

(2)矿产特征：中型钼矿1处，小型铜钼矿1处，钼矿点1处，小型金矿1处，金矿点3处，小型铁矿1处，小型萤石矿1处。

3)亮兵 Cu-Fe-Ag 找矿远景区(V15)

(1)地质特征：区内中生代火山岩较发育，有上三叠统托盘沟组安山岩、英安岩及中酸性火山碎屑岩；上侏罗统屯田营组一套安山岩建造；下白垩统刺猬沟组安山岩、英安岩及火山碎屑岩与金沟岭组玄武岩、玄武安山岩及火山碎屑岩；第三纪船底山组、老爷岭组橄榄玄武岩、气孔状玄武岩等。区内断裂构造比较发育，其中有由敦密(地堑)断裂大型变形构造，也有表浅层次北西向的两江-天桥岭脆性断裂；北西向断裂是区内重要的控矿断裂，北西向断裂与东西向断裂的交会部位是成矿有利地段。区内侵入岩有加里东期、海西期、印支期及燕山期侵入岩，构成吉林东部火山岩浆带，与内生多金属矿产关系密切。

(2)矿产特征：区内与已知矿产有关的含矿建造为火山岩建造，已知的矿床、矿点成矿类型主要为岩浆热液型、火山型、接触交代型。

4)红太平 Pb-Zn-Cu-Au-Ag-Ni 找矿远景区(V16)

(1)地质特征：区域出露有上二叠统庙岭组中所夹火山碎屑岩、凝灰岩；上三叠统托盘沟组安山岩、英安岩及中酸性火山碎屑岩与天桥岭组流纹质和英安质火山岩、火山碎屑岩；下白垩统刺猬沟组安山岩、英安岩及火山碎屑岩与金沟岭组玄武岩、玄武安山岩及火山碎屑岩；第三纪老爷岭组橄榄玄武岩、气孔状玄武岩等，构成天桥岭火山洼地。与成矿有关的构造为北东向断裂构造，是主要的控矿和储矿构造。区内侵入岩发育，并且在区域上显示出具有多期多阶段性特点，有二叠纪花岗石英闪长岩、二长花岗岩；三叠纪花岗闪长岩、二长花岗岩；早侏罗世花岗闪长岩、二长花岗岩等。上述侵入岩在区域上构成大致呈近北东向带状展布的花岗岩浆岩带。

(2)矿产特征：小型铜矿2处，铜矿点3处，铅锌矿点1处，铁矿点1处。区内与已知矿产有关的含矿建造为火山岩建造，已知矿点成矿类型均为火山型成矿。

2. 成矿作用及演化

在中条运动初期，随着裂陷槽的褶皱隆起，强烈的火山爆发和变质作用使大量的 U、Th、Pb、Au、Bi、Ag、As、Sb、C 进入了色洛河群中。在中深程度的区域变质作用下，普遍发生绿片岩相-角闪岩相的变质作用，成矿物质在变质热液的参与下活化迁移并重新分配富集，其间 Pb、Au、Ag、S 等成矿元素形成了本区的一次大规模的金矿化，构成了松江河金矿(新发现)、海沟金矿的矿源层。晚古生代二叠纪地壳活动较为剧烈，伴随地壳下陷、海水入侵，沉积了一套海相碎屑岩，并有海底火山爆发，喷发出大量中性熔岩，形成了海底火山热液喷流，形成了富含铜及多金属的矿层或矿源层。中生代以来为滨太平洋活动陆缘的一部分，区内火山-岩浆活动强烈，沉积形成了一套火山-沉积岩系，形成了富含金及多金属的矿层或矿源层。区域变形褶皱和强烈的变质改造作用,对金及多金属迁移富集起到了一定的作用。在滨太平洋板块的活化阶段,在大陆内部形成一些具有继承性的断裂带,一些同熔型花岗岩浆并沿具拉张性深大断裂上侵,并携带了大量的矿质和矿化剂(Au、Ag、Sb、Se、S、K^+、Na、Cl^-、F 等)。上侵过程中热力、动力和矿化剂的作用,同时也加热了岩体周围的地下水,变热而环流的地下水浸滤出围岩中大量的Ag、Ag 等成矿物质而形成富含矿质的热流体。由于在岩浆分异过程中的强烈钾、钠质交代作用和矿化作用,大量矿质进入含矿热水溶液并富集到岩浆期后,形成了高盐度的成矿溶液,进入整个成矿构造系统的物质循环当中,并富集于张扭构造裂隙带中,形成含金石英脉群,构成大型海沟金矿床。在成矿系统中韧-脆性构造带是相对开放的环境,随着体系的物理化学条件的改变,矿质沉淀富集成矿形成松江河金矿床。岩浆侵入古生代—中生代一套火山-沉积岩系(矿源层),为成矿提供了矿源及热源和热液,其活化矿源层中的成矿物质,使其迁移有利的构造空间,富集形成工业矿体,形成火山岩型金及多金属矿床。

(六)五凤-百草沟 Au – Cu – Ag – Pb – Zn – Fe 成矿带(Ⅲ – 55 –⑥)

1. 成矿地质条件及成矿特征

该成矿带位于兴凯地块南缘的延边中生代火山岩带上,为一东西向的金铜成矿带,以金为主的金铜矿产主要受东西向火山-次火山岩带控制,划分了 1 个 V 级找矿远景区,即五凤-百草沟 Au – Cu – Ag – Pb – Zn – Fe 找矿远景区(V17)。

区域出露地层主要有二叠系开山屯组、可岛组、庙岭组、解放村组砾岩、砂岩、碳酸盐岩等;三叠系大兴沟群一套中酸性火山岩;侏罗系金沟岭组、屯田营组陆相中酸性火山岩类;白垩系长财组含煤碎屑岩类,分布局限。与金矿床的形成有成因联系的地层主要是中生代晚侏罗世、早白垩世火山岩地层。晚侏罗世火山岩地层是矿体的主要围岩,金丰度近于地壳的平均值,矿体明显受火山机构及经火山作用改造的某些次级断裂控制。已知有五凤-五星山、刺猬沟、闹枝等多处小型金矿床及众多的金、铜、铅锌矿点及矿化点。成矿时代为燕山期,成因类型以火山热液型为主,次为岩浆热液型。该成矿带地质及矿产特征见图 5-3-7。

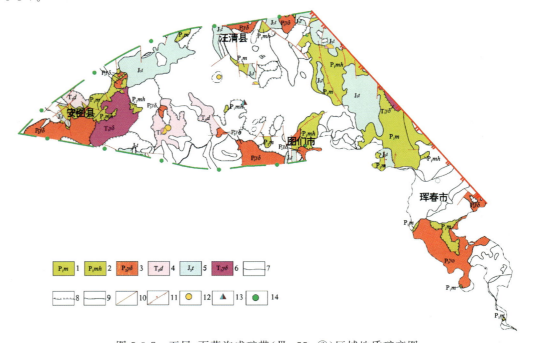

图 5-3-7 五凤-百草沟成矿带(Ⅲ – 55 –⑥)区域地质矿产图
1.庙岭组;2.满河组;3.晚二叠世花岗闪长岩;4.大兴沟群;5.屯田营组;6.花岗闪长岩;7.地质界线;8.超动接触界线;9.角度不整合界线;10.断层;11.逆断层倾向及倾角;12.金矿;13.铅锌;14.铜矿

2. 成矿作用及演化

中生代以来进入滨太平洋板块的活化阶段,形成一系列大型走滑剪切深大断裂带,沿此构造带形成热幔柱构造环境。热幔柱的上升导致底侵作用的产生,热幔柱在深处首先交代和部分熔融岩石圈地幔,形成初始玄武质岩浆,初始玄武质岩浆在上升过程中及地幔岩浆房分别发生橄榄石和辉石的分离结晶作用,其成分转化为玄武安山质或安山质高钾钙碱性火山岩系的成岩母岩浆。成岩母岩浆沿剪切构造带进入地壳并结晶形成偏碱质的钙碱性火山岩系。当深源流体及气体状态Au、Ag、Cu等元素随地幔热柱向上运移到较浅部位,一部分气体转变为液相,形成气液混合相的幔源混合流体,并沿火山通道网络向上运移,岩浆多旋回喷发、多期次侵入,后期富含成矿物质的次火山岩和含矿热液的持续上侵,交代火山岩系,与地表异源环流水结合,沿火山机构及脆性断裂贯入成矿。

(七)天宝山-开山屯 Pb-Zn-Au-Ag-Ni-Mo-Cu-Fe 成矿带(Ⅲ-55-⑦)

1. 成矿地质条件及成矿特征

该接触带处于晚古生代庙岭-开山屯裂陷盆地的南段,划分了1个Ⅴ级找矿远景区,即天宝山-开山屯 Pb-Zn-Au-Ag-Ni-Mo-Cu-Fe-Cr 找矿远景区(V18)。

该成矿带出露的火山岩建造有晚三叠世托盘沟期火山岩、晚侏罗世屯田营期火山岩、早白垩世金沟岭期火山岩。沉积-变质岩建造有新元古界长仁大理石;新元古界万宝岩组变质细砂岩与变质粉砂岩互层夹大理岩透镜体、青灰色红柱石二长片岩;上石炭统天宝山组结晶灰岩、砂屑灰岩;下白垩统大砬子组砾岩、砂岩。侵入岩比较发育,有晚二叠世二长花岗岩;晚三叠世闪长花岗岩、石英闪长岩、石英二长花岗岩、二长花岗岩;早侏罗世花岗闪长岩、二长花岗岩、花岗斑岩、碱长花岗岩;早白垩世石英闪长玢岩。区内铅锌矿成矿与多种建造有关,矽卡岩型与晚石炭世天宝山组灰岩建造和晚三叠世石英闪长岩有关;爆破角砾岩筒型铅锌矿与晚三叠世流纹岩、英安岩夹火山碎屑岩建造有关;热液充填型与晚三叠世至早白垩世的石英闪长岩、二长花岗岩及早白垩世花岗闪长岩的关系密切。总的说来区内侵入岩自晚三叠世至早白垩世以来,具多期次活动的特征。区域重要的控矿断裂为两条北西向断裂和两条东西向断裂,北西向断裂与东西向断裂的交会部位是成矿的有利部位,天宝山铅锌矿立山坑就位于北西向与东西向的交会处。后底洞地区处于和龙地块与兴凯地块之间的复合部位,一部分金矿体产于中二叠统庙岭组砂岩、粉砂岩中,另一部分金矿体产于上三叠统柯岛群滩前组砂岩、粉砂岩中,还有一部分金矿体产于下白垩统金沟岭组中性火山岩和火山碎屑岩中,上述赋含金的岩石具有一个共同的特性,就是均具有一定程度的蚀变作用,蚀变源于区内发育的断裂构造和韧性剪切带。图们江断裂带造成区内古生代地层及中生代地层及侵入岩的局部地段出现挤压、破碎、片理化,形成的破碎带中的岩石蚀变现象普遍。长仁—獐项地区出露有下古生界寒武系—奥陶系(相当原青龙村群),是本区含镍基性、超基性岩体群的主要围岩。长仁—獐项的超基性岩群由多个小岩株组成,岩性有橄榄岩、二辉橄榄岩、二辉岩、含长二辉岩、次闪石化辉岩等,与铜镍成矿关系极为密切。基性岩主要分布在新东村、长仁、柳水坪、獐项等地由9个小岩株构成基性岩群,岩性为辉长岩、角闪辉长岩等。

区内的矿产类型主要有金、铜、镍、铅锌、钼、铁、铬等,有大型多金属矿床1处,铜矿点1处,中型镍矿1处,小型镍矿1处,小型金矿2处,小型铁矿1处,铬铁矿点1处。该成矿带地质及矿产特征见图5-3-8。

2. 成矿作用及演化

加里东晚期—海西早期,褶皱区回返隆起,古断裂及次级断裂构造活动加剧,上地幔初始岩浆沿古

岩体内或其周围。成矿时代主要为中生代。

2. 成矿系列及矿床式划分

通过以往成矿系列划分成果,结合本次矿产资源潜力评价的研究,对该成矿带成矿系列进行了初步的厘定,划分了1个成矿系列类型,3个成矿系列,5个矿床式。

二、Ⅳ级成矿带成矿特征

该区划分了1个Ⅳ级成矿带,即新华村-小西南岔 Au-Cu-W-Pb-Zn-Ag-Fe-Mo-Pt-Pd 成矿带(Ⅲ-53-⑤);3个Ⅴ级找矿远景区,即新华村 Pb-Zn-Ag-Fe-Mo-Au-Cu 找矿远景区(Ⅴ19)、九三沟—杜荒岭 Au-Cu-Ag 找矿远景区(Ⅴ20)、小西南岔—农坪 Au-Cu-W-Pt-Pd 找矿远景区(Ⅴ21)。

1. 成矿地质条件及成矿特征

该成矿带位于延边中生代火山构造岩浆岩带上。出露地层主要有上古生界五道沟群斜长角闪片麻岩、斜长角闪岩、石墨云母片岩、二云片岩、千枚岩、红柱石板岩、夕线石板岩夹少量大理岩,五道沟群和晚期中基性次火山岩中 Au、Cu 等成矿元素高于同类岩石克拉克值的2~4倍;二叠纪砾岩、砂岩夹薄层灰岩、中酸性火山岩、凝灰岩等;上三叠统托盘沟组安山岩、英安岩及中酸性火山碎屑岩,马鹿沟组细砂岩、含砾砂岩,天桥岭组流纹质和英安质火山岩、火山碎屑岩;下白垩统刺猬沟组安山岩、英安岩及火山碎屑岩;第三系老爷岭组橄榄玄武岩、气孔状玄武岩,土门子组巨粒质中粗砾岩、中细砾岩、砂岩、黏土岩夹玄武岩;第四纪全新统Ⅰ级阶地及河漫滩堆积,为冲洪积砂砾石、粗砂、亚砂土、亚黏土等。区内侵入岩发育,并且在区域上显示出具有多期、多阶段性特点,主要有海西晚期斜长花岗岩、黑云母斜长花岗岩、闪长岩、石英闪长岩;印支期细粒闪长岩、石英闪长岩、斜长花岗岩、花岗闪长岩;燕山期闪长岩、石英闪长岩、花岗岩、花岗闪长岩。区内发育有东西向、北东向、北北西向及南北向断裂,它们具多期活动的特征,不同期次的断裂往往被不同阶段的岩脉、矿脉所充填,相互叠加或穿插。北东向、北北西向断裂是主要的控矿和储矿构造,已知有小西南岔大型金铜矿床及多处小型金铜矿床、矿点。

1)新华村 Pb-Zn-Ag-Fe-Mo-Au-Cu 找矿远景区(Ⅴ19)

(1)地质特征:区域出露有上二叠统庙岭组中所夹火山碎屑岩、凝灰岩;上三叠统托盘沟组安山岩、英安岩及中酸性火山碎屑岩,天桥岭组流纹质和英安质火山岩、火山碎屑岩;下白垩统刺猬沟组安山岩、英安岩及火山碎屑岩,金沟岭组玄武岩、玄武安山岩及火山碎屑岩;第三系老爷岭组橄榄玄武岩、气孔状玄武岩等。与成矿有关的构造为北东向断裂构造,是主要的控矿和储矿构造。区内侵入岩发育,并且在区域上显示出具有多期、多阶段性特点,有二叠纪花岗石英闪长岩、二长花岗岩;三叠纪花岗闪长岩、二长花岗岩;早侏罗纪花岗闪长岩、二长花岗岩等。上述侵入岩在区域上构成大致呈近北东向带状展布的花岗岩浆岩带。

(2)矿产特征:小型钨矿1处,小型铁矿物1处,小型金矿2处,金矿点1处,铜矿点1处,铁矿点5处。区内与已知矿产有关的含矿建造为火山岩建造,已知矿点成矿类型均为火山型成矿。

2)九三沟-杜荒岭 Au-Cu-Ag 找矿远景区(Ⅴ20)

(1)地质特征:区域位于延边中生代火山构造岩浆岩带上,区域建造以陆相火山岩建造和侵入岩浆建造为主。出露有托盘沟组流纹质含角砾凝灰熔岩、流纹岩、安山质含角砾凝灰熔岩夹安山质凝灰岩、安山岩、安山质角砾凝灰熔岩、安山集块岩和安山集块岩。在托盘沟组保留有3处火山机构,其中西南岔西山的火山岩性安山集块岩、安山质角砾熔岩和安山质凝灰角砾岩等,均为爆发相近火山口的堆积物,火山口在北西向和北东向断裂的交会处。杜荒子北岩火山口主要岩性为安山质熔接角砾岩,亦受北东向和北西向断裂的交会部位控制。此外,还出露有下白垩统刺猬沟组安山岩、英安岩、含角砾安山岩;金沟岭组安山岩、安山质角砾凝灰岩、安山质集块岩、安山质角砾岩、安山质凝灰角砾岩、闪长玢岩等。金沟岭组火山岩中保留有7处火山机构,其中以杜荒岭、雪岭为代表的4处火山口以安山质集块岩为主,另有3处火山口被闪长岩或次安山岩充填。7处火山机构均受北东向、北西向断裂交会部位控制。区内侵入岩比较发育,主要有晚三叠世闪长岩、石英闪长岩、花岗闪长岩、二长花岗岩;早侏罗世闪长岩、花岗闪长岩、二长花岗岩、碱长花岗岩;早白垩世辉长岩、石英闪长岩。区内闪长玢岩脉、石英脉和次火山岩与金的成矿关系密切。区内断裂构造比较发育,有东西向、南北向、北东向和北西向,断裂具有多期、多次活动的特点,多数延伸距离很短,而且分布相对比较分散,对区内金成矿作用和矿化蚀变起到了控制作用和促进作用,已知金矿床、金矿点恰好位于东西向、北北西向断裂的交会部位。

(2)矿产特征:有九三沟小型金矿床及多处矿点、矿化点,成因类型主要为陆相火山岩型。小型金矿3处,小型铜矿1处,小型铁矿1处;金(铜)矿点2处,铜矿点1处,多金属矿点1处,砂金矿点1处。

3)小西南岔-农坪 Au-Cu-W-Pt-Pd 找矿远景区(V21)

(1)地质特征:区域与金铜成矿关系密切的地层为五道沟群马滴达岩组、杨金沟组、香房子岩组变质岩系。马滴达岩组为变质砂岩、变质粉砂岩夹变质英安岩;杨金沟岩组为角闪石英片岩、角闪黑云片岩、黑云石英夹薄层状变质英安岩;香房子岩组为红柱石二云石英片岩、含榴石黑云石英片岩、红柱石二云片岩、角闪石英片岩夹变质细砂岩。金矿多产于五道沟群变质岩系中或其边缘地带,推测该套变质岩系很可能是金矿的矿源层。区内的断裂构造十分发育,有东西向、北北东向、北西向和南北向。已知金矿床、矿点、矿化点均受上述4组断裂构造控制,4组断裂的交会部位是成矿最有利的部位,已知大型金矿床处在断裂的交会部位。北北东向断裂和东西向断裂是控矿构造,北西向断裂是容矿构造。其中有二叠纪闪长岩、花岗闪长岩;三叠纪闪长岩、花岗闪长岩、二长花岗岩。脉岩为侏罗纪、白垩纪的一些脉岩。中二叠世闪长岩和晚三叠世花岗闪长岩是矿体的直接围岩之一,该两期岩浆热液可能带来成矿金的有益组分。酸性次火山隐伏岩体,花岗斑岩类岩体中含矿。闪长玢岩、石英闪长岩小岩株和岩脉和花岗斑岩脉在时空关系上与成矿关系最为密切,矿体产于其上下盘或穿插与其中。

(2)矿产特征:大型金矿2处,中型1处,小型金矿7处,矿点16处;小型砂金10处,矿点3处;小型铁矿3处,矿点4处;铜矿点3处;小型铀矿1处,铀矿点1处;大型钨矿1处,钨矿点1处;锡矿点1处;铂钯矿点1处。

2.成矿作用及演化

早古生代该区为拉张过渡型地壳环境,形成广泛的广海沉积,沉积形成了寒武系—奥陶系五道沟群一套火山岩-碎屑岩-碳酸盐岩建造,地层中 Au、Cu 等成矿元素含量较高。晚古生代为陆间海构造环境,沉降作用强度和深度显著减弱,沉积形成了二叠系一套火山岩-碎屑岩-碳酸盐岩建造。在早古生代裂陷已固结褶皱的陆缘,有一套富含铜的中性岩浆侵入。进入中生代后,由于受环太平洋活动带影响,火山岩-岩浆活动强烈,沿近东西向和北东向深大断裂带喷发、侵入大量的中基性—酸性火山岩及花岗岩类。大量的火山喷发形成了一套钙碱性火山岩系,这些火山岩地层含金丰度较高。岩浆侵入阶段形成了次火山岩及小侵入体,含金丰度较高。伴随火山活动形成了一系列破火山口周围的辐射状、环状构造及火山喷发和次火山岩侵入之后,由区域构造应力场作用产生的断裂构造,形成了良好的控矿和储矿构造。继之而来的火山热液活动,含矿热液沿构造向地表运移,大量 K^+、Na^+、Fe 离子带入围岩,形成了绢云母化、硅化和黄铁矿化围岩蚀变,同时络合物解体,金开始沉淀成矿,形成了(刺猬沟式)火山热液型金矿,代表性的有刺猬沟金矿、九三沟金矿等。当岩浆侵入到五道沟群后,五道沟群中的金受岩浆热液驱动为矿床的形成提供了部分成矿物质,同时也从地壳深处随岩浆上侵带来了大量 Au、Cu 等有用元素,并经历了从高温到低温过程,在中温、低压、强还原性和碱性热水溶液下,形成易溶的稳定络合物迁移、富集。当溶液内碱性向酸性演化接近中性环境时,络合物开始电离、解体,含矿的热液在张扭性断裂构造空间内,金和其他金属硫化物及二氧化硅开始沉淀成矿。以上代表性矿床为小西南岔金铜矿。

该成矿带区域成矿模式见图 5-4-1,地质及矿产特征见图 5-4-2。

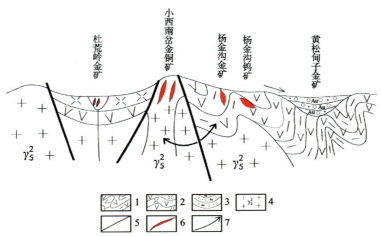

图 5-4-1　新华村-小西南岔成矿带(Ⅲ-53-⑤)区域成矿模式图

1.早古生界五道沟群变质碎屑岩;2.中生代陆相中酸性火山-沉积建造;3.古近系土门子组砾岩、砂岩;4.燕山期花岗岩类;5.深大断裂;6.矿体;7.成矿物质、热液运移方向

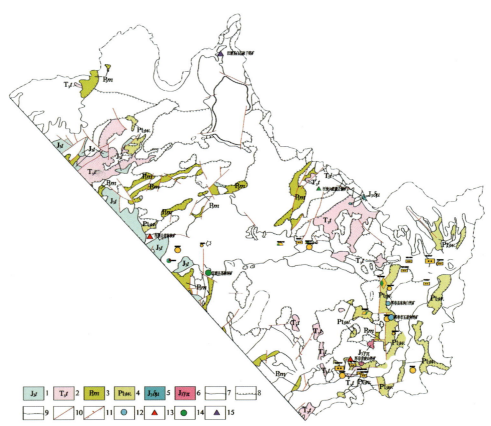

图 5-4-2　新华村-小西南岔成矿带(Ⅲ-53-⑤)区域地质矿产图

1.屯田营组;2.托盘沟组;3.庙岭组;4.五道沟岩群;5.闪长玢岩;6.花岗斑岩;7.地质界线;8.超动接触界线;9.角度不整合界线;10.断层;11.逆断层倾向;12.岩浆热液型钨矿;13.铁矿;14.铜矿;15.矽卡岩型钨矿

第五节 辽东(隆起)Fe-Cu-Pb-Zn-Au-U-B-菱镁矿-滑石-石墨-金刚石成矿带

一、地质构造背景演化及成矿特征

(一)成矿地质构造环境及其演化

该成矿带位于辉发河-古洞河超岩圈断裂以南,华北陆块的东北部龙岗复合地块中,地质演化过程较为复杂,经历太古宙陆块形成阶段、古元古代陆内裂谷(坳陷)阶段、新元古代—古生代古亚洲构造域多幕陆缘造山阶段、中新生代滨太平洋构造域阶段的地质演化过程。

新太古代形成的多个陆块,包括夹皮沟地块、白山地块、清原地块(柳河)、板石沟地块、和龙地块等,新太古代末期的构造拼合作用使得吉南地区形成统一的龙岗复合陆块,其表壳岩都为一套基性火山-硅铁质建造(以含铁、含金为特征),变质深成侵入体为石英闪长质-英云闪长质-奥长花岗质片麻岩、变质二长花岗岩与变质角闪石岩、辉长岩等。成矿以铁、金为主。

古元古代早期龙岗复合陆块开始裂解形成裂谷,裂谷主体即为所谓的"辽吉裂谷带",以赤柏松岩体群侵位为标志,并伴有铜、镍矿化。裂谷早期沉积物为一套蒸发岩-基性火山岩建造,以含铁、硼、石墨为特征;裂谷中期沉积物为一套硬砂岩、钙质硬砂岩夹基性火山岩、碳酸盐岩建造,以含铅锌为特点,上部为一套高铝复理石建造,以含金为特点。古元古代中期裂谷闭合,伴有辽吉花岗岩侵入,完成了区域地壳的二次克拉通化;古元古代晚期已形成的克拉通地壳发生坳陷,形成坳陷盆地,其早期沉积物为一套石英砂岩建造;中期为一套富镁碳酸岩建造,以含镁、金、铅锌为特点。上部为一套页岩-石英砂岩建造,富含金、铁、铜。古元古代末期盆地闭合,见有巨斑状花岗岩侵入。

新元古代—古生代吉南地区构造环境为稳定的克拉通盆地环境,其沉积物为典型的盖层沉积,其中新元古代地层下部为一套河流红色复陆屑碎屑岩建造;中部为一套单陆屑碎屑建造夹页岩建造,以含金、铁为特点;上部为一套台地碳酸盐岩-藻礁碳酸盐岩-礁后盆地黑色页岩建造组合。早古生代地层下部为一套红色页岩建造,红色页岩夹浅海碳酸盐岩建造,以含磷、石膏为特征;上部为台地碳酸盐岩建造,大多可作为水泥灰岩利用。晚古生代地层早期为含煤单陆屑岩建造,构成了浑江煤田的主体,晚期为一套河流相红色多陆屑岩建造。

古亚洲多幕造山运动结束于三叠纪,晚三叠世以来,进入滨太平洋构造域的演化阶段,受太平洋板块向欧亚板块的俯冲作用的影响。吉南地区形成了多个断陷含煤盆地,同时在长白地区发育有长白组火山岩,在通化龙头村等地见有石英闪长岩-花岗闪长岩-二长花岗岩侵入。早侏罗世的构造活动基本延续晚三叠纪的活动特征,其中主要沉积物为一套陆相含煤建造,但火山岩不发育;侵入岩为一套石英闪长岩-花岗闪长岩-二长花岗岩-白云母花岗岩组合。中侏罗世—早白垩世受太平洋板块斜俯作用的影响,区内形成一系列北东向走滑拉分盆地,沉积一系列火山岩-陆源碎屑岩,并相伴出现有一套岩石地球化学相当的侵入岩,局部地段见有碱性花岗岩侵入。

新生代以来火山作用加剧,火山喷发物为一套裂谷型大陆拉斑玄武岩-碱性玄武岩-碱流岩组合,以及少量河湖相砂砾岩夹硅藻土。

的控矿断裂是南岔-荒沟山-小四平"S"形构造带,总体上沿珍珠门组与大栗子组接触带发生、发展和演化,长度大于80km,宽0.1~0.5km,沿该带发生显著的岩溶作用,形成较大规模的岩溶角砾岩带。

1) 金厂-复兴 Au-B-Fe-Pb-Zn-Cu-Ag-S 找矿远景区(V30)

(1) 地质特征:区内出露的地层主要有古元古界集安岩群蚂蚁河组、荒岔沟组、大东岔组,老岭岩群林家沟组、珍珠门组、花山组。蚂蚁河组为一套黑云变粒岩-浅粒岩夹大理岩、斜长角闪岩变质建造,以含硼为特征,为变质型硼矿的主要赋矿层位,其原岩为中酸性火山碎屑岩-基性火山岩建造、镁质碳盐岩-砂泥质岩建造;荒岔沟组为一套变粒岩-斜长角闪岩夹含石墨大理岩变质建造,以含石墨为特征,其原岩为基性火山岩-碳酸盐岩-类复理石建造,其中含碳质较高的岩石对金等成矿有益元素有强烈的吸附作用,致使沿该岩层有金属元素的初步富集,形成初始的矿源层;珍珠门组为一套厚层大理岩变质建造,原岩为白云岩-碳酸盐岩建造,为金、多金属矿产的赋矿层位;花山岩组为一套二云母片岩夹大理岩变质建造,原岩为泥质粉砂岩-碳酸盐岩建造。此外,该区还出露中侏罗统果松组安山质火山角砾岩、安山质岩屑晶屑凝灰岩、玄武安山岩、安山岩;小东沟组紫灰色粉砂岩,局部夹劣质煤、杂色砂岩、粉砂岩、砾岩砂岩。区内侵入岩较发育,具有多期多阶段性,分别为古元古代辉长岩、二辉橄榄岩、正长花岗岩、石英正长岩、花岗闪长岩、角闪正长岩、巨斑花岗岩;晚三叠世闪长岩、二长花岗岩;早白垩世花岗斑岩;还有较发育的钠长斑岩、闪长斑岩、闪长玢岩等脉岩。区内北东—北北东向断裂和断裂破碎带是主要控矿断裂和容矿断裂,北北东向断裂与北西向断裂及东西向断裂的交会部位是成矿的有利部位。区内已知的矿床、矿点、矿化点等均与断裂构造有关。

(2) 矿产特征:区内的矿产主要以沉积变质型硼、岩浆热液改造型金为主,有少量的铁、铅锌、硫铁矿等层控矿点出现。中型金矿1处,中型硼矿1处,小型金矿10处,小型砂金矿1处,小型硼矿5处,小型铅锌矿2处,小型铁矿4处,小型硫铁矿2处,金矿点16处,硼矿点17处。以上代表性的矿床为集安市高台沟硼矿床、集安市西岔金银矿床。

2) 大安 Au-Fe-Cu-P 找矿远景区(V31)

(1) 地质特征:位于浑江坳陷盆地北部边缘。出露的地层有珍珠门岩组厚层大理岩,大栗子岩组千枚岩夹大理岩、南华系钓鱼台组石英角砾岩、石英砂岩夹赤铁矿,为金主要含矿层位.南华系南芬组页岩夹硅泥质灰岩和桥头组石英砂岩与页岩互层,震旦系万隆组为灰岩建造,震旦系八道江组为藻礁灰岩和青沟子组黑色页岩。区内侵入岩只有六道江镇北西分布的花岗斑岩类,在桥头组与万隆组之间呈脉状(似层状)产出,长约4km,其同位素测年资料为31.6±13/SHRMP锆石U-Pb。区内火山活动发生于晚中生代和新生代,断层众多,主要有北东向,同褶皱轴向断层,北西向横切褶皱轴向的断层。前者多属逆冲断层,后者属走滑或斜冲断层。

(2) 矿产特征:区内的主要矿产以沉积型金、铁、磷、石膏矿产为主,有少量的铅、锌等层控矿点出现。大型金矿1处,金矿点2处,小型铁矿4处,铁矿点2处。以上代表性的矿床为白山市金英金矿床、白山市刘家堡子-狼洞沟金银矿床。

3) 抚松 Pb-Zn 找矿远景区(V32)

(1) 地质特征:位于辽吉裂谷内浑江盆地北东端与长白山火山构造隆起带接壤部位。出露的地层有中太古界四道砬子河岩组斜长角闪岩与黑云变粒岩互层夹磁铁石英岩,原岩为中基性—酸性火山岩-火山碎屑岩及硅铁质沉积岩建造,为沉积变质型铁矿的主要赋矿层位;新元古界南华系钓鱼台组石英角砾岩、石英砂岩夹赤铁矿,是重要的铁、金含矿层位;南芬组页岩夹泥灰岩,局部有膏岩透镜体和铜矿化;桥头组石英砂岩与页岩互层;震旦系万隆组灰岩夹页岩建造、八道江组灰岩建造;古生界寒武系—奥陶系海相碎屑岩-碳酸盐岩建造,石炭系—二叠系碎屑岩,铝土质岩夹煤建造,其中水洞组赋存沉积型磷矿;中生界三叠系长白组安山质火山碎屑岩建造;侏罗系义和组砂岩、砾岩夹煤建造,鹰嘴砬子组砂岩、砾岩夹煤建造,果松组砂砾岩、安山岩建造,林子头组流纹质火山碎屑岩夹流纹岩建造,石人组砂岩、砾岩夹煤建造。区内断裂构造主要有北东向、北西向两组。北西向断裂常被石英斑岩脉充填,多为高角度正断层,该组断裂成矿后仍有活动,切割矿体及北东向断裂;北东向断裂带常有岩脉侵入,并见有黄铁绢英岩化,具多期活动特点,北东向主断裂控制矿带展布,次级平行主断裂的层间断裂为容矿断裂。区内燕山期中酸性侵入岩较发育,主要有中、晚侏罗世大青山复合岩体,由二长花岗岩与闪长岩组成,岩体内部和北部外接触带有数处铅矿点;晚侏罗世抚松东二长花岗岩体和大营林场岩体,大营林场二长花岗岩体形态不规则,局部呈岩枝状侵入晚中生代火山岩和寒武系碳酸盐岩中,并在内外接触带形成一系列的热液型铅矿床,岩体内部和外接触带有多处铅矿床和矿点;区内有闪长岩脉,局部还有细晶岩脉。

区内矿床的围岩为不同时期(震旦系—奥陶系)的碳酸盐岩建造、中生代钙碱性火山岩建造,成矿与燕山期中—酸性(钙碱性)侵入岩有关,特别是岩体的岩枝和突出部位利于成矿,矿体受层间构造和不同方向的容矿构造控制。

(2)矿产特征:小型铅锌矿 1 处,小型铁矿 4 处。以上代表性的矿床为抚松县大营铅锌矿床。

4)古马岭 Au—Pb—Zn 找矿远景区(V33)

(1)地质特征:位于胶辽吉古元古代裂谷带、集安裂谷盆地内。出露的地层有古元古界集安群蚂蚁河岩组一套黑云变粒岩-浅粒岩夹大理岩、斜长角闪岩变质建造,以含硼为特征,为变质型硼矿的主要赋矿层位;荒岔沟组一套变粒岩-斜长角闪岩夹含石墨大理岩变质建造,以含石墨为特征,其中含碳质较高的岩石对金等成矿有益元素有强烈的吸附作用,致使沿该岩层有金属元素的初步富集,形成初始的矿源层;大东岔岩组含夕线石榴黑云斜长片麻岩。新元古界南华系钓鱼台组石英角砾岩、石英砂岩夹赤铁矿,是重要的铁、金含矿层位。下古生界寒武系水洞组含磷粉砂岩,含海绿石和胶磷矿砾石细砂岩;碱厂组灰岩、石英砂岩、沥青质灰岩;馒头组含铁泥质白云岩、含石膏泥质白云岩、粉砂岩夹石膏;张夏组灰岩建造;崮山组页岩、粉砂岩夹灰岩建造;炒米店组灰岩夹页岩。奥陶系冶里组灰岩夹页岩和竹叶状灰岩建造。中生界上侏罗统果松组砂砾岩、安山岩建造。区内构造主要以脆性断裂构造为主,其次为韧性变形构造;脆性断裂构造主要有北东向和北西向,其次为近南北向。区域韧性变质变形构造对含矿层起到控制作用,韧性变形构造方向为北西向,发育在古元古代变质岩中。区内侵入岩较为发育,并且具有多期多阶段性特点,主要有古元古代正长花岗岩、片麻状中细粒黑云母二长花岗岩、巨斑状花岗岩,中生代晚三叠纪中粒二长花岗岩、早白垩世二长花岗岩、花岗斑岩,大致呈近北西向展布。区内与矿产有关的构造主要为北东向断裂和北西向断裂,以及北西向带状展布的变质变形构造带。

区内与成矿有关的建造主要是古元古界集安群,特别是荒岔沟岩组,是主要的含矿建造,也即是区内主要的含矿目的层,在经过后期构造和岩浆热液活动,以及区域变质变形作用的影响和改造,矿源层中的有用矿物成分发生迁移、在有利的构造部位沉淀、富集成矿。

(2)矿产特征:小型金矿 2 处,铅锌矿点 1 处。代表性的矿床为集安市下活龙金矿床。

5)南岔-荒沟山 Au-Ag-Fe-Cu-Pb-Zn-S 找矿远景区(V34)

(1)地质特征:主要受辽吉裂谷的控制,系其中段,该成矿带内成矿地质构造背景复杂。出露的地层主要有下元古界老岭群,分布于老岭背斜两翼,主要出露于南岔、大横路、荒沟山、临江、大栗子一带,大栗子以东被晚古近世玄武岩所覆盖,为一套碳酸盐岩-碎屑岩建造,其原岩是镁质碳酸盐、浊积岩及富铁铝沉积岩类。区域上著名的控矿断裂是南岔-荒沟山-小四平"S"形构造带,总体上沿珍珠门组与大栗子组接触带发生、发展和演化,长大于 80km,宽 0.1～0.5km。沿该带发生显著的岩溶作用,形成较大规模的岩溶角砾岩带。区域变质岩系经历三期变质变形,第一期褶皱变形控制"检德"式铅锌矿,第二期变形控制大横路钴矿的矿体形态,第三期变形以第二期变形形成的透入性片理为变形面,形成北东向开阔的等厚褶皱。区内侵入岩不甚发育,并具有多期多阶段性,主要为中生代侏罗纪中粒二长花岗岩、中细粒闪长岩、中细粒石英闪长岩,白垩纪中细粒碱性花岗岩、花岗斑岩等。

(2)矿产特征:大型铜钴矿床 1 处,中型金矿床 2 处,中型铅锌矿床 1 处,中型铁矿床 2 处,中型锑矿床1处,小型金矿床7处,小型砂金矿床4处,小型铅锌矿床1处,小型铁矿床3处,小型铜钴矿床1处,小型硫铁矿床3处,金矿点22处,铅锌矿点4处,硼矿点1处,金矿化点1处,铅锌矿化点2处。

6)六道沟Au-Fe-Cu-Pb-Zn-W-Mo-Ni找矿远景区(V35)

(1)地质特征:位于胶辽吉古元古代裂谷带长白火山盆地内。出露的地层主要有古元古界老岭岩群大栗子岩组千枚岩夹大理岩、石英岩及铁矿层,为大栗子式铁矿的主要赋矿层位;新元古界新南华系钓鱼台组石英角砾岩、石英砂岩夹赤铁矿,是重要的铁、金含矿层位,南芬组页岩夹泥灰岩,局部有膏岩透镜体和铜矿化,桥头组石英砂岩与页岩互层;震旦系万隆组灰岩夹页岩建造,八道江组灰岩建造;下古生界寒武系馒头组含铁泥质白云岩、含石膏泥质白云岩、粉砂岩夹石膏,张夏组灰岩建造,崮山组页岩、粉砂岩夹灰岩建造,炒米店组灰岩夹页岩;奥陶系冶里组、亮甲山组、马家沟组一套海相碎屑岩-碳酸盐岩建造;中生代上三叠统长白组及上侏罗统果松组、林子头组火山岩;新近系军舰山组玄武岩。区内侵入岩较发育,主要有古元古代花岗岩,晚侏罗世闪长岩、二长花岗岩;早白垩世花岗斑岩,其中侏罗纪中酸性侵入岩与成矿关系密切;脉岩不发育,仅见有闪长玢岩。区内断裂构造较发育,主要有北东向、北北东向和北西向断裂,区内与矿产有关的构造主要为北东向断裂和北西向断裂。

(2)矿产特征:小型铁矿床2处,小型铜钼矿床3处,金矿点1处,铜钼矿点2处。代表性的矿床为临江市六道沟铜钼矿床、白山市乱泥塘铁矿床。

7)长白Au—Cu—Fe—Mo—W找矿远景区(V36)

(1)地质特征:位于胶辽吉古元古代裂谷带东段长白火山盆地内。出露的地层有古元古界老岭岩群大栗子岩组千枚岩夹大理岩、石英岩及铁矿层,为大栗子式铁矿的主要赋矿层位;新元古界新南华系钓鱼台组石英角砾岩、石英砂岩夹赤铁矿,是重要的铁、金含矿层位,南芬组页岩夹泥灰岩,局部有膏岩透镜体和铜矿化,桥头组石英砂岩与页岩互层;震旦系万隆组灰岩夹页岩建造,八道江组灰岩建造;下古生界寒武系水洞组含磷粉砂岩,含海绿石和胶磷矿砾石细砂岩,碱厂组灰岩、石英砂岩、沥青质灰岩,馒头组含铁泥质白云岩、含石膏泥质白云岩、粉砂岩夹石膏,张夏组灰岩建造,崮山组页岩、粉砂岩夹灰岩建造,炒米店组灰岩夹页岩;奥陶系冶里组、亮甲山组、马家沟组一套海相碎屑岩-碳酸盐岩建造;上古生界石炭系—二叠系本溪组、山西组煤系地层;中生代上三叠统长白组火山岩建造;新近系土门子组碎屑岩夹有玄武岩及硅藻土,军舰山组玄武岩。区内侵入岩不发育,零星见有燕山期花岗岩、闪长岩、闪长玢岩。区内断裂构造较发育,主要有北东向、北北东向和北西向断裂,区内与矿产有关的构造主要为北东向断裂和北西向断裂。

(2)矿产特征:金矿点2处,铜矿点2处,铅锌矿点1处,多金属矿点1处。

2. 成矿作用及其演化

该成矿带受辽吉裂谷控制,成矿时代有新太古宙、元古宙、古生代和中生代四大成矿时期,以新太古代、元古宙成矿为主。区内的一些大中型矿床产在这一时期构造单元内,纯属燕山期形成的矿床不多,但是该区分布的多数矿床(沉积型矿床及铁矿例外)大都是燕山时期定位的,成矿与燕山期构造岩浆热液作用有密切关系。

新太古代末期的构造拼合作用使得吉南地区形成统一的龙岗复合陆块,成矿作用发生在陆核北东向、北西向裂陷槽内,经历了早期海底火山-沉积、区域变质、后期表生改造成矿作用。早期裂陷槽下由上涌地幔喷出基性—中酸性火山岩,带来大量Fe、Au等有益组分,形成了区域上的含铁金建造。由于阜平运动,复合陆块边缘裂谷条件下形成的火山-沉积建造发生区域变质作用,使元素发生分异,Fe和其他元素,特别是硅分别聚集,形成磁铁矿与石英等主要的矿石矿物和脉石矿物。随着变质作用增强,铁矿成矿物质在变形的褶皱转折端等有利构造部位进一步富集,使矿体变厚,品位增高,形成鞍山式沉积变质型铁矿,区内该类型铁矿多为小型矿床或矿点。

古元古代早期龙岗复合陆块开始裂解并形成裂谷，即"辽吉裂谷带"，随古陆核裂陷槽进一步发展扩大，致使地幔大幅度上涌，大量基性—中酸性岩浆喷出，导致地壳沉陷，形成裂谷盆地。古元古代早期呈现海相蒸发盐环境，沉积物中堆积大量来自古陆壳风化富矿物质，其下部为含硼蒸发岩建造；中部为石墨碳酸盐岩-中基性火山岩多金属建造，分别构成硼矿和多金属矿源层，后者为该区金、铜、钴、铅、锌矿的成矿提供了物质基础；古元古代晚期盆地内沉积形成了陆源碎屑岩-碳酸盐岩含铁、金及多金属建造，构成了铁、金和多金属矿源层。在1900Ma左右（吕梁运动）辽吉裂谷的抬升回返过程中，含矿地层发生褶皱和断裂，为热液环流提供了构造空间，同时在伴随的区域变质及大量底辟花岗岩侵入就位作用下，变质热液从围岩和原始矿层或矿源层中萃取成矿元素及其伴生组分，形成含矿热液，含矿热液运移到有利的构造空间沉淀或叠加到原始矿层或矿源层之上富集成矿，形成了沉积变质型矿床，主要有高台沟式沉积变质型硼矿床、大横路式沉积变质型铜钴矿床、大栗子式沉积变质型铁矿床等。辽吉裂谷自中条运动之后裂谷作用趋于停止，转为稳定陆块发展时期，古元古界珍珠门组与新元古界钓鱼台组之间形成一个沉积不整合面，由于地壳运动，沿此不整合面形成隆-滑型拆离性质的断裂构造，发育有厚大的含金等成矿物质的构造角砾岩带。至中生代，由于太平洋板块的俯冲，再次发生强烈构造活动，沿隆-滑断裂形成大规模的北东向断裂束，地表和地下水环流将地层中的含矿物质带出，在构造扩容空间沉淀、富集成矿，形成金英式岩浆热液改造型金矿床。新元古代早期沿老岭隆起的边缘形成边缘坳陷盆地（低洼海盆），沉积了大量来自古陆壳风化剥蚀产物，形成含铁、铜的海相碎屑岩建造，局部富集成矿，形成了沉积型（临江式—浑江式）铁矿床等。古生代区内构造环境为稳定的克拉通盆地环境，其沉积物为典型的盖层沉积，早古生代地层下部为一套红色页岩建造夹浅海碳酸盐岩建造，以含磷、石膏为特征，代表性矿床有东热石膏矿、水洞磷矿等，上部为台地碳酸盐岩建造。晚古生代地层早期为含煤单陆屑建造，构成了浑江煤田的主体，晚期为一套河流相红色多陆屑岩建造。晚三叠世以来，区内进入滨太平洋构造域的演化阶段，受太平洋板块向欧亚板块的俯冲作用的影响，岩浆活动强烈，形成了大量的侵入岩带和火山岩区。在岩浆和火山的作用下，岩浆热液对围岩地层进行交代和改造，形成了大量的矽卡岩和岩浆热液改造型的矿床，代表性的矿床有荒沟山式岩浆热液改造型金矿床、六道沟式矽卡岩型铜钼矿床。

该成矿带区域成矿模式见图5-5-3，地质及矿产特征见图5-5-4。

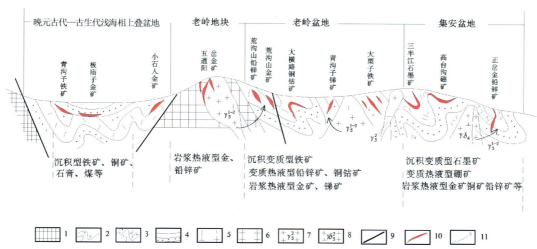

图5-5-3　营口-长白（次级隆起、Pt_1裂谷）成矿带（Ⅲ-56-②）区域成矿模式图

1.太古宙古陆核；2.古元古代裂谷早期（集安期）碎屑岩-碳酸盐-火山沉积建造；3.古元古代早期（老岭期）碎屑岩-碳酸盐沉积建造；4.新元古代—古生代海相碎屑-碳酸盐沉积建造；5.海西期二长花岗岩、石英闪长岩；6.印支期—燕山期花岗岩类；7.燕山期花岗岩；8.燕山期闪长岩类；9.深大断裂；10.矿体；11.热液或成矿物质运移方向

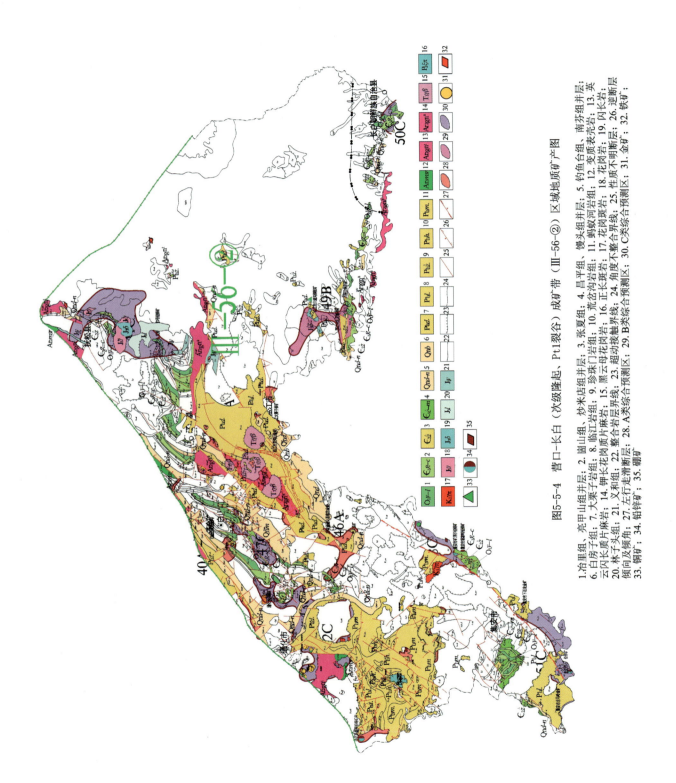

图5-5-4 营口-长白（次级隆起，Pt1裂谷）成矿带（Ⅲ-56-②）区域地质矿产图

1.冷里组，亮甲山组并层；2.崮山组；3.临江岗组；4.昌平组；5.钓鱼台组，南芬组并层；6.白房子岩组；7.大栗子岩组；8.珍珠门岩组；9.珍珠沟岩组；10.蓟县河岩组；11.馒头组并层；12.变质表壳岩；13.英云闪长质片麻岩；14.钾长花岗质片麻岩；15.正长斑岩；16.正长岩；17.花岗斑岩；18.花岗岩；19.闪长岩；20.杜子头组；21.又和组；22.整合岩层界线；23.黑云母花岗岩界线；24.角度不整合接触界线；25.地质不明断层；26.逆断层；27.左行走滑断层；28.A类综合预测区；29.B类综合预测区；30.C类综合预测区；31.金矿；32.铁矿；33.铜矿*；34.铅锌矿*；35.硼矿*

第六章 成矿规律总结及存在的问题

第一节 成矿规律总结

一、控矿因素

(一)地层的控矿作用

吉林省除外生矿产外,其他类型的矿产均与地层有成因联系。控矿作用主要表现为赋矿的层位,更主要的是提供成矿物质构成矿源层。现将可视为矿源层的层位简述如下。

1. 太古宙绿岩

本建造出露于大陆边缘裂谷之内,原岩为一套中基性—基性火山岩-碎屑岩-硅铁质沉积。主要有产于绿岩中的鞍山式(沉积变质型)铁矿、绿岩型金铜矿,个别地段含有具工业意义的晶质磷矿或低品位的磷灰石矿化,为吉林省主要的铁、金、铜储矿层位。

2. 古元古界含矿层

(1)集安岩群:该岩群主要是由一套以含硼、含墨、多硅高铝和含铁为特征的火山-沉积变质岩系组成,赋矿的主要层位有蚂蚁河岩组、荒岔沟岩组、大东岔岩组。赋存的矿产不仅种类繁多,而且蕴藏丰富,主要有铁、金、银、铜、铅锌、硫铁矿、稀土、硼、磷、滑石等。

(2)老岭岩群:该岩群主要为一套海相碎屑岩-碳酸盐岩,以变质程度较浅为特征,赋矿的主要层位有珍珠门岩组、花山岩组、临江岩组、大栗子岩组。该群中矿床、矿点众多,赋存的矿产主要有铁、金、铜、钴、铅锌、硫铁矿、磷、滑石、石棉等。

3. 新元古界含矿层

(1)分布于造山带的色洛河群、塔东岩群的拉拉沟组、机房沟岩组、西保安岩组,是金、铁的主要赋矿层位,赋存的矿产主要有铁、金、铜、铅锌,其次有锰、磷等。

(2)分布于陆块区的青白系白房子组、钓鱼台组、南芬组,是金、铁的主要赋矿层位,赋存的矿产主要有铁、金、铜,其次有磷、钾等。震旦系八道江组、青沟子组赋存有铁、铜、磷等矿产。

4. 下古生界含矿层

(1)分布于南部陆块区的寒武系—奥陶系的一套海相碎屑岩-碳酸盐岩建造,是多金属矿产的主要

(1) 区域上大的构造单元交接地带，它们往往是构造、岩浆长期活动的地带，是地质事件的多发地区，有利于成矿作用的进行。多期的岩浆活动对矿化的富集起到重要的作用，有充足的矿源、良好的构造空间及多期的热液活动叠加，必然形成巨大的矿化集中区。

(2) 区域性构造带的交叉部位往往控制岩浆热液型矿田的分布，如小西南岔铜金矿田位于延边东西向火山构造岩浆带与北东向晚古生代活动陆缘带的交会部位；天宝山多金属矿田处在古洞河超壳岩石圈断裂与鸭绿江深大断裂的交会部位。

(3) 区域性隆起和坳陷对矿田的控制，如大黑山条垒分布有放牛沟多金属矿田和山门银矿田，该条垒西缘是松辽盆地，东缘是伊舒地堑，条垒两侧构造单元的接触界线均为岩石圈断裂，为成矿创造了良好的条件。古元古代的坳拉槽中分布的荒沟山-南岔金、铜钴、铅锌矿化集中区，成矿物质来源均与坳拉槽沉降过程中火山作用及沉积作用的物质有关，成为吉林省重要的找矿远景区。此外，如龙岗古陆之上发育的中生代上叠盆地控制了二密铜矿的形成。

2. 不同类型矿床的分布规律

1) 与沉积作用有关的矿床分布特征

沉积型矿床主要有铁矿、磷矿。沉积型铁矿分布于龙岗古陆，新元古代龙岗古陆进入地台的发展阶段，由于龙岗隆起由南而北形成了鸭绿江、浑江、三统河3个盆地，为临江式、浑江式铁矿的形成提供了良好的环境。沉积型磷矿主要分布于辽吉古元古代裂谷带内。

2) 与变质作用有关的矿床分布特征

这类矿床均分布在变质岩区，形成具规模型的矿床主要与阜平期、五台期、中条期的变质岩及变质作用有关，其特点为中深变质程度的区域变质作用，伴随有强烈的变形作用，从而叠加强烈的动力变质，变质热液参与成矿作用，有利于原始沉积物中成矿物质的迁移与富集；其构造环境为古陆的边缘坳陷或古陆内的坳拉槽(裂谷)，往往伴随有海底火山喷发，成矿物质来源丰富，受后期岩浆作用的叠加而构成具规模的矿化集中区。如与阜平期变质作用有关的老牛沟矿、板石沟铁矿、夹皮沟金矿；与五台期变质作用有关的高台沟硼矿、三半江石墨矿；与中条期变质作用有关的大横路铜钴矿、荒沟山铅锌矿、遥林滑石矿等。

3) 与岩浆作用有关的矿床分布特征

与超基性—基性岩浆熔离-贯入作用有关的铜镍矿床均分布在超岩石圈断裂的一侧，形成超基性—基性岩群，红旗岭铜镍矿床、长仁—獐项铜镍矿床即分布于辉发河-古洞河超岩石圈断裂造山带一侧；赤柏松铜镍矿床分布于龙岗陆核南缘，受本溪至浑江超壳断裂的控制，其为古元古界坳拉槽的边缘断裂。

岩浆热液矿床一般围绕岩浆岩体分布，岩体多为复合岩体，晚期脉岩发育，如荒沟山-南岔铅锌矿化集中区，分布有印支期蚂蚁河复式岩体(石英闪长岩—黑云母花岗岩—白岗岩序列)、印支晚期—燕山早期的老秃顶子复式岩体(斑状闪长岩、似斑状二长花岗岩—斑状黑云花岗岩序列)及幸福岩体等，燕山期酸性—基性脉岩发育，沿荒沟山—南岔"S"形断裂两侧分布众多的铅锌矿床或矿点，从而形成一个长达80km的铅锌矿化集中区的地层。岩浆热液矿床或赋存在岩体内部裂隙发育的地段，而更多的是赋存在其周围地层层间裂隙、先期发育的构造空间(如断裂，褶皱的虚脱部位等)，或直接与碳酸盐岩进行热液交代，在有利的部位成矿。

4) 矿体的空间分布规律

从矿床成矿系列的空间分布规律来看，区域地质构造背景演化与成矿作用具有十分密切的关系，而对于矿床的形成来说，往往需要一定的边界条件，如前面已叙述过的，槽台边界超岩石圈断裂控制新太古代金、铁矿床的形成，从而构成金、铁成矿系列，然而金、铁各单独组成一个矿带，铁矿层位未发现有工业意义的金矿，而金矿带也未发现具工业意义的铁矿，虽然它们都具有相同的围岩，相似的构造环境，却各自形成不同的矿种，推测在金矿带与铁矿带之间存在一个地球化学障或是界面。

不同地质单元界面、不同岩性界面往往是成矿的有利部位，如荒沟山—南岔"S"形断裂(韧性剪切带)为古元古界老岭群珍珠门组白云质大理岩与大栗子组千枚岩、片岩的接触界面,其两侧形成多处中型金矿床、小型金矿床及众多的金矿点。又如二密铜矿,矿化集中分布在松顶山石英闪长斑岩与侏罗纪火山岩接触带岩体的边部,而岩体内部矿化不好。再如山门银矿,其卧龙矿段矿体主要赋存在石英闪长岩与奥陶系石缝组大理岩接触带附过大理岩的层间裂隙中,其矿体规模大,整个矿段大小矿体10条,主矿体4条,银储量达大型。而相邻的龙王矿段,矿体产于钾长花岗岩的裂隙中,矿体薄而短,整个矿段28条矿体,而无主矿体,规模仅接近中型。不难理解,地质单元界面或岩性界面往往是构造薄弱地带,为岩浆热液活动提供了良好的通道。

(二)时间分布规律

吉林省矿床在时间分布上也有一定的规律,其成矿作用在时间上的演化基本上与地质构造运动的叠加相吻合,在成矿地质特征上有多期、多阶段性。尽管成矿围岩时代差异很大,然而其成矿均受滨太平洋成矿作用的影响,成矿期主要为燕山期。

(1)新太古代的边缘裂谷是在古太古代古陆边缘形成的,受其制约形成了花岗-绿岩地体,为绿岩型金矿、鞍山式沉积变质型铁矿的主要赋矿层位。成矿作用在时间上的演化反映了古陆裂谷成矿特征与滨太平洋成矿特征相互重叠的特色,经过了阜平期、中条期、格林威尔期、海西期以及燕山期多期次的成矿作用相互叠加,显示了多期多源的叠生矿床之特征。

(2)元古宙辽吉裂谷形成于龙岗古陆、辽南古陆和狼林古陆之间,受其制约形成了古元古界集安群、老岭群,与新元古界青白系、震旦系等赋矿层位。赋存的矿产不仅种类繁多,而且蕴藏丰富,主要有铁、金、银、铜、钴、镍、铅锌、硫铁矿、稀土、硼、磷、滑石、石棉等。

吉黑造山带岛弧盆地带形成了晚元古界色洛河群、塔东群等赋矿层位。赋存的矿产主要有铁、金、铜、铅锌,其次有锰、磷等。

成矿作用在时间上的演化反映了古陆裂谷、古亚洲成矿特征和滨太平洋成矿特征相互重叠的特色,基本上与地质构造运动的叠加相吻合,在成矿地质特征上也反映了多期、多阶段性。该期形成的含矿层位—矿源层经历了多期次的区域变质作用、岩浆侵入活动的相互叠加,形成了一些沉积变质型矿床,或岩浆热液叠加改造型矿床。

(3)古生代形成的海沟-岛弧带、弧后盆地内,形成的一套火山岩-碎屑岩-碳酸盐岩建造为初始矿源层,经历了多期次的区域变质作用、岩浆侵入活动的相互叠加,形成了火山沉积变质型、岩浆热液叠加改造型矿床和侵入岩浆热液型矿床。

(4)中生代属滨太平洋花岗岩-火山岩陆缘弧的一部分,伴随切穿地壳深部的断裂产生强烈的火山喷发及岩浆侵入,沿断裂形成断陷盆地和火山岩-花岗岩隆起带。在火山喷发阶段形成一套含矿地层,经后期侵入岩及次火山岩的双重改造作用,成矿物质活化、迁移、富集成矿。该期有些侵入体本身即为赋矿岩体,形成岩浆热液型矿床。

第二节 存在的主要问题

一、本次矿产资源潜力评价工作需要说明的问题

(1)本次矿产资源潜力评价工作的全部技术流程完全是按照全国项目办统一的技术要求所规定的工作程序、技术方法及工作内容进行,技术含量较高,成果质量可靠,是几十年来少有的高水平、全面系

统的科研成果。

（2）本次矿产资源潜力评价工作采用的典型矿床的探明资源储量是引用原勘探地质报告的上表储量，同时结合吉林省国土资源厅编制的截至 2008 年底的《吉林省矿床资源储量统计简表》。部分矿区后期进一步开展工作所探明的资源储量因资料问题缺乏无法进行统计，所以求得的典型矿床的体积含矿系数可能相应偏小，由此也造成模型区的含矿地质体的含矿系数偏小，预测的总资源量相对偏低。

二、成矿规律和找矿方向研究的主要问题

1. 火山岩型金矿的找矿问题

位于延边中生代构造岩浆岩带上的海沟-小西南岔地区，除发现刺猬沟、闹枝等几处小型中低温火山岩型金矿外，十几年未能实现找矿的实质性突破，如何突破该类型矿床的找矿，开拓新的找矿靶区，为研究的重点和急需解决的问题。

2. 铁矿的找矿问题

吉林省与西南部辽宁省的鞍本地区、东南部朝鲜茂山地区具有相同的铁矿成矿地质条件，但吉林省仅发现了桦甸老牛沟、白山板石沟 2 个上亿吨的铁矿。解决该类型铁矿的大型变形构造控矿，实现找矿突破，是当前必须研究解决的重点问题。

3. 镍矿的找矿问题

镍矿是吉林省的优势矿种，吉林也是全国镍矿资源大省。吉林省目前发现基性—超基性岩体 1087 个，划分了 47 个岩体群，仅有双凤山岩群、红旗岭岩群、长仁-獐项岩群的个别岩体开展了镍矿找矿评价工作，需进一步开展吉林省镍矿的成矿规律和找矿方向研究，实现找矿的新突破。

4. 吉南老岭地区找矿方向问题

吉南老岭地区与辽宁青城子、朝鲜检德处于相同的古元古代裂谷大地构造背景，具有相同的成矿条件，目前吉林省除发现荒沟山中型铅锌矿外，未能实现找矿的实质性进展，如何突破该类型矿床的找矿，寻找最有利的成矿地段和成矿部位，是当前亟待要解决的问题。

5. 基础地质工作薄弱

吉林省近年发现了一系列的大中型矿床和新的矿床类型，如新元古代砾岩型金矿、色洛河群中韧性剪切带型金矿，在区域上具有相同成矿地质条件地区圈定成矿的有利地段，发现新的找矿线索，开展 1∶5 万矿产资源调查工作已经成为急需解决的问题。

主要参考文献

曹俊臣,1984.中国萤石矿床分类及其成矿规律[J].贵阳:中国科学院地球化学研究所.

陈刚,付友山,聂立军,等,2011.敦化市大石河钼矿床地球化学及矿物学特征[J].吉林地质,30(1):65-69.

陈毓川,1999.中国主要成矿区带矿产资源远景评价[M].北京:地质出版社.

陈毓川,裴荣富,王登红,2006.三论矿床的成矿系列问题[J].地质学报,80(10):1501-1508.

陈毓川,王登红,徐志刚,等,2015.中国重要矿产和区域成矿规律[M].北京:地质出版社.

陈毓川,王登红,等,2010.重要矿产预测类型划分方案[M].北京:地质出版社.

程裕淇,陈毓川,赵一鸣,1983.再论矿床的成矿系列问题[J].中国地质科学院院报(6):1-63.

单承恒,李峰,时俊峰,等,2004.吉林省杨金沟白钨矿床地质地球化学特征及找矿标志[J].矿产与地质,18(5):440-445.

邸新,毕小刚,贾海明,等,2011.蛟河地区前进岩体锆石U-Pb年龄及其与吉中-延边地区钼成矿作用的关系[J].吉林地质,30(4):25-28.

范正国,黄旭钊,熊胜青,等,2010.磁测资料应用技术要求[M].北京:地质出版社.

冯守忠,1998.吉林二密铜矿床地质特征及矿床成因[J].桂林工学院学报,18(4):323-329.

冯守忠,2001.吉林放牛沟多金属矿床成矿物质来源[J].火山地质与矿产,22(1):55-62.

冯守忠,2004.吉林荒沟山铅锌矿床地质特征及矿床成因探讨[J].地质与资源,14(3):153-158.

高岫生,吴卫群,韩春军,等,2010.天宝山矿区东风北山钼矿床地质特征及成因探讨[J].吉林地质,29(4):43-47.

龚一鸣,杜远生,冯庆来,等,1996.造山带沉积地质与图层耦合[M].武汉:中国地质大学出版社.

贺高品,叶慧文,1998.辽东-吉南地区中元古代变质地体的组成及主要特征[J].长春科技大学学报,28(2):152-162.

胡墨田,王培君,1993.辽东-吉南地区硼矿床地质特征及成矿规律[J].化工地质,15(3):161-168.

黄云波,张洪武,2002.吉林金厂沟金矿石英的标型特征及应用[J].黄金地质(4):56-60.

吉林省地质矿产局,1988.吉林省区域地质志[M].北京:地质出版社.

吉林省地质矿产局,1997.吉林省岩石地层[M].武汉:中国地质大学出版社.

贾大成,孙鹏惠,徐志勇,等,1998.吉林省永吉县倒木河金矿控矿构造特征[J].吉林地质(2):42-48.

贾汝颖,1988.吉林省的矿产资源[J].吉林地质(2):50-59.

姜春潮,1957.东北南部震旦纪地层[J].地质学报(1):35-142.

鞠楠,任云生,王超,等,2012.吉林敦化大石河钼矿床成因与辉钼矿Re-Os同位素测年[J].世界地质(1):68-76.

李之彤,李长庚,1994.吉林磐石-双阳地区金银多金属矿床地质特征成矿条件和找矿方向[M].长春:吉林科学技术出版社.

刘尔义,李耘,1982.细河群、浑江群在青白口系、震旦系中的位置[J].吉林地质(4):43-50+98.

刘洪文,邢树文,2002.吉南地区斑岩-热液脉型多金属矿床成矿模式[J].地质与勘探(2):28-32.

刘嘉麒,1999.中国火山[M].北京:科学出版社.

刘茂强,米家榕,1981.吉林临江附近早侏罗世植物群及下伏火山岩地质时代讨论[J].长春地质学院学报(3):18-29.

刘兴桥,刘俊斌,张俊影,等,2009.吉林省敦化市大石河钼矿地质特征及找矿方向[J].吉林地质(3):39-42.

卢秀全,胡春亭,钟国军,2005.吉林珲春杨金沟白钨矿床地质特征及成因初探[J].吉林地质,24(3):16-21.

孟祥化,1979.沉积建造及其共生矿床分析[M].北京:地质出版社.

孟祥金,侯增谦,董光欲,等,2007.江西金溪熊家山钼矿床特征及其Re-Os年龄[J].地质学报,81(7):946-950.

欧祥喜,马云国,2000.龙岗古陆南缘光华岩群地质特征及时代探讨[J].吉林地质,19(9):16-25.

潘桂棠,肖庆辉,等,2017.中国大地构造[M].北京:地质出版社.

彭玉鲸,苏养正,1997.吉林中部地区地质构造特征[J].沈阳地质矿产研究所所刊(5/6):335-376.

朴英姬,张忠光,李国瑞,2010.吉林省安图县刘生店钼矿地质特征及找矿远景[J].吉林地质,29(4):54-58.

邵济安,唐志东,李国瑞,1995.中国东北地体与东北亚大陆边缘演化[M].北京:地震出版社.

邵建波,范继璋,2004.吉南珍珠门组的解体与古一中元古界层序的重建[J].吉林大学学报(地球科学版),34(20):161-166.

沈保丰,李俊建,毛德宝,等,1988.吉林夹皮沟金矿地质与成矿预测[M].北京:地质出版社.

沈保丰.辽吉太古宙地质及成矿[M].北京:地质出版社.

史致元,周志恒,王玉增,等,2008.吉林省中部大中型钼矿发现过程中勘查地球化学方法的应用效果[J].吉林地质,27(2):96-102.

松权衡,刘忠,杨复顶,等,2008.国内外铁矿资源简介[J].吉林地质,27(3):5-7,12.

松权衡,李景波,于城,等,2002.白山市大横路铜钴矿床找矿地球化学模式[J].吉林地质,21(2):56-64.

松权衡,魏发,2000.白山市大横路铜钴矿区稀土元素地球化学特征[J].吉林地质,19(1):47-50.

孙景贵,邢树文,郑庆道,等,2006.中国东北部陆缘有色贵金属矿床的地质地球化学[M].长春:吉林大学出版社.

王集源,吴家弘,1984.吉林省元古宇老岭群的同位素地质年代学研究[J].吉林地质,3(1):11-21.

王奎良,包延辉,张叶春,等,2006.吉林省桦甸火龙岭钼矿床地质特征及其成因[J].吉林地质,25(3):11-14.

向运川,任天祥,牟绪赞,等,2010.化探资料应用技术要求[M].北京:地质出版社.

熊先孝,薛天兴,商朋强,等,2010.重要化工矿产资源潜力评价技术要求[M].北京:地质出版社.

徐志刚,陈毓川,王登红,等,2008.中国成矿区带划分方案[M].北京:地质出版社.

杨言辰,冯本智,刘鹏鹗,2001.吉林老岭大横路式热水沉积叠加改造型钴矿床[J].长春科技大学学报,31(1):40-45.

杨言辰,王可勇,冯本智,2004.大横路式钴(铜)矿床地质特征及成因探讨[J].地质与勘探,40(1):56-62.

于学政,曾朝铭,燕云鹏,等,2010.遥感资料应用技术要求[M].北京:地质出版社.

翟裕生,1999.区域成矿学[M].北京:地质出版社.

张秋生,李守义,1985.辽吉岩套—早元古宙的一种特殊化优地槽相杂岩[J].长春地质学院学报,39(1):1-12.

赵冰仪,周晓东,2009.吉南地区古元古代地层层序及构造背景[J].世界地质,28(4):424-429.

内部参考资料

白山市利源矿业有限责任公司,2003.吉林省白山市八道江区新路铁矿矿产资源储量复核报告[R].白山:白山市利源矿业有限责任公司.

吉林省地质局通化地质大队,1959.吉林通化四方山铁矿最终储量勘探报告[R].通化:吉林省地质局通化地质大队.

陈尔臻,彭玉鲸,韩雪,等,2001.中国主要成矿区(带)研究(吉林省部分)[R].长春:吉林省地质调查院.

吉林省有色金属工业地质勘探公司第四勘探队,1964.吉林省桦甸县夹皮沟金矿区1963年地质总结报告书[R].吉林:吉林省有色金属工业地质勘探公司第四勘探队.

吉林省地质局延边地区综合地质大队,1975.吉林省汪青县刺猬沟矿床脉金矿地质详细普查报告[R].延吉:吉林省地质局延边地区综合地质大队.

吉林省地质矿产勘查开发局第二地质调查所,1980.吉林省蛟河县漂河川镍矿4号岩体初勘及5号岩体普查评价报告[R].吉林:吉林省地质矿产勘查开发局第二地质调查所.

吉林省地质矿产勘查开发局第五地质调查所,2007.吉林省磐石市加兴顶子—永吉县杏山屯地区(加兴顶子、杏山屯、太平屯、大乔屯)钼矿普查报告[R].长春:吉林省地质矿产勘查开发局第五地质调查所.

吉林省地质矿产勘查开发局第五地质调查所,1987.吉林省集安县活龙矿区金矿详细普查地质报告[R].长春:吉林省地质矿产勘查开发局第五地质调查所.

吉林省地质矿产勘查开发局第一地质调查所,1993.吉林省永吉县金家屯萤石矿详查地质报告[R].长春:吉林省地质矿产勘查开发局第一地质调查所.

吉林省地质局吉中地区综合地质大队,1972.吉林省永吉县小绥河铬铁矿详查评价报告[R].吉林:吉林省地质局吉中地区综合地质大队.

吉林省地质矿产勘查开发局第六地质调查所,1978.吉林省珲春河砂金矿四道沟段详查地质报告[R].延吉:吉林省地质矿产勘查开发局第六地质调查所.

吉林省地质矿产勘查开发局第五地质调查所,1993.吉林省永吉县八台岭金银矿区普查地质报告[R].长春:吉林省地质矿产勘查开发局第五地质调查所.

吉林省地质矿产勘查开发局第四地质调查所,1984.吉林省集安县金厂沟矿区西岔金矿床详细普查地质报告[R].通化:吉林省地质矿产勘查开发局第四地质调查所.

吉林省地质矿产勘查开发局第一地质调查所,1993.吉林省双阳县兰家金矿床勘探报告[R].长春:吉林省地质矿产勘查开发局第一地质调查所.

吉林吉恩镍业股份有限公司,2007.吉林省和龙市长仁矿区4号岩体镍矿床补充详查报告[R].吉林:吉林吉恩镍业股份有限公司.

吉林省地质局第四地质大队,1980.吉林省通化四方山—板石沟一带鞍山式铁矿地质调查报告[R].通化:吉林省地质局第四地质大队.

吉林省地质局吉中地区综合地质大队,1977.吉林省永吉县头道沟硫铁矿地质勘探报告[R].吉林:吉林省地质局吉中地区综合地质大队.

吉林省地质科学研究所,1980.吉林省及西部邻区铁矿成矿规律和成矿远景预测报告[R].长春:吉林省地质科学研究所.

吉林省地质矿产局,1993.吉林省临江县青沟子锑矿详查报告[R].长春:吉林省地质矿产局.

吉林省地质矿产局第三地质调查所,1991.吉林省四平市山门银矿区龙王矿段详查地质报告[R].四平:吉林省地质矿产局第三地质调查所.

吉林省地质矿产局第三地质调查所,1991.吉林省四平市山门银矿区卧龙矿段勘探地质报告[R].四平：吉林省地质矿产局第三地质调查所.

吉林省地质矿产局第三地质调查所,1993.吉林省四平市山门银矿外围普查报告[R].四平：吉林省地质矿产局第三地质调查所.

吉林省地质矿产局第四地质调查所,1984.吉林省白山市板石沟铁矿8、18矿组详细勘探报告[R].通化：吉林省地质矿产局第四地质调查所.

吉林省第二地质调查所,2010.吉林省永吉县芹菜沟钼矿详查报告[R].吉林：吉林省第二地质调查所.

吉林省第五地质调查所,2002.吉林省和龙市百里坪银矿普查报告[R].长春：吉林省第五地质调查所.

吉林省第五地质调查所,2006.桦甸市火龙岭钼矿床详查地质报告[R].长春：吉林省第五地质调查所.

吉林省通化地质矿产勘查开发院,2005.吉林省磐石市石门子铁矿西段详查报告[R].通化：吉林省通化地质矿产勘查开发院.

吉林省通化地质矿产勘查开发院,2006.吉林省磐石市石门子铁矿东段详查报告[R].通化：吉林省通化地质矿产勘查开发院.

吉林省冶金地质勘探公司,1972.吉林省通化地区铁矿资源简况[R].长春：吉林省冶金地质勘探公司.

吉林省冶金地质勘探公司第七勘探队,1961.吉林省红旗岭矿区1961年地质勘探总结报告[R].吉林：吉林省冶金地质勘探公司第七勘探队.

吉林省冶金地质勘探公司六〇五队,1971.吉林省和龙市官地铁矿床勘探报告[R].延吉：吉林省冶金地质勘探公司六〇五队.

白山市江源区五道羊岔铁矿有限责任公司,2011.吉林省白山市江源区五道羊岔铁矿勘探报告[R].白山：白山市江源区五道羊岔铁矿有限责任公司.

白山市利源矿业有限责任公司,1999.吉林省白山市刘家堡子－狼洞沟金银矿床地质普查报告[R].白山：白山市利源矿业有限责任公司.

核工业东北地勘查局二四四大队,1989.吉林省梅河口市水道乡香炉碗子金矿八九年度详细普查地质报告[R].长春：核工业东北地勘查局二四四大队.

吉林省地质调查院,2007.吉林省通化市二密铜矿普查报告[R].长春：吉林省地质调查院.

吉林省地质局第三地质大队,1979.吉林省伊通县放牛沟多金属硫铁矿床总结勘探报告[R].四平：吉林省地质局第三地质大队.

吉林省地质局吉林地区综合地质大队,1976.吉林省永吉县硫铁矿地质勘探报告[R].吉林：吉林省地质局吉林地区综合地质大队.

吉林省地质局吉中地质大队,1964.吉林永吉县头道沟地区铬铁矿普查评价报告[R].吉林：吉林省地质局吉中地质大队.

吉林省地质局通化地区综合地质大队,1971.吉林省集安县正岔铅锌矿区西山储量报告[R].通化：吉林省地质局通化地区综合地质大队.

吉林省地质局通化地区综合地质大队,1975.吉林省安图县东清矿区独居石砂矿地质详查报告[R].延吉：吉林省地质局通化地区综合地质大队.

吉林省地质局通化地质大队,1959.吉林临江八道江青沟铁矿地质普查－勘探报告书[R].通化：吉林省地质局通化地质大队.

吉林省地质局延边地质大队,1969.吉林省延吉县五凤山金矿区地质报告[R].延吉：吉林省地质局延边地质大队.

吉林省地质科学研究所,1983.吉林省中生代火山岩型金矿成矿地质特征及区域成矿规律研究报告[R].长春:吉林省地质科学研究所.

吉林省地质科学研究所,1997.吉林省白山市大横路铜钴矿床控矿构造及富集规律研究[R].长春:吉林省地质科学研究所.

吉林省地质科学研究所,1997.吉林省延边地区天宝山－天桥岭铜矿带矿源及靶区优选[R].长春:吉林省地质科学研究所.

吉林省地质矿产勘查开发局第二地质调查所,1972.吉林省和龙市官地铁矿初步勘探地质报告[R].吉林:吉林省地质矿产勘查开发局第二地质调查所.

吉林省地质矿产勘查开发局第二地质调查所,1983.吉林省永吉县头道川金矿床及外围普查评价报告[R].吉林:吉林省地质矿产勘查开发局第二地质调查所.

吉林省地质矿产勘查开发局第二地质调查所,1986.吉林省永吉县大黑山钼矿床地质研讨报告[R].吉林:吉林省地质矿产勘查开发局第二地质调查所.

吉林省地质矿产勘查开发局第二地质调查所,1994.吉林省磐石县明城镇南梨树萤石矿床Ⅰ号矿带详查地质报告[R].吉林:吉林省地质矿产勘查开发局第二地质调查所.

吉林省地质矿产勘查开发局第二地质调查所,2007.吉林省永吉县一心屯钼矿(大黑山钼矿床南部)补充勘探报告[R].吉林:吉林省地质矿产勘查开发局第二地质调查所.

吉林省地质矿产勘查开发局第六地质调查所,1980.吉林省和龙市獐项—长仁地区铜镍矿区划说明书[R].延吉:吉林省地质矿产勘查开发局第六地质调查所.

吉林省地质矿产勘查开发局第六地质调查所,1991.吉林省延边地区金银铜铅锌锑锡中比例尺成矿预测报告[R].延吉:吉林省地质矿产勘查开发局第六地质调查所.

吉林省地质矿产勘查开发局第六地质调查所,2002.吉林省安图县双山多金属(钼铜)矿体(0—8勘探线矿段)详查报告[R].延吉:吉林省地质矿产勘查开发局第六地质调查所.

吉林省地质矿产勘查开发局第六地质调查所,2003.和龙市石人沟钼矿Ⅰ号矿段补充详查报告[R].延吉:吉林省地质矿产勘查开发局第六地质调查所.

吉林省地质矿产勘查开发局第六地质调查所,2011.吉林省安图县双山钼铜矿详查报告[R].延吉:吉林省地质矿产勘查开发局第六地质调查所.

吉林省地质矿产勘查开发局第三地质调查所,1990.吉林省四平—梅河地区金、银、铜、铅、锌、锑、锡中比例尺成矿预测报告[R].四平:吉林省地质矿产勘查开发局第三地质调查所.

吉林省地质矿产勘查开发局第四地质调查所,1990.吉林省通化县南岔金矿Ⅰ矿段详查地质报告[R].通化:吉林省地质矿产勘查开发局第四地质调查所.

吉林省地质矿产勘查开发局第四地质调查所,1991.吉林省通化—浑江地区金银铜铅锌锑锡中比例尺成矿预测报告[R].通化:吉林省地质矿产勘查开发局第四地质调查所.

吉林省地质矿产勘查开发局第四地质调查所,1993.吉林省临江县荒沟山金矿床勘探报告[R].通化:吉林省地质矿产勘查开发局第四地质调查所.

吉林省地质矿产勘查开发局第五地质调查所,2000.吉林省靖宇县天合兴矿区铜矿普查报告[R].长春:吉林省地质矿产勘查开发局第五地质调查所.

吉林省地质矿产勘查开发局第一地质调查所,1990.吉林省磐石县民主屯银矿普查报告[R].长春:吉林省地质矿产勘查开发局第一地质调查所.

吉林省冶金局地质勘探公司第五勘探队,1959.吉林省林江县老岭铁矿区总储量计算地质总结报告书[R].延吉:吉林省冶金局地质勘探公司第五勘探队.

吉林省有色金属地质勘查局六○八队,2004.吉林省桦甸市六匹叶金矿区普查报告[R].长春:吉林省有色金属地质勘查局六○八队.

吉林省有色金属地质勘查局六○五队,2005.吉林省龙井市天宝山铅锌矿区东风北山钼矿残采储量复核报告[R].延吉：吉林省有色金属地质勘查局六〇五队.

吉林省有色金属地质勘查局六〇二队,2005.吉林省临江市杉松岗钴矿详查报告[R].白山：吉林省有色金属地质勘查局六〇二队.

吉林省有色金属地质勘查局六〇四队,2007.吉林省桦甸市老牛沟矿区小苇厦子矿段铁矿详查报告[R].吉林：吉林省有色金属地质勘查局六〇四队.

吉林省有色金属工业地质勘探公司六〇五队,1987.吉林省龙井县天宝山矿区东风北山钼矿地质评价报告[R].延吉：吉林省有色金属工业地质勘探公司六〇五队.

吉林天池钼业有限公司,2008.吉林省舒兰市季德钼矿勘探报告[R].吉林：吉林天池钼业有限公司.

金丕兴,等,1992.吉林省东部山区贵金属及有色金属矿产成矿预测报告[R].长春:吉林省地质矿产局.

中国有色金属工业总公司吉林地质勘查局六〇三队,1996.吉林省珲春市小西南岔矿区北山北延金铜矿普查地质报告[R].延吉：中国有色金属工业总公司吉林地质勘查局六〇三队.